U0295357

前沿电子信息专业教材系列

集成电路制造技术

张亚非　段　力　编著

内容提要

本书主要讲述集成电路与微纳制造工艺技术，既有基本原理和工艺技术的阐述，也有国内外近期发展状况的介绍。本书把集成电路的工艺技术分类为图形化(光刻)、加法(薄膜的技术)、减法(刻蚀技术)、乘除法(离子注入、silicide)及其集成电路工程学(良率、可靠性)和集成电路后勤工作(超净间、IC衍生产业链)几大类，便于学生掌握、记忆和类推。

本书可作为高等院校微电子学和半导体专业本科生的教材，也可供有关专业本科生、研究生及工程技术人员阅读参考。

图书在版编目(CIP)数据

集成电路制造技术/ 张亚非，段力编著. —上海：
上海交通大学出版社，2018
ISBN 978-7-313-18651-5

Ⅰ.①集… Ⅱ.①张… ②段… Ⅲ.①集成电路工艺
Ⅳ.①TN405

中国版本图书馆CIP数据核字(2017)第319671号

集成电路制造技术

编　　著：张亚非　段　力
出版发行：上海交通大学出版社　　地　　址：上海市番禺路951号
邮政编码：200030　　电　　话：021-64071208
出 版 人：谈　毅
印　　制：上海天地海设计印刷有限公司　　经　　销：全国新华书店
开　　本：787 mm×1092 mm　1/16　　印　　张：28
字　　数：639千字
版　　次：2018年10月第1版　　印　　次：2018年10月第1次印刷
书　　号：ISBN 978-7-313-18651-5/TN
定　　价：88.00元

前言

集成电路是现代信息产业和信息社会的基础，是改造和提升传统产业的核心技术，随着全球信息化、网络化和知识经济浪潮的到来，集成电路产业的战略地位越来越重要。半导体集成电路发展极快，不论是集成度、外封装类型还是新型电路，都在日新月异地变化，尤其是集成电路的工程与技术，是一门与时俱进性非常强的学科。本书的章节的排列次序与方式，不是按照集成电路各项工艺的年代和次序来分的，而是按照集成电路工艺环节的重要性进行编写的。此外，在本书的内容当中，加入了集成电路设计与集成电路制造的关系，以及集成电路产业链的整体情况，希望能够对读者对于集成电路整个工程有一个全面的了解。集成电路制造技术在集成电路专业体系知识中的相对位置，如下图所示。用树状结构来描述集成电路整体结构和集成电路制造技术的相对关系，有利于帮助学生有机地掌握集成电路专业知识，对未来的工程实践和职业发展很有裨益。

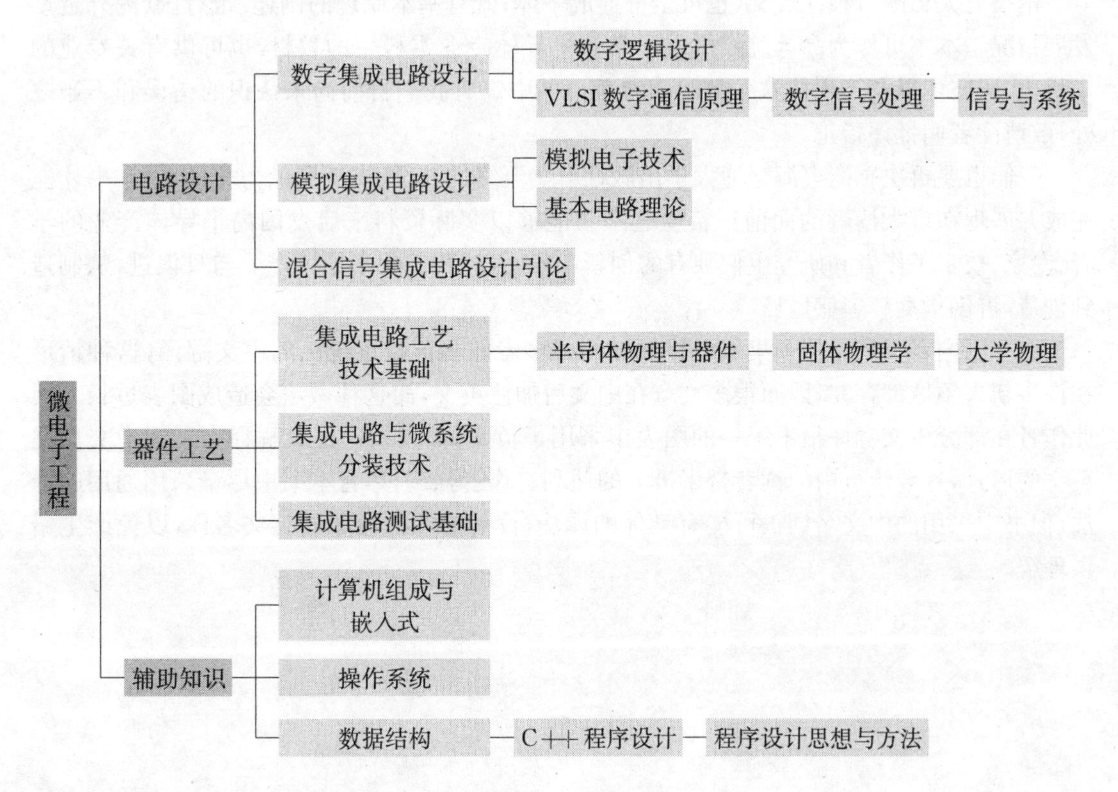

全书内容共分3篇9章，具体为：第1篇 集成电路及其设计与制造，第2篇 集成电路的基本工艺与方法，第3篇 集成电路工程学及其后勤工程。第1篇主要阐述集成电路器件的基本原理，以及集成电路设计与制造的关系，包括EDA（Electronic Design Automation）对设计、制造、测试等相关环节辅助的强大作用。这部分内容由张亚非、段力、陈达主写，并由段力与上海交通大学微纳电子学系2013届大一本科生：李嘉雯 沈宇蓝 黄昱婷 翁昊天 费思豪 李冠鋆 尹海韬 全东旭 庄乙成 黄扬华 李永博 陈鸿键 李岑 林炳辉 刘骏尘 沈冲 戴一凡 隋宇 杨荣宗等协助完成。第2篇阐述集成电路制造技术的主体部分，共分为四个主要部分，与以往集成电路工艺的教科书不同，不是按照集成电路各项工艺的年代和次序来分的，而是按照集成电路工艺环节的重要性进行编写。首先是光刻技术，这是集成电路工艺的首要关键技术；然后是薄膜技术、刻蚀技术和掺杂技术，也就是所谓的集成电路"加法""减法"和"乘除法"工艺技术。这一部分内容由段力、凌行、王家敏、陈秋龙、常程康撰写。第3篇首先讲叙集成电路工程学，主要阐述和集成电路制造公司密切相关联的工程学问题。例如良率、可靠性、电学性能测量（ET）、集成电路工程的中庸原理等等。这部分内容由段力撰写。其次是集成电路后勤工程，主要阐述集成电路制造的辅助工程及相关的第三产业，例如超净间、化学品、去离子水、及其集成电路测量的微分析技术。这部分内容主要由段力、常程康、惠春、韦红雨及上海交通大学微纳电子学系2014届学生协助完成，他们是陆叶王青，张灏，高舜涵，张毅佳，马昊泽，吴齐天，李海泉，涂家铭，刘荣荣，何涛，肖奇，范以平，张超，沈林耀，朱俊彦，王文铮，余菁，陈业睿，杨子健，范姜士杰，张博，蒋玮捷，武亦文。

本书三大篇既可独立成文，也可全书连成一体；既有基本原理的阐述，也有国、内外近期发展情况。本书可作为高等院校微电子学和半导体专业本科生的教材，也可供有关专业的本科生、研究生以及工程技术人员阅读参考。书中定有我们目前尚未认识的错误和不当之处，敬请读者们批评指正。

我们也要再次感谢上海交通大学出版社自始至终的鼓励、支持和鼎力相助，这本书才能完成并展现在广大读者的面前！希望这本书能够以实际资料来启发国内半导体产业的学者、专家、技术工作者和研究生们独有的创新和发明，让我们的半导体产业与日俱进，从制造到创造，再创华夏辉煌盛世！

由于国内对于半导体和集成电路领域的很多专业名词缺乏统一的中文翻译，这种情形在许多新兴领域都存在，因而很多文章在中文后加注英文，而这种做法会造成图表过长。因此作者在部分中文翻译很不统一的图表中采用了英文，而在相应正文解释中采用中文加注英文的形式，这会给行内的读者带来极大的便利。作者强调，尽管本书中尽量采用通用的译法，但书中采用的中文名词很可能有其他的译法，读者必须注意原始英文名称，以免产生错误理解。

目录

第1篇　集成电路及其设计与制造

第2篇　集成电路的基本工艺方法

第 3 篇　集成电路工程学及其后勤工程

第 1 篇

集成电路及其设计与制造

第 1 章 微电子改变了人们的生活

我们正处在有史以来最能改变人类生活的技术革命漩涡的中心。70 年在人类历史上只是一瞬间。在最近这 70 年中一个技术发现引发了百舸争流，随之产生了遍布全球的一系列变革，带给人类前所未有冲击。这些变革在全球范围内，持续加速改变着人类的生存方式；这一重大的发现就是我们所说的集成电路。虽然集成电路已成为大家耳熟能详的词汇，但它究竟指的是什么？为什么会有改变世界的力量，本书接下来的内容，将为读者一一讲解。

1.1 集成电路的简要历史

如果要举出 20 世纪最伟大的发明及其价值，很少有人会想到集成电路。因为我们往往会说出一些仰赖集成电路运作的装置（如计算机、手机、飞机等），却很少想到在 1958 年首度以晶体管组成的集成电路。其实从许多角度来说这是情有可原，毕竟现今的集成电路本身非常迷你——或用现代精准的术语来说，属于纳米规格，执行的又是看不到的功能，自然不太引人注目，然而所有现代电子产品都通过这些电路运转，从个人计算机、智能型手机到电视，无不仰赖它来执行各种关键程序。

第一块集成电路板如图 1－1 所示。

图 1－1　第一块集成电路

集成电路的发展进程如图 1-2 所示。

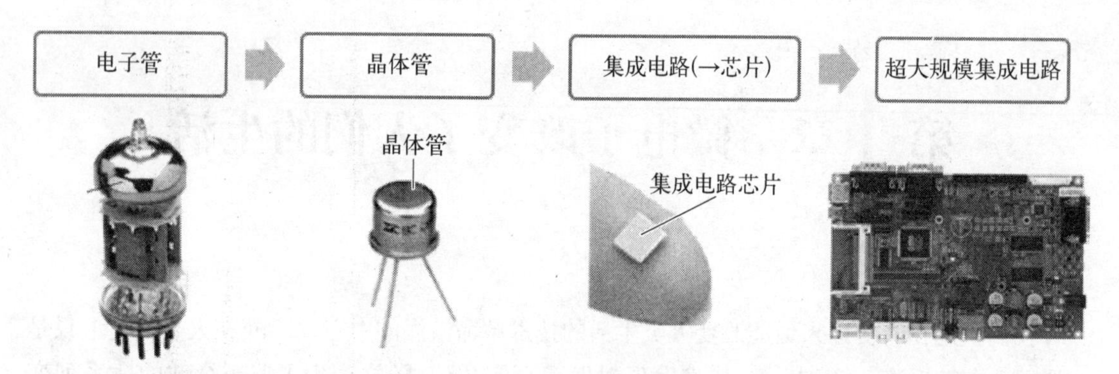

图 1-2 集成电路发展进程

图 1-3 大功率真空晶体管

从第一只晶体管的发明就预示着晶体管在不远的将来会取代当时还处于鼎盛时期的电子器件——真空电子管，将两者放在一起，尺寸上产生强烈的差别(见图 1-3)。大功率真空电子管是一只硕大、由玻璃壳封装的，但与其电学参数十分接近的一只大功率晶体管却只在右下角。

在现代集成电路制造工艺原理课程中，半导体硅材料始终是主角。硅在地球上的蕴藏量是极为丰富的。由自然界采集来富含硅成分的化合物，经过提纯而得到高纯度的多晶硅。以高纯多晶硅为原料，经加工、掺杂得到符合集成电路制造要求的单晶硅棒。再将单晶硅棒按特定的晶体取向要求切割成薄片。这就是我们通常所说的硅片。

一个芯片的制造流程(见图 1-4)就是在此基底下，再经过光刻(俗称流片，即先设计好电路图，通过激光曝光，刻到晶圆的电路单元上)→切割成管芯(裸芯片)→封装(也就是把管芯的电路管脚，用导线接到外部接头，以便与其他器件连接)制造而成。

但集成电路具体是什么呢？集成电路就是在一块半导体板上，由数种金属和半导体组件组合而成，其中包含许多极微小的主动组件和被动组件组成。主动组件包括晶体管和二极管；被动组件则包括电容器和电阻器。电阻器用来提供适当的电阻值，电容器则表现像电池般可以存储和放出电荷，而晶体管有两种作用，一种是作为开关器，另一种是作为放大器为电路提供较大的输出电流。上述集成电路制成的处理器就是常见的芯片，大小通常从数毫米到数厘米(例如中央处理器)。

随着晶体管尺寸的进一步缩小和集成电路集成度的不断增加，势必使集成电路变得更加便宜，功能更强，模块化程度更高，同时电路的可靠性也不断提高，新的控制技术的采用使得生产成本降低，从而导致了产品的价格不断下降，使集成电路的应用领域也不断扩大。透过多种芯片结合在一起，就能制造出许许多多改变我们生活的各式电子产品。可以说现今

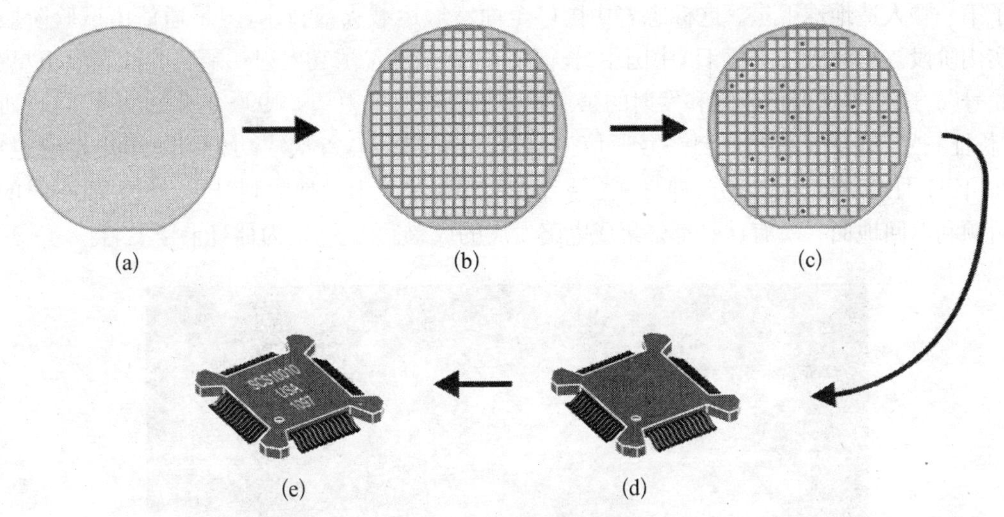

图 1-4　芯片制造流程

(a) 初始硅片　(b) 芯片制造　(c) 芯片测试　(d) 芯片封装　(e) 出厂前的最终测试和质量等级分类

我们的日常生活，与集成电路之间的关系密不可分。

1.2　集成电路改变人们生活

在了解集成电路的基本制作过程之后，相信大家对于什么是集成电路有了基本的了解。但是，对于它为什么有这么大的作用，它是从哪些方面对我们的生活产生影响的，大家或许还心存疑惑。接下来本文将从交通、通信、医疗保健、经济、教育、体育、娱乐等其他方面详细阐述集成电路对我们日常生活产生的影响。

1.2.1　交通

集成电路的发展大大地影响了我们生活中的方方面面。最直接的就是芯片，面积越来越小，功能却越来越强的芯片使得我们生活中的交通工具越来越多，给每一个人的生活都带来了极大的方便。陆地上的汽车，海洋里的轮船，天空中的飞机，大大缩短了人们交往的距离，为我们的生活提供方便；火箭和宇宙飞船的发明，使人类探索另一个星球的理想成为现实。也许在不远的将来，我们可以到太空中去旅行观光，我们的孩子可以到另一个星球去观察学习。以人力、畜力和风力作为动力的交通工具占据了人类历史的绝大部分时间。直至 1769 年詹姆斯·瓦特发明蒸汽机，人类交通工具的发展才进入飞速发展阶段，短短数百年，人类不仅能上天（飞机、航天飞机、火箭），而且能入海（潜艇），技术也日新月异。

从蒸汽阶段经历内燃阶段到电气阶段再到现在的自动化阶段，集成电路的发展起了决定性的作用。尤其是大型飞机制造属于高新技术，现在基本垄断在发达国家手中。问题的关键就在于制造飞机的芯片，可见集成电路决定了高新的交通工具，其先进的程度更直接代表了一个国家的国力。同样的，航天航空中的芯片更是核心技术，中国于 1970 年 4 月 24 日成功地发射了第一颗人造地球卫星。这标志着中国已全面掌握运载火箭技术，卫星通信由试验阶段进入实用阶段。1988年9月7日，中国用“长征4号”运载火箭成功发射一颗试验性气象卫星“风云一号”。这是中国自行研制和发射的第一颗极地轨道气象卫星。1990年4月，中国自行研制的“长征三号”运载火箭把亚洲一号通信卫星送入预定轨道，首次成功为国外用户发射卫星。1999年11月20日6时30分，神舟一号飞船在酒泉卫星发射基地顺利升空，经过21小时的飞行后顺利返回地面。所有这些都是集成电路发展的成果。图1-5为神舟十号飞船。

图1-5 神舟十号飞船①

再来说说我们生活中的交通，每个十字路口都存在交通信号灯，红黄绿的变化就是由集成电路来控制的。我们现在的出行大多都是刷交通卡，这样方便而又快捷，而其要正常工作，里面那块小小的芯片必不可缺。有时候我们开车出行去到不熟悉的地方，就要依赖GPS导航，其工作原理是由地面主控站收集各监测站的观测资料和气象信息，计算各卫星的星历表及卫星钟改正数，按规定的格式编辑导航电文，通过地面上的注入站向GPS卫星注入这些信息。测量定位时，用户可以利用接收机的储存星历得到各个卫星的粗略位置。根据这些数据和自身位置，由计算机选择卫星与用户连线之间张角较大的四颗卫星作为观测对象。观测时，接收机利用码发生器生成的信息与卫星接收的信号进行相关处理，并根据导航电文的时间标和子帧计数测量用户和卫星之间的伪距。将修正后的伪距及输入的初始数据及四颗卫星的观测值列出3个观测方程式，即可解出接收机的位置，并转换所需要的坐标系统，以达到定位目的。GPS定位系统又称GPRS(见图1-6)，简单来说GPS定位系统是

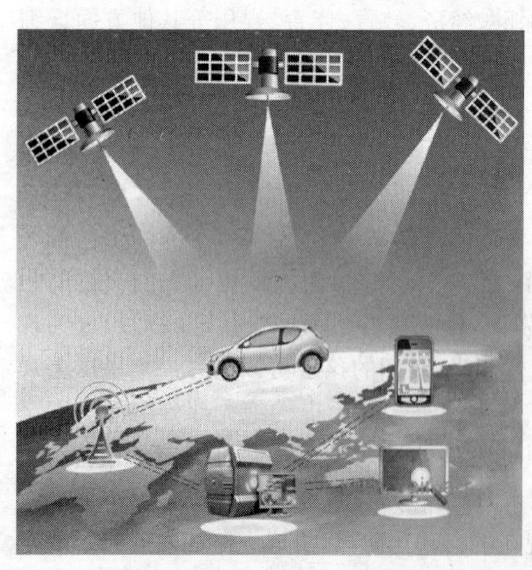

图1-6 车载GPS定位系统

① 神舟十号飞船全长约9米，最大直径2.8米，质量约8吨。

靠你的车载终端内置一张手机卡，通过手机信号传输到后台来实现定位，GPS终端就是这个后台，可以帮你实现一键导航、后台服务等各种人性服务。这自然也是集成电路带来的福音。

交通工具在不断发展创新，交通安全自然也不可忽视。在开车上高架之后，有一块电子版用红黄绿三种颜色来告诉我们哪里比较拥堵，哪里十分通畅。在很多路口都有电子警察代替交警，来监察是否有违规违章的车辆，并拍下照片。在发生交通事故以后，也有及时的信息交互网络使得警察可以第一时间来到事故现场处理。所有这些都离不开集成电路。

一个现代化的喷气式客机有大量的电子控制器件和成百上千台机载计算机，更不用说基于卫星的全球定位系统能指引飞机飞行95%的航程。在起飞和降落期间空姐为什么要坚持必须关闭所有的电子设备？她们担心，你的小工具（电子式漏电）传输的误导信号可能会无意中干扰飞机的航空仪器！总之，没有晶体管，也就没有全球性的交通网络。可见集成电路的发展大大改变了我们的交通，改变了我们的生活。

1.2.2 通信

人类进行通信的历史已很悠久。早在远古时期，人们就通过简单的语言、壁画等方式交换信息。千百年来，人们一直在用语言、图符、钟鼓、烟火、竹简、纸书等传递信息。古代人的烽火狼烟、飞鸽传信、驿马邮递就是通信方式例子。现在还有一些国家的个别原始部落，仍然保留着诸如击鼓鸣号这样古老的通信方式。在现代社会中，交通警察的指挥手语、航海中的旗语等不过是古老通信方式进一步发展的结果。这些信息传递的基本方法都是依靠人的视觉与听觉。

19世纪中叶以后，随着电报、电话的发明，电磁波的发现，人类通信领域产生了根本性的巨大变革，实现了利用金属导线来传递信息，甚至通过电磁波来进行无线通信，使神话中的“顺风耳”“千里眼”变成了现实。从此，人类的信息传递可以脱离常规的视听觉方式，用电信号作为新的载体，因此带来了一系列技术革新，开始了人类通信的新时代。

1837年，美国人塞缪乐·莫尔斯(Samuel Morse)成功地研制出世界上第一台电磁式电报机（见图1-7）。他利用自己设计的电码，可将信息转换成一串或长或短的电脉冲传向目的地，再转换为原来的信息。1844年5月24日，莫尔斯在国会大厦联邦最高法院会议厅进行了“用莫尔斯电码”发出了人类历史上的第一份电报，从而实现了长途电报通信。

1864年，英国物理学家麦克斯韦(J.C.Maxwel)建立了一套电磁理论，预言了电磁波的存在，说明了电磁波与光具有相同的性质，两者都是以光速传播的。

1875年，苏格兰青年亚历山大·贝尔(A.G.Bell)发明了世界上第一台电话

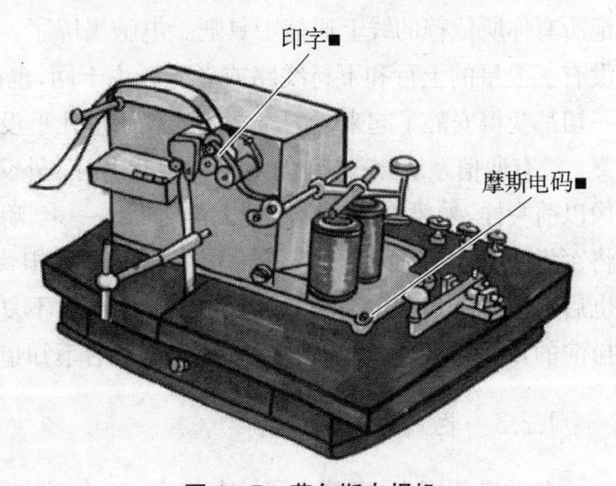

图1-7 莫尔斯电报机

机。并于1876年申请了发明专利。1878年在相距300千米的波士顿和纽约之间进行了首次长途电话实验，并获得了成功，后来就成立了著名的贝尔电话公司。

1888年，德国青年物理学家海因里斯·赫兹(H.R.Hertz)用电波环进行了一系列实验，发现了电磁波的存在，他用实验证明了麦克斯韦的电磁理论。这个实验轰动了整个科学界，成为近代科学技术史上的一个重要里程碑，导致了无线电的诞生和电子技术的发展。

说完通信的演变历史，就要来谈谈最贴近我们生活中的通信了。目前，电脑网络通信，人工智能(通俗地说，指的主要是机器人)，大型数据库，多媒体技术一起，构成了信息科技的四大热门领域。

随着电脑网络通信和人工智能技术的发展，将来，我们的单位和家庭，只要有一台连接上了网络的电脑，将不必每天去挤公共汽车、地铁，或乘出租汽车去上班，就能获得各种信息，完成种种日常工作，签订合同，自动查阅我们所需要的资料。这样，可以减轻城市交通的压力，改善大气环境。在日常生活中，慢慢上学、购物、看病、进行各种娱乐活动，也能借助于电脑网络。看影碟不必一张张地买，直接就能从网络上观看。我们可以不必订阅报纸，打开电脑，就能随时随地获得最近的新闻。等到那个时候，电脑和电视机、电话机、传真机、影碟机、音响设备，已经集成在一台机器之中，并且已经高度智能化，成为家庭机器人，能自动为我们提供服务，起到保安、保姆、秘书的功能，自动判断客人的身份，为客人留下信息，并自动转移到主人身边。它能帮助照顾小孩、老人，自动向医院发出病情报告，能自动收拾房间，做饭，等等。它还能根据信息的有无自动开、关机，做到绿色节能，保护环境。

我们再来假设一下如果失去集成电路，你的手机立刻无法发送短消息。你得重新使用鼓和烟作为信号。提示：再也没有任何事物比电话更离不开晶体管了，晶体管就隐藏在电话外壳里，即使是使用阁楼上旧式的没有晶体管的转盘式电话，也要通过电流传输信号。收音机也与此类似——我们无法传输或接收 WREK 91.1调频广播(佐治亚理工学院的学生电台)。你的收音机不出声了，成了架上的装饰品。全球的电台都沉默了。电视机也一样，全球的电视屏幕一片空白，只有嘈杂的雪花。美国有线电视新闻网(CNN)也不能实时播报世界大事。奥普拉(Oprah G. Winfrey)的节目中断了。因特网会是怎样的情形？没有晶体管，就没有计算机，更不会有网络，因特网就更无从谈起。调制解调器、DSL专线或者 Tl光纤也无法工作。所以，忘记所有你所依赖的线上通信工具吧。电脑黑屏了：刚发送的即时信息，永远也等不来回复了。没有了卫星的上行和下行线路或者光纤主干网，也没有了越洋海底光缆进行全球信息的传送。一切都变得安静了起来。国家之间的联系也几乎没有了。世界会出现一些不可避免的政治冲突：没有通信系统，总统间的对话热线停止了，外交关系被切断了。世界重又回到闭塞状态。像以前一样，乘船跨越大西洋到大洋对面说一声“嗨”，需要两个月的时间……执掌生杀大权的将军肯定也会紧张，希望没有惊慌失措——别担忧，即使他们按下可怖的“红按钮”，核武器也启动不了。没有晶体管，全球通信架构也就不复存在。可以看到，集成电路在我们生活中扮演的重要角色，没有它，嘿嘿，我们的生活不知道要退回到什么年代呢。

1.2.3 医疗保健

在世界范围内，医疗电子市场连续25年增长，很有可能成为未来(半导体市场的)主要驱动。全球医疗保健费用每年 5 万亿美元，而中国的医疗保健则消耗了 GDP 的 5%，平均每年增加 38%。特别是从全球医用半导体行业的收入来看，医用半导体行业的几个主要的部分预计在未来的 5 年内年均复合增长率（CAGR）在 10%附近。（王志华，等.集成电路技术在医疗健康领域的应用[C].第七届中国国际集成电路博览会暨高峰论坛，2009.）

医疗电子产业的涵盖领域非常广，包括超声波成像、计算机断层扫描等应用电子设备，以及电子血压计、血糖仪等消费类终端产品都属于医疗电子领域。在我国的电子信息产业中，医疗电子产业是很重要的一环，是最贴近民生的电子信息产业细分行业之一。

集成电路技术在医疗电子领域内的应用非常广阔且多样化，大致可分为下述四种不同的应用类型：

（1）医学影像——这一类型包括超声波、计算机化的 X 射线断层扫描（CT）、核磁共振成像（MRI）、X 射线、正电子发射断层显像等；

（2）医疗仪器——主要是实验室配套电子设备、透析机、分析仪器、外科手术设备、牙科设备等；

（3）消费型医疗设备——偏重于患者（可家用，非临床）使用的终端设备，包括数字体温计、血糖计、血压计、胰岛素泵、心率计、辅助听力（数字助听）等；

（4）诊断、患者监护与治疗设备——协助医生判断的（主要是临床使用）相应设备，包括心电图、脑电图、血氧计、血压计、温度计、呼吸计、除颤器、植入设备等；

这四种类型基本涵盖了医疗电子领域的各种应用。其中后两类，特别是消费型医疗设备尤其需要通过先进的集成电路技术来达到智能化、小型化、低功耗、高分辨率等目标。

目前不只是学术界在研究这个方向，工业界也一直关心并开始逐渐深入涉足这一领域。医疗电子产业有着广阔的发展前景，我们也需要在核心的集成电路设计领域加大投入，自主创新，更好的应对这个难得的发展机遇。

倘若没有集成电路的贡献，你必须健康才行。然而生活很难这么如意。去年，美国大约有 150 万人心脏病发作，约 1 800 万人患糖尿病，约 17.3 万人被诊断为肺癌。不可思议的是我们常常认为现代医学是理所当然的。是的，它贵得吓人；是的，医疗费用暴涨失控；是的，只有少数人获得足额的医疗保险——当你病得很重，要考虑一下如果去接受治疗会怎样，不是今天，而是 200 年前，或 100 年前（抗生素之前）；不是在亚特兰大的圣若瑟医院，只能找村里的理发师，他可能会（用一把生锈的刀）迅速给你放血，以改善你的健康。我想你会承认，我们确实幸运地享有现代医学的便利。晶体管在卫生保健方面起着重要的作用，这似乎不太明显，但千真万确。你的诊疗记录存储在一个巨大的电子计算机数据库中。哇，它们现在没有了！供医生使用的药物仍待开发、测试，以及大规模生产，没有电脑是无法想象的。药店的药用完就没了。没有电脑，即使是医学院的培训都将是非常艰难的。诊断测试不可避免地包括基于计算机的分析技术：血液化验、尿液分析、心电图、脑电图、计算机 X 射线断层成像（CT）等，随你列举。医生现在不得不盲目地给你治疗。（提醒：只凭直觉和经验给人治病的老乡村游医就是这样做的，他们现在将再次大行其道。）医院的外科现在都要关闭了。心肺分流术、脑肿瘤切除、剖腹产、阑尾手术？都不行。为手术器械消毒灭菌的高压灭菌器是计算机控制的：更不要提麻醉药剂分配器，以及无数实时健康监控器发出令人欣慰的声音,它们的“嘟嘟”声表示一切都很好。你的保险处理和记录也很可能都是电子存储的,也都没了。重要的是,今天可供选择的所有令人惊叹的治疗方案也都戛然而止。没有CT扫描、正电子发射断层成像(PET)扫描、伽马刀手术和化疗。所有那些非凡的与绘制人类基因组图谱相关的基因新发现,以及它们很可能会体现出的医疗保健的巨大潜力,这张清单可以继续列下去。当晶体管的灯熄灭,可以这么说,如果你没有健康问题,你也许能坚持久一些,但不可能很久。毕竟,我们都会老的。一切都发生在一瞬间。没有晶体管,也就没有全球性的医疗保健基础。

1.2.4 经济

现代科学技术已经广泛地渗透在社会生产的各个环节、各种经济活动中,集成电路技术作为科技这一第一生产力成为推动我国经济发展的主要推手。集成电路的每次进步,都会带来巨大的社会变革。尤其是近年来,各种新技术的出现促进了社会生产力的提升,推动了经济的发展。实践证明,高科技已经成为拉动经济的龙头产业。高新技术及其产业稳定而持续的发展对国民经济的稳定、市场经济体制的完善、区域经济的整体竞争力乃至社会的安定均具有广泛而深远的意义。随着我国经济体制改革的深入,高新集成电路技术及其产业的经济权重将持续增加。目前,高新的半导体技术企业已成为我国经济的主力军,拉动内需的主源地,社会就业的主渠道,农民增收的主板块,结构调整的主载体,科技创新的主动力。随着科技创新的概念被正式提出以后,许多学者致力于研究影响科技创新的关键因素,而金融在科技创新实践中的作用和积极影响获得了充分肯定。

金融业是信息密集的行业,不仅其经营对象可实现信息化,而且金融活动对集成电路相关产业,尤其是信息通信技术(ICT)也有很强的依赖性。金融业的发展与信息通信技术紧密相连,信息通信技术不仅能够引起金融创新,产生新的金融工具和交易方式,而且能够颠覆现有的金融模式。随着信息通信技术和金融业的发展,信息通信技术与金融逐渐融为一体,可以说,没有信息通信技术,就没有现代金融业。纵观最近几十年的金融创新,无不与信息通信技术有关。集成电路技术对于金融业的作用举足轻重,手机银行的诞生就是很好的例证。

图1-8 ATM机

集成电路对经济的影响往往让人难以想象,你不应该感到惊讶,电脑已经完全重塑全球经济。在最富有的国家中,只有5%左右的金融交易使用纸币(即“硬”通货),另外95%,至少在一定程度上,是使用电子方法处理的——也就是使用晶体管。例如,对于消费者来说,电子银行[也称为电子资金转账(EFT)]提供近乎瞬时的、世界范围内的24小时访问,通过自动取款机(ATM)取款(见图1-8),薪水直接存入自己的账户供自己支取现金。若没有集成电路,这些都不再有了。自动取款机停止工作。人们将破坏ATM机，抢走里面剩余的现金。因为你的工资直接存入账户，你现在是免费为老板打工。贵公司在没有电脑的情况下，没有办法为你的辛勤劳动支付薪水！就算公司给你开支票，你也无法提取现金；银行不能打开它的电子储蓄库，你一生的积蓄瞬间化为乌有。银行永久关门了。养老金也没了，全球银行间转账即刻停止。货币兑换已没有意义，无法实现。世界的证券交易板块现在一片空白，纽约证券交易所的交易员们顿时沉默了，张大了嘴，一片骇然。股票？怎么办？不能购买或出售它。没有任何支付方式，商品流通陡然而止。燃料的生产立即停止了下来(希望不是通过“大爆炸”)。如果没有货物流通，“商店”和用户也就没有了关系。一周之内货架上没有什么可以卖的，反正也没有现金来购买它们。如果你住在农场，可以种一些粮食，也许可以为你需要的其他东西进行物物交换，你应该至少还能过得比较体面，扛一段时间。然而多数没有生活在农场的人，将要挨饿！杂货店将会断了补给。所有的制冷系统都由计算机控制，现在一切东西都开始融化。收银机和激光条码扫描仪也不能工作了——除了在史密森博物馆，你不可能使用无计算机的曲柄手持收银器，我也不信你会使用算盘。你看，一切都发生在一瞬间。没有晶体管，就没有全球的经济基础结构。

1.2.5 教育、体育、娱乐等其他方面

集成电路技术在潜移默化地改变着我们的衣食住行等基本的生活方式的同时，它也悄悄渗透进了我们的教育、体育、娱乐等诸多方面，成为提高我们生活水平重要力量。集成电路技术的发展，为提高我们国家的教育质量，丰富群众的娱乐生活，做出了重要的贡献。在本节中，我们将讨论集成电路技术为提高我们的生活质量所作出的重要贡献。

由集成电路技术的发展衍生出来的行业不计其数。其中，计算机技术与我们生活尤为相关，对我们的生活产生了巨大影响，提高了我们的教育质量，丰富了我们的生活。

例如，计算机技术被广泛地应用于教育教学环节之中，组成了以计算机为主体的多媒体计算机技术。从20世纪末开始，逐渐迈入了我们各个阶段，不同层次的教学环节中。让学生的课堂逐渐摆脱了粉笔、黑板，更多的视频、音频资料开始丰富了学生们的课堂。

如果说多媒体计算机技术只是丰富了传统的教学手段，那么空中课堂可就极大拓宽了学生学习知识的场所。通过空中课堂，学生可以在任何有网络的地方，利用自己的PC机，进行知识的学习。当然，集成电路技术的发展也在不断更新这包括集成电路行业自身学生培养所学习的内容，产生了包括以生物电子在内的许多交叉学科，也为其他学科的学习提供了不少的便利。

集成电路技术的发展，在让我们拥有更好的精神文明的同时，也让我们采用更好的手段，保持我们的体魄。利用集成电路技术，我们有更多的技术手段，让我们的运动员的体质和技能变得更高更快更强。通过计算机，我们可以分析他们的弱点，找到他们的长处，让他们更好地取长补短。利用计算机，我们也可以更好地分析对手战术的失误，在竞技体育中更好地一击取胜。

提高教育、体育质量仅是集成电路技术为人类带来的益处的一个方面。并且，相较于教育与体育，集成电路技术给人类带来的更直观的改变，则是娱乐方面的改变。前文中提到的

手机的变革则是一个非常好的例子。随着集成电路集成规模不断地提高，手机自身从产生之初至今，从机身厚重，功能单一，向着灵便小巧，功能多样化的方向发展。手机具备的功能越来越丰富，甚至可以替代计算机完成一些常用的功能，极大丰富了人们的娱乐生活。这应当归功于集成电路技术的发展。

然而，由集成电路技术带来的娱乐方面日新月异的变化，可不仅仅是功能丰富的手机。回想 20 世纪 90 年代，人们的娱乐还仅是依靠电视，装载有简单游戏的电脑更是少见。再看今天吧！以电视为终端的收视习惯正在逐渐改变。因为集成电路技术的发展，个人电脑、平板电脑、智能手机等多种智能终端走进了人们的生活，人们不再满足于观看电视上单一的节目，而是根据自己的兴趣进行选择观看。当然，传统的录制节目已经不能满足人们的需求，基于集成电路技术的网络视频直播系统悄然走进人们的生活。网络视频直播系统与前面提到的空中课堂可有着异曲同工之妙。人们通过自己的智能终端，选择自己感兴趣的主播，观看他播出的内容，可以是游戏、学习，甚至是吃饭！

说到电子游戏，我们不能够忽视这个极大改变了当代人类娱乐方式的一个重要的发明。从当初简单的俄罗斯方块，到现在的美轮美奂的游戏，这场天翻地覆的变化，也离不开集成电路技术的发展。为了能够提供高质量的图形，我们不断改进并完善 GPU 技术；为了能使计算机运算功能更快，我们开发着更高速度的 CPU 芯片等。

当代人们娱乐生活丰富多彩，集成电路技术功不可没。

1.3 集成电路对生活的改变——未来展望

作为一个在二战后才起步的，令人惊异的、已经造就了无比变化的集成电路产业，造就了我们现在无忧无虑的生活，但是对于现代或是未来的科技，又能够带给我们生活的世界多大的改变呢？

对于一个奇迹一样快速发展的产业，原则上是不应该怀疑有什么是必定无法实现的，对比过去数十年发生的事以及生活方式，至少以往的鸿雁传书，鱼腹藏书的故事再也不会发生了！因为现在即使是在较贫穷处，货车、汽车来来往往日行千里也是极普遍的(现在没有车不带芯片了)。展望未来，以往无法想象的飞天汽车也离我们不远了。

通过芯片，绝大多数的精神需求某些时候也可以通过相当高质量的方式满足，因为借助高速的信息流、机器人的发展，未来拥有一个人工智能个人助理也是不足为奇了！至于生活质量的改善，未来大卖场也许会贩售各种家庭用的机器人，可以帮你处理日常生活中的大小事务。这些都得益于集成电路的不断发展。总之在半个世纪前人们幻想以至于梦想中的生活，已经在此时都能具体实现了。

现今有什么是梦中想要的，有什么是想得而不可得，想去而无法去的，如面对编程各种报错以及无法解决的 bug 时就想，要是能以人际间的语言控制电脑就好了！明明相当清晰的逻辑，为什么非要如此呢？也许在未来只要把想法告诉电脑，参考代码就能自动产生了。毕竟现在人工智能在隐隐的发展，计算机要拥有与人类相似的独立学习、行为能力都不再是幻想。

身患绝症时想再活500年，我们也可以用某些手段把所有非正常细胞替换掉，不论是小机器人，或是生化手段……这些都离不开集成电路中的核心——芯片；对于不孕不育或是不想怀孕但要养儿防老的家庭，也可以通过相当漂亮的仿真手段使用全息模拟发育条件来实现体外全程胚胎培养；又或者是猜不透异性的心理时，也可以根据google数据库中全球异性数据，由数据库分析软件来给你参考意见……，等等。

以上所罗列或许有人认为荒唐，但有了集成电路，这些都不再是虚幻的奇想，也许在不远的将来我们将身临其境，享受这些新兴技术给人类带来的便利。

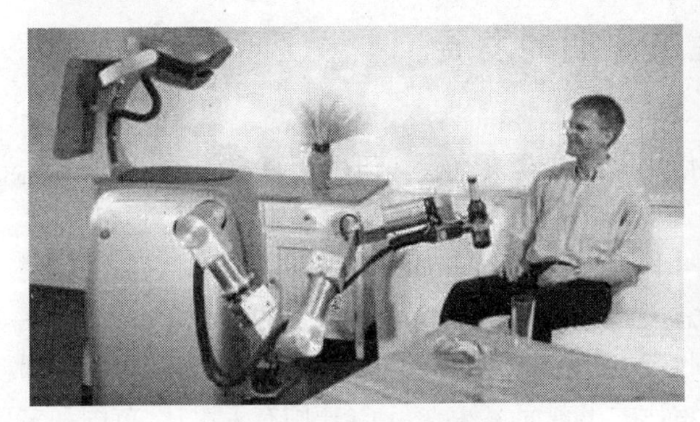

图1-9　智能个人助理

图1-10　女仆机器人

第2章 集成电路近30年的发展

2.1 半导体与集成电路的产生及早期的发展

在电子晶体管被发明之前，无线电通信用的主要是真空管。但由于真空管体积大，制造复杂，可靠性差，使用十分受限。

第一次世界大战结束后，大多数的科学研究关注于原子和原子核领域，以及对它们用量子理论的解释。尽管电子学具有重要的现实意义，但由于缺乏对其根本机制的了解，它的发展失去了活力。当时，新兴的无线电行业（晶体收音机）受到大力支持，但电子学的科学理论发展却落后了。这种情况由于第二次世界大战前雷达的出现而突然改变了（德国有了雷达，英国和美国为与之竞争，也迫切需要拥有雷达）。正如我们即将看到的那样，雷达成为晶体管发展的重要催化剂。出于对雷达的迫切需求，科学家们越来越关注固体电子。在20世纪30年代末期，在物理学家莫脱（Nevill Mott，1939年）、肖特基（Walter Schottky，1939年）和达维多夫（Boris Davydov，1938年）的开拓性的努力之下，整流二极管的系统理论描述诞生了。

1947年12月23日，世界上第一只晶体管诞生，主要发明者（见图2-1）是美国贝尔实验室的三位半导体物理学家：威廉·肖克莱（William Shockley）、沃尔特·布拉顿（Walter Brattain）和约翰·巴丁（John Bardeen）。1956年，他们因此项重大发明而被授予诺贝尔物理学奖。图2-2为第一只晶体管的实物照片。这3位科学家由此获得了1956年诺贝尔物理学奖。

图2-1 由左至右为巴丁、肖克莱和布拉顿

图2-2 第一只晶体管的实物照片

随后，半导体物理蓬勃发展，越来越多新的半导体器件被发明出来(见表2-1)。

表2-1　主要半导体器件发明时间

年　份	半导体器件	作者/发明者
1874	金属—半导体接触	Braun
1907	发光二极管(LED)	Round
1947	双极型晶体管(BJT)	Bardeen和Brattain；Shockley
1949	p-n结	Shockley
1952	晶闸管	Ebers
1954	太阳能电池	Chapin，Fuller和Pearson
1957	异质结双极型晶体管(HBT)	Kroemer
1958	隧道二极管	Saki
1960	金属氧化物半导体场效应晶体管(MOSFET)	Kahng和Atala
1962	激光	Hall等
1963	异质结激光	Kroemer；Alferov和Kazarinov
1963	转移电子晶体管(TED)	Gunn
1965	碰撞电离雪崩渡越时间二极管(IMPATT)	Johnston，Deloach和Cohen
1966	金属半导体场效应晶体管(MESFET)	Mead
1967	非挥发性半导体存储器(NVSM)	Kahng和施敏
1970	电荷耦合元件(CCD)	Boyle和Smith
1974	共振隧穿二极管	张立纲，Esaki和Tsu
1980	调制掺杂场效应晶体管(MODFET)	Mimura等
1994	室温单电子存储器(SEMC)	Yano等
2001	15 nm金属氧化物半导体场效应晶体管	Yu等

为了晶体管能被广泛应用，肖克莱及其团队开始对制造工艺方面进行研究并于1956年2月和一群志同道合的科学家创立了“肖克莱半导体实验室”。两年后，肖克莱实验室的8名员工在费尔柴尔德(Sherman Fairchild)的支持下在帕洛阿尔托成立了仙童半导体公司，并且靠着BJT迅速发展起来。与此同时，肖克莱的早期合作者蒂尔(Gordon Teal)于1952年加入了德州仪器(TI)并从事晶体管工作。1954年德州仪器公司拥有一条正常运作的锗BJT生产线，并制作了世界上第一台商业化的“晶体管”收音机——Regency。1958年9月12日，德州仪器的基尔比(Jack Kilby)成功制造了第一个集成的数字“触发器”。与此同时，仙童半导体公司的诺伊斯(Robert Noyce)于1959年1月23日引进“平面工艺”进行金属互连。他们被确认为集成电路共同的发明人。

从20世纪60年代初期开始，德州仪器和仙童半导体公司不断推出一些集成电路，包括“小型计算机”。

1961年5月，肯尼迪(John F. Kennedy)总统宣布将把人类送往月球的远见，无意中创造了一个近乎瞬间爆发的集成电路市场。显然，尺寸和重量分别是航天飞行的决定性因素，因而集成电路必然起到举足轻重的作用。集成电路竞赛开始了！

2.2 摩尔定律

2.2.1 摩尔定律的由来

早在1959年，美国著名半导体厂商仙童公司首先推出了平面型晶体管，紧接着于1961年又推出了平面型集成电路。这种平面型制造工艺是在研磨得很平的硅片上，采用一种所谓“光刻”技术来形成半导体电路的元器件，如二极管、三极管、电阻和电容等。只要“光刻”的精度不断提高，元器件的密度也会相应提高，从而具有极大的发展潜力。因此平面工艺被认为是“整个半导体的工业键”，也是摩尔定律问世的技术基础。

1965年时任仙童半导体公司研究开发实验室主任的戈登·摩尔(Gordon Moore)应邀为《电子学》杂志35周年专刊写了一篇观察评论报告，题目是：“让集成电路填满更多的元件”。在摩尔开始绘制数据时，发现了一个惊人的趋势：每个新芯片大体上包含其前一个芯片两倍的容量，每个芯片的产生都是在前一个芯片产生后的18～24个月内。如果这个趋势继续的话，计算能力相对于时间周期将呈指数式的上升。摩尔的观察资料，就是后来的摩尔定律，所阐述的趋势一直延续至今，且仍不同寻常地准确。

人们还发现这不光适用于对存储器芯片的描述，也精确地说明了处理机能力和磁盘驱动器存储容量的发展。该定律成为许多工业对于性能预测的基础。

2.2.2 摩尔定律的具体内容

摩尔1965年的预言声明原稿是这样的：“原件的复杂性大约每年增长一倍……当然，在短期内这种增长速度会保持。但如果时间再长一些的话，增长速度就有些不太确定，虽然有理由相信这一增长速度会保持至少10年几乎不变。这意味着到1975年，为了降低成本，每个集成电路上所含的元件数目将达到65 000个。我相信，如此大规模的电路可以搭建在一块晶片上。”

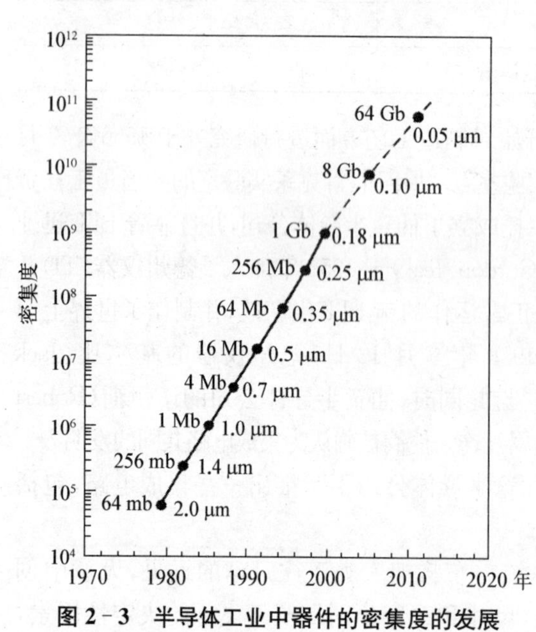

图2-3　半导体工业中器件的密集度的发展

现今，最为普遍的摩尔定律的内容是：当价格不变时，集成电路上可容纳的元器件的数目，约每隔18～24个月便会增加一倍，性能也将提升一倍。微电子行业的许多其他指标也遵循类似的指数增长模式：包括晶体管的速度、尺寸和成本。图2-3表示了晶体管密集度的发展，图2-4表示了成本的发展，图2-5左下角显示了四个数据点，摩尔开始据此进行研究并依据1970年至今微处理器和存储器产品中每一“芯片”（即大约1 cm^{3}大小的半导体材料方片，晶体管建于其上）上晶体管的数目。图2-5中还显示了晶体管最小的特征尺寸，以微米（μm）为单位，即一米的百万分之一。

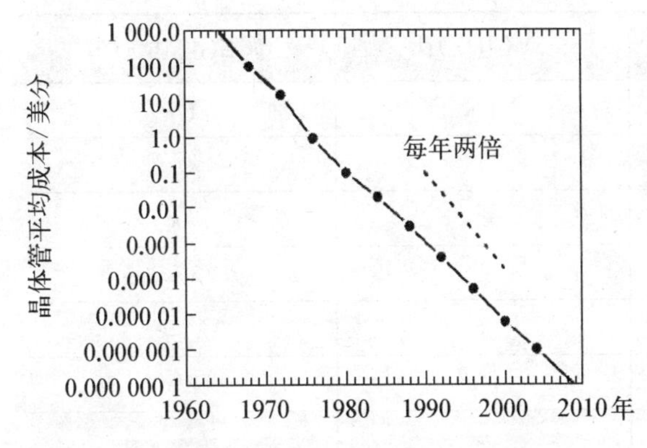

图2-4　每年全球晶体管生产成本的变化

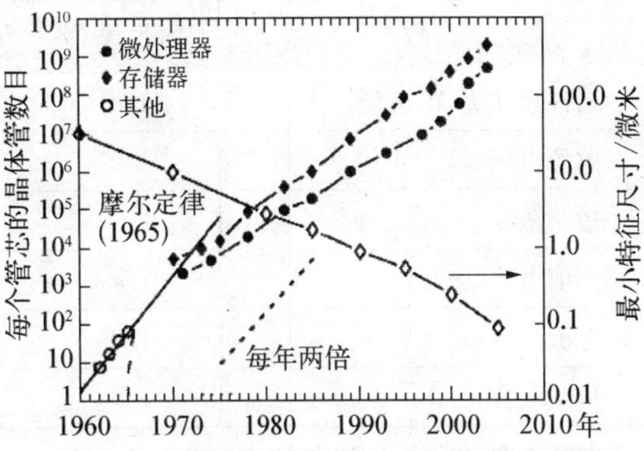

图2-5　微处理器和存储芯片上每个管芯所含晶体管的数目随时间的发展变化，以及生产那些管芯的最小特征尺寸

根据摩尔对半导体行业和集成电路制造工艺技术及其发展趋势的了解与把握，他提出了被人们称为摩尔定律的构想，而随着晶体管尺寸的进一步缩小和集成电路集成度的不断增加，势必使集成电路变得更加便宜，功能更强，模块化程度更高。50多年过去了，半导体工业的发展突破了一个又一个看似不可能跨越的技术瓶颈，神奇地遵循着摩尔定律。

2.2.3　等比例缩小定律

缩小器件尺寸、提高集成密度一直是集成电路发展的推动力，但是如何缩小器件尺寸则需要理论的指导。1974年罗伯特·丹纳德（Robert H. Dennard）首先提出了MOS器件等比例缩小（Scaling Down）的理论。其基本指导思想是：保持MOS器件内部电场不变，即恒定电场规律，简称CE律。

如果在缩小尺寸的过程中能够保证器件内部的电场强度不变，则器件性能就不会退化。这就要求：所有几何尺寸，包括横向和纵向尺寸，都缩小κ倍，以增加跨度和减少负载电容，提高集成电路的性能；衬底掺杂浓度增大κ倍；电源电压下降κ倍。

1. 恒定电压等比例缩小规律（简称CV律）

(1) 保持电源电压V_{ds}和阈值电压V_{th}不变，对其他参数进行等比例缩小。

(2) 按CV律缩小后对电路性能的提高远不如CE律，而且采用CV律会使沟道内的电场大大增强。

(3) CV律一般只适用于沟道长度大于1 μm的器件，它不适用于沟道长度较短的器件。

2. 准恒定电场等比例缩小规则，缩写为QCE律

(1) CE律和CV律的折中，实际采用的最多。

(2) 随着器件尺寸的进一步缩小，强电场、高功耗以及功耗密度等引起的各种问题限制

了按 CV 律进一步缩小的规则,电源电压必须降低,同时又为了不使阈值电压太低而影响电路的性能,实际上电源电压降低的比例通常小于器件尺寸的缩小比例。

(3) 器件尺寸将缩小 κ 倍,而电源电压则只变为原来的 λ/κ 倍。

表 2-2　等比例缩小定律

参　　数	CE(恒场)律	CV(恒压)律	QCE(准恒场)律
器件尺寸 L, W, t_{ox} 等	$1/\kappa$	$1/\kappa$	$1/\kappa$
电源电压	$1/\kappa$	1	λ/κ
掺杂浓度	κ	κ^2	$\lambda\kappa$
阈值电压	$1/\kappa$	1	λ/κ
电流	$1/\kappa$	κ	λ^2/κ
负载电容	$1/\kappa$	$1/\kappa$	$1/\kappa$
电场强度	1	κ	λ
门延迟时间	$1/\kappa$	$1/\kappa^2$	$1/\lambda\kappa$
功耗	$1/\kappa^2$	κ	λ^3/κ^2
功耗密度	1	κ^3	λ^3
功耗延迟积	$1/\kappa^3$	$1/\kappa$	λ^2/κ^3
栅电容	κ	κ	κ
面积	$1/\kappa^2$	$1/\kappa^2$	$1/\kappa^2$
集成密度	κ^2	κ^2	κ^2

2.2.4　摩尔定律的影响

摩尔定律并不是科学界或自然界的一个定律,它只是对以往半导体业及半导体制程领域的技术规律所进行的技术性归纳和总结,一种总是具有滞后特征、人为既定的规律。摩尔定律描述了由不断改进的半导体制造工艺技术所带来的指数级增长的独特趋势和规律。

摩尔定律一开始作为被观察对象的增长趋势,然而在最近几年却成为行业的动力。也就是说,产业的健康在很大程度上通过它是否能够有效地维持每 18 个月增长 2 倍来判定。这肯定是一把双刃剑,并时不时使得整个微芯片行业陷入严重的财政困境。尽管如此,通信革命的辉煌成就和它有着直接关系,它对集成电路设计和制造产业起着重要的技术导向和技术驱动作用,它在客观上起到了推动集成电路产业发展的作用。

2.2.5　摩尔定律的未来

近年来微纳电子科学和集成电路产业的发展,证明了有效 30 多年的摩尔定律未来正在受到挑战。在传统的集成电路技术发展似乎走到技术尽头的时候,依靠新材料和新结构的技术发展,摩尔定律才能继续显示其有效性。但是技术发展的步伐呈现减缓的趋势。在进入 21 世纪后,各种新器件材料的引进以及各种新器件结构的陆续推出,给世界集成电路产业带来了诸多机遇和挑战。

微纳电子产业技术中最频繁提出的问题是 1965 年摩尔提出的对于集成电路技术发展规律的预测,1975 年摩尔修正了预测,认为每隔 24 个月,单位面积上晶体管的数量将翻番。37 年来的集成电路发展历史证明了这个预测的准确性。图 2－6 和图 2－3 为 ITRS 在 2011 年底发布的国际半导体技术发展蓝图。可以看到,随着微纳电子产业进入纳米时代,摩尔定律未来的有效性正在受到挑战。依靠新材料和新结构的技术发展,摩尔定律正在艰难地显示其有效性,但是发展步伐有放慢的趋势。产业界不断在思索:每两年发展一代技术的节奏能否延续下去?摩尔定律以后的微纳电子产业将如何发展?

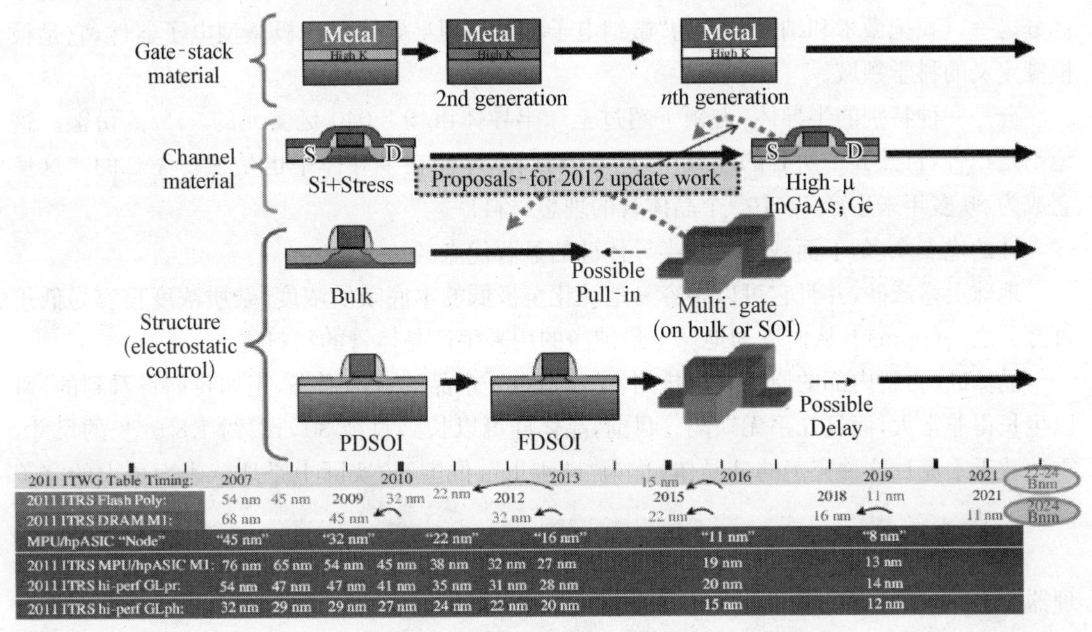

图 2－6　ITRS 2011 年预测的国际半导体技术发展蓝图

从物理角度看,硅基晶体管还能够继续缩小,从现有的 22 nm 技术代演进 4 个技术代后可以达到 4 nm 技术代,这个技术发展进程时间可能在 10 年左右。到那个时候,由于特征距离将为 10 nm 左右。因此,根据现有的晶体管理论,届时将不可避免地会发生电子漂移,无法控制电子的进出,从而导致晶体管的失效。

从经济角度看,高昂的设计和制造成本也许会终结或者淡化摩尔定律的延伸。尽管如此,这并不意味着现有的 CMOS 硅技术发展将到终点,恰恰相反,这将推动新材料和新器件结构的研究进展,以适应日益发展的电子市场的旺盛需求,尤其是以移动互联技术为市场主要驱动力的产品技术发展,将得到全球集成电路产业界更高程度的关注。

摩尔定律未来的延伸,基本上依赖于新材料新工艺的突破。很难讲摩尔定律可以走多远。如果找不到替代晶体管的材料,摩尔定律便会失效。如果替代材料出现了,那么类似(准)摩尔定律的规律将得到延伸。所以可以认为,未来摩尔定律的有效性取决于新型材料的开发成果和新型器件结构的进展。

2.3 集成电路发展史的几个重要节点

2.3.1 硅与二氧化硅

简言之，晶体管以及我们的通信革命，如果没有半导体这一类固体材料所具有的独特优点，就不会存在。没有半导体，就没有晶体管，没有晶体管，也就没有电子学；没有电子学，也就没有通信革命。这一人类活动的领域在历史上称为“微电子学”，其中“微”是“微米”的简称，即 1 米的百万分之一。目前，微电子学正在迅速地演变成“纳电子学”。纳米是 1 米的十亿分之一。我把微米和纳米合称为“微纳电子学”，利用半导体生产极微型电子器件，它是被模糊定义的科学领域。

硅是一种特别的半导体，占领了超过全球半导体市场 2 040 亿美元的 95%的份额。这绝不是巧合，自然界中所有的建材中，硅十分独特，即使在半导体中也是独一无二的。这使它成为 60 多年来生产 1×10^{19} 个晶体管的理想材料！

硅的优点众多，下面叙述一些半导体硅的显著优点。

地球上盛产硅，并且它可以很容易地纯化至极低的本底杂质浓度[杂质浓度很容易低于百万分之一(ppm)]，从而成为地球上最纯净的用来生产晶体管的材料之一。

晶体硅(材料内部的原子规则排列，是建造电子产品的首选形态，正如我们将看到的)可以生长得非常大，而且几乎无缺陷。目前，晶体硅可以长到直径 30 cm、约 1.8 m 长的尺寸，重达数千千克！这种完美的硅晶体(称为“硅刚玉”，像宝石)实际上是地球表面最大的完美晶体。

硅具有优良的热性能，可以有效地去除散发的热量。这很关键，因为即使组成一个微处理器的 1 000 万个晶体管中每一个散发的热量极少(如 0.001 W)，但加起来就有许多的热量(10 000 W=灾难)。如果这些热量不能有效地去除，那么芯片温度的上升就会失控，可靠性和性能就会降低。

硅原子结晶形成“钻石”结构，就像碳晶体(真正的钻石)。这是一种非常稳定和强大的晶体结构，硅的许多优良特性，直接与这一基本的晶体结构有关。

硅无毒且高度稳定，这使得它在许多方面成为最好的“绿色”材料，虽然完成制造过程所需的气体(二硼烷、磷化氢和砷化氢)实际上是“肮脏”的。

硅具有优良的力学性能，使得微纳电子制造过程便于操作。对于一个 300 mm 直径的硅晶棒，晶片可以被切割到大约 0.80 mm 的厚度(生产超平“薯片”，在微电子学专业术语中称为“晶片”)，这能够使每根硅晶棒切割成的晶片的数目最大化。想想成本。这种力学性能的稳定性也使制造过程中的晶片的翘曲为最小。

也许最重要的是，一个非常高品质的绝缘体(更正式一些可称为“电介质”)可以在硅片上生长，只需简单地在高温下让氧气在晶片表面流过(甚至只需把它放在架子上经过短短几分钟的时间即可)。这种介质——二氧化硅(SiO_2，地质学家叫做“石英”)，是自然界最完美的绝缘体(1 cm 厚的 Si 可以承受高达 1×10^7 V 的电压而不会被击穿)之一。其后我们将会看到，SiO_2 可以创造性地用于晶体管的设计和制造。

这里就要提到一个叫做热氧化的技术。硅 IC 成功的主要原因就是如上所说，能在硅表面获得性能优良的天然二氧化硅层。该氧化层在 MOSFET 中被用做栅绝缘层，也可作为器件之间隔离的场氧化层。连接不同器件用的金属互连线可以放置在场氧化层顶部。大多数其他的半导体表面不能形成质量满足器件制造要求的氧化层。

硅在空气中全氧化形成大约厚 25 A 的天然氧化层。但是，通常的氧化反应都在高温下进行，因为基本工艺需要氧气穿过已经形成的氧化层到达硅表面，然后发生反应。氧气通过扩散过程穿过直接与氧化层茬面相邻的凝滞气体层，然后穿过已有的氧化层到达硅表面，最后在这里与硅反应形成二氧化硅。由于这个反应，表面的硅被消耗了一部分。被消耗的硅占最后形成的氧化层厚度的 44%。

而氧化的方法又有两种：湿氧氧化和干氧氧化。湿氧氧化的氧化剂是使用氧和水蒸气的混合物。湿氧氧化具有较高氧化速率，可用于生长厚的氧化层。干氧氧化可获得特性良好的 Si - SiO_2 界面，所以通常用来生长器件的氧化物薄层。硅晶片原材料经过氧化工艺处理后，就会在硅晶片的整个表面形成一层 SiO_2。

讲到这里，不得不提一提半导体界面研究。半导体界面研究在半导体物理学和器件工艺中占据着很重要的地位。半导体—金属接触是最早为人们所研究的界面。德国人肖特基(Schottky)和英国人莫特(Mott)依据金属和半导体电子功函数不同提出，在半导体—金属界面上存在接触势垒，这一理论能够解释半导体—金属间的整流作用，但不能说明不同金属与半导体接触势垒高度几乎相同。美国人巴丁(Bardeen)进一步提出，半导体表面存在高密度表面，它“锁定”了势垒高度，解释了与金属功函数无关。

半导体-绝缘介质接触在微电子技术中有广泛应用，SiO_2/Si 是典型的半导体-绝缘介质接触。在 SiO_2/Si 界面存在有：

① 由于硅晶格周期性中断而产生的“快表面态”；

② 由于在界面处过量硅离子而产生的固定正界面电荷密度 QSS。前者可用适当工艺处理降低或消除，而后者则不能从工艺上消除，而且 QSS 大小与半导体结晶方向密切相关。

稳定的 SiO_2 膜和优质的 SiO_2/Si 界面系统使硅成为应用最广泛的半导体材料。两种不同的半导体材料接触，在界面附近形成半导体异质结，界面上仍保持了晶格的连续性，两种半导体晶格常数的差异导致界面上产生大量的界面态(或悬挂键)，它对异质结能带结构和电子输运有很大影响，晶格失配越小，界面态密度越低。异质结在现代半导体器件，尤其在激光器和其他光电器件中具有极重要的应用价值。

2.3.2　CMOS 电路

1. CMOS 定义

金属-氧化物-半导体场效应管(MOSFET)是两种主要类型的晶体管之一，广泛用于数字电路的应用中，因其尺寸极小，故可以在单个集成电路中制造几百万个器件。我们可以制造两种互补的 MOS 晶体管，即 n 沟道 MOSFET 和 p 沟道 MOSFET。在同一电路中同时使用这两种类型的器件时，电路设计就会变得非常多样。这些电路称为互补 MOS(CMOS)电路。

CMOS是单词的首字母缩写，代表互补的金属氧化物半导体(Complementary Metal-Oxide-Semiconductor)，它指的是一种特殊类型的电子集成电路(IC)。集成电路是一块微小的硅片，它包含有几百万个电子元件。术语 IC 隐含的含义是将多个单独的集成电路集成到一个电路中，产生一个十分紧凑的器件。在通常的术语中，集成电路通常称为芯片，而为计算机应用设计的 IC 称为计算机芯片。

2. 为什么选择 CMOS

虽然制造集成电路的方法有多种，但对于数字逻辑电路而言 CMOS 是主要的方法。桌面个人计算机、工作站、视频游戏以及其他成千上万的产品都依赖于 CMOS 集成电路来完成所需的功能。当所有的个人计算机都使用专门的 CMOS 芯片，如众所周知的微处理器来获得计算性能时，CMOS IC 的重要性就不言而喻了。

CMOS之所以流行的原因有 10 个方面。

(1) 功耗低。CMOS 集成电路采用场效应管，且都是互补结构，工作时两个串联的场效应管总是处于一个管导通，另一个管截止的状态，电路静态功耗理论上为零。实际上，由于存在漏电流，CMOS 电路尚有微量静态功耗。单个门电路的静态功耗典型值仅为 20 mW，动态功耗(在 1 MHz 工作频率时)也仅为几 mW。

(2) 工作电压范围宽。CMOS 集成电路供电简单，供电电源体积小，基本上不需稳压。国产 CC4000 系列的集成电路，可在 3～18 V 电压下正常工作。

(3) 逻辑摆幅大。CMOS 集成电路的逻辑高电平“1”、逻辑低电平“0”分别接近于电源高电位 VDD 及电源低电位 VSS。当 VDD=15 V，VSS=0 V 时，输出逻辑摆幅近似 15 V。因此，CMOS 集成电路的电压利用系数在各类集成电路中指标是较高的。

(4) 抗干扰能力强。CMOS 集成电路的电压噪声容限的典型值为电源电压的 45%，保证值为电源电压的 30%。随着电源电压的增加，噪声容限电压的绝对值将成比例增加。对于 VDD=15 V 的供电电压(当 VSS=0 V 时)，电路将有 7 V 左右的噪声容限。

(5) 输入阻抗高。CMOS 集成电路的输入端一般都是由保护二极管和串联电阻构成的保护网络，故比一般场效应管的输入电阻稍小，但在正常工作电压范围内，这些保护二极管均处于反向偏置状态，直流输入阻抗取决于这些二极管的泄漏电流，通常情况下，等效输入阻抗高达 103～1 011 Ω，因此 CMOS 集成电路几乎不消耗驱动电路的功率。

(6) 温度稳定性好。由于 CMOS 集成电路的功耗很低，内部发热量少，而且，CMOS 电路线路结构和电气参数都具有对称性，在温度环境发生变化时，某些参数能起到自动补偿作用，因而 CMOS 集成电路的温度特性非常好。一般陶瓷金属封装的电路，工作温度为 −55～+125℃；塑料封装的电路工作温度范围为 −45～+85℃。

(7) 扇出能力强。扇出能力是用电路输出端所能带动的输入端数来表示的。由于 CMOS 集成电路的输入阻抗极高，因此电路的输出能力受输入电容的限制，但是，当 CMOS 集成电路用来驱动同类型，如不考虑速度，一般可以驱动 50 个以上的输入端。

(8) 抗辐能力强。CMOS 集成电路中的基本器件是 MOS 晶体管，属于多数载流子导电器件。各种射线、辐射对其导电性能的影响都有限，因而特别适用于制作航天及核实验设备。

(9) 可控性好。CMOS 集成电路输出波形的上升和下降时间可以控制，其输出的上升和下降时间的典型值为电路传输延迟时间的 125%～140%。

(10) 接口方便。因为 CMOS 集成电路的输入阻抗高和输出摆幅大，所以易于被其他电路所驱动，也容易驱动其他类型的电路或器件。

这些特征都为 CMOS 成为制造 IC 的主要工艺提供了基础。

3. CMOS 应用的几个关键节点

随着 CMOS 工艺的不断发展，超大规模集成电路应运而生。1967 年，出现了大规模集成电路，集成度迅速提高；1977 年超大规模集成电路面世，一个硅片中已经可以集成 15 万个以上的晶体管；1988 年，16M DRAM 问世，1 cm^2 大小的硅片上集成有 3 500 万个晶体管，标志着进入超大规模集成电路(VLSI)阶段；1997 年，300 MHz 的奔腾Ⅱ问世，采用 0.25 μm 工艺，奔腾系列芯片的推出让计算机的发展如虎添翼，发展速度让人惊叹，至此，超大规模集成电路的发展又到达了一个崭新的高度。2009 年，酷睿 i 系列全新推出，创纪录采用了领先的 32 nm 工艺，并且同时开始下一代 22 nm 工艺的研发。

从以上几个节点可以看出，集成电路的集成度由于 CMOS 工艺、制造技术以及设计理念的不断发展，从小规模到大规模、再到超大规模和特大规模一步步不断提高。相信随着科技的发展，集成电路还会有更好的发展。

2.3.3　low-*k* 材料、铜互连和 Salicide

如今，半导体工业飞速发展，人们对于电子产品的功能和体积也提出了进一步的要求，因而，提高集成电路的集成度、应用新式材料和新型布线系统以缩小产品体积、提高产品稳定性势在必行。根据 Moore 定律，IC 上可容纳的晶体管数目，约每隔 18 个月便会增加一倍，性能也将提升一倍。日益减小的导线宽度和间距与日益提升的晶体管密度促使越来越多的人把目光投向了低介电常数材料在 ULSI 中的应用。IC 芯片多层立体布线，不同传导层之间必须相互绝缘，而这种层间绝缘是通过在层间淀积绝缘介质(ILD)实现的。所谓 low-*k* 介质材料是指介电常数比二氧化硅低的介质材料。近年来，因为 low-*k* 介质材料良好的机械性能、热稳定性和热传导性能，众多研究者已致力于 low-*k* 介质材料代替二氧化硅的研究。

同样，传统工艺中所使用的铝(Al)互连线随着现代工艺的不断进步，产品尺寸的不断减小，逐渐暴露出了尖楔现象和电迁移现象等问题，影响电路的性能表现以及寿命，因此在铝之后，铜(Cu)成了互连金属的热门研究对象。铜具有比铝低的电阻率(注：铜为 1.7 μΩ・cm)以及较高的熔点，载流能力远强于铝，同时有着较好的抗电迁移特性。与传统蚀刻法制备的铝互连线相比较，铜互连线具有更高的可靠性与抗电迁移特性。

1. low-*k* 材料

(1) low-*k* 的作用，主要表现在两个方面。

第一是缩短了信号传播延时。

集成电路的速度由晶体管的栅延时(gate delay)和信号的传播延时(propagation

delay)两个参数共同决定,延时时间越短,信号的频率越高。栅延时主要是由 MOS 管的栅极材料所决定,使用 high - k 材料可以有效地降低栅延时。传播延时也称为 RC 延时(RC delay),R 是金属导线的电阻,C 是内部电介质形成的电容。RC 延时的表达式为

$$TRC = \rho\varepsilon(L^2/TD)$$

式中,ρ 为金属的电阻率;ε(也记做 k)是电介质的介电常数;L 为导线长度;T 是电介质厚度;D 为金属导线厚度。该公式反映了电路参数对 TRC 的影响。公式中虽没有出现电阻 R 和电容 C 两个符号,但又都与这两个参数有关。电阻率 ρ、导线的长度 L、导线厚度 D 三个参数与电阻 R 有关,而介电常数 ε、导线长度 L 两个参数与电容 C 的大小有关。

金属材料和绝缘材料对传播延时都会产生影响。由于铜(Cu)导线比铝(Al)导线的电阻更低,FSG 比 SiO_2 的 k 值低。所以,铜互联与 low - k 工艺的同时应用,将使得传播延时变得越来越短了。

第二是降低了线路串扰。

一条传输线传送信号时,通过互感(磁场)在另一条传输线上产生感应信号,或者通过电容(电场)产生耦合信号,这两种现象统称为串音干扰,简称"串扰(crosstalk)"。串扰可使相邻传输线中出现异常的信号脉冲,造成逻辑电路的误动作。

耦合串扰是由导线间的寄生电容引起的,根据容抗表达式 $XC = 1/2\pi fC$ 可知:电容的容量 C 越大,XC 越小,信号越容易从一根导线穿越电介质到达另一根导线,线路间的串扰就越严重;信号的频率 f 越高,脉冲的上升、下降时间越短,串扰也越严重。由于 CPU 速度不断攀升,信号频率 f 目前已超过 3 GHz。但是,线路串扰已经成为进一步提高频率的限制条件,芯片技术的发展面临巨大挑战。鉴于 k 值与分布电容之间的因果关系,寻求 k 值更低的 ILD 材料,最大限度地降低串扰影响,是保持芯片微型化和高速化发展的一个有效途径。从上面的分析可以得出两个结论:首先,芯片中使用 low - k 电介质作为 ILD,可以减少寄生电容容量,降低信号串扰,这样就允许互连线之间的距离更近,为提高芯片集成度扫清了障碍;其次,减小电介质 k 值,可以缩短信号传播延时,这样就为提高芯片速度留下了一定空间。

(2) ULSI 中 low - k 材料的研究情况主要有两个方面。

一是 CVD low - k 材料。CVD 工艺是传统的集成电路制造工艺之一。利用现有的标准 PECVD 设备和一些新型 HDPCVD 设备淀积 low - k 材料可以大大降低设备成本。同时,在人们较为熟悉的 CVD 工艺技术基础上开发新工艺,技术难度相对较小。

氟氧化硅(SiOF) 半导体工艺一直以来都依赖氧化硅作为绝缘材料,因此人们在寻找 low - k 介电材料的时候总是从掺杂氧化硅开始。F 具有降低电子极化率的作用,从而降低材料的介电常数。以化学气相淀积方法制备的 SiOF 低介电常数材料已经被广泛应用于集成电路后端制程的介质层上。SiOF 薄膜的制备方式和硼磷硅酸玻璃类似,只是在生长氧化硅的同时,在其中掺入含有 F 的物质。另外,F 的加入还可以改善淀积薄膜的沟槽填充能力,因此该技术已经被广泛应用于集成电路制造工艺中,成为一种比较成熟的技术。SiOF 薄膜中 F 含量的控制比较困难,并且 F 的引入会引起水解作用,薄膜在空气中易于吸水,形成 OH—和 HF,OH—将增加膜的介电常数,同时 HF 和 OH—能腐蚀介质的金属层,因此

互连工艺的可靠性和重复性会受到一定程度的影响。另外，SiOF 材料的介电常数值 k 相对比较高(约为 3.5)，应用潜力有限，体电阻率和击穿场强也比二氧化硅低得多。这些缺点都限制了 SiOF 材料在集成电路中的进一步应用和发展。

碳氧化硅(SiOC)　在氧化硅中掺入羟基团，可以使某些氧晶格中的硅键断裂，从而降低单位体积内的成键数目，降低薄膜密度，从而得到较低的 k 值。同时，薄膜中适当引入Si—C—Si 键可以增强薄膜的机械性能。SiOC 也可用标准 PECVD 系统制造，其 k 值与薄膜密度成正比，一般为 2.5～3.5。SiOC 具有高的热稳定性，在氮气中 650℃退火 30 min，薄膜性质无明显变化；机械强度大，杨氏模量和硬度分别可以达到 33 GPa 和 4 GPa；击穿电场可以达到 5.5 MV/cm，漏电流比较低，4.5 MV/cm 电场下和 PTEOS 相当；不吸收紫外光，在光刻中不需用不透明的硬掩模版；薄膜腐蚀后边墙也不需要进行稳定化处理；与衬底黏附性好，不会发生剥离现象；表面呈疏水性，可以在空气中暴露很长时间。但是碳氧化硅薄膜在 O_2 等离子体光刻胶去除工艺中会受到刻蚀作用的破坏，从而造成薄膜介电性能的退化，并且对过孔填充也会造成不良的影响。

非晶氟化碳(a-C: F)　非晶氟化碳是一种很有希望应用于 ULSI 的 low-k 材料之一。一般采用 PECVD 或者 HDPCVD 的方法制备。淀积过程中控制源物质中 F/C 的比例和等离子体参数能获得质量较好的非晶氟化碳薄膜。根据工艺条件的不同，其 k 值为 2.1～2.7。薄膜中的，F/C 比和 C—C 键合方式是影响薄膜特性的重要参量，它们直接决定了薄膜的介电常数值、热稳定性和漏电流的大小。采用合理的硅片清洗步骤，形成疏水性表面，可以有效改善非晶氟化碳薄膜与衬底的黏附性。薄膜中 F 含量的增加可以降低薄膜的介电常数值，同样也会降低薄膜的热稳定性；在成键网络中增加 C═C 键合方式的成分可以提高薄膜的热稳定性，但是由于 π 键的存在会使得薄膜禁带宽度减小，薄膜中的漏电流也会增加。在诸多矛盾的因素中选择合适的折中工艺成为非晶氟化碳薄膜研究的一项重要内容。

聚对二甲苯类 low-k 材料(parylenes)　常用的 parylene low-k 材料有 parylene-N 和 parylene-F 两种，k 值在 2.3～2.5。parylene-N 制备上采用 Gorham 方法，在热解反应器内 parylene 环状聚合物在 600～650℃发生热解反应，生成的 parylene 单体进入淀积室，在衬底表面生长出 parylene-N。parylene-F 和 parylene-N 的结构相似，仅仅是由 F 原子取代了非苯环上的 N 原子。由于缺乏商品化的制备 parylene-F 的前驱物，一些研究者采用以 Zn 为催化剂通过热解反应生成 parylene-F，不过生成的 parylene-F 薄膜会含有一定量的 O，Br，Zn 等杂质。

二是旋涂式 low-k 材料(spin-on dielectrics)。

旋涂式 low-k 材料是用旋转涂敷法把液体的源物质涂敷到芯片上，然后通过多步烘干步骤排除溶剂而形成薄膜。与 CVD low-k 材料相比，由于采用旋转涂敷工艺，相同的旋涂设备可用于制作多种介质材料，因此旋涂式 low-k 材料工艺成本低廉。旋涂式 low-k 材料可以分为有机和无机两种，它们大多需要有衬垫层以改善与基片的结合，在其上面还需要有覆盖层以抗潮湿，并有利于化学机械抛光。下面简单介绍几种常用的旋涂式 low-k 介质(见表 2-3，表 2-4，表 2-5)。

表 2-3 硅酸盐类

HSQ	MSQ
HSQ(hydrogen silsesquioxane)是SOD材料中被报道最多的一种,分子式为$(HSi_{1.5})_n$。使用时将它溶解于异丁基甲烷酮中,由旋涂方式涂敷于晶片表面,再经过一系列的烘烤和固化工艺步骤,使得薄膜结构多孔结构转变。根据工艺条件的不同,HSQ可以形成梯形和笼状结构。HSQ的平整化特性及对连线间隙的填充能力都比二氧化硅好,而且k值较低(2.5～3.0)。HSQ最初应用于集成电路中是为了降低制造工艺成本,而不是因为其介电常数低。由于HSQ较早在集成电路中得到应用,目前它已经成为低k旋涂式材料中应用最为广泛的材料之一。但HSQ易与水汽反应使k值增加,造成通孔损坏及引起器件热电子注入失效。另外,HSQ热稳定性较差,在温度高于400℃时介电常数上升,其值接近二氧化硅。这些缺点都限制了HSQ在ULSI中的进一步的应用	MSQ(methylsilsesquioxane)是一种以Si为主,并具有甲基的Si—CH_3键所组成的高分子化合物,其分子结构与HSQ很类似,只是以甲基取代原本氢原子的位置。虽然MSQ含有甲基,但仍然属于以Si为主的硅酸盐类;由于Si—CH_3键的极性比Si—O键弱,降低了极化率,因此其介电常数值比HSQ薄膜更低。另外,相对于HSQ来说MSQ薄膜具有更高的热稳定性,在高温下不容易分解,并且薄膜应力比较低

表 2-4 有机聚合物

PAE	PAE(polyaryleneether)是芳香族聚合物的一种,有氟化和非氟化两类,k值为2.3～3.0。这类材料具有较低的出气率,水汽吸收小,同时具有良好的热稳定性和机械稳定性。氟化的PAE材料一般存在与阻挡层金属的黏附性较差等问题。非氟化PAE材料具有极好的黏附性,不需要用助黏剂,抛光时也不需要覆盖层
SiLK	SiLK材料是一种不含Si和F的芳香族碳氢聚合物。该材料具有良好热稳定性,425℃退火5 min后,k值仅有很小的变化
BCB	双乙烯基硅氧烷BCB(benzoncyclobutene),k约为2.7,采用二氧化硅覆盖层可以将热稳定性提高到390℃。在BCB工艺过程中没有水的参与,制备的薄膜具有较低的吸水性。其缺点主要是热稳定性差,即使在较低的温度下(300℃),薄膜失重也大于1%。在镶嵌工艺中,采用BCB与TiN阻挡层淀积、用氧化硅作为硬掩膜,用MOCVD实现Cu填充,结合Cu CMP工艺可以实现Cu/低k材料互连集成
Teflon-AF	异量分子聚合物的铁氟龙非晶聚合物(Teflon-AF),k约为1.9。Teflon-AF可以采用传统CVD工艺淀积。Teflon-AF是k值最低的塑性材料,机械性能和化学稳定性好,在UV和大部分IR波段具有良好的透光性能,并且折射率随温度的升高而降低,在光学器件的研制中有很大的应用前景

表 2-5 超低k多孔材料

超低k多孔聚合材料	对于孔积率小于10%的材料,形成的材料一般是比较致密的,k值为2.8～3.2。当孔积率超过逾渗阈值(20%～40%),材料开始变成多孔材料,此时k值为1.7～2.8。孔的大小和分布直接决定了多孔低k聚合体的介电常数值和机械性能。较大的孔径会降低材料的机械性能。因此多孔聚合体低k材料的技术难点是开发孔隙均匀分布的树脂以及形成小孔径、集中分布的多孔结构
纳米多孔硅	NPS是一种具有超低k的电介质材料。其介电常数与材料的密度有关,孔积率在50%～90%。所对应的k值在2.5～1.3。NPS采用标准旋转淀积技术及溶胶-凝胶工艺。NPS按干燥方法不同可分为两类;Aerogel(气凝胶)和Xerogel(干凝胶)。前者通

（续表）

纳米多孔硅	过超临界干燥法干燥，后者通过溶剂蒸发法，制备的NPS薄膜性能基本相同。NPS具有较高的电介质强度，击穿电场大于2 MV/cm；高热稳定性，500℃退火k值稳定在2.0；同Si和TEOS有良好的黏附能力；良好的沟槽填充能力；与CMP工艺和钨插塞工艺兼容，是一种有希望最终用于ULSI互连系统的超低k介质。但是，NPS密度过低会导致机械性能下降，因此存在机械性能和介电常数的折中问题。NPS导热性能较差且其热导率各向异性，对IC散热造成不良的影响。另外，NPS膜的孔表面易吸水并引起介电常数增加

2. 铜互联

(1) Cu互连工艺。铜和铝在性质上有着很大不同：对于铝互连，通常用反应离子刻蚀工艺来刻蚀铝引线(见图2-7)。

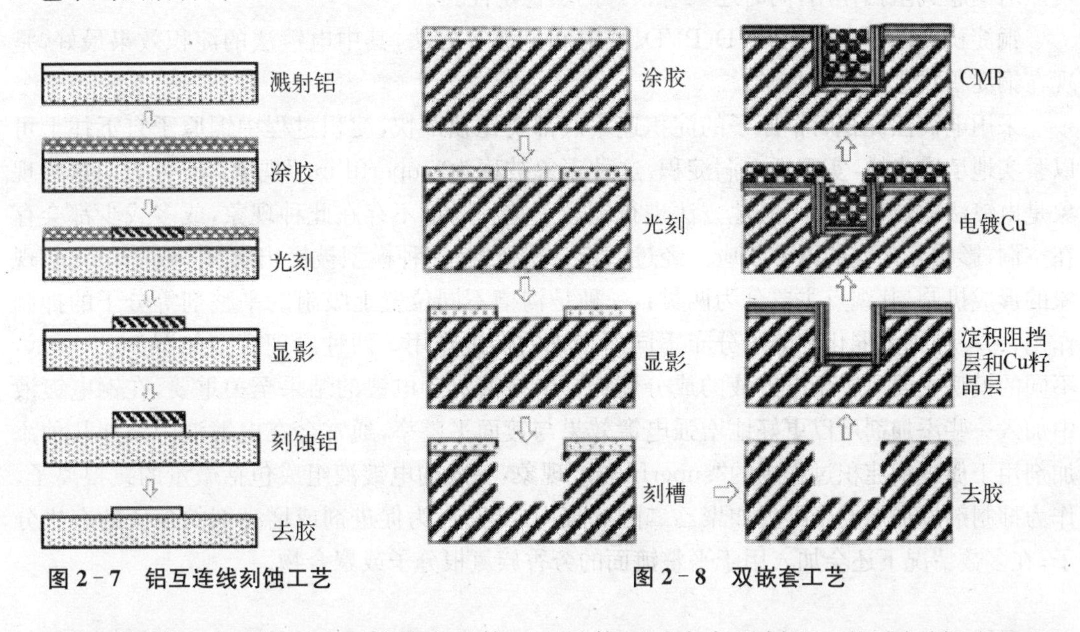

图2-7 铝互连线刻蚀工艺　　图2-8 双嵌套工艺

但铜因缺少合适的干法刻蚀等离子体而不易使用反应离子刻蚀工艺；同时铜在硅和二氧化硅中的扩散速度较快，而铜一旦扩散进入硅器件中势必会影响器件的性能，所以需要在二者之间增加一层阻挡层，既可以阻挡铜扩散到硅器件，还能增加铜与介电材料的黏附性能。铜互连工艺发展采用了全新的布线工艺，目前应用最普遍的为最早在1997年9月由IBM提出的镶嵌工艺。镶嵌工艺采用“从上而下”的处理方法，该方法首先需要在硅或二氧化硅介质上运用光刻等刻蚀法刻蚀好所需的沟槽，然后在其上生长扩散阻挡层，并进行铜原子填充，将铜填充满沟槽制备形成互连线，最后还要通过化学机械抛光(CMP)法将沟槽外多余的铜原子和扩散阻挡层去掉，并进行整体器件的平坦化(见图2-8)。镶嵌工艺采用对介电材料的腐蚀来代替对金属的腐蚀，互连线的形状主要由刻蚀的沟槽形状决定。镶嵌工艺分为单镶嵌和双镶嵌。它们的区别就在于孔洞和金属互连线是否是同时制备的，同时制备则为双镶嵌工艺。因为用简单的介质层刻蚀代替金属刻蚀，铜双镶嵌工艺比铝互连线工艺制造工序更加简化，且具有更好的电流输运能力以及抗电迁移特性，显著降低了RC延迟问题，因而被广泛应用于铜互连线的制备。双镶嵌工艺可以分成扩散阻挡层技术、铜淀积技术、化学机械抛光等关键工艺。因为铜原子极易扩散进入硅与二氧化硅之中，对互连线的电学性质造成损伤，因此，在将铜淀积到硅片基底之前需要预先淀积一层扩散阻挡层防止铜原子的扩散。扩散阻挡层的淀积通常使用化学气相淀积(CVD)、物理气相淀积(PVD)、电化学和溅射等方法，其中最常用的淀积方法为电化学方法。扩散阻挡层需要选择低介电常数的材料，其具有良好的抗扩散性质，与铜有着良好的附着性。淀积阻挡层时，因为淀积时的非选择性，造成凹槽之外也存在淀积的阻挡层材料，这些残留的材料可能会影响到互连线的电学性质，因此还需要考虑凹槽外阻挡层材料的去除问题，最佳的方法为在最后一步 CMP 抛光时一同去除这些残留材料，因此在阻挡层材料选择上还要考虑到易被 CMP 去除。通常采用 Ti，Ta 和 W 以及它们的氮化物 TiN，WN 和 TaN 等，还有一些化合物材料如 SiCN 等都可以对铜起到阻挡作用，同时还具有很好的热稳定性。

铜淀积技术通常采用 CVD、PVD、溅射和电镀等方法，其中电镀法的淀积效果最好，是现在铜淀积技术的主流技术。

采用电镀法淀积时铜原子的淀积速率底部要比顶部快，淀积过程中铜原子自下往上可以紧实地填满沟槽，实现无空洞淀积，这种现象被称为“superfilling”现象，研究表明这种现象是电镀法的特有现象。其他方法进行铜原子淀积时都不存在此种现象，或多或少都会存在空洞，影响互连线的电学效应。经过大量分析研究，多种模型被提出解释“superfilling”现象的形成机制，其观点主要分为两类：一种是沟槽不同位置上吸附的平整剂等分子的抑制作用；另一种则是催化剂分子分布不同所带来的促进作用。两种原理模型如图 2-9 所示，不同的模型主要取决于电镀液的成分配比。电镀液对于电镀的结果至关重要，在铜电镀液中加入一些添加剂可以更好地增强电镀效果与镀面平整率，通常会在电镀液中添加几种添加剂用于促进铜淀积过程中的“superfilling”现象，一般的电镀液组成包括微量的氯根离子、作为抑制剂添加剂的聚醚类如聚乙二醇和聚丙二醇、作为促进剂或增亮剂的含硫的有机分子，在多数情况下还会加入用于平整镀面的芳香族氮根分子或聚合物。

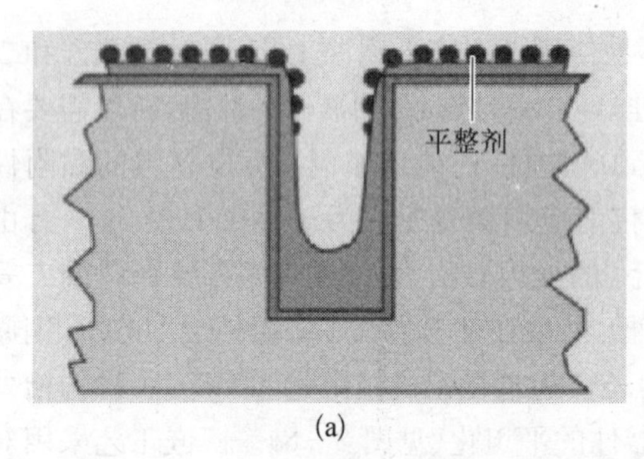

(a)

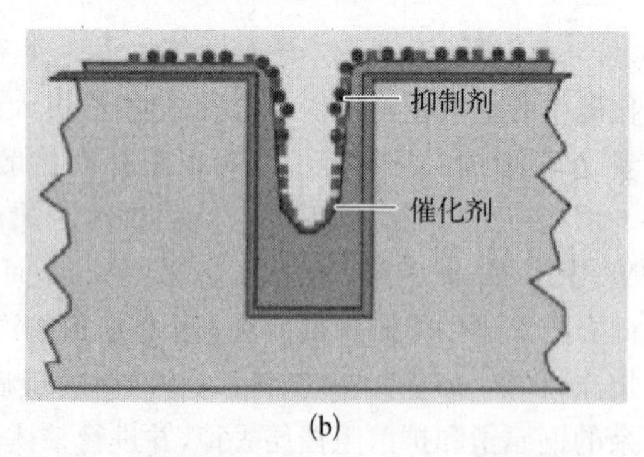

(b)

图 2-9 “superfilling”现象原理机制

(a) 平整剂在沟槽的差异抑制作用 (b) 催化剂颗粒的差异催化加速作用

在双镶嵌工艺中运用 CMP 法可以去除掉前面几步工艺中残留在器件上的多余的铜以及阻挡层材料，使得铜只存留在沟槽之中，同时实现器件表面全局的平坦化，从而极大地改善互连线的电学性能。铜无法像铝一样可以在空气中形成一层氧化膜来防止进一步氧化，所以需要淀积一层保护层，常用的是 CMP 后在铜表面淀积一层 SiN 或 SiC。

(2) Cu 互连的缺陷。经过多年的发展，铜互连工艺已经是现在集成电路互连领域的主流工艺，并日益成熟完善，但铜互连仍然存在许多缺陷，随着集成电路特征尺寸的进一步减小以及对互连线电流承载密度要求的大大增加，*RC* 延迟问题日益突出，尤其是集成电路技术进入 32 nm 这一节点后，双镶嵌铜线布线技术也面临着传统的蚀刻铝线互联所面临的问题，互连线的最大有效电流承载密度已远远无法满足需求，电迁移现象也愈发凸显。研究表明特别当铜互连线宽进入纳米级之后，其电迁移效应显著增加，线宽成为电迁移效应的主要影响因素，其次则是互连线预先存在的缺陷以及晶界原因。以上这些问题严重影响了铜互连线的稳定性，阻碍了集成电路的进一步发展。

3. Salicide

在老的工艺中，主要的阻值来自栅极，polycide 用来减小栅极 contact 电阻，随着工艺尺寸的减小，S/D 的 contact 面积也随之减小，S/D 的 contact 阻值相对变大，silicide 工艺用来减小 S/D 的 contact 阻值，因此，polycide 和 silicide 的 poly 电阻值一般较小，比 non-polycide 和 non-silicide 的电阻值小 10 倍左右，高阻值 poly 电阻还需要阻挡离子注入来进一步提高阻值，一般 non-silicide 和 non-polycide 电阻相对使用广泛。

polycide 的一般制造过程是，栅氧化层完成以后，继续在其上面生长多晶硅(poly－Si)，然后在 poly 上继续生长金属硅化物(silicide)，其一般为 WSi_2(硅化钨)和 $TiSi_2$(硅化钛)薄膜，然后再进行栅极刻蚀和有源区注入等其他工序，完成整个芯片制造。

silicide 就是金属硅化物，是由金属和硅经过物理-化学反应形成的一种化合态，其导电特性介于金属和硅之间。

当器件尺寸 A 进一步缩小到亚微米以下时，结深变到 $<0.2\ \mu m$，接触孔也更小，此时不仅栅和互连电阻是限制电路速度的主要因素，而且浅结源、漏区扩散层的薄层电阻和接触电阻也成了限制电路速度的重要因素，为此发展了自对准硅化物 MOS 技术(即 salicide 技术)，这种技术同时降低了栅和扩散区的薄层电阻，提高了布线能力，并大大减少了小孔的接触电阻。

salicide 的生成比较复杂，先是完成栅刻蚀及源漏注入以后，以溅射的方式在 poly 上淀积一层金属层(一般为 Ti，Co 或 Ni)，然后进行第一次快速升温退火处理(RTA)，使多晶硅表面和淀积的金属发生反应，形成金属硅化物。根据退火温度设定，使得其他绝缘层(Nitride 或 Oxide)上的淀积金属不能跟绝缘层反应产生不希望的硅化物，因此是一种自对准的过程。然后再用一种选择性强的湿法刻蚀($NH_4OH/H_2O_2/H_2O$ 或 H_2SO_4/H_2O_2 的混合液)清除不需要的金属淀积层，留下栅极及其他需要做硅化物的 salicide。另外，还可以经过多次退火形成更低阻值的硅化物连接。跟 polycide 不同的是，salicide 可以同时形成有源区 S/D 接触的硅化物，降低其接触孔的欧姆电阻，在深亚微米器件中，减少由于尺寸降低带来的相对接触电阻的提升。另外，在制作高值 poly 电阻的时候，必须专门有一层来避免在 poly 上形成 salicide。

许多难熔金属被研究用于 salicide 技术，其中被认为最有希望的是难熔金属 Ti，这是由于它有以下引人瞩目的特色：

(1) 凹的硅化物——$TiSi_2$ 在难熔金属硅化物中电阻率最低，热稳定性好，易实现选择腐蚀和自对准,并能与重掺杂硅形成低阻欧姆接触。

(2) Ti 省去了难度大的 $TiSi_2/n^+$ 多晶硅 Polycide 复合结构的各向异性腐蚀,代之以较易实现各向异性的单一的多晶硅刻蚀,简化了工艺。

(3) 最主要的是 Ti 在栅区和菁、/漏区同时形成硅化物而不需要增加掩膜,这样使栅和互连电阻及源/漏薄层电阻都同时降低一个数量级,进一步减少了器件的寄生串联电阻。

(4) Ti 能摄取硅上的自然氧化物,有利于降低接触电阻。

2.3.4　HKMG

HKMG 是 high - *k* metal gate 的缩写,HK 就是 high - *k* 栅介电层技术,而 MG 指的是 metal gate——金属栅极技术,两者本来没有必然的联系。不过使用 high - *k* 的晶体管栅电场可以更强,如果继续使用多晶硅栅极,栅极耗尽问题会更麻烦。另外栅介电层已经用了新材料,栅极同步改用新材料的难度也略小一些。所以两者联合是顺理成章的事情。

由于近几年开始,电路尺寸不断缩小,因此栅氧厚度也要不断降低,在以 Intel 为例的 90 nm 时代,实际的栅氧层厚度已经低于 2 nm,当栅氧厚度低于 2 nm 的时候已经不能认为其基本绝缘了,在 45 nm 的技术情况下已经达到了 1 nm 的栅氧厚度,发生较为严重的泄露,因此要更换介质,使用更高介电常数的介质,将 SiO_2 更换为 HfO_2,将介电常数增加为原来的 6 倍,减少了栅泄露。

现在 CMOS 集成电路制造用的是叫"硅栅自对准"工艺。就是先形成栅介电层和栅电极,然后进行源漏极的离子掺杂。因为栅极结构阻挡了离子向沟道区的扩散,所以掺杂等于自动和硅栅对齐的。

主流制造工艺分为 gate - first 和 gate - last 两大流派。这样的步骤还有后面的激活步骤,退火步骤都是高温步骤。这些工序都是必需的。金属栅极经过这样的步骤可能发生剧烈反应和变化,为解决这问题,就是在离子掺杂等步骤中还是按硅栅来,高温步骤结束后再刻蚀掉多晶硅栅极,再用合适的金属填充。这就是 gate - last 的意思。这就多了几步重要步骤,特别是金属填充,这么小的尺度的孔隙进行填充效率很低,提高速度的话质量就很难控制。而且线宽越小越麻烦。

不过虽然 gate last 代价很大,很长时间以来人们都认为是 HKMG 必需的。IBM 则是继续研发,找到了不必在制造时付出 gate last 的代价的方案。如 Intel 采用的栅介电材料是氧化铪,所以底界面层,HK 层,顶界面层,金属栅极层次分明。而 IBM 采用的介电材料是硅酸铪(成分是硅,氧和铪三种元素),与周围的硅和氧化硅发生反应的话结果仍然是硅,氧化硅,硅酸铪,与特定的栅极材料匹配,高温时候仍然是热动力学稳定的。另外 gate first 所谓的 MG,其实只是栅介电层上薄薄一层高熔点金属,gate first 仍然需要多晶硅栅极来实现"硅栅自对准"的其他工序。

gate last 的栅极甚至部分栅介电层避开了高温步骤,所以材料选择非常宽松,可以考虑高性能的材料。而且 gate last 的 HKMG 不影响其他生产步骤,所以就性能而言,gate last 将很理想。当然其代价也是很大的,步骤多而严苛,所以其成本将会较高。

gate first 从根本上来说目的就是为了降低成本,所以其优点不言而喻。不过它的代价也如影随形，虽然节省了加工步骤，但是其技术难度反而更高。另外由于栅极和栅介质要经过高温步骤，所以材料选择和控制也有很大限制，性能也会受一些影响。

high-k 介质能增加栅介电层厚度，降低栅泄漏，不过其高介电常数必然引来另一个问题，那就是沟道载流子迁移率下降的问题，或者说会导致阈值抬高，而这将导致MOS管的性能大大降低。要解决这问题，就需要在沟道和栅介电层之间另下功夫。以Intel为例，他们在 HfO_2 high-k 层与沟道之间保留了一层 SiO_2 介电层，这样与沟道接触的一面是介电常数不到4的 SiO_2，迁移率下降的问题就不存在了。

不过保留这层界面层就会有另一个问题，high-k 本来就是为了解决 SiO_2 介电层不能继续减薄的问题。一般认为22 nm阶段栅介电层等效厚度（EOT）要缩小到大约0.6 nm。而 SiO_2 层，据说最小可以减薄到0.3 nm。HfO_2 层最多只能有 $0.3\times6=1.8$ nm厚，换句话说它也将出现不小的泄漏——high-k 的意义何在？所以界面层在22 nm时代就将是难以接受的，取消界面层或者用另外的形式实现是必需的。

就目前所知，Intel的32 nm工艺基本延续45 nm工艺的思路，除了线宽，明显的区别就是加入了浸入式光刻，而这与HKMG关系不大。

IBM/AMD至今还没有32 nm的实际产品。只能靠流传的信息来推测。

首先是栅极材料，如上面所说，因为继续使用硅栅自对准技术，其栅极主体仍然是高掺杂的多晶硅和金属硅化物，只在介电层上淀积了一层金属。可以预计其电阻要比Intel的后填充栅极材料略高，即栅极材料性能略差。

介电层也与Intel不同，IBM采用的是硅酸铪。不过严格来说并不准确，因为这层介电层其实是由Hf，O，Si三种元素组成的无定型材料，并非化学意义上的硅酸铪——仅仅是元素相同，三者比例也未必与化学式一致。因为gate first工艺栅介电层要经过高温步骤，硅酸铪相对而言是热动力学稳定的——个人估计IBM在沟道表面淀积的是铪和氧，所谓硅酸铪应该正是高温工艺的结果。虽然IBM实现ZIL更方便，不过要更早面对沟道载流子迁移率下降问题。

要注意IBM使用的是SOI工艺。其沟道的泄漏特性略强于体硅工艺，所以IBM可以适当减小栅极电场强度，所以一般采用更厚的栅氧层，32 nm也不例外。其阈值控制的方式也与体硅工艺大不相同。所以对体硅工艺不利的一些状况对于SOI工艺则未必有影响，甚至反而有好处。也就是说gate first配合SOI可以起到不逊于gate last配合体硅的效果。

看了上一段就很容易明白，IBM和GF坚持gate first很正常，因为他们的高性能工艺都是基于SOI的，而他们的体硅工艺则往往面向低功耗产品，对性能要求不高。而TSMC等企业则是体硅为主，虽然gate first能简化工艺，不过其技术难度并不低，况且性能也很可能有折扣，他们倾向于gate last也是很自然的。

不管使用gate first和gate last哪一种工艺，制造出的high-k 绝缘层对提升晶体管的性能均有重大的意义。high-k 技术不仅能够大幅减小栅极的漏电量，而且由于high-k 绝缘层的等效氧化物厚度（EOT：equivalent oxide thickness）较薄，因此还能有效降低栅极电容。这样晶体管的关键尺寸便能得到进一步的缩小，而管子的驱动能力也能得到有效的改善。不过采用high-k 绝缘层的晶体管与采用硅氧化物绝缘层的晶体管相比，在改善沟道载流子迁移率方面稍有不利。

2.3.5 FinFET

FinFET最初提出是用来描述一种基于早期DELTA(单栅极)晶体管的设计演化出来并建立在硅的绝缘层上的非平面双栅极晶体管。FinFET将沟道包裹在一个使用硅材料的,类似于“鱼鳍”的结构里面。如今FinFET被用于描述那些有“鳍”特征的晶体管,这样的晶体管并不局限于双栅极结构,也可能有多个栅极。

当传统的金属氧化物半导体场效应管的导电沟道长度降低到十几纳米、甚至几纳米量级时,晶体管会出现一些非理想效应。沟道长度越小,源极和漏极的距离就愈近,栅极下方的氧化物层也越薄,电子更有可能穿过氧化层从而产生漏电流。FinFET可以解决这样的问题,这种将栅极包裹起来的结构可以更好地控制沟道的电流,并减小亚阈值电流,克服短沟道效应。

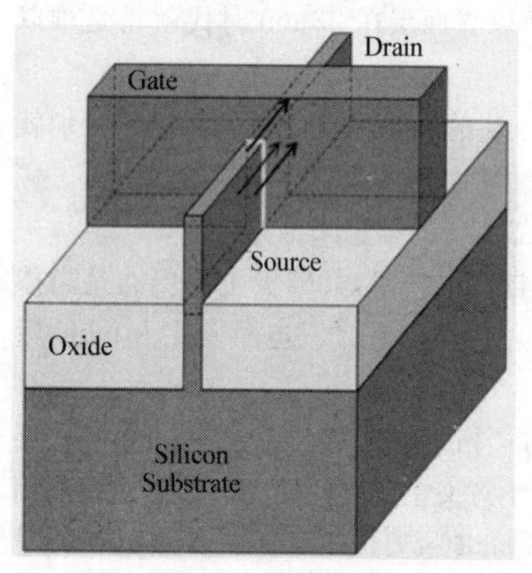

图2-10 双栅极晶体管结构

双栅极的FinFET结构如图2-10所示。原本的源极和漏极拉高变成像鱼鳍一样的直立板状结构,栅极将沟道全部包裹。栅极与沟道之间的接触面积变大了,这样一来即使栅极长度缩小到20 nm以下,仍然保留很大的接触面积可以控制沟道的开合,因此可以更妥善地控制电流,同时降低漏电流和动态功率耗损。

2002年台积电制造出操作电压仅0.7 V的25 nm晶体管。它的设计之后被命名为“Omega FinFET”,取自于它的栅极结构类似希腊字母omega(Ω)。对N型晶体管来说,它的栅极延迟仅有0.39 ps,而对P型晶体管来说,仅有0.88 ps。这是传统的CMOS场效应晶体管无法达到的,体现了FinFET的优越性能。

FinFET对短沟道效应提供了一个相对可靠的解决方案,督促了设计技术和制造工艺的革新,但是仍有一些其他问题是集成电路器件尺寸不断缩小过程中无法避免的,目前FinFET需要解决的问题包括寄生电容和电阻的问题。随着元件水平面积的缩减,以及在Z轴上的增长,邻近元件间的耦合状况出现新变化,会产生新的和寄生电容及电阻相关的挑战。

2.4 集成电路产业,集成电路职场

集成电路产业,正在越发凸显高精尖制造业的特点。主要表现为制造与设计的逐渐分离,IP设计、EDA设计、ASIC设计都成为设计领域的各个小领域,并且由三两巨头所把握。而制造业也精细的分为原材料提供、加工封装、测试等等方面。另一个角度来讲,进入集成电路产业的人,也可以是微电子专业培养的人才,也可以是从事物理化学,自动化设计,软件设计等相关领域的人才,也可以是手工人才——凭借熟练的工作来胜任某一个环节的工作。

设计方向侧重的是专业人才的培养或吸引,这在以美国、日本、德国等国家对人才的吸引和

保护明显表现。同时,这些国家大力扶植半导体公司的发展,如世界三大 EDA 公司都在美国,而东芝这一存储器巨头在日本,意法半导体则是德国在半导体行业的强大力量。制造上对人才的需求数量上很多,且方向各异。如大量的化学人才、物理人才就被 FAB(facture adventage benefit)所期望。手工业者也可以在制造中有一席之地:测试、封装等不需要工作人员多么专业,他们只需要做好自己的一环即可。

中国的集成电路产业处于上升阶段,国家及一些省份都在大力发展半导体产业。在资金和人力的投入上,对相关专业人才的培养上都体现了我国想在半导体行业占有一席之地的决心。目前我国半导体行业已经威胁到了美国,直接影响到 synopsys 等公司对亚洲的业务。相信将来,我国一定可以打破发达国家的"硅封锁"。

同样我国的集成电路也需要大量的人才,也同样不限于微电子专业。但就从设计来讲,专业素质还是必需的,哪怕是软件开发,对一些 STA,Verilog 的认识都是必须的。制造上,我国的半导体制造与传统制造中心基本吻合,在江浙沪、东三省、西安成都、珠三角都有分布,这些地方也为产业贡献着高质量的工作者。

2.4.1 现在集成电路制造公司的发展状况

现在规模比较大的集成电路公司主要分为三种:第一种是纯设计的设计公司(Fabless),第二种是纯制造的晶圆代工厂(Foundry, Pure-Play),第三种是既设计又制造的垂直整合的公司(IDM)。其中,第一种公司以高通(Qualcomm)、联发科(MediaTek)等为代表;第二种公司以台积电(TSMC)和联电(UMC)为代表;第三种最为著名的有英特尔(Intel)、三星(Samsung)等。表 2-6 是近年这些大公司的产业产值及其排名。

表 2-6 2017 年世界顶尖半导体公司研发投入排名

排 名	公 司	研发费用	研发费/销售收入/%	2017 与 2016 年相比的变化率/%
1	Intel	13 098	21.2	3
2	Qualcomm	3 450	20.2	−4
3	Broadcom*	3 423	19.2	4
4	Samsung	3 415	5.2	19
5	Toshiba	2 670	20.0	−7
6	TSMC	2 656	8.3	20
7	MediaTek*	1 881	24.0	9
8	Micron	1 802	7.5	8
9	Nvidia	1 797	19.1	23
10	SK Hynix	1 729	6.5	14
	Top 10 Total	35 921	13.0	6

资料来源:Company reports, IC Insights' *Strategic Reviews* database.
注:表中 * 含开发商费用。

我们把关注的焦点放在集成电路制造公司身上,IDM 的公司主要收入来源是设计,制造只占很少的份额。所以由集成电路制造工厂的排名可以看到,名列前茅的大多数都是纯代工的工厂(见表 2-7、表 2-8)。

表 2-7　2013 年主要的半导体代工厂和芯片制造商

2013 年排名	2012 年排名	公司名称	类别	地点	2011 产值/百万美元	2012 产值/百万美元	2012/2011 产值增长率/%	2013 年销售/百万美元	2013/2012 销售增长率/%
1	1	TSMC	半导体代工厂	Taiwan	14 299	16 951	19	19 850	17
2	2	GlobalFoundries	半导体代工厂	U.S.	3 195	4 013	26	4 261	6
3	3	UMC	半导体代工厂	Taiwan	3 760	3 730	−1	3 959	6
4	4	Samsung	芯片制造商	South Korea	2 192	3 439	57	3 950	15
5	5	SMIC*	半导体代工厂	China	1 320	1 542	17	1 973	28
6	8	Powerchip**	半导体代工厂	Taiwan	374	625	67	1 175	88
7	9	Vanguard	半导体代工厂	Taiwan	520	582	12	713	23
8	6	Huahong Grace***	半导体代工厂	China	619	677	9	710	5
9	10	Dongbu	半导体代工厂	South Korea	500	540	8	570	6
10	7	TowerJazz	半导体代工厂	Israel	611	639	5	509	−20
11	11	IBM	芯片制造商	U.S.	420	432	3	485	12
12	12	MagnaChip	芯片制造商	South Korea	350	400	14	411	3
13	13	WIN	半导体代工厂	Taiwan	304	381	25	354	−7
—	—	其他厂商	—	—	3 446	3 669	6	3 920	7
—	—	总额	—	—	31 910	37 620	18	42 840	14

资料来源：公司公布的数据表。

表 2-8 世界著名半导体公司(年产值大于10亿美元)在研发上的投入

2015排名	2014排名	公司名	国 家	IDM FABLESS FOUNDRY	2014			2015			2015和2014研发投入比例比较/%
					产值/百万美元	R&D之投入/百万美元	投入比率/%	产值/百万美元	R&D之投入/百万美元	投入比率/%	
1	1	Intel	Americas	•	51 400	11 537	22.4	50 494	12 128	24.0	5
2	2	Qualcomm	Americas	•	19 291	3 695	19.2	16 032	3 702	23.1	0
3	3	Samsung	Asia - Pac	•	37 810	2 965	7.8	41 606	3 125	7.5	5
4	4	Broadcom	Americas	•	8 428	2 373	28.2	8 421	2 105	25.0	−11
5	5	ISMC	Asia - Pac	•	24 975	1 874	7.5	26 439	2 068	7.8	10
6	7	Micron	Americas	•	16 720	1 598	9.6	14 816	1 695	11.4	6
7	6	Toshiba	Japan	•	11 040	1 853	16.8	9 734	1 655	17.0	−11
8	9	MediaTek	Aisa - Pac	•	7 032	1 430	20.3	6 699	1 460	21.8	2
9	12	SK Hynix	Asia - Pac	•	16 286	1 340	8.2	16 917	1 421	8.4	6
10	8	ST	Europe	•	7 384	1 520	20.6	6 840	1 409	20.6	−7
总 额					200 366	30 185	15.1	197 998	30 768	15.5	2

资料来源:各公司网上报表统计。

其实在20世纪80年代初期，集成电路的设计和制造都是不分开的。一般自己公司设计的产品就由公司的工厂制造，这样可以很好地保护公司的知识产权，防止其他公司抄袭。

1987年，张忠谋创立了台积电，自己不做设计，只为别人制造电路。他开创了“晶圆代工”这种新的模式，也可以说是开创了一个新的行业(或者说两个，因为代工厂的出现直接导致了以后纯设计公司的出现)。之后，一批晶圆代工厂陆陆续续地出现。因为这些公司信用好，而且自己不做设计，所以设计者可以放心地把版图交给他们流片。因此，他们占据制造的市场要比IDM的公司大。另外，他们专门研究工艺方面的更新换代，中国台湾地区的代工厂还充分利用地区的廉价资源，使得量产的芯片物美价廉，仅仅TSMC就占据了制造市场的半壁江山。2014年TSMC和UMC占据了市场份额的六成多。促使设计和制造分离的因素还有一个，就是随着集成电路工艺特征尺寸的缩小，技术上越来越困难，工艺升级的成本越来越高，而且这些成本不是一般的公司能够负担得起的，要想盈利必须要有足够大的市场去消化。

中国台湾地区的代工双雄中，TSMC在28/20 nm工艺节点发力，营收已经远远地甩开了UMC，在全球范围内也是一家独大。UMC在28 nm工艺上比老对手TSMC落后很多，不过UMC也学三星那样直接杀向14 nm FinFET工艺，跳过了20 nm节点。现在集成电路晶圆代工厂继续是TSMC独占鳌头，牢牢占据一半以上的市场份额，UMC和Global Foundries竞争激烈，依靠国家支持的三星(Samsung)紧跟其后，我国的中芯国际(SMIC)非常努力地在追赶。

2.4.2 集成电路的产业，集成电路的工作，集成电路的衍生企业

集成电路，又称IC，按其功能、结构的不同，可以分为模拟集成电路、数字集成电路和数/模混合集成电路三大类。

集成电路按制作工艺可分为半导体集成电路和膜集成电路，膜集成电路又分类厚膜集成电路和薄膜集成电路。

集成电路按用途可分为电视机用集成电路、音响用集成电路、影碟机用集成电路、录像机用集成电路、电脑用集成电路、电子琴用集成电路、通信用集成电路、照相机用集成电路、遥控集成电路、语言集成电路、报警器用集成电路及各种专用集成电路。

集成电路按集成度高低的不同可分为小规模集成电路SSIC、中规模集成电路MSIC、大规模集成电路LSIC和超大规模集成电路VLSIC。

另外有一个经常在媒体上见到的ASIC，这个ASIC是application specific integrated circuit的英文缩写，在集成电路界被认为是一种为专门目的而设计的集成电路。

2014年，我国重点集成电路企业主要生产线平均产能利用率超过90%，订单饱满，全年销售状况稳定。据国家统计局统计，全年共生产集成电路1 015.5亿块，同比增长12.4%，增幅高于上年7.1个百分点；集成电路行业实现销售产值2 915亿元，同比增长8.7%，增幅高于2013年0.1个百分点(见图2-11)。

2015年前三季度全行业实现销售额2 540亿元，增速达19.5%，其中，设计业继续保持了26.1%的高速增长。

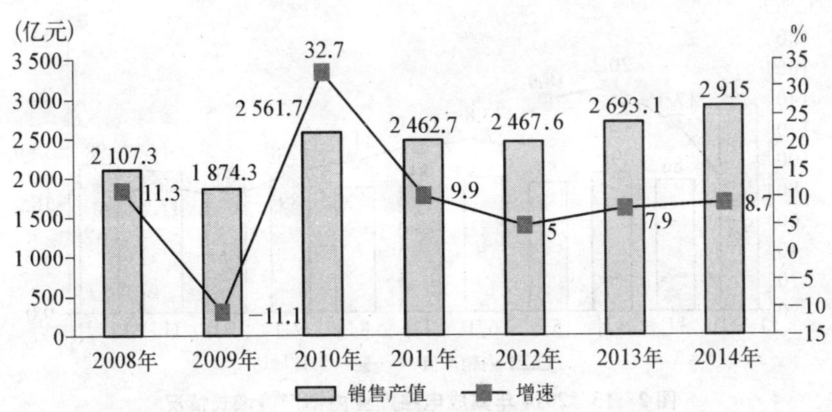

图 2-11　2008—2014 年集成电路行业销售产值

数据来源：国家统计局

1. 产业投入力度

2014 年，我国集成电路产业完成固定资产投资额 644 亿元，同比增长 11.4%，增速比 2013 年(68%)下降 56.6 个百分点。集成电路产业全年新增固定资产 554 亿元，同比增长 103.4%，高于电子信息全行业 84.7 个百分点；新开工项目数 144 个，同比增长 0.7%，占全行业新开工项目数的 1.8%(见图 2-12)。

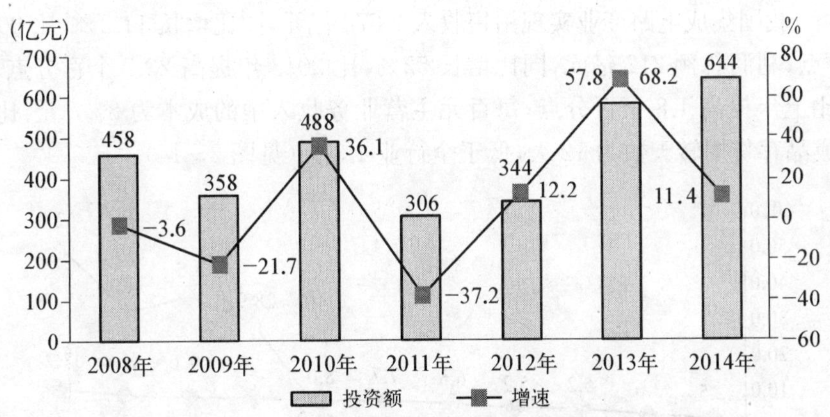

图 2-12　2008—2014 年我国集成电路固定资产投资增长情况

数据来源：国家统计局

2015 年前三季度中国电子信息产业固定资产投资完成额情况。1—9 月，电子信息产业 500 万元以上项目完成固定资产投资额 9 929.7 亿元，同比增长 15.1%，低于 1—8 月 0.8 个百分点，但仍比 2014 年同期高 4.6 个百分点，高于同期工业投资(8%)7.1 个百分点。

2. 市场销售格局占比

2014 年，我国集成电路产业完成内销产值 1 011 亿元，同比增长 9.9%，高于全行业增速 1.2 个百分点，内销比例达到 34.7%，比上年提高 0.4 个百分点。从全年走势看，内销产值增速呈下降态势，全年增速低于上半年 5.9 个百分点(见图 2-13)。

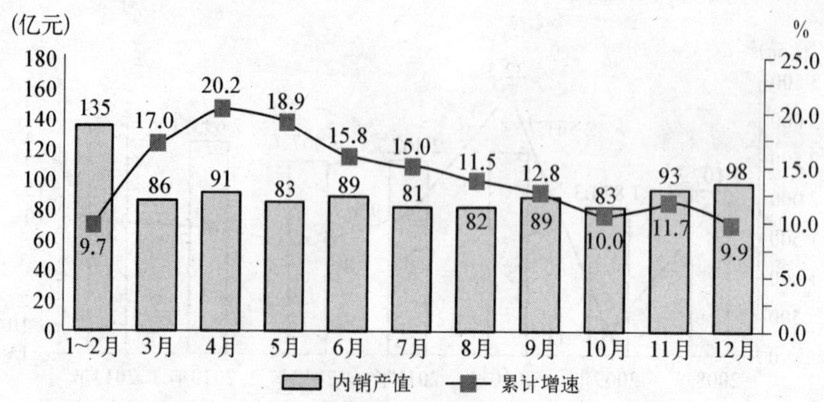

图 2-13　2014 年集成电路产业内销产值增长情况

数据来源：国家统计局

3. 国产芯片技术突破

中芯国际与高通合作的 28 nm 骁龙处理器成功制造，标志着其在 28 nm 工艺制程成熟的路径上又迈出重要一步，同时 20 和 14 nm 工艺的先期研发也在积极推进；展讯发表了 A7 架构的四核心芯片 8735S，标志着我国在移动芯片设计领域进入中高端市场。国内首款智能电视 SoC 芯片研发成功并实现量产，改变了我国智能电视缺芯局面。

4. 我国集成电路的经济效益状况

2014 年，我国集成电路产业实现销售收入 2 672 亿元，同比增长 11.2%，比 2013 年提高 3.6 个百分点；利润总额 212 亿元，同比增长 52%，比 2013 年提高 23.7 个百分点；销售利润率 7.9%，比上年提高 1.8 个百分点；每百元主营业务收入中的成本为 85.7 元，比上年下降 1.2 元；产成品存货周转天数为 12 天，低于全行业 1.3 天(见图 2-14)。

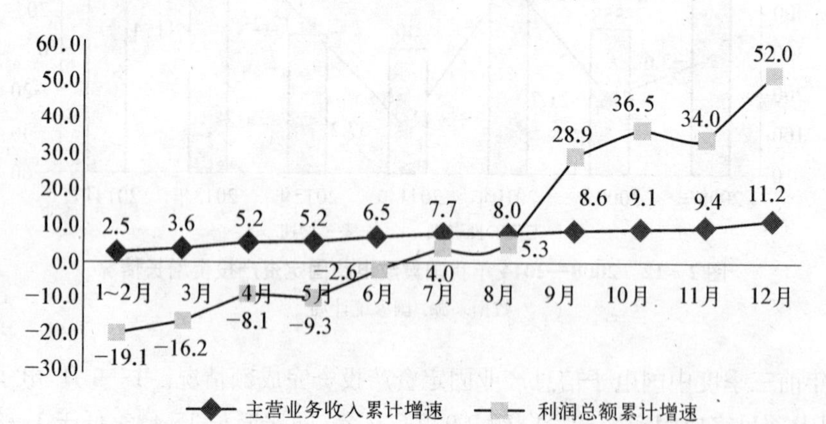

图 2-14　2014 年我国集成电路行业经济效益增长情况

数据来源：国家统计局

5. 聚集发展特点突出

我国集成电路产业聚集度较高，主要集中在四个区域：一是北京、天津环渤海地区，2014 年这一地区集成电路销售产值增长 6.2%，占比为 8.4%；二是上海、江苏、浙江长三角地区，增长 11.4%，占比达 37.7%；三是广州、深圳珠三角地区，增长 5.4%，占比为 29.4%；四是部分西部省区，如四川省销售产值下滑 7.6%，但陕西省增长 476%，甘肃增长 14%，增势十分突出。

一条完整的集成电路产业链除了包括设计、芯片制造和封装测试三个分支产业外，还包括集成电路设备制造、关键材料生产等相关支撑产业。如果按照集成电路产业链上下游产业划分，可简单地划分为集成电路设计业和制造业，其中制造业又衍生出代工业。目前美国仍是集成电路产品设计和创新的发源地，全球前 20 家集成电路设计公司大都在美国。集成电路代工业主要分布在亚洲，其中我国台湾地区和韩国是目前世界集成电路代工业最重要的聚集地之一。

附：

《2017—2022 年中国集成电路行业运营态势及投资方向研究报告》(部分)北京智研科研咨询有限公司

在充分借鉴国外产业发展规律的基础上，中国集成电路产业走出了一条设计、制造、封装测试三业并举，各自相对独立发展的格局。到目前，中国集成电路产业已经形成了 IC 设计、芯片制造、封装测试三业并举及支撑配套业共同发展的较为完善的产业链格局。

IC 设计业方面，目前以各种形态存在的设计公司、设计中心、设计室以及具备设计能力的科研院所等 IC 设计单位已有近上千家。产品设计的门类已经涉及计算机与外设、网络通信、消费电子以及工业控制等各个整机门类和信息化工程的许多方面。IC 设计业从业人员普遍具有很强的国际化背景，充分借鉴国际半导体巨头的设计经验，可以说是站在巨人的肩膀上在前进，IC 设计已经开始成为带动国内集成电路产业整体发展的龙头。

芯片制造业方面，中芯国际北京芯片生产线的建成投产则使中国拥有了首条 12 英寸芯片生产线。国内的集成电路芯片制造企业早已超过 50 家，拥有各类集成电路芯片生产线超过 50 条。其中，其中 12 英寸生产线已日益成为主流。

芯片封装测方面，由于其科技密集和劳动密集型特点决定，人力成本是其最重要因素，而中国有着全世界最丰富的受过良好教育又相对价格低廉的劳动力，所以这几年在芯片封测领域中国取得了全世界瞩目的成就。

国内行业主体一直由无锡华晶(现华润微电子)、华越、首钢 NEC 等芯片制造企业内部的封装测试线和江苏长电、南通富士通、天水永红(现华天科技)等国内独立封装测试企业组成。但近 10 年来，随着 Freescale、Intel、ST、Renesas、Spansion、Infineon、Sansumg、Fairchild、NS 等众多国际大型半导体企业来华建立封装测试基地，国内封装测试行业的产量和销售额大幅增长，外资企业也开始成为封装测试业行的一支主要力量。

本章主要参考文献

[1]　张亚非.半导体集成电路制造技术[M].北京：高等教育出版社，2006.

[2]　刘睿强，袁勇，林涛.集成电路制程设计与工艺仿真(A-绪论)[M].北京：电子工业出版社，2011.

[3]　张汝京.纳米集成电路制造工艺[M].北京：清华大学出版社，2014.

[4]　陈军升，孟坚.半导体制造工艺基础[M].合肥：安徽教育出版社，2007.

［5］ 吴汉明，等.纳米集成电路大生产中新工艺技术现状及发展趋势[J].中国科学：信息科学，2012，42(12)：1509-1528.
［6］ 唐纳德A尼曼.半导体物理与器件(第4版)[M].北京：电子工业出版社，2013.
［7］ 张华健.Low-k介质与Cu互联技术在新型布线系统中的应用前[J]，科技创新导报，2013(12).
［8］ 孙鸣，等.低k介质与铜互联集成工艺[J].微纳电子技术，2006(10)：464-469.
［9］ 苏祥林，等.低k层间介质研究进展[J].微纳电子技术，2005(10)：463-467.
［10］ 多闸极晶体管EEPN百科[EB/OL].http://baik.eepw.com.cn/baike/show/word/
［11］ Dr.J，FinFET全面攻占iPhone！5分钟让你看懂FinFET，[EB/OL].电子工程网.(2015-09-16).http://ee.ofweek.com/2015-09/ART-8420-2816-29004790_2html.

第3章　集成电路的设计与制造技术及其基本原理

3.1　集成电路的设计与制造之间的关系及桥梁

3.1.1　集成电路的设计和集成电路制造的关系

随着集成电路相关技术的不断细分和相关领域的不断发展，集成电路从设想到成品也逐渐分化成设计、制造、封装和测试四个阶段。这四个阶段也恰好呼应了集成电路产业结构的几个主要部分：设计业、制造业、封装和测试业。

无论是集成电路的设计工程师还是制造工程师，都应当熟悉设计和制造两大方面。这两大方面直接影响到了最后成品是否能够正常运行、运行速度和功耗等实际问题。而设计和制造，并不是各自独立的两部分，而是相互呼应，不可分割的。

设计是按照对产品的功能、规模、性能要求提出对应方案的过程。一般首先会按照芯片的使用特性和背景初步确定方案，然后需要判断现有的制造水平能否满足要求。这个涉及现有制造业反馈给设计方的工艺器件生产水平、设备性能和生产线、生产能力等方面。如果芯片设计提出的要求能够被现有制造技术实现，那么设计方就会根据现有的工艺设计约束条件完成设计；但如果不能的话，那就需要由制造商开发更为精细的工艺或器件制造技术，或者升级生产线，提升生产能力。

由上述可知，制造商工艺和设备的进步，其推动力来自设计方对制造技术提出的更高要求；而设计方思路可行性的根本，来源于制造商提供的制造能力的支持。如果在设计中一味追求性能而忽略了制造商给出的限制，那么就仿佛是空中楼阁脱离了实际；而如果制造商放弃了面向设计的改进升级，就失去了前进方向，将被这个行业所淘汰。

3.1.2　集成电路的设计和集成电路制造的桥梁

集成电路的设计决定了内容，而制造则具体负责实现。他们之间的桥梁就是计算机的仿真技术。仿真技术有三个层次(见图 3－1)。

工艺模拟和器件模拟的作用包括以下几个方面。

1. 工艺模拟

(1) 单部的工艺模拟：用于工艺的优化，工艺条件的选择，工艺条件的敏感性，及其用于

图 3-1　计算机仿真技术三个层次

良率的提高。

(2) 用于器件模拟：根据工艺条件，模拟出真实的结构参数，和掺杂浓度的分布，从而为之后的器件模拟提供真实的输入参量。

2. 器件模拟

(1) 单个器件模拟：对单个的器件进行电学参数的表征模拟，有助于进一步理解它的物理效能，及其半导体器件的可靠性进行研究。

(2) 用于电路的模拟：提供正确的晶体管电学参量，预估搭建电路的电学参数，对电路的性能进行评价。

对于过程验证来说，可以通过它单独判断电路的敏感程度等。它对于后面的器件仿真则提供了一个真实的仿真结构，而器件仿真也会提供更精确的数据以供电路仿真使用。图 3-2为仿真验证循环的过程。

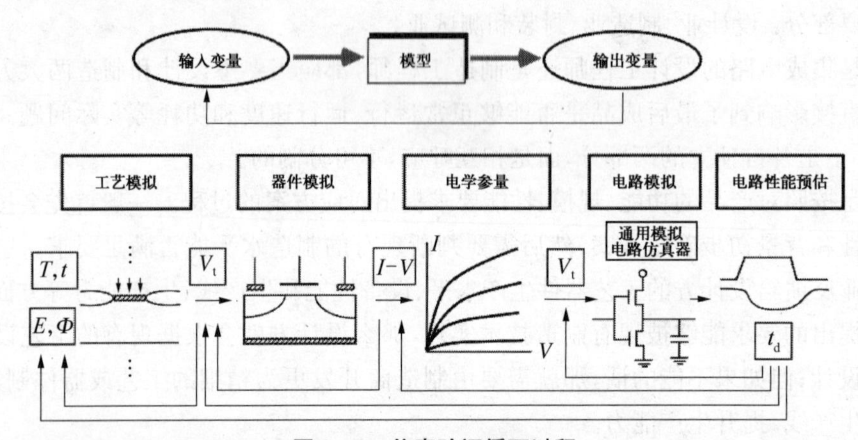

图 3-2　仿真验证循环过程

好的集成电路的设计会给集成电路的制造带来极大的便利以及利润，而集成电路制造业的兴起也会反过来带动集成电路技术的发展。

在设计芯片之前，要判断现有的工艺是否可以满足设计需求，如果判断现有的工艺能够满足设计要求，就基于该工艺设计规则的约束完成设计；如果判断现有的工艺不能体现设计的最优化结果，则需要开发新一代或者更加精细的工艺和器件制造技术。目前主流的制造工艺有：单片集成电路工艺和薄膜集成电路工艺。

单片集成电路工艺是利用研磨、抛光、氧化、扩散、光刻、外延生长、蒸发等一整套平面工艺技术，在一小块硅单晶片上同时制造晶体管、二极管、电阻和电容等元件，并且采用一定的隔离技术使各元件在电性能上互相隔离。然后在硅片表面蒸发铝层并用光刻技术刻蚀成互连图形，使元件按需要互联成完整电路，制成半导体单片集成电路。随着单片集成电路从小、中规模发展到大规模、超大规模集成电路，平面工艺技术也随之得到发展。例如，扩散掺杂改用离子注入掺杂工艺；紫外光常规光刻发展到一整套微细加工技术，如采用电子束曝光制版、等离子刻蚀、反应离子铣等；外延生长又采用超高真空分子束外延技术；采用化学气相淀积工艺制造多晶硅、二氧化硅和表面钝化薄膜；互连细线除采用铝或金以外，还采用了化学气相淀积掺杂多晶硅薄膜和贵金属硅化物薄膜，以及多层互连结构等工艺。

薄膜集成电路工艺中，整个电路的晶体管、二极管、电阻、电容和电感等元件及其间的互连线，全部用厚度在 1 μm 以下的金属、半导体、金属氧化物、多种金属混合相、合金或绝缘介质薄膜，并通过真空蒸发工艺、溅射工艺和电镀等工艺重叠构成。用这种工艺制成的集成电路称薄膜集成电路。

虽然这些技术满足目前的市场需求已经足矣，但是接下来人们还要追求性能更佳的电路设计，这个时候也许就需要新的制造工艺来满足设计的需求。而新技术则需要进行与设计程序相似的流程，也是自顶向下的过程，但是门级电路的设计基本不用改变，而只是改变晶体管级及物理级的一些工艺（见图 3-3）。

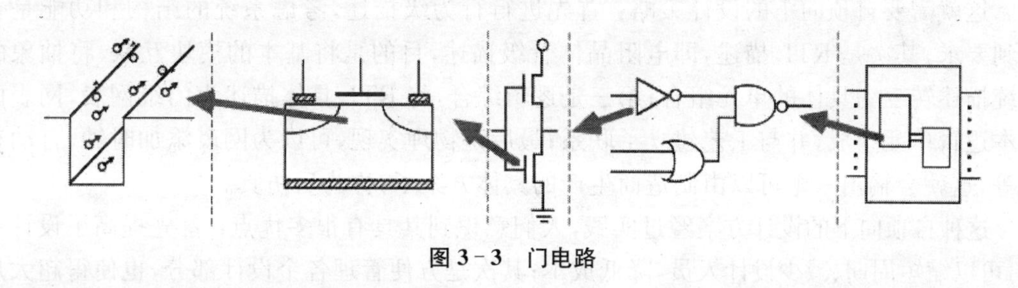

图 3-3　门电路

笔者相信在不久的将来，集成电路的设计会与集成电路的制造相互促进，使人们的生活品质进一步提高。

3.2 集成电路的设计、仿真、检验

3.2.1　设计

集成电路设计的抽象层次可以大致分为五层（自底向上）。

（1）晶体管层，即器件物理级。它涉及最为基本的制造要求，如工艺规则；以及一些物理知识，如互联效应。设计者在这一层主要考虑晶体管内部结构，以及电容电阻等一些基本元件的实现方式。

（2）电路级。此时已经实现了由晶体管、电阻电容电感等组成的具有一定简单功能的逻辑结构。指导我们去做出合理设计的是电流电压方程等电学知识，而这一层面也直接影响到了最终成品的延时、抗噪性能。

（3）逻辑门级。每一个逻辑门都包含有一个子电路，这样可以模块化地表示多个功能单元组成的一个较为复杂的功能单元。这样的结构可能是一些复杂逻辑，如多选器，也可能

是结构单元，如触发器。大大小小的逻辑门之间如何排布与连接，除了有功能要求，还有性能和成本的要求。因此，逻辑门级图的相关知识会很好地帮助设计者达到相关要求。

(4) 模块层，即宏单元级。这是若干逻辑门级电路的组合，可以实现系统中某方面的功能。不同模块在系统中扮演着不同角色，有可能是存储器，有可能是处理器，也有可能是I/O接口等。一个系统中会包含多个模块，模块之间的时序关系、数据流通、状态转换都是需要考虑的问题。

(5) 系统级。系统级是直接面向设计者的最高一级。设计者可以针对设计要求，直接从系统的层次去考虑问题。同时也有系统级设计语言辅助设计。当一个涵盖多个模块的系统进入设计者眼中时，其系统功能是首要考虑的重点。

综上，集成电路设计主要有五个基本层次，从底到上的设计越来越抽象，要考虑的情况也越来越复杂。随着EDA的发展，许多具体、公式化的计算和分析由设计工具去完成，而现在设计者主要在基于平台的系统设计上投入精力。

那么，设计者着眼于基于平台的系统设计，所得到的方案也需要落实到基本的物理层。这就需要自顶向下的设计策略：首先进行行为级描述，考虑系统的结构和功能是否达到要求；其次是RTL描述，即电阻晶体管级描述，目的是将基本的模块互联，将抽象的系统描述转变为具体的单元组合；第三是逻辑综合，将RTL具体描述为门级网表，网表由基本逻辑单元组成，并与工艺建立了联系；最后是物理实现，可以为网表添加时钟、自动布线等，这就会输出一个可以由制造商生产的具体方案了，称为后仿真。

这种自顶向下的设计方案经过实践，人们意识到其具有很多优点：首先提高了设计效率，可以缩短周期、减少设计人员，降低成本；其次是方便管理各个设计部分，也使得超大规模电路设计成为可能；第三是可以及早发现问题，提高了设计成功率。

3.2.2 电子设计自动化(EDA)

EDA全称为electronic design automation，即电子设计自动化。EDA工具极大地便利了集成电路设计者的设计工作，使得超大规模集成电路、专有集成电路等领域逐渐脱离了繁重而重复的工作，更多地偏向于思路算法的实现。

设计工具的逐渐发展也吻合了集成电路规模的发展轨迹。最初没有相关设计工具的时候，设计过程全部由手工完成。由人工制作的版图、布线甚至是掩模，既不利于量产、精确生产，也不利于技术的传播。

20世纪70年代有了计算机辅助设计(ICCAD)。人们才开始用软件辅助版图编辑、布线等工作。逐渐形成了开发此种软件的公司和市场。但此时的软件功能简单、效率低下，且功能主要体现在布局绘图上，因此逐渐变得无法满足日趋复杂的设计需求。

在八九十年代，出现了CAE工具，即计算机辅助工程。此时的CAE工具不但可以绘制图像，还能够设计电路和功能，为接下来的EDA奠定了基础。

EDA工具是当下正在使用的辅助软件类型。设计者只需从系统级进行描述，就可以由电脑进行编译，处理输出网表或电路。同时在布局上引入了定制、半定制的思路，使得自动、半自动布局也成为可能。

未来预计会有 ESDA，也就是电子系统设计自动化的设计工具，将极大地简化设计者的工作种类和数量。ESDA 将提供从设计到综合模拟一系列解决方案，实现系统级的设计自动化。目前 ESDA 还正在不断完善之中，相信不久将来会为更高级、更复杂的电路设计提供便利。

由此 EDA 工具也将经历一些改变和发展：① 高层抽象描述语言会更加重要，C 语言系列 VHDL+会进一步降低硬件设计的门槛；② 厂商之间的软件会增加互用性，加强不同阶段软件、不同商家软件之间的兼容和连续性；③ 会建立新的工艺标准和库格式，以应对不断发展的工艺水平，也有望从设计综合的角度解决物理层的一些问题。

现有的 EDA 软件提供商主要有 Synopsys，Cadence，Mentor Graphics 三家，各有所长。

3.2.3　仿真验证

验证的主要目的是检查设计实现的功能特性是否正确，以及是否与规范定义的要求吻合。

检查设计是否符合功能要求的主要途径就是功能仿真。仿真的操作类型可分为黑盒测试、白盒测试和灰盒测试。编写 testbench 即是典型的黑盒测试，也是功能测试，主要针对表观的功能和性能；白盒测试也称结构测试，可以检验每条通路是否按预期要求进行工作；灰盒测试介于两者之间，增强了用户与开发者的交互，便于得出一个协同性的结论。

验证通常还需要考虑静态时序分析以及形式验证。前者简称为 STA(static timing analysis)，侧重检查时序特性是否符合要求，而不考虑电路的功能正确性。后者主要判断多个电路设计是否等价，以评估对电路修改的结果。

自从 1952 年英国科学家 Dummer 第一次提出集成电路的设想后，全世界都开始探寻集成电路设计与制造的奥秘：1958 年世界上第一块集成电路诞生，摩尔先生提出著名的摩尔定律，而后他的 Intel 公司就开始沿着他的定律发展。直到今天，一个 CPU 上已经可以集成数以亿计的晶体管。到底是什么样的技术方法支撑着集成电路的高速发展呢?

不同种类的集成电路的材料其功能不尽相同，大致可以分为单片集成电路和混合集成电路，按功能还可分为数字电路、模拟电路和数模混合电路。不同的电路设计方法不同，但是总的设计流程大致相同。计算程序如图 3 - 4 所示。

1. 行为级描述阶段

设计人员产品的应用场合，设定一些如功能、操作速度、接口规格、环境温度及消耗功率等规格，以作为将来电路设计时的依据。便可进一步规划软件模块及硬件模块该如何划分，哪些功能该整合于 SOC 内，哪些功能可以设计在电路板上。行为级描述实质上是对整个系统的数学模型进行描述，并不用真正考虑算法的实现方法，而是更多地考虑电路的功能是否达到实际要求。

2. 寄存器传输级描述阶段

设计描述和行为级验证功能设计完成后，可以依据功能将 SOC 划分为若干功能模块，并决定实现这些功能将要使用的 IP 核。此阶段将直接影响了 SOC 内部的架构及各模块间互动的信号及未来产品的可靠性。决定模块之后，可以用 VHDL 或 Verilog 等硬件描述语言实现各模块的设计。接着，利用 VHDL 或 Verilog 的电路仿真器，对设计进行功能验证(function simulation，或行为验证 behavioral simulation)。注意，这种功能仿真没有考虑电路实际的延迟，无法获得精确的结果。

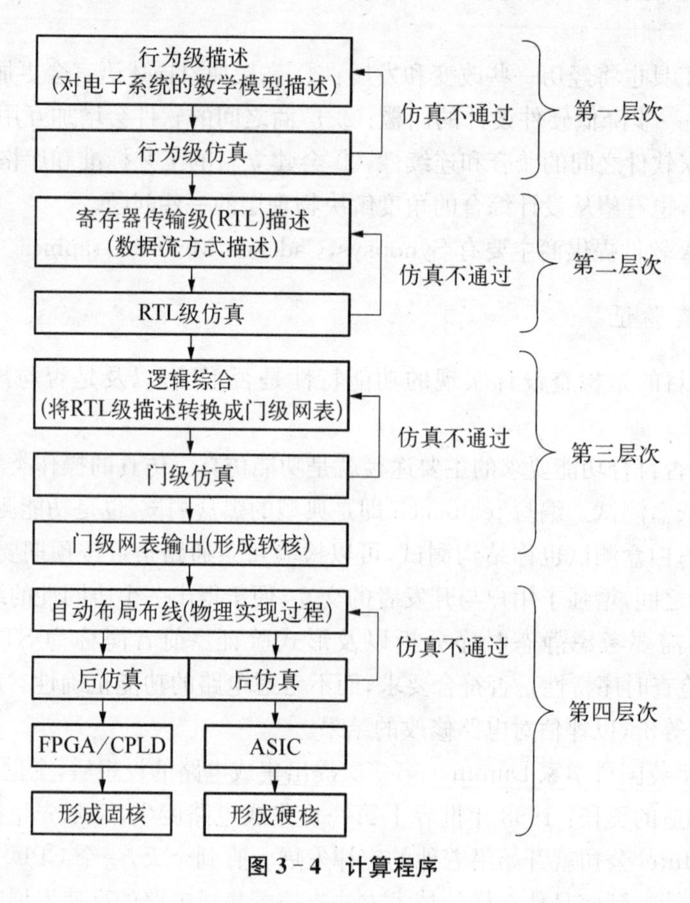

图 3-4　计算程序

3. 逻辑综合阶段

逻辑综合确定设计描述正确后，可以使用逻辑综合工具(synthesizer)进行综合。在综合过程中，需要选择适当的逻辑器件库(logic cell library)，作为合成逻辑电路时的参考依据。硬件语言设计描述文件的编写风格是决定综合工具执行效率的一个重要因素。事实上，综合工具支持的 HDL 语法均是有限的，一些过于抽象的语法只适于作为系统评估时的仿真模型，而不能被综合工具接受逻辑综合得到门级网表。

4. 门级验证阶段

门级功能验证是寄存器传输级验证。主要的工作是要确认经综合后的电路是否符合功能需求，该工作一般利用门电路级验证工具完成(注意，此阶段仿真需要考虑门电路的延迟)。

5. 布局布线阶段

布局指将设计好的功能模块合理地安排在芯片上，规划好它们的位置；布线则指完成各模块之间互连的连线。注意，各模块之间的连线通常比较长，因此产生的延迟会严重影响

SOC的性能，尤其在0.25 μm制程以上，这种现象更为显著。

以上的这种设计方法称为自顶向下设计方法，它是指从系统硬件的高层次抽象描述向最底层物理描述的一系列转换过程；还有另一种设计方式称为自底向上的设计方法。但目前主流的技术是自顶向下的。

马克思曾经告诉我们，有了世界观还要掌握方法论才能进一步改造世界。上述的电路设计大致流程就是我们的芯片世界观，而接下来需要了解的设计方法学就是改造电路的方法论。集成电路的设计方法总是落后于制造技术的发展，设计和工艺技术的差异只能依靠改进设计方法学来缩小。集成电路设计的抽象层次可分为五层(见图3-5)。

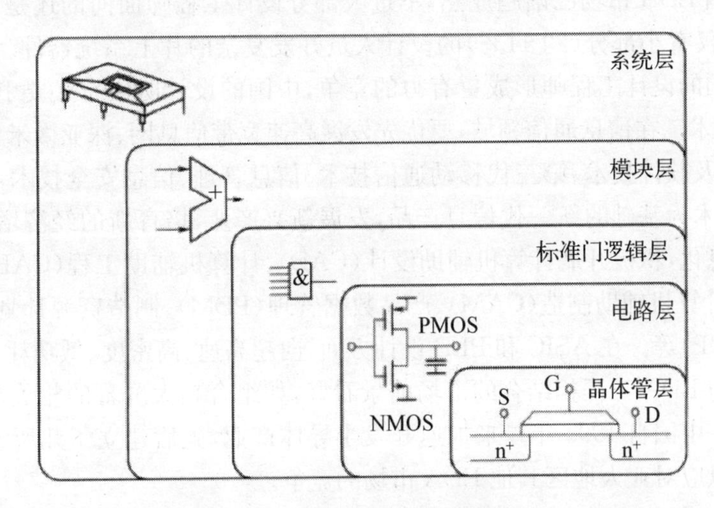

图3-5 集成电路设计的抽象层次

历史上先后产生了三种主要的设计方法学：① 时序驱动的设计方法(TDD)；② 基于模块的设计方法(BBU)；③ 基于平台的设计方法(PBD)。

早期的集成电路设计全靠手工，从设计原理到硬件电路模拟，到每个原件的版图设计、布局布线，再到完整的电路掩模版，全由人工完成，发展到由计算机辅助设计，但是设计各阶段的软件却彼此独立，且功能较少，不利于大规模系统设计。到了20世纪90年代，经历了CAE阶段，我们终于迎来了电子设计自动化技术(EDA)。它根据硬件描述语言完成的设计文件，自动完成逻辑、化简、分割、综合、优化、布局布线及仿真，直至完成对于特定目标芯片的适配编译、逻辑映射和编程下载等工作。目前EDA工具供应商有Synopsys、Cadence、Mentor和Magma，每个厂商都有各自研发的侧重点，如Cadence在仿真器上有优势，而Mentor在物理验证上略胜一筹。

EDA工具软件大致可分为芯片设计辅助软件、可编程芯片辅助设计软件、系统设计辅助软件等三类，主要有SPICE/PSPICE、multiSIM、Matlab、PCB、Verilog、Cadence等。EDA在教学、科研、产品设计与制造等各方面都发挥着巨大的作用。科研方面主要利用电路仿真工具(multiSIM或PSPICE)进行电路设计与仿真，利用虚拟仪器进行产品测试，将CPLD/FPGA器件实际应用到仪器设备中，从事PCB设计和ASIC设计等。在产品设计与制造方面，包括计算机仿真、产品开发中的EDA工具应用、系统级模拟及测试环境的仿真、生产流水线的EDA技术应用、产品测试等各个环节。如PCB的制作、电子设备的研制与生产、电路板的焊接、ASIC的制作过程等。从应用领域来看，EDA技术已经渗透到各行各业，包括在机械、电子、通信、航空航天、化工、矿产、生物、医学、军事等各个领域，都有EDA应用。另外，EDA软件的功能日益强大，原来功能比较单一的软件，现在增加了很多新用途。如AutoCAD软件可用于机械及建筑设计，也扩展到建筑装潢及各类效果图、汽车和飞机的模型、电影特技等领域。

从目前的EDA技术来看，其发展趋势是政府重视、使用普及、应用广泛、工具多样、软件功能强大。中国EDA市场已渐趋成熟，不过大部分设计工程师面向的还是PCB制板和小型ASIC领域，仅有小部分(约11%)的设计人员开发复杂的片上系统器件。为了与我国台湾地区以及美国的设计工程师形成更有力的竞争，中国的设计队伍有必要引进和学习一些最新的EDA技术。在信息通信领域，要优先发展高速宽带信息网、深亚微米集成电路、新型元器件、计算机及软件技术、第三代移动通信技术、信息管理、信息安全技术，积极开拓以数字技术、网络技术为基础的新一代信息产品，发展新兴产业，培育新的经济增长点。要大力推进制造业信息化，积极开展计算机辅助设计(CAD)、计算机辅助工程(CAE)、计算机辅助工艺(CAPP)、计算机辅助制造(CAM)、产品数据管理(PDM)、制造资源计划(MRPII)及企业资源管理(ERP)等。在ASIC和PLD设计方面，向超高速、高密度、低功耗、低电压方面发展。外设技术与EDA工程相结合的市场前景看好，如组合超大屏幕的相关链接，多屏幕技术也有所发展。中国自1995年以来加速开发半导体产业，先后建立了几所设计中心，推动系列设计活动以应对亚太地区其他EDA市场的竞争。

EDA软件开发，目前主要集中在美国。但各国也正在努力开发相应的工具。日本、韩国都有ASIC设计工具，但不对外开放。中国华大集成电路设计中心，也提供IC设计软件，但性能不是很强。相信在不久的将来会有更多更好的设计工具在各地开花并结果。据最新统计显示，中国和印度正在成为电子设计自动化领域发展最快的两个市场，年复合增长率分别达到了50%和30%。

随着集成电路的集成程度和功能复杂程度的不断提高，集成电路的功能验证难度也在不断增加。目前，集成电路功能验证约占整个开发过程投入的60%～70%，是项目成功的关键。集成电路的功能验证需要有系统的方法加以支撑，并尽可能地做到自动化，从而提高验证的效率。

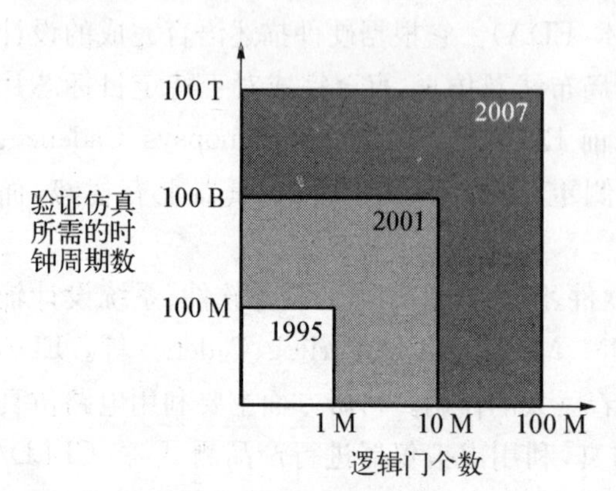

图3-6 集成电路功能验证

从图3-6中可以看出，验证是繁琐而复杂的过程，逻辑门一个数量级的增加导致了仿真所需周期数3个数量级的增加，这时人力去干涉和检查逻辑错误的可能性是非常低的，必须借助于自动化的仿真程序来验证。

基于仿真的验证是指在软件环境下模拟电路工作的实际情况，从而在实现实际电路之前，完成对硬件电路设计的功能测试，从而缩减芯片的开发成本，提高芯片投片一次性成功的概率。以 Verilog 和 VHDL 为代表的硬件描述语言的出现，是对逻辑门单元电路描述的一种抽象，提高了 IC 设计的效率，但这些语言在验证上的表现并不理想，所以业界开始设计在硬件描述语言上更抽象的语言，以胜任设计和验证两方面的需求，如 superlog、system Verilog 等，一些专门针对验证而设计的抽象语言如 vera 也相应诞生。

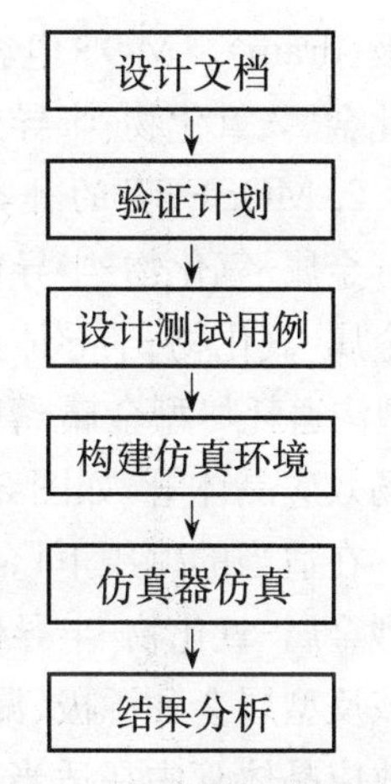

图 3-7　仿真验证方法流程

验证方法有仿真验证和形式验证，形式验证也称静态验证，是从数学上证明逻辑电路的功能，下面着重介绍基于仿真的验证方法，其基本流程如图 3-7 所示。

3.3　半导体器件基本原理

3.3.1　MOSFET

MOS 指的是金属(Metal)-二氧化硅(SiO_2)-硅(Si)系统，MOSFET 的核心是一个称为 MOS 电容的金属-氧化物-半导体结构。在半导体中，由于施加了一个穿过 MOS 电容的电压，氧化物-半导体界面处的能带将发生弯曲。在氧化物-半导体界面处的费米能级相对于导带和价带的能级位置是穿过 MOS 电容的电压的函数，因此通过施加适当的电压，半导体表面的特性将从 P 型转化为 N 型，也可从 N 型转化为 P 型。MOSFET 的工作和特性都依赖于这种“反型”以及由之产生的半导体表面处的反型电荷密度。而阈值电压作为 MOSFET 的一个重要的参数，被定义为形成反型层电荷所需要的栅电压。

1. MOSFET 的结构

金属-氧化物-半导体场效应晶体管(metal-oxide-semiconductor field-effect，MOSFET)是超大规模集成电路中最重要的器件。其结构如图 3-8 所示。它除了具备 MOS 电容器结构之外，还包含了两个位于 MOS 电容器两侧、导电类型和硅基底相反的区域，称为源极(source)和

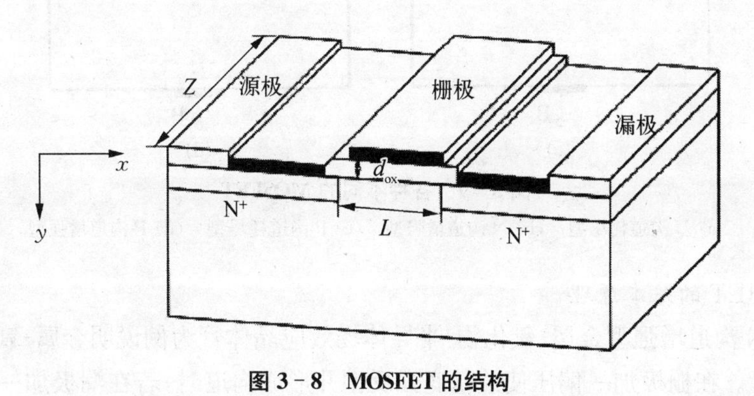

图 3-8　MOSFET 的结构

漏极(drain)。MOS 电容器最上端金属部分称为栅极(gate),另外还有一个电极加于基底,因此金属-氧化物-半导体场效应晶体管是四端器件。

2. MOSFET 的种类

金属-氧化物-半导体场效应晶体管可分为四种不同的基本类型,分别为 N 型沟道耗尽型金属-氧化物-半导体场效应晶体管、N 型沟道增强型金属-氧化物-半导体场效应晶体管、P 型沟道耗尽型金属-氧化物-半导体场效应晶体管以及 P 型沟道增强型金属-氧化物-半导体场效应晶体管,如图 3-9 所示。

在适当的偏压下,金属-氧化物-半导体结构中的硅基底会呈强反型。当对 N 型沟道增强型金属-氧化物-半导体场效应晶体管的栅极加一正偏压时,其 P 型硅基底会产生强反型,且该反型层会和源极、漏极相接形成一 N 型沟道。而 N 型沟道耗尽型金属-氧化物-半导体场效应晶体管中在适当的偏压下,金属-氧化物-半导体结构中的硅基底会呈强反型。当对 N 型沟道增强型金属-氧化物-半导体场效应晶体管的栅极加一正偏压时,其 P 型硅基底会产生强反型,且该反型层会和源极、漏极相接形成一 N 型沟道。而 N 型沟道耗尽型金属-氧化物-半导体场效应晶体管中的 P 型硅基底,在未加任何栅极偏压的情形下即呈强反型,形成一 N 型沟道。同理,P 沟道增强型金属-氧化物-半导体场效应晶体管的 N 型硅基底,在未加任何栅极电压时并不产生强反型,而在加一负栅极偏压时才产生强反型并和源极、漏极相接形成一 P 型沟道。P 沟道耗尽型金属-氧化物-半导体场效应晶体管中的 N 型硅基底,在未加任何栅极偏压的情形下即呈强反型成 P 型沟道。

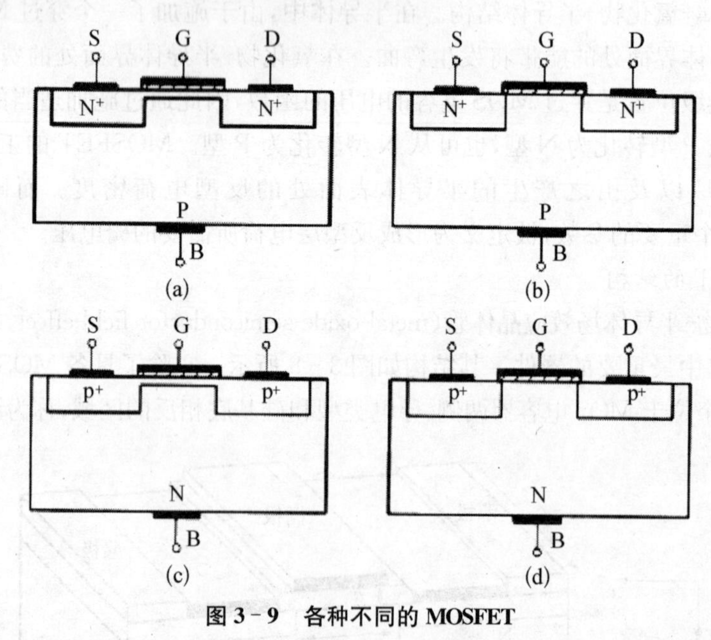

图 3-9 各种不同的 MOSFET

(a) N 沟道耗尽型 (b) N 沟道增强型 (c) P 沟道耗尽型 (d) P 沟道增强型

3. MOSFET 的基本原理

下面以 N 沟道增强型金属-氧化物-半导体场效应晶体管为例说明金属-氧化物-半导体场效应晶体管。在栅极加一偏压使硅基底强反型并形成沟道时,若在漏极加一小的正电压,则会使电子由源极经沟道流至漏极，对应的电流方向则为由漏极经沟道至源极，此时漏极电流和漏极电压成正比关系，如图 3－10(a)所示，称之为线性区域(linear region)。当漏极上所加电压增加时，沟道与漏极相接处的反型层厚度会减小，一直到该处的反型层厚度减为 0，沟道的反型层厚度为零的情况称为截止(pinch off)，沟道的反型层厚度减为 0 之处称为夹断点，如图 3－10(b)所示。因此，当漏极电压逐渐增加会使沟道与漏极相接处夹断时，此时为饱和(saturation)的开始。若漏极电压在 MOSFET 开始饱和后仍继续增加，夹断点则会向源极移动，即沟道反型层的长度(或者说沟道的电学长度)减小，但是夹断点上的电压不随漏极电压变化而改变，仍保持恒定值，如图 3－10(c)所示，称为饱和区(saturation region)。

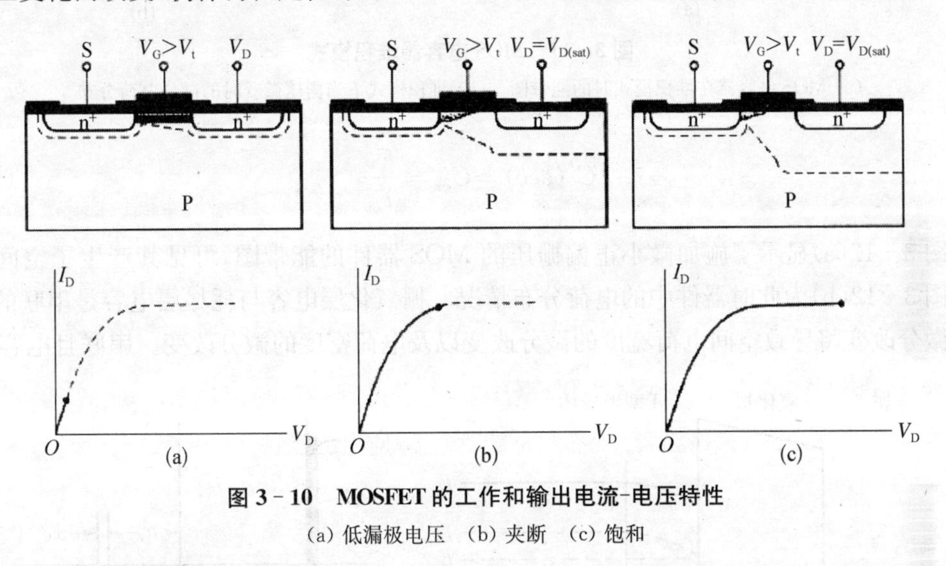

图 3－10　MOSFET 的工作和输出电流-电压特性

(a) 低漏极电压　(b) 夹断　(c) 饱和

4. MOS 管电容-电压特性

MOS 电容结构是 MOSFET 的核心。MOS 器件和栅氧化层-半导体界面处的大量信息，可以从器件的电容-电压关系即 $C-V$ 特性曲线中得到。器件的电容定义为

$$C=\frac{dQ}{dV} \tag{3-1}$$

其中 dQ 为板上电荷的微分变量，它是穿过电容的电压 dV 的微分变量的函数。这时的电容是小信号或称交流变量，可通过在直流栅压上叠加一交流小信号电压的方法测量出。因此，电容是直流栅压的函数。

5. 理想 $C-V$ 特性

首先我们讨论 MOS 电容的理想 $C-V$ 特性，然后讨论实际结果与理想曲线产生偏差的各种因素。假设栅氧化层中和栅氧化层-半导体界面处均无陷阱电荷。

MOS 电容有三种工作状态：堆积、耗尽和反型。图 3－11(a)显示了加负栅压时 P 型衬底 MOS 电容的能带图。在栅氧化层-半导体界面处产生了空穴堆积层。一个小的电压微分改变量将导致金属栅和空穴堆积电荷的微分变量发生变化，如图 3－11(b)所示。这种电荷密度的微分改变发生在栅氧化层的边缘，就像平行板电容器中的那样。堆积模式时 MOS 电容器的单位面积电容 C' 就是栅氧化层电容，即

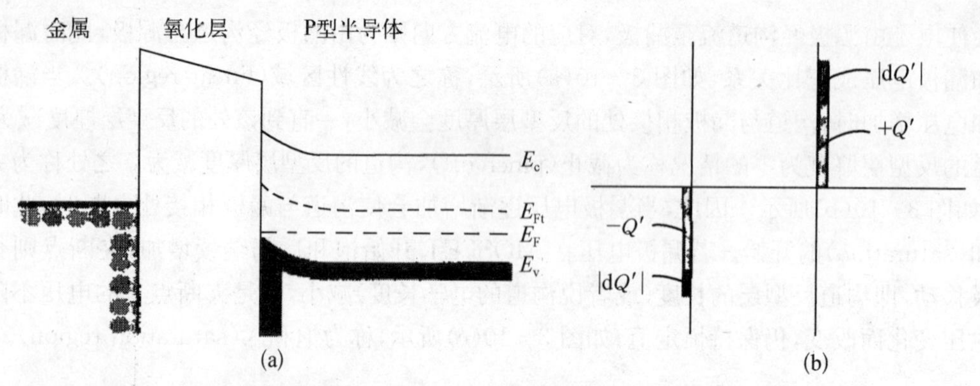

图 3-11　MOS 电容器堆积模式

(a) MOS 电容器在堆积模式时的能带图　(b) 堆积模式下当栅压微变时的微分电荷分布

$$C'(\mathrm{acc}) = C_{\mathrm{ox}} = \frac{\varepsilon_{\mathrm{ox}}}{t_{\mathrm{ox}}} \tag{3-2}$$

图 3-12(a)显示了施加微小正偏栅压的 MOS 器件的能带图，可见其产生了空间电荷区。图 3-12(b)为此时器件中的电荷分布情况。栅氧化层电容与耗尽层电容是串联的。电压的微分改变将导致空间电荷宽度的微分改变以及电荷密度的微分改变。串联且电容为

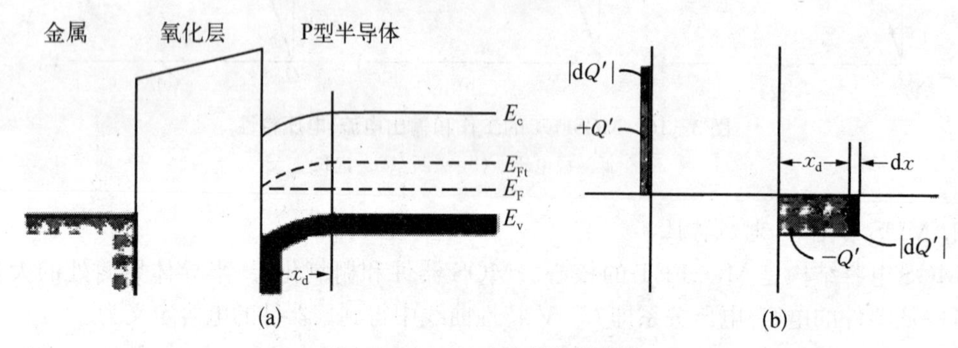

图 3-12　MOS 电容器耗尽模式

(a) MOS 电容器在耗尽模式时的能带图　(b) 耗尽模式下当栅压微变时的微分电荷分布

$$\frac{1}{C'(\mathrm{depl})} = \frac{1}{C_{\mathrm{ox}}} + \frac{1}{C'_{\mathrm{SD}}}$$

或

$$C'(\mathrm{depl}) = \frac{C_{\mathrm{ox}} C'_{\mathrm{SD}}}{C_{\mathrm{ox}} + C'_{\mathrm{SD}}} \tag{3-3}$$

由于 $C_{\mathrm{ox}} = \varepsilon_{\mathrm{ox}}/t_{\mathrm{ox}}$ 且 $C'_{\mathrm{SD}} = \varepsilon_s/x_d$，式(3-3)可以写成

$$C'(\mathrm{depl}) = \frac{C_{\mathrm{ox}}}{1 + \dfrac{C_{\mathrm{ox}}}{C'_{\mathrm{SD}}}} = \frac{\varepsilon_{\mathrm{ox}}}{t_{\mathrm{ox}} + \left(\dfrac{\varepsilon_{\mathrm{ox}}}{\varepsilon_s}\right) x_d} \tag{3-4}$$

总电容 $C'(\text{depl})$随着空间电荷宽度的增大而减小。

先前我们定义的阈值反型点是当达到最大耗尽宽度，且反型层电荷密度为零时的情形。此时得到的最小电容 $C'_{\min}$为

$$C'_{\min}=\frac{\varepsilon_{ox}}{t_{ox}+\left(\frac{\varepsilon_{ox}}{\varepsilon_{s}}\right)x_{dt}} \tag{3-5}$$

图 3-13(a)为反型时的 MOS 器件的能带。在理想情况下，MOS 电容电压的一个微小的改变量将导致反型层电荷密度的微分变量发生变化，而空间电荷宽度不变。如图 3-13(b)所示，若反型层电荷能跟得上电容电压的变化，则总电容就是栅氧化层电容，或

$$C'(\text{inv})=C_{ox}=\frac{\varepsilon_{ox}}{t_{ox}} \tag{3-6}$$

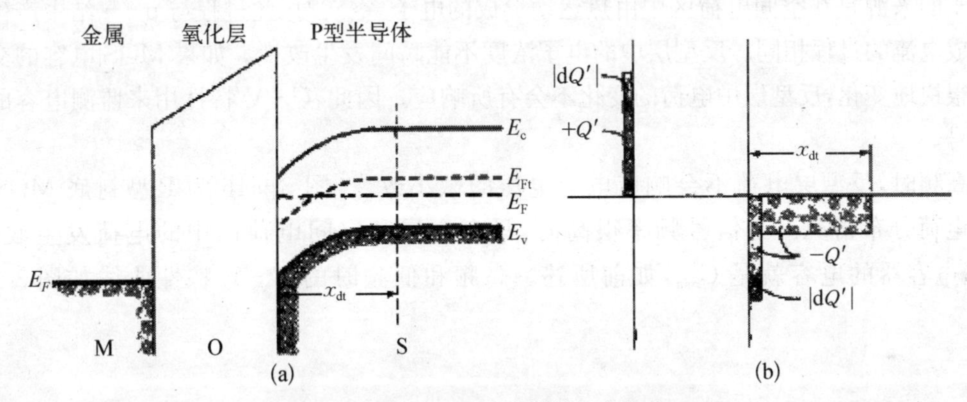

图 3-13　MOS 电容器的反电模式

(a) MOS 电容器在反型模式时的能带图　(b) 反型模式下栅压低频变化时的微分电荷分布

图 3-14 为理想电容和栅压的函数曲线，即 P 型衬底 MOS 电容的 $C-V$ 特性，其三条虚线分别对应三个分量 C_{ox}，C'_{SD}和 $C'_{\min}$。实线为理想 MOS 电容器的净电容。弱反型区是当栅压仅改变空间电荷密度时和当栅压仅改变反型层电荷时的过渡区，图 3-13(b)中的黑点是值得我们注意的，它对应于平带时的情形。平带情形发生在堆积和耗尽模式之间。平带时的电容为

$$C'_{FB}=\frac{\varepsilon_{ox}}{t_{ox}+\left(\frac{\varepsilon_{ox}}{\varepsilon_{s}}\right)\sqrt{\left(\frac{kT}{e}\right)\left(\frac{\varepsilon_{s}}{eN_{a}}\right)}} \tag{3-7}$$

我们看到平带电容是栅氧化层厚度和掺杂浓度的函数。这个点在 $C-V$ 曲线中的通常位置示于图 3-14 中。

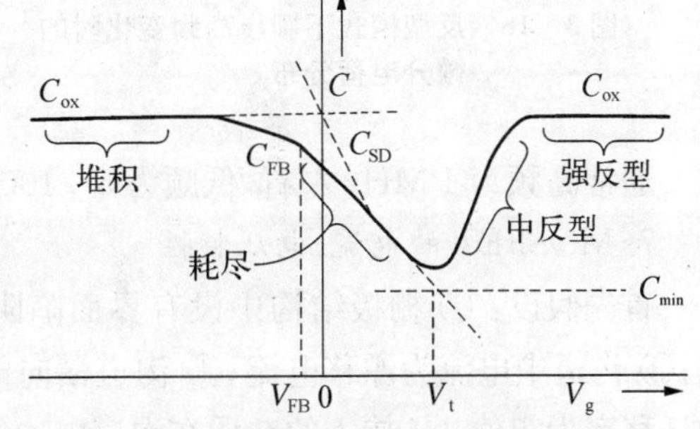

图 3-14　P 型衬底 MOS 电容器理想低频电容和栅压的函数关系

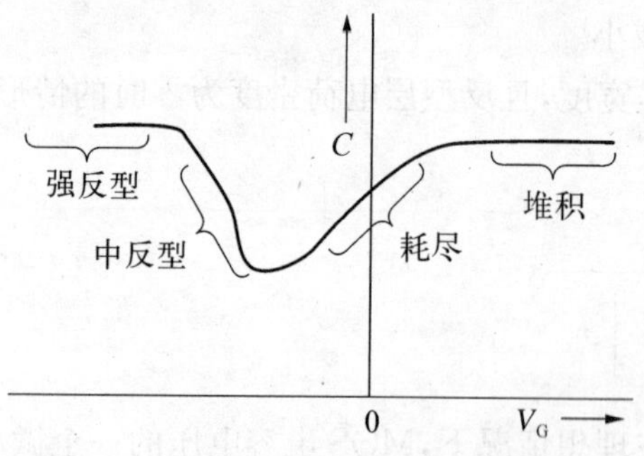

图 3-15 n型衬底 MOS 电容器理想低频电容和栅压的函数关系图

可以通过改变电压坐标轴的符号得到 N 型衬底 MOS 电容器的理想 $C-V$ 特性曲线。正偏栅压时为堆积模式，负偏栅压时为反型模式。理想曲线如图 3-15 所示。

6. 频率特性

图 3-13(a)为偏置在反型模式下的 P 型衬底 MOS 电容。我们已经讨论了在理想状况下电容电压的微小变化能够引起反型层电荷密度的变化。但是，实际中我们必须考虑导致反型层电荷密度变化的电子的来源。

能使反型层电荷密度改变的电子的来源有两处。一处来自通过空间电荷区的 P 型衬底中的少子电子的扩散。此扩散过程与反偏 p-n 结中产生反向饱和电流的过程相同。为一处电子的来源是在空间电荷区中由热运动形成的电子-空穴对，此过程与 p-n 结中产生反偏生成电流的过程相同。反型层中的电子浓度不能瞬间发生改变。如果 MOS 电容的交流电压很快地变化，反型层中电荷的变化不会有所响应。因此，$C-V$ 特性用来监测电容的交流信号。

高频时，反型层电荷不会响应电容电压的微小改变，图 3-16 为 P 型衬底 MOS 电容的电荷分布情况。当信号频率很高时，只有金属和空间电荷区中的电荷发生改变。MOS 电容器的电容就是 $C'_{\min}$，如前所述。高频和低频时的 $C-V$ 特性曲线如图 3-17 所示。

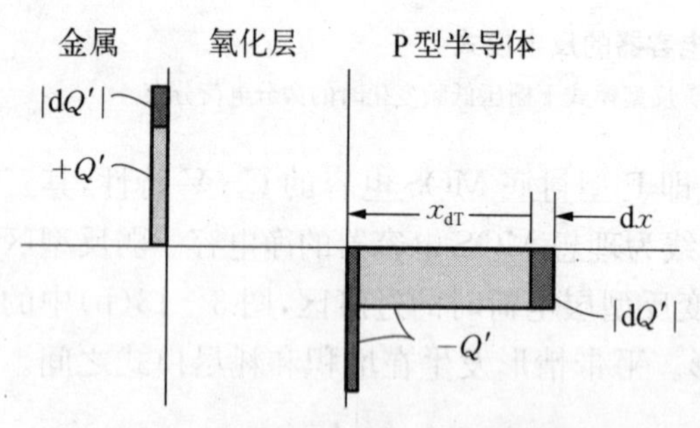

图 3-16 反型模式下栅压高频变化时的微分电荷分布

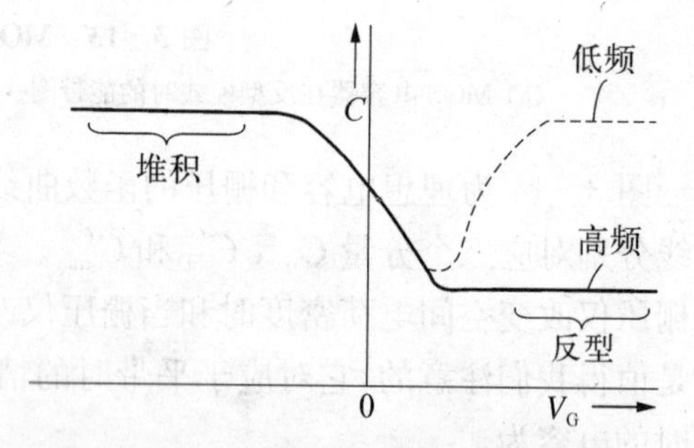

图 3-17 P 型衬底 MOS 电容器低频和高频电容与栅压的函数关系

通常高频为 1 MHz 左右，低频为 5～100 Hz。MOS 电容的高频特性测量如图所示。

7. MOSFET 的电流-电压特性

首先假设：① 栅极结构中没有界面陷阱及固定氧化物；② 栅极氧化层中没有电流通过；③ 沟道中电流为漂移电流；④ 沟道横向电场远大于沟道纵向电场；⑤ 载流子在沟道中的迁移率为定值；⑥ 掺入的杂质在沟道内均匀分布。在电子迁移率(μ)为定值时，沟道电导 g 为

$$\begin{aligned} g &= (Z/L)\int \sigma(y)\mathrm{d}y \\ &= (Z\mu/L)\int qn(y)\mathrm{d}y \qquad [\sigma(y) = q\mu n(y)] \\ &= (Z\mu/L)\mid Q_{\mathrm{n}}\mid \end{aligned} \tag{3-8}$$

式中，Z 为沟道宽度；L 为沟道长度；σ 为沟道的电导率；Q_{n} 为反型层内单位面积的总电荷；y 为沟道高度的方向，设 x 为沟道长度的方向，则 $\mathrm{d}x$ 处的沟道电阻为

$$\mathrm{d}R = \mathrm{d}x/(gL) = \mathrm{d}x/Z\mu \mid Q_{\mathrm{n}}(x)\mid \tag{3-9}$$

$\mathrm{d}x$ 处的降压为

$$\mathrm{d}V = I_{\mathrm{D}}\mathrm{d}R = I_{\mathrm{D}}\mathrm{d}x/Z\mu \mid Q_{\mathrm{n}}(x)\mid \tag{3-10}$$

由于在沟道与源极距离为 x 处的感应电荷为

$$Q_{\mathrm{S}}(x) = [V_{\mathrm{G}} - \phi_{\mathrm{s}}(x)]C_{\mathrm{ox}} \tag{3-11}$$

式中，$\phi_{\mathrm{s}}(x)$ 为该处的表面电位；C_{ox} 为单位面积的栅极电容。可得反型层的电荷为

$$\begin{aligned} Q_{\mathrm{n}}(x) &= Q_{\mathrm{S}}(x) - Q_{\mathrm{SC}}(x) \\ &= [V_{\mathrm{G}} - \phi_{\mathrm{s}}(x)]C_{\mathrm{ox}} - Q_{\mathrm{SC}}(x) \\ &= [V_{\mathrm{G}} - 2\phi_{\mathrm{B}} - V(x)]C_{\mathrm{ox}} - Q_{\mathrm{SC}}(x) \\ &\quad [\text{强反型时 } \phi_{\mathrm{s}}(x) = 2\phi_{\mathrm{B}} + V(x)] \\ &= [V_{\mathrm{G}} - 2\phi_{\mathrm{B}} - V(x)]C_{\mathrm{ox}} + \sqrt{2\varepsilon_{\mathrm{s}}qN_{\mathrm{A}}[V(x) + 2\phi_{\mathrm{B}}]} \end{aligned} \tag{3-12}$$

所以可得

$$I_{\mathrm{D}} = Z\mu\{[V_{\mathrm{G}} - 2\phi_{\mathrm{B}} - V(x)]C_{\mathrm{ox}} - \sqrt{2\varepsilon_{\mathrm{s}}qN_{\mathrm{A}}[V(x) + 2\phi_{\mathrm{B}}]}\}\mathrm{d}V \tag{3-13}$$

从 $x=0$ 积分到 $x=L$，可得

$$I_{\mathrm{D}}\mathrm{d}x = Z\mu\left\{(V_{\mathrm{G}} - 2\phi_{\mathrm{B}} - V_{\mathrm{D}}/2)C_{\mathrm{ox}} - \frac{2}{3}\sqrt{2\varepsilon_{\mathrm{s}}qN_{\mathrm{A}}} \times [(V_{\mathrm{D}} + 2\phi_{\mathrm{B}})^{\frac{3}{2}} - (2\phi_{\mathrm{B}})^{\frac{3}{2}}]\right\}\mathrm{d}V \tag{3-14}$$

当漏极电压很小时，上式可简化为

$$I_{\mathrm{D}} = (Z/L)\mu C_{\mathrm{ox}}(V_{\mathrm{G}} - V_{\mathrm{t}})V_{\mathrm{D}} \tag{3-15}$$

而

$$V_{\mathrm{t}} = \frac{\sqrt{2\varepsilon_{\mathrm{s}}qN_{\mathrm{A}}(2\phi_{\mathrm{B}})}}{C_{\mathrm{ox}}} + 2\phi_{\mathrm{B}} \tag{3-16}$$

此时 I_{D} 和 V_{D} 成正比，为线性区域。

当漏极电压增加致使沟道与漏极相连接处夹断时，$Q_{\mathrm{n}}=0$，此时为饱和的开始。此漏极电压与漏极电流分别以 $V_{\mathrm{D(sat)}}$ 和 $I_{\mathrm{D(sat)}}$ 表示，由 $Q_{\mathrm{n}}(L)=0$ 的条件，可得

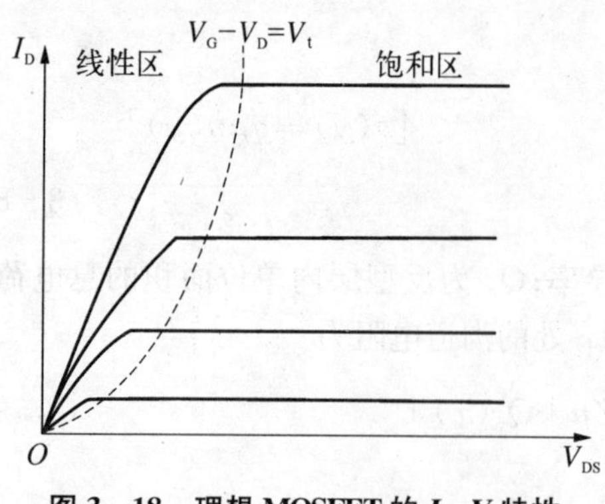

图 3-18　理想 MOSFET 的 $I-V$ 特性

$$V_{D(sat)}=V_G-2\phi_B+\frac{\varepsilon_s qN_A}{C_{ox}}\left\{1+\sqrt{1+\frac{2V_G C_{ox}}{\varepsilon_s qN_A}}\right\} \tag{3-17}$$

再由 $V_{D(sat)}$，可以求得 $I_{D(sat)}$ 的近似值

$$I_{D(sat)}\approx\frac{Z}{2}\frac{\mu\varepsilon_s}{d_{ox}L}(V_G-V_t)^2 \tag{3-18}$$

当漏极电压大于 $V_{D(sat)}$ 时，为饱和区，I_D 并不随漏极电压增加而增加。图 3-18 是理想 MOSFET 的 $I-V$ 特性。

3.3.2　器件缩小原理

为了增加 IC 内电子器件的密度，必须将器件的尺寸缩小，而缩小器件的基本要求是保持器件原来拥有的特性。减小段沟道效应的最佳方法是利用一个比例因子 $K(>1)$ 来减小所有尺寸和电压，以保持长沟道的特性，如此所得到的内部电场将会与长沟道 MOSFET 器件的内部电场相同，其新的器件尺寸将为

$$L'=L/K；d'_{ox}=d_{ox}/K；Z'=Z/K \tag{3-19}$$

对一定值电场而言，器件的工作电压变为

$$V'=V/K \tag{3-20}$$

1. 器件缩小参数

如图 3-19 所示，器件其他参数必须做如下变化：

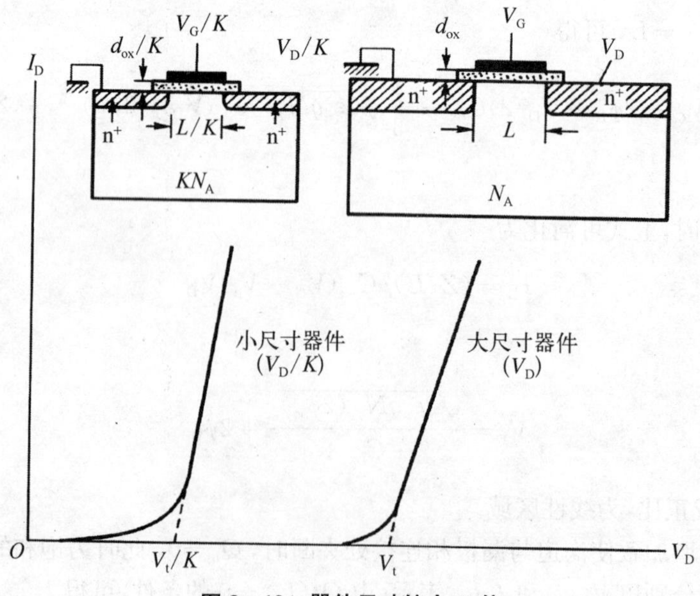

图 3-19　器件尺寸缩小 K 倍

(1) 掺杂浓度必须增加为 K 倍,这可由泊松方程看出,当电位下降 K 倍 ($\phi' = \phi/K$)、距离缩小 K 倍 ($r' = r/K$) 时,可得

$$\nabla_r^2 \phi = \nabla_{r'}^2 (\phi'/K) = -\frac{q}{\sigma_s}(N_D - N_A) \tag{3-21}$$

式中,$\nabla_{r'}^2 (\phi'/K) = -\frac{q}{\sigma_s}(N_D - N_A)$,与上式比较,可得

$$N'_D = KN_D,\ N'_A = KN_A \tag{3-22}$$

(2) 电容

$$C_{ox} = (\varepsilon_s A/d_{ox}) \propto (1/K) \tag{3-23}$$

(3) 漏极电流

$$I_D = \frac{C_{ox}\mu Z}{L}\left[(V_G - V_T) - \frac{1}{2}V_D\right]V_D \propto \frac{1}{K} \tag{3-24}$$

(4) 延迟时间(delay time)

$$\tau = (VC/I) \propto (1/K) \tag{3-25}$$

(5) 消耗功率(power dissipation)

$$P = IV \propto (1/K^2) \tag{3-26}$$

(6) 功率延迟时间乘积(power delay product)$= P\tau \propto (1/K^2)$

(7) 电流密度$= (I/A) \propto K$

由式(3-24)可知,当器件缩小 K 倍时,也要满足 $V_G > V_t$,即栅电压一般要在 0.5 V 以上;由电流密度$= (I/A) \propto K$ 可以知道,当器件缩小 K 倍时,电流密度将增加 K 倍,为了避免金属导线产生电迁移(electromigration)现象,在做缩小的设计时,电流密度必须小于 $10^5\ \mathrm{A/cm^2}$。因此要考虑 p-n 结的结深问题,其一般深度在 0.3～0.5 μm。同时,还要考虑到结深的最小值。

2. 器件缩小带来的技术发展

随着器件尺寸的减小,为了提高版图转印的可靠度,干法刻蚀技术取代了湿法化学腐蚀技术。1971 年,Irving 等人提出了利用 CF/02 的混合气体来刻蚀硅晶片。同年,Cho 提出了另一项重要技术,即分子束外延技术。这项技术可以近乎完美地在原子尺度下控制外延层在垂直方向的组成和掺杂浓度分布。该技术导致了许多光器件和量子器件的发明。

自 20 世纪 80 年代初以来,为满足器件尺寸日益缩小的要求,许多新的半导体技术应运而生。其中有三种关键技术,分别是沟槽隔离、化学机械抛光和铜互连线。沟槽隔离技术是 1982 年由 Rung 等人提出的,用于隔离 CMOS 器件。目前这种方法几乎已经取代了所有其他的隔离技术。1989 年 Davari 等人提出化学机械抛光的方法,以实现各层介电层的全面平坦化,这是用于多层金属镀膜的关键技术。在亚微米器件中,有一种很有名的失效机构——电迁移,

是指电流流过导线时，引起导线金属离子发生迁移的现象。尽管铝在20世纪60年代初就被用作互连导线，但它在大电流下却有比较严重的电迁移现象。1993年Paraszczak等人提出，当最小特征尺寸接近100 nm时，使用铜互连线代替铝互连线的思想。

3.3.3 其他半导体及传感器器件

1. 太阳能电池

半导体光电器件是指把光和电这两种物理量联系起来，使光和电互相转化的新型半导体器件。即利用半导体的光电效应(或热电效应)制成的器件。光电器件主要有，利用半导体光敏特性工作的光电导器件，利用半导体光伏打效应工作的光电池和半导体发光器件等。

以太阳能光电板为例。太阳能电池是由P型半导体和N型半导体结合而成，N型半导体中含有较多的空穴，而P型半导体中含有较多的电子，当P型和N型半导体结合时在结合处会形成电势当芯片在受光过程中，带正电的空穴往P型区移动，带负电子的电子往N型区移动，在接上连线和负载后，就形成电流。一般太阳能光电板分为单晶硅光电板，多晶硅光电板，非晶硅光电板这几类。

单晶硅太阳能板的光电转换效率为15%左右，最高的达到24%，这是所有种类的太阳能板中光电转换中单晶硅太阳能板效率最高的，但因制作成本很大，所以还不能被大量广泛和普遍地使用。由于单晶硅一般采用钢化玻璃以及防水树脂进行封装，其坚固耐用，使用寿命一般可达15年，最高可达25年。

多晶硅太阳能板的制作工艺与单晶硅太阳能板差不多，但其光电转换效率则相对降低不少，多晶太阳能板光电转换效率约为12%。从制作成本上来讲，它比单晶硅太阳能板要便宜一些，材料制造简便，节约电耗，总的生产成本较低，因此得以大量发展。此外，多晶硅太阳能板的使用寿命也比单晶硅太阳能板短。从性价比来讲，单晶硅太阳能板相对还略好些。

非晶硅太阳电板是1976年出现的新型薄膜式太阳能板，它与单晶硅和多晶硅太阳能板的制作方法完全不同，工艺过程大大简化，硅材料消耗很少，电耗更低。它的主要优点是在弱光条件也能发电。但非晶硅太阳能板存在的主要问题是光电转换效率偏低，国际先进水平为10%左右，且不够稳定，随着时间的延长，其转换效率衰减。

2. LED发光二极管的简介及发展现状

半导体发光二极管是常用电子元件二极管中的一种类型。发光二极管又称光发射二极管(light emitting diode，简称LED)，是一种可将电能变为光能的一种器件，属于固态光源。世界上于1960年前后制成GaP发光二极管，于1970年后开始进入市场。当时的LED以红色为主，由于光效率较低，光通量很小，因此只能在电器设备和仪器仪表上作为指示灯使用。随着管芯材料、结构、封装技术和驱动电路技术的不断进步，LED光色种类的增加，发光效率和光能量的提高，目前LED已在科研和生产领域得到了广泛的应用，产业建设快速发展，市场应用数量增长迅猛。尤其是近年来高光效、高亮度的白色LED的开发成功，使得LED在照明领域的应用成为可能。人们普遍认为，LED在不久的将来将部分代替传统的白炽灯、荧光灯和高强度气体放电灯，成为一种新型的照明光源，那将是一场照明领域的革命。

用于照明的电光源，根据发光的机理主要可分为热辐射光源、气体放电光源和场致发光光源等几大类。目前广泛应用的是以白炽灯为代表的热辐射光源和以荧光灯为代表的气体放电光源，而场致发光则是一种正在发展中的新型面光源。场致发光又称为电致发光，根据发光原理的区别，场致发光有本征场致发光和注入式场致发光之分，半导体发光二极管的发光为注入式场致发光，是一种固体在电场作用下直接发光的一种现象。

(1) 半导体发光二极管发光原理。发光二极管是由 Ⅲ～Ⅳ簇化合物，如 GaP(磷化镓)、GaAsP(磷砷化镓)等半导体制成的。发光二极管的核心部分是由 P 型半导体和 N 型半导体组成的晶片，在 P 型半导体和 N 型半导体之间有一个过渡层，称为 p－n 结，因此它具有一般 p－n 结的 $I-U$ 特性，即正向导通，反向截止，击穿特性；此外在一定的条件下，它还具有发光特性。制作半导体发光二极管的材料是重掺杂的，热平衡状态下的 N 区有很多迁移率很高的电子，P 区有较多的迁移率较低的空穴。由于 p－n 结阻挡层的限制，在常态下，两者不能发生自然复合。当在发光二极管 p－n 结上加正向电压时，空间电荷层变窄，载流子扩散运动大于漂移运动，致使 P 区的空穴注入 N 区，N 区的电子注入 P 区。于是在 p－n 结附近稍偏于 P 区一边的地方，处于高能态的电子与空穴相遇复合时会把多余的能量释放并以发光的形式表现出来，从而把电能直接转化成光能，这种复合所发出的光属于自发辐射(见图 3－20)。当在发光二极管的 p－n 结上加反向电压，少数载流子难以注入，故不发光。

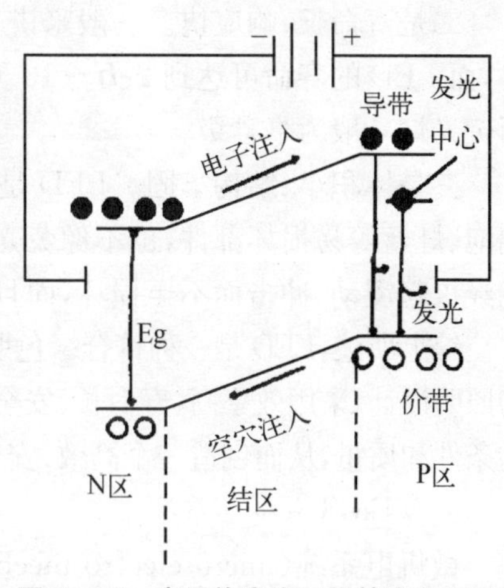

图 3－20　半导体发光二极管发光原理

严格来说二极管发光有二种：第一种是注入的电子与价带空穴的复合是在 P 区中发生，则可直接复合产生发光；或者注入的电子先被发光中心捕获后，再与空穴复合发光，这种情况下发出的光为可见光。第二种是注入的电子有一些被非发光中心捕获，而后再与空穴复合，由于释放的能量不大，虽然能够发光，但所发出的光是不可见的，即不可见光。发光的复合量相对于非发光复合量的比例越大，光量子效率越高。由于复合是在扩散区内发光的，所以光仅在靠近 p－n 结数 1 mm 以内产生。发光的波长取决于材料的价带宽度，如选用不同价带宽度的半导体材料，就可以制造出发光颜色不同的发光二极管。现在常见的有红、黄、绿、蓝发光二极管，其中蓝色发光二极管生产的技术要求较高，因此价格高，使用不是很普遍。发光二极管发光亮度可以通过工作电压(电流)的大小来调节，在很宽的工作电流范围内，发光二极管的发光亮度与工作电流大小呈线性关系。

(2) 发光二极管的分类。发光二极管的种类很多，按发光材料来区分有磷化镓(GaP)发光二极管、磷砷化镓(GaAsP)发光二极管、砷铝镓(GaAIAs)发光二极管等；按发光颜色来分有发红光、黄光、绿光以及眼睛看不见的红外发光二极管等；若按功率来区别可分为小功率(HG 400 系列)、中功率(HG50 系列)和大功率(HG52 系列)发光二极管；另外还有多色、变色发光二极管等。

(3) 半导体发光二极管的特点。LED 是半导体器件通过 p－n 结实现电光转换。它有如下特点。

一是安全、节能、不引起环境污染。发光二极管的正向工作电压低，为 1.5～3.0 V，工作电流小，为 5～150 mA，由此工作安全性好。随着技术的进步，它将成为一种新型的照明光源。目前白光 LED 的光效已经达到 40 lm/W，优于白炽灯，次于荧光灯（60～100 lm/W），按现在 LED 技术发展的速度预测，2010—2015 年，白光 LED 的光效将达到 150～200 lm/W，超过所有照明光源的光效。此外，现在使用的白炽灯工作的过程中，发出过多的热量，影响环境温度；而现在广泛使用的荧光灯、汞灯等光源中含有危害人体健康的汞，这样在发光过程和废弃的灯管都会对人体的人身健康和环境造成危害。而 LED 则没有这些问题，是一种无污染的光源。

二是寿命长、响应快。一般来讲，普通白炽灯的寿命约为 1 000 h，荧光灯寿命约 1 万小时，而 LED 的寿命可达到 2 万～10 万小时。LED 发光的响应快，它的响应时间为纳秒级，而荧光灯一般为毫秒级。

三是体积小、结构牢固。LED 是用环氧树脂封装固态光源，其结构既不像白炽灯有玻璃泡、灯丝等易损坏部件，也不像荧光灯有体积大的灯管和附件，它是一种全固体结构，因此能经得起震动、冲击而不至损坏，而且体积也相对减小，重量也轻，成本低。

综上所述，LED 是一种符合绿色照明要求的光源。所谓“绿色照明”的概念就是通过科学的照明设计，采用效率高、寿命长、安全和性能稳定的照明产品，改善提高人们工作、生活、学习的条件和质量，从而创造一个高效、安全、经济、健康有益的环境并充分体现现代要求的照明。

3. MEMS 微机电系统

微机电系统（micro electro mechanical systems, MEMS）面对日益严峻的市场挑战，如何强化消费性电子产品差异性，创造令人爱不释手的使用者体验，已是开发人员的当务之急。MEMS 是将微电子技术与机械工程融合到一起的一种工业技术，它的操作范围在微米范围内。比它更小的，在纳米范围的类似的技术被称为奈机电系统。微机电系统在日本被称作微机械，在欧洲被称作微系统。

微机电系统与分子纳米技术或分子电子学的超前概念不同。微机电系统由尺寸为 1～100 μm（0.001～0.1 mm）的部件组成，而且微机电设备的尺寸通常在 20 μm～1 mm 之间。它们内部通常包含一个微处理器和若干获取外界信息的微型传感器。在这种尺寸范围下，经典物理基本定律通常不适用，而且由于微机电系统，诸如静电和浸润等表面效应要比惯性和比热等体效应大很多。

微机电系统的加工技术由半导体加工技术改造而来，使其可以应用到实际当中，而后者一般用来制造电子设备。

微机电系统是指尺寸在几毫米乃至更小的高科技装置，其内部结构一般在微米甚至纳米量级，是一个独立的智能系统。主要由传感器、作动器（执行器）和微能源三大部分组成。

（1）微机电系统特点与常见应用：① 与半导体电路相同，使用刻蚀、光刻等制造工艺，不需要组装、调整；② 进一步可以将机械可动部、电子线路、传感器等集成到一片硅板上；③ 它很少占用地方，可以在一般的机器人到不了的狭窄场所或条件恶劣的地方使用；④ 由于工作部件的质量小，高速动作可能；⑤ 由于它的尺寸很小，热膨胀等的影响小；⑥ 它产生的力和积蓄的能量很小，本质上比较安全。

(2) 微机电系统的优势主要表现在以下四个方面：

一是经济利益：① 大批量的并行制造过程；② 系统级集成；③ 封装集成；④ 与IC工艺兼容。

二是技术利益：① 高精度；② 重量轻，尺寸小；③ 高效能。

三是微型化、智能化、多功能、高集成度和适于大批量生产。

四是可实现多种创新功能设计如直觉式的操作界面，并有助简化生产流程、降低制造成本，进而提升产品附加价值。

4. MEMS主要分类

(1) 传感技术。传感MEMS技术是指用微电子微机械加工出来的、用敏感元件如电容、压电、压阻、热电耦、谐振、隧道电流等来感受转换电信号的器件和系统。它包括速度、压力、湿度、加速度、气体、磁、光、声、生物、化学等各种传感器。按种类分主要有：面阵触觉传感器、谐振力敏感传感器、微型加速度传感器、真空微电子传感器等。传感器的发展方向是阵列化、集成化、智能化。由于传感器是人类探索自然界的触角，是各种自动化装置的神经元，且应用领域广泛，未来将备受世界各国的重视。

(2) 生物技术。生物MEMS技术是用MEMS技术制造的化学/生物微型分析和检测芯片或仪器，有一种在衬底上制造出的微型驱动泵、微控制阀、通道网络、样品处理器、混合池、计量、增扩器、反应器、分离器以及检测器等元器件并集成为多功能芯片。可以实现样品的进样、稀释、加试剂、混合、增扩、反应、分离、检测和后处理等分析全过程。它把传统的分析实验室功能微缩在一个芯片上。生物MEMS系统具有微型化、集成化、智能化、成本低的特点。功能上有获取信息量大、分析效率高、系统与外部连接少、实时通信、连续检测的特点。国际上生物MEMS的研究已成为热点，不久将为生物、化学分析系统带来一场重大的革新。

(3) 光学技术。随着信息技术、光通信技术的迅猛发展，MEMS发展的又一领域是与光学相结合，即综合微电子、微机械、光电子技术等基础技术，开发新型光器件，称为微光机电系统(MOEMS)。它能把各种MEMS结构件与微光学器件、光波导器件、半导体激光器件、光电检测器件等完整地集成在一起，形成一种全新的功能系统。MOEMS具有体积小、成本低、可批量生产、精确驱动和控制等特点。较成功的应用科学研究主要集中在两个方面：一是基于MOEMS的新型显示、投影设备，主要研究如何通过反射面的物理运动来进行光的空间调制，典型代表为数字微镜阵列芯片和光栅光阀；二是通信系统，主要研究通过微镜的物理运动来控制光路发生预期的改变，较成功的产品有光开关调制器、光滤波器及复用器等光通信器件。MOEMS是综合性和学科交叉性很强的高新技术，开展这个领域的科学技术研究，可以带动大量的新概念的功能器件开发。

(4) 射频技术。射频MEMS技术传统上分为固定的和可动的两类。固定的MEMS器件包括本体微机械加工传输线、滤波器和耦合器等。可动的MEMS器件包括开关、调谐器和可变电容。按技术层面又分为由微机械开关、可变电容器和电感谐振器组成的基本器件层面；由移相器、滤波器和VCO等组成的组件层面；由单片接收机、变波束雷达、相控阵雷达天线组成的应用系统层面。

随着时间的推移和技术的逐步发展，MEMS所包含的内容正在不断增加，并变得更加丰富。1998年的《IEEE论文集》(MEMS专辑)中将MEMS的内容归纳为：集成传感器、微执行器和微系统。人们还把微机械、微结构、灵巧传感器和智能传感器归入MEMS范畴。制作MEMS的技术包括微电子技术和微加工技术两大部分。微电子技术的主要内容有：氧化层生长、光刻掩膜制作、光刻选择掺杂(屏蔽扩散、离子注入)、薄膜(层)生长、连线制作等。微加工技术的主要内容有：硅表面微加工和硅体微加工(各向异性腐蚀、牺牲层)技术、晶片键合技术、制作高深宽比结构的LIGA技术等。利用微电子技术可制造集成电路和许多传感器。微加工技术很适合于制作某些压力传感器、加速度传感器、微泵、微阀、微沟槽、微反应室、微执行器、微机械等。这就能充分发挥微电子技术的优势，利用MEMS技术大批量、低成本地制造高可靠性的微小卫星。

3.4 集成电路基本原理

本节将不同于之前器件层面，而是从一个更高的集成电路工艺种类划分的层面探讨集成电路的基本原理，主要涉及集成电路的纵向工艺和横向工艺，以及集成电路的前端工艺和后端工艺。通过此节，能够使大家对于集成电路具体工艺有更为细致的了解。

3.4.1 集成电路纵向工艺和横向工艺

集成电路中的工艺从方向上来说可以分为纵向和横向。其中横向指的是相对于硅片整体平面进行的工艺，而纵向则是类似于自上而下进行的。设立为一个立体 x、y、z 直角坐标系，硅片所在的平面可以视为 xOy 平面，在此平面上的即为横向工艺，而在 z 轴方向上进行的则是纵向工艺。这两者在集成电路制造中并驾齐驱，既并列又互有交集。

1. 横向工艺

集成电路的横向设计一般包括光刻所需的光刻板的设计以及电路的版图设计。其硅片所在的一个平面称为横向工艺。概括为：首先根据电路指标，结合集成电路的特点设计出可行的电子线路，再将电子线路图转换为一张平面的集成电路工艺复合图，即版图，进而制作出一套掩模版(光刻板)，在确定的工艺条件下生产出符合原设计指标的集成电路芯片。在具体设计中，首先确定电子路线，再从几套标准工艺中选择一套适于本单位工艺水平的工艺方案作参考，确定好试制方案，在此基础上，设计出版图，制作光刻掩膜版，进行产品试制；根据试制的结果，适当地修改电路及版图，以获得最佳设计方案。

版图设计的一般程序为：按照电路参数的要求，在给定的电路及工艺条件下，依据一定的规则，设计出电路中每个元件的图形及尺寸，然后排版、布线，完成整个版图。对于一个生产单位，工艺条件相对稳定，版图设计的好坏将直接影响电路的参数及成品率。因此，版图设计是生产企业一项主要的任务。通常，版图的设计需通过多次的试制与修改过程。

2. 纵向工艺

纵向工艺，即相对于之前芯片横向平面上的工艺，是在垂直于芯片平面的制造工艺。包括在光刻板下的刻蚀技术，薄膜生长与淀积技术等。

以光刻技术中的 nmos 制造为例，大约需要五次“减法”刻蚀步骤。第一层光刻为在 p-sub上生长出来的氧化层上光刻；第二层为刻蚀形成多晶硅栅，以及刻蚀没有多晶硅覆盖的薄氧化层；第三层光刻为离子输入，形成 n^+；第四层光刻为刻蚀绝缘氧化层；第五层光刻为刻蚀导电的薄膜铝。

而制造过程中的薄膜生长与淀积技术也是纵向工艺中值得关注的一方面。薄膜生长技术有薄膜氧化技术，以及薄膜外延技术。薄膜淀积技术从大类上来看主要有化学气相淀积技术，以及物理气相淀积技术。根据器件不同层数，一般集成电路常用的薄膜有外延层，SOI层，GaAs 和 Ge 有源衬底层，离子注入层，栅层，金属连线层以及介质绝缘薄膜层。

光刻技术与薄膜生成淀积技术在集成电路纵向工艺中扮演了最为重要的两个技术，是纵向工艺的关键。

3. 三维集成电路

三维集成电路具有多层器件结构的集成电路。又称立体集成电路。

随着集成度不断提高，每片上的器件单元数量急剧增加，芯片面积增大。单元间连线的增长既影响电路工作速度又占用很多面积，严重影响集成电路进一步提高集成度和工作速度。于是产生三维集成的新技术思路。做法是：先在硅片表面做第一层电路，再在做好电路的硅片上生长一层绝缘层，在此绝缘层上再低温生长一层多晶硅，用再结晶技术使这层多晶硅变成单晶硅，在此单晶硅膜上做出第二层电路。这样依次往上做，就形成三维立体多层结构的集成电路。

组成电子系统的基本模块为晶体管、二极管、被动电路元件、MEMS 等。通常电子系统由两部分组成：基本模块和用于连接它们的复杂的互联系统。互联系统是分级别的，从基本模块之间窄而短的联线到电路块之间的长联线。设计良好的集成电路，线网会分为本地互联线、中层互联线和顶层互联线。电路也是分级别的，则从晶体管、逻辑门、子电路、电路块到最后的带引脚的整电路。如今被称为三维技术的，是一种特别的通孔技术，这种技术允许基本电路元件在垂直方向堆叠，而不是仅仅在平面互连。这是三维集成技术的最显著特征，它带来了单位面积上的高集成度。三维互联技术，指的是允许基本电子元件垂直堆叠的技术。

(1) 三维集成的优点，提高封装密度。多层器件重叠结构可成倍提高芯片集成度，提高电路工作速度。重叠结构使单元联线缩短，使并行信号处理成为可能，从而实现电路的高速操作。可实现新型多功能器件及电路系统。如把光电器件等功能器件和集成电路集成在一起，形成新功能系统。日、美、欧共体各国都在致力于研究三维集成电路，并已制出一些实用的多层结构集成电路。立体电路是正在发展的技术。

(2) 三维集成面临技术的挑战。散热问题。由于电路系统拥有了更高的集成度，热功耗也随之提升、表面积体积比随之下降，与此同时，传统的平面散热技术已不能满足立体集成电路的散热要求及测试问题。传统测试技术只针对单层系统，而未提供针对多层芯片集成之后的整体系统测试技术。

3.4.2　集成电路的前端工艺与后端工艺

1. 前端工艺

集成电路前端工艺，又称前道工艺。前道工艺以单晶硅片的加工为起点，以在单晶硅片

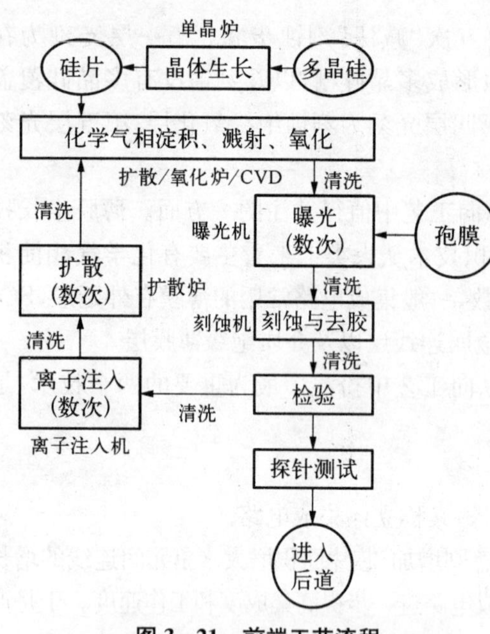

图 3-21　前端工艺流程

上制成各种集成电路元件为终点。主要是光刻、刻蚀机、清洗机、离子注入、化学机械平坦等。具体流程和所用设备如图 3-21 所示。

2. *后端工艺*

后端工艺(back end of line, BEOL)是集成电路制造的第二部分，实现各独立器件的金属互联，其中常用的金属材料是铜和铝。后端工艺通常开始于第一层金属材料淀积完成后，包括接触(contact)、阻挡层(insulating layers)等。

前端工艺最后一步完成后，晶圆上是独立的未连接的晶体管。在后端工艺这一步骤完成接触(contacts)、互联(interconnect wires)、通孔(vias)和绝缘层(dielectric structures)的实现。

英特尔公司在 1999 年推出的奔腾Ⅲ芯片，采用 0.18 μm 工艺，集成晶体管数目 2 500 万个，6 层金属互联，联线总长达 5 km。

就现代 IC 生产工艺来说，后端工艺可覆加超过 10 层金属薄膜。金属薄膜要求实现低电阻互联，形成欧姆接触，与其他介质层的黏附性好，对台阶覆盖率好，结构稳定不易发生电迁移和腐蚀，易刻蚀及制备工艺简单。金属薄膜可以使用物理或化学气相淀积的方法形成。

本章主要参考文献

[1] 张亚非.半导体集成电路制造技术[M].北京：高等教育出版社，2006.
[2] Dennard R H, Gaensslen F H, Yu H, et al. Design of ion implanted MOSFETs with very small physical dimensions[J]. IEEE J. Solid State Circuits. 1974, SC-9：256.
[3] 施敏.半导体制造工艺基础[M].合肥：安徽大学出版社，2007.
[4] 孙培懋.光电技术[M].北京：机械工业出版社，1992.
[5] 翁寿松.白色发光二极管及其驱动电路[J].电子元件应用，2004(5).
[6] 陈哲艮.关于发光二极管和半导体照明的探讨[J].能源工程，2004(2).
[7] 市场纵横.2010 年发光二极管将占领照明市场[J].光机电息，2004(3).
[8] 李薇薇，王胜利，刘玉岭.微电子工艺基础[M].北京：化学工业出版社，2006.

第2篇

集成电路的基本工艺方法

第4章　图形化：光刻工艺

本章主要叙述光刻工艺(见图 4-1)，掩膜版技术(见图 4-2)，光刻胶和光刻技术(见图 4-3)。

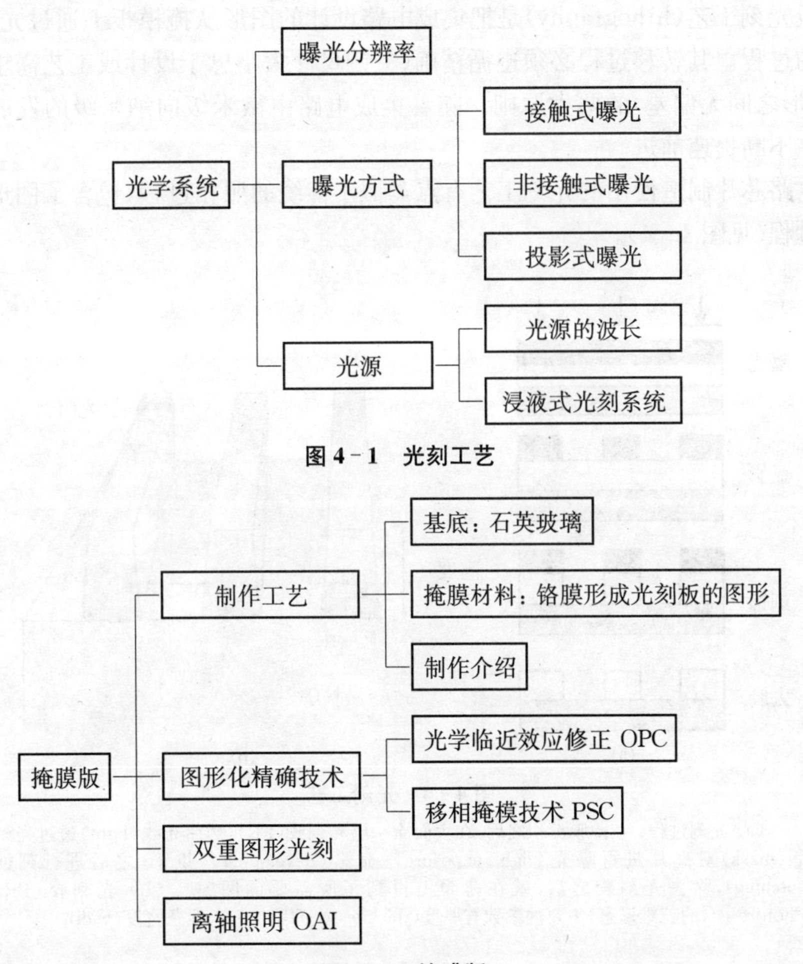

图 4-1　光刻工艺

图 4-2　掩膜版

光刻工艺(photolithography)是集成电路技术中使用最频繁和最关键的技术之一，光刻工艺成本也占据了半导体工艺生产线 70%左右的支出。随着芯片集成度的不断提高，晶体管的器件特征尺寸也随之缩小。而光刻技术作为集成电路制造环节中的关键模块，决定着制造工艺的先进程度。

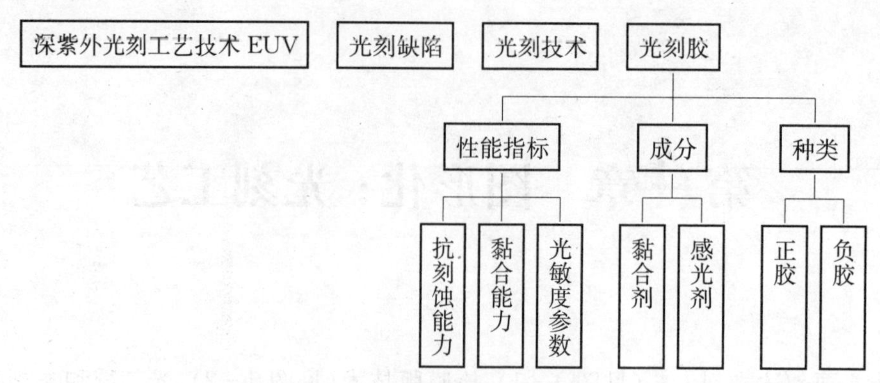

图 4-3　光刻胶和光刻技术

掩膜板光刻工艺(lithography)是把集成电路设计的图形从掩模板上通过光刻胶转移到硅基板上的过程。其转移过程必须遵循精确(关键尺寸大小忠于设计或工艺需求)与无偏差(和下层图形之间无偏差)的两大原则。随着集成电路由微米级向纳米级的发展,光刻技术的研究也在不断提速前进。

集成电路芯片制造使用的光刻工艺有点类似于传统的照相过程,包含了图形化、曝光和显影三个过程(见图 4-4)。

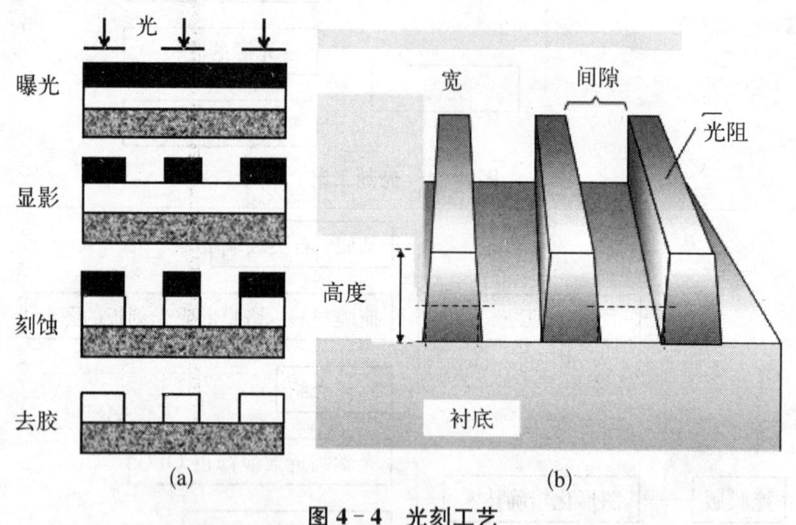

图 4-4　光刻工艺

(a) 光刻过程:在薄膜淀积之后,在表面涂一层光刻胶(PR),然后光线(light)透过光刻版(mask)对硅片进行曝光(light exposure)、显影(developing)、烘干,之后进行刻蚀(etching),除去光刻胶之后,就在薄膜上得到了所需要的图案　(b) 光刻胶(PR, Photoresist)的三维形态,主要的参数有厚度(thickness)、间距(gap)、线条宽度(width)

首先是图形化,即要制作带有图形的可复制的掩膜版。其次是曝光,即利用高精度光学系统透过掩膜版对衬底表面的光刻胶进行选择性曝光,从而将掩膜版上的图形转移到衬底表面的光刻胶上。掩膜版的基底多为高纯度的石英玻璃,构成掩膜的材料多为铬。曝光方式有接触式、接近式和投影式等几种,而投影式曝光是目前最常用的方式。其三是显影,就是把曝过光后的光刻胶用显影液腐蚀掉,在对曝光后的硅片进行显影处理之后,光刻板上的图形就“复印”到了硅片上。之后，对带有显影图形的硅片进行相应的工艺操作，比如进行湿法或干法刻蚀、离子注入等工艺。最后将残留在硅片上的光刻胶除去并进行硅片清洗，然后进入到下一步工序。

在光刻技术的研究和开发中，表征光刻水平或集成电路更新换代的指数就是光刻特征尺寸。我们常说的 90 nm 制程、45 nm 制程指的就是这个特征尺寸。特征尺寸通常是指集成电路中半导体器件的最小尺度。如 MOS 晶体管的栅极线宽，或第一层金属连线的最小线宽。30 年来，集成电路的工程师们一直致力于减小这个特征尺度。特征尺寸是衡量集成电路制造和设计水平的重要尺度，代表了光刻工艺可以曝光显影的最小线宽。这个线宽越小，可以制作的器件就越小，集成度就越高，集成功能就越强大，芯片的成本就越低(见图 4－5)。早在 20 世纪 80 年代，计算机进入千家万户还是一个很贵的“梦”，但是到了 2010 年以后，全世界很多家庭都可以拥有自己的电脑，这个价格的巨变很大程度上归功于集成电路集成度的巨大提高(从 2→0.045 μm)带来的巨大的成本降低。

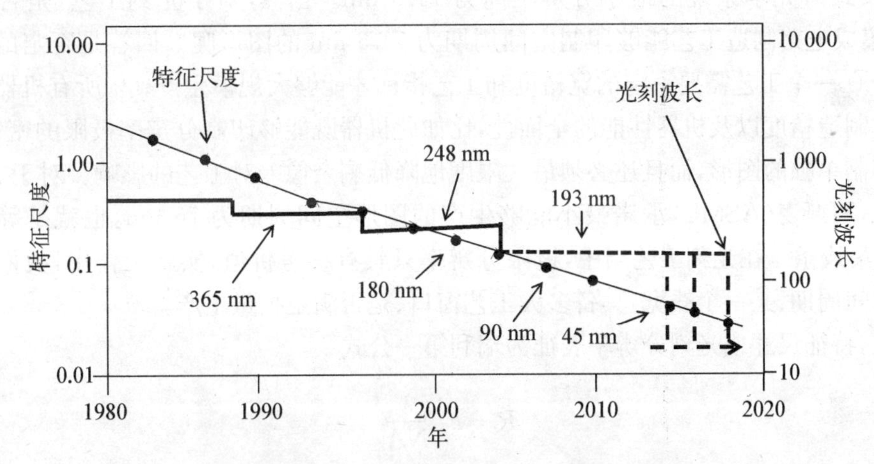

图 4－5　集成电路特征尺寸(feature size)近 30 年的发展及光刻波长(lithograph wavelength)与特征尺寸的相关性

光刻工艺有三个主要部分：光学系统，掩膜版技术及光刻胶。以下对这三个主要部分的内容予以详细介绍。

4.1　光学系统

光学系统包含高精度的光学曝光系统和光源系统。前者要求极高的机械精度以保证精确的移动和对准，后者要求有极高的分辨率和高的曝光量产出(短曝光时间、大的曝光区域)。

4.1.1　曝光分辨率

光刻分辨率由系统的数值孔径和波长决定，当然还与 k_1 因子相关的光刻分辨率增强方式有关。我们知道，光学系统的分辨率由著名的瑞利(Rayleigh)判据给出。当两个相同大小的点光源靠近到它们的中心，从中心的距离等于每一个光源在光学仪器所成像的光强最大值到第一极小值的距离时，光学系统便不能够分辨出是两个还是-个光源。不过，即便是符合瑞利判据，两个点光源之间区域的光强仍然比峰值低一些，有大约20%的对比度。当光源的宽度为无限小时，对于数值孔径为 NA，照明光源的波长为 A 的光学系统，其像平面的光强分布为

$$I(x)=I_0\left[\frac{\sin\left(\frac{2NA\pi}{\lambda}x\right)}{\frac{2NAx}{\lambda}}\right]^2$$

即相对像的中央位置(ZNA)，光强达到第一极小值点。I_0 表示在像中心点的光强。由此可以认为，此光学系统能够分辨的最小距离为 $\lambda/(2NA)$。如当波长 λ 为 193 nm，NA 为 1.35(浸没式)，光学系统的最小分辨距离为 71.5 nm。当然，对于光刻工艺，是否意味着 116 nm 集成电路制造工艺能够印制空间周期为 71.5 nm 的图形呢？回答是否定的。原因有两个：① 一个工艺需要一定的宽裕度和工艺指标才能够大规模生产；② 所有机器设备的可商业化制造精度以及机器性能的全面性，比如此机器既能够印制分辨率极限的密集线条，也能够印制单独的图形，而且还必须最大限度地降低剩余像差对工艺的影响。对于 1.35NA 的光刻机，阿斯麦(ASML)承诺最小能够生产的图形空间周期为 76 nm，也就是等间距的 38 nm 密集线条。在光刻工艺当中，极限分辨率只具有参考价值，实际工作中，我们只谈在某一个空间周期、某一个线宽，具备多大工艺窗口、是否满足批量生产。

总之，特征尺寸或光刻分辨率表征为瑞利第一公式

$$R=k_1\frac{\lambda}{NA} \tag{4-1}$$

其中 k_1 是与光刻胶等光强响应特性有关的常数；NA 为镜头的数值孔径，$NA=n\sin(\theta)$；n 为折射率；θ 为接受角；λ 是曝光光源的波长。

4.1.2 曝光方式

常用的曝光方式有以下三种接触式、接近式和投影式(见图 4-6)。

1. 接触式曝光

掩膜板直接与光刻胶层接触，曝光出来的图形与掩膜板上的图形分辨率相当，设备简单，分辨率高。当然接触的越紧密，掩膜和材料的损伤就越大。所以接触式曝光的缺点是掩膜板容易损坏，寿命很低(只能使用5～25次)，这种方法已经逐渐被淘汰了。

2. 接近式曝光

掩膜板与光刻胶基底层保留一个微小的缝隙(0～200 μm)，可以有效避免与光刻胶直接接触而引起的掩膜板损伤，缺点是衍射效果造成的光刻分辨率太低(>10 μm)。但接近式曝光可能适用于 X 光光刻，因为 X 射线的衍射、反射、折射及散射都很小，一般光学曝光中接近式曝光在晶圆圆片和掩模间的间隙，对光刻分辨率的影响及 X 光光刻会小很多。

3. 投影式曝光

投影式曝光又称为步进扫描投影曝光（stepper），是目前集成电路光刻工艺生产采用的方式。投影曝光的方式是在掩膜板与光刻胶之间使用光学系统对通过光刻板的曝光光源实行聚集而对硅片上的光刻胶实现曝光。掩膜板的尺寸比实际的图形尺寸要大，通常会比实际图形大四倍，因此可以提高图形制作的分辨率。Stepper 的优点是即提高了分辨率又提高了掩膜板的使用寿命，每次曝光区域（Exposure Field）可达$(26\times33)mm^2$或更大。通过数十次的重复曝光完成对整个硅片的曝光。投影式曝光光学系统很复杂，对机械系统的精度要求也非常高。

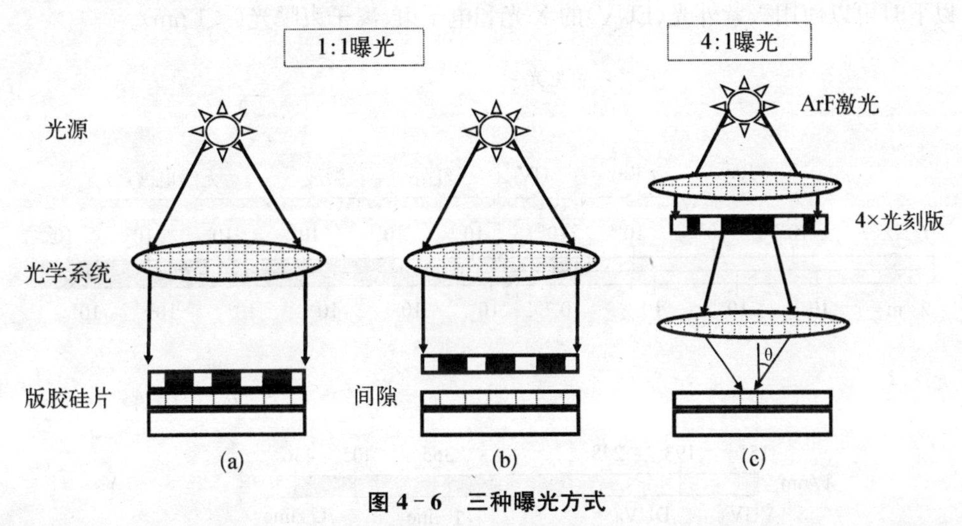

图 4-6　三种曝光方式

(a) 接触式曝光(Contact Printing)　(b) 接近式曝光(Proximity Printing)　(c) 投影式曝光(Projection Printing)

图 4-6 所示三种曝光（exposure）方式：其（a）（b）是 1∶1 的图形曝光方式，（c）是最常用的投影式扫描步进（stepper，投影掩膜版 mask，也称 reticle）曝光系统，是目前集成电路生产最常使用的曝光方式，其曝光系统较为复杂，θ 为接受角。

现在世界上主要光刻机制造商为荷兰的阿斯麦（ASML）、日本的尼康（Nikon）、佳能（Canon）以及其他的非全尺寸的光刻机厂商，如 Ul trast e pper 等。国产先进扫描式光刻机起步较晚，在 2002 年之后。主要由上海微电子装备有限公司（SMEE）研发。目前国产光刻机经历了从维修二手的光刻机到了自主研发、制造。当前在开发的最先进的光刻机 600 系列的 193 nm 的 SSA600/，虽然与世界先进水平还有较大差距，但是，应该说已经取得了可喜进步。它拥有 0.75 数值孔径，（26×33）mm 标准曝光场，分辨率为 90 nm，套刻精度为 20 nm，300 mm 产能每小时 80 片。

【习题 4-1】在式（4-1）中，k_1 和 NA 的值为 0.75 和 0.8，对于 193 nm 的 ArF 激光光源，R 是多少？

4.1.3　光源系统

对光源系统的要求是短的波长和足够的能量。由式（4-1）可以看出，光源的波长直接决定了光刻的分辨率。如图 4－7 所示，由长波段至 X 光波段的波长与对应频率的范围，及其集成电路光刻光源的波长范围与位置，波长越短，就表示光刻的刀锋越锋利，光刻的特征尺寸就越小。对于亚微米和纳米量级的光刻，波长要求在紫外光或更短。常用的紫外光光源是高压弧光灯或高压汞灯的近紫外波长 350～450 nm 之间的 2 条光强很强的光谱 G-line(436 nm)和 I-line(365 nm)线。特别是波长为 365 nm 的 I 线是 20 世纪八九十年代常用的光刻光源。其后，利用准分子激光技术，开发了更小波长的激光光刻光源。准分子激光是一种气体脉冲激光，方向性强、波长纯度高，非常适合集成电路微纳米级的光刻线宽。最常见的波长有 KrF 准分子激光(248 nm)、ArF 准分子激光(193 nm)和 F2 准分子激光(157 nm)。曝光波长降低到 5 nm 以下时可以使用极紫外光(EUV)的 X 光和电子束、离子束曝光(<1 nm)。

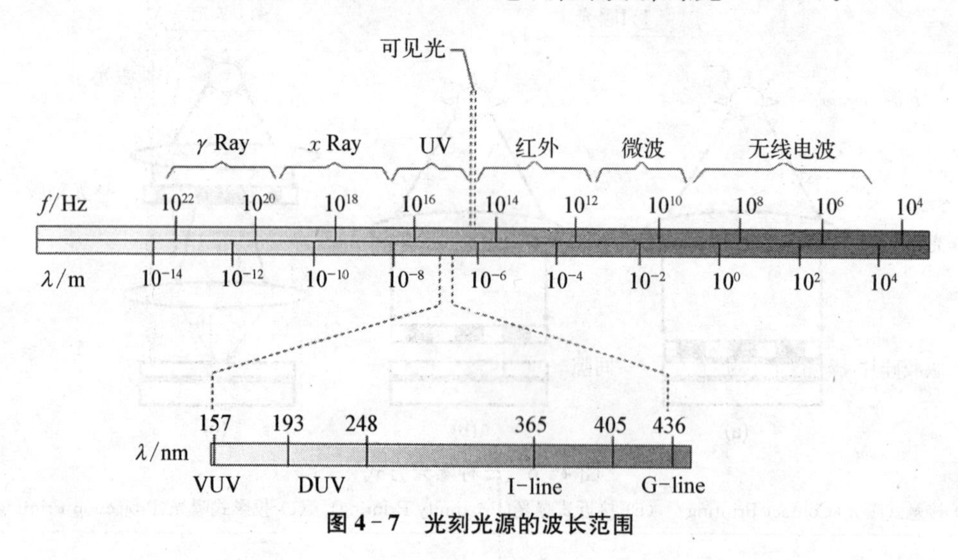

图 4－7　光刻光源的波长范围

目前集成电路量产线所用的处于 UV(ultraviolet)范围的波长 193 nm 的 ArF 准分子激光源。光源系统曝光的能量越大，曝光时间就越短，通常的曝光在秒的量级，时间越短，生产效率越高。

当曝光波长降低到 5 nm 以下时，属于 X 射线范围，X 射线范围的波长比 UV 的波长要短得多，因而在光刻工艺中可以得到更高的光刻分辨率。X 射线曝光技术自 1972 年以来，就一直在人们的研究范畴之中。X 射线曝光技术的难点在于，几乎没有任何材料可以反射或折射 X 射线。从传统的光刻技术转变为 X 射线光刻技术，工艺流程都必须重新设计，因为 X 射线不能像普通光源那样通过透镜和反射镜等光学系统进行聚焦。另外，X 射线的掩模版造价非常昂贵，工艺也非常复杂，这也是阻碍 X 射线光刻技术发展的一个重要原因。

而电子束曝光和离子束曝光的波长则依赖于电子和离子的能量。能量在 10～50 keV 的电子束的波长和离子束的波长远远小于 UV 光源的波长，所以，电子束和离子束曝光可以达到传统光学曝光技术远远达不到的分辨率。因为电子束和离子束曝光的效率特别低，还都在研究阶段，没有进入到产业化。所以这种技术目前最可能的应用是掩模版制造，或用于针对器件缺陷的检验和修复。

【**习题 4－2**】能量在 10～50 keV 的电子束的波长大约是多少？

4.1.4 浸液式光刻技术

由式(4－1)可以看到，提高光刻的分辨率，除了减小波长外，还可以提高 NA 的值。由于镜头的 $NA=n \cdot \sin(\theta)$，它的技术路线则主要是采用高折射率 n 用于光介质来实现光学系统分辨率的提高。常规的介质是空气，$n=1$，若使用去离子水作为浸液液体时，$n=1.44$，因此使得分辨率得到改进。图 4－8 为利用水流作为曝光介质的浸液式光刻系统。

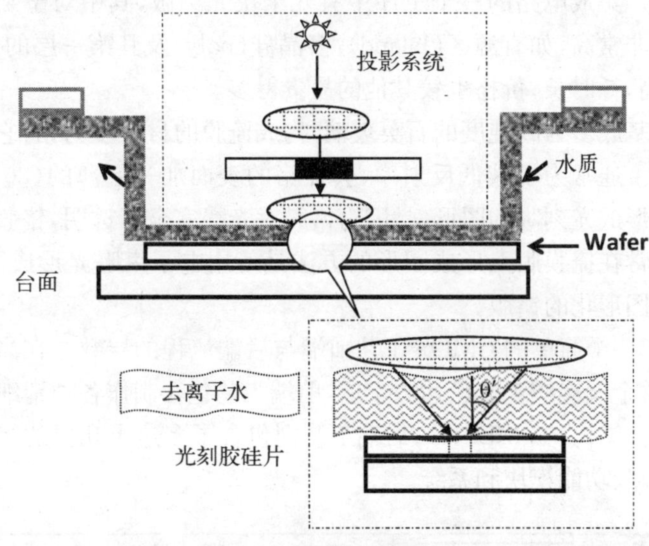

图 4－8 浸液式光刻技术

图 4－8 中光源系统(projection system)透过去离子水液体(liquid supply，purified water)将光束投射到涂有光刻胶(PR)的硅片(wafer)上。由于水的折射率比空气高，因此提高了曝光光束的分辨率。ArF(激光波长 197 nm)准分子激光是集成电路业界在 90 nm、65 nm 节点技术中采用的成熟光刻光源，为使 ArF 光刻分辨率的进一步提高，通常使用浸没式光刻技术。浸没式光刻技术是通过高折射率的液体充入透镜底部和片子之间的空间，使光学系统的数值孔径 NA 得以显著的增大。在 193 nm 曝光系统中，水(折射率为 1.44)被选作最佳的浸入液体，从而使 193 nm 分辨率提高为 193/1.44＝132 nm。如果选用折射率比 1.44 更高的液体，则实际分辨率可以非常方便地再次提高，这也是浸液式光刻技术能很快普及的原因。浸液式光刻技术进一步延伸了 193 nm ArF 光刻技术在下一代集成电路技术的应用，也是因为 F2 准分子激光 157 nm 光刻的主要困难还没有突破：当波长短到 157 nm 时，大多数的光学镜头材料都具有很高的吸收系数，易将激光的能量吸收。因此，浸液式 ArF 光刻技术为推进 45 nm、32 nm 和 26 nm 节点技术起到了巨大的推动作用。

【**习题 4－3**】对于分辨率 $R=45$ nm 的线条，如果采用水中的浸液式光刻技术，分辨率为多少？

4.2 掩膜版技术

集成电路的制程需要几十次光刻，而每次光刻都需要独立的光刻掩膜版。虽然光刻机所占固定资产的总体价格非常昂贵，集成电路制造的光刻流动费用主要是光刻掩膜版。尤其是对于亚微米的 90 nm 以后的工艺，光刻版的费用在集成电路制造费用中所占的比例明显要高于其他工序。集成电路的整个工序中有几十块光刻版，其中对于某几个关键工艺的光刻板的精度要求非常高，如有源区(Island)，多晶硅(poly)及其第一层的金属线(M1)光刻等，因其制版难度高，耗时长，价格也较其他的昂贵得多。

光刻掩膜版的基底多为高纯度的石英玻璃，构成掩膜的材料多为铬，它以溅射或蒸发的方式淀积到圆片上。通常为了减低反射率，会在铬的表面加一层薄的(20 nm)的 Cr_2O_3 抗反射膜。选择铬膜形成光刻版的图形，是因为铬膜对光线完全不透明，铬膜的淀积和刻蚀也相对比较容易。通常在掩膜版上形成图形的方法是使用电子束曝光形成图形转移，之后用湿法刻蚀形成带有图形化的铬版。

图 4-9 表示了一个简单的 CMOS 工艺前端与后端流程的层数。在当今的集成电路业界，前端工艺和后端金属连线工艺已达数十层，前端工艺包含制作各种精细的 MOSFETs 晶体管及其他集成器件结构(如 MEMS)，后端工艺则包含了多达十几层的多层布线以连接和构成复杂的集成电路、功能模块和系统。

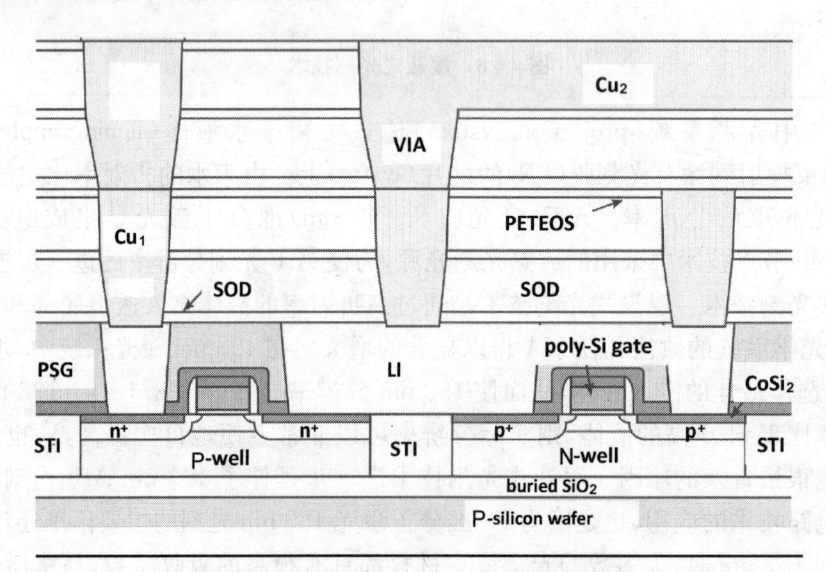

图 4-9 集成电路工艺所需要的光刻层数

集成电路的层数主要分为前段工艺部分如图 4-9 中灰色线以下的部分，包括有源器件区(Well，p^+ 和 n^+)、隔离区(STI)、栅区(poli-Si gate)、欧姆接触($CoSi_2$)；后端工艺部分是多层的金属连线如图 4-9 中灰线以上：金属互联层(LI，VIA，Cu)以及绝缘隔离层(PETEOS，SOD)。

4.2.1　掩模板制作介绍

掩膜板的制作使用电子束和激光曝光的方式。由于现代光刻机一般使用 4∶1 的缩小倍率，掩膜板的尺寸是硅片尺寸的 4 倍。但是由于日益增加的光刻工艺的掩膜板误差因子以及对亚衍射散射条(sub-resolution assist feature, SRAF)的需求，掩膜板的制造也越发具有挑战性。例如，对于 32 nm 工艺，对掩膜板线宽的要求已经达到了 2 nm(3 倍标准偏差)以内。对于线宽，由于使用了亚衍射散射条，其最小线宽已经达到了 70～80 nm。

无论是电子束曝光也好，激光曝光也好，由于曝光方式是扫描式的，无论掩膜板上的图形如何复杂，或者线宽如何多样化，电子束、激光束走的路径和历经的格点(grid point)都是一样的。只是在不同的格点处使用的扫描曝光次数不一样。而且，为了提高扫描式曝光方法的座度，通过使用较大光斑的电子束加不同的曝光次数来实现空间像边缘位置的移动。如光斑的管径是实际掩膜板格点的 4 倍(一次扫描可以提高 16 倍速度)，为了表达在实际格点处的边缘，只要将边缘的光斑位置逐次减少曝光次数，以起到匹配边缘的目的。

掩膜板数据有以下集中格式：具有等级分别(hierarchical)的 GDSII，最早由美国通用电气的 Calma 部门开发，现在法律归属权由 Cadence 设计系统公司所有。在掩膜板扫描曝光机上，GDSII 的使用不方便，机器希望连续和"平坦"的数据流。GDSII 具有等级分别，重复的数据在存储上只有一个非重复的单元，虽然节省空间，但是对于掩膜板光刻机来讲需要增加几何和逻辑计算时间。所以，等级分别必须去掉。不仅如此，设计图样当中的任意大小多边形(polygons)也必须分解为一些原始的图形，如长方形和三角形。最终，将平坦化的掩膜板数据再分解为光刻头的分区的数据流，称为"分解"(fracturing)。

电子束曝光的优点是分辨率较高。当前先进的曝光机使用的电压为 50 kV。但是，由于高能电子在掩膜板上的散射，会再次将掩膜板表面的光刻胶曝光。造成所谓的邻近效应(proximity effect)。解决邻近效应的方法有很多，如使用补偿曝光方式，在有邻近效应的地方对曝光进行补偿。由于电子束曝光速度受电子枪的电流限制，以及电子束曝光会有电子散射的问题。

对分辨率要求不是那么高的层次，可以使用激光曝光的方法。例如，应用材料公司(Applied Materials)的 ALTA3500 最小可制造的线宽为 500 nm(在硅片上为 125 nm)。曝光使用的波长一般可以从绿光(514 nm)到紫外(250～300 nm)。激光曝光机的速度通常比电子束曝光机快接近一个数量级。一片掩膜板通常也就 1～2 h，而电子束机器需要 8～12 h 以上。

4.2.2　光学临近效应的修正

早在 1998 年，集成电路的最小线宽已经进入到 0.25 μm 的尺度，器件的特征尺寸已经接近了 KrF 激光光源的波长 248 nm。在此后的 0.18 μm 和 0.13 μm，90 nm 到 26 nm 的光刻工艺中，光学衍射效应会很明显，会造成光刻图形的明显误差，因此必须配合使用掩膜版技术来予以纠正。这些掩膜版技术包括光学临近效应矫正技术(OPC, optical proximity correction)，移相掩模技术(PSM, phase shift mask)和双重图形光刻(DPL, double

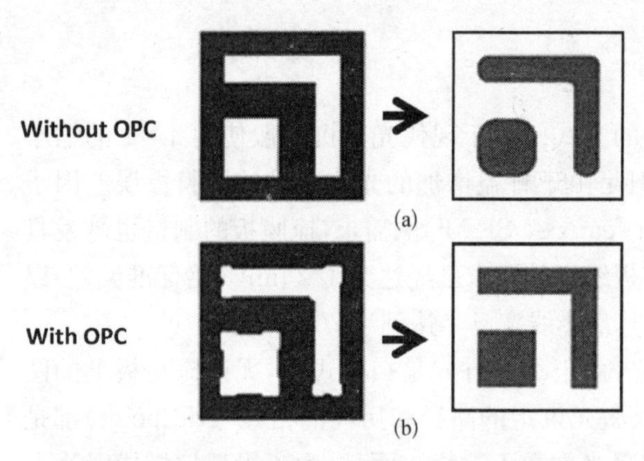

图 4-10　OPC 光学临近效应的修正的示例

(a) 因为光的边缘效应，在光刻版上夹角的部分投过的光强不足，造成在晶片上光刻胶显影的困难而去胶不足，出现圆角现象　(b) 在光刻版上有意识地将曝光区域调大些，以弥补其曝光的不足，从而在曝光后的晶片上得到没有误差的实际图案。

pattering lithography)。

当集成电路的特征尺寸远大于光波波长时，硅片上光刻图形与掩膜版图形基本相同。但在超深亚微米工艺下，集成电路特征尺寸已经接近甚至小于光波波长，光的衍射效果将非常明显，硅片上光刻图形与掩膜版图形之间会产生很大偏差和变形，如图 4-10(a)所示。随着集成电路特征尺寸不断地减小，这种光刻图形的变形与偏差变得越来越严重，特别是在图形相互邻近的部位，在线段的顶端和图形拐角处，由于光波干涉和衍射作用明显，偏差就更明显，而这些偏差极大地影响了电路的电学性能和电路功能。这种由于光波衍射、干涉而造成的光刻图形与掩膜图形之间的偏差现象称为光学邻近效应。在器件的特征尺寸已经接近激光光源的波长的光刻工艺中，光学邻近效应是不可避免的。因此必须采取相应的措施尽可能地减小掩膜图形到硅片图形的变形与偏差。目前工业界普遍采用的方法是通过“微调”掩膜版上图形的形状来弥补光刻工艺中产生的光衍射效应，使得硅片上光刻得到的图形与预期的图形基本符合。这种靠修补掩膜版图形的补偿方法称为光刻增强技术(RET：reticle enhancement technology)，即光学邻近效应矫正方法(optical proximity correction, OPC)。图 4-10(b)表示 OPC 后的光刻效果，由于在光刻版上的拐角部位加大了曝光的区域，弥补了光的衍射效应在拐角处的影响，使得硅片上的图形非常接近了光刻要预期的图形。当然，制作带有 OPC 的光刻版的复杂性要高，也增加了制版成本。

4.2.3　移相掩模技术

理想情况下，在掩模版不透光区域的地方，光透射光强为 0，掩模版透光区域地方透射光强为 100%。当掩模版尺寸小于或接近曝光光线波长时，由于光的衍射作用，不透光区域所遮挡的光刻胶也会受到照射。当透光的两个区域距离很近时，从这两个区域衍射而来的光线在不透光处发生干涉。由于两处光线的相位相同，干涉使光强增加，当光强达到或超过光刻胶的临界曝光剂量时，不透光处的光刻胶也会发生曝光，这样相邻的两个图形之间将无法分辨，如图 4-11(a)所示。在光刻版上加入移相掩模技术(PSM, phase shift mask)之后，对光线的相位转移作用使得在不透光区域发生干涉的两部分临近光线相位相反，这样，邻近处的光强不会叠加，反而由于相位相反而减弱，如图 4-11(b)所示。这样不透光区域的光刻胶就不会发生曝光现象，两个相邻的图形之间就可以区分，从而达到了提高分辨率的目的。某种程度上，PSM 可近似等效为曝光的波长减了一半，从而使式(4-1)中的分辨率提高了一倍。显然，PSM 增加了制版的难度，成本也会相应地提高。

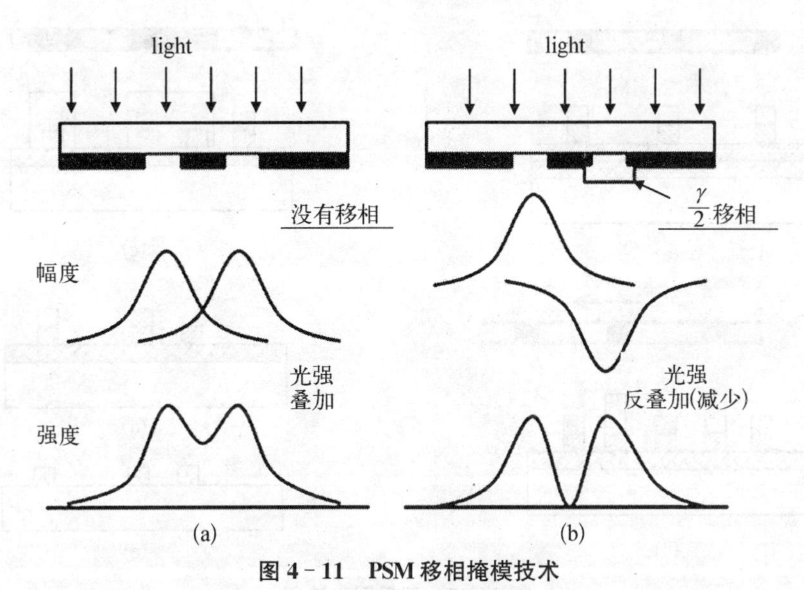

图 4-11　PSM 移相掩模技术

(a) 没有 PSM 时衍射光束光的干涉，在两束光线的邻近处，因为光的相位相同，光的强度是叠加的　(b) 有 PSM 时的两束衍射光的干涉，因为光的相位移动，邻近的两道光线相位相反，导致在邻近处光强相互抵消，从而得到清晰的两条邻近曝光光线

4.2.4　双重图形光刻

双重图形光刻 DPL 是 double pattering lithography 的英语缩写，它是将原来的一块对分辨率要求很高的光刻版分成两块低分辨率的掩膜版，并通过多次曝光、对准、显影，最终得到需要的高精度线条。它的基本步骤是先用第一块光刻版印制一半的图形，然后显影、刻蚀；然后重新旋涂一层光刻胶，再平行移动曝光第一块光刻版印制另一半的图形（见图 4-12），最后再利用第二块掩膜版选择性刻蚀来完成整个光刻过程。

这种双重图形光刻(DPL)分布曝光方法的优点是降低了对光刻图形间距的要求，也减轻了光刻系统对分辨率要求，但同时也增加了工艺步骤和对准与套刻的难度，工艺成本提高，光刻耗时增加。

4.2.5　离轴照明技术

离轴照明技术(OAI, off-axis illumination)是一种通过改变照明光源的形状，进一步实现改变透射光场各级衍射波方向的目的，从而提高光刻图像分辨率的方法。由于透射光波在经由投影物镜成像时，高次衍射波包含了较多掩模板图形空间的调制信息，因此投影物镜的数值孔径(NA, numerical aperture)越大，其进入光瞳的高频部分就越多，成像质量就会越高。但由于投影物镜的数值孔径大小存在物理极限，不可能无限增大，在随着图形线宽及间距的不断减小时，衍射现象就会越趋剧烈，各级衍射波之间的张开角度就会越来越大。在这种前提下，当与光轴平行的或者与光轴夹角比较小的照射光产生的透射光场经过投影物镜成像时，只有不含掩模图形任何空间调制信息的 0 级衍射波可以通过光瞳。因此在这种情况下硅片表面上只能得到区域处相等的背景光；而在相同条件下，与光轴夹角较大的照射

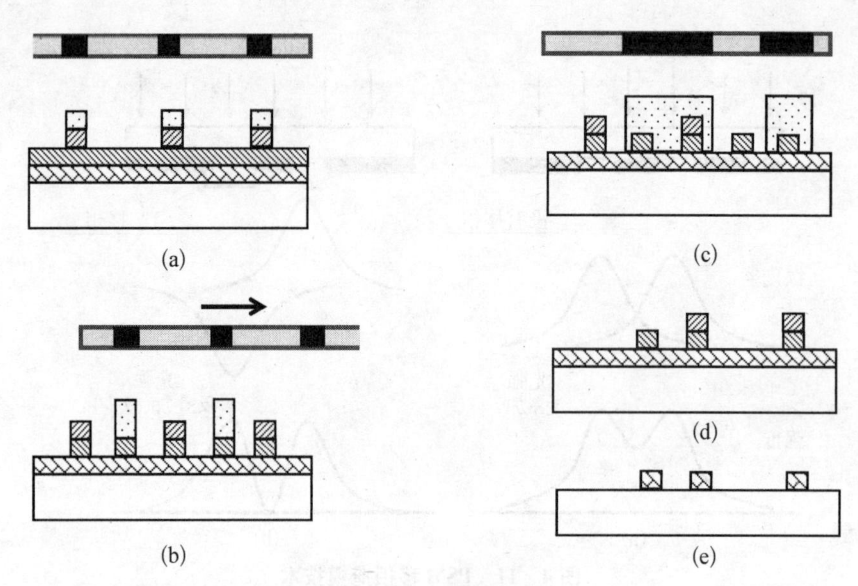

图 4-12　双重图形流程

(a) 旋涂第一和第二光刻胶　(b) 旋涂第三光刻胶并用第一块版光刻第一光刻胶然后除去第三光刻胶　(c) 重涂第三光刻胶并用第一套版平移后光刻第二光刻胶，然后除去第三光刻胶　(d) 重涂第三光刻胶并用第二块光刻板光刻，以此保护住以前要留下的光刻图案，然后除去第三光刻胶　(e) 利用留下的第一、第二光刻胶的图案刻蚀下面的多晶硅薄膜，最后得到所需的精细多晶硅线条

光产生的透射光场经过投影物镜成像时，衍射波的透射情况如图 4-13 所示，此时＋1 或－1 级衍射波能进入光瞳并进一步去参与整个成像过程，使得该空间具有一定的分辨率。

如图 4-13 所示，离轴照明技术去掉了照明光源中与光轴夹角较小的部分，使得更多的高阶衍射波能参与成像过程，这一方法提高了高频衍射波所占全部光强的比例，进而提升了空间图像分辨率。

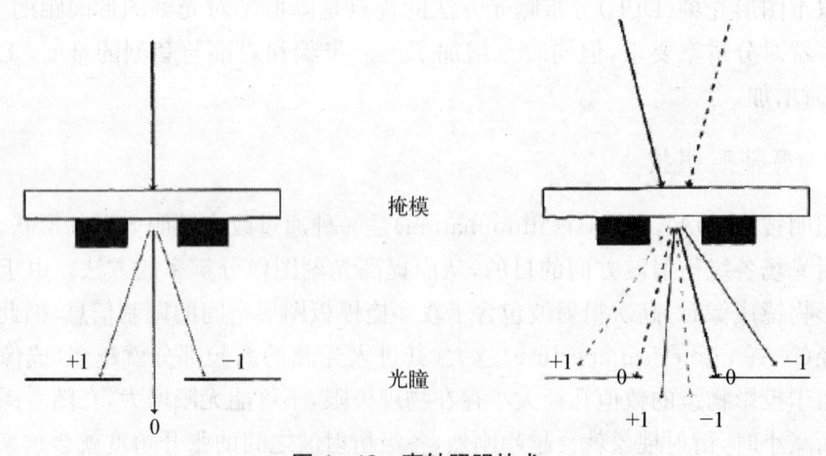

图 4-13　离轴照明技术

需要特别指出的是，离轴照明技术对于图形重复周期在一定范围内的密集图形能够起到增强图像解析度的作用，但对于不满足重复周期范围要求的孤立图形或稀疏图形来讲，分

辨率却并不能得到很大的提升。因此对于孤立和稀疏类图形而言，其成像质量会受到一定影响。

4.3　光刻胶

光刻胶是一种暂时涂在硅片表面的感光材料，它可将掩膜版上的图形通过曝光的方式转移到硅片表面。光刻胶是一种只对某一波长的光敏感的高分子有机化合物，被这种光照射后，能吸收光的能量而发生光化学反应，使感光胶改变性质。

由于光刻胶只对较短波长的光感光，而对可见光不敏感。因可见光中的黄光波长较长，所以一般半导体厂可以使用黄光来作为光刻间的照明，而不是照相暗房里的红光。

4.3.1　正胶与负胶

按光化学反应性质不同，光刻胶又有正胶和负胶之分。正胶经过曝光后，受到光照的部分会变得容易溶解，经过显影处理之后被溶解掉，只留下光未照射的部分形成图形；而负胶和正胶恰恰相反，经过曝光后，受到光照的部分会变得不易溶解，经过显影处理之后，未被光照射的部分溶解，仅留下光照部分形成图形。正、负胶光刻图形转移过程如图 4-14 所示。

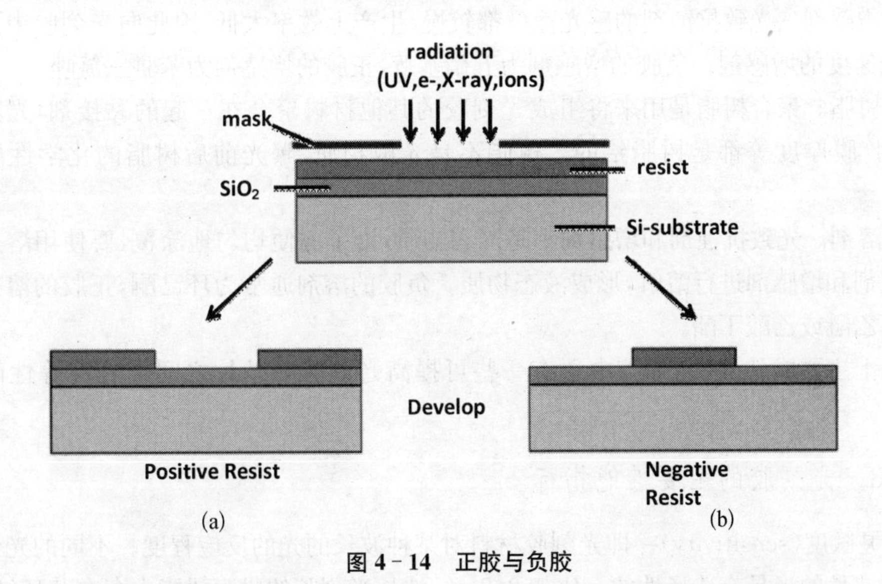

图 4-14　正胶与负胶

(a) 正胶，被光线照过的部分会被显影掉　(b) 负胶，没有被光线照射过的部分会被显影掉

两种光刻胶各有优缺点。负胶工艺成本低，感光速度快、产量高，有良好的黏附能力，良好的阻挡作用，但由于负胶会吸收显影液而膨胀，导致其分辨率不佳，所以只能用于 2 μm 分辨率的光刻。对于亚微米及更小尺寸的光刻，主要使用正胶进行光刻。正胶的分辨率高、台阶覆盖好、对比度好，而且正胶膜层中的针孔要比负胶少得多，但正胶与基片之间的粘性不如负胶，抗刻蚀能力差，且成本较高。

4.3.2 光刻胶的组成

光刻胶一般由以下几大组成成分构成：主聚合物主干(backbone polymer)、光敏感成分(photoactive compound，PAC)、刻蚀阻挡基团(etching resistant group)、保护基团(protect group)、溶剂(solvent)等。光刻胶主要成分是酚醛树脂(novolak)和二氮萘醌(diazonaphthoquinone，DNQ)的混合物。二氮萘醌的作用是阻止酚醛树脂溶解于碱性的显影液，二氮萘醌受到曝光之后会变成一种羧酸(C－COOH)，称 indenecarboxylic acid，这种羧酸的存在会加快酚醛树脂在碱性显影液中的溶解。

由于需要更加高的分辨率和灵敏度，化学放大光刻胶(chemically amplified resist，CAR)概念被伊藤和威尔逊于20世纪80年代初引入，其目的是为了改善光刻胶的分辨率和灵敏度。

光刻胶通常由光致抗蚀剂、增感剂、树脂、溶剂等组成。

(1) 光致抗蚀剂。光致抗蚀剂是光刻胶的核心部分，曝光时间、光源所发射光线的强度都是根据光致抗蚀剂的特性选择决定的。正胶中的光致抗蚀剂在未受到光照时对光刻胶在显影液中的溶解是起阻碍作用的，因此也称为抑制剂，在受到光照后就起助溶作用了。负胶中的光致抗蚀剂正好相反，光照前起助溶作用，光照后起阻溶作用。常用的光致抗蚀剂有以下几个系列：聚乙烯醇-肉桂酸树脂系列和聚烃类-双叠氮系列用于负胶；邻-叠氮醌系列用于正胶。

(2) 增感剂。光致抗蚀剂的感光速度都较慢，生产上效率太低，因此向光刻胶中添加了提高感光速度的增感剂。负胶的增感剂为五硝基苊，正胶的增感剂为苯骈三氮唑。

(3) 树脂。聚合树脂是用来将组成光刻胶的其他材料聚合在一起的黏接剂，光刻胶的黏着性、胶膜厚度等都是树脂给的。树脂不是光敏物质，曝光前后树脂的化学性质不会改变。

(4) 溶剂。光致抗蚀剂和增感剂都是固态物质，为了方便均匀地涂覆，要使用溶剂对固态的抗蚀剂和增感剂进行溶解，形成液态物质。负胶的溶剂通常为环己酮，正胶的溶剂则为乙二醇苹乙醚或乙酸丁酯。

除以上主要成分外，光刻胶中还有一些可提高光刻胶与基片之间黏着性等性能的添加剂。

4.3.3 光刻胶的主要性能指标

(1) 灵敏度(sensitivity)。即光刻胶材料对某种波长的光的反应程度。不同的光刻胶对于不同的波长的光是有选择性的。比如248 nm波长光刻胶的成膜树脂中存在苯环结构，对193 ntn波长的光具有很强的吸收作用，即对193 nm波长的光是不透明的，因此193 nm光刻胶必须改变树脂主体。同时，高的产出要求短的曝光时间，对光刻胶的灵敏度要求也越来越高。通常以曝光剂量(单位为 mJ/cm^2)作为衡量光刻胶灵敏度的指标，曝光剂量值越小，代表光刻胶的灵敏度越高。I线光刻胶材料曝光剂量在数百 mJ/cm^2 左右，而KrF和ArF的光刻胶材料，其曝光剂量则在30和20 mJ/cm^2 左右。

(2) 对比度(contrast)。即光刻胶材料曝光前后化学物质(如溶解度)改变的速率。对比度与光刻胶材料的分辨能力有相当密切的关系。通常它是由如下方法测定的：将一已知厚度的光刻胶薄膜旋转涂布于硅晶片之上，再软烤除去多余的溶剂；然后，将此薄膜在不同能量的光源下曝光，再按一般程序显影。测量不同曝光能量的光刻胶薄膜厚度，再对曝光能量作图，即可由曲线线性部分的斜率求得对比度。如图4-15所示，γ_p和γ_n分别为正光刻胶和负光刻胶材料的对比度。同时，也可以得到该光刻胶的灵敏度。图4-15(a)中的D_L为灵敏度。

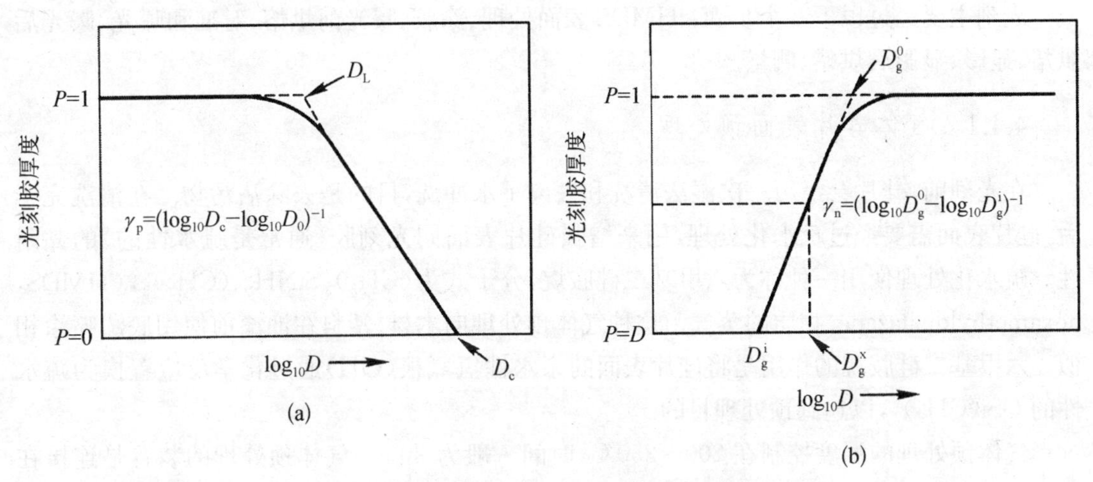

图4-15　显影薄膜的厚度与曝光能量的关系

(a) 正光刻胶　(b) 负光刻胶

(3) 分辨能力(resolution)。即光刻工艺中所能形成最小尺寸的有用图像。此性质深受光刻胶材质本身物理化学性质的影响，必须避免光刻胶材料在显影过程中收缩或在硬烤中流动。因此，若要使光刻胶材料拥有良好的分辨能力，需谨慎选择高分子基材及所用的显影剂。

(4) 光吸收度(optical density)。即每一微米厚度的光刻胶材料在曝光过程中所吸收的光能。若光刻胶材料的光吸收度太低，则光子太少而无法引发所需的光化学反应；若其光吸收度太高，则由于光刻胶材料所吸收的光子数目可能不均匀而破坏所形成的图形。通常光刻胶所需的光吸收度在$0.4\ \mu m^{-1}$以下，这个通过调整光刻胶材料的化学结构得到适当的光吸收度即量子效率。

(5) 耐刻蚀度(etching resistance)。即光刻胶材料在刻蚀过程中的抵抗力。在图形从光刻胶转移到晶片的过程中，光刻胶材料必须能够抵抗高能和高温(>150℃)而不改变其原有特性。

(6) 纯度(purity)。集成电路工艺对光刻胶的纯度要求是非常严格的，尤其是金属离子的含量。如由G线光刻胶发展到I线光刻胶材料时，金属Na，Fe，和K离子的含量由10^{-7}降低到10^{-8}，由此可见其纯度重要性。

(7) 黏附性(adherence)。指光刻胶薄膜与衬底的黏附能力，主要衡量光刻胶抗湿法腐蚀能力。它不仅与光刻胶本身的性质有关，而且与衬底的性质和其表面情况等有密切关系。

在实际的工艺中光刻胶的选择还必须考虑硅片表面的薄膜种类与性质(反射率、亲水性或疏水性)和产品图形所需的解析度。

4.4 光刻技术

光刻主要经过以下 8 个步骤：HMDS 表面处理、涂胶、曝光前烘焙、对准和曝光、曝光后烘焙、显影、显影后烘蜡、测量。

4.4.1 气体硅片表面预处理

在光刻前，硅片会经历一次湿法清洗和去离子水冲洗，目的是去除沾污物。在清洗完毕后，硅片表面需要经过疏水化处理，用来增强硅片表面同光刻胶(通常是疏水性的)的黏附性。疏水化处理使用一种称为六甲基二硅胺烷，分子式为$(CH_3)_3SiNHSi(CH_3)_3$，(HMDS，hexamethyldisilazane)物质的蒸气。这种气体预处理向木材、塑料在油漆前使用底漆喷涂相似。六甲基二硅胺烷的作用是将硅片表面的亲水性氢氧根(OH)通过化学反应置换为疏水性的 $OSi(CH_3)_3$，以达到预处理目的。

气体预处理的温度控制在 200～250℃，时间一般为 30 s。气体预处理的装置是连接在光刻胶处理的轨道机上(wafer track)。

4.4.2 旋涂光刻胶，抗反射层

在气体预处理后，光刻胶需要被涂敷在硅片表面。涂敷的方法是最广泛使用的旋转涂胶方法。光刻胶(大约几毫升)先被管路输送到硅片中央，然后硅片会被旋转起来，并且逐渐加速，直到稳定在一定的转速上(转速高低决定了胶的厚度，厚度反比于转速的平方根)。当硅片停下时，其表面已经基本干燥了，厚度也稳定在预先设定的尺寸上。涂胶厚度的均匀性在 45 nm 或更加先进的技术节点上应该在±20 A 之内。通常光刻胶的主要成分有 3 种：有机树脂、化学溶剂、光敏感化合物(PAC)。

涂胶工艺流程分为三步：① 光刻胶的输送；② 加速旋转硅片到最终速度；③ 匀速旋转直到厚度稳定在预设值。最终形成的光刻胶厚度与光刻胶的温度和最终旋转速度直接相关。光刻胶的厚度可以通过增减化学溶剂来调整。旋涂流体力学曾经被仔细研究过。

对光刻胶厚度均匀性的高要求可以通过对以下参数的全程控制来实现：① 光刻胶的温度；② 环境温度；③ 硅片温度；④ 涂胶模块的排气流量和压力。如何降低涂胶相关的缺陷是另一个挑战。实践显示，以下流程的采用可以大幅度的降低缺陷的产生。

(1) 光刻胶本身必须洁净并且不含颗粒性物质。涂胶前必须使用过滤过程，而且过滤器上的滤孔大小必须满足技术节点的要求。

(2) 光刻胶本身必须不含被混入的空气，因为气泡会导致成像缺陷。气泡同颗粒的表现类似。

(3) 涂胶烧的设计必须从结构上防止被甩出去的光刻胶的回溅。

(4) 输送光刻胶的泵运系统必须设计成在每次输送完光刻胶后能够回吸。回吸的作用

是将喷口多余的光刻胶吸回管路，以避免多余的光刻胶滴在硅片上或者多余的光刻胶干酒后在下一次输送时产生颗粒性缺陷。回吸动作应该可以调节，避免多余的空气进入管路。

(5) 硅片边缘去胶(edge bead removal，EBR)使用的溶剂需要控制好。在硅片旋涂过程中，光刻胶由于受到离心力会流向硅片边缘和由硅片边缘流到硅片背面。在硅片边缘由于其表面张力会形成一圈圆珠型光刻胶残留。这种残留叫做边缘胶滴(edge bead)。如果不去掉，这一圈胶滴干了后会剥离形成颗粒，并掉在硅片上、硅片输送工具上，以及硅片处理设备中，造成缺陷率的升高。不仅如此，硅片背面的光刻胶残留会黏在硅片平台上(wafer chuck)，造成硅片吸附不良，引起曝光离焦，套刻误差增大。通常光刻胶涂胶设备中装有边缘去胶装置，通过在硅片边缘(上下各一个喷嘴，喷嘴距离硅片边缘位置可调)的旋转来达到清除距离硅片边缘一定距离的光刻胶的功能。

(6) 经过仔细计算，发现大约 90%～99%以上的光刻胶被旋出了硅片，因而被浪费了。人们通过努力在硅片旋涂光刻胶前使用一种称为丙二醇甲醚醋酸酯，其分子式为 $CH_3COOCHC(CH_3)CH_{20}CH_3$，即 PGMEA 的化学溶剂对硅片进行预处理。这种方法称为节省光刻胶涂层(resist reduction coating，RRC)。不过，如果这种方法使用不当，会产生缺陷。缺陷可能是由在 RRC 向光刻胶界面上的化学冲击和空气中的氨对 RRC 溶剂的污染所致。

(7) 保持显影机或者显影模块的排风压力，以防止显影过程中，在硅片旋转过程中显影液微小液滴的回溅。由于光刻胶的厚度会随着温度的变化而改变，可以通过有意改变硅片或者光刻胶的温度来获得不同的厚度。如果在硅片不同区域设定不同的温度，可以在一片硅片上取得不同的光刻胶厚度。通过线宽随光刻胶厚度的规律(波动线，swing curve)确定光刻胶的最佳厚度，以节省硅片和机器时间。对于抗反射层的旋涂的方法和原理也是一样的。

4.4.3　曝光前烘焙

当光刻胶被旋涂在硅片表面后，必须经过烘蜡。烘蜡的目的在于将几乎所有的溶剂驱赶走。这种烘蜡由于在曝光前进行叫做“曝光前烘蜡”，简称前烘，又叫软烘(soft bake)。前烘改善光刻胶的勃附性，提高光刻胶的均匀性，以及在刻蚀过程中的线宽均匀性控制。典型的前烘温度和时间在 90～100℃，30 s 左右。前烘后硅片会被从烘所用的热板移到一块冷板上，以使其回到室温，为曝光步骤做准备。

4.4.4　对准和曝光

前烘后的步骤便是对准和曝光(alignment and exposure)。在投影式曝光方式中，掩膜板被移动到硅片上预先定义的大致位置，或者相对硅片已有图形的恰当位置，然后由镜头将其图形通过光刻转移到硅片上。对接近式或者接触式曝光，掩膜板上的图形将由紫外光源直接曝光到硅片上。对第一层图形，硅片上可以没有图形，光刻机将掩膜板相对移动到硅片上预先定义的(芯片的分化方式)大致(根据硅片在光刻机平台上的横向安放精度，一般在 10～30 μm 左右)位置。对第二及以后的图形，光刻机需要对准前层曝光所留下的对准记号所在的位置将本层掩膜版套印在前层已有的图形上。这种套刻精度通常为最小图形尺寸的

120 nm 集成电路制造工艺的 25%～30%。如 90 nm 技术中，套刻精度通常为 22～28 nm（3 倍标准偏差）。一旦对准精度满足要求，曝光便开始了。光能量激活光刻胶中的光敏感成分，启动光化学反应。衡量光刻工艺好坏的主要指标一般为关键尺寸（critical dimension，CD）的分辨率和均匀性，套刻精度，产生颗粒和缺陷个数。

4.4.5 曝光后烘焙

曝光完成后，光刻胶需要经过又一次烘蜡。因为这次烘蜡在曝光后，称为“曝光后烘蜡”，简称后烘（post exposure bake，PEB）。后烘的目的在于通过加热的方式，使光化学反应得以充分完成。曝光过程中产生的光敏感成分会在加热的作用下发生扩散，并且同光刻胶产生化学反应，将原先几乎不溶解于显影液体的光刻胶材料改变成溶解于显影液的材料，在光刻胶薄膜中形成溶解和不溶解于显影液的图形。由于这些图形同掩膜版上的图形一致，但是没有被显示出来，又叫“潜像”（Clatent image）。对化学放大的光刻胶，过高的烘蜡温度或者过长的烘蜡时间会导致光酸（光化学反应的催化剂）的过度扩散，损害原先的像对比度，进而减小工艺窗口和线宽的均匀性。真正将潜像显示出来需要通过显影。

4.4.6 显影

在后烘完成后，硅片会进入显影步骤。由于光化学反应后的光刻胶呈酸性，显影液采用强碱溶液。一般使用体积比为 2.38%的四甲基氢氧化镀水溶液（tetra methyl ammonium hydroxide，TMAH），分子式为$(CH_3)_4NOH$。光刻胶薄膜经过显影过程后，曝过光的区域被显影液洗去，掩膜板的图形便在硅片上的光刻胶薄膜上以有无光刻胶的凹凸形状显示出来。显影工艺一般有如下 5 个步骤。

(1) 预喷淋（pre-wet）。通过在硅片表面先喷上一点去离子水（DI water），以提高后面影液在硅片表面的附着性能。

(2) 显影喷淋（developer dispense）。将显影液输送到硅片表面。为了使得硅片表面所有地方尽量接触到相同的显影液剂量，显影喷淋便发展了以下几种方式。如使用 E2 喷嘴，LO 喷嘴，等等。

(3) 显影液表面停留（puddle）。显影液喷淋后需要在硅片表面停留一段时间，一般为几十秒到一两分钟，目的是让显影液与光刻胶进行充分反应。

(4) 显影液去除并且清洗（rinse）。在显影液停留完后，显影液将被甩出，而去离子水将被喷淋在硅片表面，以清除残留的显影液和残留的光刻胶碎片。

(5) 甩干（spin dry）。硅片被旋转到高转速以将表面的去离子水甩干。

4.4.7 显影后烘焙，坚膜烘焙

在显影后，由于硅片接触到水分，光刻胶会吸收一些水分，这对后续的工艺，如湿发刻蚀不利。于是需要通过坚膜烘焙（hard bake）来将过多的水分驱逐出光刻胶。由于现在刻蚀大多采用等离子体刻蚀，又称为“干刻”，坚膜烘焙在很多工艺当中已被省去。

4.4.8　测量

在曝光完成后，需要对光刻所形成的关键尺寸以及套刻精度进行测量(metrology)。关键尺寸的测量通常使用扫描电子显微镜，而套刻精度的测量由光学显微镜和电荷耦合阵列成像探测器(charge coupled device，CCD)承担。

4.5　光刻缺陷

缺陷按来源分类可分为掩膜板缺陷、工艺引入的缺陷、衬底引入的缺陷。掩膜板的缺陷通常源于掩膜板在制造过程当中引入的图形缺陷(如线宽制造错误)，部分细小图形的缺失(如亚衍射散射条)以及引入的外来颗粒。工艺的缺陷又可以按照流程来划分：涂胶引入的缺陷、曝光过程引入的缺陷(包括浸没式和非浸没式)、显影过程引入的缺陷。涂胶引入的缺陷有底部抗反射层、光刻胶本身引入的颗粒、结晶、气泡等颗粒类型的缺陷，还有由于硅片表面的颗粒异物造成甩胶时产生的放射状缺陷。显影过程引入的缺陷有显影液回溅产生水雾(developer mist)，导致硅片边缘区域产生过度显影的小区域，还有被显影冲洗下来的光刻胶残留没有被冲洗带走，留在硅片表面。此外，还有与衬底黏附性不良造成的剥离缺陷。对于通孔(contact hole)、栓塞(via)层，还有孔缺失缺陷(missing hole，missing contact/via)。孔缺失缺陷一般由以下几种原因造成。

一是光刻胶的显影不良。因为显影或显影冲洗不好，没能有效地将溶解的和部分溶解的光刻胶残留物带离硅片表面。通常这类缺陷会先发生在硅片边缘。

二是光刻工艺没有足够的对焦深度(depth of focus，DOF)，使硅片表面有一点高低起伏，会发生一定区域上的孔缺失。

三是光刻工艺拥有较高的掩膜板误差因子(MEF)，一般＞4.0，当掩膜板上的线宽误差达到一定程度时，会发生孔的缺失。

曝光过程当中产生的缺陷分为非浸没式缺陷和浸没式缺陷。非浸没式缺陷一般为引入的颗粒。当然还有从掩膜板的缺陷通过成像传递到硅片上的缺陷。浸没式的缺陷就比较多了。比如由于在光刻胶顶部存在水而导致的缺陷。

(1) 由于水中气泡(bubble)对成像的干扰产生的圆形区域性缺陷，会导致类似微小凹透镜效应(micro lensing effect)，造成图形被放大，工业上称为“图形缩小”(pattern attenuation，PA)，实际上，图形是被放大了。

(2) 由于在曝光后光刻胶表面存在水滴，又称为水的流失(water loss)，对曝光产生的光酸的浸析(Leaching)造成图形显影不良和“黏连”。

(3) 在曝光前光刻胶表面存在水滴，水滴在光刻胶顶部涂层(top coating)中的渗透造成顶部涂层膨胀向上拱起，形成另一种微小凸透镜效应，在工业中称为反向图形缩小(inverted pattern attenuation，IPA)，即实际上图形被缩小。

一般通过减少水从浸没水罩(immersion hood)之中的流失来改进浸没式光刻造成的缺

陷。例如，加强抽取的效率、使用气帘(air knife)的保护(如阿斯麦的1900系列光刻机)，还有提高光刻胶的接触角(contact angle)。提高接触角需要提高所有接触水的表面的疏水性能，如光刻胶表面(对于不需要顶部涂层的光刻胶)、顶部涂层表面。而且，根据扫描速度不同，这种要求也会变得不同。通常，扫描速度越快，拖曳接触角(receding contact angle, RCA)就会变小，造成水的流失。一般，对于600 mm/s的扫描速度，不产生超标缺陷的拖曳接触角的要求在65°～70°之间。若遇到太多缺陷，在没有找到问题原因的时候，可以通过降低扫描速度来解决。不过，这样要牺牲光刻机的单位时间产能。最好的办法是增加拖曳接触角。

改进气泡的问题需要从源头上阻止气泡的产生，如阻止空气在浸没使用的超纯净水中的过量溶解。还有，如果在快速扫描时(通常最快速度可以达到600～700 mm/s)产生了气泡，需要通过真空系统将其抽除。通常这样的真空抽吸装置存在于水罩上和硅片平台(wafer table)边缘。

底上的引入缺陷一般会造成硅片表面突起，引起涂胶(包括光刻胶和抗反射层)不良。此种缺陷一般为颗粒。这种颗粒可以是从前层工艺带来的。例如，干法刻蚀(等离子体刻蚀)中，从腔体内表面掉下的颗粒或者片状物(flakes)，也可以是物理气相淀积(physical vapor deposition, PVD)工艺带来的颗粒等。

缺陷的检测一般通过紫外光对硅片表面做成像，并且通过一定方式的比较来获取。缺陷在硅片上的分布分为周期性和非周期性分布。周期性分布一般指在每一个曝光区域(shot)或者芯片区域(die)的固定地方都出现。而非周期性的分布一般并不固定出现在硅片的某一区域，它可以以硅片圆心为对称点，呈中央四周分布，也可以偏向硅片某一边缘，如缺口(Notch)附近。对于非周期性的缺陷，如果每一个曝光区域中有不止一个相同的芯片区域，那么，可以通过比较两个芯片区域的不同点来得出缺陷的位置。这种方法叫做“芯片和芯片”比较(Die to die comparison)。如果每一个曝光区域只有一个芯片，那么缺陷的检查要么通过图形大小、形状进行甄别，要么通过同设计图样的比较，所谓的“芯片和数据库”比较(Die to database comparison)。对于现代光刻工艺来讲($C<0.25\ \mu m$)，由于受到衍射的影响，这种比较方法必须考虑到设计图形经过衍射成像后的变化。

4.6 深紫外光刻工艺技术

深紫外光刻工艺技术(EUV)作为最有希望进入15 nm以下的主流生产大光刻工艺技术，波长为13 nm的深紫外光刻还有一些有待攻克的技术问题，主要有以下几个方面。

(1) EUV光源的制造是核心技术之一。目前的研发热点是激光诱导的等离子体，虽然利用激光诱导的Sn，Xe和Li等离子体或高压放电在物理上已经可以得到稳定的EUV光源，出光效率可到0.5‰，但是在适用于大生产光刻机的应用中，仍然存在许多关键的技术问题，具体包括：从等离子体科学出发，研究不同材料的等离子体发光机理，使得光源体积小，出光效率和强度高，同时工程上做到价格低及维修方便。

(2) 反光薄膜的研发。这里主要指具有高反射率的反射薄膜技术。由于EUV在各种物质中极易被吸收而引起很低的反射率。为了得到较高的反射率，目前研究热点是用 Mo/Si 作为多层膜，采用近百层的结构，每层厚度约 3.5 nm，反射率可达到 75%以上。在今后的反射膜制造技术中，建议从表面材料物理出发，通过理论和实验来寻找具有高反射率的材料和反光结构设计，为大生产中的 EUV 光刻技术提供更先进的反光膜技术。

(3) 掩模版技术被业界认为是规模生产的难点之一。除了上述的高反射率薄膜技术之外，掩模版技术可以分为两部分：① 掩模版制造工艺：掩模版的平整度要求为 70 pm。另外，由于 EUV 曝光工艺中的高保真度要求，掩模版上 1 nm 的相变误差会导致硅片上图形 25 nm 的畸变。因此，需要特别关注掩模版材料的低热膨胀特性(LTEM)的研究。掩模版的保护层(Ru Cap layer)、掩模版顶层的吸收层(TiN absorber) 以及底部的导电层制造工艺均极具挑战性。② 掩模版缺陷的诊断测量和修理。目前的掩模版缺陷主要依靠光化性(Actinic)设备进行，优点是具有细微缺陷测量的能力，缺点是检测速度太慢。例如，针对 CD 的 10%～15%影响，通常需要 3～10 h 的时间。掩模版上缺陷的修理是依靠电子束和离子束的进行。可以认为，掩模版制造工艺属于材料特性、材料表面与光的相互作用范畴，是材料科学研究内容，需要材料科学家与集成电路专家联手开展研究。

(4) 光刻胶技术研发是未来生产中的最为关心的内容之一。其中，优良的感光性能，包括线粗糙度(LWR)、固化度(collapse)、敏感度(sensitivity)、解析度(resolution)、缺陷度(defectivity)、抗刻蚀度(high selectivity)。

另外，简单的工艺实施，低廉的成本以及更加环保特性是业界对 EUV 光刻胶的期望。未来的研发重点需要由多学科的联合攻关来执行，包括流体力学、物理化学、材料科学的专业人员共同开展 EUV 光刻胶的研发。

本章主要参考文献

[1] K. C. Litt, A. Yuen. Evaluation and characterization of flare in ArF lithography[J]. Optical Microlithography, SPIE, 2002: 1442 - 1452.

[2] H. J. Levinson. Principles of Lithography[M]. 2nd edition. London: SPIE Publications, 2005.

[3] J. F. Chen, T. L. Laidig, K. E. Wampler. Practical method for full chip optical proximity correction [M]. London: SPIE, 1997: 305.

[4] M Levinson, N Viswanathan, R Simpson. Improving resolution in photolithography with a phase-shifting mask[J]. IEEE Transaction on Electron Devices, 1982: 1812 - 1846.

[5] M. Drapeau, V. Wiaux, E. Hendrickx, S. Verhaegen, and T. Machida. Double patterning design split implementation and validation for the 32nm node[M]. London: SPIE, 2007: 652.

[6] A. B. Kahng, C.-H. Park, X. Xu, and H. Yao. Layout decomposition approaches for double patterning lithography[J]. IEEE Trans. on Computer-Aided Design of Integrated Circuits and Systems, 2010: 939 - 952.

[7] Marc J Mado. Fundamentals of microfabrication and nanotechnology[M]. 3rd edition. London: Boca Raton, Fla.; 2012.

[8] 许箭，陈力，田凯军，胡睿，李沙瑜，王双青，杨国强.先进光刻胶材料的研究进展[J].影像科学与光化学，2011(6): 17 - 30.

第5章　集成电路工艺的“加法”：薄膜生长与淀积

在一定的衬底上，用溅射、氧化、外延、蒸发、电镀等技术制成绝缘体、半导体、金属及合金等材料的薄膜，薄膜的厚度在纳米和微米之间。这种加工技术就是薄膜的淀积技术和薄膜生长技术。薄膜淀积是简单的厚度“加法”，薄膜的增长过程与基地或衬底没有相互作用，衬底材料的厚度没有改变或没有消耗；而薄膜生长技术则需要依托特定的衬底来完成，如硅的氧化过程是表面处氧化剂与Si原子起反应，生成新的SiO_2层，氧化膜是以消耗Si衬底原子的方式进行的。在集成电路的制造过程中用得比较多的是薄膜淀积技术。

而就薄膜的形成方法而言，薄膜制造有淀积法和生长法两大类。薄膜淀积方法包括化学方法CVD(chemical vapor deposition)与物理气相淀积PVD(physical vapor deposition)。薄膜的生长技术则有氧化(oxidation)和外延(epitaxy)生长两大类，包括分子束与原子束外延技术和分子自组装技术等(见图5-1)。

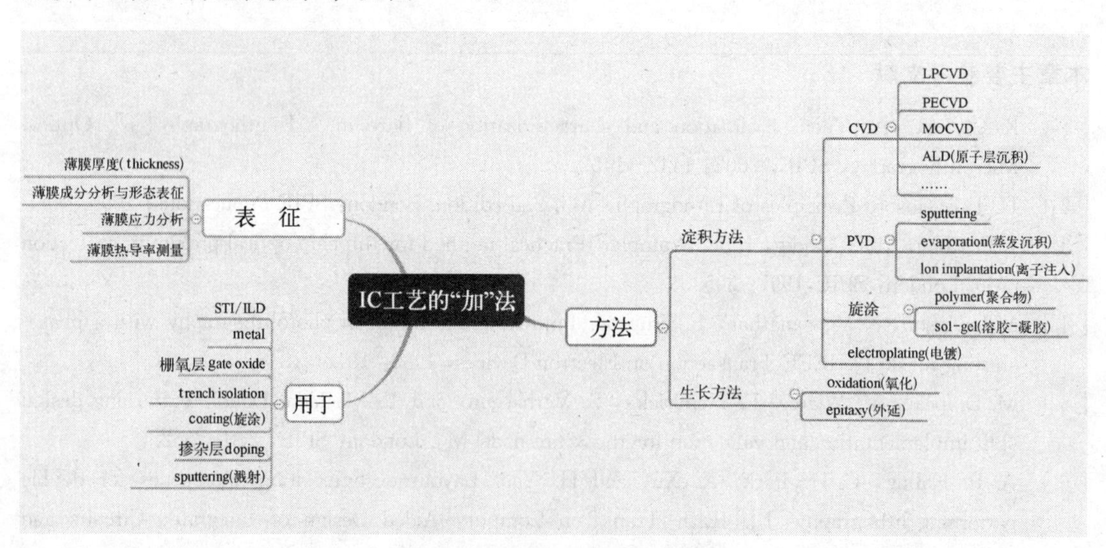

图5-1　集成电路工业的加法

薄膜的淀积方法通常指薄膜的增长过程与基地或衬底没有相互作用，即在衬底材料上叠加一层或几层其他的材料，没有改变衬底材料的厚度及晶向状态。

薄膜生长则需要依托特定的衬底来完成，主要有氧化和外延两种。氧化是在硅片表面处氧化剂与 Si 原子起反应，生成新的 SiO_2 层，使 SiO_2 膜不断增厚，同时 SiO_2 - Si 界面向 Si 内部推进。而外延技术则是在单晶衬底(基片)上生长一层与衬底晶向相同的单晶层，外延生长的新单晶层可在导电类型、电阻率等方面与衬底不同，从而大大提高器件设计的灵活性和器件的性能。

就功能而言，集成电路常用的有三类薄膜：金属薄膜、半导体薄膜和绝缘薄膜，分别实现器件之间的互连、半导体器件的结构制作和器件之间相互隔离等功能。图 5-2 为集成电路结构的各类薄膜层。总体上讲，集成电路的薄膜层分为前段工艺(FEOL, front end of line)和后端工艺(BEOL, back end of line)。前端工艺 FEOL 用于制作各类有源及无源器件，如 MOSFET、电容、MEMS 传感器等等；后端工艺 BEOL 负责器件之间、模块之间、系统之间的金属连线系统。由图 5-2 可以看出各集成电路功能层的图形化过程，包含了光刻、薄膜淀积与覆盖、薄膜的刻蚀和钝化等。也就是说，半导体在生产过程中所形成的薄膜不只

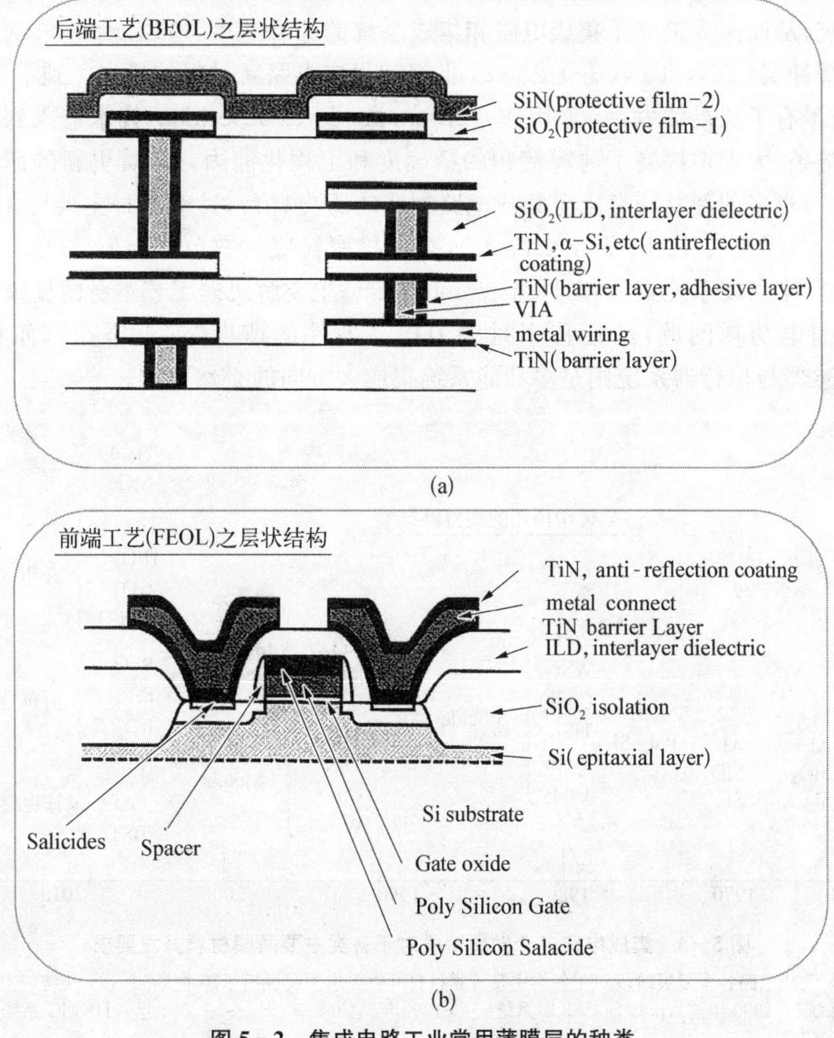

图 5-2　集成电路工业常用薄膜层的种类

(a) 后端工艺　(b) 前端工艺

是普通意义的平面膜，而是包含了淀积过程中对非均匀平面的覆盖和其后的图形化刻蚀，是一个带有一定图案的3D曲面膜。例如，在制作铜金属互连的过程中，铜层的淀积包含了填充接触孔和铜连线金属的淀积过程，铜的互联金属线和与下层链接的连接孔是在同一层的淀积和覆盖过程中完成的。

在集成电路的发展历程中以及在不同的发展阶段所常用的各类半导体薄膜种类见图5-3。从图5-3中可以看出，初期的集成电路技术以铝、二氧化硅和硅三种为主要材料，早期的研发力量主要集中在解决这三种材料及其接触界面的质量和制造工艺上，以实现有效而可靠的工业化的制造工艺。然后，20世纪八九十年代引入多晶硅(Poly Si)和金属硅化物(Salicide)，从而促成了以CMOS为基础的革命性的发展。CMOS有静态功耗几乎为零便于集成和易于等比例缩小等优点，统领了0.8 μm～90 nm好几代的CMOS集成电路发展阶段，是集成电路技术发展的主要和"黄金"阶段。21世纪初期，用铜(Copper, Cu)作为互连金属和用低介电常数(low-*k*)作为隔离介质大大减低了后端连线过程引入的速度阻抗，从而大大提高了集成电路和集成系统的综合速度，所以copper low *k* 及其附加的界面缓冲层(TiN, TaN, …)成为21世纪初集成电路新材料的标志。到了2010年之后，薄膜技术有了长足的发展，尤其是ALD(atomic layer deposition)技术进入到集成电路的产业化链条，大大地提高了薄膜淀积的精确度和工程化能力。乘着更新的薄膜技术发展的"东风"，更多的新材料登上了集成电路制造的历史舞台，针对三种主要应用需求：高介电常数加金属栅极(high-*k* metal gate)，高迁移率衬底材料(如GaAs与Ge)和MEMS器件与材料(来实现系统集成)。high-*k* metal gate主要解决硅工艺本身薄栅极本身的漏电带来的漏电功耗问题，高迁移率衬底为提高器件的速度"锦上添花"，而集成各类MEMS传感器与执行器系统则是多功能系统集成大方向的必然要求。

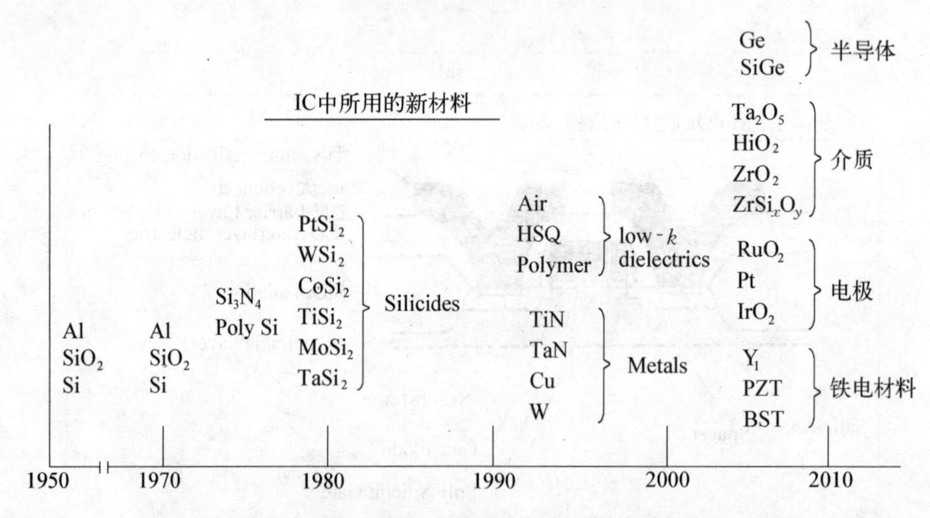

图5-3 集成电路各个发展阶段对于各类主要薄膜材料开发要求

注：集成电路各个发展阶段对于各类主要薄膜材料开发要求主要经历了四个大的阶段：传统的铝、氧化硅、硅系统(～1990年前)，poly Si CMOS系统(～>1990年)，Cu low-*k* (～>2004年)，HKMG系统(～>2010年)。

5.1　薄膜生长技术

不同于薄膜淀积技术，薄膜生长技术所生成的薄膜需要依托特定的衬底来完成，主要有氧化和外延两种。这两种技术在某种程度上都是衬底材料在指向表面方向的延伸，氧化是在硅片表面处氧化剂与 Si 原子起反应，生成新的 SiO_2层，使 SiO_2膜不断增厚，同时 SiO_2- Si 界面向 Si 内部推进。而外延则是将硅材料本身从衬底表面沿相同晶向予以延伸，是在单晶衬底（基片）上生长一层与衬底晶向相同的单晶层，外延生长的新单晶层可在材料成分、导电类型、电阻率等方面与衬底不同，从而大大提高器件设计的灵活性和器件的性能。以下将对这两种工艺方法逐一加以介绍。

5.1.1　薄膜氧化技术

虽然构成集成电路的基本单元 MOSFET 早在 20 世纪 60 年代就已经被研发出来，但是，形成一个可靠的半导体集成电路系统是与半导体工艺的发展紧密联系的，其中最重要的一个节点就是在硅的表面上氧化成一层可靠的二氧化硅膜。众所周知，Si/SiO_2界面的缺陷和界面态控制是制作早期集成电路的关键点。20 世纪 60 年代以来，对硅/二氧化硅界面方面的应用基础研究一直是半导体学科中的一个重大课题，早期的 SiO_2层有太多的界面态而无法进入实际应用领域，直到 20 世纪 80 年代，硅的热氧化工艺才臻于成熟。成功和可靠的可控生长热氧化 SiO_2薄膜对推进 80 年代早期硅基集成电路的发展起了功不可没的作用。成功、可靠、可控的 SiO_2得到可靠的 MOSFET 器件特性是集成电路走向实用化的基础。人们发现硼、磷、砷、锑等杂质元素在 SiO_2中的扩散速度比在 Si 中的扩散速度慢得多，SiO_2膜可被用在器件生产中作为选择扩散的掩模，这两项促进了硅平面工艺的出现。在 Si 表面生长的 SiO_2膜不但能与 Si 有着很好的附着性，而且具有非常稳定的化学性质和电绝缘性质。SiO_2在集成电路中起着极其重要的作用，它的质量与制成的器件的特性参数、成品率及可靠性等方面关系极大。

在集成电路工艺中常用的制备氧化层的方法有：干氧氧化，水蒸气氧化和湿氧氧化。影响硅表面氧化速率的三个关键因素有：温度、氧化剂的有效性和硅层的表面势。

干氧氧化：高温下氧与硅反应生成 SiO_2的氧化方法。

水蒸气氧化：高温下水蒸气与硅发生反应的氧化方法。

湿氧氧化：氧化首先通过盛有约 95%的去离子水的石英瓶，将水汽带入氧化炉内，再在高温下与硅反应的氧化方法。

本章主要介绍热生长氧化膜结构、性质、生长机理及生长动力学。

热生长氧化膜是无定形玻璃状结构。这种结构的基本单元是一个由 Si—O 原子组成的正四面体，如图 5 - 4 所示。硅原子位于正四面体的中心，氧原子位于四个角顶。

二氧化硅是一种十分理想的电绝缘材料。用高温氧化制备的二氧化硅的电阻率可高达 10^{16} Ω · cm 以上，它的本征击穿电场强度约为 10^6～10^7 V/cm。不同方法制备的二氧化硅的密

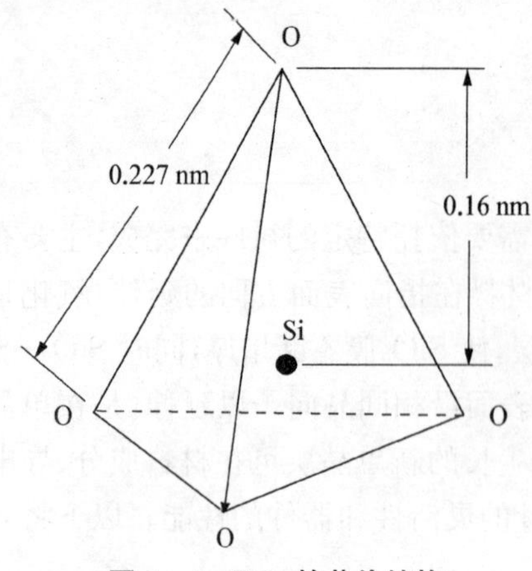

图 5-4 SiO_2 的共价结构

度在 2.0~2.3 之间，折射率在 1.43~1.47 之间。二氧化硅的化学性质非常稳定，它不溶于水，室温下它只与氢氟酸发生化学反应，化学反应方程式为

$$SiO_2 + 4HF \longrightarrow SiF_4 + 2H_2O$$

$$SiO_2 + 2HF \longrightarrow H_2SiF_2$$

式中，六氟硅酸(H_2SiF_2)是可溶于水的络合物。器件制程中的湿法腐蚀就是利用了二氧化硅这一化学性质，腐蚀速率与二氧化硅膜的本身有很大的关系。

1. 二氧化硅膜的作用

(1) 作为 MOS 器件的绝缘栅介质：在集成电路的特征尺寸越来越小的情况下，作为 MOS 结构中的栅介质的厚度也越来越小。此时 SiO_2 作为器件的一个重要组成部分，它的质量直接决定器件的多个电参数。图 5-5 是一个 MOS 主结构。同样 SiO_2 也可作为电容的介质材料。

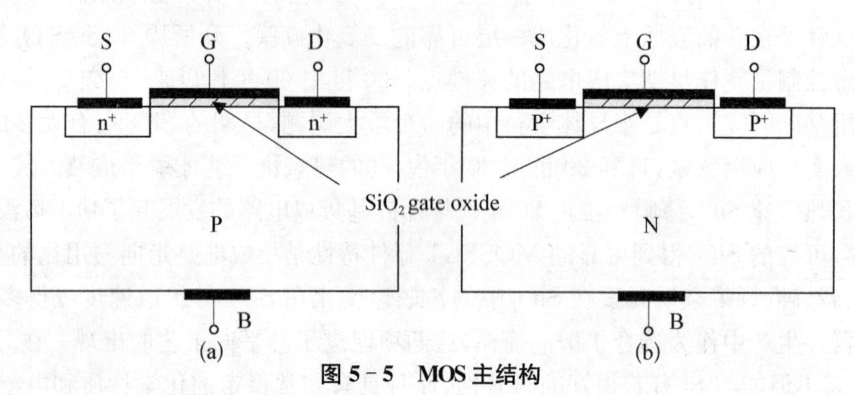

图 5-5 MOS 主结构

(a) N 型 MOSFET (b) P 型 MOSFET

(2) 作为选择性掺杂的掩蔽膜：SiO_2 的掩蔽作用是指 SiO_2 膜能阻挡杂质(如硼、磷、砷等)向半导体中扩散的能力。利用这一性能，在硅片表面就可以进行有选择的扩散。同样对于离子注入，SiO_2 也可作为注入离子的阻挡层(见图 5-6)。

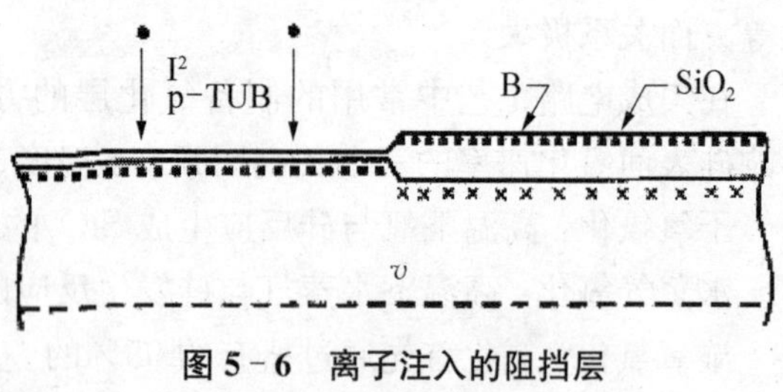

图 5-6 离子注入的阻挡层

(3) 作为隔离层：集成电路中，管子与管子之间的隔离可以有 p-n 结隔离和 SiO_2 介质隔离。SiO_2 膜隔离比 p-n 结隔离的效果好，它采用一个厚的场区氧化层来完成。

(4) 作为缓冲层。当氮化硅直接淀积在硅衬底上时，界面存在极大的应力与极高的界面态密度，因此多采用 $Si_3N_4/SiO_2/Si$ 结构。当进行场氧化时，SiO_2 会有软化现象，可以清除 Si_3N_4 和衬底 Si 之间的应力(见图 5-7)。

(5) 作为绝缘层。在芯片集成度越来越高的情况下，金属布线就需要多层。它们之间就需要以绝缘性能良好的介电材料加以隔离，SiO_2就能充当这种隔离材料。

(6) 作为对器件和电路进行保护的钝化层：在集成电路芯片制作完成后，为了防止机械性的伤害，或接触含有水汽的环境太久造成器件失效，通常在 IC 表面淀积一层钝化层，用掺磷的 SiO_2也常作这一用途。

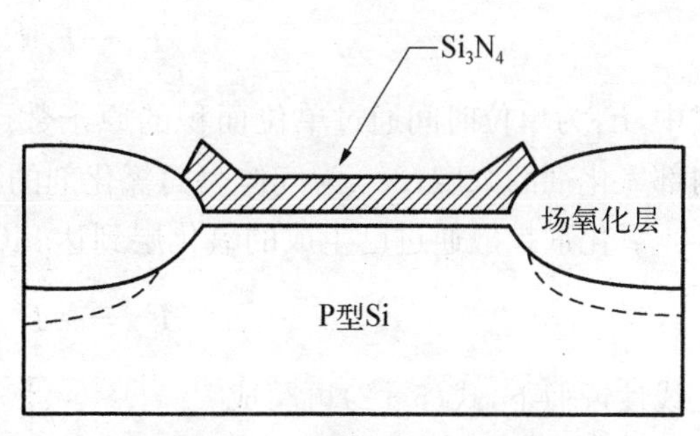

图 5-7　场氧化层作为缓冲层

2. 热氧化生长机理

硅在含有氧气或水汽的环境里会与氧分子或水分子反应，生成 SiO_2，在高温的条件下反应会很快进行。反应方程式为

$$Si(固) + O_2 \longrightarrow SiO_2(固)$$

$$Si(固) + 2H_2O \longrightarrow SiO_2(固) + 2H_2\uparrow$$

硅的氧化过程是一个表面过程，即氧化剂是在硅片表面处与硅原子起反应，当表面已形成的 SiO_2层阻止了氧化剂与硅的直接接触，氧化剂就必须以扩散方式通过 SiO_2层，到达 SiO_2- Si 界面与 Si 原子反应，生成新的 SiO_2层，使 SiO_2膜不断增厚，同时 SiO_2- Si 界面向硅内部推进，如图 5-8 所示。

由于氧化膜是以消耗硅原子的方式生长的。根据 SiO_2和 Si 的密度与分子量，可以算出每生长 d 厚度 SiO_2，需消耗掉 $0.44d$ 厚度的 Si。

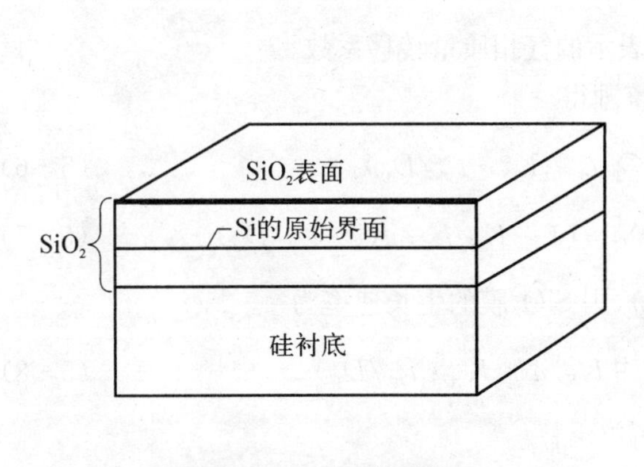

图 5-8　SiO_2 的成长

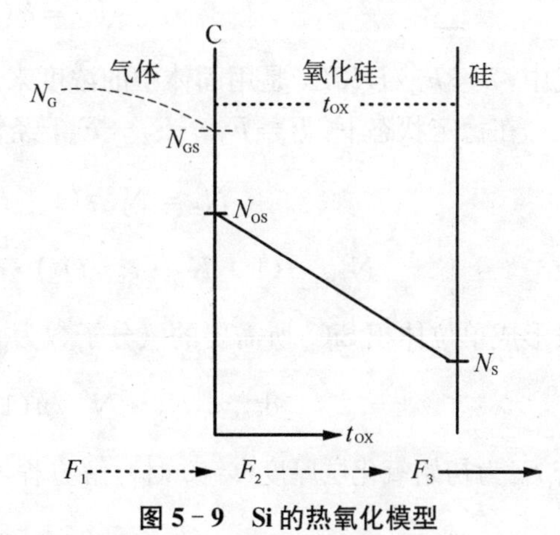

图 5-9　Si 的热氧化模型

3. 硅的热氧化模型和生长动力学

如上所述，硅的热氧化过程，是氧化剂穿过氧化层向 SiO_2- Si 界面运动与硅反应。图 5-9是描述硅的热氧化过程的模型。

图 5-9 中表示了氧化反应分三个步骤进行，下面分别进行说明：

氧化剂先从气相传输到气体- SiO_2界面，其通量 F_1 为

$$F_1 = h_G(N_G - N_{GS}) \tag{5-1}$$

式中，F_1为单位时间通过单位面积的原子数或分子数；h_G为气相质量转移系数；N_G为气体内部氧化剂的浓度；N_{GS}为气体表面氧化剂的浓度。

氧化剂扩散通过已生成的氧化层到达SiO_2-Si界面，其通量F_2为

$$F_2 = -D_0 \cdot dN/dt_{ox} \tag{5-2}$$

在线性近似下，式(5-2)可写成

$$F_2 = D_0(N_{OS} - N_S)/t_{ox} \tag{5-3}$$

式中，D_0为氧化剂在二氧化硅中的扩散系数；N_{OS}为氧化剂在氧化层表面内侧处的浓度；N_S为SiO_2-Si界面处的氧化剂浓度；t_{ox}为SiO_2膜的厚度。

到达SiO_2-Si界面的氧化剂和硅反应生成新的SiO_2层，它的反应密度F_3为

$$F_3 = K_S \cdot N_S \tag{5-4}$$

式中，K_S为表面化学反应速率常数。

假定氧化过程近似为平衡过程，且令氧化气氛是理想气体，根据亨利定律和理想气体定律有

$$N_{OS} = HP_{GS};\ N_G = P_G/KT;\ N_{GS} = P_{GS}/KT$$

式中P_{GS}为紧贴氧化层表面外侧的氧化剂的分压，P_G为气体内部的分压，H为亨利常数。

若再用$N^* = HP_G$表示氧化剂在氧化层中的平衡浓度，则通量F_1可表示为

$$F_1 = h(N^* - N_{OS}) \tag{5-5}$$

式中，$h = h_G/HKT$，是用固体中的浓度来表示的气相质量转移系数。

在稳定状态下，$F = F_1 = F_2 = F_3$，经整理得

$$N_S = N^*/(1 + K_S/h + K_S \cdot t_{ox}/D_0) \tag{5-6}$$

$$N_{OS} = (1 + K_S \cdot t_{ox}/D_0) \cdot N^*/(1 + K_S/h + K_S \cdot t_{ox}/D_0) \tag{5-7}$$

设形成单位体积SiO_2所需要的氧分子数为n，则SiO_2膜的生长速率为

$$dt_{ox} = K_S \cdot N^*/n(1 + K_S/n + K_S \cdot t_{ox}/D_0) \tag{5-8}$$

若t_{oxi}为初始氧化层厚度($t=0$时)，解方程可得

$$t_{ox}^2 + A \cdot t_{ox} = B(t + \tau) \tag{5-9}$$

式中，$A = 2D_0(1/K_S + 1/h)$；$B = 2D_0 \cdot N^*/n$；$\tau = (t_{oxi}^2 + A \cdot t_{oxi})/B$。

对上述这些公式进行讨论，在氧化反应的初期，因为SiO_2层厚度较薄，式(5-9)可写成

$$t_{ox} = (B/A)(t + \tau) \tag{5-10}$$

式中可看到刚开始氧化反应时，SiO_2的厚度与反应时间成线性正比关系。此时氧化剂通过

SiO_2的扩散能力很强，反应速率限制于表面的氧化反应。

对于长的氧化时间，式(5-9)可写成

$$t_{ox}^2 = B \cdot t \tag{5-11}$$

式中，B 定义为氧化的抛物线速度常数。此时氧化速率主要受氧化剂扩散的限制，氧化层厚度与氧化时间呈抛物线关系。

4. 影响氧化速率的因素

(1) 温度。温度对氧化速率的影响可以从抛物线速度常数 B 和线性常数 B/A 与温度的关系来看，表 5-1 所示给出了不同氧化气氛和不同温度下的 A、B、B/A 值。由表5-1可见，A 随温度增加而减小，B、B/A 随温度增加而增大，湿氧环境下的氧化速率比干氧氧化的速率大得多。

表 5-1　不同氧化气氛和温度下的 A、B、B/A 值

形　式	温　度(℃)	$A(\mu_m)$	$B(\mu_m/min)$	$B/A(\mu_m/min)$
干氧氧化	1 200	0.40	7.5×10^{-4}	1.87×10^{-2}
	1 100	0.90	4.5×10^{-4}	0.50×10^{-2}
	1 000	0.165	1.95×10^{-4}	0.118×10^{-2}
	920	0.235	0.82×10^{-4}	$0.034\,7\times10^{-2}$
湿氧氧化（95℃水汽）	1 200	0.50	1.2×10^{-2}	2.40×10^{-1}
	1 100	0.11	0.85×10^{-2}	0.773×10^{-1}
	1 000	0.226	0.48×10^{-2}	0.211×10^{-1}
	920	0.50	0.34×10^{-2}	0.068×10^{-1}
水汽氧化	1 200	0.170	1.457×10^{-2}	8.7×10^{-1}
	1 094	0.830	0.909×10^{-2}	1.09×10^{-1}
	973	0.355 0	0.520×10^{-2}	0.148×10^{-1}

(2) 压力。从前面的讨论可知，F_1 和 B 都正比于 N^*，而 N^* 正比于 P_G。因此当氧化气体压力 P_G变大，氧化速率会变大。图 5-10 给出了不同蒸汽压力下 SiO_2层厚度与时间的关系。

(3) 晶向。Si 衬底的晶向对氧化速率也有一定的影响，这主要是因为 SiO_2-Si 界面反应速率常数 K_S取决于 Si 表面的密度和氧化放映的活化能。图 5-11 为不同晶向的氧化速率。

(4) 阶段和模型的修改。从实验数据中可以发现氧化的初始阶段(20～30 nm)有一个快速的偏离线性关系的氧化过程。这意味着有与上述氧化不同的氧化机理。上述氧化模型是建立在中性氧化分子穿过氧化膜与 Si 反应的假设基础上的，而在氧化的初始阶段，实际上氧在 SiO_2中的扩散是以离子形式进行的。即

$$O_2 = O_2^- + 空穴^+$$

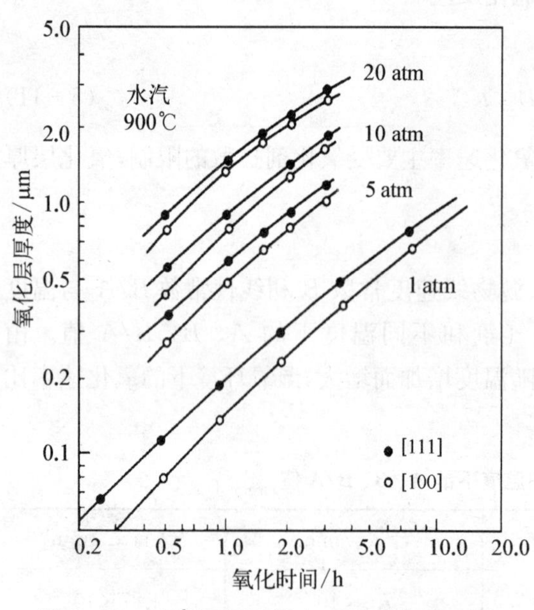

图 5-10 900℃湿氧环境中，不同蒸气压力下，氧化层厚度与氧化时间的关系

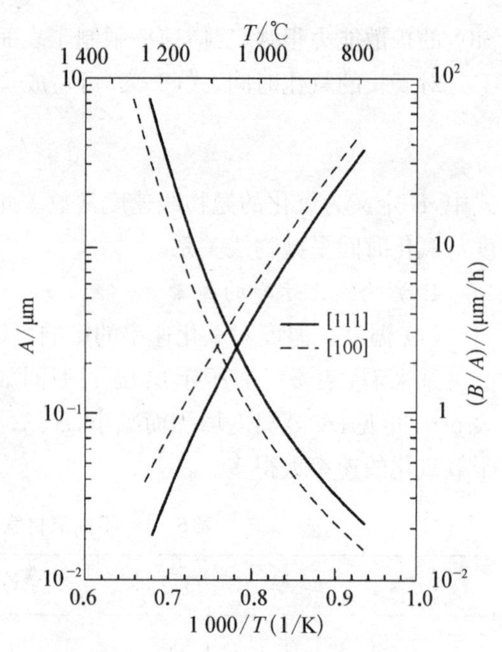

图 5-11 不同晶向的氧化速率

氧离子和空穴同时向 SiO_2-Si 界面扩散，由于空穴扩散速率快，就会在 SiO_2层内产生一内建电场，此电场又加速了的扩散，如此就解释了实际与模型曲线的差异。不过这种加速作用只存在于 SiO_2表面一个很薄的范围内，因此实际实验数据只是在氧化初始阶段与理论模型存在偏差。

5. 氧化方法

根据氧化气氛的不同，热氧化法又可分为干氧氧化、水汽氧化、湿氧氧化、掺氯氧化和氢氧合成氧化等。

(1) 干氧氧化。干氧氧化就是在氧化过程中，直接通途 O_2进行氧化的方法。通过干氧氧化生成的 SiO_2膜具有结构致密；干燥、均匀性和重复性好；对杂质掩蔽能力强；钝化效果好；与光刻胶的附着性好等优点，该方法的缺点是氧化速率较慢。

(2) 水汽氧化。水汽氧化是指硅片与高温水蒸气发生反应的氧化方法。由于水在 SiO_2中的平衡浓度 N^* (10^{19} atoms/cm^3)高出 3 个数量级，所以水汽氧化的氧化速率比干氧氧化的速率大得多。但水汽氧化法生成的 SiO_2膜结构疏松、表面有斑点、含水量大、对杂质(尤其是磷)掩蔽能力较差，所以现在很少使用这种氧化方法。

(3) 湿氧氧化。湿氧氧化法中，O_2先通过 95～98℃左右的去离子水，将水汽一起带入氧化炉内，O_2和水汽同时与 Si 发生氧化反应。采用这种氧化方法生成的 SiO_2膜的质量比干氧氧化的略差，但远好过水汽氧化的效果，而且生长速度较快。因此，当所需氧化层厚度很厚且对氧化层的电学性能要求不高的情况下，为了产量的考虑，常采用这种氧化方法。其缺点是生成的 SiO_2膜与光刻胶的附着性不良、Si 表面存在较多位错缺陷。在实际的制造工艺中，通常采用干氧-湿氧-干氧这种多步交替的氧化方法制备氧化层，这样既能保证较好的

SiO_2膜质量，又能有较快的氧化速率。

(4) 掺氯氧化。掺氯氧化是指在干氧氧化通入 O_2 的同时，通入含氯的化合物气体，从而生成含氯的 SiO_2膜。这样能减少 SiO_2中的钠离子污染，提高器件的电学性能和可靠性。

(5) 氢氧合成氧化。氢氧合成氧化是指在高压下，把高纯 H_2和 O_2通入石英管内，使之在一定温度下燃烧生成水，水在高温下气化，然后水汽与 Si 反应生成 SiO_2的氧化方法。为了安全起见，通入的 O_2必须过量，因此，时间上是水汽和氧气同时参与氧化反应。因为气体纯度高，所以燃烧生成的水纯度很高，这就避免了湿氧氧化过程中水汽带来的污染。这种氧化方法氧化效率高，生成的 SiO_2膜质量好、均匀性和重复性好。

(6) 其他的氧化。除了以上几种热氧化方法外，还有几种特殊的氧化方法，如低温薄栅氧化和高压氧化。

低温薄栅氧化是为了制备高质量的薄栅氧化层，出现了低温薄栅氧化和分压氧化（在氧气中通入一定比例的不活泼气体，降低氧气的分压，以降低氧化速率）。

高压氧化是为了制备厚的氧化层，出现了高压氧化方法，以提高氧化速率。

6. 氧化设备

热氧化的设备主要有水平式和直立式两种。6英寸以下的硅片都是用水平式氧化炉，8英寸以上的硅片都是采用直立式氧化炉。氧化炉管和装载硅片的晶舟都是用石英材料制成。在氧化过程中，要防止杂质沾污和金属污染，为了减少人为的因素，现在 IC 制造中氧化过程都采用自动化控制。图 5－12 和图 5－13 分别是典型的水平式氧化炉系统和直立式氧化炉系统。

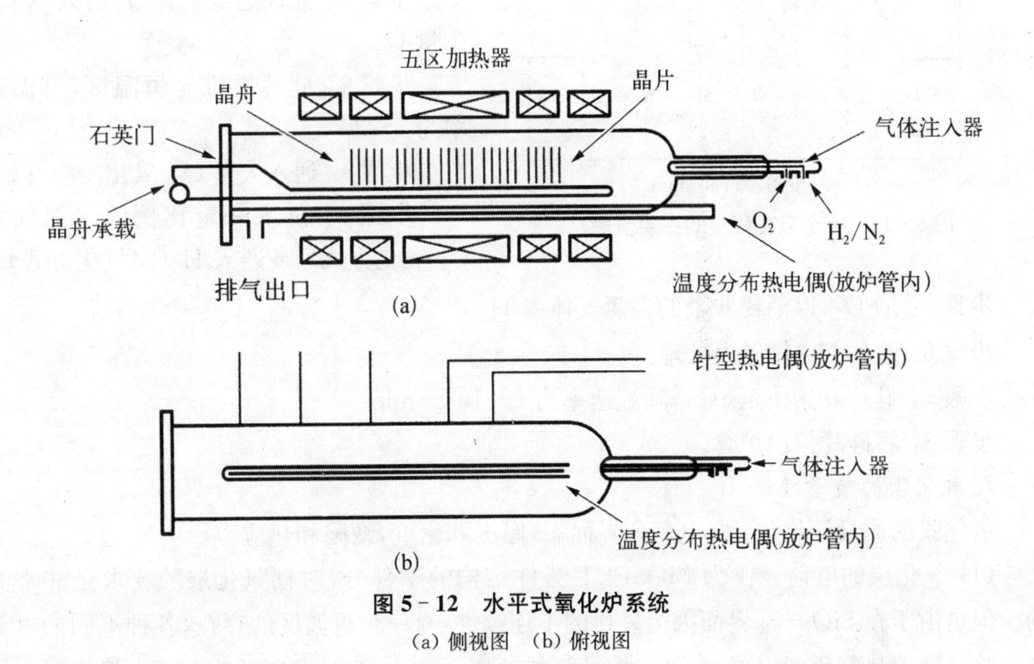

图 5－12　水平式氧化炉系统

(a) 侧视图　(b) 俯视图

影响氧化均匀性的重要工艺参数就是氧化区域的温度分布。在水平式氧化炉中采用五段加热器进行控温即是为了达到最佳的温度分布曲线，通常温度误差控制在±0.5℃。与水

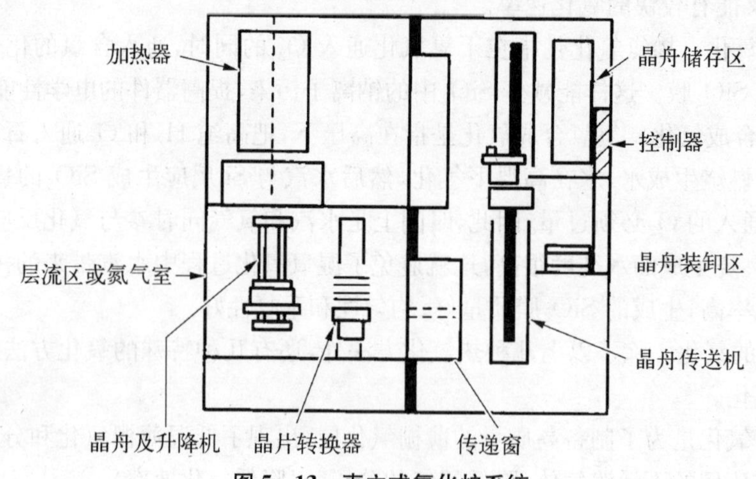

图 5-13　直立式氧化炉系统

平式氧化炉系统相比，直立式氧化系统有一个很大的优点，就是气体的向上热流性，使得氧化的均匀性比水平式要好，同时它的体积小、占地面积小，可以节省净化室的空间。

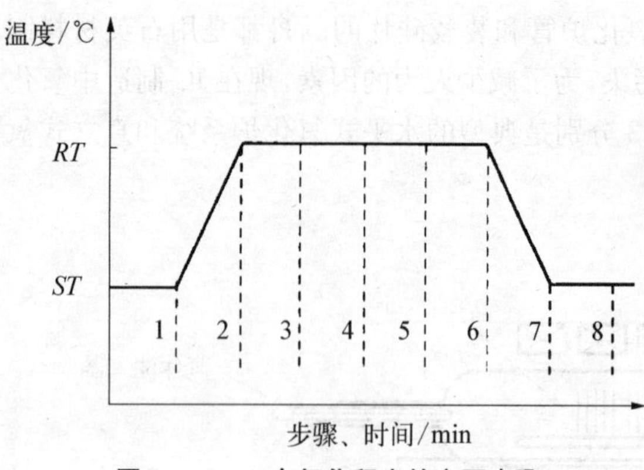

图 5-14　一个氧化程序的主要步骤

在硅片进出氧化区域的过程中，要注意硅片上温度的变化不能太大，否则硅片会产生扭曲，引起很大的内应力。一个氧化过程的主要步骤如图 5-14 所示。

步骤 1：硅片送至炉管口，通入 N_2 及少量 O_2。

步骤 2：硅片被推至恒温区，升温速率为 5～30℃/min。

步骤 3：通入大量 O_2，氧化反应开始。

步骤 4：加入一定比例的含氯气体（干氧化方式），或通入 H_2（湿氧化方式）。

步骤 5：通 O_2，以消耗残余的含氯气体或 H_2。

步骤 6：改通 N_2，做退火处理。

步骤 7：硅片开始拉至炉口，降温速率为 2～10℃/min。

步骤 8：将硅片拉出炉管。

7. 氧化膜的质量评价

氧化膜的质量评价包括：电荷和界面态，厚度和密度，缺陷和热应力。

(1) 氧化层的电荷。作为 MOSFET 器件结构的一部分，对栅氧化层的要求是非常高的。但是由于在 SiO_2-Si 界面因为氧化的不连续性，有一个过渡区的存在，各种不同的电荷和缺陷会随着热氧化而出现在这一过渡区，如钠离子进入 SiO_2 成为可动电荷。氧化层中这些电荷会极大地影响 MOSFET 器件的参数，并降低器件的可靠性。在氧化层中各种电荷的分布如图 5-15 所示。

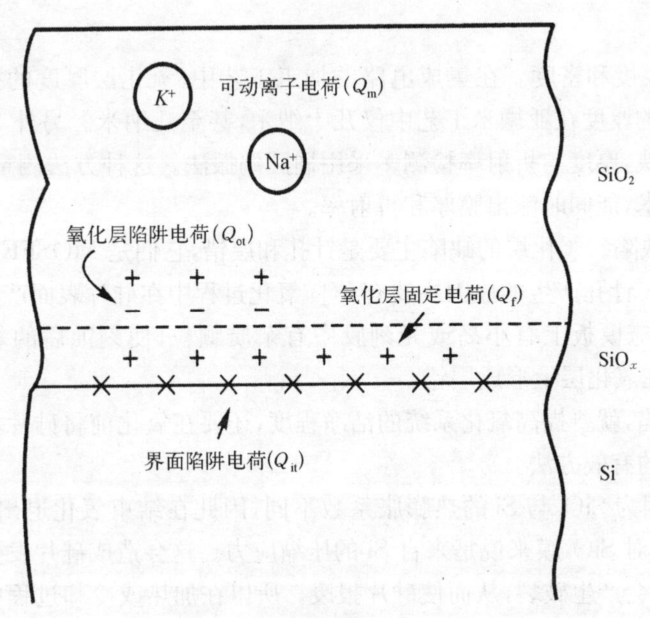

图 5－15　电荷在氧化层内的分布

下面介绍这四种电荷的产生原因、数量、对 MOSFET 器件性能的影响和减少的方法。

一是界面陷阱电荷 Q_{it}：它是在 Si－SiO_2界面的正的或负的电荷，起源于 Si－SiO_2界面结构缺陷、氧化感生缺陷以及金属杂质和辐射等因素引起的其他缺陷。它的能级在 Si 的禁带中，电荷密度在 $10^{10}/cm^2$左右。

Si－SiO_2界面的 Si 原子悬挂键是一种主要的结构缺陷，通过释放或束缚电子的方式与 Si 表面层交换电子和空穴，进而调制 Si 的表面势，造成期间参数的不稳定性。此外，它还会导致器件表面漏电流和 $1/f$ 噪声的增加以及四暗流增益的降低。通常可通过氧化后适当的退火来降低 Q_{it}的浓度。

二是氧化层固定电荷 Q_f：这种电荷是指位于距离 Si－SiO_2界面 3 nm 的氧化层内的正电荷，又称界面电荷，是由氧化层中的缺陷引起的，电荷密度在 $10^{10}\sim10^{12}/cm^2$。

固定电荷的影响是使 MOSFET 结构的 C－V 曲线向负方向平移，但是不改变其形状；由于其面密度 Q_f是固定的，所以仅影响阈值电压的大小，而不会导致阈值电压的不稳定性。适当的退火及冷却速率能减少 Q_f。

三是可动离电荷 Q_m：由氧化系统中的碱金属离子等进入氧化层引起的，电荷密度在 $10^{10}\sim10^{12}/cm^2$。在温度偏压试验中，Na^+能在 SiO_2中横向及纵向移动，从而调制了器件有关表面的表面势，引起器件参数的不稳定。要减少此类电荷，可在氧化前先通入含氯的化合物气体清洗炉管，氧化方法采用掺氯氧化。

四是氧化层陷阱电荷 Q_{ot}。这是由氧化层内的杂质或不饱和键捕捉到加工过程中产生电子或空穴所引起的，可能是正电荷，也可能是负电荷。电荷密度在 $10^9\sim10^{13}/cm^2$左右。通过低温 H_2退火能降低其浓度，甚至消除。

这些电荷检测可采用电容-电压法，也就是通常所说的 C－V 测量技术，在这里不作详细介绍了。

(2) 氧化层的厚度和密度。在集成电路的加工工艺中，氧化层厚度的控制也是十分重要的。如栅氧化层的厚度在亚微米工艺中仅几十纳米，甚至几纳米。另外 SiO_2 膜是否致密可通过折射率来反映，厚度与折射率检测多采用椭圆偏振法。这种方法测量精度高，是一种非破坏性的测量技术，能同时测出膜厚和折射率。

(3) 氧化层的缺陷。氧化层的缺陷主要是针孔和层错，它们是 MOSFET 器件栅氧化层漏电流的主要根据。针孔产生的原因主要有：① 氧化过程中在硅片表面产生缺陷、损伤、污染等；② 在光刻时，掩模板上有小岛或光刻胶中有杂质颗粒，使刻蚀后的氧化膜上出现针孔；③ 高温氧化后在氧化层上形成层错。

要减少这些缺陷，就要提高氧化系统的洁净程度，还要在氧化前将硅片清洗干净。改进氧化条件则是层错的有效方法。

(4) 热应力。因为 SiO_2 与 Si 的热膨胀系数不同，因此在结束氧化退出高温过程后，会产生很大的热应力，对 SiO_2 膜来说是来自 Si 的压缩应力。这会造成硅片发生弯曲并产生缺陷。严重时，氧化层会产生破裂，从而使硅片报废。所以在加热或冷却过程中要使硅片受热均匀，同时，升温和降温速率不能太大。

5.1.2 薄膜外延技术

外延生长的英文是 EPITAXY，就是在单晶衬底（基片）上生长一层有一定要求的、与衬底晶相同的单晶层，犹如原来的晶体向外延伸了一段，故称“外延生长”。外延生长实质上是一种材料科学的薄膜加工方法，在外延生长过程中能控制结晶的生长取向和杂质的含量，是产生具有特殊物理性质的半导体晶态薄膜层的重要方法。为了提高半导体器件的成品率和性能，降低成本、研制新器件，发展了很多种外延生长技术。

值得指出的是利用外延生长方法可以形成更新颖的薄膜材料，如异质外延，比如在 GaAs 上外延出 $Ga_xAl_{1-x}As$，其中 x 和 $1-x$ 代表 Al 和 Ga 的相对含量，后者是自然界没有的人工结构材料。因为 x 的不同，导致薄膜材料的能带宽度的不同，而能带宽度的不同会造成材料之间的异质结，从而产生很多新颖的异质结器件类型。

传统的外延技术包括气相、液相外延，外延生长工艺衍生出分子束外延 MOCVD 及其异质结外延等。下面予以分别介绍。

1. 气相外延工艺

气相外延层是利用硅的气态化合物或液态化合物的蒸汽在衬底表面进行化学反应生成单晶硅。图 5-16 为硅(Si)气相外延的装置原理。气相外延生长常使用高频感应炉加热，衬底置于包有碳化硅、玻璃态石墨或热分解石墨的高纯石墨加热体上，然后放进石英反应器中。此外，也有采用红外辐照加热的。

由氢气（H_2）携带四氯化硅（$SiCl_4$）或三氯氢硅（$SiHCl_3$）、硅烷（SiH_4）或二氯氢硅(SiH_2Cl_2)等进入置有硅衬底的反应室，在反应室进行高温化学反应，使含硅反应气体还原或热分解，所产生的硅原子在衬底硅表面上外延生长。其主要化学反应式为

$$SiCl_4 + 2H_2 = Si + 4HCl$$

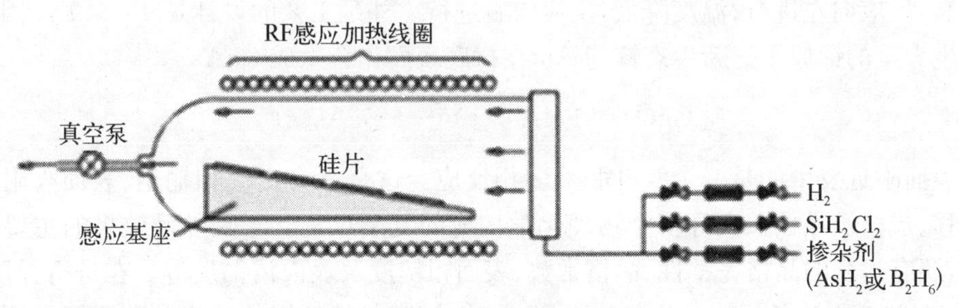

图 5-16　硅气相外延装置原理

硅片外延生长时，常需要控制掺杂，以保证控制电阻率。N型外延层所用的掺杂剂一般为磷烷(PH_3)或三氯化磷(PCl_3)；P型的为乙硼烷(B_2H_6)或三氯化硼(BCl_3)等。

为了克服传统的Si外延技术工艺中的某些缺点，气相外延生长工艺衍生出减压外延、低温外延、选择外延等。

(1) 减压外延。自掺杂现象是使用卤素化合物作源的外延过程中难以避免的现象，即从基片背面、加热体表面以及从前片向后片，都会有掺杂剂迁移到气相而再进入到外延层。自掺杂使外延层杂质浓度不均匀。若将反应管中的压力降到约160托，即可有效地减少自掺杂。

(2) 低温外延。为得到衬底与薄外延层之间的突变结，需要降低生长温度，以减少基片中的杂质向外延层的自扩散。采用He-SiH_4分解、SiH_2Cl_2热分解以及溅射等方法都可明显降低温度。

(3) 选择外延。用于制备某些特殊器件，衬底上有掩模并在一定区域开有窗口，单晶层只在开窗口的区域生长，而留有掩模的区域不再生长外延层。

而GaAs等Ⅲ-Ⅴ族材质的外延，可以在一个密封并抽成真空的石英安瓿中进行(见图5-17)。分别放置碘源、砷化镓多晶源及砷化镓衬底，整个安瓿置于三段温区的管式炉中。T_1为碘源温度，T_2为砷化镓源温度，T_3为外延生长温度。在T_1下碘蒸发，在浓度梯度作用下，碘蒸气进入砷化镓多晶源区，并发生下列反应

$$2GaAs(s) + I_2(g) \longrightarrow 2GaI(g) + 1/2As_4(g)$$

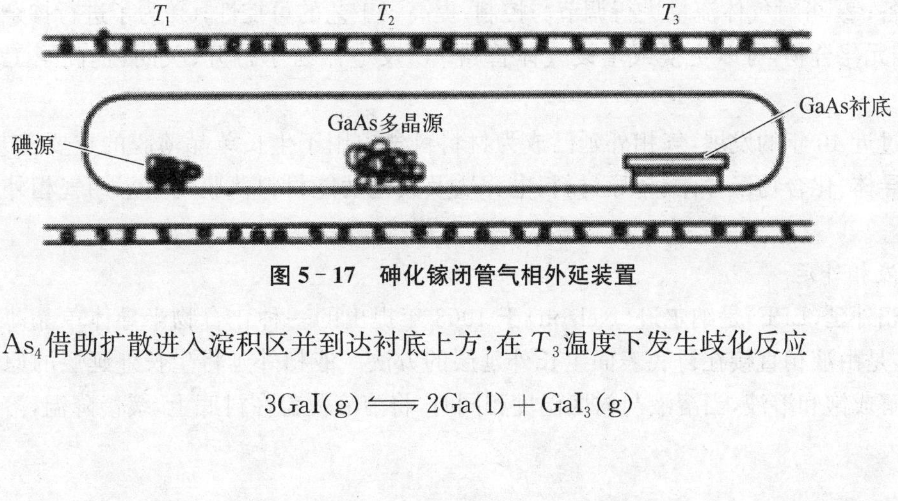

T_1　T_2　T_3

碘源　GaAs多晶源　GaAs衬底

图 5-17　砷化镓闭管气相外延装置

GaI和As_4借助扩散进入淀积区并到达衬底上方，在T_3温度下发生歧化反应

$$3GaI(g) \rightleftharpoons 2Ga(l) + GaI_3(g)$$

温度升高，反应向左进行；温度降低，反应向右进行。外延工艺的设计是 $T_2 > T_3$，因而在淀积区产生大量的镓原子。新生态镓与 As_4 在衬底表面化合生成 GaAs

$$Ga(l) + 1/4As_4(g) \longrightarrow GaAs(s)$$

在衬底表面附近发生的是一个气-固-液多相反应。这是一个由气相输运、表面吸附、解吸、原子迁移、成核及晶核长大等多个物理化学构成的复杂过程。影响外延效果的主要因素除温度外，还有衬底的晶格完整性、晶格常数、表面粗糙度及表面清洁度等。在进行异质外延，若在 GaSb 衬底上生长 $Ga_{0.73}Al_{0.27}As_{0.04}Sb_{0.96}$ 时，衬底与外延层的晶格常数匹配必须予以考虑；当两者的晶格常数差异超过 0.3%时，外延层的晶格完整性就会受到影响。在上述列举的四元化合物中，有严格的分子组成，满足晶格匹配即是原因之一。现代气相外延多采用开管外延工艺，装置如图 5-18 所示。开管外延是在流动气体中进行的，气流状态比较复杂。不仅有浓度梯度、温度梯度和重力梯度造成的传质过程，而且还有由载气流动造成的强制性气流，因而外延反应器的几何构型具有重要意义。

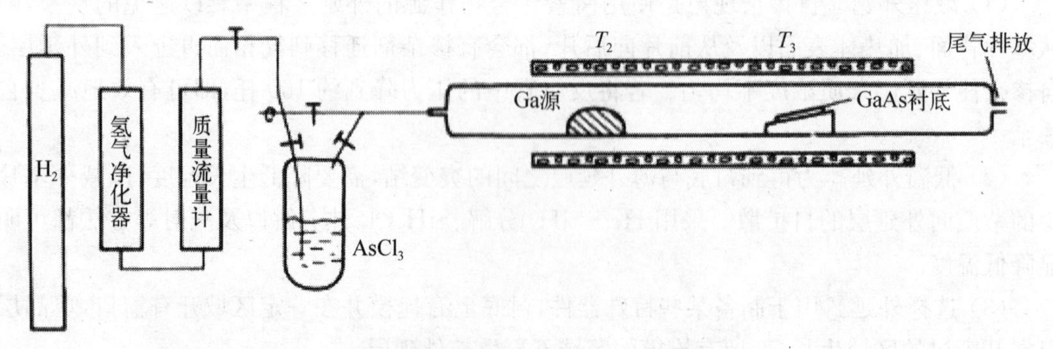

图 5-18　砷化镓开管气相外延装置

在以上的设计中，氢气不仅起载气作用，而且参与以下化学反应

$$2AsCl_3(g) + 3H_2(g) \longrightarrow 1/2As_4(g) + 6HCl(g)$$
$$2GaAs(s) + 2HCl(g) \longrightarrow 2GaCl(g) + 1/2As_4 + H_2$$

开管外延工艺有下列优点：① $AsCl_3$ 和镓均可进行有效的提纯，因而可实现高纯砷化镓外延制备；② 可对气体流量进行调节与控制，提高了工艺的可控性；③ 为了进行掺杂或生长三元、四元化合物，可以更换或增设气体管路；④ 反应器易于打开、关闭，提高了工艺的灵活性。

经过近 40 年的发展，气相外延已成为材料科学中用于生长单晶薄膜的重要工艺技术。元素半导体、化合物半导体、超导材料、电介质及其他功能材料薄膜均可采用气相外延工艺生长。

2. 液相外延

液相外延(LPE)是纳尔逊(Nelson)于 1963 年提出的一种化合物半导体单晶薄层的生长方法，是由液相直接在衬底表面生长外延层的方法。液相外延将生长外延层的原料在溶剂中溶解成饱和溶液，当溶液与衬底温度相同时，将溶液覆盖在衬底上，缓慢降温，溶质按基片晶向析出单晶，从而实现晶体的外延生长。这种方法常用于外延生长砷化镓等材料。液相外延技术的出现，对于化合物半导体材料和器件的发展起了重要的推动作用，这一技术可以生长 Si、GaAs、GaP 等半导体材料和制作各种光电子器件、微波器件和半导体激光器等。

如图 5-19 所示，料舟中装有待淀积的熔体，移动料舟经过单晶衬底时，缓慢冷却在衬底表面成核，外延生长为单晶薄膜。在料舟中装入不同成分的熔体，可以逐层外延不同成分的单晶薄膜。

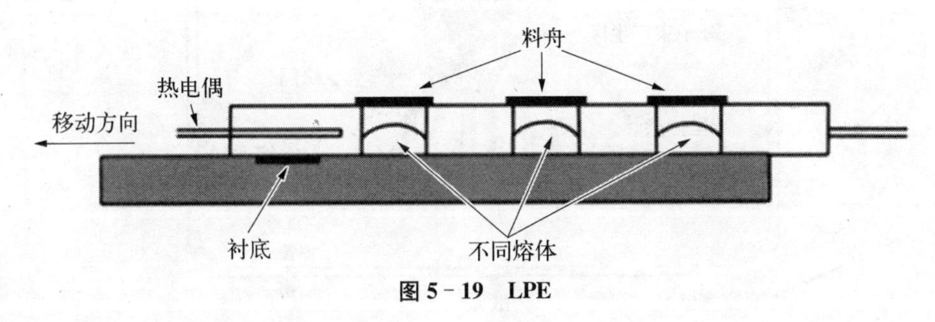

图 5-19　LPE

3. 异质外延与异质结

同质外延的外延层与衬底是同种材料，如在硅衬底上外延生长硅，但可以进行杂质掺杂。异质外延则是在不同的衬底上生长一层外延层，不是同一种物质，但晶格和热膨胀系数比较匹配，这样就能在一个衬底上外延生长出不同的晶膜，从而产生出自然界没有的人工结构材料。如在 GaAs 的衬底上生长 $Al_xGa_{1-x}As$ 薄膜，其中 x 和 $1-x$ 代表 Al 和 Ga 的相对含量。因为 x 的不同，薄膜材料的能带结构（比如宽度）还有晶格常数也会有所不同。例如 AlAs 和 GaAs 的晶格常数分别为 0.566 1 nm 与 0.565 4 nm，$Al_xGa_{1-x}As$ 的晶格常数则介于其间，由于晶格常数的差异会导致晶格中的应力对器件的载流子迁移率和其他性能产生影响。能带宽度的不同会造成材料之间的异质结，会产生很多新颖的异质结器件类型。

异质外延技术常使用的设备是分子束外延 MBE 和金属有机物化学气相淀积 MOCVD 技术（见图 5-20）。

分子束外延是在超高真空条件下，由一种或几种原子或分子束蒸发到衬底表面形成外延层的方法。分子束外延(MBE)是 20 世纪 50 年代用真空蒸发技术制备半导体薄膜材料发展而来的一种新的晶体生长技术，并随着超高真空技术的发展而日趋完善，开拓了一系列崭新的超晶格器件，扩展了半导体科学应用的新领域。其方法是将半导体衬底放置在超高真空腔体中，和将需要生长的单晶物质按元素的不同分别放在喷射炉中，由分别加热到相应温度的各元素喷射出的分子流能在上述衬底上生长出极薄的单晶体和几种物质交替的超晶格结构。分子束外延技术在新型电子器件制造、电磁应用、光学应用等领域中，被用于氧化物材料的淀积。

其中 MOCVD 是生长Ⅲ-Ⅴ族，Ⅱ-Ⅵ异质结构及合金的薄层单晶的主要方法，用来生长化合物晶体的各组分和掺杂剂都以气态方式通入反应室中，通过控制各种气体的流量来控制外延层的组分，导电类型，载流子浓度，厚度等特性（见图 5-21）。因有抽气装置，反应室中气体流速快，对于异质外延时，反应气体切换很快，可以得到陡峭的界面。外延发生在加

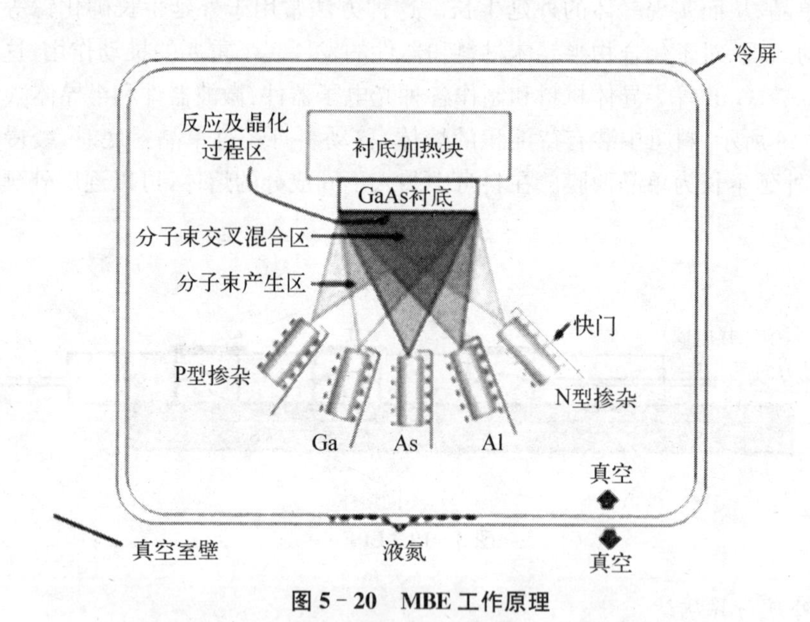

图 5-20 MBE 工作原理

注：在超高真空条件下，由装有各种所需组分的炉子加热而产生的蒸气，经小孔准直后形成的分子束或原子束，直接喷射到适当温度的单晶基片上，同时控制分子束对衬底扫描，就可使分子或原子按晶体排列一层层地“长”在基片上形成薄膜。

热的衬底的表面上，通过监控衬底的温度可以控制反应过程。在一定条件下，外延层的生长速度与金属有机源的供应量成正比。Ⅱ族、Ⅲ族金属有机化合物源通常为甲基或乙基化合物，如：$Ga(CH_3)_3$，$In(CH_3)_3$，$Al(CH_3)_3$，$Ga(C_2H_5)_3$，$Zn(C_2H_5)_3$ 等，它们大多数是高蒸汽压的液体或固体。用氢气或氮气作为载气，通入液体中携带出蒸汽，与Ⅴ族的氢化物（如 NH_3，PH_3，AsH_3）混合，再通入反应室，在加热的衬底表面发生反应，形成外延生长化合物晶体薄膜。

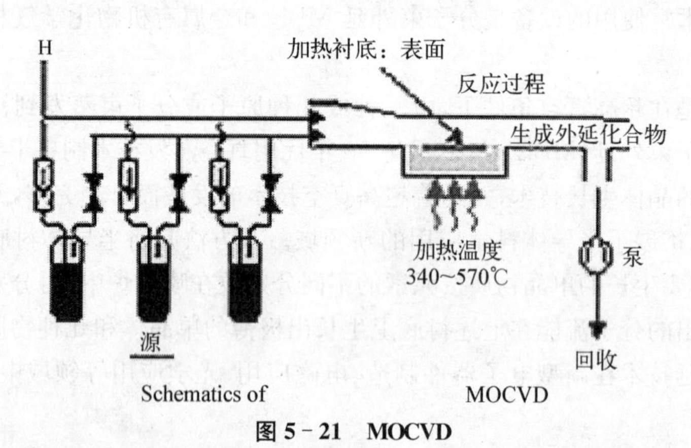

图 5-21 MOCVD

由图 5-21 可知通过控制气体 source 的流量来控制外延层的组分，导电类型，载流子浓度，厚度等特性。抽气装置加快反应室中气体流速，反应气体切换很快，可以得到陡峭的异质外延界面。

5.2　薄膜淀积技术

5.2.1　薄膜淀积

就薄膜淀积的性质而言可分为气相与液相两大类。气相淀积分有化学薄膜淀积方法(chemical vapor deposition, CVD)与物理气相淀积(physical vapor deposition, PVD)(见图 5－22)，液相淀积包括旋涂(Coating)和电镀(Electropolating)，集成电路制造主要以气相淀积为主。图 5－22 示意了 PVD 和 CVD 的基本技术原理。CVD 产生的薄膜是通过化学反应产生淀积物，然后淀积在衬底或基片表面。而 PVD 则是把固态源材料进行气化激发，然后直接把激发后的气态淀积物淀积在衬底表面。CVD 和 PVD 在所要淀积材料的种类、精度和生产效率上各有其不同的特色，而各种技术飞快发展成为集成电路产生发展的巨大推动力。在集成电路产业的推动下，薄膜淀积技术(thin film deposition)在 20 世纪下半叶，在技术方法、材料表征、产出、控制精度、应用广度等各个方面都有了长足的进展。

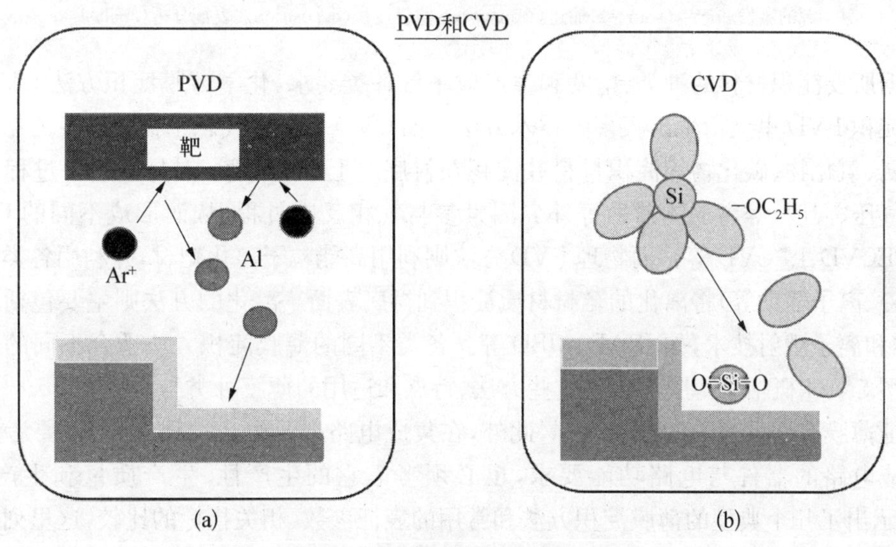

图 5－22　气相淀积基本技术原理

(a) PVD　(b) CVD

物理气相淀积 PVD 与化学薄膜淀积方法 CVD。PVD 使用加速离子将金属原子从靶材上轰击出来，然后淀积在基体表面；CVD 则是利用化学反应产生淀积的材质，并淀积在基体表面。

CVD 和 PVD 过程大致可以分为四个步骤：① 靶源、靶材或镀料(可以是固态、液态和气态源)的气化；② 输运与加速过程(热运动、离子体、电磁效应等)；③ 薄膜淀积；④ 质量表征。

图 5－23 示出了薄膜淀积的四个主要过程，这里列出了技术词汇对应的英文，以便于和国外的文献相对应和适应集成电路工业和企业的需要。

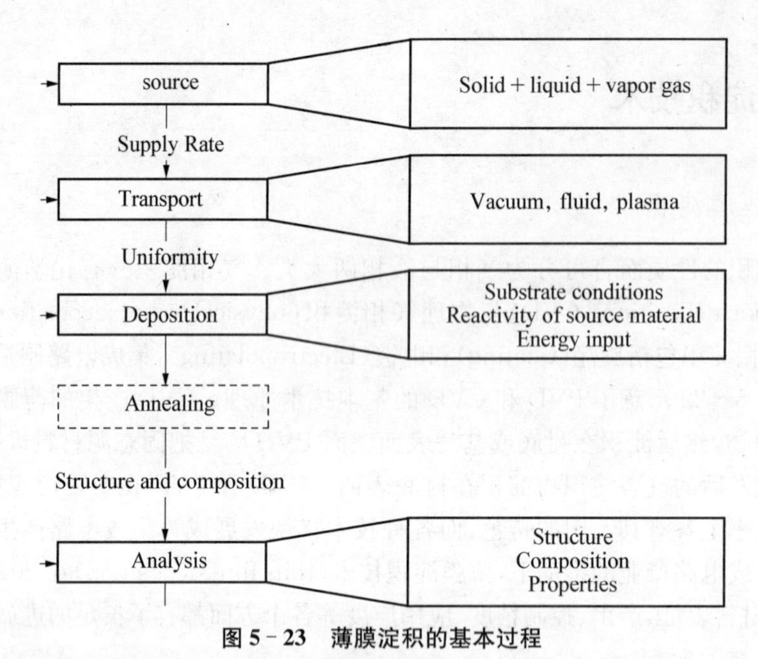

图 5-23　薄膜淀积的基本过程

注：源的激发和产生(source)、输运(transport)、薄膜淀积(deposition)、表征分析(analysis)。

根据所要淀积材料的种类、精度和生产效率等各类要求，化学薄膜淀积方法 CVD 与物理气相淀积 PVD 里又衍生出很多的技术方法。如 CVD 是利用气态靶材通过各类化学反应析出金属、氧化物、碳化物等淀积材料并淀积在衬底之上形成薄膜，但是在制备过程中常涉及环境气压、温度，等离子体辅助等外界因素参与气相反应过程，从而形成不同的 CVD 工艺，如 PECVD、LPCVD 等。而物理 PVD 方法则利用高能粒子离化靶材，并利用各类物理手段(电、磁、离子辅助等)将离化的靶材材质淀积到衬底表面。离化的方法则主要包括真空蒸发、磁控和离子溅射技术，如 IBAD、MBD 等。各类不同的薄膜淀积方法适合不同的需要和场合。图 5-24 概括了薄膜淀积的这些方法、特点和适用的薄膜种类与类型。

表征薄膜有一系列的参数和指标，此外，在集成电路工业生产过程中，不仅要考虑薄膜满足集成电路的器件与电路功能要求，也必须考虑它的生产性、生产质量和生产效率。表 5-2示出了几个典型的薄膜淀积方法和常用的表征参数、相关指标的比较，这里列出了对应的英文，以便于和国外的文献相对应和适应集成电路工业和企业的需要。

表 5-2　集成电路常用薄膜淀积方法 CVD,PVD 的表征参数与比较

METHOD	ALD	CVD	PVD, sputtering	PVD, evaporate
均匀度	good	good	good	fair
平整度(光滑度)	good	varies	varies	good
阶梯覆盖能力	good	varies	poor	poor
针孔度	good	good	fair	fair
厚度	good	good	good	fair

（续表）

METHOD	ALD	CVD	PVD，sputtering	PVD，evaporate
衬底淀积温度	good	varies	good	good
等离子破坏程度	good	varies	poor	good
淀积速率	good	good	good	good

注：厚度(thickness)，均匀度(uniformity)，光滑度(smooth ness)，阶梯覆盖(step coverage)，针孔度(pinholes)，密度(film density)，衬底淀积温度(substrate temperature)，等离子对衬底的损伤(plasma damage)，淀积速率(deposition rate)。

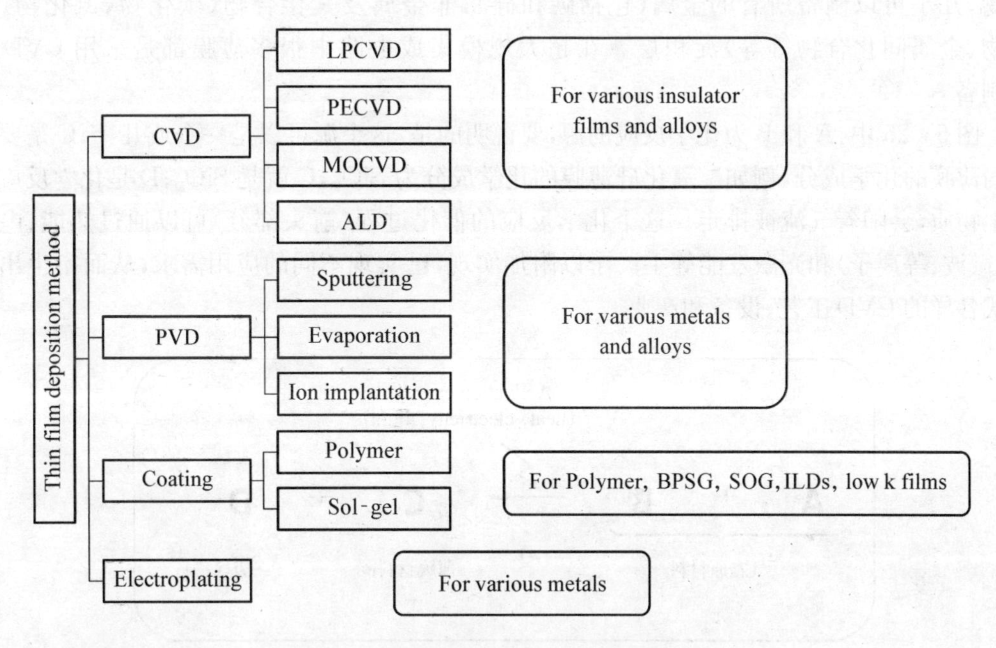

图 5-24　集成电路生产常用的薄膜淀积方法

注：主要英文缩写：CVD = chemical vapor peposition，化学气相淀积；PVD = physical vapor deposition，物理气相淀积，ALD = Atomic Layer Deposition，原子层淀积；sputtering：溅射；evaporation：蒸发；LPCVD = low pressure chemical vapor peposition，PECVD = plasma enhanced chemical vapor deposition；BPSG = boron phosphor silicate glass，SOG = spin on glass coating，ILD = Inter layer dielectric.。

5.2.2　CVD(chemical vapor peposition)化学气相淀积

CVD是利用高温、等离子体或光辐射等激励方法使气态反应剂或液态反应剂产生气相化学反应并以原子态淀积在衬底上，从而形成所需要的固态薄膜或涂层。构成薄膜元素的气态反应剂或液态反应剂有金属卤化物、有机金属、碳氢化合物等，通过热分解，氢还原或使它的混合气体在高温下发生化学反应以析出金属、氧化物、碳化物等无机材料。

1. CVD的优点

(1) 淀积温度低。一般地说，化学气相淀积可以采用加热的方法获取活化能，这需要在较高的温度下进行；也可以采用等离子体激发或激光辐射等方法获取活化能，使CVD在较低的温度下进行。

(2) 薄膜成分易控。在工艺性质上，由于化学气相淀积是原子尺度内的粒子堆积，因而可以在很宽的范围内控制所制备薄膜的化学计量比，膜厚与淀积时间成正比；同时通过控制涂层化学成分的变化，可以制备梯度功能材料或得到多层涂层。

(3) 均匀性、重复性、台阶覆盖性较好。由于气态原子或分子具有较大的转动动能，可以在深孔、阶梯、洼面或其他形状复杂的衬底及颗粒材料上进行淀积，即使在化学性质完全不同的衬底上，利用化学气相淀积也能产生出晶格常数与衬底匹配良好的薄膜。

(4) 薄膜材料范围广。在工艺材料上，化学气相淀积涵盖无机、有机金属及有机化合物，几乎可以制备所有的金属(包括碳和硅)，非金属及其化合物(碳化物、氮化物、氧化物、金属间化合物等等)淀积层。在超大规模集成电路中很多薄膜都是采用 CVD 方法制备。

图 5-25 中，A 和 B 为化学反应的源，要说明的是，这个源可以是一个或几个；C 是要形成的薄膜的化学成分，例如二氧化硅薄膜的化学成分为 SiO_2，C 就是 SiO_2；D 是化学反应的衍生物质，会随着气流被排走。这个化学反应的催化过程(箭头部分)可以通过热能、电能(如微波、等离子)和光激发能等手段予以附加实现，已实现不同的应用需求，从而衍生出了各式各样的 CVD 工艺、设备和产业。

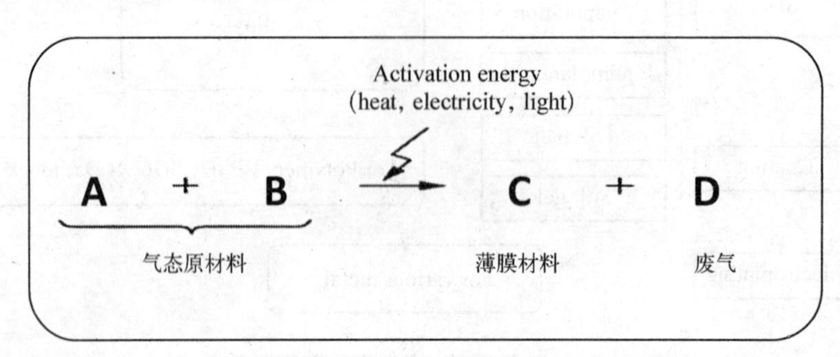

图 5-25　CVD 的化学反应式

CVD 的主要过程涉及源气体输运、反应、扩散、吸附与淀积，化学气相淀积装置也就包括相互关联的三个部分：气相供应系统、淀积室或反应室以及排气系统，主要包含了五个主要机制(如图 5-26)：

导进反应物主气流→反应物内扩散→原子吸附→表面化学反应→衍生物质(by-product)外扩散及移除。

2. CVD 化学反应的种类

CVD 化学反应的种类主要有以下几种。

(1) 热分解反应。气态氢化物、羰基化合物以及金属有机化合物与高温衬底表面接触，化合物高温分解或热分解淀积而形成薄膜。如 SiH〈sub〉4〈/sub〉＝Si＋2H_2

(2) 氧化反应：含薄膜元素的气化反应剂与氧气一同进入反应器，形成氧化反应在衬底上淀积薄膜。例如

SiH〈sub〉4〈/sub〉＋O_2＝SiO_2＋2H_2

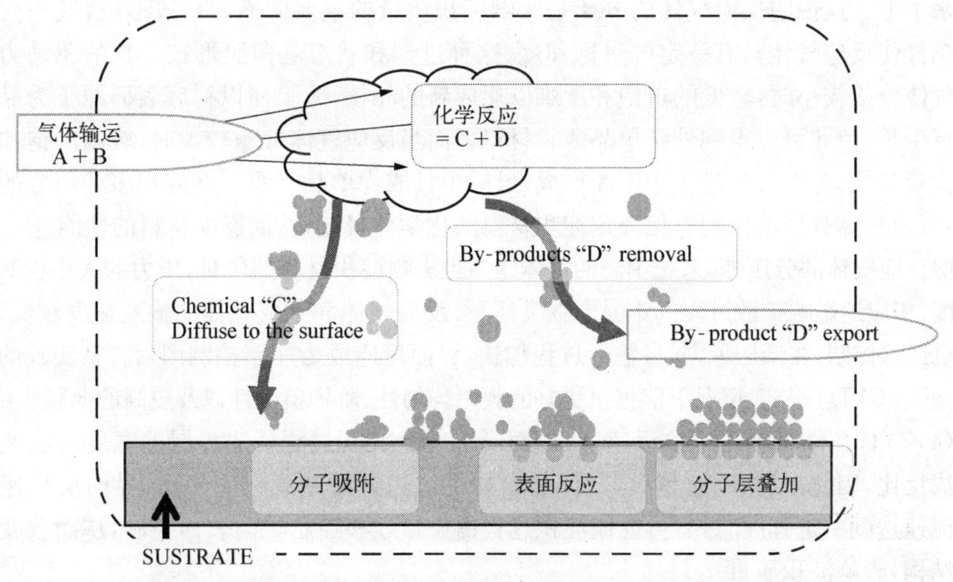

图 5－26　CVD 的主要过程：源气体输运、反应、扩散、吸附与淀积

(3) 还原反应：用氢、金属或基材作还原剂还原气态卤化物，在衬底上淀积形成纯金属膜或多晶硅膜。例如

SiCl〈sub〉4〈/sub〉 + $2H_2$ = Si + 4HCl

(4) 水解反应：卤化物与水作用制备氧化物薄膜或晶须。例如

2AlCl〈/sub〉O〈sub〉3〈/sub〉 + $3H_2O$ = Al_2O〈sub〉3〈/sub〉 + 6HCl

3. 影响 CVD 的参数

CVD 的主要过程涉及源气体输运、反应、扩散、吸附与淀积，所以化学反应的类型、淀积温度、反应室的气体压力流动状况、衬底条件都会影响 CVD 的质量。

(1) 化学反应的类型。对于同一种淀积材料，采用不同的淀积反应，其淀积质量是不一样的。这种影响主要来自两个方面：一是淀积反应不同引起淀积速度的变化，淀积速度的变化有影响相关的扩散过程和成膜过程，从而改变薄膜的结构；二是淀积反应往往伴随着一系列的掺杂副反应，反应不同导致薄膜组分不同，从而影响淀积质量。

(2) 淀积温度。淀积温度是化学气相过程最重要的工艺条件之一，它影响淀积过程的各个方面。首先，它影响气体的质量输送过程。温度不同，反应气体和气态产物的扩散系数不同，导致反应界面气相的过饱和度和气象物种淀积出固相的相对活度不同，从而影响薄膜的形核率，改变薄膜的组成和性能。其次，它影响界面反应。一般地说，淀积温度的升高可以显著增加界面反应速率，可能导致表面控制向质量迁移控制的转化，倾向于得到柱状晶组织。第三，温度同样影响新生态固体院子的重排过程。温度越高，新生态固体态原子的能量越高，相应地能够跃过重排能垒而达到稳定状态的原子越多，从而获得越加稳定的结构。

(3) 气体压力与流动状态。在化学气相淀积的实践中，为获得外延单晶薄膜材料，常使反应气体保持较低的分压。与此相反，当需要细晶粒薄膜时，则使反应气体的分压保持在较高的水平上。这说明反应气体的分压是影响淀积质量的重要因素。一般地说，气相淀积的必要条件使反应气体具有一定的过饱和度，这种过饱和状态是薄膜形核生长的驱动力。当反应气体分压较小时，较低的过饱和度难以想成新的晶核，薄膜便以衬底表面原子为晶核种子进行生长，由此可以得到外延单晶薄膜材料。而当反应气体分压较大时，较高的饱和度可形成大量晶核，并在生长过程中不断形成，最后生长成为单晶组织。在淀积多元组分的材料时，各反应气体分压的比例直接决定淀积材料的化学计量比，从而影响材料的性能。

除反应气体的分压外，系统中总的气体压力也影响淀积材料的质量，压力的大小控制边界的厚度，相应地影响扩散过程的难易。在常压下，反应气体和生成气体的输运速度较低，反应受质量迁移控制；在低压下，质量输运过程加快，界面反应成为速率控制因素。从实践的观点来说，低压 CVD 在一般情况下能提供更好的膜厚均匀性、阶梯覆盖性以及更高的薄膜质量。

(4) 气体流动状况决定输运速度，进而影响整个淀积过程。边界层的宽度与流速的平方根成反比，因此，气体流速越大，气体越容易越过边界层达到衬底界面，界面反应速度越快。流速达到一定程度时，有可能使淀积过程由质量迁移控制转向表面控制，从而改变淀积层的结构，影响淀积质量。

(5) 衬底。化学气相淀积通常是在衬底表面进行的，因此衬底对淀积质量的影响也是一个关键的因素。这种影响主要表现在：衬底的子掺杂效应严重影响淀积材料特别是半导体材料的质量；衬底表面的附着物和机械损伤会使外延层取向无序而造成严重的宏观缺陷。衬底界面的取向不仅影响淀积速率，也严重影响外延层淀积的质量。衬底与外延层的结晶学取向和淀积层的位错密度密切相关。

在实际的应用中，鉴于这些化学反应的过程的特殊性，比如常利用一些特殊的辅助工艺方法完成化学反应：利用热能辅助的热化学气相淀积(TCVD)、低压化学气相淀积(LPCVD)、等离子体增强化学气相淀积(PECVD)、激光化学气相淀积技术(LCVD)，金属有机化学气相淀积(MOCVD)，原子层淀积工艺 ALD 等，表 5-3 做了一个简单的比较。

表 5-3 几类典型的 CVD 制程的优缺点比较及其应用

制　程	优　点	缺　点	应　用
APCVD	反应器结构简单 淀积速率快 低温制程	步阶覆盖能差 粒子污染	低温气化物
LPCVD	高纯度 步阶覆盖极佳 可淀积大面积芯片	高温制程 低淀积速率	高温氧化物 多晶硅 钨，硅化钨
PECVD	低温制程 高淀积速率 步阶覆盖性良好	化学污染 粒子污染	低温绝缘体 钝化层

以下就各类 CVD 技术方法与设备装置分别加以介绍，包括常用的热化学气相淀积(TCVD)，低压化学气相淀积(LPCVD)，等离子增强化学气相淀积技术(PECVD)，也简要地介绍一下 CVD 的新技术领域：金属有机化学气相淀积(MOCVD)，原子层淀积技术

(ALD)，激光化学气相淀积技术(LCVD)。

5.2.3　TCVD(thermal CVD)热化学气相淀积

这是传统的化学气相淀积技术。热化学气相淀积是指采用衬底表面热催化方式进行的化学气相淀积，该方法淀积温度较高，一般在 800～1 200℃左右，这样的高温使其应用受到很大限制，但它是化学气相淀积的经典原理与方法，其后的 PECVD，LPCVD 等都是建立在类似的系统基础之上的。TCVD 系统的优点是具有高淀积速率，具有相当高的产出数，缺点在大气压状况下，气体分子彼此碰撞概率很高，轻易会发生气相反应，薄膜中会包含杂质微粒，所以，通常在集成电路制程中。TCVD 只应用于生长保护钝化层。

TCVD 系统设备比较简单，包括以下三个部分(见图 5－27)：进气、反应室、排气系统。

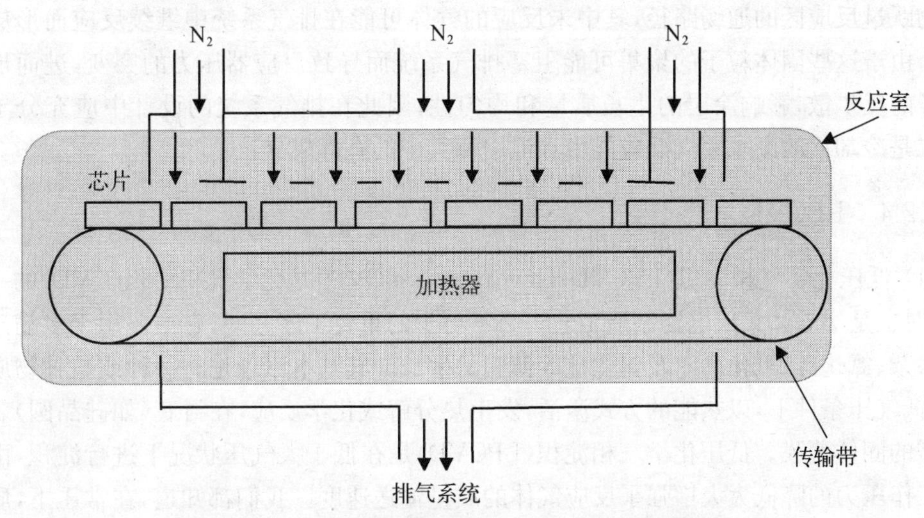

图 5－27　热化学气相淀积(TCVD)系统结构示意图

(1) 气态源供应系统。CVD 气体由反应气体和载气组成。当反应气体为气态时，由高压钢瓶经减压阀取出，可通过流量计控制流量。当反应气体为液态时，可利用载气将气化的液体携带进入反应室，汽化液体的方法有两种，一种是把蒸发后的气态利用载气带入反应室，另一种是把液体通入蒸发容器中，利用产生的气泡使液体汽化，继而将反应气体带入反应室。当反应气体以固态时，通常加热使其气化蒸发或升华，继而送入反应室中。由于淀积薄膜的性能与气体的混合比例有关，气体的混合比例由相应的质量流量计和控制阀来决定。

(2) 反应室。可分为开放型、封闭型、近间距型。开放型的特点是连续供气和排气，物料的输运可以靠载气来实现，反应总是处于非平衡状态而有利于淀积物的形成。这种结构的反应器的优点是试样容易装卸，工艺条件易于控制，工艺重复性好。封闭型的特点是把一定量的反应原料和适宜的衬底分别放在反应管的两端，管内抽成真空后放入一定量的输送剂然后熔封。再将管置于双温炉内，使反应管中产生温度梯度。由于温度梯度的存在，物料从封管的一端输送到另一端并淀积出来。该方法的优点是可以降低来自空气或环境气氛的偶然污染，淀积转化率高，其缺点是反应速度慢，不适宜进行大批量生产。近间距型则在开放的系统中，使衬底覆盖在装有反应原料的石英舟上，这样一来，近间距型兼有封闭型和开放型的某些特点。气态组分被局限在一个很小的空间内，这与封闭型相类似；输送剂的浓度又可以任意控制，这又与开放型相同。其优点是生长速度较快，材料性能稳定，其缺点主要是不利于大批量生产。另外，根据反应器壁是否加热，可分为热壁反应器和冷壁反应器。热壁反应器的气壁、衬底和反应气体处在同一温度下，通常用电阻元件加热，用于间歇式生产。其优点是可以非常精确地控制反应温度，缺点是淀积不仅在衬底表面，也在器壁上和其他元件上发生。因此，应对反应器进行定期清理。而冷壁反应器通常只对衬底加热，器壁温度较低。多数 CVD 反应是吸热反应，所以反应在较热的衬底上发生，较冷的器壁上不会发生淀积。同时反应器与加热基座之间的温度梯度足以影响气体流动，有时甚至形成自然对流，从而增强反应气体的输送速度。

(3) 排气系统具有两个主要的功能：一是反应室除去未反应的气体和副产物，形成一条反应物跃过反应区的通畅路径，其中未反应的气体可能在排气系统中继续反应而形成固体粒子。由于这些固体粒子的聚集可能阻塞排气系统而导致反应器压力的突变，进而形成固体粒子的反扩散，影响涂层的生长质量和均匀性，因此在排气系统的设计中应充分予以注意。二是冷却后的废水废气反应能中和池中和其中的有毒成分。

5.2.4 LPCVD

(1) 低压化学气相淀积(LPCVD)(low pressure CVD)是化学气相淀积(CVD)的一个分支，同时也是半导体集成电路制造工艺中必不可少的重要工序之一，它主要用于多晶硅及其原位掺杂、氮化硅、氧化硅以及钨化硅等薄膜的生长。其基本原理是将一种或数种物质的气体，在低气压条件下，以热能的方式激活，发生热分解或化学反应，在衬底(如硅晶圆)表面淀积所需的固体薄膜。低压化学气相淀积(LPCVD)是在低于大气压状况下进行淀积，由于反应器工作压力的降低大大增强了反应气体的质量输送速度。我们都知道，在常压下，质量迁移速度与表面反应速度通常是以相同的数量级增加的；而在低压下，质量迁移速度的增加远比界面反应速度快，反应气体穿过边界层，当工作压力从 10 000 Pa 降至 100 Pa 时，扩散系数增加约 1 000 倍。因此，低压 CVD 在一般情况下能提供更好的膜厚度均匀性、阶梯覆盖性和结构完整性。当然，反应速率与反应气体的分压成正比。因此，系统工作压力的降低应主要依靠减少载气用量来完成。

与常规 CVD 系统相比较，LPCVD 系统的优点在于具有优异的薄膜均匀度，以及较佳的覆盖能力淀积大面积的芯片，采用正硅酸乙酯淀积二氧化硅薄膜时，与常压 CVD 相比，LPCVD 的生产成本仅为原来的 1/5，甚至更小，而产量可提高 10～20 倍，淀积薄膜的均匀性也从常压法的±8%～±11%改善到±1%～±2%。而 LPCVD 的缺点则是淀积速率较低，而且经常使用具有毒性、腐蚀性、可燃性的气体。由于 LPCVD 所淀积的薄膜具有较优良的性质，因此在集成电路制程中 LPCVD 生长品质要求较高的薄膜。

(2) LPCVD 系统。LPCVD 扩散炉是目前主流 8 英寸、12 英寸集成电路生产线中常见的 LPCVD 设备。其主要优点是工艺控制简单、成本低。图 5-28 是一个典型的低压化学气相淀积系统的结构示意图。LPCVD 扩散炉非常类似 TCVD，都增加了真空与压力配备装置。该反应系统采用卧式反应器，生产能力强，采用垂直密集装片方式，进一步提高了系统

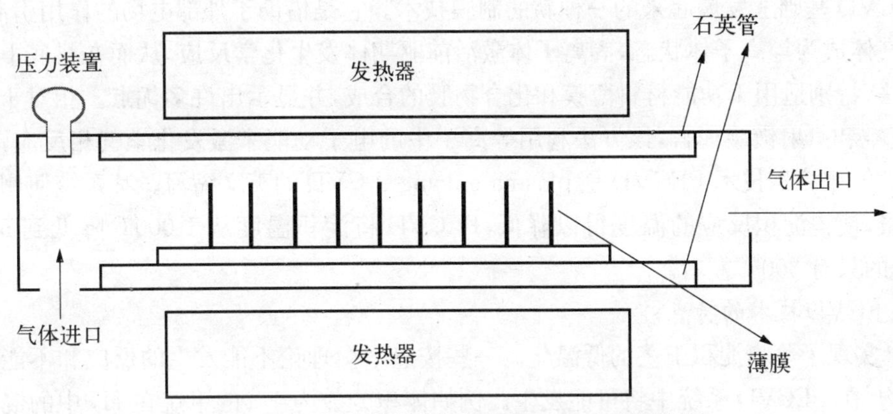

图 5 - 28　低压化学气相淀积(LPCVD)系统结构

的生产效率。它的基座放置在热壁炉内，可以非常精准地控制反应速度。

随着集成电路工艺的不断进步，尤其到了纳米量级以后，对集成电路工艺的要求日益严格。随着一些新材料、新技术的引入，工艺集成对低热预算(thermal budget)的要求日益苛刻。扩散炉的高温处理时间在以小时的量级，为单位的扩散炉，已不能满足纳米级集成电路工艺的需要。此时，单晶圆 LPCVD 设备在纳米级的芯片制造工艺中逐渐替代常规的 LPCVD 扩散炉，与扩散炉的热场加热方式不同，单晶圆生长室采用接触式加热(见图 5 - 29)。衬底进入生长室后落在 Heater 上，经过 30～50 s 的时间即可达到热平衡，同时通入载气伺服气流稳定并使生长压力达到平衡；然后通入反应气体，进行薄膜的生长。成膜后，利用 10 s 左右的时间将生长室抽成真空，最后将衬底传出。通常单片晶圆完成工艺生长总共需时为 2～4 min。在纳米级集成电路制造中，单晶圆 LPCVD 设备已经广泛用于氧化硅、氮化硅、多晶硅以及硅钨合金等薄膜的生长上，与扩散炉相比，使用单晶圆工艺可以节约至少 85%的热预算。

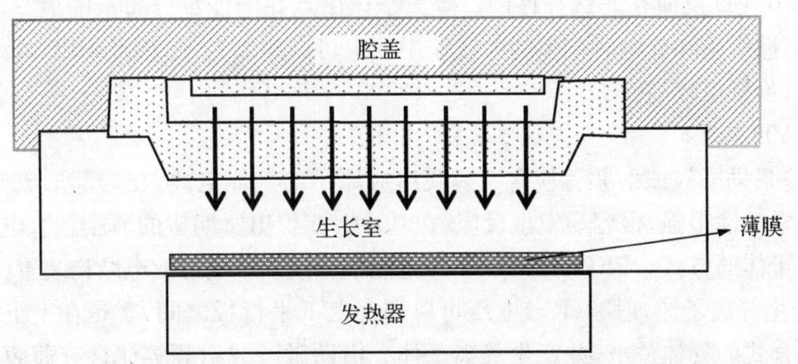

图 5 - 29　低热预算(thermal budget)的单晶圆 LPCVD 设备

注：单片晶圆完成工艺生长总共需时为 2～4 min。

5.2.5　PECVD(Plasma Enhanced CVD)等离子增强化学气相淀积技术

等离子体增强化学气相淀积又称为等离子体辅助 CVD，也称浆辅助化学气相淀积，是在传统CVD基础上发展起来的一种新的制膜技术。它是借助于外部电场的作用引起放电，使前驱气体成为等离子体状态，等离子体激活前驱期体发生化学反应，从而在衬底上生长薄膜的方法，特别适用于功能材料薄膜和化合物膜的合成，并显示出许多优点。相对于热激化CVD、真空和溅射镀膜而言，该方法利用等离子中的电子动能来激发化学气相反应，等离子增强化学气相淀积技术PECVD是plasma enhanced CVD的英文缩写。其系统使用电浆的辅助能量，使得淀积反应的温度得以降低，PECVD将淀积温度从1 000℃降低到600℃以下，最低的只有300℃左右。

1. PECVD技术的特点

(1) 实现了薄膜淀积工艺的低温化。一些按热平衡理论不能发生的反应和不能获得的物质结构，在PECVD系统中将可能发生。例如体积分数为1%的甲烷在H_2中的混合物热解时，在热平衡的CVD中得到的是石墨薄膜，而在非平衡的等离子体化学气相淀积中可以得到金刚石薄膜。可以预料，PECVD系统中将可能获得的准稳结构将赋予薄膜以独特的特性。

(2) 可用于生长界面陡峭的多层结构。在PECVD的低温淀积条件下，如果没有等离子体，淀积反应几乎不会发生。而一旦有等离子体存在，淀积反应就能以适当的速度进行。这样一来，可以把等离子体作为淀积反应的开关，用于开始和停止淀积反应。由于等离子体开关的反应时间相当于气体分子的碰撞时间，因此利用PECVD技术可生长界面陡峭的多层结构。

(3) 可以提高淀积速率，增加均匀性。这是因为在多数PECVD的情况下，体系压力较低，增强了前驱气体和气态副产物穿过边界层在平流层和衬底表面之间的质量输运。

(4) 等离子体轰击的负面影响是对衬底材料和薄膜材料造成离子轰击损伤。在PECVD过程中，相对于等离子体电位而言，衬底电位通常为负，这势必招致等离子体中的正离子被电场加速后轰击衬底，导致衬底损伤和薄膜缺陷。

另外，PECVD反应是非选择性的。等离子体中点在的能量分布范围很宽，除电子碰撞外，在粒子碰撞作用和放电时产生的射线作用下也可产生新粒子，因此PECVD装置一般来讲比较复杂，价格也较高。

2. PECVD装置

PECVD借助微波或射频等使含有薄膜组成原子的气体电离，在局部形成等离子体，而等离子体化学活性很强，很容易发生反应，在基片上淀积出所期望的薄膜。有电感和电容两种激发等离子体的方式。PECVD可以利用电感耦合或*RF*电容放电结构装置(见图5-30，图5-31)产生等离子体，射频(RF)电压可以加在上下平行板之间，于是在上下平板间就会出现电容耦合式的气体放电，并产生等离子体。借助微波或射频等使含有薄膜组成原子的气体，在局部形成等离子体。而等离子体化学活性很强，很容易发生反应，在基片上淀积出所期望的薄膜。

因为PECVD利用了等离子诱发载体分解，PECVD电浆中的反应物是化学活性较高的离子或自由基，而且基板表面受到离子的撞击也会使得化学活性提高，这些都可促进基板表面的化学反应速率，因此PECVD在较低的温度即可淀积薄膜，减少了对热能的大量需要，

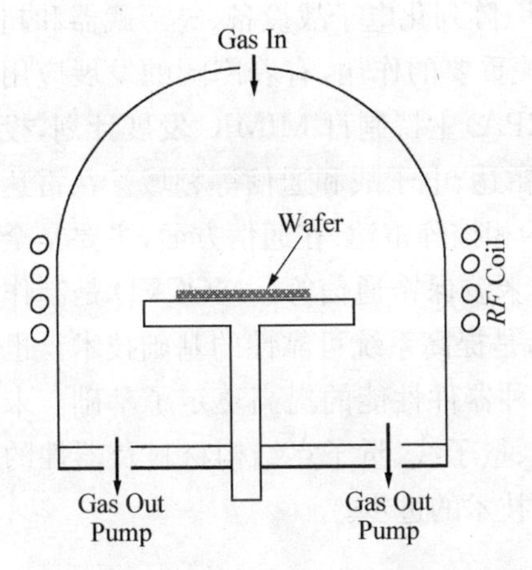

图 5 - 30　电感耦合 PECVD 结构示意图

注：围在周边的 *RF* 线圈使气体离化，在局部形成等离子体，在基片上淀积出所期望的薄膜。

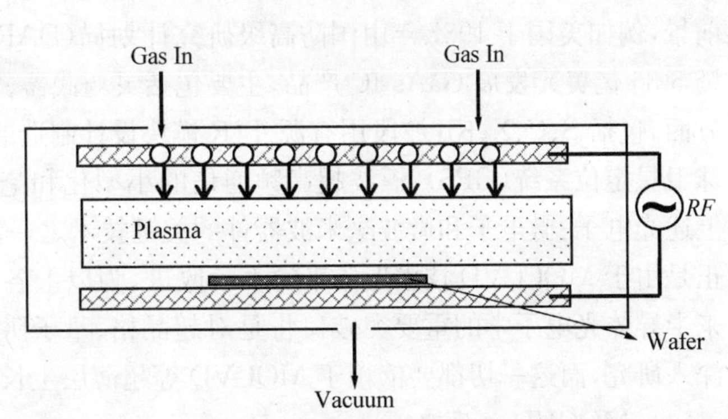

图 5 - 31　电容放电型 PECVD 结构示意图

注：图中淀积室通常是由上下的两块铝制电极板，以及铝或玻璃的腔壁所构成的；芯片则是放置于下面的电极基板之上。电极基板则是由电阻丝或灯泡加热至 100～400℃之间的温度范围。当在两个电极板间外加一个 13.56 MHz 的『射频』(radio frequency，缩写 RF)电压时，在两个电极之间会有辉光放射的现象。工作气体则是由淀积室外缘处导入，并且作径向流动通过辉光放射区域，而在淀积室中央处由抽真空加以排出。

从而大大扩展了淀积材料及基体材料的范围。在集成电路制程中，PECVD 通常是用来淀积 SiO_2 与 Si_3N_4 等介电质薄膜。等离子体增强化学气相淀积法最早利用有机硅在半导体材料的基片上淀积二氧化硅。目前，等离子增强化学气相淀积技术除了用于半导体材料外，在刀具、模具等领域也获得了成功的应用。

5.2.6　MOCVD

金属有机化学气相淀积 MOCVD(metal-organic CVD)是一种制备化合物半导体薄层单晶材料的方法，1968 年由美国洛克威尔公司的 H.M. Manasevit 等提出，到 80 年代后期由于超晶格和 LED 的应用驱动才逐渐发展、成熟和完善起来。从技术发展的层面，MOCVD 近年来取得的最大进步是运用流体力学的原理实现生长过程中的基片旋转，从而大大改进了生长的均匀性，这主要是参照了卤化物、氢化物汽相外延技术的研究成果，即将外延生长控制在质量输运条件下来进行，控制气流为层流，保持稳定的边界层。为此采用了高流速、减压、旋转基座等技术措施，并对反应室和基座的结构进行了改进。

借 MOCVD 制造技术在 20 世纪 80 年代末 90 年代初得到了突飞猛进的发展，随之而来的是各种结构的量子阱光电器件很快从实验室进入商用化。近年来由于光通信的蓬勃发展，固体激光器、探测器及光波导的研究引起人们极大关注，MOCVD 工艺在生长多层超薄层异质结材料方面显示出它独特的优越性。MOCVD 技术的发展大大推动了以 GaAs 为主的Ⅲ-Ⅴ族半导体及其他多元多层异质材料的生长，大大促进了新型微电子技术领域的发展，造就了 GaAs IC、GeSi、GaN 等器件及集成电路以及各种超晶格新型器件诞生和 GaAs 红外及其他光电器件，在军事应用中有着极其重要的意义。GaAs 微波毫米波单片集成电路

(MIMIC)和 GaAs 超高速集成电路将在新型相控阵雷达、阵列化电子战设备、灵巧武器和超高速信号处理、军用计算机、微波毫米波等方面起着至关重要的作用,有着广阔的发展应用前景,例如美国于 1987 年由国防高级研究计划局(DARPA)主持制订 MIMIC 发展计划,投资 5.36 亿美元发展 GaAs IC 产品,主要包括灵巧武器、雷达、电子战和通信等领域。在雷达方面,包括 S、C、X、Ku 波段用有源 T/R 模块设计制造的相控阵雷达;在通信方面,主要是全球卫星定位系统(GPS)、短波超高频通信的小型化和毫米波保密通信等。MOCVD 是制作上述光电子、微电子和微波毫米波器件的关键技术之一,是提高系统可靠性的基础技术。也正是由于 MOCCVD 技术近年来的不断改进,为以上各种器件性能的提高奠定了基础。未来半导体光电子学的重要突破口将是对超晶格、量子阱、量子线、量子点结构材料及器件的深入研究,而这一切都要依赖于 MOCVD 等超薄层生长技术的进步。

1. MOCVD 之原理

MOCVD 属于非平衡状态下反应成长机制,其原理为利用气相反应物,或是前驱物和Ⅲ族的有机金属和Ⅴ族的 NH_3,在基材表面进行反应,传到基材衬底表面而形成固态淀积物。由于 MOCVD 利用气相反应物化学反应将所需产物淀积在基材衬底表面,蒸镀层的成长速率、性质成分与晶相会受到温度、压力、反应物种类、反应物浓度、反应时间、基材衬底种类、基材衬底表面性质等多种因素影响。温度、压力、反应物浓度、反应物种类等重要的制程参数需经由热力学分析计算,再经修正即可得知;反应物扩散至基材衬底表面、表面化学反应、固态生成物淀积与气态产物的扩散脱离等微观的动力学过程对制程亦有不可忽视的影响。MOCVD 化学反应机构有反应气体在基材衬底表面膜的扩散传输、反应气体与基材衬底的吸附、表面扩散、化学反应、固态生成物之成核与成长、气态生成物的脱附过程等,其中速率最慢者即为反应速率控制步骤,亦是决定淀积膜组织形态与各种性质的关键所在。MOCVD 对镀膜成分、晶相等品质容易控制,可在形状复杂的基材衬底上形成均匀镀膜,且结构密致、附着力良好之优点,因此 MOCVD 已经成为工业界主要的镀膜技术。MOCVD 制程依用途不同,制程设备也有相异的构造和形态。

MOCVD 成长薄膜过程为:载流气体通过有机金属反应源的容器,将反应源的饱和蒸气带至反应腔中与其他反应气体混合,然后在被加热的基板上面发生化学反应促成薄膜的成长。MOCVD 采用Ⅲ族、Ⅱ族元素的有机化合物和Ⅴ族元素的氢化物等作为晶体生长原料,生长各种Ⅲ-Ⅴ族、Ⅱ-Ⅵ族化合物半导体以及它们的多元固溶体的薄膜层单晶材料。载流气体通常是氢气,但是也有些在特殊情况下采用氮气的。例如:成长氮化铟镓(InGaN)薄膜时。常用的基板为砷化镓(GaAs)、磷化镓(GaP)、磷化铟(InP)、硅(Si)、碳化硅(SiC)及蓝宝石(Sapphire)等等。而通常所成长的薄膜材料主要为三五族化合物半导体。例如:砷化镓(GaAs)、砷化镓铝(AlGaAs)、磷化铝铟镓(AlGaInP)、氮化铟镓(InGaN),或二六族化合物半导体。这些半导体薄膜则是应用在光电元件,如发光二极管(LED)、激光二极管、太阳能电池;以及异质结微电子元件,如异质结双极性晶体管(HBT)及假晶式高电子迁移率晶体管(PHEMT)的制作。

2. MOCVD 具有下列一系列优点

金属有机化学气相淀积是以一种或一种以上的金属有机化合物为前驱体的淀积工艺。

金属有机化合物的采用，使它在工艺方法特征，淀积材料性能方面有别于其他的化学气相淀积方法，有以下几个特点。

(1) 较低的淀积温度。金属有机化合物前驱体可以在热解或者光解作用下，在较低温度淀积出各种无机材料，如金属、氧化物、氮化物、氟化物、碳化物和化合物半导体等薄膜材料。由于其淀积温度介于高温热 CVD 和低温等离子体增强 CVD 之间，所以也称金属有机化学气相淀积为中温化学气相淀积。

(2) 多样化和兼容性。适用范围广泛，几乎可以生长所有化合物及合金半导体；与衬底组分明显不同的外延淀积薄膜具有很高的韧性，即使化学性质完全不同，只要晶格常数足以与衬底匹配，就能用于淀积外延薄膜，从而确立了它作为外延生长技术独特而重要的地位。利用有机化学气相淀积可以生产厚度薄至几个原子层、可精确控制掺杂水平和合金组分、界面变化陡峭的多层结构，它使量子阶器件和应变层超晶格的生产成为可能。因为精度较高，淀积速度较慢。它一方面有利于微调控制多层结构的尺寸和组分，另一方面不利于防护涂层之类的厚涂层的生产，加之金属有机化合物价格昂贵，因此 MOCVD 只适宜于具有特殊结构要求的微米级外延薄膜的生产。MOCVD 在微电子领域有突出的应用前景。

(3) 设备简单和生产性强。生长易于控制；可以生长纯度很高的材料；外延层大面积均匀性良好；可以进行大规模生产。可以获得高纯度的气态前驱体，金属化学气相淀积可放大成大面积、商品化的批量生产工艺。但 MOCVD 气体大多有毒、易燃、可自燃或是腐蚀性，因此必须小心防护或操作。

3. MOCVD 装置

如图 5 - 32 所示，MOCVD 系统的组件可大致分为：进料区、反应腔、气体控制及混合系统、反应源及废气处理系统，主要包含以下单元：氢化物(hydrid source)气体反应源，载气(carrier)，反应腔(reactor chamber)，气体切换路由器(run/vent switch)，流量控制器(MFC, mass flow controller)，气体控制及混合系统(gas handling & mixing system)，Ⅲ族金属有机化合物(MO source)、Ⅴ族氢化物(Ⅴ source)废气尾气处理(reactor purge)。

(1) 进料区，源供给系统。进料区可控制反应物浓度。气体反应物可用高压气体钢瓶经精密控制流量，而固态或液态原料则需使用蒸发器使进料蒸发或升华，再以 H_2、Ar 等惰性气体作为载体而将原反应物带入反应室中。源供给包括Ⅲ族金属有机化合物、Ⅴ族氢化物及掺杂源的供给。金属有机化合物装在特制的不锈钢的鼓泡器中，由通入的高纯 H_2 携带输运到反应室。为了保证金属有机化合物有恒定的蒸汽压，源瓶置入电子恒温器中，温度控制精度可达 0.2℃以下。氢化物一般是经高纯 H_2 稀释到浓度 5%～10%后，装入钢瓶中，使用时再用高纯 H_2 稀释到所需浓度后，输运到反应室。掺杂源有两类，一类是金属有机化合物，另一类是氢化物，其输运方法分别与金属有机化合物源和氢化物源的输运相同。气体的输运管都是不锈钢管道。为了防止存储效应，管内进行了电解抛光。

(2) 反应腔。反应室是由石英管和石墨基座组成。为了生长组分均匀、超薄层、异质结构的化合物半导体材料，各生产厂商和研究者在反应室结构的设计上下了很大功夫，设计出了不同结构的反应室。石墨基座是由高纯石墨制成，并包裹 SIC 层。加热多采用高频感应

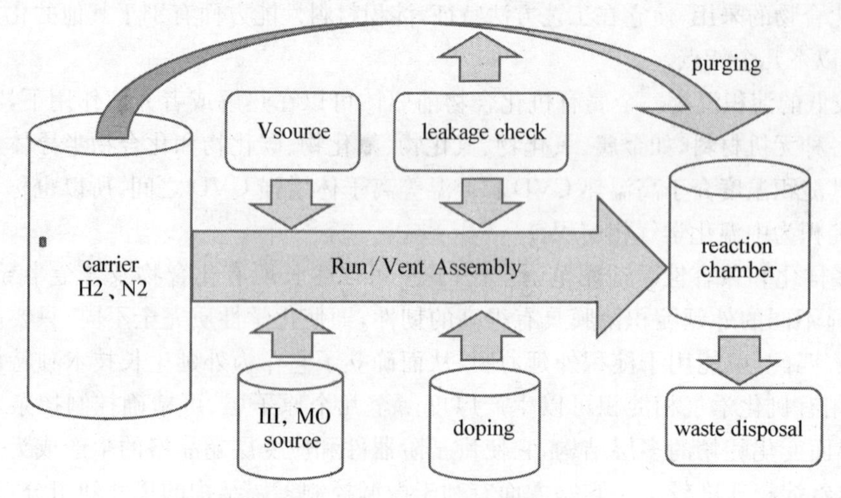

图 5-32　MOCVD 系统的组件

注：氢化物(hydrid source)气体反应源，载气(carrier)，反应腔(reactor chamber)，气体切换路由器(run/vent switch)，流量控制器(MFC, mass flow controller)，气体控制及混合系统(gas handling & mixing system)，Ⅲ族金属有机化合物(MO source)、Ⅴ族氢化物(Ⅴ source)废气尾气处理(reactor purge)

加热，少数是辐射加热。由热电偶和温度控制器来控制温度，一般温度控制精度可达到0.2℃或更低。反应腔主要是所有气体混合及发生反应的地方，腔体通常是由不锈钢或是石英所打造而成；腔体的内壁通常是由石英或高温陶瓷构成内衬。在腔体中会有一个乘载盘用来乘载基板。这个乘载盘必须能有效地吸收加热器所提供的能量进而达到薄膜成长时所需要的温度，但又不会与反应气体发生反应，所以多半是用石墨材料制造而成，也有用碳化硅材料的。

加热器的设置，依照设计的不同要求，有的设置在反应腔体之内，也有设置在腔体之外的。而加热器的种类则有以红外线灯管、热阻丝及微波等加热方式。在反应腔体内部通常有许多可以让冷却水流通的通道，可以让冷却水来避免腔体本身在薄膜成长时发生过热的状况。反应室控制化学反应的温度与压力，在此反应物吸收系统供给的能量，突破反应活化能的障碍开始进行反应。依照操作压力不同，MOCVD 制程可分为常压 MOCVD，低压 MOCVD 和超低压 MOCVD；依能量来源区可分为热墙式和冷墙式，等离子辅助 MOCVD，电子回旋共振，高周波 MOCVD 等。

(3) 气体控制及混合系统。载流气体从系统的最上游供应端流入系统，经由流量控制器的调节来控制各个管路中的气体流入反应腔的流量。当这些气体流入反应腔之前，必须先经过一组气体切换路由器来决定该管路中的气体是否流入反应腔，或直接排至反应腔尾端的废气管路。流入反应腔体的气体则可以参与反应而成长薄膜，而直接排入反应腔尾端的废气管路的气体则不参与薄膜成长反应。

(4) 反应源。反应源可以分成两种，一种是有机金属反应源，另一种是氢化物气体反应源。有机金属反应源储藏在一个具有两个联外管路的密封不锈钢罐内，在使用此金属反应源时，则是将这两个联外管路各与 MOCVD 机台的管路紧密接合，载流气体可以从其中一端流入，并从另外一端流出，同时将反应源的饱和蒸气带出，进而能够流至反应腔。氢化物气体则是储存在气密钢瓶内，经由压力调节器及流量控制器来控制流入反应腔体的气体流量。不论是有机金属反应源或是氢化物气体，都是属于具有毒性的物质。有机金属在接触空气之后会发生自然氧化，所以毒性较低，而氢化物气体则是毒性相当高的物质，所以在使用时务必要特别注意安全。常用的有机金属反应源有：TMGa（trimethylgallium）、TMAl（trimethylaluminum）、TMIn（trimethylindium）、Cp_2Mg［Bis（cyclopentadienyl）magnesium］、DIPTe（diisopropyltelluride）等等。常用的氢化物气体则有砷化氢（AsH_3）、磷化氢（PH_3）、氮化氢（NH_3）及硅乙烷（Si_2H_6）等等。

（5）废气处理系统：反应气体经反应室后大部分热分解，但还有部分尚未完全分解，因此尾气不能直接排放到大气中，必须先进行处理。处理方法主要有高温热解炉再一次热分解，再用硅油或高锰酸钾溶液处理；也可以把尾气直接通入装有 $H_2SO_4+H_2O$ 及装有 NaOH 溶液的吸滤瓶处理；也有的把尾气通入固体吸附剂中吸附处理，以及用水淋洗尾气等。废气系统是位于系统的最末端，负责吸附及处理所有通过系统的有毒气体，以减少对环境的污染。常用的废气处理系统可分为干式、湿式及燃烧式等种类。

因为 MOCVD 生长使用的源是易燃、易爆、毒性很大的物质，并且要生长多组分、大面积、薄层和超薄层异质材料。因此在 MOCVD 系统的设计思想上，通常要考虑系统密封性，流量、温度控制要精确，组分变换要迅速，系统要紧凑等。不同厂家和研究者所生产或组装的 MOCVD 设备是不同的。一般由源供给系统、气体输运和流量控制系统、反应室及温度控制系统、尾气处理及安全防护报警系统、自动操作及电控系统。为了安全，一般的 MOCVD 系统还备有高纯从旁路系统，在断电或其他原因引起的不能正常工作时，能通入纯 N_2 保护生长的片子或系统内的清洁，在停止生长期间也有常通高纯 N_2 保护系统。一般 MOCVD 设备都具有手动和微机自动控制操作两种功能。在控制系统面板上设有阀门开关，以及各个管路气体流量、温度的设定及数字显示，如有问题会自动报警，使操作者能及时了解设备运转的情况。此外，MOCVD 设备一般都设在具有强排风的工作室内。

4. MOCVD 近期的发展

最近，荷兰尼美根大学设计了一种高效高均匀性低压脉冲 MOCVD 反应器。它由常规 MOCVD 设备上配置快速电磁阀门和真空泵组成。该系统的特点是将源气体周期性引入反应室。当气体进入反应室后，反应室的压强会突然增大，出现一个尖峰，这是一种温度平衡现象。每一周期的过程是：首先对气体混合室抽真空，并通过源气体砷烷（AsH_3）、三甲基镓（TMG）等同时对反应室抽真空→打开开关，使混合气体进入→经过反应后排出废气→生长周期结束。在每一周期中，化学组分能任意选取，生长厚度从 1～30 原子层任意调整。由于在生长过程中，源气体分子只通过扩散到达衬底表面，并不相对衬底流动，所以克服了传统连续反应器中产生的气体“耗尽效应”。这种反应器的优点是，提高了外延层组分和厚度的均匀性；高效率地使用源气体；能生长原子级突变界面外延层；整个过程可用计算机控制并批量生产。

此外，法国应用物理电子学实验室设计了一种多功能大尺寸的 MOCVD 反应器，可制作大面积、大批量化学组分和厚度极均匀的高纯外延层。该反应器的特征是，利用氢气流将主衬底支持器和7个子衬底支持器悬浮和转动新技术，使衬底支持器上的7片2英寸基片做旋转运动，避免了衬底和外延系统之间的任何物理接触。该反应器忽略边缘效应，2英寸GaAs外延层厚度和掺杂均匀性<±1%，实现了高二维电子气迁移率的均匀外延生长，1.5 K下可获得720 000 cm^2/Vs的迁移率。

目前国际上实力最为雄厚的MOCVD系统制造商有：德国Aixtron公司、美国的Emcore公司、英国的Thomass等。MOCVD技术引入中国不过是最近几年的事，中国真正有自己制造的MOCVD设备应该是从1986年算起，当时的中国科学院上海冶金所，中科院长春物理所，中科院西安光机所等先后研制成了MOCVD设备，当时制造的几台MOCVD设备是比较简单的，功能不完善，生长面积也很小。到国家"十五"计划开始时，由于国内外MOCVD市场形势的变化，LED照明工程的兴起，中国企业界进入MOCVD领域，中科院半导体所、长沙48所分别研制了国产的3×2英寸的MOCVD设备，青岛杰生光电公司和西安电子科技大学也研制了单片GaN MOCVD设备，开启了中国生产型MOCVD设备制造的新篇章，同时国内企业界也有的在准备进入这个MOCVD设备制造的领域。MOCVD由于各项成本很高，保养周期以及配件的准备充分都很重要。另外，材料的成长需要具备物理、材料学和分析技术三项基本功夫，能掌握这些材料的生长基本功才可具备一定的制造能力。基于光学器件（LED等）和相关集成电路的大量市场需要，中国应该尽快建有自己的MOCVD制造企业，是否真正具备量产能力和实现产业化，是未来的一个主攻目标。

5.2.7 ALD

ALD是原子层淀积技术的英文Atomic Layer Deposition的缩写，与普通的CVD有相似之处，但淀积速率要慢很多。不同于CVD的是，ALD比CVD的淀积精度要高，可控性极好，这包括薄膜的厚度与台阶覆盖能力，非常适合纳米尺度的高精度和小孔径场合。例如集成电路铜互连中的互联孔塞。原子层淀积技术能在非常宽的工艺窗口中一个原子单层、再一个单层地重复可控生长，在原子层淀积过程中，新一层原子膜的化学反应是直接与之前一层相关联的。这种方式控制每次反应只淀积一层原子。ALD能在较低温度下淀积薄而均匀的纯净薄膜，包括金属与介电质薄膜。

图5-33显示ALD在淀积过程的自限制特性。在ALD进行薄膜生长时，将适当的前驱反应气体以脉冲方式通入反应器中，随后再通入惰性气体进行清洗，对随后的每一淀积层都重复这样的程序。原子层淀积工艺中，通过在一个加热反应器中的衬底上连续引入至少两种气相前驱体物种，使化学吸附的过程达到表面饱和时自动终止，适当的过程温度阻碍了分子在表面的物理吸附。一个基本的原子层淀积循环包括4个步骤：分子A的输入扩散与吸附，分子A的清理，分子B输入扩散与吸附反应，反应后的清洗，淀积循环不断重复直至获得所需的薄膜厚度。

由图5-33可知淀积生长一层原子之后再开始下一层的生长，无论是薄膜质量还是厚度都有很精确的控制。可以用来生长HfO_2或ZrO_2高介电常数介质层，也可用于生长铜互连层中接触孔的隔离缓冲层，厚度大概在几个纳米左右，接触孔径亦很小，只有几十个纳米左右。

ALD台阶覆盖能力很强，这在制作铜互连纳米级接触孔TiN层上非常重要。常规的淀

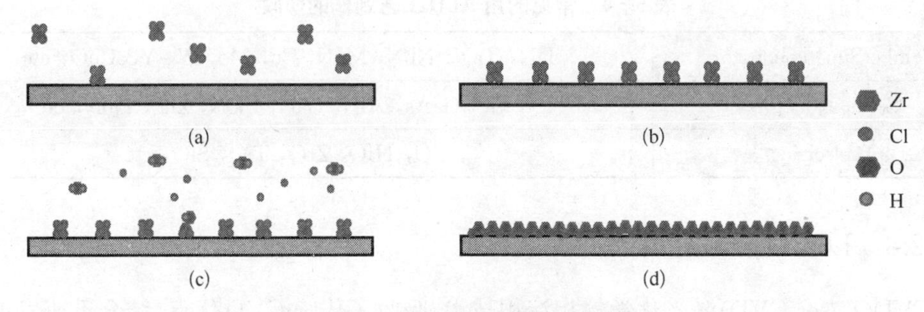

图 5－33　ALD 薄膜淀积的原理示意

(a) Step1－$ZrCl_2$(gas)　(b) Step2－$ZrCl_4$(surface monlayer)　(c) Step3－H_2O(gas)＋$ZrCl_4$ (surface layer)　(d) Step4－ZrO_2(surface film)

积方法无法达到均匀的通孔薄膜覆盖，会产生空洞的效应，而 ALD 就可以达到很均匀的阶梯薄膜覆盖(见图 5－34 的 SEM 工艺图片)。

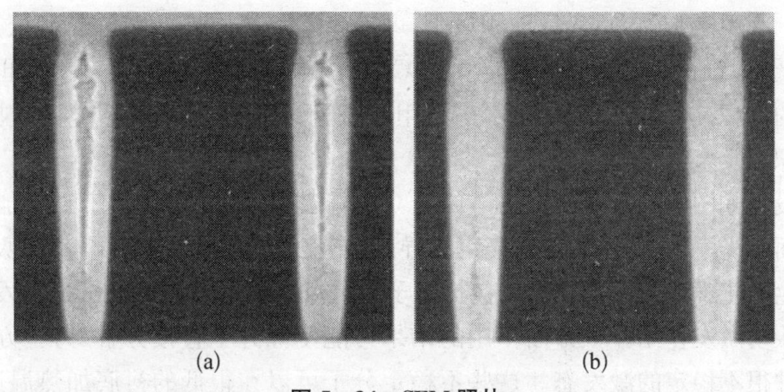

图 5－34　SEM 照片

注：ALD 优越的覆盖能力示意。集成电路中铜金属接触孔也只有几十个纳米的孔径，在如此狭小的区域使用普通的方法无法得到可靠的孔内隔离层填充见图(a)，而使用 ALD 的精细加工，可以得到很好的平台覆盖和填充见图(b)。

ALD 比 CVD 的淀积精度要高但速率要慢，适合生长小于 10 nm 左右的薄层。在集成电路器件制造工艺中广泛将 ALD 用于高介电常数 k 介质层、金属前介质及其他新电极薄层薄膜材料。其中，高介电常数介电层可以有效解决 MOSFET 的栅层漏电流的问题，目前研究最多的材料是基于铪系列(hafnium)栅介质 HfO、HfSiO、HfSiON；而铜互连的阻挡缓冲金属前介质层 TiN，TaN 薄膜也多采用 ALD 方法制造。表 5－4 列出了几种常见的用 ALD 方法制作的集成电路薄膜。ALD 作为 45 nm IC 芯片和电子存储器件生产的关键技术正越来越在世界范围内被接受。ALD 的淀积精度非常高，所以 ALD 也是制作纳米结构及纳米薄层从而形成纳米器件的最佳技术，ALD 用来生长Ⅲ－Ⅴ族与Ⅱ－Ⅵ族的半导体异质结构量子阱器件、激光产品、LED 与太阳能光电器件等。这些元件被用于光通信、无线和移动、存储、照明，以及其他广泛的先进技术上。目前国际上 Applied Materials、ASM International、Oxford Instruments 等世界领先的半导体设备供货商，都先后推出了不同类型的原子层淀积设备。

表 5-4　常见的用 ALD 工艺制作的薄膜

Metalic Superconductor	TiN, TaN, NbN, MoN, Cu, Mo, W, YBaCuO, etc
Semiconductor	Si, Ge, GaAs, AlN, GaN, MoN, ZnS, NbN, etc
Dielectric	AlO, HfO, ZrO, TiO, SiO, etc

5.2.8　LCVD

LCVD(Laser CVD)激光化学气相淀积技术，吸收了传统 CVD 优点，结合迅速发展起来的准分子激光技术，以光促化学反应理论依据，从而发展为一项新技术，80 年代准分子激光器的出现使得 LCVD 技术占据了一席主导地位，并且对 CVD 技术本身的发展起到了巨大的推动作用。LCVD 利用激光光能使气体分解并促进表面反应的一种成膜，利用激光束的光子能量激发和促进化学反应的薄膜淀积，一方面激光能量对基体加热，可以促进基体表面的化学反应，从而达到化学气相淀积的目的；另一方面高能量光子可以直接促进反应物气体分子的分解。利用激光辅助 CVD 淀积技术，可以获得快速非平衡的薄膜，膜层成分灵活，并能有效地降低 CVD 过程的衬底温度，利用 LCVD 技术，在衬底温度为 50℃时也可以实现二氧化硅薄膜的淀积。目前，LCVD 技术广泛用于激光光刻、大规模集成电路掩膜的修正、激光蒸发—淀积以及金属化等领域。

LCVD 设备如图 5-35 所示。它与传统 CVD 工艺不同之处仅在于它增加了平行及垂直于衬底表面的光学窗口，以利于激光束的导入，光束射入反应室后即与室内吸收较强的气体源分子发生光化学作用。这种作用包括光子能量较高的短波长的电子态激发作用和较低能量的长波振动激发作用。一方面作用的结果可能使源分子直接分解，另一方面可能使源分子处于一种很不稳定的激发态。这些不稳定分子可以在很低的衬底加热温度下就分解，从而使低温薄膜生长。这种机理的气体与光束间选择性较强，较适合于大面积的薄膜生长。在实际的 CVD 薄膜生长过程中，往往气相源分子一通入，立即就在衬底表面形成一层吸附层，垂直光照入后会立即与这一层分子进行光分解反应。这里的吸附与反吸附、分解与反分解的动力学过程是控制 LCVD 技术薄膜生长速率的关键因素。可吸收激光光束的导入后，将发生与气态源分子类似的光化学作用，在衬底表面形成较低温度生长的薄膜。

目前，LCVD 技术的反应机理尚未完全清楚。比如，对于吸收很弱或几乎不能被气源吸收的波长激光，亦可在此情况下长出较好的薄膜。人们发现在同一情况下衬底的温度变化很小，根本不足以使气态源分子分解。N. Putz 等人认为，有些气体分子在被衬底表面吸收以后，衬底的高温会使吸附的分子振动态激发，而伴随的吸收光谱亦发生了移动或展宽。Yoshinobu 等则认为，由于衬底同吸附分子间相互作用发生电荷移动，使得吸附分子的光谱特性产生了变化，使其在远低于 5～6 eV 的分解能光束作用下激发或直接分解。尽管如此，LCVD 的诸多的优越性正被迅速地推向实用化。目前，在金属膜、电介质膜和半导体膜的生长中，LCVD 激光技术都已经取得了许多可喜的成就，这项新技术正在被各国的科学家所关注。

以上讲的是各类化学薄膜气相淀积方法 CVD 方法，如本章开头所述，气相淀积有 CVD 和 PVD 两种方法，下面介绍 PVD 方法。

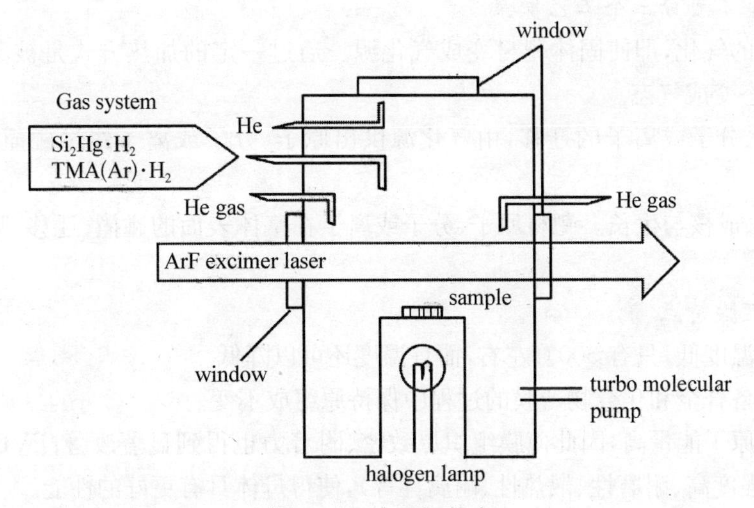

图 5-35 LCVD 技术

注：增加了平行及垂直于衬底表面的光学窗口，以利于激光束的导入，光束射入反应室后即与室内吸收较强的气体源分子发生光化学作用。

5.2.9 物理气相淀积

物理气相淀积 PVD(physical vapor deposition)是指在真空室中，利用荷能粒子轰击镀料表面，使被轰击出的粒子在衬底上淀积的技术。PVD 利用物理过程实现物质转移，以物理机制来进行薄膜淀积而不涉及化学反应，是在真空条件下使纯金属或其他靶材挥发，将淀积物材料汽化为原子、分子或离子化为离子，然后运动和淀积在基材表面上。PVD 用于淀积薄膜和涂层，淀积薄膜的厚度可以从 nm 级到 mm 级。图 5-36 是 PVD 原理的一个示意图，在这个例子里高核能粒子是高能离子束，它是利用离子轰击的方法打出固体靶材的原子然后淀积在衬底表面而成膜。

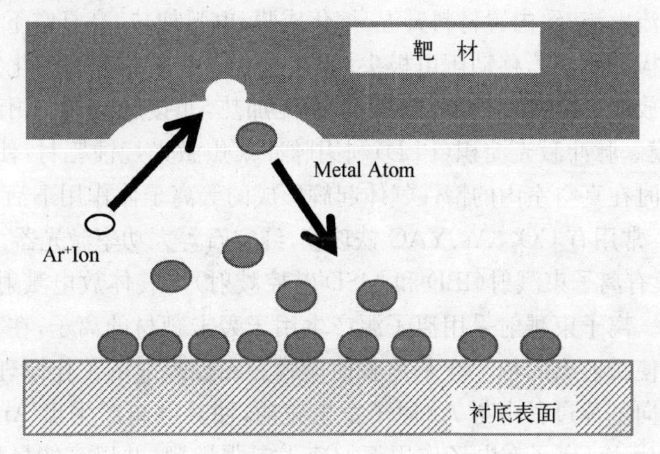

图 5-36 PVD

注：利用离子束的动能把原子从靶材(target material)中激发出来并直接淀积在衬底表面(substrate)过程。

1. PVD 基本可分三个工艺步骤

(1) 靶材的气化，即使固体靶材变成气化源。通过一定的加热方式是被蒸发材料蒸发或升华，由固态变成气态。

(2) 原子、分子或离子的迁移，由气化源供出原子、分子或离子经过碰撞后，产生多种反应。

(3) 吸附、成核与生长。靶材原子、分子或离子在基体表面的碰撞、迁移、吸附和成核生长的过程。

2. PVD 镀膜特点

(1) 镀膜温度低，只有 500℃左右，而且温度还可以降低。

(2) 在制备合金和化合物薄膜的过程中保持原组成不变。

(3) 淀积原子能量高，因此薄膜组织更致密、附着力也得到显著改善；PVD 可以实现某些特殊性能(强度高、耐磨性、散热性、耐腐性等)，使得母体具有更好的性能。

(4) 制备各合金薄膜时，成分的控制性能好。

(5) 溅射靶材可为极难熔的材料。

(6) 可制备大面积薄膜。

3. PVD 的成膜方法

PVD 的成膜方法大概有三种：① 蒸发镀膜(evaporation)；② 溅射(sputtering)；③ 离子镀(ion plating)。

这些成膜方法由于产生和控制粒子运动的方法不同，每种 PVD 法衍生出多类的专用的原理和设备。

(1) 蒸镀方法衍生出电阻加热蒸镀、电子束加热、高频感应加热、电弧加热和激光加热。电阻加热使用电阻作为蒸发源，通过电流受热后蒸发成膜。使用的材料有：Al、W、Mo、Nh、Ta 及石墨等。电子束加热是利用电子枪(热阴极)产生的电子束，轰击待蒸发的材料(阳极)使之受热蒸发，经电子加速极后淀积到衬底材料表面。高频感应加热、高频线圈通以高频电流后，产生涡流电流，致内置材料升温，熔化成膜、电弧加热，高真空下，被蒸发材料作阴极、内接铜杆作阳极，通电压，移动阳电极尖端与阴极接触，阴极局部熔化发射热电子；再分开电极，产生弧光放电，使阴极材料蒸发成膜、激光加热，非接触加热。用激光作热源，使被蒸发材料气化成膜。脉冲激光淀积(PLD)利用脉冲聚焦激光烧蚀靶材，使靶的局部在瞬间受热高温气化，同时在真空室内的惰性气体起辉形成的等离子体作用下活化，并淀积到衬底表面的制膜方法。常用有 CO_2、Ar、YAG 铁玻璃，红宝石等大功率激光器。

(2) 溅射镀膜有离子束溅射(IBD 和 MSD 磁控溅射)与气体放电溅射(直流溅射、交流射频溅射)两大类。离子束溅射采用离子源产生用于轰击靶材的离子，在真空室中，利用离子束轰击靶表面，使溅射出的粒子在基片表面成膜。磁控溅射的工作原理是指电子在电场 E 的作用下，在飞向基片过程中与 Ar 原子发生碰撞，使其电离产生出 Ar 正离子和新的电子；新电子飞向基片，Ar 离子在电场作用下加速飞向阴极靶，并以高能量轰击靶表面，使靶材发生溅射。离子束由特制的离子源产生，离子源结构比较复杂，价格也比较昂贵，主要用于分析技术和制取特殊薄膜。双离子束溅射技术是在单离子束溅射技术的基础上发展起来的，两个离子源既可独立地工作，也可彼此相互合作。辅助离子源对基片的清洗和修整功能，通过利用辅助离子源对基板的轰击，可以将吸附气体、黏附粒子从基板上一起除去。通过辅助离子源对薄膜的轰击，可以使薄膜的质量得到实质性的改善。而20世纪70年代发展起来的磁控溅射法更是实现了高速、低温、低损伤。因为是在低气压下进行高速溅射，必须有效地提高气体的离化率。磁控溅射通过在靶阴极表面引入磁场，利用磁场对带电粒子的约束来提高等离子体密度以增加溅射率。

气体放电溅射利用低压气体放电现象，产生等离子体，产生的正离子，被电场加速为高能粒子，撞击固体（靶）表面进行能量和动量交换后，将被轰击固体表面的原子或分子溅射出来，淀积在衬底材料上成膜的过程。有直流溅射（利用直流辉光放电），射频溅射（用RF辉光放电）和磁控溅射（磁场中的气体放电）。射频辉光放电通过电容耦合在两电极之间加上封频电压，而在电极之间产生的放电现象。电子在变化的电场中振荡从而获得能量，并且与原子碰撞产生离子和更多的电子，射频放电的频率范围：1～30 MHz，工业用频率为13.56 MHz磁控溅射镀膜与直流溅射相似，不同之处在于阴极靶的后面设置磁场，磁场在靶材表面形成闭合的环形磁场，与电场正交。

(3) 离子镀是结合蒸发和溅射两种薄膜淀积技术的复合方法，以直流二极放电或以电子束热蒸发提供淀积源物质，同时以衬底为阴极、整个真空室作阳极组成的直流二极溅射系统。淀积前和淀积中用离子流对衬底和薄膜表面进行处理。淀积中蒸发物质与等离子体相互作用，并发生部分电离，从而在两极间加速并淀积在衬底上。离子镀是在真空蒸发镀和溅射镀膜的基础上发展起来的一种镀膜新技术，将各种气体放电方式引入气相淀积领域，整个气相淀积过程都是在等离子体中进行的。离子镀大大提高了膜层粒子能量，可以获得更优异性能的膜层，扩大了“薄膜”的应用领域。是一项发展迅速、受人青睐的新技术。

集成电路生产中常用的工艺方法有热蒸镀，电子束物理气相淀积，脉冲激光淀积法，磁控溅射，离子束溅射。离子束辅助溅射（IBAD）、电子束物理气相淀积（EBPVD）、脉冲激光淀积法（PLD）是三种目前比较前端的PVD技术。下面对它们予以一一介绍。

4. 蒸镀（Evaporation）

蒸发淀积是一项传统的薄膜淀积技术。在真空环境中，将靶材加热至蒸发气化并镀到基片上，称为真空蒸镀，或叫真空镀膜。蒸镀是将待成膜的物质置于真空中进行蒸发或升华，使之在工件或基片表面析出的过程。这种方法适用范围极广，能在金属、半导体、绝缘体甚至塑料、纸张、织物表面上淀积金属、半导体、绝缘体、不同成分比的合金、化合物及部分有机聚合物等的薄膜，也可以不同的淀积速率、不同的基板温度和不同的蒸气分子入射角蒸镀成膜，因而可得到不同显微结构和结晶形态（单晶、多晶或非晶等）的薄膜。蒸发淀积是利用蒸发淀积薄膜非常常用的镀膜技术。蒸发淀积薄膜的基本过程为：① 材料被加热蒸发而气化；② 气化的原子或分子从蒸发源向衬底表面输运；③ 蒸发的原子或分子在基片表面被吸附、成核、核生长继而形成连续薄膜。

加热原材料使其气化的部件叫蒸发源，最常用的加热方式有电阻法、电子束法、高频感应法等。电阻蒸发源采用高熔点金属或陶瓷做成适当形状的蒸发器并装入原材料，通过电流直接加热使原材料蒸发，这种蒸发源结构简单，是一种应用普遍的蒸发镀膜。对这种蒸发源的要求有：熔点要求高和饱和蒸气压要足够低。

熔点要高指多数原材料的蒸发温度在1 000～2 000℃。所以制作蒸发源材料的熔点必须远高于此温度。

饱和蒸气压要足够低是为减少蒸发源的材料作为杂质进入蒸镀膜层中，要求其饱和蒸气压足够低，以保证在蒸发时具有最小的自蒸发，而不影响真空度和污染膜层。

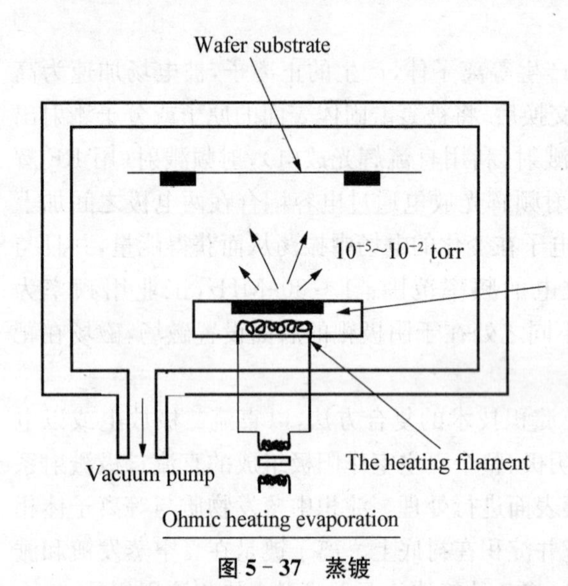

图 5－37　蒸镀

蒸发源化学性能要稳定。在高温下不应与原材料发生化学反应，常用的材料为W、Mo、Ta等，或其他耐高温的氧化物、陶瓷或石墨等等。

典型的电阻加热蒸发淀积薄膜设备由图5－37所示。这是一个简单的通过电阻丝加热蒸发源使表面材料气化然后扩散到硅片衬底表面成膜的镀膜机理，蒸发镀膜在真空中进行，真空度约为1E－5到1E－2托(torr)。蒸发速率、薄膜纯度、膜厚分布是镀膜的主要参数。它们和蒸发源温度、气体压强、蒸发源几何形状、蒸发源与基片的相对位置配置等参数有关，下面予以详细介绍。

(1) 蒸发速率。假设在原材料表面液相和气相分子处于动态平衡，则单位时间从单位面积上蒸发出来的分子数，即蒸发速率可表示为

$$J_e = \frac{\mathrm{d}N}{A\mathrm{d}t} = \frac{\alpha_r (P_t - P_0)}{\sqrt{2\pi m \kappa T}} \tag{5-12}$$

式中，$\mathrm{d}N$ 为蒸发分子数；α_r 为蒸发系数；A 为蒸发面积；t 为时间；P_t 和 P_0 分别为饱和蒸汽压与液体静压强；T 为温度；κ 为波尔兹曼常数。

当 $\alpha_r = 1$ 和 $P_0 = 0$ 时，得到最大蒸发速率

$$J_m = \frac{\mathrm{d}N}{A\mathrm{d}t} = \frac{P_t}{\sqrt{2\pi m \kappa T}} \approx 2.64 \times 10^{21}\ P_t\left(\frac{1}{\sqrt{TM}}\right) \tag{5-13}$$

式中，J_m 的单位为个/(cm²s)；P_t 的单位为Pa；M 为蒸发物质的摩尔质量。

如果对上式乘以原子或分子质量，则得到单位面积的质量蒸发速率

$$G = m J_m = \sqrt{\frac{m}{2\pi \kappa T}}\ P_t \approx 4.37 \times 10^{-3}\ \sqrt{\frac{M}{T}}\ P_t \tag{5-14}$$

式中，G 的单位为kg/(cm²s)；P_t 的单位为Pa。

此式是描述蒸发速率的重要表达式，它确定了蒸发速率、蒸气压和温度之间的关系。显然，蒸发速率在很大程度上取决于蒸发源的温度。求导得出蒸发速率随温度变化的关系为

$$\frac{\mathrm{d}G}{G}=\left(2.3\frac{B}{T}-\frac{1}{2}\right)\frac{\mathrm{d}T}{T} \tag{5-15}$$

对于金属，$2.3\frac{B}{T}$ 通常为 20～30，因此

$$\frac{\mathrm{d}G}{G}=(20\sim30)\frac{\mathrm{d}T}{T} \tag{5-16}$$

由此可见，蒸发源温度的微小变化就可引起蒸发速率发生很大变化。因此，在薄膜淀积过程中，必须精确控制蒸发源温度。

(2) 气体压强的影响。薄膜淀积的环境气压和源于衬底的间距决定了淀积薄膜的纯度，所以蒸发淀积都是在一定的真空环境下进行的，镀膜室内的残余气体分子会对薄膜的形成，结构产生重要的影响。根据气体分子运动论，在热平衡条件下，单位时间通过单位面积的气体分子数为

$$N=\frac{P}{\sqrt{2\pi\kappa T}} \tag{5-17}$$

式子中，N 的单位为个/($\mathrm{cm}^2\cdot\mathrm{s}$)；$P$ 是气体压强；m 是分子质量；T 是气体温度(单位为 K)。

根据式(5-17)，当气体压强 P 约为 1.3×10^{-4} Pa、$T=300$ K、黏度系数 $\alpha\approx1$ 时，对于空气 N 约为 3.7×10^{-4}。这表明每秒钟大约会有 10^{13} 个气体分子会到达单位基片表面。因而，要获得高纯度的薄膜，就必须要求残余气体的压强非常低。

另一方面，蒸发出来的原材料分子是在残余气体中向基片运动，粒子之间会发生碰撞。两次碰撞之间的平均距离称为蒸发分子的平均自由程 λ，表示如下

$$\lambda=\frac{1}{\sqrt{2}n\pi d^2}=\frac{\kappa T}{\sqrt{2}\pi Pd^2}=\frac{3.107\times10^{-18}T}{Pd^2} \tag{5-18}$$

式子中，n 是残余气体分子数密度；d 是碰撞截面，大约为几个平方埃。

蒸发分子与残余气体分子之间的碰撞概率可以计算。设 N 个阵法分子在飞行距离 x 后，未与残余气体分子碰撞的数目为

$$N_x=N\,\mathrm{e}^{-x}/\lambda \tag{5-19}$$

则被碰撞的分子百分数为

$$f=1-\frac{N_x}{N}=1-\mathrm{e}^{-x}/\lambda \tag{5-20}$$

根据上式，对于在蒸发源和基片之间输运的蒸发分子，当平均自由程等于蒸发源与基片的距离时，大约有 63%的蒸发分子受到碰撞；如果平均自由程增加 10 倍，则碰撞概率将减小到 9%左右。由此可见，只有当平均自由程远大于源基距时，才能有效地减少蒸发分子在输运过程中的碰撞现象。由于平均自由程取决于气压，所以降低残余气体的压强，提高真空度是

减少蒸发分子在碰撞过程中损失的关键。

5. 蒸发源几何形状对膜厚均匀度的影响

在制备薄膜时，一般人们希望能在基片上获得均匀薄膜。薄膜厚度的分布取决于蒸发源的几何形状与蒸发特性、基片的几何形状、基片与蒸发源的相对位置等因素。蒸发源有点蒸发源、小平面蒸发源。

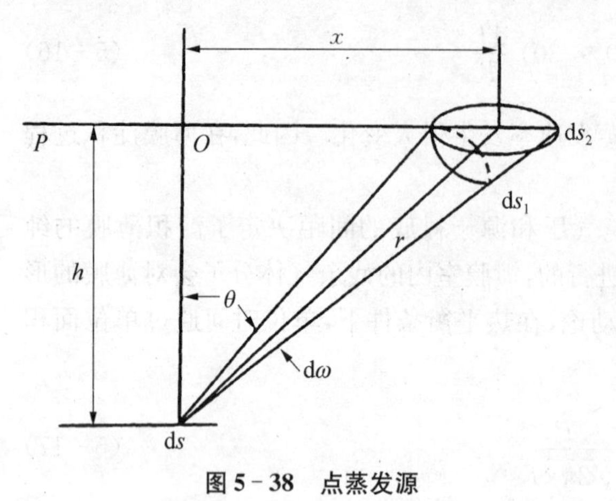

图 5-38 点蒸发源

(1) 点蒸发源。微小球状蒸发源称为点蒸发源(简称点源)。点蒸发源的蒸发特性为各向同性，即它是以相同的蒸发速率向各个方向蒸发粒子。假设点源 A 的蒸发速率为 m(g/s)，则在单位时间内，在任何方向上，通过如图 5-38 所示的立体角 $d\omega$ 内的蒸发量为 dm，则

$$dm = \frac{m}{4\pi} \cdot d\omega \tag{5-21}$$

对于平面基片上与点源之间夹角为 θ 的微小面积元 ds_2，由图可知

$ds_1 = ds_2 \cos\theta$, $ds_1 = r^2 d\omega$, 则

$$d\omega = \frac{ds_2 \cos\theta}{r^2} = \frac{ds_2 \cos\theta}{h^2 + x^2} \tag{5-22}$$

式中，r 是点源与基片上 ds_2 面积元之间的距离。因此，蒸发出来而且淀积在面积 ds_2 上的原材料的质量 dm 为

$$dm = \frac{m}{4\pi} \cdot \frac{\cos\theta}{r^2} ds_2 \tag{5-23}$$

假设薄膜密度为 ρ，单位时间内淀积在 ds_2 上的膜厚为 t，则淀积到 ds_2 上的薄膜体积为 $t\,ds_2$，因此

$$dm = \rho t\, ds_2 \tag{5-24}$$

将此值代入，得到基片上任意一点的膜厚为

$$t = \frac{m}{4\pi\rho} \frac{\cos\theta}{r^2} \tag{5-25}$$

它是基片上各点坐标(r, θ)的函数。

若使用基片到点源平面的距离 h 及基片上任意一点到坐标原点距离 x 来表示膜厚分布，则

$$t = \frac{mh}{4\pi\rho r^3} = \frac{mh}{4\pi\rho (h^2 + x^2)^{\frac{3}{2}}} \tag{5-26}$$

当 ds_2 在点源的正上方时，即 $\theta=0$，$\cos\theta=1$，用 t_0 表示原点处的膜厚，则

$$t_0=\frac{mh}{4\pi\rho h^2} \tag{5-27}$$

显然，t_0 是在基片平面内所能得到的最大膜厚，以该点为基准，在基片平面内膜厚的相对分布如下

$$\frac{t}{t_0}=\frac{1}{[1+(x/h)^3]^{\frac{3}{2}}} \tag{5-28}$$

(2) 小平面蒸发源。对于小平面蒸发源(见图 5-39)，其蒸发特性有其方向性。它在 θ 角方向上的蒸发量与 $\cos\theta$ 成正比。θ 是平面蒸发源法线与基片平面元 ds_2 的中心和平面蒸发源中心连线之间的夹角。当原材料从蒸发源上的小平面元 ds_1 上以 m 的速率进行蒸发时，在单位时间内通过与 ds_1 小平面的法线成 θ 角度方向的立体角 $d\omega$ 内的蒸发量 dm 为

$$dm=\frac{m}{\pi}\cos\theta\, d\omega$$

如图 5-39 所示，如果原材料到达与蒸发方向成 β 角的基片上的小平面 ds_2 的几何面积已知，则单位时间内淀积在该小平面上的蒸发量，即淀积速率可求得

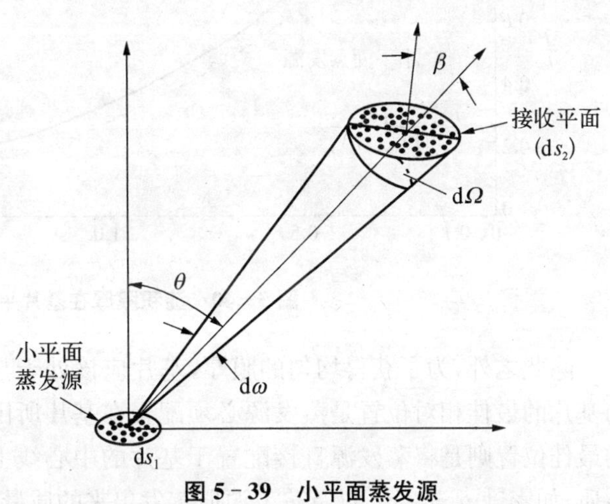

图 5-39　小平面蒸发源

$$dm=\frac{m\cos\theta\cos\beta\, ds_2}{\pi r^2} \tag{5-29}$$

同理，ρ 为膜材密度，t 为膜厚，将 $dm=\rho t\, ds_2$ 代入式(5-29)后，则可得到小平面蒸发源在基片上任意一点淀积的膜厚为

$$t=\frac{m}{\pi\rho}\frac{\cos\theta\cos\beta}{r^2}=\frac{mh^2}{\pi\rho(h^2+x^2)^2} \tag{5-30}$$

当 ds_2 位于小平面蒸发源正上方时 ($\theta=0$，$\beta=0$)，用 t_0 表示该点的膜厚为

$$t_0=\frac{m}{\pi\rho h^2} \tag{5-31}$$

同理，t_0 是基片平面内所得到的最大膜厚。基片平面内其他各处的膜厚相对分布，即 t 与 t_0 之比为

$$\frac{t}{t_0}=\frac{1}{[1+(x/h)^3]^2} \tag{5-32}$$

可见，使用小平面蒸发源在平行平面基片上制备的薄膜厚度是不均匀的，在平面源的正上方处的膜厚最大，向外则膜厚减少。

图 5-40 比较了点蒸发源与小平面蒸发源两者的相对厚度分布曲线，可以看出：两种源在基片上所淀积的膜层厚度分布虽然很近似，但是在原材料的重量给定、蒸发源和基片距离不变的情况下，平面蒸发源的最大厚度可为点蒸发源的 4 倍左右。它表明平面蒸发源比点源节省膜材。这是因为从平面蒸发源蒸发出来的粒子是落在 0～π 范围内，而各向同性的点源则向 4π 角度内蒸发粒子。对于平面基片来讲，平面源比电源更节省膜材。

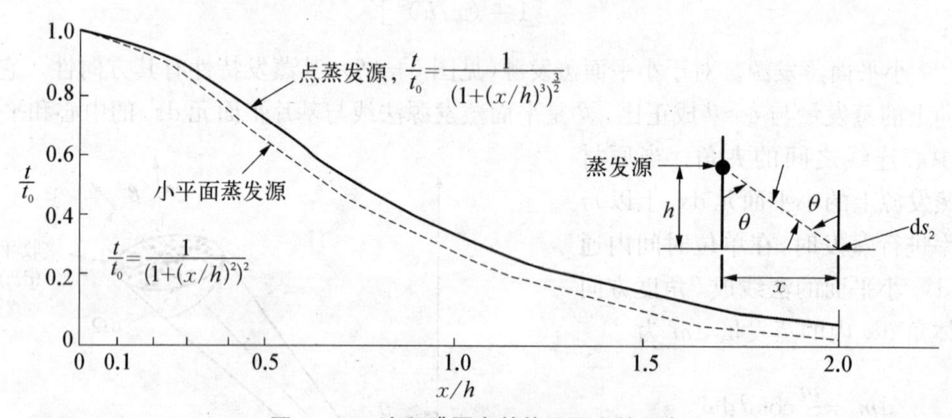

图 5-40　淀积膜厚在基片平面上的分布

除此之外，为了获得均匀的膜厚，基片应该处于与蒸发源相对中心的位置。例如，点源与基片的最佳相对位置是蒸发源必须配置在基片所围成的球体中心，小面积基片时蒸发源的最佳位置则是将蒸发源直接配置于基片的中心线上。在这种情况下，膜厚仅与原材料的性质，如密度 ρ、半径 r 以及蒸发源所蒸发出来的质量 m 有关。这种中心球面化的布置保证了膜厚的均匀性。

大平板基片上获得均匀膜厚的方法可采用多个分离的点源是加上使基片公转加自转的"行星"放置方式。实践证明，多蒸发源与衬底在薄膜淀积过程中相对转动的方式可以有效地提高薄膜的均匀性。

5.2.10　电子束物理气相淀积(EBPVD)

1. 概述

电阻蒸发源的工作温度低，不能蒸镀难熔金属、陶瓷薄膜，它们需要使用高能电子束作为加热源的电子束蒸发源。电子束用电子枪来产生，电子枪中阴极发射的电子在电场的加速作用下获得动能，轰击处于阳极的原材料上，使原材料加热汽化，从而实现蒸发镀膜。EBPVD 是电子束技术与电子物理气相淀积技术相结合的产物，它是在真空环境下(一般为 0～1E-2 Pa)，5～20 kV 高能量密度的电子束通过的电场后被加速，最后聚焦到待蒸发材料的表面，当电子束打到待蒸发材料表面时，电子会迅速损失掉自己的能量，将能量传递给待蒸发材料使其熔化并蒸发，也就是待蒸发材料的表面直接由撞击的电子束加热。EBPVD 利用高能量密度的电子束加热放入水冷坩埚中的被蒸发材料，使其达到熔融汽化状态，并在基板上凝结成膜。通过电子束加热，任何材料都可以被蒸发，蒸发速率一般在每秒 0.1 nm～10 μm 之间，电子束源形式多样，性能可靠。

EBPVD 与传统的加热方式形成鲜明的对照，由于与盛装待蒸发材料的坩埚相接触的蒸发材料在整个蒸发淀积过程保持固体状态不变。这样就使待蒸发材料与坩埚发生反应的可能性减少到最低。由于材料在气相中可以不遵守其在液相或固相中必须遵守的溶解度法则。因此，通过同时蒸发多种材料，将它们的蒸气粒子混合并凝聚到一定的衬底上，可以制备出许多在平衡状态下难于制备或不可能得到的材料。因此，EBPVD 技术为许多新材料的制备创造了广阔的空间，但电子束蒸发设备较为昂贵，且较为复杂。

EBPVD 被用于制备各类薄膜材料和涂层材料，这包括了高温超导材料和航空发动机热障涂层材料。EBPVD 法制备的涂层表面光洁，有良好的动力学性能；涂层/基体的界面以冶金结合为主，结合力强，稳定性好。特别是其制备涂层组织为垂直基体表面柱状晶结构，具有很高的应变容限，较热喷涂制备涂层热循环寿命提升巨大。在航空航天领域，利用 EBPVD 制备热障涂层，特别是梯度热障涂层，是实现高推重比发动机的一项关键技术。EBPVD 技术在制备 TBCs(Thermal Barrier Coatings)涂层方面有其自身的特点，尤其在改善发动机热端部件性能方面具有显著优势。采用 EBPVD 技术可以获得具有典型柱状晶结构的陶瓷热障涂层，这种柱状晶结构可以显著提高热障涂层的抗热震性和热循环寿命，体现出其他方法无法比拟的优越性。为了缓解和降低由于金属基体和陶瓷热障涂层热膨胀系数的差异而引起的热应力，EBPVD 工艺可以实现由金属黏结层到陶瓷热障涂层在结构和成分上的连续过渡，即实现梯度结构的热障涂层。热障涂层(TBCs)，又称隔热涂层，是广泛应用于航空发动机的热屏蔽涂层，可以显著提高发动机的功率，降低发动机的油耗。TBCs 作为减少冷却气体、延长部件寿命的一种重要手段而受到重视。一般热障涂层是多层梯度系统(YSZ 及 MCrAlY 多层梯度热障涂层系统，见图 5－41)，国内外广泛开展了梯度热障涂层的研究。如德国宇航实验室材料研究中心采用双电子束同时蒸发 YSZ 及 NiCoCrAlY 锭料，并在合金基体上共淀积，通过控制蒸发速率，实现了 NiCoCrAlY 向 YSZ 的梯度过渡；通过控制 AlO 和 ZrO 梯度热障涂层，利用 EBPVD 技术并通过单源蒸发多组元锭料制备出具有较高抗热震性能的 Al－Al_2O⟨sub⟩3⟨/sub⟩－YSZ 梯度热障涂层，大幅度提高了材料的抗热震性。

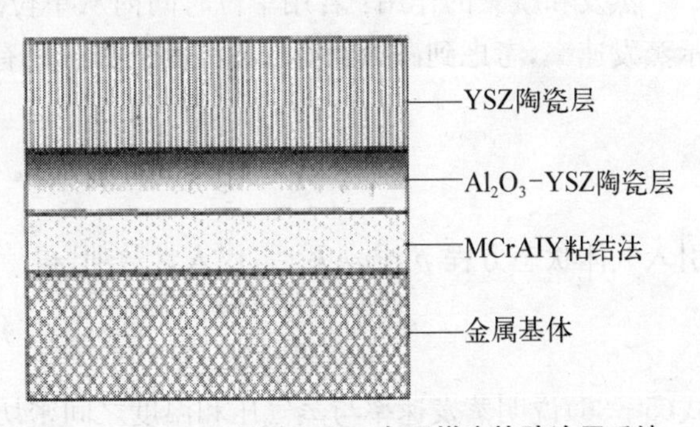

图 5－41　YSZ 及 MCrAlY 多层梯度热障涂层系统

EBPVD 主要受蒸发温度、基板加热温度、气体压强、蒸发和凝聚的影响。由于 EBPVD 是一个真空淀积过程，从蒸发材料表面的蒸汽流直接传输到基体上，淀积物达到基板的表面可能以几种状态存在：与基体完全黏结，扩散进入基体；与基体反应或不与基体反应。而这些均可以通过改变基板的条件或调整气液相的冷却速率来控制。许多制备工艺参数都会影响到 EBPVD 涂层的蒸发速率、组织结构和性能。如残余气体压强、蒸发材料的性质、电子束的特性以及基板温度等一系列因素。常用单位时间内从单位面积蒸发的质量即质量蒸发速率 N_m 来表示蒸发速率，考虑到碰撞到液面或固面的分子只有部分凝聚，则

$$N_m = 4.375 \times 10^{-3} \alpha p \sqrt{M/T} \tag{5-33}$$

其中，表面凝聚系数 $\alpha(\alpha < 1)$，T 和 p 为蒸发温度和气体压强，M 为质量。

可以看到，蒸发温度直接影响淀积速率和质量，通常将蒸发物质加热，使其平衡蒸气压达到几帕以上，这时的温度定义为蒸发温度。根据热力学理论，材料蒸气压 p 与温度 T 之间的关系可以近似表示为

$$\lg p = A - \frac{B}{T} \tag{5-34}$$

式中，A、B 分别为与材料性质相关的常数（可直接由实验确定或查阅相关文献获得）；T 为热力学温度，单位为 K；p 为材料的蒸气压，单位为 mmHg。

为保持蒸气流和电子束可以畅通无阻的传输，必须使真空室的气体压强 p 保持足够低。如果残余气体粒子密度处于较低的水平，那么就可以忽略蒸气粒子与电子和残余气体粒子相互碰撞的影响。但是蒸发表面附近，高的蒸气密度使蒸气与电子束束流发生相互作用，碰撞使蒸气粒子和电子偏离其原有的轨道，从而降低材料的利用率和能量的利用率，由碰撞引起的电子能量损失伴随着蒸气的激发和电离。对于压强为 0.01 Pa 的残余气体来说，蒸气流和电子流之间的相互作用都可以忽略不计。在气体压强为 0.01～1 Pa 时，与气体的相互作用非常显著，必须考虑电子与蒸气之间的相互作用。

蒸发和凝聚的作用：若用单位时间内从单位面积蒸发的质量即质量蒸发速率 N_m 来表示蒸发速率，考虑到碰撞到液面或固面的分子只有部分凝聚，引入系数 $\alpha(\alpha < 1)$，则

$$N_m = m_\alpha N_c = m_\alpha n_1 \sqrt{\frac{kT}{2\pi m}} \tag{5-35}$$

引入气体状态方程 $p = nkT$ 后，代入常数项，得

$$N_m = 4.375 \times 10^{-3} \alpha p \sqrt{M/T} \tag{5-36}$$

式(5-36)说明蒸发速率与蒸气压和温度之间密切相关，蒸发物质的饱和蒸气压和蒸气压随温度的变化呈指数变化，当温度变化 10%时，饱和蒸气压要变化大约 1 个数量级。因此，控制蒸发速率的关键在于精确控制蒸发温度。

当两种组元的凝聚系数都接近 1 时（即淀积层中 B 组元的含量 X_{B4} 与蒸气中的含量 X_{B3}），蒸发参数与 X_{B3} 之间的关系为

$$\frac{a_{VB}(M_{B_2} T_B) F_B}{a_{VA}(M_{A_2} T_A) F_A} = \frac{X_{B_3}}{100 - X_{B_3}} \tag{5-37}$$

组元含量按重量百分比给出，并且 $X_{A_3} + X_{B_3} = 100$。F_A 和 F_B 是蒸气发射表面面积。假定：整个蒸发容器表面上的蒸发速率是相同的，并且 F_B/F_A 是一个常数。于是在多源蒸发共淀

积时，淀积层中组元 B 的含量 X_{B_4} 可以通过改变各个坩埚的温度 T_A 和 T_B 来调节。

工业应用的淀积层要求组分恒定，淀积工艺必须在稳定状态进行。这种状态要求单位时间供给熔池内的蒸发物料的数量正好等于单位时间内被蒸发掉的；并且蒸发物料的组分必须精确到与淀积层的相同。当熔池中易挥发的组分消耗到某种程度时，蒸气的成分到达淀积的要求，即达到稳定的工作状态。建立稳定态所需的时间，亦即熔池达到所需成分的时间称为过渡时间，它主要取决于涂层组元的性质、熔池体积、蒸气发射面积及发射表面温度。

基板加热温度：基板加热温度会显著影响到 EBPVD 涂层的结构与性能，研究发现当基片温度与金属熔点相对值增加时，金属由气相直接凝结成固相，又由气相变成液相（液滴），当液滴达到一定尺寸之后便发生结晶（见图 5-42）。从Ⅰ区到Ⅱ区之间为过渡区域，由密排纤维状晶粒组成，然后形成Ⅲ区的再结晶结构，这种结构主要由晶体扩散控制。

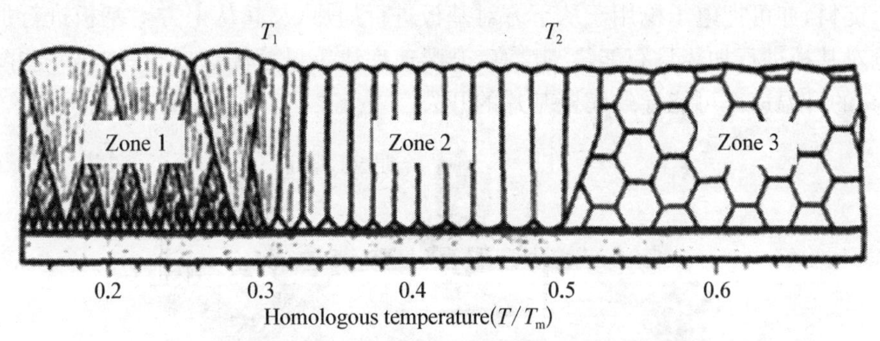

图 5-42　基板加热温度对 EBPVD 涂层结构的影响

(1) EBPVD 特点。和其他涂层材料的制备工艺相比，EBPVD 工艺具有以下突出优点：

① 随着电子枪发射功率的提高，EBPVD 工艺几乎可以蒸发、淀积任何物质，从而大大拓展了制备材料的范围；电子束所具有的高能量密度可以熔化、蒸发一些难熔材料物质，即使蒸气压较低的元素（如 Mo、Nb 等）也能利用该工艺蒸发；

② 由于气相粒子可以不遵守其在液相中必须遵守的溶解度法则，因此 EBPVD 工艺可以制备出许多常规冶金工艺很难制备甚至是无法制备的物质；

③ 淀积速率可以在大范围内调整（如从 1 nm/min 到 100 μm/min）；

④ 由于采用了水冷铜坩埚系统，避免了高温下蒸发材料与坩埚材料的化学反应，使得制备的涂层材料不受污染；

⑤ 通过对基板的合理设置，可以在形状复杂的工件表面实现涂层的制备；

⑥ 膜基结合力好，涂层的显微组织可以控制；

⑦ 相对于化学气相淀积工艺，无有毒气体的排放，环境友好。

(2) EBPVD 工艺缺点，主要有以下几个方面：

① 电子束蒸发设备较为昂贵，且较为复杂；

② 由于材料的熔化、蒸发及凝聚行为直接受其热物理性能的影响，因此，在单源蒸发某些合金锭料时，由于不同组元热物理性能的差异，容易造成选择性蒸发现象，从而使制备材料的成分与靶材成分存在偏离；

③ 作为一种非平衡工艺，由于受阴影效应的影响，涂层内不可避免地会形成一些孔隙，当对淀积材料的致密性要求很高时，需要严格控制淀积过程中的工艺参数。

2. EBPVD 设备结构

典型 EBPVD 原理如图 5-43 所示。该设备为工业型电子束设备，全长可达 9 m，总功率约 200 kW，容积约为 116 m^3，配备 4 把电子枪，位于主真空两侧，同时装备了三个水冷铜坩埚，可以进行双源同时蒸发。电子枪是 EBPVD 设备的核心部件和关键技术，EBPVD 设备采用直式皮尔斯电子枪(pierce electron gun)，该枪具有结构简单，价格低廉，能量密度高和适合蒸发大面积蒸发源等优点，其加速电压为 20 kV，电子束流可达 2～3 A，每个枪的最大功率均为 40 kW，阴极灯丝为细条状钨片，灯丝电流为 80～120 A。该设备采用计算机控制，电子束的束流束斑大小和束斑的移动均由计算机操作完成。蒸发材料通过连续送料机构进行补给，在可绕水平轴旋转的支架上安装基板。其中多把电子枪可分别或同时蒸发对应的多个锭料，亦可把电子枪用于从下方对基板进行加热，及其从上方对基板进行加热。采用电子枪对基板进行加热具有能量密度高，升温速率快等显著优点，但在加热一些陶瓷基片时，其过高的升温速率可能导致陶瓷基片的开裂。

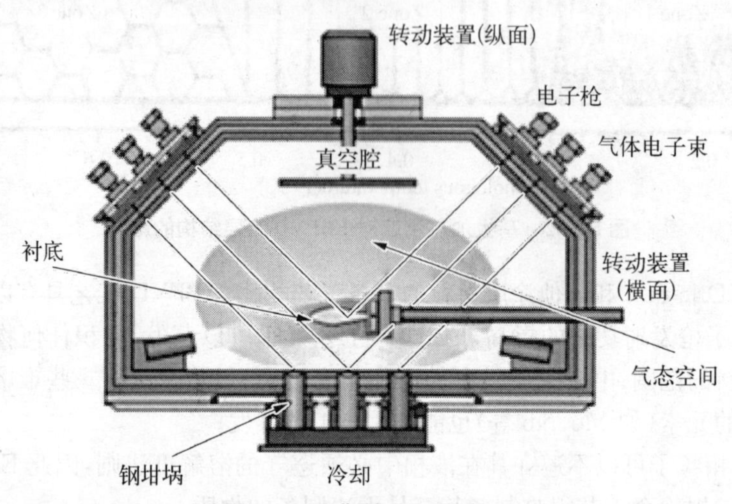

图 5-43 典型 EBPVD 原理

西方各国最早用于 EBPVD 的电子枪的设计原理与结构基本上属于同一模式。这种电子枪在聚焦、扫描、偏转及束流等方面的精度很高。20 世纪 90 年代初，P&W、GE 等公司在航空涡轮发动机的转子叶片上开始采用 EBPVD 工艺制备热障涂层。乌克兰 Paton 焊接研究所于 20 世纪 50 年代开始从事 EBPVD 技术及设备的研究。在乌克兰科学院院士 B. A. Movchan 教授的领导下，成功地将电子束熔炼工艺应用于物理气相淀积过程，获得了每小时可蒸发 10～15 kg 金属材料的蒸发速率及每分钟可达 50～100 μm 的淀积速率，而成本与西方国家同类设备相比却大大降低。目前 EBPVD 热障涂层技术已经在世界各国得到大力推广，并已经广泛应用在发动机叶片上，成为航空发动机工作叶片热障涂层制备不可或缺的一项关键技术。北京航空航天大学自 20 世纪 90 年代中期从乌克兰引进国内第一台大功率的 EBPVD 设备，在我国率先开展了 EBPVD 热障涂层的研究工作。

5.2.11　脉冲激光淀淀法(PLD)

1. 概述

PLD(pulsed laser deposition)是将高功率脉冲激光聚焦于靶材表面产生高温加热靶材材料，产生高温高压等离子体。这种等离子体定向局域膨胀发射并在衬底上淀积而形成薄膜。人们尝试用 PLD 方法合成宽禁带Ⅱ-Ⅵ族，AlN，GaN，InN 等宽能隙结构半导体材料，用于制作发射蓝色和绿色可见光的激光材料薄膜。这类材料因其高效率可见性和紫外光发射特性而在全光器件方面具有很好的应用前景，其中，AlN 还具有高热导率、高硬度以及良好的介电性质、声学性质和化学稳定性。但传统方法制备 AlN 薄膜结晶度很差，用 PLD 方法可以制备出高质量的 AlN 薄膜，也可用 PLD 方法合成高温超导薄膜和类金刚石薄膜。早在 1987 年，就有人用脉冲激光淀积技术成功地制备出高质量的高温超导薄膜。对于 Y 系薄膜材料，要达到可供实用化的高临界电流密度，就必须使 YBCO 材料的结构高度取向一致并克服金属基底与 YBCO 材料之间的相互扩散问题。Berenov 研究了用 PLD 方法，在高速和高温条件下制备的 YBCO 薄膜的微观结构。类金刚石薄膜以四重配应为主的非晶碳具有可与结晶金刚石相匹敌的力学性能。这类非晶碳具有非常小的摩擦系数，能带隙宽度可达 2.5 eV，具有可观的场发射效应、红外透明等。这一类非晶碳称为“类金刚石”或者“四重配应非晶碳”。类金刚石薄膜具有优良的特性。例如，有较高的硬度可以用于加工工具的包装材料，较好的电绝缘特性，较高的热导性能和化学稳定性，因而可用于电子装置的传热材料。它还有较强的光学透明性可以用于光学窗口，同时还具有半导体材料的特性等。近年来，国际上有很多研究者开发出多种脉冲激光工艺，在 Si(100)面和各类材质上淀积出类金刚石薄膜，用来提高其表层硬度和其他性能。

图 5-44 是 PLD 的实验装置图，PLD 可以分为 3 个过程。

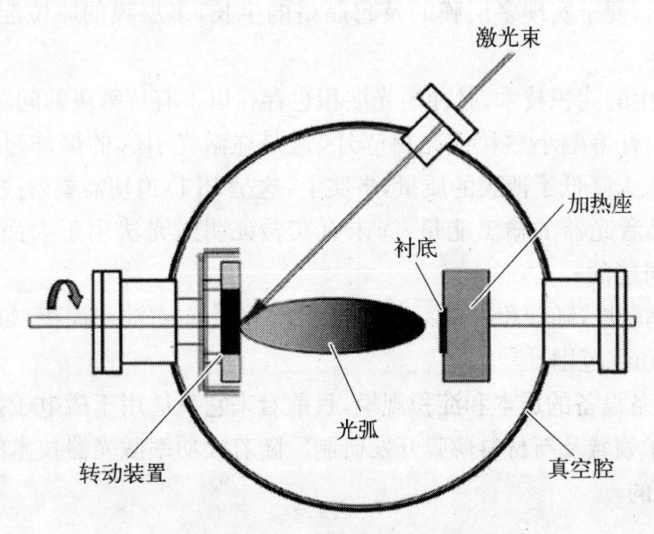

图 5-44　典型 PLD 设备示意图

(1) 激光表面熔蚀及等离子体产生。高强度脉冲激光照射靶材(target)时，靶材吸收激光束能量并使束斑处的靶材温度迅速升高至蒸发温度以上而产生高温及熔蚀，使靶材汽化蒸发。瞬时蒸发汽化的物质与光波继续作用,使绝大部分电离形成区域化的高浓度等离子体。等离子体一旦形成,它又以新的机制吸收光能而被加热到 104℃以上,表现为一个具有致密核心的闪亮的等离子体火焰。

(2) 等离子体的定向局域等温绝热膨胀发射。靶表面等离子体火焰形成后,这些等离子体继续与激光束作用,进一步电离,使等离子体的温度和压力迅速升高,并在靶面法线方向形成大的温度和压力梯度,使其沿靶面法线方向向外作等温(激光作用时)和绝热膨胀(激光中止后)发射。此时,电荷云的非均匀分布也会形成相当强的加速电场。在这些极端条件下,高速膨胀过程发生于数十纳秒瞬间,具有微爆炸性质以及沿靶面法线方向发射的轴向约束性,可形成一个沿靶面法线方向向外的细长的等离子体区,即所谓的等离子体羽辉(laser plume)。

(3) 在衬底表面凝结成膜。作绝热膨胀发射的等离子体迅速冷却,遇到位于靶对面的衬底后即在衬底上淀积成膜。形核过程取决于基体、凝聚态材料和气态材料三者之间的界面能。临界形核尺寸取决于其驱动力。对于较大的晶核来说,它们具有一定的过饱和度,会在薄膜表面形成孤立的岛状颗粒,这些颗粒随后长大并且接合在一起。当过饱和度增加时,临界晶核尺寸减小,直至接近原子半径的尺寸,此时的薄膜的形态是二维的层状。

2. PLD 特点

(1) 脉冲激光淀积有其独特的物理过程,和其他制膜技术相比,主要有下述优点:

① 适用于多组元化合物的淀积,激光法的非选择一致蒸发有利于淀积此类薄膜;可以蒸发金属、半导体、陶瓷等无机材料,有利于解决难熔材料的薄膜淀积问题;

② 能够淀积高质量纳米薄膜,高的离子动能具有显著增强二维生长和显著抑制三维生长的作用,促进薄膜的生长沿二维展开,因而能获得连续的极细薄膜而不形成分离核岛;

③ 淀积温度低,可以在室温下原位生长取向一致的织构膜和外延单晶膜;

④ 换靶装置灵活,便于实现多层膜的及超晶格的生长,多层膜的原位淀积便于产生原子级清洁的界面。

(2) 作为一种新生的淀积技术,脉冲激光淀积也存在以下有待解决的问题:

① 淀积的薄膜中有熔融小颗粒或靶材碎片,这是在激光引起的爆炸过程中喷溅出来的,这些颗粒的存在大大降低了薄膜的质量,事实上,这是 PLD 迫切需要解决的关键问题;

② 限于目前商品激光器的输出能量,尚未有实验证明激光法用于大面积淀积的可行性,但这在原理上是可能的;

③ 平均淀积速率较慢,随淀积材料不同,对 1 000 mm^2 左右淀积面积,每小时的淀积厚度约在几百 nm 到 1 mm 范围。

鉴于激光薄膜制备设备的成本和淀积规模,目前看来它只适用于微电子技术、传感器技术、光学技术等高技术领域及新材料薄膜开发研制。随着大功率激光器技术的进展,其生产性的应用是完全可能的。

5.2.12 溅射镀膜方法

前面我们介绍了蒸发镀膜,这一节讨论溅射镀膜(sputtering)。所谓溅射淀积就是通过高能粒子(通常包括高能电子、离子、中性粒子等)轰击靶面,使靶面上的原子或分子溅射出靶面，并在待镀膜的基体上淀积成膜。在某一温度下，如果固体或液体受到适当的高能粒子(通常为离子)的轰击，则固体或液体中的原子通过碰撞有可能获得足够的能量从表面逃逸，这种将原子从表面发射出去的方式称为溅射(sputtering)。1852 年，Grove 在研究辉光放电时首次发现了这一现象，形象地把这一现象类比作水滴从高处落在平静的水面所引起的水花飞溅现象，不久，“sputtering”一词便被用作科学术语“溅射”。与蒸发镀膜相比，溅射镀膜发展较晚，但在近代，特别是现代，这一镀膜技术却得到了广泛应用。溅射过程如图 5－45 所示，目前溅射淀积技术中最常用的是离子束溅射淀积，主要是因为离子束在电场作用下更容易获得较大的动能。

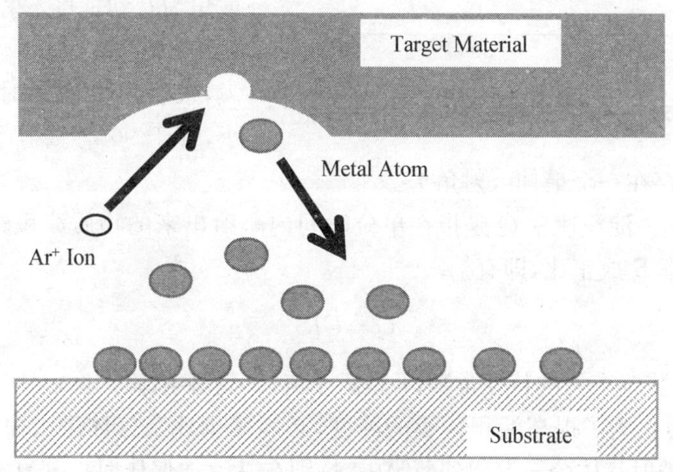

图 5－45　溅射原理

1. 溅射原理

溅射是指具有足够高能量的粒子轰击固体(称为靶)表面使其中的原子发射出来。早期人们认为这一现象源于靶材的局部加热。但是，不久人们发现溅射与蒸发有本质区别，并逐渐认识到溅射是轰击粒子与靶粒子之间动量传递的结果。表征溅射特性的参量主要有溅射率、溅射阀值等。

(1) 溅射率。溅射率是描述建设特性最重要的物理量。在溅射淀积设备中，一般将被溅射的靶材放置在阴极，因而被称作靶阴极。溅射率表示当粒子轰击靶阴极时，平均每个例子从阴极上打出的原子数，又称溅射产额或溅射系数，常用 S 表示。溅射率与入射粒子的种类、能量、角度以及靶材的类型、表面状态等因素有关。除此之外，还与靶的结构、靶材的结晶取向、表面形貌、建设压强等因素有关。淀积成膜的过程应当考虑淀积速率、淀积气压、溅射电压及基片电位(接地、悬浮或偏压)几个问题。

溅射率与靶材元素的关系。溅射率是随靶材元素的原子序数的增加而增大。铜、金、银的溅射率最大，碳、硅、钛、钒、锆、铌、钽等元素的溅射率较小。从原子结构分析，显然溅射率与原子 3d、4d、5d 电子壳层的填充程度有关。一般来讲入射粒子的原子量越大则溅射率越高。溅射率还随原子序数呈现周期性变化，凡是电子壳层填满的元素就有最大的溅射率。因此，惰性气体的溅射率最高。所以，经常选用氩为溅射工作气体。另外，使用惰性气体还

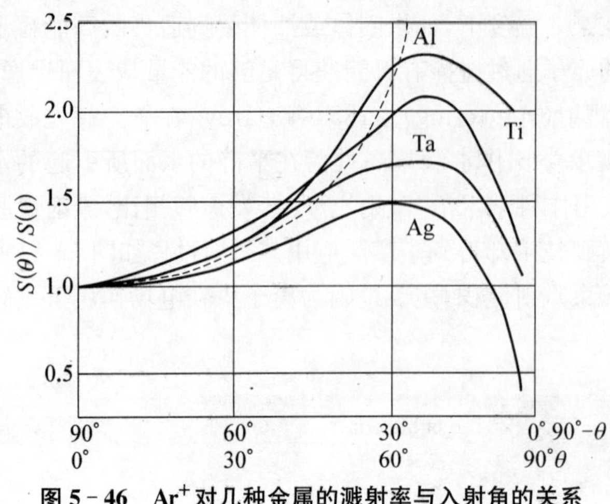

图 5-46　Ar^+ 对几种金属的溅射率与入射角的关系

有一个好处就是,可以避免与靶材发生化学反应。

溅射率与入射角的关系。入射角是指离子入射方向与靶材表面法线之间的夹角,图 5-46 给出了 Ar^+ 对几种金属的溅射率与入射角的关系。可以看出,在 0～60°的相对溅射率基本上服从规律。$S(\theta)$和 $S(0)$分别为入射角为 θ 和垂直入射时的溅射率。可见,当入射角为 60°～80°时溅射率最大,入射角再增加时,溅射率急剧较小,等于 90°时溅射率为零,因此对应最大溅射率 S 值存在一个最佳入射角 θ_m。

(2) 淀积速率。淀积速率 Q 是指在单位时间内溅射出来的物质淀积到基片上的厚度,该速率与溅射速率 S 成正比,即有

$$Q = CIS \tag{5-38}$$

式中,C 是与溅射装置有关的特征常数;I 是离子流;S 是溅射率。

(3) 淀积气压。为了提高淀积薄膜的纯度,必须减少残余气体进入薄膜中的量。通常有约百分之几的溅射气体分子淀积到薄膜中,特别在基片加偏压时。若真空室容积为 V,残余气体分压为 P_C,氩气分压为 P_{Ar},残余气体的流量为 Q_C,氩气流量为 Q_{Ar},则有

$$Q_C = P_C V, \quad Q_{Ar} = P_{Ar} V \tag{5-39}$$

则

$$P_C = P_{Ar} \frac{Q_C}{Q_{Ar}}$$

由此可见,采取提高本底真空度和增加溅射用的氩气流量时两项措施有效。一般来讲,本底真空度应为 10^{-3}～10^{-5} Pa,氩气的压强约为几帕较为合适。

2. 溅射电压及基片电位

溅射电压及基片的相对电位,是接地、悬浮或偏压,对薄膜特性有严重的影响。溅射电压不仅影响淀积速率,而且还影响薄膜的结构;如果对基片施加交变偏压,使其按正、负极性分别接受电子或离子的轰击,不仅可以净化基片表面,增强薄膜附着力,而且还可以改变淀积薄膜的结晶结构。

(1) 溅射阈值。当入射粒子能量高于某一个临界值时才发生溅射,这一临界值称为溅射阈值。用 Ar^+ 轰击铜时,离子能量与溅射率的典型关系如图 5-47 所示,这个曲线可分为三部分: E<70 eV 的第Ⅰ部分是没有溅射发生的低能区域;70 eV～10 keV 的第Ⅱ部分是溅射率随离子能量增大的区域,溅射淀积的离子能量大都是在这一范围内;30 keV 以上的

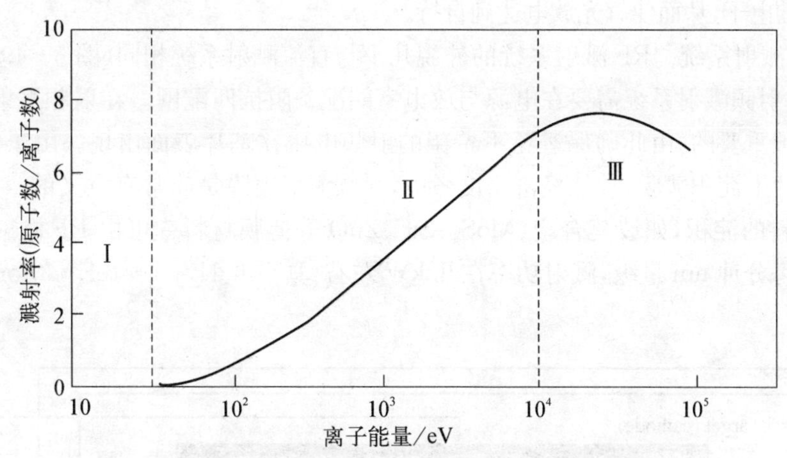

图 5-47 Ar^+ 轰击铜时离子能量与溅射率的关系

第Ⅲ部分是溅射率随离子能量的增加而下降的区域，这时高能的轰击离子入射到晶格内部，产生的溅射粒子反而减少。

(2) 溅射装置、溅射系统。溅射装置种类繁多，主要有两类：① 气体放电溅射直流溅射；② 射频溅射。利用离子束和电子束的溅射镀膜有离子束溅射 IBD 和 MSD 磁控溅射。

直流溅射系统一般只能用于靶材为良好导体的溅射，而射频溅射则适用于绝缘体、导体、半导体等任何一类靶材的溅射。磁控溅射是通过施加磁场改变电子的运动方向，并束缚和延长电子的运动轨迹，进而提高电子对工作气体的电离效率和溅射淀积率的一类溅射。磁控溅射具有淀积温度低，淀积速率高两大特点。离子束溅射采用离子源产生用于轰击靶材的离子，使溅射出的粒子在基片表面成膜，双离子束溅射技术是在单离子束溅射技术的基础上发展起来的，两个离子源既可独立地工作也可彼此相互合作，通过辅助离子源对薄膜的轰击，可以使薄膜的质量得到实质性的改善。

3. 气体放电溅射

(1) 直流溅射系统(DC, bias-voltage sputtering)。直流溅射系统是最简单的溅射系统，辉光放电系统(见图 5-48)盘状的待镀靶材连接到电源的阴极，与靶相对的基片则连接到电源的阳极。通过电极加上 1 skV 的直流电压(电流密度，1～10 mA/cm^2)，充入到真空室的中性气体如氮气(分压在 10-1-10-2Torr)便会开始辉光放电。当辉光放电开始，正离子就会打击靶盘，使靶材表面的中性原子逸出，这些中性原子最终会在基片上凝结形成薄膜。同时，在离子轰击靶材时也有大量电子(二次电子)从阴极靶发射出来，它们被加速并跑向基片表面。在输运过程中，这些电子与气体原子相碰撞又产生更多的离子，更多的离子轰击靶又

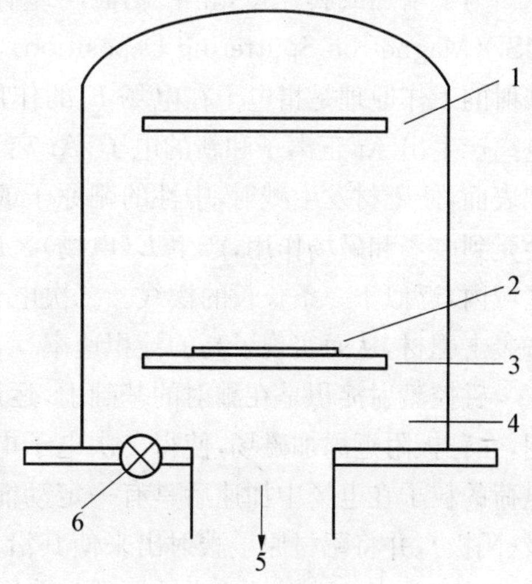

图 5-48 辉光放电直流溅射系统

1-Cathode(Target); 2-Substrate; 3-Anode; 4-Vacuum Chamber; 5-Pump; 6-Gas Inlet

释放出更多的电子,从而使辉光放电达到自持。

(2) RF 溅射系统。RF 溅射系统的外貌几乎与直流溅射系统相同(图 5-49),二者最重要的差别是,射频溅射系统需要在电源与放电室间配备阻抗匹配网。在射频溅射系统中,基片接地也是很重要的,由此确保避免不希望的射频电压在基片表面出现。由于射频溅射可在大面积基片上淀积薄膜,故从经济角度考虑,射频溅射镀膜是非常有意义的。射频溅射可制备各种材料的淀积,如坡莫合金、MoS_2、SiC、ZnO 等薄膜材料皆可由 RF 溅射予以完成,溅射速率在每分钟 nm 量级,溅射功率在几 kW 左右,真空度 1E-1～1eE-3 torr,基片温度三四百度。

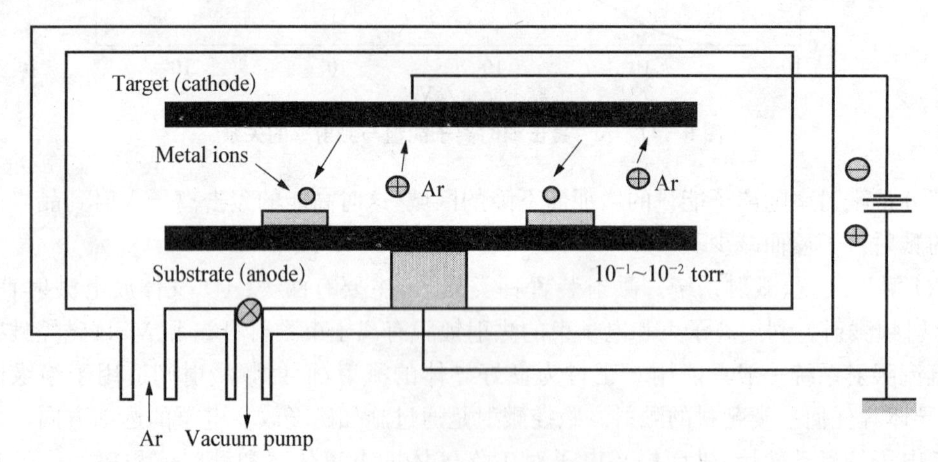

图 5-49　典型 RF 溅射系统

5.2.13　磁控溅射淀积

为了增加成膜速度,常在靶面与基体之间施加电磁场,即采用所谓的磁控溅射技术 MSD(Magnetron Sputtering Deposition),以提高气体子的电离速度与薄膜生长速度。磁控溅射的工作原理是指电子在电场 E 的作用下,在飞向基片过程中与氩原子发生碰撞,使其电离产生出 Ar 正离子和新的电子;Ar 离子在电场作用下加速飞向阴极靶,并以高能量轰击靶表面,使靶材发生溅射,中性的靶原子或分子淀积在基片上形成薄膜,而产生的二次电子会受到电场和磁场作用,产生 E(电场)$\times B$(磁场)漂移,其运动轨迹靠近靶表面的等离子体区域内,近似于一条长长的摆线。二次电子在长途运动中在该区域中电离出更多的 Ar^+ 用来轰击靶材,从而实现了高的淀积速率。

磁控溅射淀积是在溅射的基础上,运用靶板材料自身的电场与磁场的相互电磁交互作用,在靶板附近添加磁场,使得二次电子电离出更多的氩离子,增加溅射效率。它是利用带电荷的粒子在电场中加速后具有一定动能的特点,将离子引向欲被溅射的物质制成的靶电极(阴极),并将靶材原子溅射出来使其沿着一定的方向运动到衬底并最终在衬底上淀积成膜的方法。磁控溅射是把磁控原理与普通溅射技术相结合利用磁场的特殊分布控制电场中的电子运动轨迹,以此改进溅射的工艺,使得镀膜厚度及均匀性可控,且制备的薄膜致密性好、黏结力强及纯净度高。目前磁控溅射技术已经成为制备各种功能薄膜的重要手段。

磁控溅射是在辉光放电的两极之间引入磁场，电子受电场加速作用的同时受到磁场的束缚作用，运动轨迹成摆线，增加了电子和带电粒子以及气体分子相碰撞的概率，提高了气体的离化率，降低了工作气压，而 Ar^+ 离子在高压电场加速作用下，与靶材撞击并释放能量，使靶材表面的靶原子逸出靶材飞向基板，并淀积在基板上形成薄膜，图 5－50 为磁控溅射原理示意图。由图 5－50 可以看出，电子被洛伦兹力 $F = e(v \times B)$ 束缚在非均匀磁场中，增强了氩原子的电离。

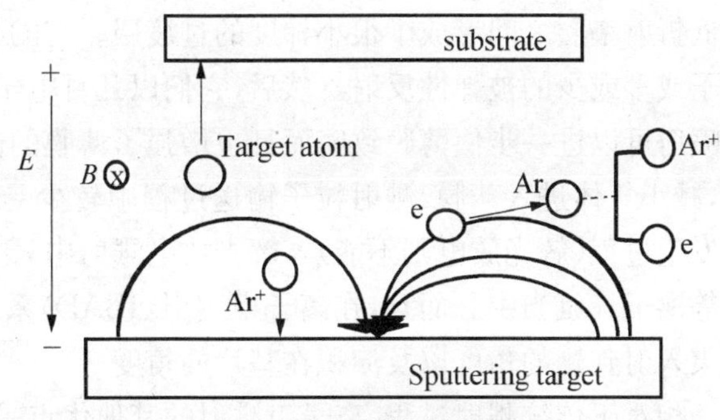

图 5－50　磁控溅射原理

磁控溅射最典型的特点就是在溅射过程中基板温升低和能实现“高速”溅射。溅射产生二次电子被加速为高能电子后，在正交磁场作用下作摆线运动，不断与气体分子发生碰撞，把能量传递给气体分子，本身变为低能粒子，也就不会使基板过热。溅射速率高是因为二次电子作摆线运动，要经过上百米的飞行才最终被阳极吸收，电子的平均自由程只有 10 cm 量级，电离效率高，易于放电，溅射速率高达 100～1 000 nm/min，实现了“高速”溅射。磁控溅射的分类是根据系统所用电源进行分类的，可分为直流溅射、射频溅射、脉冲溅射和中频溅射。

大部分磁控源在 1～20 m torr 压强下，阴极电压为 300～700 V 条件下工作。溅射速率约为 1～100 nm/min，压强为 1E－1～1E－3 torr，溅射功率在几百 W 左右，基片温度在几百度左右。溅射率基本由在靶上的电流密度、靶与基片距离、靶材、压强、溅射气体组分等决定。当在磁控溅射系统中将射频电压加在绝缘体上时，离子和电子迁移率的不同将导致阴极负自偏压的形成，由此提供给溅射所需的电势。

5.2.14　离子束溅射(IBD)、离子束辅助溅射(IBAD)

1. 概述

溅射放电系统、磁控溅射的一个主要缺点是工作压强较高，由此导致溅射膜中有气体分子的进入。在离子束溅射淀积中，通过引出电压将离子源中产生的离子束引入到真空室，而后直接打到靶上并将靶材原子溅射出来，最终淀积在附近的基片上，就可以避免这个问题。

离子束溅射技术(IBD)是在比较低的气压下，从离子源取出的氩离子以一定角度对靶材进行轰击，由于轰击离子的能量大约为 1 keV，对靶材的穿透深度可忽略不计，级联碰撞只发生在靶材几个原子厚度的表面层中，大量的原子逃离靶材表面，成为溅射粒子，其具有的能量大约为 10 eV 的数量级。由于真空室内具有比较少的背景气体分子，溅射粒子的自由程很大，这些粒子以直线轨迹到达基板并淀积在上面形成薄膜。由于大多数溅射粒子具有的能量只能渗入并使薄膜致密，而没有足够的能量使其他粒子移位，造成薄膜的破坏；并且由于低的背景气压，薄膜的污染也很低；而且，冷的基板也阻止了由热激发导致晶粒生长在薄膜内的扩散。因此，在基板上可以获得致密的无定形膜层。在成膜的过程中，特别是那些能量高于 10 eV 的溅射粒子，能够渗入几个原子量级的膜层从而提高了薄膜的附着力，并且在高低折射率层之间形成了很小梯度的过渡层。有的轰击离子从靶材获得了电子而成为中性粒子或多或少的被弹性反射。然后,它们以几百电子伏的能量撞击薄膜,高能中性粒子的微量喷射可以进一步使薄膜致密而且也增强了薄膜的内应力。离子束溅射除了具有工作压强低,减小气体进入薄膜,溅射粒子输送过程中较少受到散射等优点外,还可以让基片远离离子发生过程(辉光放电则不能)。辉光放电溅射中,靶、基片和所淀积薄膜在淀积过程中均处于等离子气氛当中。而且,在离子束溅射(IBAD)系统中,可以改变离子束的方向以改变离子束入射到靶的角度以及淀积在基片的角度。

相对于传统溅射过程,离子束溅射的其他优点是:

① 离子束窄能量分布,使我们能够将溅射率作为离子能量的函数来研究;

② 可以使离子束精确聚焦和扫描;

③ 在保持离子束特性不变的情况下,可以变换靶材和基片材料;

④ 可以独立控制离子束能量和电流;

⑤ 靶和基片与加速极不相干,因此通常在传统溅射淀积中由于离子碰撞引起的损伤会降到极小;

⑥ 离子源与真空室分离,因此真空室可保持在较低的压强下,残余气体的影响可以降至最低。

离子束溅射淀积技术被用于制备金属、半导体和介电膜。例如,Au、Cu、Nb、W、Mo、Ti、Zr、Cr、Ni、Ag、Co、Pt、Ni、Mo 各类金属,TiO_2、GaAs、Insb、AIN、Si_3N_4、Ni_3AI 各类绝缘与光材料,非晶类金刚石碳等。在外延生长半导体薄膜领域,离子束溅射淀积变得非常有用,在高真空环境下,离子束溅射出来的凝聚粒子具有超过 10 eV 的动能。因此,即使在低基片温度下,也会得到较高的表面扩散率,这对外延扩散非常有利,离子束溅射的主要缺点是轰击到的靶面积太小,淀积率一般较低,而且,离子束溅射淀积也不适宜于淀积厚度均匀的大面积的薄膜。

典型离子束溅射淀积如图 5-51 所示。典型的离子束能量为 1 000 eV,淀积率约几个 nm/min(改进后某些薄膜可达 100 nm/min,如具有优越磁学特性的 NiFe 膜),压强要求较高在 1E-4~1E-7 torr,源与靶的距离可以达几百毫米。

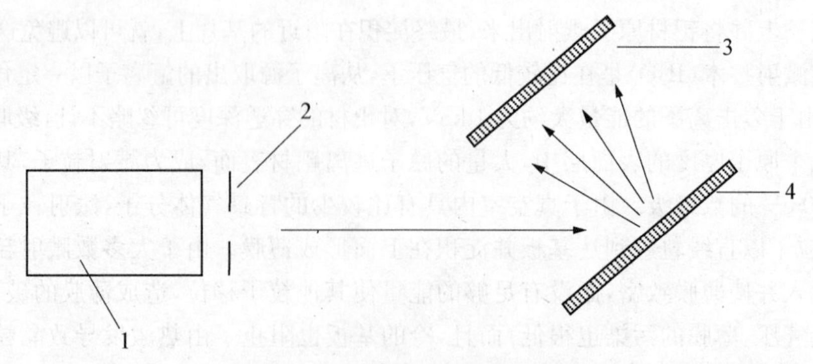

图 5-51 典型离子束溅射淀积

1-Ar ions;2-electrode plates;3-substrate;4-target

描述溅射现象的主要参量分别为溅射阈能和溅射产额。溅射阈能指的是开始出现溅射时初级离子的能量；溅射产额指的是一个初级离子平均从表面上溅射的粒子数。溅射阀能对低能区的溅射产额有决定性的影响。虽然可以用 Ne^+、Ar^+、Kr^+、Xe^+ 几种离子作为入射离子进行溅射，但是阀能数据主要取决于靶材的类型，即与靶材的升华热有关。溅射产额与入射夹角有关。入射方向与法线的夹角为 80°～85°时溅射产额最大，但对不同的材料，增大情况不一样。这是因为当入射角 θ 增大时，入射离子的能量更多地耗散在靶近表面区，使溅射产额增大。但当 θ 过大时，入射离子弹性散射的概率增大，传给靶导致溅射的能量减少，因而使溅射产额急剧下降。在以前的固态离子束溅射模拟中，在计算溅射产额时认为溅射表面是非常平滑的，实际上，在溅射靶表面上不可避免地存在一些微观孔洞。所以，在实际过程中，溅射产额与靶表面的关系总是高于或低于基于光滑表面所计算出的值。例如靶表面存在有锥形孔的溅射产额比相应光滑表面的溅射产额低。相反，若在靶表面上创造一些菱形的孔或者三角形的沟槽，则溅射产额就随之增加。

离子束溅射技术有着很广阔的应用前景。我们知道，理想的薄膜应该具有光学性质稳定、无散射和吸收、机械性能强和化学性质稳定等特征，而离子束溅射技术正好提供了能够达到这些要求的技术平台。目前离子束溅射技术的应用领域不断地被拓宽，并且应用的光谱波段也早已从可见光拓宽到红外、紫外、X 射线等范围。离子束溅射技术在光纤、计算机、通信、纳米技术、新材料、集成光学等领域即将发挥其强大的作用。尤其信息时代的到来，光纤通信发挥越来越大的作用，其中关键的器件就是波分复器，离子束溅射技术正是研制、开发波分复器的优选技术方案。可见，离子束溅射技术在将来一定有着更加广阔的应用前景，引 起人们的更加重视。

2. 离子束辅助增强淀积

离子束辅助增强淀积 IBAD(ion beam aided sputtering)是一种将离子注入和常规气相淀积镀膜结合起来因而兼有二者优点的交叉技术。IBAD 的基本特征都是在气相淀积镀膜的同时，用具有一定能量的离子束轰击以辅助，由于离子轰击引起淀积膜与基体材料间的原子互相混合，离子注入与淀积原子的反冲共混有助于界面共混层的宽化，提高了膜基结合力，大大改善了膜与基体的结合强度，所以，离子束轰击在离子束辅助淀积镀膜中的重要作用之一是增强膜层与基体材料间的结合强度。采用多靶离子束淀积方法还可以改善薄膜的性能，主要表现在：

① 强吸附原子的表面迁移；

② 模拟薄膜形成的早期步骤，如成核、生长、成膜；

③ 促进择优取向生长；

④ 低基片温度的外延；

⑤ 非晶薄膜的晶化和晶态薄膜的非晶化；

⑥ 增强薄膜与基片间的附着力；

⑦ 薄膜应力的改善；

⑧ 模拟薄膜吸附效应和薄膜表面反应。

可根据需要来得到完全不同于基体材料的特殊表面层。

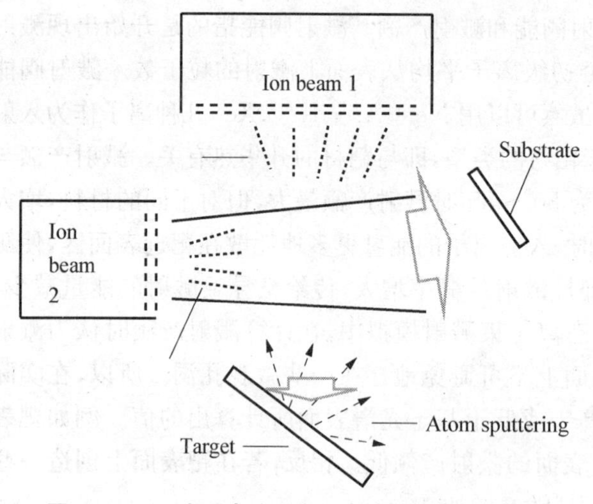

图 5-52 双离子束淀积离子束辅助淀积物理过程

注：其中一个低能离子束离子源 1 用于轰击靶材以使靶材原子溅射淀积在实验样品上，另一个离子束离子源 2 通常能量较高，起轰击注入作用。

双离子束淀积的基本过程如图 5-52 所示。离子束是由离子源产生的。在双离子束淀积系统中，第一个是惰性气体放电离子源(离子源 1)引出的离子束(Ar^+、Xr^+ 等)轰击靶产生溅射作用，溅射出的粒子淀积在基片上制得薄膜。第二个是反应气体放电引出的离子束(离子源 2)直接对准基片，使这种离子束对生长的薄膜进行动态照射，通过轰击、反应或嵌入作用来控制和改变薄膜的结构和性能。

较为常用的 IBAD 工艺有以下两种基本类型：第一种采用电子束蒸发作为气相淀积方式。其优点是可获得较高的镀膜速率，缺点是只能采用纯单质或有限的合金或化合物作为蒸发源，且由于合金或化合物各组分蒸气压不同，不易获得原蒸发源合金成分的膜层。第二种采用离子束溅射作为气相淀积方式，这种方法的优点有：溅射粒子自身具有一定的能量故其与基体有较好的结合力；金属与非金属元素的任意成分组合均可溅射；淀积膜层种类较多。不足之处在于淀积速率较低，且存在择优溅射的问题。

双离子束淀积可以形成多样性的薄膜材质，虽然这种镀膜技术所涉及的现象比较复杂，但是，通过合适地选择靶材及离子束的能量、种类等，可以制取各种金属、氧化物、氮化物及其他化合物等薄膜，特别是多组元金属氧化物、镶嵌材料、功能梯度材料和超硬材料薄膜。如采用溅射石墨靶同时辅以 Ar^+ 离子束轰击可制成类金刚石甚至金刚石薄膜。又如 IBAD 工艺中由于 Ar^+ 离子的轰击使淀积的 Cu 膜比纯蒸发 Cu 膜晶粒细小且致密度高。反应型 IBAD 制作的 TiN、TaN、CrN 薄膜具有高硬度、高抗蚀性等特点，硬度仅次于金刚石，立方 BN 薄膜，以及 TiC、TaC、WC、MoC 薄膜具有极高的热稳定化学性。利用氧离子辅助淀积 Zr、Y、Ti、Al 等，可以获得优质氧化物薄膜，这已成为光学膜研究的重要方面。采用多工位靶或两个(或多个)独立的蒸发源(或溅射源)同时或交替蒸发(溅射)形成膜层，同时辅以离子束轰击，即可形成膜层性能优良的多元膜或多层膜。如 Ti/TiN，Al/AlN 双层膜，TiN/MoS_2 双层膜，Ti(CN)、(Ti，Cr)N 双元膜等。可以预见这一方面的研究将是未来 IBAD 技术发展的重要领域。

5.3 薄膜的表征

薄膜特性表征包括形态、组分和性质三大类。形态包括厚度、均匀度、粗糙度等，组分例如薄膜的化学组分、化学键、构成薄膜的原子结构及其随薄膜厚度的分布，性质包括折射率、应力特征、密度等各类物理特征。所以，薄膜表征涉及的范围非常广泛。此外，薄膜的测量还包含了淀积过程中的即时测量和淀积之后的终测、破坏性和非破坏性表征，各类测量表征方法的测量设备装置也大相径庭。下面只针对集成电路常用的几种测量加以简单讲解，读者可以根据学习和工作需要学习其他相关专著。

集成电路里常用的是薄膜的厚度与电介质参数测量，薄膜的成分组分表征，薄膜结构的形态分析，薄膜的性质表征主要是薄膜的应力特征和热导率的测量。常用的工具有椭圆偏振仪 Ellipsometer 测量薄膜的厚度，AES、XDS、FIB、SEM/TEM/EDS、AFM/SPM 等用于薄膜的成分表征和结构的形态分析。薄膜应力的测量有很多方法，有直接测量薄膜变形量的方法和间接 X 射线衍射测量方法。薄膜的热导率则有静态和瞬态两大类。

5.3.1　薄膜厚度

集成电路工程中最常用的薄膜厚度测量首推椭圆偏振测量仪(Ellipsometry)，这是一种简单易行的、非破坏性的薄膜厚度与折射率测量方法。其次，可以用 SEM 和 TEM 方法(见下一节)通过切片与观察截面形态的方式测量薄膜厚度，结合 EDS 可对化学成分与组分一并进行分析。

椭圆偏振仪的原理是利用一已知偏振态之偏极光，入射待测物质，量测出射光与原先入射光间的偏振态变化，来反推待测物质光学特性。椭圆偏振仪测量薄膜厚度和折射率具有独特的优点，是一种较灵敏(可探测薄膜小于 0.1 nm 的厚度变化)、精度较高(比一般的干涉法高一至二个数量级)并且是非破坏性测量，是一种先进的测量薄膜纳米级厚度的方法。它能同时测定膜的厚度和折射率(以及吸收系数)。因而，目前椭圆偏振仪测量已在半导体集成电路制造业得到广泛的应用。这个方法的原理几十年前就已被提出，椭圆偏振仪(以下简称椭偏仪)的实验装置也不复杂，但实验数据处理却比较困难，不仅涉及非常复杂的三角函数计算，而且求解方程的非线性和非正定性更增加了数值计算的难度，一般很难直接从测量值求得方程的解析解。直到广泛应用计算机以后，才使该方法具有了新的活力。由于椭偏参数确立的方程是超越方程，无法直接由测量数据通过计算得到薄膜参量的解析解，因此由椭偏参数求得介质薄膜参数的计算便成为椭偏仪应用中的一个重要问题。

椭偏仪测量的基本思路是，起偏器产生的线偏振光经取向一定的 1/4 波片后成为特殊的椭圆偏振光，把它投射到待测样品表面时，只要起偏器取适当的透光方向，被测样品表面反射出来的将是线偏振光。根据偏振光在反射前后的偏振状态变化，包括振幅和相位的变化，通过解椭偏方程便可得到薄膜折射率和厚度，图 5 - 53 为一光学均匀和各向同性的单层介质膜。它有两个平行的界面，通常上部是折射率为 n_1 的空气(或真空)，中间是一层厚度为 d 折射率为 n_2 的介质薄膜，下层是折射率为 n_3 的衬底，介质薄膜均匀地附在衬底上，当一束光射到膜面上时，在界面 1 和界面 2 上形成多次反射和折射，并且各反射光和折射光分别产生多光束干涉，其干涉结果反映了膜的光学特性，可以测出相关角度与相位，并根据相关公式计算得到薄膜厚度与折射率。

设 ϕ_1 表示光的入射角，ϕ_2 和 ϕ_3 分别为在界面 1 和 2 上的折射角。根据折射定律有
$n_1 \sin \phi_1 = n_2 \sin \phi_2 = n_3 \sin \phi_3$

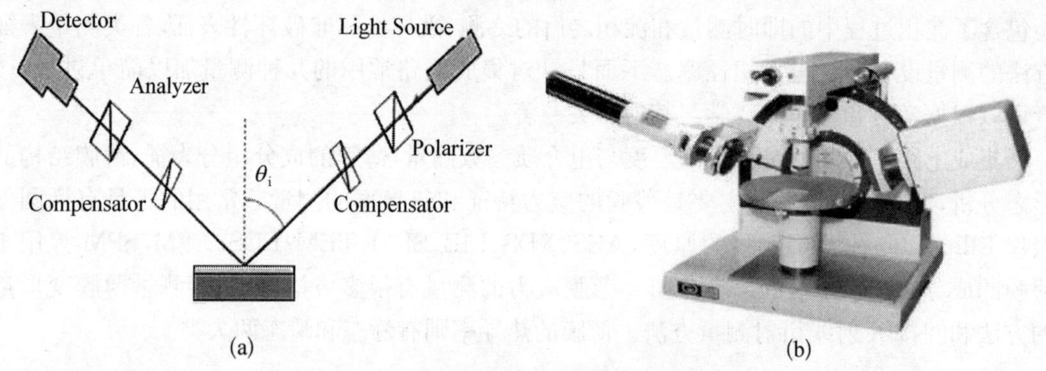

图 5-53 椭偏仪的原理(a)与测量装置(b)

光波的电矢量可以分解成在入射面内振动的 p 分量和垂直于入射面振动的 s 分量。若用 E_{ip} 和 E_{is} 分别代表入射光的 p 和 s 分量,用 E_{rp} 及 E_{rs} 分别代表各束反射光 K_0, K_1, K_2, …中电矢量的 p 分量之和及 s 分量之和,则膜对两个分量的总反射系数 R_p 和 R_s 定义为 $R_P = E_{rp}/E_{ip}$, $R_s = E_{rs}/E_{is}$,经计算可得

$$E_{rp} = \frac{r_{1p} + r_{2p}\mathrm{e}^{-i2\delta}}{1 + r_{1p}r_{2p}\mathrm{e}^{-i2\delta}}E_{ip} \tag{5-40}$$

$$E_{rs} = \frac{r_{1s} + r_{2s}\mathrm{e}^{-i2\delta}}{1 + r_{1s}r_{2s}\mathrm{e}^{-i2\delta}}E_{is} \tag{5-41}$$

式中,r_{1p} 或 r_{1s} 和 r_{2p} 或 r_{2s} 分别为 p 或 s 分量在界面 1 和界面 2 上一次反射的反射系数;指数上的 i 为虚数单位;2δ 为任意相邻两束反射光之间的位相差。

根据电磁场的麦克斯韦方程和边界条件,可以证明

$$r_{1p} = \tan(\phi_1 - \phi_2)/\tan(\phi_1 + \phi_2)$$
$$r_{1s} = -\sin(\phi_1 - \phi_2)/\sin(\phi_1 + \phi_2)$$
$$r_{2p} = \tan(\phi_2 - \phi_3)/\tan(\phi_2 + \phi_3)$$
$$r_{2s} = -\sin(\phi_2 - \phi_3)/\sin(\phi_2 + \phi_3)$$

$$2\delta = \frac{4\pi d}{\lambda}n_2\cos\phi_2 = \frac{4\pi d}{\lambda}\sqrt{n_2^2 - n_1^2\sin^2\phi_1} \tag{5-42}$$

$$\tan\psi.\mathrm{e}^{i\Delta} = R_p/R_s = \frac{(r_{1p} + r_{2p}\mathrm{e}^{-i2\delta})(1 + r_{1s}r_{2s}\mathrm{e}^{-i2\delta})}{(1 + r_{1p}r_{2p}\mathrm{e}^{-i2\delta})(r_{1s} + r_{2s}\mathrm{e}^{-i2\delta})} \tag{5-43}$$

式中,λ 为真空中的波长,d 和 n_2 为介质膜的厚度和折射率,2δ 是由相邻两反射光束间的程差,在椭圆偏振法测量中,为了简便,通常引入另外两个物理量 ψ 和 δ 来描述反射光偏振态的变化。它们与总反射系数的关系定义为椭偏方程,其中的 ψ 和 δ 称为椭偏参数(由于具有角度量纲也称椭偏角)。

由方程(5-42)和(5-43)可以看出，参数ψ和Δ是n_1，n_2，n_3，λ和d的函数。其中n_1，n_2，λ和ϕ_1可以是已知量，如果能从实验中测出ψ和δ的值，原则上就可以算出薄膜的折射率n_2和厚度d。这就是椭圆偏振法测量的基本原理。

5.3.2　成分分析和形态表征

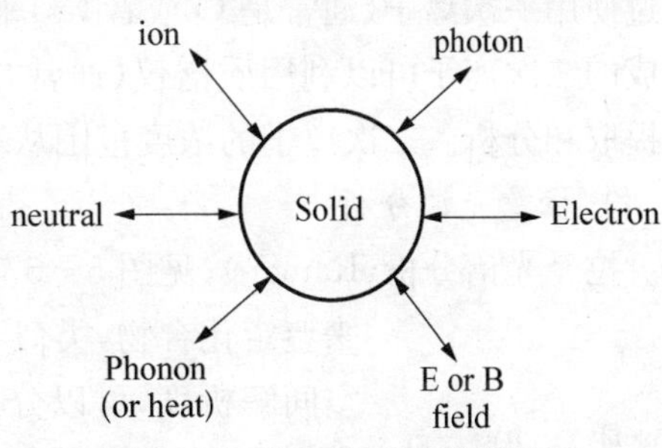

图 5-54　表面分析方法的特征

注：输入箭头表示探测粒子或手段，输出箭头表示发射粒子或波。

成分分析的基本原理是利用某种激发源作为一种探测束，有时还加上电磁热等的作用，使待测样品发射携带元素成分信息的拉子，实现化学组成、状态等方面的分析。到目前为止，对薄膜结构和成分分析的研究方法已达一百多种，它们的共同特征都是(见图 5-54)：利用一种探测束，如电子束、离子束、光子束、中性粒子束等，有时还加上电场、磁场、热等的辅助，从样品中发射或散射粒子波，这些发射的粒子可以是电子、离子、中性粒子、光子或声波，入射到靶上的粒子束或者发生弹性散射，或者引起原子中电子的跃迁。散射粒子或出射粒子的能量包含原子的特征，跃迁能量是已知原子的标识，因此，测量出射粒子的能量谱即识别了原子。通过检测这些粒子的能量、动量、荷质比、束流强度等特性，或波的频率、方向、强度、偏振等情况的分析，可以得到材料化学组成、原子结构、原子状态、电子状态等信息。

下面给出一些实际例子：

① 电子入、电子出：俄歇电子能谱(AES)；

② 离子入、离子出：卢瑟福背散射(RBS)；

③ X 射线入、X 射线出：X 射线荧光光谱(XRF)；

④ X 射线入、电子出：X 射线光电子谱(XPS)；

⑤ 电子入、X 射线出：电子探针分析(EMA)；

⑥ 离子入、靶离子出：次级离子质谱(SIMS)。

在此就出、入离子的种类和对应的成分表征的功能介绍几种常用的成分表征方法。

1. Auger 电子能谱

如图 5-55 所示，Auger 电子能谱(AES)是一种利用高能量电子束作为激发源的高灵敏度表面分析技术。由电子束激发产生的能量，刚好满足原子外围电子的束缚能，使电子恰能脱离并产生“Auger”电子。发射 Auger 电子所需的动能主要是由样品表面 5～10 nm 范围内的元素所决定。

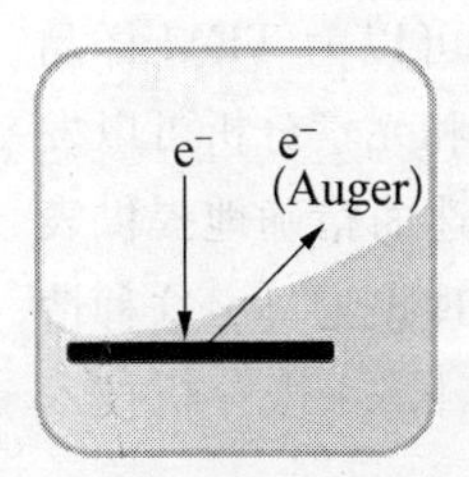

图 5-55　AES

电子束可以扫描一个可变尺寸的区域，或是直接聚焦在感兴趣的小面积区域。可将电子束聚焦在直径为 10～20 nm 区域的能力，使得 Auger 成为在分析小面积的样品表面元素特性是非常有用的工具。与离子溅射源结合使用时，Auger 就可以分析样品表面组成的深度分布。Auger 在冶金研究方面也具有广泛的应用，包括测量电解抛光医疗器械的氧化层层厚度。

2. 二次离子质谱

如图 5-56 所示，二次离子质谱(SIMS)可以探测浓度非常低的掺杂和杂质，也可以提供从几 Å 到几十 μm 范围内的元素深度分布。样品通过使用一次离子(通常是 O 或者 Cs)来进行溅射/蚀刻，在溅射过程中形成的二次离子可以利用质谱仪(通常是四极矩或者磁性分析器)来进行提取和分析。二次离子的浓度范围从基质到低于 ppm 等级。

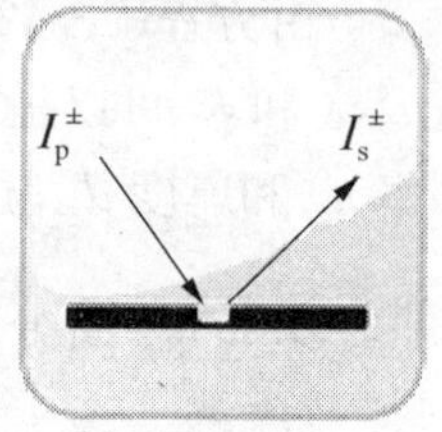

图 5-56 SIMS

3. 拉曼光谱分析

拉曼光谱分析(Raman)(见图 5-57)可用于确定样品的化学结构，并藉由测量分子振动来鉴定化合物，类似于傅里叶红外光谱(FTIR)，而 Raman 具有更好的空间解析度，可以分析较小的样品。Raman 是一个很好的技术，可用于有机和/或无机混合材料的定性分析，也可以用于半定量和定量分析。

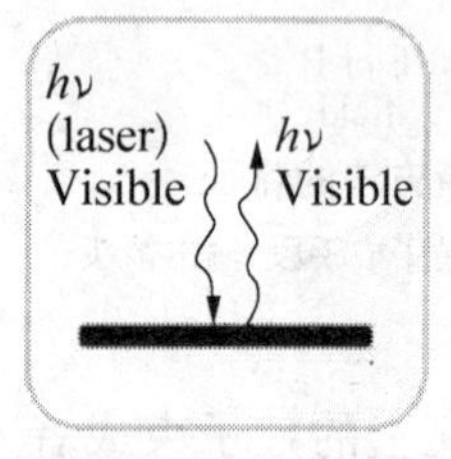

图 5-57 Raman

(1) 鉴定在块状和单颗微粒的有机分子、聚合物、生物分子和无机化合物。

(2) Raman 成像和深度分析可以得到混合物的成分分布图，如药物的赋形剂、片剂、药物释放支架涂层。

(3) 确定不同类型的碳(钻石、石墨、非晶碳、类钻碳、纳米碳 CNT 管等)，以及它们的相对比例，特别适合 CNT 类型的成分研究。

(4) 确定无机氧化物及其价态。

(5) 测定半导体以及其他材料的应力和晶体结构。

4. 聚焦离子束

聚焦离子束(FIB)仪器使用聚焦良好的离子束对样品作修改与取得图像。如图 5-58 所示，FIB 主要是在通过 SEM、STEM 和 TEM 成像后，取得非常精确的样品横截面或是执行电路修改。此外，FIB 可以侦测来自离子束或电子束的发射电子，用于直接成像。FIB 的对比度机制与 SEM 和 S/TEM 有所不同，因此在某些情况下就可以获得独特的结构信息。双束 Dual Beam 是将 FIB/SEM 两种技术结合成一个工具，利用 FIB 准备样品并且使用 SEM、TEM 或 STEM 仪器得到电子影像，而 Single Beam 的 FIB 只有一个离子束源。

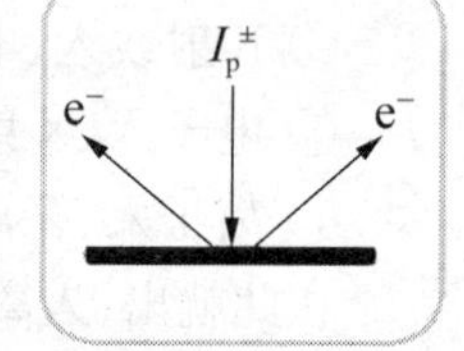

图 5-58 FIB

FIB 也是一种样品制备工具，可以准确地制造出样品的横截面，FIB 可以为 TEM 样品提供样品制备，FIB 制备样品被广泛使用在 SEM 中，其制样使 SEM 成像和元素分析可以发生在同一个多技术的机台中，在 AES 中也可以使用 FIB 制备样品，能快速而精确地提供表面的元素鉴别，当样品为小面积且难以获取时 FIB 是理想工具。这种情况常出现在半导体行业的 FA 分析中。(详见第 9 章 9.5.1 微分析技术及缺陷改善工程)

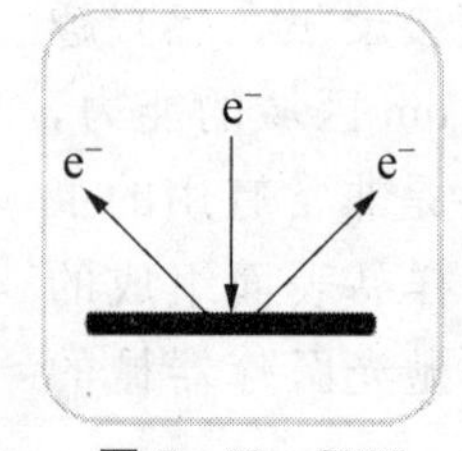

图 5-59 SEM

5. 扫描电子显微镜

扫描式电子显微镜(SEM)为样品表面和近表面提供高分辨率和长景深的图像(见图 5-59)。由于能够快速提供非常详细的图像，SEM 目前是最广泛使用的分析工具之一。与 EDS(能量色散 X 射线光谱)的结合测量，让 SEM 可以提供几乎整个周期表的元素鉴定。SEM 的应用范围包括故障分析、维度分析、制程特性、逆向工程和粒子鉴定。更多的 SEM 设备介绍请参阅“晶片的测试分析技术”章节。

6. 穿透式电子显微镜/扫描穿透式电子显微镜

穿透式电子显微镜/扫描穿透式电子显微镜(TEM/STEM)是密切相关的技术，主要是使用电子束让样品成像。使用高能量电子束，超薄样品的图像分辨率可以达到 1～2Å 的分辨率。与 SEM 相比，TEM 和 STEM 具有更好的空间分辨率，并且能够作额外的分析测量，但需要更多的样品制备(见图 5-60)。尽管与其他常用的分析工具相比，需要花费更多分析时间，但是通过 TEM 和 STEM 可以获得更丰富的信息。不仅可以获得出色的图像分辨率，也可以得到晶体结构特性、结晶取向(通过绕射实验)、产生元素图(使用 EDS 或 EELS)，并且得到明显的元素对比图(暗场模式)，这些方式都可以精确地定位到纳米等级的区域进行分析。TEM 和 STEM 是薄膜和集成电路样品的故障分析工具。

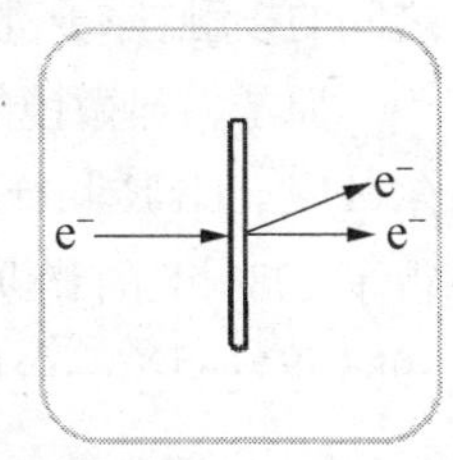

图 5-60　TEM

7. 能量色散 X 射线光谱

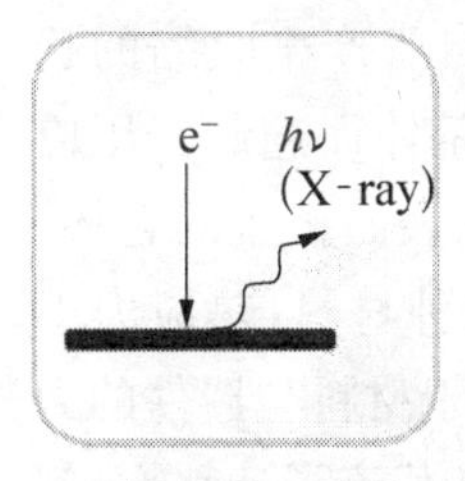

图 5-61　EDS

能量色散 X 射线光谱(EDS)是一种可以与扫描电子显微镜、透射电子显微镜和扫描透射电子显微镜配合使用的分析技术(见图 5-61)。当 EDS 和这些影像工具结合到一起时，可以提供直径小至 nm 的区域进行元素分析。电子束对样品的撞击会产生样品元素的特性 X 射线，EDS 分析可用于确定单点的元素成分，或者绘制出成像区域元素的横向分布。更多的 EDS 介绍请参阅第 9 章“9.4.3 常用微分析仪器介绍”相关内容。

8. 原子力显微镜

原子力显微镜(atomic force microscope, AFM)，也称扫描力显微镜(scanning force microscopy, SFM)是一种纳米级高分辨的扫描探针显微镜，优于光学衍射极限 1 000 倍，提供原子或近原子分辨率的表面形貌图像，能够定量样品的表面粗糙度到“Å”等级(见图 5-62)。除了提供表面图像之外，AFM 也可以提供形态的定量测量，如高度差和其他尺寸。另外，磁力显微镜(MFM)是 AFM 一种应用，能够绘制样品的磁域图。AFM 分析方法常用的案例包括：评估芯片处理前后的差异(SiO_2，GaAs，SiGe 等)，供三维表面形态影像，包括表面粗糙度、粒径大小、高度差和间距。

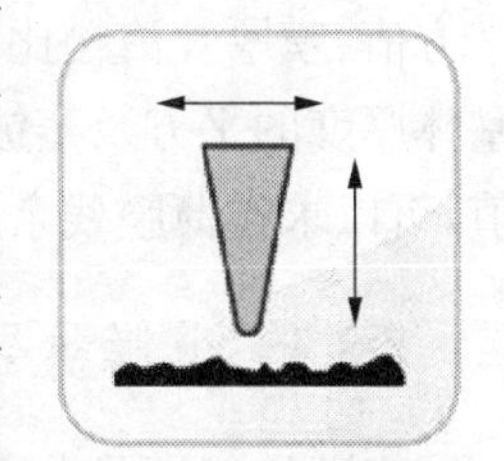

图 5-62　SPM/AFM

AFM 是纳米尺度操作材料，及其成像和测量最重要的工具。AFM 通过检测待测样品表面和一个微型力敏感组件之间的极微弱的原子间相互作用力来研究物质的表面结构及性质。将一对极端敏感的微悬臂一端固定，另一端的微小针尖接近样品，这时它将与其相互作用，作用力将使得微悬臂发生形变或运动状态发生变化。信息是通过微悬臂感受和悬臂上尖细探针的表面的“感觉”来收集的，而压电组件可以控制样品或扫描器非常精确的微小移动，用导电悬臂(cantilever)和导电原子力显微镜附件则可以测量样品的电流偏压；更高级的仪器则可以测试探针上的电流来测试样品的电导率或下表面的电子的移动，不过这种测试是非常艰难的，只有个别实验室报道了一致的数据。扫描样品时，利用传感器检测这些变化，就可获得作用力分布信息，从而以纳米级分辨率获得表面结构信息。AFM 就是利用微悬臂感受和放大悬臂上尖细探针与受测样品原子之间的作用力，从而达到检测的目的，具有原子级的分辨率。由于原子力显微镜既可以观察导体，也可以观察非导体，从而弥补了扫描隧道显微镜的不足。原子力显微镜(AFM)与扫描隧道显微镜(STM)最大的差别在于并非利用电子隧穿效应，而是检测原子之间的接触、原子键合、范德瓦耳斯力或卡西米尔效应等来呈现样品的表面特性。

原子力显微镜的前身是扫描隧道显微镜，是由 IBM 苏黎世研究实验室的海因里希・罗雷尔(Heinrich Rohrer)和格尔德・宾宁(Gerd Binnig)在 20 世纪 80 年代早期发明的，之后凭此获得了 1986 年的诺贝尔物理学奖。比宁(Binning)、魁特(Calvin Quate)和格勃(Gerber)于 1986 年发明第一台原子力显微镜，而第一台商业化原子力显微镜于 1989 年生产。

5.3.3 薄膜应力分析

薄膜淀积在基体以后，薄膜处于应变状态，若以薄膜应力造成基体弯曲形变的方向来区分，可将应力分为拉应力(tensile stress)和压应力 (compressive stress)。拉应力是当膜受力向外伸张，基板向内压缩、膜表面下凹，薄膜因为有拉应力的作用，而自身产生收缩的趋势。如果膜层的拉应力超过薄膜的弹性限度，则薄膜就会破裂甚至剥离基体而翘起。压应力则呈相反的状况，膜表面产生外凸的现象，在压应力的作用下，薄膜有向表面扩张的趋势。如果压应力到极限时，会导致薄膜的劈裂或脱落。由于薄膜与基体是两种材料，热应力不同，在不同的温度区域(尤其在高温时)会有不同的应力特征，薄膜应力对于材料与器件的力学特性与可靠性，及其对于电学器件的电特性(见利用拉应力与压应力提高载流子迁移率)都会产生影响。薄膜应力的表征测量方法大致可分为曲率法与 X 射线衍射法。

曲率法利用测量曲率的变化从而计算出应力，假设薄膜应力均匀，即可以测量薄膜蒸镀前后基体弯曲量的差值，求得实际薄膜应力的估计值，其中膜应力与基体上测量位置的半径平方值、膜厚及泊松比(Poisson's ratio) 成反比；与基体杨氏模量(Es, Young's modulus)、基体厚度的平方及蒸镀前后基体曲率($1/R$)的相对差值成正比。利用这些可测量得到的数值，可以求得薄膜残余应力的值。

5.3.4 薄膜热导率的测量

当固体温度分布不均匀时，将会有热能从高温处流向低温处，这种现象称为热传导。如果定义热流密度 J 表示单位时间内通过单位截面传输的热能实验证明热流密度与温度梯度成正比，比例系数 κ 称为热传导系数或热导率。为简单起见，假设温度 T 仅与 x 有关，在垂直 x 的平面内温度是均匀的，则有

$$J=-\kappa\frac{\mathrm{d}T}{\mathrm{d}x} \tag{5-44}$$

式中，负号表示热能传输总是从高温流向低温。固体可以通过电子运动导热，也可以通过格

波的传播导热，前者称为电子导热，后者称为晶格热导。绝缘体和一般半导体中的热传导主要是靠晶格格波的震动进行热传导。一般而言，金属的热导率最大，然后依次是半导体、绝缘体、液体和气体。表 5-5 列举了气态、液态和固态物质的热导率数量范围。

表 5-5　气态、液态和固态物质的热导率范围

物质种类	气　体	液　体	绝热材料	半导体	金　属
k(W/m·℃)	0.006～0.6	0.07～0.7	＜0.25	0.2～3.0	15～420

在所有固体中，金属是最好的导热体，大多数纯金属的热系数随温度升高而降低。金属的纯度对导热系数影响很大，其导热系数随其纯度的增高而增大，因此合金的导热系数比纯金属要低。非金属的建筑材料或绝热材料的导热系数与温度、组成及结构的紧密程度有关，对大多数均质固体。κ 值与温度近似呈线性关系，即

$$\kappa = \kappa_0(1 + \alpha T) \tag{5-45}$$

式中，κ_0 是温度为 0℃时的导热系数，a 称为温度系数，一般 κ 值随密度增加而增大，亦随温度升高而增大。对大多数金属材料，κ 为负值；而对大多数非金属材料，κ 为正值。

目前，测定这一热物性的方法就温度与时间的变化关系而言，可以分为稳态和非稳态两大类。稳态测量法原理清晰，可准确、直接地获得热导率绝对值，适用于较宽温区的测量，缺点是测定时间较长，而且对环境(如测量系统的绝热条件、测量过程中的温度控制以及样品的形状尺寸等)要求苛刻，常用于低导热系数材料的测量。其原理是利用稳定传热过程中，传热速率等于散热速率的平衡条件来测得导热系数。稳态测量法主要有热流计法和保护热板法两种。

1. 热流计法

热流计法是一种一维稳态导热原理的比较法。如图 5-63 所示，将厚度一定的方形样品插入两个平板间，在其垂直方向通入一个恒定的单向的热流，使用校正过的热流传感器测量通过样品的热流，传感器在平板与样品之间和样品接触。当冷板和热板的温度稳定后，测得样品厚度、样品上下表面的温度和通过样品的热流量。

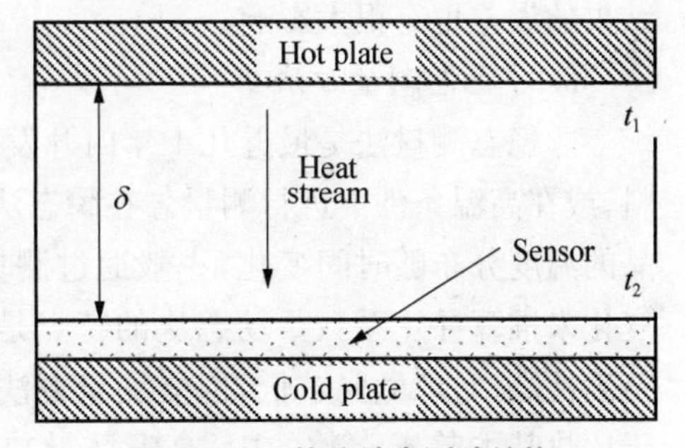

图 5-63　热流计发测试结构

根据傅立叶定律即可确定样品的导热系数为

$$\kappa = \frac{Cq\delta}{\Delta T} \tag{5-46}$$

式中：q 为通过样品的热流量，单位为 W/m；δ 为样品厚度，单位为 m；ΔT 是样品上下表面温差，单位为℃；C 为热流计常数，由厂家给出，也可用已知导热系数的材料进行标定得出。

热流计法适用于导热系数较小的固体材料、纤维材料和多空隙材料，如各种保温材料。在测试过程中存在横向热损失，会影响一维稳态导热模型的建立，扩大测定误差，故对于较

大的、需要较高量程的样品，可以使用保护热流计法测定，该法原理与热流计法相似，不同之处是要在周围包上绝热材料和保护层（也可以用辅助加热器替代），从而保证了样品测试区域的一维热流，提高了测量精度和测试范围。但是该法需要对测定单元进行标定。

2. 保护热板法

保护热板法的工作原理和使用热板与冷板的热流法导热仪相似。适用于干燥材料，一般采用双试件保护平板结构，在热板上下两侧各对称放置相同的样品和冷板，试件周围包有保护层，主加热板周围环有辅助加热板，使辅助加热板与主加热板温度相同，以保证一维导热状态。如图 5-64 所示，当达到一维稳态导热状态时，根据傅立叶定律得 κ 为

$$\kappa=\frac{q\delta}{A[(t_1-t_3)+(t_2-t_4)]} \tag{5-47}$$

式中，q 为主加热板的加热功率，δ 为样品厚度。

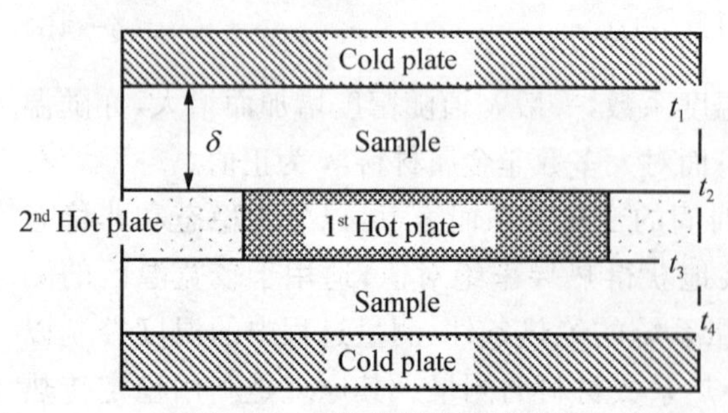

图 5-64 保护热板法测试结构

在已知样品尺寸、主加热板加热功率后，利用热电偶测得两样品上下表面的温度，由上式即可求得材料的导热系数。该法可用于温度范围更大、量程较广的场合，而且误差较小，可用于测定低温导热系数。缺点是稳定时间较长，不能测定含水分样品的导热系数，需先对样品进行干燥处理。样品厚度对结果精度有较大影响，在用该法对不良导体的导热系数测定时，发现试样厚度对导热系数有很大影响，因此，此法不宜测量不良导体的热导率。同时，试样侧面的绝热条对结果的误差也有很大影响。

3. 非稳态测量方法

非稳态测量法是最近几十年内开发出的导热系数测量方法，多用于研究高导热系数材料，或在高温条件下进行测量。在瞬态法中，测量时样品的温度分布随时间变化，一般通过测量这种温度的变化来推算导热系数。动态法的特点是测量时间短、精确性高、对环境要求低，但受测量方法的限制，多用于比热基本趋于常数的中、高温区导热系数的测量。常用的非稳态测量法是激光闪射法。

激光闪射法是一种用于测量高导热材料与小体积固体材料热导率的技术，该法最早由 Parker 提出。由于这种技术具有精度高、所用试样小、测试周期短、温度范围宽等优点而得到广泛研究与应用。该方法先直接测量材料的热扩散率，并由此得出其导热系数，适合于高温导热系数的测量。测定原理如图 5-65 所示。

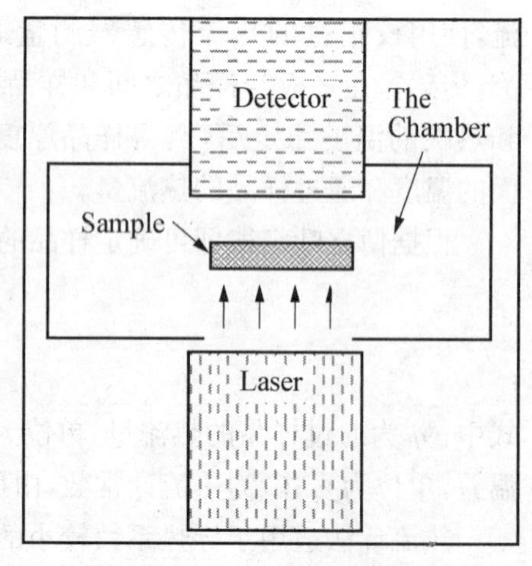

图 5-65 激光扩散法结构

t 时刻，在厚度为 L 的均质薄片状试样的正面加上一个具有一定脉冲宽度的激光，用热电偶测出试样背面的温度变化曲线以及温度升高达到最大值的二分之一时的时间 $t_{1/2}$。根据 Parker 方程，对于厚度 L 的绝热固体，假定瞬时脉冲能量 Q 在 $X=0$，则测试背面的温度变化可表示为

$$T(L,\ t)=\frac{Q}{\rho CL}\left[1+2\sum_{n=1}^{\infty}(-1)^{n}\exp(-n^{2}\pi^{2}\alpha t/L^{2})\right] \tag{5-48}$$

式中，ρ 为材料密度，C 为材料比热，α 为材料热扩散系数，显然，当 $t\to\infty$，温度达到平衡。温度上升变化速度如图 5-66 所示。图 5-67 德国 NETZSCH 的 LFA447 激光闪射法导热系数测量仪。

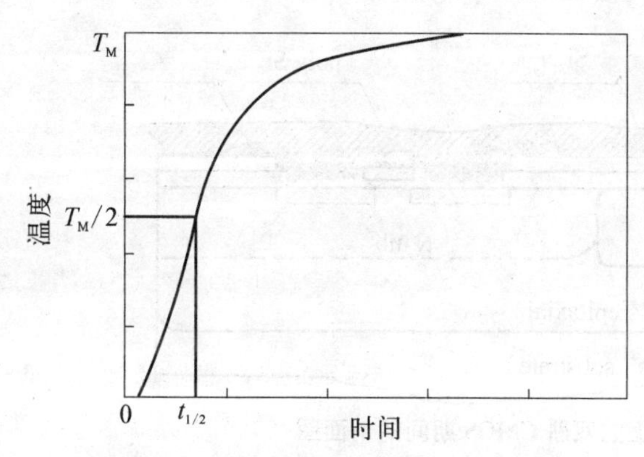

图 5-66　激光闪射形成的温升变化速度

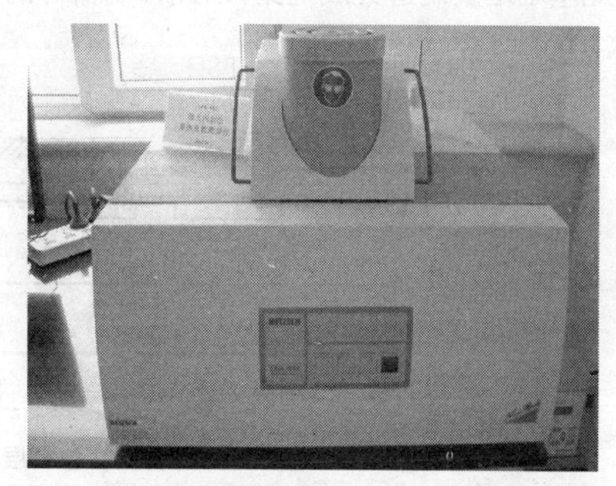

图 5-67　德国 NETZSCH 的 LFA447 激光闪射法导热系数测量仪

注：温度范围：RT～300℃，氙灯能量：10 J/pulse（功率可调）；红外检测器，进行非接触式的样品表面温升信号测试；热扩散系数范围：0.01～1 000 mm²/s，导热系数范围：0.1～2 000 W/mK，样品直径：12.7（圆形），样品厚度：1 或 2 mm；依据标准：GB/T 22588－2008 闪光法测量热扩散系数或导热系数。

当时间为 $t_{1/2}$ 时，则有热扩散系数为

$$\alpha=\frac{0.138\,8L^{2}}{t_{1/2}} \tag{5-49}$$

然后可得导热系数为

$$\kappa=\alpha C_{p}\rho \tag{5-50}$$

式中，C_p 为热容量，α 为材料热扩散系数，ρ 为材料密度。

5.4　集成电路常用薄膜

需要说明的是，这里所指薄膜层不仅包含了不同材质，而且也包含了对同一种材质选择性

的(一维和二维)通过掺杂和改性处理而形成不同电学(例如导电性、阈值电压、穿通电压、降低PN结的电场,等等)和力学(例如利用晶格应力调整导电沟道的载流子迁移率)特性的层面和区域,广义的统称为"薄膜"。之前的内容侧重于介绍薄膜形成的工艺原理,接下来的内容将侧重于对于薄膜的功用性及各类薄膜对于形成集成电路器件的性能所产生的作用和功效。

5.4.1 外延层

外延生长的新单晶层可在导电类型、电阻率等方面与衬底不同,例如,为了制造高频大功率器件,需要减小集电极串联电阻,又要求材料能耐高压和大电流,因此需要在低阻值衬底上生长一层薄的高阻外延层。比如可以在高掺杂硅衬底上生长低掺杂外延层(见图 5-68),并在此基础之上制造集成电路,以此抑制器件的闩锁(latch up)效应。

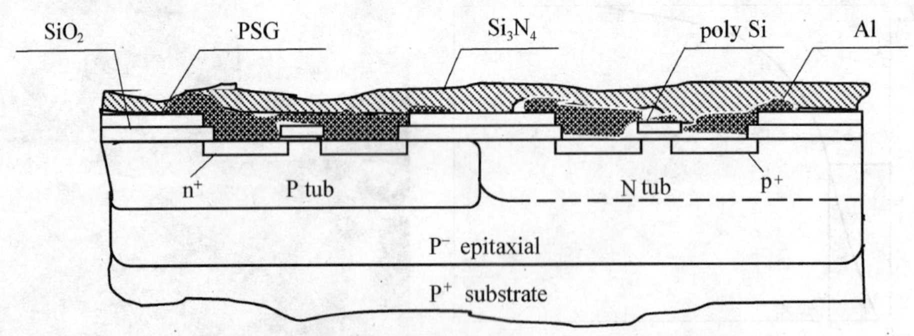

图 5-68 制作在外延层上的双阱 CMOS 期间的剖面图

外延工艺还广泛用于生长不同厚度和不同要求的多层单晶,从而大大提高器件设计的灵活性和器件的性能。异质结双极晶体管(HBT, Hetero-junction Bipolar Transistor)的基区就引入异质结硅锗外延,在外延过程中掺入元素锗,通过减小能带宽度,使基区少子从发射区到基区跨越的势垒高度降低,从而提高发射效率,因而很大程度上提高了电流放大系数。在满足一定的放大系数的前提下,基区可以重掺杂,并且可以做得较薄,这样就减少了载流子的基区渡越时间,从而提高期间的截止频率,这正是异质结在超高速,超高频器件中的优势所在。

5.4.2 SOI 层

SOI(Silicon-On-Insulator,绝缘衬底上的硅)技术是在顶层硅和背衬底之间引入了一层氧化层,这层氧化层将衬底硅和表面的硅器件层隔离开来(见图 5-69)。通过在绝缘体上形成半导体薄膜,SOI 材料具有体硅所无法比拟的优点:可以实现集成电路中元器件的介质隔离,彻底消除了体硅 CMOS 电路中的 Latch-up 效应;采用这种材料制成的集成电路还具有寄生电容小、集成密度高、速度快、工艺简单、短沟道效应小及特别适用于低压低功耗电路等优势,因此可以说 SOI 将有可能成为深亚微米的低压、低功耗集成电路的主流技术。

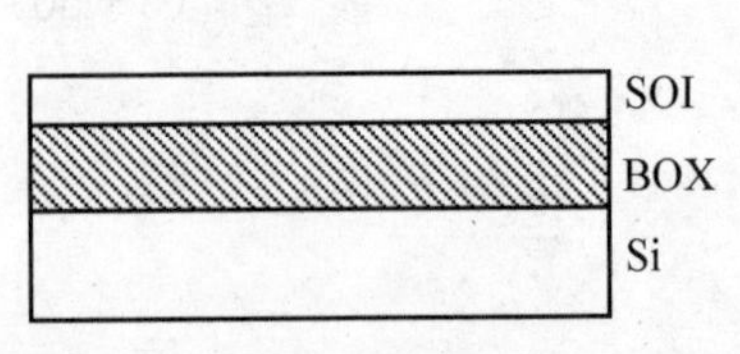

图 5-69 SOI(Silicon-On-Insulator,绝缘衬底上的硅)结构

SOI 的材料主要有注氧隔离的 SIMOX(Separation by Implanted Oxygen)材料、硅片键合和反面腐蚀的 BESOI

(Bonding-Etchback SOI)材料和将键合与注入相结合的 Smart Cut SOI 材料。在这三种材料中，SIMOX 适合于制作薄膜全耗尽超大规模集成电路，BESOI 材料适合于制作部分耗尽集成电路，而随后跟进的 Smart Cut 智能剥离法结合了 SIMOX 和 BESOI 的优点，是非常有发展前景的 SOI 材料，它很有可能成为今后 SOI 材料的主流。

1. 注氧隔离技术

注氧隔离技术(SIMOX)是发展最早的 SOI 圆片制备技术之一，曾经也是很有希望大规模应用的 SOI 制备技术。此方法有两个关键步骤：离子注入和高温退火，是高能量和剂量的氧离子注入和退火，注入能量/剂量分别为几十 keV，剂量在 1E18cm^{-2}左右。在注入过程中，氧离子被注入圆片里，与硅发生反应形成二氧化硅沉淀物，1 150℃退火 2 h，得到表面下 380 nm 处形成 210 nm 厚的 SiO_2层，工艺流程如图 5-70 所示。SIMOX 技术十分成熟，源于其历史相当悠久。SIMOX 的缺点在于长时间大剂量的离子注入，以及后续的长时间超高温退火工艺，导致 SIMOX 材料质量的稳定性以及成本方面难以得到有效的突破，这是目前 SIMOX 难以得到产业界的完全接受和大规模应用的根本原因。SIMOX 的技术难点在于颗粒的控制、埋层(特别是低剂量超低剂量埋层)的完整性、金属沾污、界面台的控制、界面和表面的粗糙度以及表层硅中的缺陷等，特别是质量的稳定性很难保证。

2. 键合技术

通过在 Si 和 SiO_2或 SiO_2和 SiO_2之间使用键合技术(BESOI)，两个圆片能够紧密键合在一起，并且在中间形成 SiO_2层充当绝缘层。键合圆片在此圆片的一侧削薄到所要求的厚度后得以制成。这个过程分三步来完成(见图 5-70)。

(1) 在室温的环境下使一热氧化圆片在另一非氧化圆片上键合。

(2) 经过退火增强两个圆片的键合力度。

(3) 通过研磨、抛光及腐蚀来减薄其中一个圆片直到所要求的厚度。

键合技术的核心问题是表层硅厚度的均匀性控制问题，这是限制键合技术广泛推广的根本原因。除此之外，键合的边缘控制、界面缺陷问题、翘曲度弯曲度的控制、滑移线控制、颗粒控制、崩边、界面沾污等问题，也是限制产业化制备键合 SOI 的关键技术问题。成品率和成本问题是键合产品被量产客户接受的核心商业问题。此外，wafer A(见图 5-71)的减薄效率也是制约其实用化的一个因素。

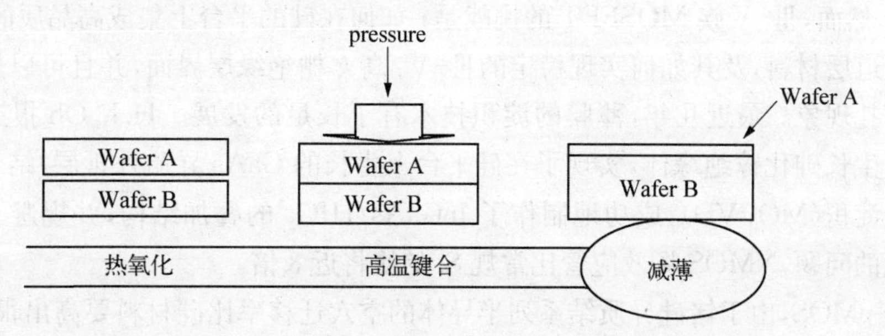

图 5-70 wafer bonding (bonding-etchback SOI) BESOI 技术

3. 智能剥离法

智能剥离法(Smart-Cut)是将 SIMOX 技术和 BESOI 技术相结合的一种新技术，具有两者的优点而克服了它们的不足，是一种较为理想的 SOI 制备技术。Smart-cut 工艺流程(见图 5-71)。

(1) 在室温的环境下使一圆片热氧化，并注入一定剂量 H+。

(2) 常温下与另一非氧化圆片键合。

(3) 低温退火使注入氢离子形成气泡令硅片剥离，后高温退火增强两圆片的键合力度。

(4) 硅片表面平坦化。

(5) 相比于前两种 SOI 制备技术，Smart-cut 技术优点十分明显。

(6) H+注入剂量为 $1E16cm^{-2}$，比 SIMOX 低两个数量级，可采用普通的离子注入机完成。

(7) 埋氧层由热氧化形成，具有良好的 Si/SiO_2 界面，同时氧化层质量较高。

(8) 剥离后的硅片可以继续作为键合衬底大大降低成本。减薄的效率也大大提高了。

因此，Smart-cut 技术已成为 SOI 材料制备技术中最具竞争力、最具发展前途的一种技术。自 1995 年开发该技术以来，已得到飞速发展，法国 SOITEC 公司已经能够提供 Smart-cut 技术制备的商用 SOI 硅片，并拥有其专利。

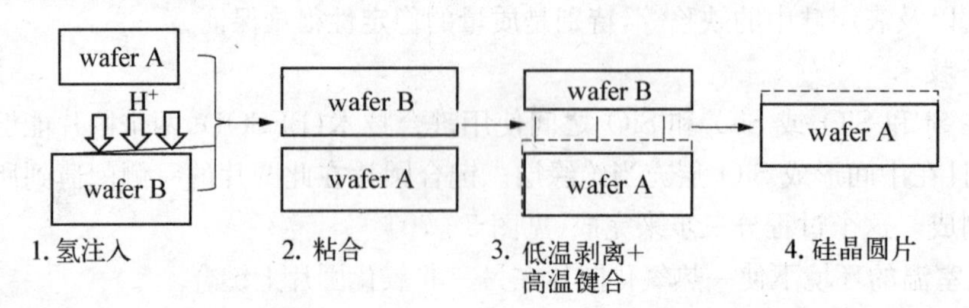

图 5-71　Smart-cut 技术

5.4.3　GaAs 和 Ge 有源衬底层

互补型金属氧化物半导体场效应栅极长度接近 10 nm 以后，传统的 CMOS 缩放面临着根本性的限制。表 5-6 对比了几类相关半导体材料的电学资质。可以看到，由于 GaAs 系列的Ⅲ-Ⅴ化合物半导体的电子迁移率比硅材料要高出很多，所以有可能替代 Si 来制作 nMOSFET，然而，Ⅲ-Ⅴ族 MOSFET 的挑战是：如何在硅的平台上集成高品质的 GaAs Ⅲ-Ⅴ系列的沟道层材料，及其如何实现稳定的Ⅲ-Ⅴ/高 k 栅绝缘层界面，并且可以规避常见的费米能级钉扎现象。最近几年，薄膜的淀积技术有了长足的发展。H.J. Oh 报道了在氧化硅上实现了生长砷化镓绝缘体，实现了在硅平台上生长的 GaAs 异质外延层，结合金属有机物化学气相淀积(MOCVD)，成功地制作了 $InGaAs/HfO_2$ 的叠加结构，并规避了界面的费米能级钉扎的问题，NMOS 场效应管比常规 Si 的快将近 3 倍。

而对于 pMOS，由于锗硅异质结系列半导体的空穴迁移率比硅材料要高出很多，所以可用来替代 Si 制作 pMOSFET。由于锗材料与硅材料的匹配较好，在硅的基底上制作锗硅系列的 pMOS 要相对的容易，M. T. Currie 与张雪锋小组通过在高 k 介质和 Ge 表面引入 $HfO_2/HfON$ 叠层栅介质制作出的 pMOS 器件，有效迁移率可达到硅的两倍左右。图 5-72

表5-6 几类半导体材料的电学性质

Semiconductor	Si	GaAs	InP	Germanium
Band Gap (eV)	1.1	1.43	1.35	0.66
Electron Mobility at 300 K (cm^2/Vsec)	1 500	8 500	4 500	3 900
Hole Mobility at 300 K (cm^2/Vsec)	450	400	150	1 900
Saturate Electron Velocity (10^7 cm/sec)	1.0	1.3	1.0	1.0
Critical Breakdown field (MV/cm)	0.3	0.4	0.5	0.1

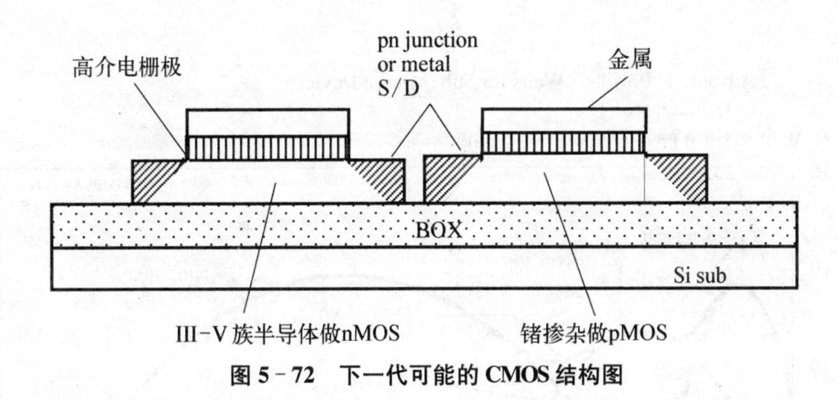

图5-72 下一代可能的CMOS结构图

展示了利用GaAs为nMOS,Ge为pMOS的下一代硅基CMOS结构,有望成为下一代IC CMOS的首选电路单元。

5.4.4 离子注入层

采用离子注入技术,可以改变硅的掺杂特性和应力特性。利用光刻掩膜、不同角度、不同注入能量和剂量的并行效果,可以构成在一维和二维尺度范围内的多维度结构和掺杂层,用于调整沟道区的电学特性。其目的多为获得和改善MOSFET器件的电学特性及可靠性性能。常见的电学特性有高掺杂源漏区(n^+/p^+ Source/Drain implant),阈值电压V_t的控制(尤其是兼容不同尺度的沟道长宽CMOS器件的V_t控制,ΔV_t implant、Pocket Implant),沟道漏电流的控制(Anti-Punch through implant),降低热电子效应以提高MOSFET可靠性(LDD implant,lightly doped drain)。此外,采用离子注入技术,可以改变硅的张力特性,形成异质结薄膜淀积结构,用于提高源漏区的结深及其施加一定的张应力提高载流子的迁移率。集成电路常用离子注入如图5-73所示。

1. *离子注入层:源漏层欧姆接触*

高掺杂源漏层用于制作M-S欧姆接触,为了使接触良好,以减小接触电阻,往往在金属与半导体交界的区域形成高掺杂区,依据掺杂种类被称为n^+或者p^+。依图5-74所示只有在Si的掺杂达到很高的($>1E19cm^{-3}$)时,耗尽层的厚度

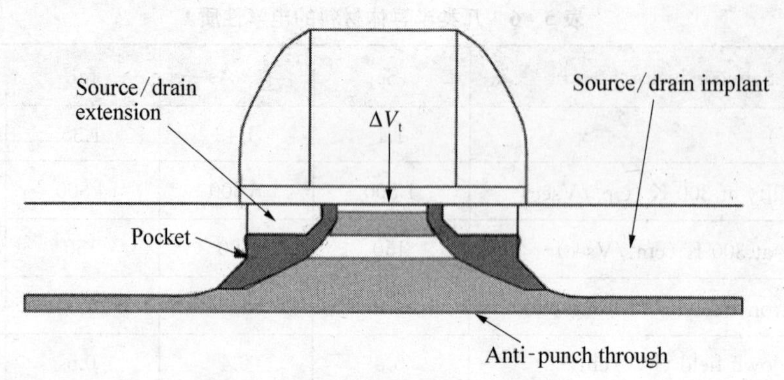

图 5-73　集成电路常用离子注入

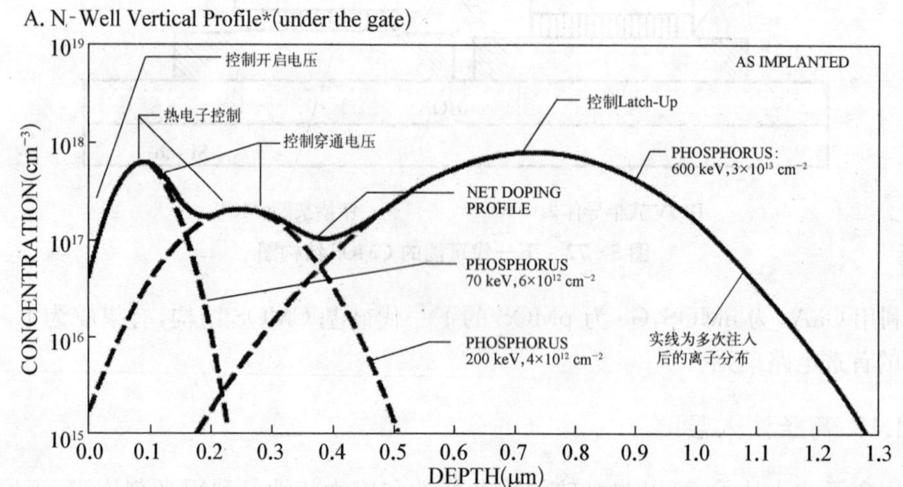

图 5-74　集成电路常用离子注入：深度、浓度、用途及其对应的注入元素、注入剂量、注入能量

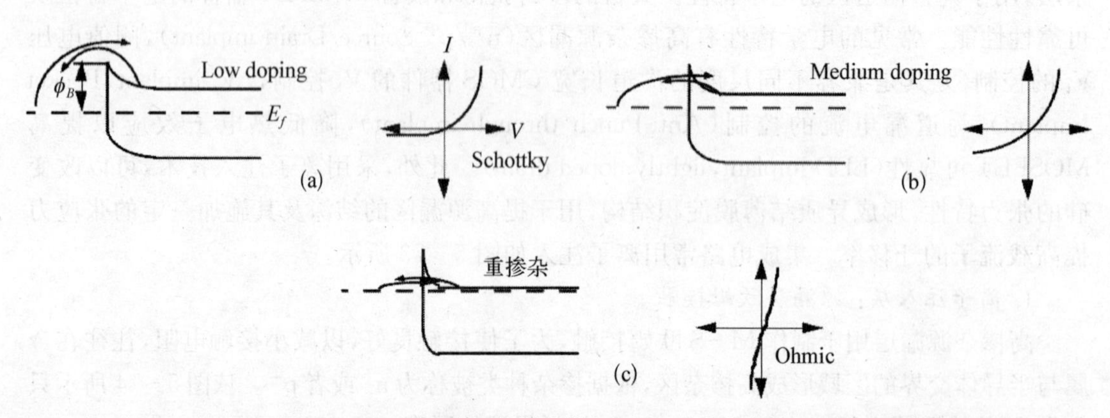

图 5-75　MS(Metal/Semiconductor)欧姆接触能带(只有在高掺杂的情况下才有量子隧穿发生)

(a) 热发射　(b) 欧姆场发射　(c) 隧穿

$$X_d = \sqrt{\frac{2K\varepsilon_o \phi_i}{qN_d}} \quad (5-52)$$

$X_d \leqslant 2.5 \sim 5$ nm，电子才可以以隧穿的方式穿越于金属与半导体之间，I－V 特性才呈线性，即所谓的 Ω 接触。否则，MS 接触为二极管特性的整流接触，接触电阻也偏大且正反向不对称。

接触电阻可以表达为

$$\rho_c = \rho_{c0} \exp\left(\frac{2\phi_B}{\hbar}\sqrt{\frac{\varepsilon_s m^*}{N}}\right) \quad (5-53)$$

式中，ϕ_B 是金属半导体接触势垒之差，N 为掺杂浓度，m^* 为有效质量。可见，掺杂浓度对接触电阻有很重要的影响。图 5－75 示出了接触电阻和掺杂、不同 M－S 接触势垒的关系。

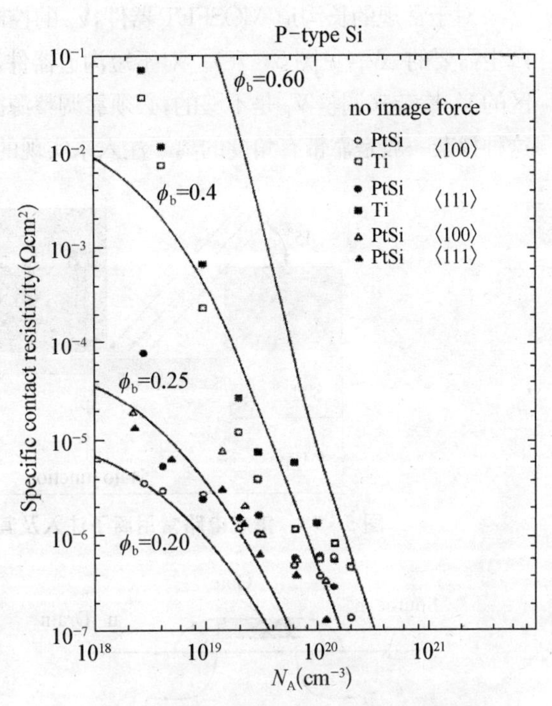

图 5－76 接触电阻和掺杂、不同 MS 接触势垒的关系（S. Swirhun, PhD Thesis, Stanford Univ. 1987）

2. 离子注入层：V_t 和沟道漏电流的控制

对于 MOSFET，沟道区的掺杂浓度、沟道的长度、宽度都会对阈值电压 V_t 造成影响，造成不同尺度与类型的 MOSFET 的 V_t 之间的差异。控制不同尺度和类型的 V_t 对于实现器件乃至整个电路系统的特性和功能都是至关重要的，尤其是对于整个系统，同一类器件的 V_t 的涨幅范围必须控制在一定的范围之内（见图 5－77）。

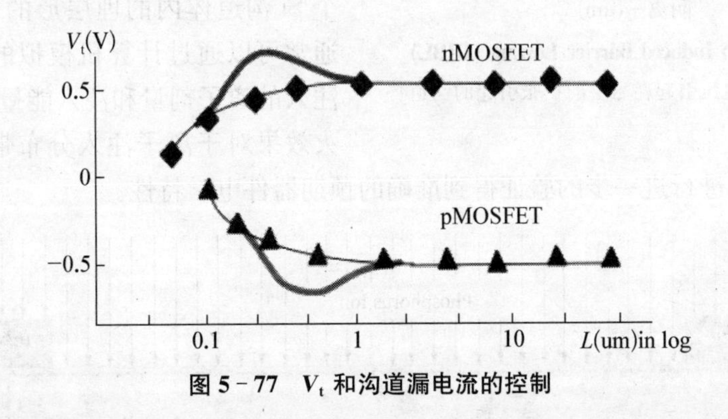

图 5－77 V_t 和沟道漏电流的控制

由图可知，nMOSFET 和 pMOSFET V_t 随沟道长度的减小而减小（绝对值），称为 V_t Roll-off。通过沟道掺杂和 halo 的调整（红线和绿线），减少了这个 V_t Roll-off 效应，但是，沟道宽度也会造成 V_t 的变化，所以也会看到 V_t 在 L 减少时有一个小幅度的增加，对于 IC 整个电路的设计而言，要考虑到所有尺寸 MOSFET 的电学参数以得出正确的总体电路特性。

对于常规的长沟道 MOSFET 器件，V_t 的控制主要是靠调整沟道区反型层下面的掺杂浓度来产生需要的 ΔV_t(见图 5-78)。对于短沟道器件，由于源漏区耗尽层的对沟道区的侵入，仅靠沟道区的 V_t 掺杂来调整 V_t 是不够的，必须靠调整源漏区和沟道区边界处的掺杂(HALO，or Pocket)，这种掺杂一般是靠带有角度的离子注入来实现的，角度的可选项多为 7°、25°和 45°。

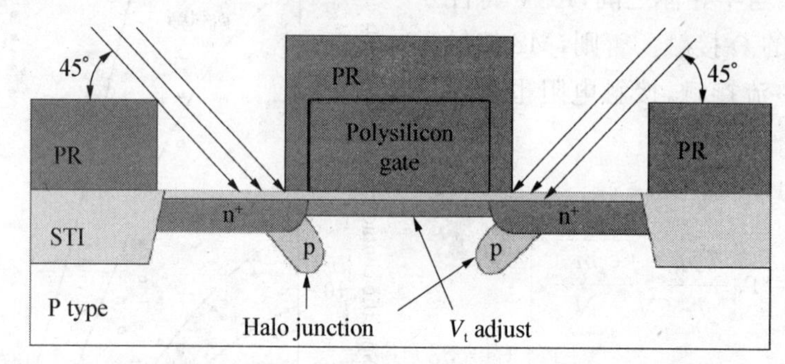

图 5-78　集成电路常用离子注入及其对应的注入剂量、注入能量、注入角度

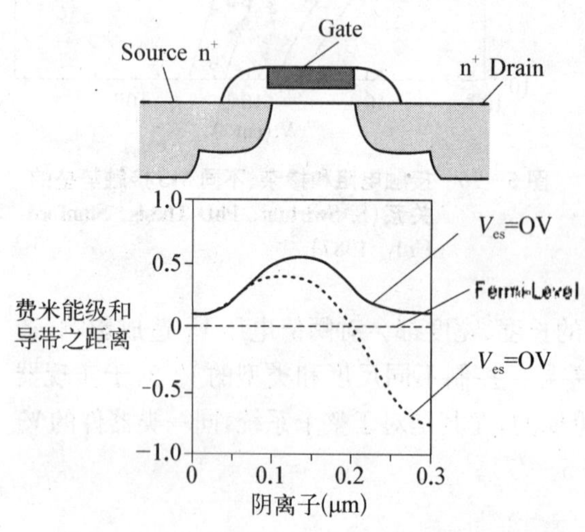

图 5-79　Drain Induced Barrier Lowing (DIBL)

注：由于漏极电压引起耗尽层的扩张引起的沟道势垒的降低。

而对于沟道漏电流的控制，主要是针对短沟道效应而导致的源漏耗尽层相接(Punch through)，从而引发的 p-n 结势垒的降低(DIBL)而造成的源漏漏电。从图 5-79 的能带图上可以看到，由于漏极电压引起耗尽层的扩张，进而引起整个沟道势垒的降低而引起沟道的漏电。

调整沟道区的掺杂可以提升费米能级而得到抑制 DIBL 的效果，这就是 Anti-punchthrough implant(见图 5-80)，它是一个 Si 沟道体内的埋层形的深度离子注入。通常可以通过计算机模拟的方法估算需要注入的离子剂量和注入能量，以及其后的退火效果对于离子注入分布带来的影响。然后还要通过实验进行进一步的验证得到准确的预期器件电学特性。

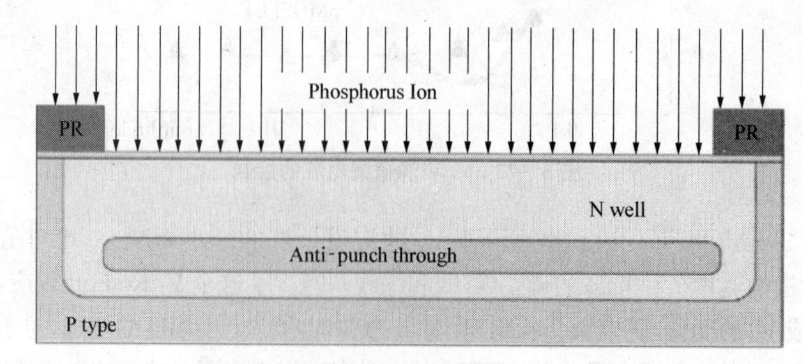

图 5-80　Anti-punchthrough implant

3. 离子注入层：LDD 离子注入层对于 MOSFET 可靠性的提高

热载流子是器件可靠性研究的热点之一。特别对于亚微米器件，热载流子失效是器件失效的一个最主要方面。MOSFET 通过加入 LDD 区，使结区电场减弱（见图 5 - 81）来降低热电子效应引起的器件退化。图 5 - 81(a)的计算机模拟结果说明 LDD 缓冲层降低了漏极的电场强度，从而有力地降低了热载流子的温度（能量），有效地减低了热载流子对栅氧化层的注入和破坏作用，提高了器件的可靠性。在实用工艺中，LDD 会增加源漏极的串联电阻，所以要综合考虑 LDD 掺杂的浓度与深度、宽度，通常会采用计算机模拟的方法来优化 LDD 的各项参数指标，然后以实验验证之。

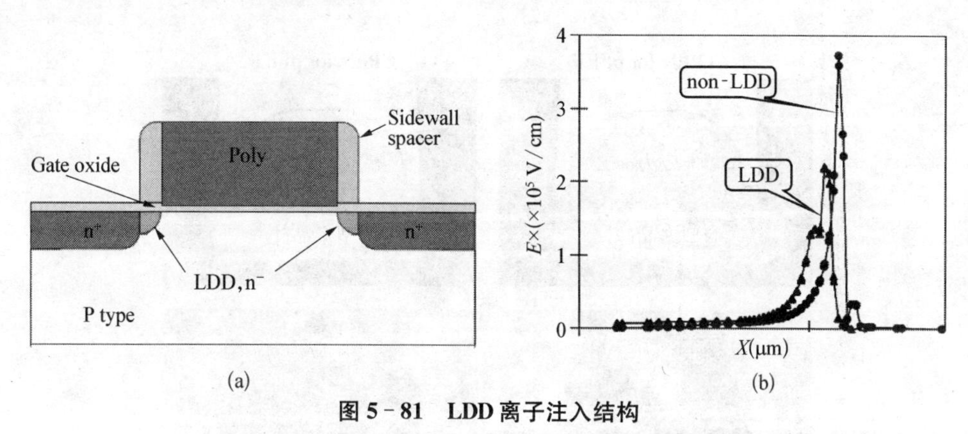

图 5 - 81　LDD 离子注入结构

(a) F. Duan etc 进行的计算机仿真模拟结果　(b) 同一沟道电压下的 MOSFET 源漏端的电场分布

注：图(b)中三角形的点为引入 LDD 后的电场分布，可以看到，LDD 使电场分布变得平缓，强度也有所降低。

4. 双阱 CMOS 工艺：高能量离子注入层产生 n 阱层和 p 阱层

CMOS 电路中既包含 NMOS 晶体管也包含 PMOS 晶体管，NMOS 晶体管是做在 P 型硅衬底上的，而 PMOS 晶体管是做在 N 型硅衬底上的，要将两种晶体管做在同一个硅衬底上，就需要在硅衬底上制作一块反型区域层，该区域被称为“阱”。而“阱”层的形成多为在低掺杂的硅衬底上用高能量离子注入加高温退火推进结深的方法而形成。

根据器件的性能需要和优化条件，阱层的掺杂浓度和密度分布可以通过注入能量、剂量和退火条件（时间和温度）进行调动。CMOS 工艺分为 p 阱 CMOS 工艺、n 阱 CMOS 工艺以及双阱 CMOS 工艺（见图 5 - 82）。其中 n 阱 CMOS 工艺由于工艺简单、电路性能较 p 阱 CMOS 工艺更优，从而获得广泛的应用。近年来由于 RF 器件在市场上的需要，双阱 CMOS 工艺得到了长足的应用，用来隔离硅衬底而降低硅衬底的高频损耗。在未来，引入的 SOI 可以规避 CMOS 所要求阱层工艺，优点是节省了一系列的隔离面积和杜绝了 CMOS 中 n 阱和 p 阱所带来的栓锁效应（Latch up）。

5. 引入应力层提高半导体器件的迁移率

衬底诱生应力、工艺诱生应力和采用不同的衬底晶向等三类方法都可以显著提高载流子的迁移率。一般来讲，张应力可以提高电子的迁移率而压应力可以提高空穴的迁移率。对于栅极周围的氮氧化硅薄膜工艺进行控制，可形成张应力和压应力两种类型的氮化硅薄膜。AMD 采用该方法制备的双应力层用以提高 NMOS 和 PMOS 的电迁移率，从而改善了器件性能（见图 5 - 83）。

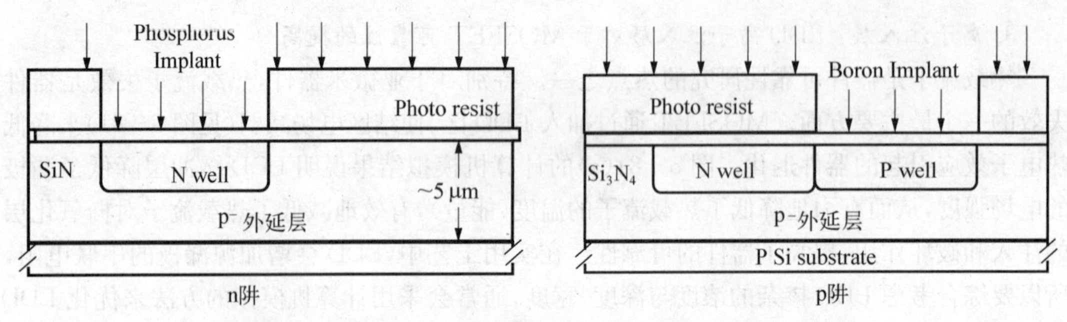

图 5－82　CMOS 工艺：高能量离子注入层产生 n 阱层和 p 阱层

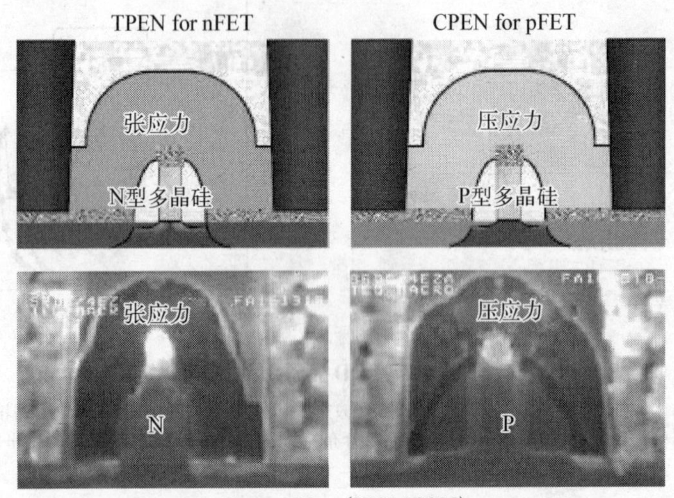

图 5－83　利用 SION 薄膜层在 NMOS 引入张应力 TPEN(Tensile Plasma Enhanced Nitride)和 pMOS 中压应力 CPEN (Compressive Plasma Enhance Nitride)

在 65/45 nm 技术工艺中，采用 Si 和 Ge 之间的晶格失配(Si 的晶格常数是 5.430 9Å 而 Ge 为 5.657 5Å)引入应力来提高载流子的迁移率。Intel 采用对 pMOS 源漏极刻蚀后外延锗硅层，从而引入沟道压应力以提高空穴的迁移率(达 35%)。IBM 在硅锗上引入应变硅

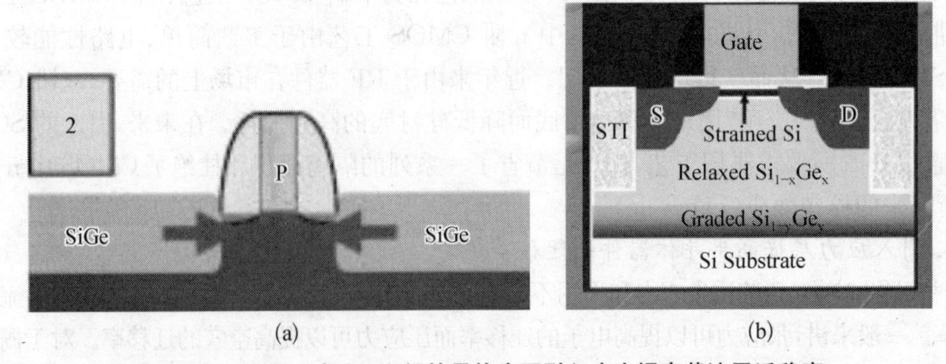

图 5－84　采用 Si 与 Ge 之间的晶格失配引入应力提高载流子迁移率

(a) 利用 Si 与 Ge 的晶格失配在 nMOS　(b) pMOS 中引入张应力和压应力来提高电子和空穴的载流子迁移率

(strain silicon)外延，由于硅跟锗硅晶格常数失配而导致硅单晶层受到下面锗硅层的拉伸应力(tensile stress)，从而提高了电子的迁移率，提升了 nMOS 的工作电流。综合这两项，也在一定的程度上提升了 CMOS 电路的工作电流和性能(几十%)，如图 5 - 84 所示。

5.4.5　栅层工艺

1. 概述

栅极有两个主要部分组成：上导电层(如金属栅极或多晶硅)和绝缘介质层(如氧化层、氮氧化层、高介质常数栅绝缘层)。应该说，栅层的制作历史走了一个 ABA 的循环：从铝金属栅极(NMOS)→多晶硅栅极(CMOS)→双金属栅极(CMOS)。

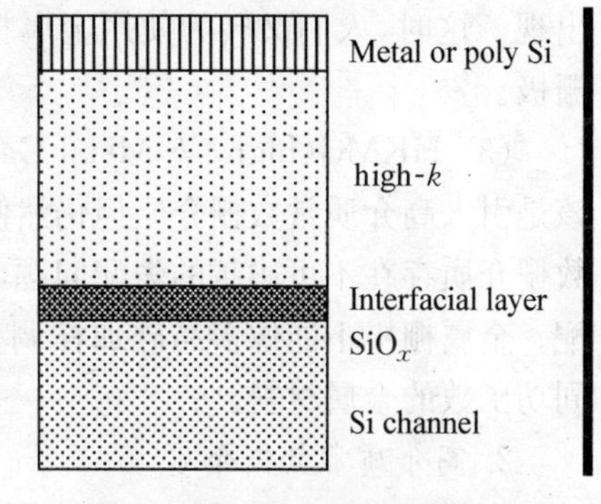

图 5 - 85　MOSFET 栅层的结构

(1) Al+SiO_2。最早期的 MOSFET 集成电路使用 Al 来做金属栅极，SiO_2 作为栅绝缘层。这个时期的 SiO_2 多用热氧化的方法生成，而 Al 多为 CVD 方法淀积而成。由于当时采用的电路设计是基于单型 nMOS 或 pMOS 器件，CMOS 还没有普及，系统和工艺都偏于简单。

(2) 多晶硅+SiON。在 20 世纪 90 年代，由于 CMOS 的显著性能优势，多晶硅代替了 Al 作为导电栅极。这主要是利用了多晶硅的费米能级可以通过掺杂很方便地加以调整，使 NMOS 和 PMOS 可以很容易地集成在 CMOS IC 里。MOSFET 的临界电压 V_t(threshold voltage)主要由栅极与沟道 Si 衬底材料的功函数之间的差异来决定，而因为多晶硅本质上是半导体，所以可以藉由掺杂不同极性的杂质来改变其功函数。更重要的是，因为多晶硅栅极和其下的硅之间能隙相同，因此在降低 PMOS 或是 NMOS 的 V_t 时可以藉由直接调整多晶硅的功函数来达成需求(见图 5 - 85)。

多晶硅生长主要是以低压化学气相淀积法来进行，是以 SiH_4 为反应气体在 625℃下进行 LPCVD 进行淀积，低压多晶硅生长可减少气相化学反应，而降低沉粒及孔洞缺陷的生成。利用电子回旋共振及射频等离子体增强化学气相淀积可以在较低的温度下(低于 400℃)下在 SiO_2 栅极上长出多晶硅，该工艺具有膜厚均匀，纯度佳，经济效益高等优点。

多晶硅搭配 SiO_2 栅介质及其后来的 SiON 栅介质，涵盖了集成电路发展的主要过程(从 1995 年到 2011 年)。引入 SiON 氮氧化硅的目的是与 MOSFET 器件的“等比例”缩小要求密切相关的。等比例缩小要求 MOSFET 器件的栅介质厚度需要按等比例减小，但当半导体技术进入 90 纳米时代以来，传统的单纯降低 SiO_2 厚度的方法遇到了前所未有的挑战，因为这时候栅介质 SiO_2 的厚度已经很薄(<2 nm)，栅极漏电流中的隧道穿透机制已经起到主导作用并且栅极的漏电亦不可忽略，这时，栅极漏电流也会以指数形式随着 SiO_2 厚度的降低而增长。当栅偏压为 1 V 时，栅极漏电流从栅极氧化层厚度为 3.5 nm 时的 1E - 12 A/cm^2 陡增到了 1.5 nm 时的 1E - 2 A/cm^2；即当栅氧化层的厚度减小约 1 倍时，漏电流的大小增长了 12 个数量级。而抑制栅介质 SiO_2 厚度减小的趋势之一，就是提高栅介质的介电系数 k。

因为传统栅介质SiO_2的k值是3.9，而纯的Si_3N_4的k值可达到7，通过SiO_2氧化膜里掺入氮使之成为致密的SiON来提高栅介质的介电系数。氮原子的掺入还能有效地抑制硼等栅极掺杂原子在栅介质中的扩散。同时，该方法仍然采用SiO_2作为栅介质的主体，因此与前期技术有良好的连续性和兼容性。

采用NO、ONO等堆栈结构可以增加栅电容的表面积以增大电容值，从而增加膜的物理厚度，达到减小漏电流、改善硼扩散和电容可靠性的问题。即便如此，制造出的膜厚也是有一定限度的，当小于1.5 nm后，器件的漏电流和电子隧道移动退化效应等问题就会出现。这时，人们又转为使用金属栅极与高介质常数栅绝缘层组合成第三代的集成电路栅极。

(3) HKMG(high-k Metal Gate)，金属栅极与高介质常数栅介质。本来理想的情况应该是引入高介质常数栅介质但仍然使用Poly Si作为栅电极，但是多晶硅栅电极与高介质常数栅介质存在不可逾越的失配问题，所以必须利用金属栅电极可高介质常数栅介质进行搭配。金属栅极不能像多晶硅那样调整费米能级，所以对于NMOS和PMOS要利用两种不同功函数的金属材料。

2. 高介质常数栅介质

取代传统的栅介质是一项非常艰巨而浩大的系统工程。传统的SiO_2不仅能和Si形成近乎完美的界面，而且具有优异的机械、电学、介电和化学稳定性，还可以作为工艺过程中光刻和刻蚀过程中的保护层或阻挡层。并且人们已经对SiO_2和Si间的理论模型和各种反应机理有了系统、全面而深入的研究。对于新型的高介电常数材料必须首先进行深入的预研，high-k材料必须满足下面的要求。

(1) 高介电常数k(～20)来维持驱动电流而减小漏电流密度。

(2) 较大的禁带宽度，与Si导带间的偏差大于1 eV。

(3) 与Si的匹配：在Si上有优良的化学稳定，在Si衬底上有良好的热力学稳定性，生产工艺过程中尽量不与Si发生反应，并且相互之间扩散要小。与Si界面质量应较好，新型介质材料必须与栅电极间的化学性能匹配。

(4) 界面态：high-k介质材料与Si的界面之间的界面态密度和缺陷密度要低，尽量接近于SiO_2与Si之间的界面质量，解决界面态引发的费米钉扎效应(Fermi Pinning Effect，使得金属栅的费米能级被钉扎Si禁带中央附近，无法实现双金属栅MOS器件所要求的阈值电压值)。

目前，研究的新型高hight-k材料主要包括Zr和Hf的氧化物和硅化物(见表5-7)。其中HfO_2和ZrO_2等过渡金属氧化物是近年来研究最为深入的栅介质材料，它们的禁带宽度以及与Si间的导带偏移量都满足对于下一代high-k栅介质材料的要求。IVB族金属氧化物HfO_2和ZrO_2薄膜具有相似的电子结构，这两种材料具有适中的介电常数k，理论值为20～25，比Si的介电常数3.9要大得多，为此可以在相同的等效氧化物厚度下具有较厚的物理厚度，这样可以减少隧穿的漏电流，从而提高器件的稳定性。除此之外，这两种材料还具有相对较宽的带宽、和Si之间合理的带隙偏移量以及在高温条件下在Si基材料上很好的热稳定性①②。它们被视为在下一代的互补型金属—氧化物—半导体(CMOS)器件中，传统的 SiO_2 栅介质材料的很好的替代材料。

表 5-7 栅介质层的候选材料及相关特性

材 料	介电常数 K	带隙 E_g(eV)	与 Si 的导带偏移(eV)
SiO_2	3.9	8.9	3.2
Si_3N_4	7	5.1	2
Al_2O_3	9	8.7	2.8
Y_2O_3	15	5.6	2.3
TiO_2	80	3.5	1.2
HfO_2	25	5.7	1.5
ZrO_2	25	7.8	1.4
Ta_2O_5	26	4.5	1.5
La_2O_3	30	4.3	2.3

在 high-*k* 材料选取时，热稳定性也是一个重要指标，因为集成电路工艺中不可避免地会接触到高温，比如退火工艺，所以希望所选取的栅介质在高温下能保持非晶态以及不和衬底 Si 发生反应。除此以外，high-*k* 栅介质与 Si 的界面质量也要很好以保证器件很好的工作。目前，任何一种有望替代 HKMG 的栅介质材料都不能完全满足这几点要求，任何一种新材料都表现出不同的特性，在器件的性能上都或多或少地存在某些不良的效果。作为候选的 hight-*k* 栅介质材料在 CMOS 器件的应用中，保持长达 10 年的可靠性也将成为科研工作者们所面临的一个挑战性问题。

3. 新的金属栅电极

由于 CMOS 工艺需要同时具备 NMOS 和 PMOS 器件，所以采用 high-*k* 材料/金属栅电极需要用两种金属材料分别制作 NMOS 和 PMOS，如图 5-86 所示，用于 NMOS 的金属功函数接近 4 eV；用于 PMOS 的金属功函数接近 5 eV。总的来说，HK/MG 就是使用两种不同“功函数”的金属(用以确保满足 V_t 要求)和一种绝缘材料。调整 NMOS 和 PMOS 器件的 V_t 需要金属具备 4.2 eV 和 5.2 eV 的功函数。所使用的金属也必须能够适应 CMOS 生产流程中为激活掺杂杂质而使用的高温热处理工艺。

由于传统的 CMOS 制造工艺并不与金属栅电极兼容，因此需要一套新的低热预算(Thermal Budget)的 CMOS 栅极制造工艺，常采用镶嵌工艺(single damascene or dual damascene)，将金属栅电极材料淀积在栅电极的沟槽中。对于金属栅淀积设备而言，则需要

① L. Kang, Y. Jeon, K. Onishi, B. H. Lee, W. J. Qi, R Nieh, S. Gopalan, and J. C. Lee, presented at the 2000 Symposium on VLSI Technology, Digest of Technical Papers, Honolulu, HA, June 15-17, Institute of Electrical and Electronics Engineers, Piscataway, NJ, 2000.

② 李驰平，王波，宋雪梅，严辉. 新一代栅介质材料——hight-*k* 材料[J]. 材料导报，2006，20(2)：17-20。

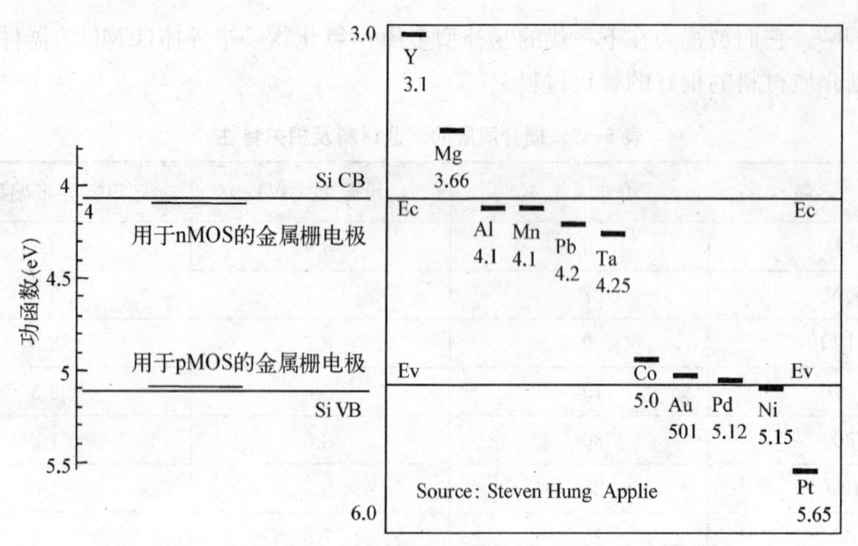

图 5-86　新的金属栅电极材料

将物理气相淀积技术(PVD)和原子层淀积技术(ALD)两者相结合。通过整合两项技术,依赖原子层淀积技术(ALD)的超强台阶覆盖能力,能够对狭小的栅电极沟槽进行材料覆盖,紧接着再使用先进的物理气相淀积技术(PVD)生长金属薄膜。ALD、PVD 金属和绝缘材料的淀积技术已经取得了重大的突破,依靠一些操作甚至能够根据需要调整器件的 VT。

目前(2014 年),HKMG 在探讨 gate-last 和 gate-first 两种工艺技术(见图 5-87)。gate-last 金属栅极结构的技术特点是在对硅片进行漏/源区离子注入操作以及随后的高温退火工步完成之后再形成金属栅极;与此相对的是 gat-first 工艺,这种工艺的特点是在对硅片进行漏/源区离子注入操作以及随后的退火工步完成之前便生成金属栅极。由于退火工步需要进行数千度的高温处理,而 gate-last 工艺则可令金属栅极避开高温退火工步,因此相

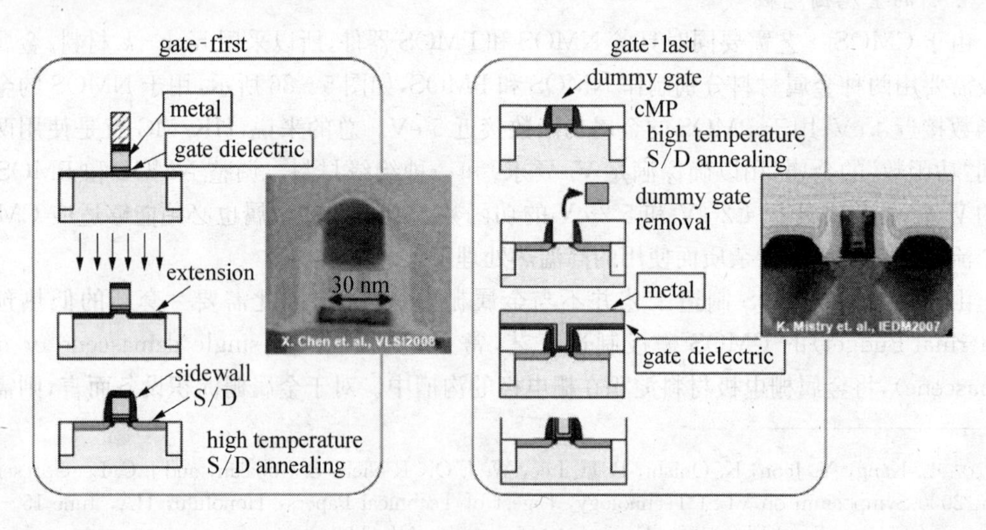

图 5-87　gate-first 和 gate-last 工艺的比较

注:gate-last 工艺的高温退火在栅极的形成之前,这是它的优点,但工艺较 gate-first 比较复杂。

比 gate-first 工艺而言，前者对用于制作金属栅极的金属材料要求更低，不过相应的工艺技术也更复杂，Intel 便是 gate-last 工艺的坚定支持者，而 IBM/AMD 则将采用 gate-first 工艺制作 32 nm 制程金属栅极。

4. 关于栅层工艺的争论

(1) Clifford 在 IEDM 会议上称：“high - k 绝缘层天生就需要更多的掩膜层结构才可以制作出来，而这种结构相对复杂，很容易产生制造瑕疵，对制造者而言是一个挑战。”

不过高通并没有完全关上 HKMG 的门。Clifford 表示：“仍然有一部分产品是需要采用 HKMG 技术制作的。”这其中包括为平板电脑以及部分“极高端”智能手机所设计的芯片产品。高通会选择在此类产品的运行频率需要提高到 2 GHz 左右时，再向这部分 28 nm 制程产品中引入 HKMG 技术。不过对大多数智能手机用芯片，高通则会坚持采用更便宜的 poly/SiON 技术制作芯片。

Clifford 还强调称，虽然高通非常渴望自己设计的芯片产品能够采用更先进的工艺来制作，但是为追逐摩尔定律而必须启用这些工艺所需的如 EUV 光刻设备以及其他关联技术的研究方面的巨额成本投资却令高通十分担忧。Clifford 说：“成本控制对我们而言非常重要。”

(2) 从技术角度看，在 IEDM 会展期间，高通技术主管 P.R. Chidambaram 则在一份描述其 28 nm 技术的文件中称，如果某种用于制作 HKMG 的工艺无法为沟道提供足够的沟道应变力，那么采用这种工艺制造出来的晶体管其性能便无法比采用传统 poly/SiON＋强效沟道硅应变工艺制作的晶体管高出多少。他表示：“HKMG＋强效沟道硅应变工艺的组合可以显著提升晶体管的速度，但是采用这种工艺的成本更高。因此这种工艺更适合于用在平板电脑或超高端智能手机的场合。而采用传统的 poly/SiON 工艺，则产品开发时间短，而且制程方面所负担的风险也更小，造出的芯片瑕疵密度也更低。”

目前大部分采用高通 Snapdragon 处理器核心设计的智能手机用芯片的运行频率均在 1 GHz 及以下的水平，而且还可以用启用双核设计的方法来进一步提升性能。高通公司的高级技术经理 Geoff Yeap 称高通目前售出的基于 Snapdragon 核心的芯片产品“数量非常巨大”，他还表示目前主要几家芯片代工厂在 high - k 工艺方面“都还准备不足”。

Yeap 表示高通晚些时候会将其部分产品转向使用 HKMG 工艺制作。虽然 HKMG 晶体管由于反型层电荷的增加其驱动电流值也更大，但是也因此而增加了管子的开关电容，而对高通而言，晶体管工作在线性电流特性区的电流驱动能力(Idlin)要比工作在饱和区的电流驱动能力(Idsat)更为重要。

而虽然 HKMG 工艺对解决栅极的漏电问题帮助甚大，但是这种技术对硅衬底(substrate)以及漏源极的漏电却没有很大的改善。而高通则在其采用 28 nm poly/SiON 工艺的晶体管中采用了阱偏置技术(well biasing，一种可以改变衬底偏置电压，以减小衬底漏电的技术)，以及包含门控时钟(clock gating，即在某模块空闲的时候可切断其时钟信号供应的控制门电路技术)和门控电源(power gating 即为在某晶体管模块空闲的时候可彻底切断其电源供应的控制门电路技术)等技术在内的多种电路技术来控制芯片的漏电损耗。Chidambaram 还介绍了该产品中应用的某种特殊的门控电源设计，并称这种技术是在高通和其未透露公司名的芯片代工伙伴的共同努力下开发出来的。

当然放开 HKMG 还是 poly/SiON 的话题不谈，光是从 45 nm 节点升级到 28 nm 节点，高通也可以从中获利不少，这部分相信大家都已经很清楚，这里不再赘述。

(3) 外界的看法。在 IEDM 会议上，许多技术专家都为高通决定仍走 poly/SiON 工艺路线的决定感到惊讶，因为一般都认为 HKMG 可以更好地控制沟道性能，而且工艺升级余地也更大。总体上看，目前 poly/SiON 工艺遇到的主要障碍是栅氧化层的等效厚度由于栅极漏电等问题的存在从 90 nm 节点制程起便难以进一步缩小，以至于需要依赖硅应变技术来提升晶体管的速度，而 HKMG 则可以解决这个问题。

(4) 关于高通 28 nm 产品代工商的推理分析：至于高通这些 28 nm 产品可能的代工商方面，台积电和 GlobalFoundries 都与高通有代工合作关系。而我们已经知道台积电将启用三种不同的 28 nm 制程工艺技术，这三种制程工艺分别是：1 -"低功耗氮氧化硅栅极绝缘层(SiON)工艺"(代号 28LP)；2 -"high - k + 金属栅极(HKMG)高性能工艺"(代号 28HP)；3 -"低功耗型 HKMG 工艺"(代号 28HPL)。所以从台积电的情况看其 28LP 工艺正好满足高通 28 nm 产品的规格。

而据 GlobalFoundries 此前公布的工艺技术路线图显示，GlobalFoundries 生产的 28 nm 低功耗(28 nm LP)及高性能(28 nm HP)芯片产品均会使用 gate-first HKMG 工艺。这样，除非 GlobalFoundries 没能代工大部分高通 28 nm 制程芯片，否则高通走 28 nm poly/SiON 工艺路线的决定，不免会令人猜测他们会不会为高通这个可以算作代工厂商最大客户的合作伙伴而对自己的工艺技术路线图做些修改。不过 Clifford 表示不愿为哪家厂商将代工其 28 nm 芯片产品作任何评论，称代工商的具体人选还在内部讨论的过程中。

有趣的是，尽管 GlobalFoundries 的发言人在 IDEM 会上大肆宣传称其 28 nm 工艺是基于 gate-first HKMG 工艺基础上的，但他又表示："不过，我们也本着特事特办的精神，正在为满足某些来自特殊客户的特殊请求而为某些特殊产品提供基于 28 nm Poly/SiON 制程的代工，这类产品并不需要 HKMG 技术带来的性能提升和漏电降低优势。"而且 GlobalFoundries 也不会为 28 nm Poly/SiON 技术建立一整套完备的电路设计系统。

他还表示 GlobalFoundries 转向 HKMG 工艺的计划"仍然在正常进行中，我们认为这种工艺对客户的吸引力是非常大的。我们预计 HKMG 会成为 28 nm 低功耗移动设备用产品，以及 28 nm 高性能设备用产品的绝对主流工艺"。GlobalFoundries 还称目前已经有多家客户的芯片产品处于硅片验证阶段，而且公司旗下的德累斯顿 Fab1 工厂也已经在测试相关的原型芯片，很快便会进入试产阶段。

GlobalFoundries 与台积电目前因所用 HKMG 工艺的不同而在市场上火药味很浓：GlobalFoundries 在 28 nm 会使用 gate first 型 HKMG 工艺，而台积电则会使用 gate-last HKMG 工艺。GlobalFoundries 还宣称自己的 gate-first HKMG 工艺在成本方面要比台积电的 gate-last HKMG 工艺节能约 10%～15%。

5.4.6 金属连线层

1. 概述

随着器件集成度的增加，晶片表面无法提供足够的面积来制作所需的互连线，为了配合

MOSFET 晶体管缩小后所增加的互连线需求，为了缩短器件间或器件与周边的通信时间，必须采用两层以上的 3D 金属化连线设计。基本上，多重金属互连线的制作是在完成器件的主体后才开始的，所以这个制作过程可以视为独立的半导体工艺流程，称为后段制作工序(BEOL，Back End of Line)。

20 世纪 90 年代末，金属连线体系由传统的 Al 连线系列过渡到 Cu 连线的系列(见图 5－88)，工艺程序也有了很大的不同。最早的 0.8 μm 工艺只用一层 Al 淀积来实现互联，然后由于小尺寸孔径的台阶覆盖问题采用栓塞(VIA)来连接上下的两层铝金属，到了 0.13 μm 工艺以后，后端工艺采用 Cu 代替了 Al，采用的是镶嵌工艺(damascene)也称为大马士革工艺方法，将铜互连工艺栓塞和铜连线工艺整合成一体化。铜图形化方法镶嵌工艺(damascene)最早在 1997 年 9 月由 IBM 提出来的，它采用对介电材料的腐蚀来代替对金属的腐蚀来确定连线的线宽和间距。镶嵌工艺分为单镶嵌和双镶嵌(Dual damascene)。它们的区别就是在于穿通孔和本身的工艺连线是否是同时制备的。除此之外，阻挡层、Cu 淀积籽晶种子层、化学机械抛光技术(CMP)是铜互联工艺的几项相关关键技术。

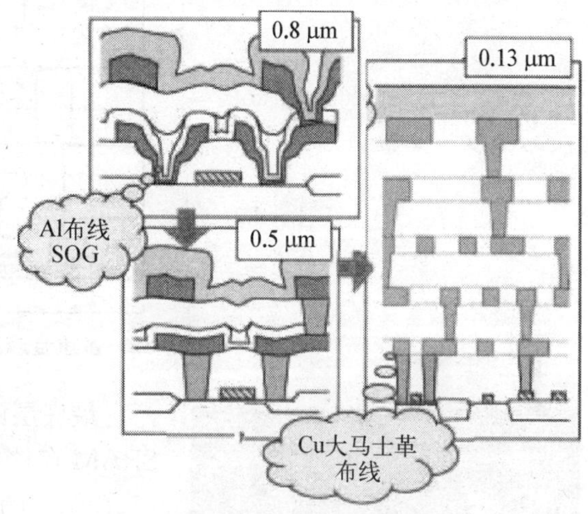

图 5－88　金属连线层发展历史，栓塞(VIA)的引入，由 Al 到 Cu 的变迁

表 5－8 示出了设计规则从 0.8 μm 到 0.13 μm 的变化过程中，布线层数、新材料和新工艺方法的引入和发展。

表 5－8　设计规则从 0.8 μm 到 26 nm 的变化过程中，布线层数、新材料和新工艺方法的引入和发展

	0.8～0.18 μm(<2005 年)	0.13 μm～26nm(>2005 年)
主流性质	形状导向技术	材料导向技术
布线层数	4～8	8～12
金属膜形成技术	Al 刻蚀、剥离	Cu－CMP
阻挡层金属	W	TiN
介质膜形成技术	常压 O_3－TEOS CVD(USG，BPSG)	low－k 材料，HDP－CVD(USG，FSG)

而作为后端工艺，Cu 互联连线系统成为 IC 设计制造的一个系统化工程。时至 2014 年，集成电路芯片上可以集成上亿个有源器件，而每个器件都须具备与外界通信的导体连线，必须采用 3D 连线结构，金属导电的层数已达到十几层以上，金属连线也按照元器件和电路、模块的功能分层次布局。通常，金属层结构划分为三大类(见图 5－89)。

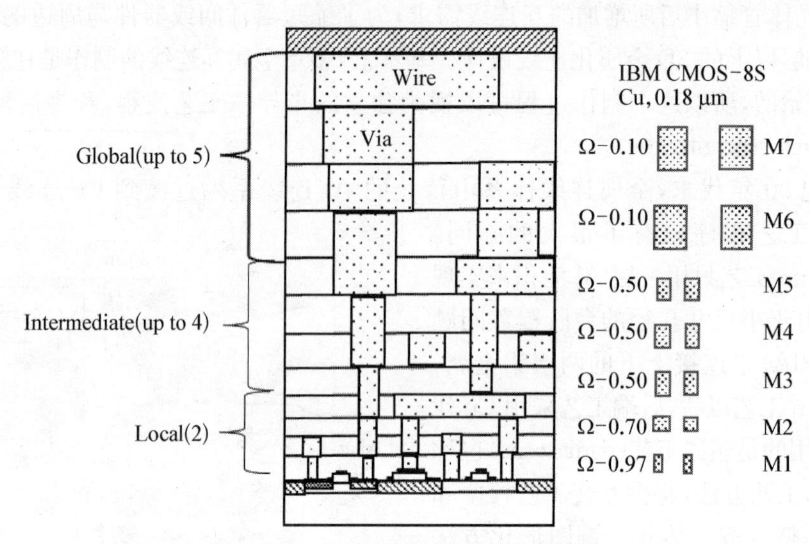

图 5-89　多重金属互连线的三类体系

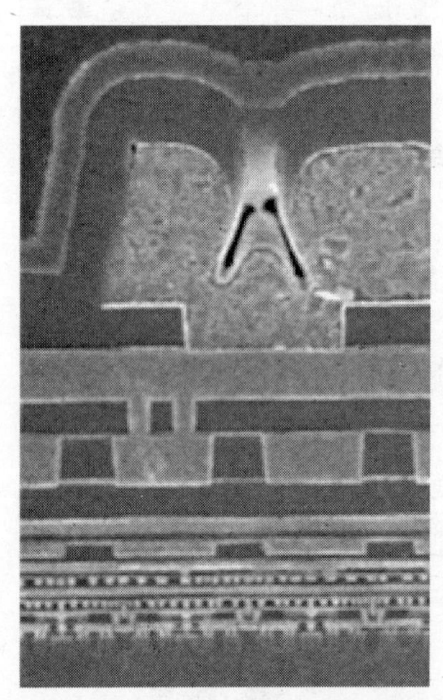

图 5-90　SEM：多重金属互连线的三类体系

注：可以明显的看出连线的三个层次，上面的金属层尺度上压大很多

最底层的第一、第二层多用于本地的短线连接，比如SRAM存储单元的内部连接、各种CMOS反相器、与非门、逻辑门的单元设计，等等。

中间的四五层多用于单元之间的中距离互联，这一层的金属比第一层要宽、要厚，以保证足够的导电性能。

最上面的几层更宽更厚，用于模块之间的长距离连接。

图5-90展示了SEM实际的这三个层次的金属连线结构。

而就多层复合金属化体系材质而言，后端工艺体系需由多种不同功能的导电薄膜与绝缘薄膜层组成：导电层包括半导体接触层（salicide），过渡层（缓冲层，如TiN、W）和金属连线层（如铝、铜）。

2. 半导体接触层

金属与半导体是两种不同类的材料，它们之间构成MS结，之间会有势垒差异，须在两者之间建立良好的欧姆接触。适用集成电路的主要材料是金属硅化物（salicides），金属硅化物在VLSI/ULSI器件技术中起着非常重要的作用，被广泛应用于源漏极和硅栅极与金属之间的接触，自对准硅化物（self-aligned silicide）工艺已经成为超高速CMOS逻辑大规模集成电路的关键制造工艺之一。该工艺减小了源/漏电极和栅电极的薄膜电阻，降低了接触电阻，并缩短了与栅相关的RC延迟。另外，它采用自对准工艺，无须增加光刻和刻蚀步骤。在深亚微米技术中形成的金属硅化物薄膜主要有硅化钛、硅化钨、硅化钴、硅化镍、硅化钼、硅化铂等。

电阻率与形成的温度是衡量 salicide 优劣的两项重要指标，电阻率越小，器件的性能就越好；温度越低，对已经形成的 MOSFET 性能影响就越小。表 5－9 列出了几类常见的 Salicide 的电阻率和形成温度。

表 5－9　金属硅化物(salicides)的电阻与形成的温度范围

Si	Thin film resistivity/μΩcm	Sintering temp/℃
PtSi	28～35	250～400
$TiSi_2$(C54)	13～16	700～900
$TiSi_2$(C49)	60～70	500～700
Co_2Si	100	300～500
CoSi	100～150	400～600
$CoSi_2$	14～20	600～800
NiSi	14～20	400～600
$NiSi_2$	40～50	600～800
WSi_2	30～70	1 000
$MoSi_2$	40～100	800～1 000
$TaSi_2$	35～55	800～1 000

当淀积的金属层形成硅化层时，将消耗基底的部分 Si 材料。如表 5－10 所示，每淀积一单位厚度的金属钛，会消耗掉 2.24 单位厚度的硅，并形成 2.5 单位厚度的 $TiSi_2$。对 $CoSi_2$ 而言，每淀积一单位厚度的 Co，会消耗掉 3.63 单位厚度的 Si，形成 3.49 单位厚度的 $CoSi_2$。对于制造浅结 MOSFET，源漏极 Si 的消耗是必须要考虑的一个因素。

表 5－10　各种硅化物形成所消耗硅基层厚度值

硅 化 物	金属厚度/nm	形成的硅化物厚度/nm	消耗的硅厚度/nm
$TiSi_2$	1.00	2.5	2.24
$CoSi_2$	1.00	3.49	3.63
NiSi	1.00	2.22	1.84
Pd_2Si	1.00	1.42	0.68
PtSi	1.00	1.98	1.32

$TiSi_2$ 虽然在所有硅材料中应用最广，然而当多晶硅栅极线宽缩小到 0.5 μm 以下时，TiSi 无法在狭窄的栅极上形成高导电性的 C_{54} 相，从而使栅极的导电性较差。$CoSi_2$ 虽然没有类似效应，然而 $CoSi_2$ 不能还原 SiO_2，所以事先需要对 Si 晶片进行必需的清洗。如图 5－91 所示，要得到相同的方块电阻，$CoSi_2$ 需要消耗较厚的硅基底，这也使浅结面的形成比 $TiSi_2$ 更受限制。

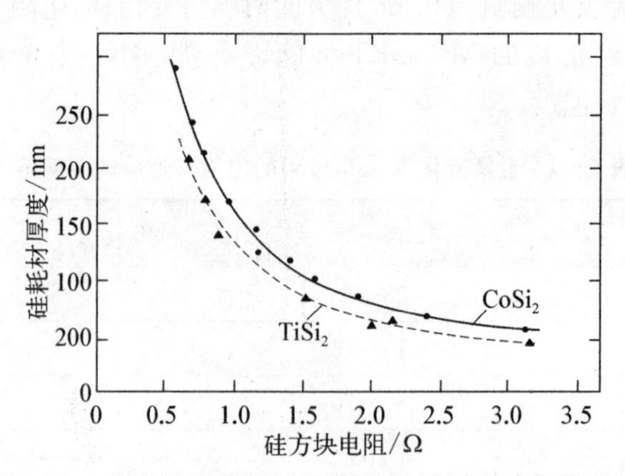

图 5-91　硅化物形成时所需消耗硅材与方块电阻的关系

此外，一些掺杂物在 $CoSi_2$ 中扩散速度很快，因此在用 p^+ 多晶硅做 P 型晶体管栅极的亚 0.25 μm 技术中，$CoSi_2$ 若直接连接 p^+ 和 n^+ 多晶硅时，可使 B 离子扩散至 N 型多晶硅，使 P 离子扩散至 P 型多晶硅，造成多晶硅特性的漂移。可采用 TiN/多晶硅的双层栅极来避免这一问题，如图 5-92 所示。

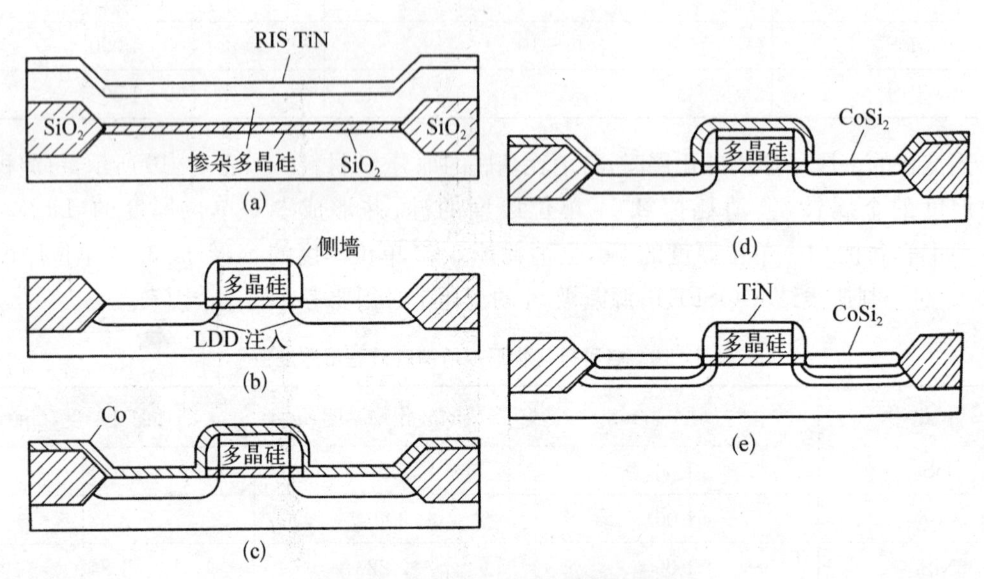

图 5-92　TiN/Poly-Si 的双层栅极结构

快速高温退火是应用于金属硅化物的形成的主要手段。在深亚微米器件制备工艺中，为避免源极/漏极的寄生串联电阻引起的晶体管驱动电流衰减，对源极/漏极区加以硅化处理已成为一种广为使用的技术。它可以由单纯源极/漏极区硅化处理或自行校准硅化处理来完成，自行校准硅化处理可同时实现源极/漏极和栅极区的硅化处理，对利用栅极作为导线的电路就更重要了。而随着器件尺寸的缩小，源极/漏极的结面变浅，所以源极/漏极的硅化层厚度也必须随之变薄，以避免形成漏电结面。举例来说，对 0.18 μm 线宽的工艺技术，其结面深度小于 0.1 μm，而其源极/漏极硅化层的厚度可能只有 0.01～0.04 μm。

一般最常用的金属硅化层为 $TiSi_2$，其他如 $CoSi_2$、NiSi 等近年来也有不少专家学者在研究。$TiSi_2$ 的形成一般都采用两阶段退火方式，首先用溅射或 CVD 法生长一层金属钛膜，或采用共溅法溅射一层钛硅膜，接着在 650℃左右进行第一阶段退火，使金属 Ti 与接触 Si 基板反应，形成 $TiSi_2$，此时的 $TiSi_2$ 主要由电阻率较高的 C49 相构成。使用溶液（例如去离子水：30%双氧水：NH_4OH＝5：1：1）除去淀积在绝缘层上未反应的金属 Ti 和反应过程中在表面形成的 Si_3N_4 层。接着在含 H_2 或 Ar_2 的气体中，在 800℃左右进行第二阶段退火。第二阶段退火可将电阻值较高的 C49 相 $TiSi_2$ 转变为电阻率较低的 C54 相 $TiSi_2$，得到较低的方块电阻。如表 5－11 所示，金属 Si 化层的方块电阻值取决于淀积金属厚度、退火温度、时间及气氛（Ar 或 N_2）。

表 5－11　硅化钛方块电阻与工艺参数（金属钛厚、退火方式及温度时间）的关系

	40 nm Ti	40 nm Ti	60 nm Ti	100 nm Ti
	Ar	N_2	N_2	N_2
热处理前	3.1	3.1	1.6	0.88
RTP				
900℃、30 s	2.9	3.2	—	—
1 000℃、30 s	2.7	3.8	1.6	0.88
1 100℃、30 s	30	26	1.6	1.04
1 200℃、30 s	—	—	24	—
传统炉				
800℃、30 min	2.8	2.9	—	0.87
850℃、30 min	—	3.3	1.7	—
900℃、30 min	5.5	7.1	1.7	0.90
950℃、30 min	—	63	2.0	—
1 000℃、30 min	—	—	3.5	—

传统高温炉工艺不可避免的长热预算造成杂质扩散及接触面变深，将严重影响晶体管的特性，如穿通和，阀值电压降低等，使器件尺寸难以缩小。而对自对准硅化处理工艺，传统的高温炉退火方式容易造成源极、漏极和栅极间的短路，这是因为源极、漏极和栅极的 $TiSi_2$ 之间仅由薄壁空间隔离。更为主要的是，随着 $TiSi_2$ 变薄，所需的退火反应时间反而需要变长，而与短热损耗的目的背道而驰。这些因素均显示在深亚微米器件制备过程中，必须采用快速加热处理工艺。

3. 反扩散层、黏结层

如果使铜互联线在集成电路有效应用，必须使用扩散阻挡层，在金属硅化物和连接金属 Cu、Al 之间加一层过渡层，用于防止金属（尤其是 Cu）与隔离层及其硅之间相互扩散而造成的半导体器件性能的迁移，另外，也要防止金属 Cu 透过 ILD(inter layer dielectctric) 对地下的期间层造成污染。Cu 在温度很低的情况下也能迅速在 Si 和 SiO_2 中扩散，而且 Cu 与 Si 的结合力很差。Cu 扩散进入 Si 和 SiO_2 中会影响器件的少数载流子寿命和结的漏电流，引起设备性能变坏，可靠性下降。已经证明即使 Cu 含量非常低的情况下，设备的电性能也会降低。当电子设备变得越来越小时，阻挡层材料起着更为关键的作用，因此在铜互连集成电路中，阻挡层材料的选择以及阻挡层微结构在保护工作器件免受铜毒害方面的作用变得越来越重要。大多数研究集中在各种高熔点的纯金属 Cr、Ti、Nb、Mo、Ta、W，和化合物（如 TiN），利用从电阻值的增加和用二次离子质谱探测 Si 中的 Cu，证实在难熔金属中 Ta 和 W 是比较优良的扩散阻挡层。人们也研究了高熔点的氮化物 TiN、TaN、MoN 和 WN，证实它们也是有效的阻挡层。为了达到阻挡扩散的效果，孔洞底部的 TiN 必须有足够的厚度。一般使用的 TiN 阻隔层的厚度在 80～120 nm 之间。然而，在深宽比远大于 1 μm 和洞口尺寸小于 0.5 μm 时，传统溅射 TiN 的底部覆盖率不足，使用准直器可以有效地提升底部覆盖率，维持合理的工艺窗口。但在孔洞的口径持续降低的情况下，改善阻隔层的淀积技术就成为非常重要的研究内容，通常会采用 ALD 技术。

此外，由于 Al 金属或铝合金的表面强反射系数会对光刻工艺带来一定的不利影响，有必要在金属 Al 导线的表面制造一层防反光层，钛钨合金或 TiN 的薄膜都是很好的防反光层。同时，根据可靠性试验，以阻隔层上下夹住铝合金的导体连线，比单层铝合金连线的可靠性明显增加。综合阻绝作用、抗反射能力与可靠性的加强，多层（例如 Ti/TiN/Al－Cu/TiN）导体连线技术已经取代传统的单层金属（如 Al－Si－Cu）连线，成为亚微米器件中连线技术的主流。

集成电路工艺中常用的阻隔层有 TiW 合金及 TiN 两类，目前工业上最常用的扩散阻挡层材料为 TiN。TiW 合金可以与 Si 形成高浓度的合金，Si 原子亦就不易穿过 TiW 层；TiN 则以隔绝 Si 的扩散达到阻隔作用。TiN 由于具有独特的物理及化学性质，正在成为 VLSI 金属化工艺中多种功能的一种导体材料。TiN 可以有效地阻止 Cu，Al 与 Si 相互扩散。它与 SiO_2，Cu，Al 等都有良好的粘附性。TiN 作为 Al、Cu、W 的位障金属，阻止上下层材料之间的相互扩散，以增强器件的热稳定度和可靠性，因而在多层布线中又可作为多层薄膜之间的黏附层，衬垫层等。TiN 在很广的光谱范围具有较低的反射率，约为 Si 的 10～15 倍，因此还可用做多层金属结构的表面抗反射层，以提高光刻精度。TiN 层覆盖可抑制 Al 膜丘粒产生，有利于表面平整，提高抗电迁移性能。与 W 等其他材料构成复合金属结构时，利用刻蚀速率差别，TiN 有时可起刻蚀自动终止的终点控制作用，TiN 还可用作局部互连、垂直连接插塞（plug）等。

综上所述，过渡层 X 需要满足如下特性：

① 两种材料经由 X 的穿透速率小；

② 材料 X 对于材料 A 和 B 具有良好的热稳定性；

③ 材料 X 与材料 A 和 B 具有良好的黏着性；

④ 材料 X 与材料 A 和 B 的接触电阻小；

⑤ 材料 X 在厚度与结构上是均一的；

⑥ 多层膜体系 AXB 的热应力和机械应力较小；

⑦ 多层膜体系 AXB 的导热性和导电性好。

4. PVD与CVD,MOCVD TiN的比较

表5-12　PVD与CVD和MOCVD方法TiN之间的比较

PVD与CVD,MOCVD TiN的比较				
前　驱　体	Ti/Ar,N_2	$TiCl_4/NH_3$	$TDEAT/NH_3$ $TDMAT/NH_3$	TDEAT TDMAT
温度/℃	20～400	500～800	200～450	300～450
电阻率/μΩ·cm	60～200	100～400	150～500	6 000～20 000
杂质	<1%C,O	1%～5%Cl,H	<2%～5%C,O	25%C,25%O
致密度/%	80	70～85	60～80	60～80
应力/(dyne/cm^2)	1 010	$0.5～3\times10^{10}$	3×10^{10}	3×10^{10}
平坦度	非常差	好	差	好
晶粒	好	差	好	好
金属成本	低	低	高	高
阻隔效应	好	好	好	好
R_e/Ω　n^+	10	10	20	20
R_e/Ω　p^+	40	40	40	40

如表5-12所示,常用TiN薄膜制备有物理气相淀积(PVD)工艺,化学气相淀积(CVD)工艺,化学镀淀积(ELD)工艺和原子层淀积(ALD)工艺。下面分别进行叙述。

(1) PVD方法。传统TiN的制造方法为PVD。目前,PVD生长TiN方式是以溅射法为主。在超高真空的环境下通入Ar,将Ti从金属靶中以溅射的方式击出,同时通入N_2在晶片上形成TiN薄膜,这一过程称为活性离子溅射(RIS)。用反应离子溅射生长的TiN具有良好的薄膜特性,不仅可以作为扩散的阻隔层,也可覆盖在铝合金的上方作为防反光层。使用准直器辅助TiN的溅射,可显著地改善薄膜的阶梯覆盖性。

随着电子产品集成度的增加,接触孔的尺寸逐年降低,高宽比逐年提高,接触孔底部的覆盖率快速下降。为了阻止Al或F扩散到基底区,接触孔底部的TiN必须保持一定的厚度。这样,在接触孔周围上方氧化层处的TiN厚度需要增加2～3倍,但随之而来的是,在接触孔上方将形成突悬,如图5-93所示,会影响后续工艺中Al或W的填入。随着在孔洞尺寸逐年缩小,深宽比逐年提升,孔洞底部的覆盖率快速下降,准直器的使用将不具有生命力。溅射技术在大的深宽比下造成覆盖率下降和产生悬臂的原因是因为PVD过程中,反应物原子的黏滞系数大,原子自靶材表面溅射出来的角度为余弦分布。为了解决这一问题,在靶材与晶片之间加入了准直器,可以控制溅射出的原子到达晶片表面的入射角度分布,改进孔洞底部的覆盖率。然而采用这种方法,具有较大的缺点:有将近80%～90%的材料损失在准直器上,导致镀膜效率降低,靶材更换频率提高;另外,准直器洞口会逐渐缩小,造成准直器的更换频率较高。因此,在深宽比持续提升的情况下,选择更有效的Ti薄膜的淀积技术,实

图 5-93 非保角覆盖(non-conformal)薄膜在接触孔或介层洞顶端引起突变，导致锁孔洞的产生

现黏着层的功能是目前产业界重要的工艺研发工作之一。

(2) CVD方法。覆盖率是PVD技术不可避免的问题。因此，有人提出用CVD改善PVD所面临的问题。CVD TiN的覆盖率可维持在75%以上，但在导电性方面，CVD方式得到的金属内含有较多的杂质，电阻率则远大于溅射的金属材料。如果将薄膜进行适当的退火处理，则可有效降低薄膜电阻率2倍左右。退火时必须小心控制工艺的条件与温度，如在NH_3为2.6 MPa的压强下退火2 min，即可达到降低薄膜电阻率的效果，而其他气体如N_2、Ar与H_2就无法在短时间内得到退火效应。LPCVD制备薄膜需要600℃以上的淀积或退火温度，才能得到较理想的薄膜特性。但在第一层金属导体连线完成后，工艺需维持在550℃以下。采用PECVD可以在保持相同的覆盖率效果的条件下，使TiN的淀积温度降至400℃以下。

根据所使用的含Ti反应气体的种类，CVD TiN可分为无机与有机两种。无机TiN的反应气体前驱体主要是$TiCl_4$，有机TiN的反应气体前驱体一般较常用的有$Ti[N(CH_3)_2]$和$Ti[N(C_2H_5)_2]$，简写分别为TDMAT与TDEAT。这两种有机前驱体都含有金属Ti和有机官能团(CH_3，或C_2H_5)，将使用TDMAT或TDEAT作为前驱体的CVD方法也称为有机金属化学气相淀积(MOCVD)。以$TiCl_4$为前驱体时的淀积温度较高，且伴随生成的微粒较多，但其原料较便宜、薄膜的阻值在可接受的范围内。以MOCVD为前驱体与NH_3气体反应生成TiN薄膜的方法虽可降低薄膜的阻值，但其阶梯覆盖性会变得较差。下面分别进行叙述。

利用$TiCl_4$作为反应气体，可以与NH_3、H_2/N_2或NH_3/N_2反应形成TiN，其反应方程式分别为

$$6TiCl_4 + 8NH_3 \longrightarrow 6TiN + 24HCl + N_2$$

$$2TiCl_4 + 2NH_3 + H_2 \longrightarrow 2TiN + 8HCl$$

$$2TiCl_4 + N_2 + 8H_2 \longrightarrow 2TiN + 8HCl$$

一般接触孔高温制程是采用(LPCVD)直接加热反应生成所需的TiN，而$TiCl_4/NH_3$与$TiCl_4/N_2$最大的差异是淀积的温度不同。$TiCl_4/NH_3$反应的温度约为400～700℃，而$TiCl_4/N_2$反应温度大于700℃，这是因为N_2是一个惰性较大的气体，不易分解出氮原子与$TiCl_4$反应生成TiN。因为$TiCl_4/N_2$的LPCVDTiN工艺的温度过高，所以大部分的LPCVD TiN都采用$TiCl_4/NH$，作为反应气体。其反应模型如图5-94所示，$TiCl_4$先扩散、吸附到热的晶片上，然后NH_3直接与吸附在晶片上的$TiCl_4$反应

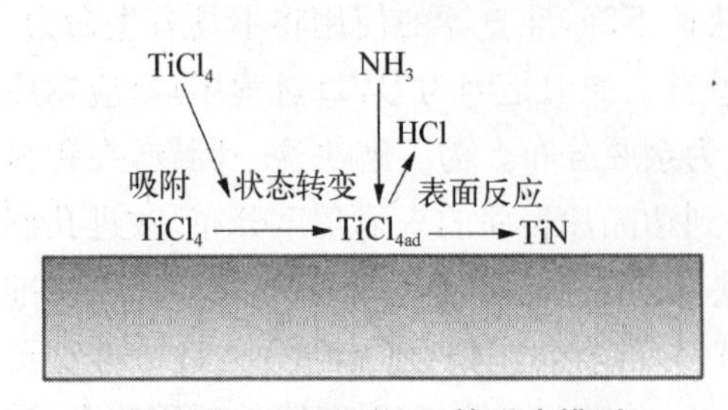

图 5-94 $TiCl_4/NH_3$的反应模型

生成 TiN 与 HCl，HCl 成为气体被抽走。

下面以 MRC 公司的 Phoenix CVD Ti/TiN 系统为例说明 TiN 设备的结构。其是以 $TiCl_4$ 作为主要反应气体，该系统包含了七个真空腔，如图 5－95 所示。

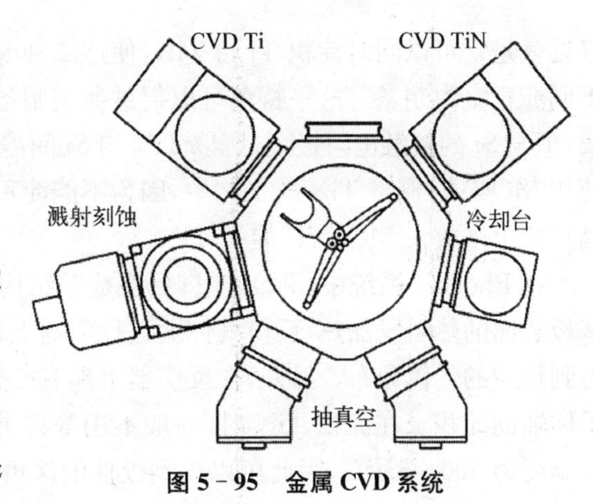

图 5－95　金属 CVD 系统

晶片先由 VEC（抽真空）腔传到 SSE（溅射刻蚀）腔，对晶片进行预清洗，利用低能量的 Ar 离子去除晶片表面的氧化物或污染物。SSE 腔的构造如图 5－96 所示，它具有一个 RF 产生器，上半部利用 450 kHz 的射频产生等离子体，下基板接上另一个 13.5 MHz 的射频源以控制 Ar 离子的能量。晶片经过 Ar 离子的预清洗后，直接送到 TiN 腔淀积 TiN。TiN 的反应气体是 $TiCl_4$ 与 NH_3，而 Ti 的反应气体为 $TiCl_4$ 与 H_2。

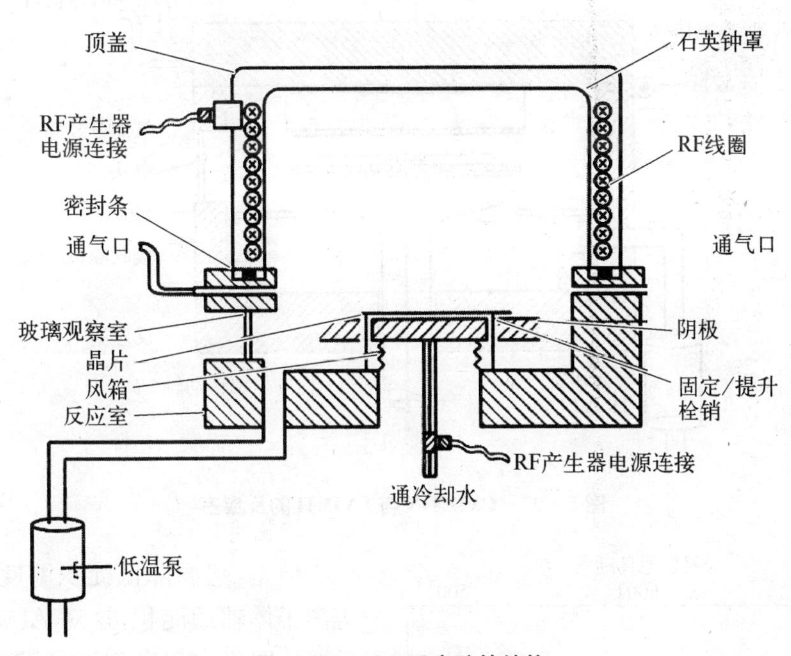

图 5－96　SSE 反应腔的结构

因为 Ti 有极高的电负性，所以无法直接用加热的方式将 Ti 由 $TiCl_4$ 中还原出来，需采用等离子体辅助的方式才能淀积制备 Ti 薄膜。另外一方面，由于 Si 基板的温度约为 650℃，所以淀积的 Ti 会与基底反应生成 $TiSi_2$。这两种反应的方程式分别为

$$TiCl_4 + 2H_2 \xrightarrow[\text{等离子体}]{650℃} Ti + 4HCl$$

$$Ti + 2Si \xrightarrow{650℃} TiSi_2$$

$TiSi_2$ 的形成可以确保 Ti 与硅间较低的接触电阻。利用 $TiCl_4$ 作为反应气体，另一个最大的

好处就是它可以同时淀积 Ti 与 TiN，使这二种薄膜可以在同一个淀积室或同一个系统内的不同淀积室内制备。这一特色可以促进薄膜制备工艺的整合。TiN 虽是一个很好的位障金属，但与 Si 的接触电阻极大，所以 TiN 与 Si 间需有一层 Ti 薄膜以确保较低的接触电阻。而使用 MOCVD 制备 TiN 的工艺中，因为不能淀积 Ti 膜，所以需先用 PVD 系统淀积 Ti，再将晶片拿出来放入 MOCVD 淀积 TiN。

在 Phoenix 系统中，TiN 与 Ti 的反应腔结构完全相同。其构造如图 5－97 所示，是通过基板背面的热阻丝加热，反应气体通过反应器上端的气体分散环与淋头进入反应器，由此可得到均匀的气体分布。另外，在反应器上端有一个 RF 生产器，因为在淀积 Ti 时，需要等离子体辅助淀积。在淀积 TiN 时，一般不用等离子体辅助淀积，而是采用 LPCVD 的方式，反应温度为 600～650℃，因此可以得到极佳的保角覆盖。

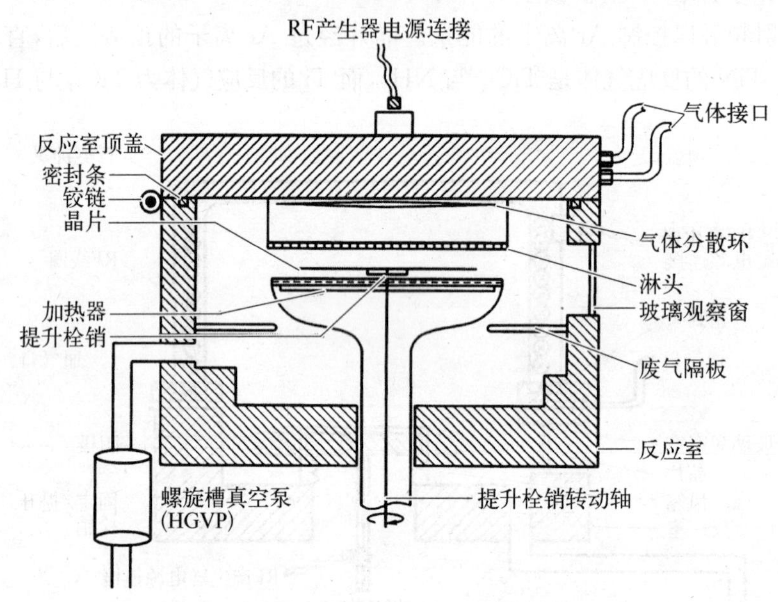

图 5－97　CVD TiN 与 CVD Ti 的反应室

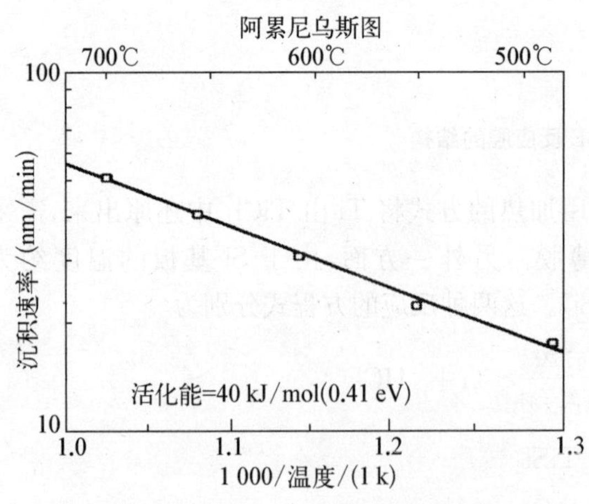

图 5－98　低压 CVD TiN 镀膜速率与温度的关系

但是，想要降低淀积温度，就要使用等离子体辅助淀积，这对 Al 走线孔相当重要。图 5－98 为 TiN 的淀积速率与淀积温度的关系图。由图可知，反应的活化能为 0.41 eV。一般而言，化学活化能大于 0.25 eV 的反应，其机制为表面反应限制，因此采用这种化学反应镀膜能有百分之百的覆盖率。

上面所述的 CVD Ti/TiN 的淀积温度为 600～650℃，比较适合用于接触孔处薄膜的淀积；若要用在金属导体互连线结构中的铝走线孔中，温度必须小于或等于 400℃。可以采用等离子体辅助的方式来降低淀积温度。若以纯加热的方式来淀积 TiN 膜，其阻值会随着温度的下降而急剧上升，这是由于温度过低时，$TiCl_4$ 的分解反应不够完全，使 TiN 中含有太多的 Cl，从而造成电阻值变高；此外，Cl 含量过高也会造成对 Al 导线的腐蚀，所以热 CVD 无法在 400℃长出适合的 TiN 膜。此时若采用 PECVD 的方式，则可使 $TiCl_4$ 中的 Cl 有效地分解，让 $TiCl_4$ 与 NH_3 的反应非常完全，所以在 400℃的淀积温度下也可得到电阻值与 Cl 含量都非常小的 TiN 膜。但是，使用 PECVD 技术将会使阶梯覆盖率变差，因为等离子体会造成反应气体在气相中发生反应。热 CVD TiN 与 PECVD TiN 的薄膜性质如表 5-13 所示。

表 5-13　热 CVD TiN 与 PECVD TiN 的薄膜性质比较

	热 CVD TiN	PECVD TiN
淀积速率/(nm/min)	60	20
电阻率/μΩ·cm	<200	<150
均匀性(6 in 晶片)	5%	5%
台阶覆盖率	>90%	>40%
应力/($dyne/cm^2$)	1×10^{10}	6×10^{10}
氯含量(atoms%)	<2	<1
表面粗糙度(RMS)/nm	1.77	4.39
结晶取向	〈200〉	〈200〉

5. 电子回旋共振化学气相淀积(ECR-CVD)Ti/TiN

用 $TiCl_4/NH_3$ 反应制备 TiN 薄膜时，容易形成 $TiCl_4\times NH_3$，造成微尘来源。而采用 $TiCl_4/N_2$ 则不会出现这一缺点。但是，因为 N_2 是一极具惰性的气体，所以反应温度极高(>700℃)，不适合用在 IC 制造工艺中。目前 Sumitomo 公司提出了高等离子体密度 ECR-CVD 的方式，可在低温下（300～400℃)利用 $TiCl_4/H_2$ 与 $TiCl_4/N_2$ 淀积 Ti 与 TiN。在低温下淀积的原因是 ECR-CVD 可以产生高密度的等离子体，使反应气体可以完全分解并反应。ECR-CVD 的结构如图 5-99 所示，主要的结构是一组电磁铁与微波产生器。电子在磁场中会做螺旋运动，其回旋频率 $\omega=eB/m$。其中 B 是外加磁场，e 与 m 分别为电子的电荷和质量。当外加磁场 $B=0.0873$ T 时，电子的回旋频率 $\omega=2.45$ GHz，若此时从外界加入一个频率为 2.45 GHz

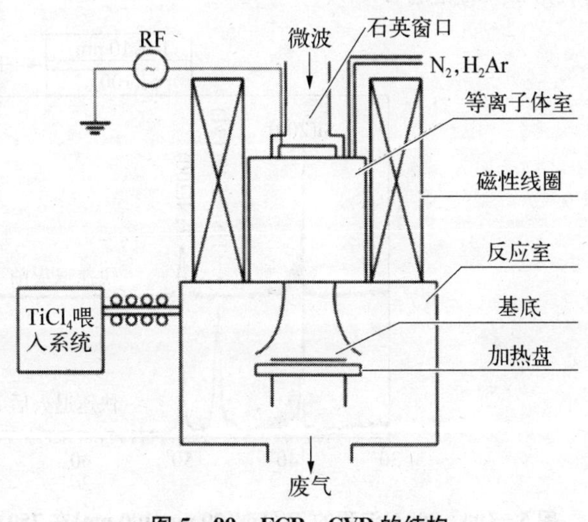

图 5-99　ECR-CVD 的结构

的电磁波，则电子就会获得电磁波的能量而形成共振，也就是说，这时的电子将具有极大的动能，凡是被其撞击的气体分子都极易被解离形成等离子体；另外，由于外加磁场使电子作回旋运动，增加了电子与反应气体分子的碰撞概率。因此，ECR－CVD 可以产生高密度的等离子体。

表 5－14 为传统 RF 与 ECR 产生等离子体的比较。由表可知，ECR 产生的等离子体的密度约为 1E10～1E12 ions/cm^3，是传统 RF 等离子体密度的 10～100 倍；就分解率而言，ECR 是传统 RF 的 1 000 倍。在如图 5－99 所示的结构中，通过微波的石英窗口加有一个 RF 偏压，这是因为薄膜淀积时，CVD Ti 或 TiN 金属膜会淀积在此石英窗口使微波无法进入等离子体腔，造成 ECR 等离子体无法维持。加 RF 偏压后，可利用 Ar 离子去除石英窗口的 Ti 或 TiN，使微波能进入离子腔室以维持稳定的等离子体密度。

表 5－14　传统 RF 与 ECR 产生等离子体的比较

	ECR 等离子体	RF 等离子体
分解率	高	中低
工作压强/Pa	10^{-3}～10^{-1}	1～10^{2}
等离子体密度/(ions/cm^3)	10^{11}～10^{12}	1 010
游离率	10^{-3}～10^{-1}	10^{-6}～10^{-4}
离子能量/eV	10	100
基底温度/℃	25	250～350
基底自偏压/V	<50	>100

图 5－100 是采用 ECR－CVD 法在 300℃淀积的 Ti/TiN(20 nm/100 nm)经 750℃ 20 秒快速退火前后的 X 射线衍射图。可以发现，300℃的 ECR－CVD TiN 具有〈200〉的优选方向，这与 $TiCl_4/NH_4$ 反应得到的 TiN 相同。经 750℃ 20 秒的快速退火后，Ti 会与 Si 基底形成 C_{49} 相的 $TiSi_2$。

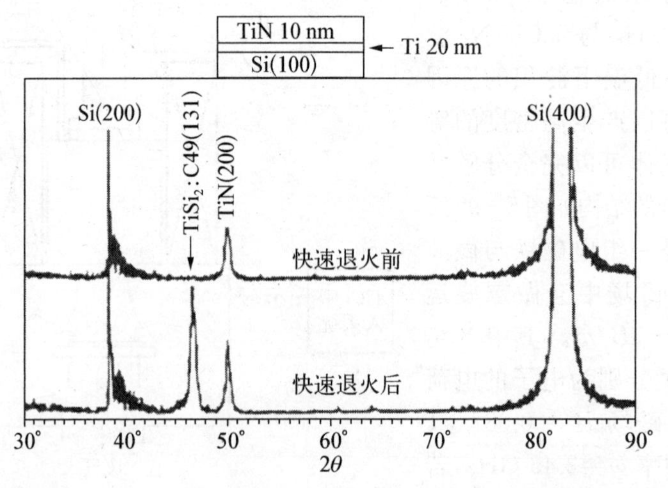

图 5－100　300℃淀积的 Ti/TiN(20 nm/100 nm)在 750℃ 20 min 快速退火前后的 X 射线衍射图

6. MOCVD TiN(有机金属化学气相淀积)

在PVD过程中,反应物原子的黏滞系数大,为了解决这一问题,在靶材与晶片之间加入了准直器,改进了孔洞底部的覆盖率。然而采用这种方法,具有较大的缺点：将有近80%～90%的材料损失在准直器上,导致镀膜效率降低,靶材更换频率提高。另外,准直器洞口会逐渐缩小,造成准直器的更换频率较高。这些都是PVD技术不可避免的问题,因此,有人提出用CVD改善PVD所面临的问题。根据所使用的含Ti反应气体的种类,CVD方法制备TiN薄膜的原料分无机和有机两大类,有机类用TDMAT及TDEAT(四双乙基胺钛)提供Ti金属的原子,这就是MOCVD的方法。

使用有机金属作为前驱体淀积TiN薄膜的最大优点是淀积温度可低于450℃,因此就可应用在管洞的填充上。一般,较常使用的有机金属前驱物有TDEAT[$Ti(NEt_2)_4$]、TDMAT[$Ti(NMe_2)_4$]和最新的TEMAT[$TiN(CH_3)C_2H_5$]。其他的有机金属前驱体还有：C,$2Ti(N)_2$、$TiCl_2(NH_2tBu)_2(NH_2\ tBu)_{0\sim2}$等。利用MOCVD热解淀积TiN薄膜可分为TDEAT/TDMAT和TDEAT＋NH/TDMAT＋NH_3两大类。因为TDEAT和TDMAT二者本身就含有氮原子,直接热解时虽可生成TiN薄膜并具有很好的阶梯覆盖性,但是所需的淀积温度过高,且形成的薄膜具有多孔性,并常含有大量的C,易迅速捕捉大气中的O。因此,直接热解制备的TiN薄膜将具有相当高的电阻率(6 000～20 000 μΩ·cm),而且阻率会随着暴露在大气中时间的增加而上升。若反应时加入NH,气体,不仅可降低淀积温度,还可减少TiN薄膜中C和O的含量。另外,在较高的NH,流速下生长的薄膜比较致密并有较低的电阻率(150～500 μΩ·cm),但是具有较差的阶梯覆盖性,会影响对管洞和接触孔的填充。下面的讨论将以现今一般所常用的TDEAT和TDMAT为主再加上最新的TEMAT前驱体。

图5-101是常见MOCVD淀积设备,是一种冷壁式(cold-wall)低压反应器,淀积薄膜前反应器的压力低于1E-3Pa。分别以上述的前驱体(如TDEAT、TDMAT和TEMAT)和NH_3作为反应气体。TDEAT与TDMAT的主要差别在于TDEAT的闪点为10℃,具有较

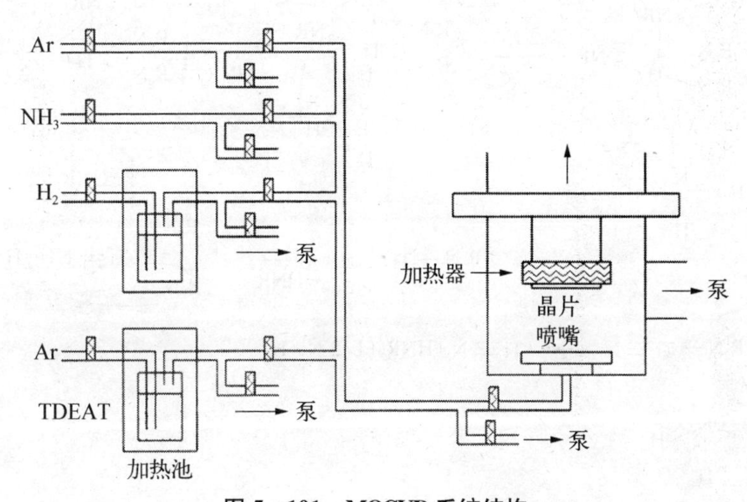

图5-101　MOCVD系统结构

高的危险性。此外，因为 TDMAT 的蒸气压较高，所以使用 TDMAT 时薄膜淀积速率比 TDEAT 快，TEMAT 则介于两者之间。TDEAT、TDMAT 和 TEMAT 三者的蒸气压在约 80℃时分别为 8 Pa、266 Pa 和 133 Pa。三者的颜色分别是淡黄色、暗黄色与橘黄色。

因为 TDEAT、TDMAT 和 TEMAT 三种前驱体在常温常压下为液态，所以须采用较为昂贵的传送方式来传送前驱体。一般是先将前驱体加热到 40～100℃，再用高纯度 Ar 气作为载气运送加热起泡后的液态前驱体进入反应室内与 NH_3 进行反应。图 5-102、图 5-103 是前驱体传送系统与 TDEAT、TDMAT 和 $TiCl_4$ 的蒸气压与温度的关系图。

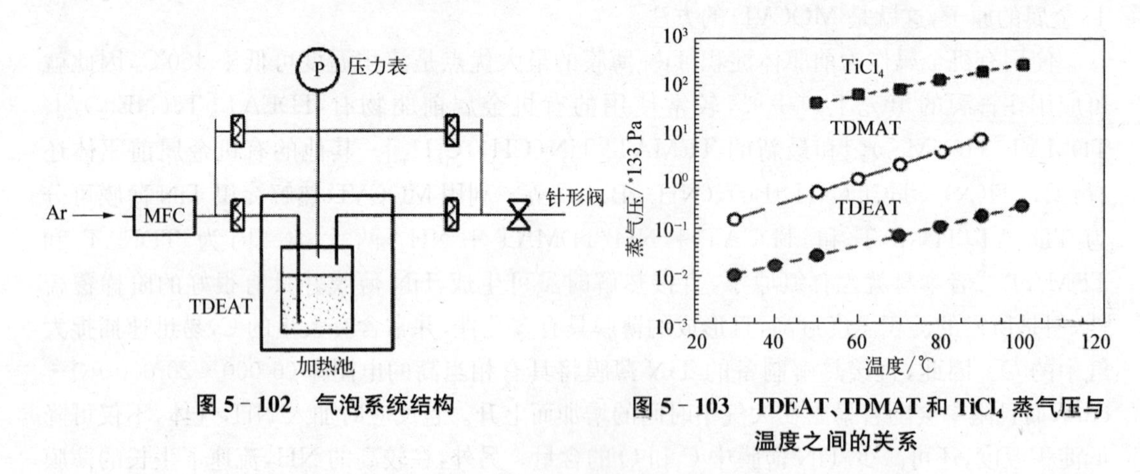

图 5-102　气泡系统结构

图 5-103　TDEAT、TDMAT 和 $TiCl_4$ 蒸气压与温度之间的关系

TDEAT、TDMAT 与 NH_3 反应生成 TiN 薄膜的反应方程式可表示为

$$Ti[NR_2]_4 + 2NH_3 \longrightarrow TiN + 4HNR_3 + H_2 + 1/2N_2$$

式中，R 为—CH_2、—C_2H_5 或—$CH_3C_2H_5$。这三者的反应机理也很相似，以 TDMAT 为例，反应机理如图 5-104 所示。

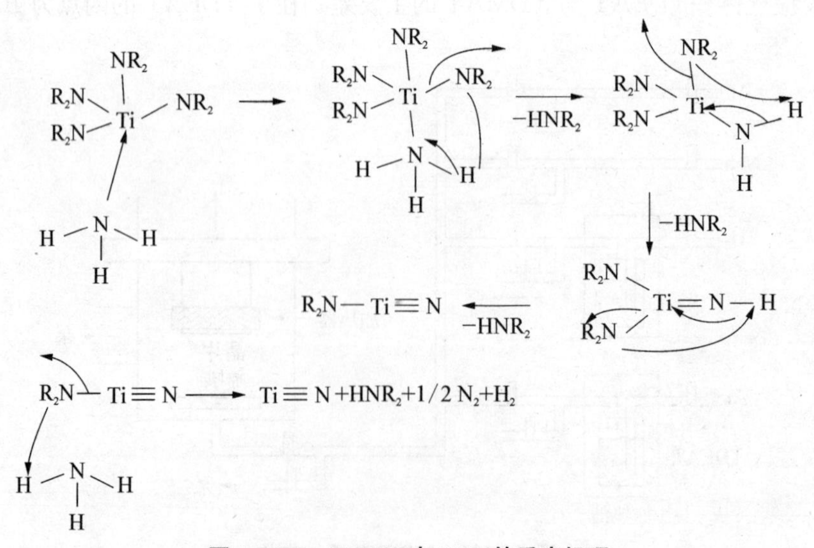

图 5-104　TDMAT 与 NH_3 的反应机理

若无 NH_3 气体、仅利用热解法淀积 TiN 膜时的可能的反应机理如图 5－105 所示。

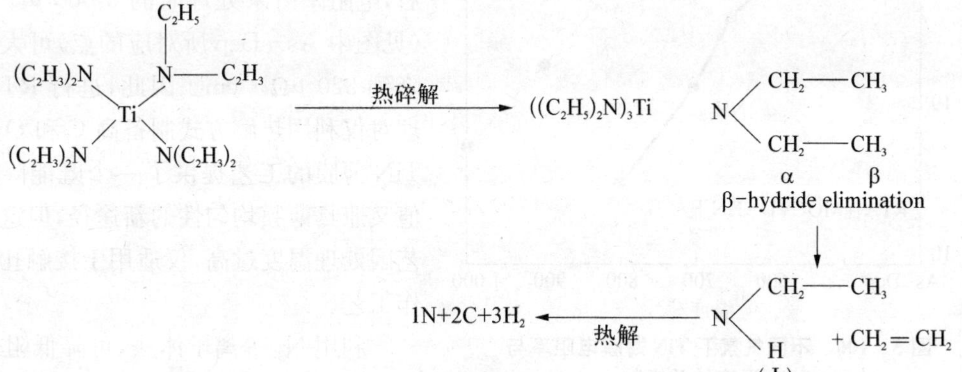

C_2H_5
$(C_2H_3)_2N$　$N—C_2H_3$
Ti　—热碎解→　$((C_2H_5)_2N)_3Ti$　N(CH₂—CH₃)(CH₂—CH₃)
$(C_2H_3)_2N$　$N(C_2H_3)_2$
α　β
β-hydride elimination
↓
$1N+2C+3H_2$ ←热解— N(CH₂—CH₃)(H) + $CH_2=CH_2$
(Ⅰ)

(a) TDEAT

CH_3
$(C_2H_3)_2N$　$N—C_2H_5$
Ti　—热碎解→　$((C_2H_5)_2N)_3Ti+N$　(CH₂—CH₃)(CH₂—CH₃)
$(C_2H_5)_2N$　$N(CH_3)C_2H_5$
α　β
β-hydride elimination
↓
$1N+2C+2H_2$ ←热解— N(CH₃)(H) + $CH_2=CH_2$
(Ⅱ)

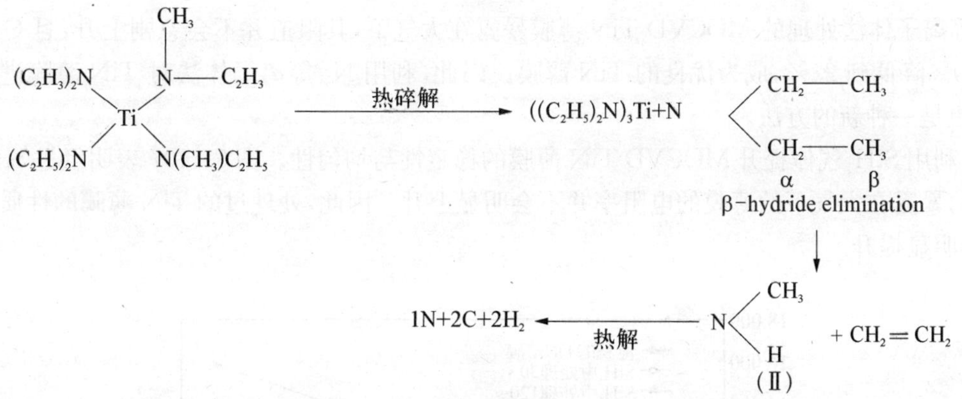

(b) TEMAT

图 5－105　经过热解产生 TiN 的反应机理

实验发现，当淀积温度为 250～350℃时，使用 TEMAT 前驱体可使 TiN 薄膜中的 C 含量下降到 18%，其电阻率约为 2 500 μΩ・cm，但 TDEAT 热解生成的 TiN 薄膜的 C 含量为 30%，电阻率为 6 000 μΩ・cm 以上。Raajmakers 和 Sherman 研究发现，TiN 薄膜中含有 C 和 O 杂质对电阻的影响比 Cl 杂质的影响大。在 TDEAr(或 TDMAT)和 NH_3 的反应系统中，高压或高 NH_3 流速会促进 TDEAT(或 TDMAr)和 NH_3 的气相反应，得到较致密的薄膜，使薄膜在大气中不易吸收 O，可得到电阻率较低的薄膜。但是，高压或高 NH_3 流速会造成阶梯覆盖性下降而影响该工艺在器件制造中的应用。反之，在低压或低 NH_3 流速下所形成的 TiN 薄膜具有较高的阻值，薄膜较为疏松，在大气下很容易吸收 O，使薄膜的阻值随着暴露在大气中时间的增加而增大。此外，在较高的温度下，反应倾向扩散限制，导致较差的阶梯覆盖性；在低温时，反应为表面限制反应，能提供良好的阶梯覆盖性。

最近几年，世界各地的研究室纷纷尝试解决 MOCVD TiN 薄膜中 C 和 O 含量高的缺点。在此，列举几个比较重要的改善 MOCVD TiN 薄膜性能的方法：

利用快速热退火(RTA)的方式，因其导入气体为 NH_3，故简称 RTN。图 5－106 是以 TDMAT 为例，比较通入 N_2 与通入 NH_3 时 RTA 对 TiN 薄膜电阻率影响的差异。由

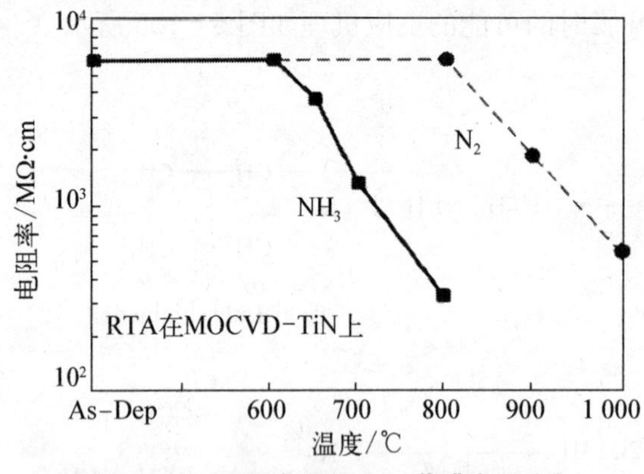

图 5-106　不同气氛下 TiN 薄膜电阻率与 RTA 温度的关系

图 5-106 可知，经过 800℃的 RTN 处理后，电阻率由未处理时的 6 000 μΩ · cm (见图中 As-Dep 所对应的点)可大幅下降到 320 μΩ · cm。因此，进行 RTN 处理对仅利用热解方式制备高 C 和 O 含量 TiN 薄膜的工艺提供了一个既能降低阻值又兼具薄膜均匀性的新途径，但这种工艺因处理温度过高，仅适用于接触孔的制作工艺。

利用 N_2 等离子体法，可降低阻值、C 和 O 的含量。以 TDMAT 为例，通过 N_2 等离子体法处理的 MOCVD TiN 薄膜暴露在大气下，其阻值并不会急剧上升，且 C 含量由 30%降低到 23%，成为优良的 TiN 薄膜。因此，利用 N_2 等离子体法对 TiN 薄膜进行改善，也是一种新的方法。

利用 SiH_4 气体提升 MOCVD TiN 薄膜的稳定性与均匀性。图 5-107 表明经过 SiH_4 处理后，暴露在大气下的薄膜的电阻率并不会明显上升。因此，处理过的 TiN 薄膜的性质也可获得明显提升。

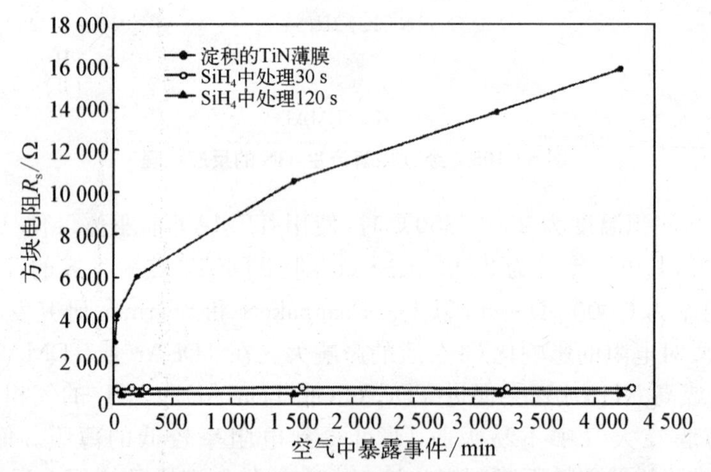

图 5-107　经过 SiH_4 处理和未经过处理的 TiN 薄膜电阻与空气中暴露事件的关系比较

7. ALD TiN

ALD 相比传统的 CVD 和 PVD 等淀积工艺具有先天的优势：它充分利用表面自限制饱和反应(self-limiting surface saturation reactions)，具有厚度精确控制和高的稳定性，对温度和反应先体通量的变化不太敏感，这样得到的薄膜具有低电阻率、低杂质浓度、均匀致密等特性，且在深宽比高达 100∶1 的结构也可实现良好的台阶覆盖率(step coverage)，后者在制作铜互连纳米级接触孔方面非常重要。如图 5-108 所示，常规的 PLD 方法无法达到均匀的薄膜覆盖，会产生空洞的效应，而 ALD 就可以达到很均匀的阶梯薄膜覆盖。

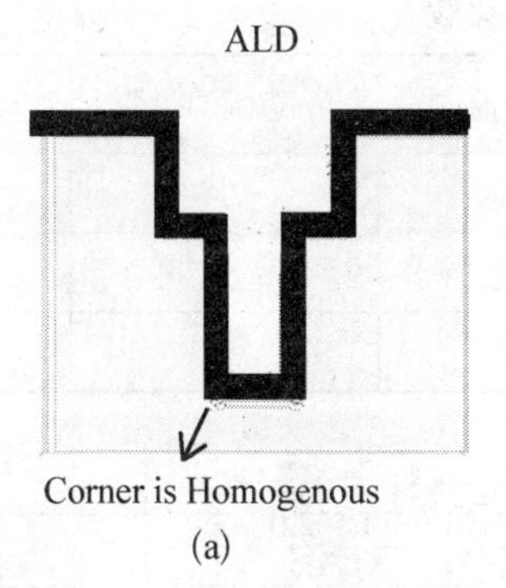

(a)

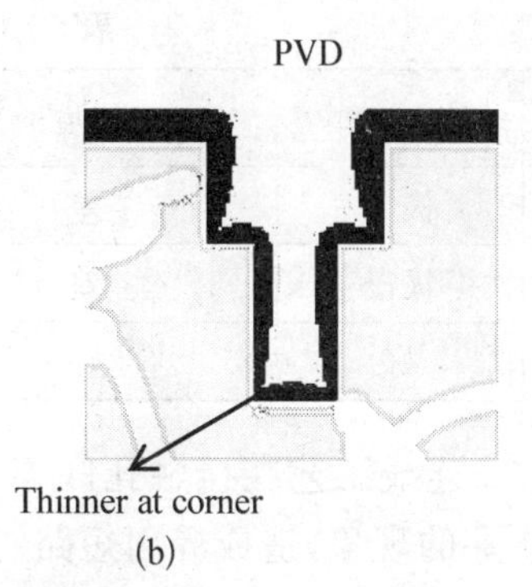

(b)

图 5 - 108　ALD 优越的覆盖能力示意

注：集成电路中铜金属互连层需要用 TiN 或 TaN 作为隔离缓冲层，厚度大概在几纳米左右。接触孔与互连层之间的互连孔也只有几十个纳米的孔径，在如此狭小的区域使用普通的 PVD 方法无法得到可靠的孔内隔离层填充，而使用 ALD 的精细加工，可以得到很好地平台与夹角薄膜覆盖。好在缓冲隔离层的厚度只有几纳米，薄膜点击的生产效率不会受到过多的影响。

已经开展了大量的用 ALD 制作的 TiN 扩散阻挡层薄膜的研究。J.Y.Kim 等在 Cu/TiN/SiO_2/Si 系统里以 TDMAT 为先体，分别利用 H_2，N_2/H_2，N_2，等离子体增强原子层淀积得到了低杂质浓度、低电阻率(300 Ωcm)、高台阶覆盖率(95%)和保形性好的 TiN 扩散阻挡层。研究表明，用 N_2 等离子体增强原子层淀积得到杂质浓度最低，电阻率也最低。J. Mussehoot等以 TDMAT 为先体，分别利用 N_2，NH_3 以及 N_2，NH_3 等离子体增强 ALD TiN 薄膜，并比较了热原子层淀积与等离子体增强原子层淀积薄膜的阻挡特性等，最终得到了杂质浓度低于 6%，电阻率最低 180 Ωcm 的 TiN 扩散阻挡层，并研究了等离子体功率、时间、温度对阻挡层性质的影响。

目前，扩散阻挡层的研究还是主要集中在三个方面：材料选择，制备工艺的改进，薄膜的处理。TiN 作为阻挡层材料，具有高的稳定性和低电阻率等优势，ALD 由于基于自限制饱和吸附反应，成为一种最有希望的薄膜淀积工艺。所以，未来对 ALD TiN 的研究还是十分重要的。

5.4.7　金属互连层

集成电路互联层金属包括传统的铝(Al)和现在流行的铜(Cu)。首先简要介绍一下 Al 连线工艺，着重介绍 Cu 连线工艺，然后简要介绍一下 W 连线工艺。

1. Al 连线工艺

传统的集成电路最常用的是 Al，在 20 世纪 70 年代初期，使用的导体连线材料以纯 Al 为主要材料，Al 连线工艺包含 Al 的栓塞及导线的互连，多采用 PVD 的方法制备。一般来说，PVD 可包含蒸镀、分子束外延(MBE)和溅射三种不同的技术。表 5 - 15 为这三种方法的比较。由于溅射可以同时达成极佳的淀积效率、大尺寸的淀积厚度控制、精确的成分控制和较低的制造成本，已成为硅基半导体工业唯一采用的 PVD 方式，而且相信在可预见的将来，溅射也不易被取代。因此，以下所提及的 PVD 都是指溅射。至于蒸镀和 MBE，大都集中于实验室级设备或是化合物半导体工业中应用。

表 5-15 三种 PVD 比较

淀积技术	淀积速率	大尺寸厚度的控制	成分控制	可淀积的材料	整体制造成本
蒸镀	极慢	差	差	少	低
MBE	极慢	差	优	少	低
溅射	好	好	好	多	高

传统的 Al 连线工艺在接触孔区容易出现界面击穿的现象，造成界面短路。通过电子显微镜的分析，发现这种界面击穿是来自硅在合金化处理时扩散至 Al 线内，形成空洞或被 Al 取代所形成的。从 Al-Si 的相图(见图 5-109)可以知道，三相点的温度为 577℃，而该温度下铝硅饱和值为 Al 中 Si 的含量为 1.6%。防止 Si 扩散的方法是在 Al 材料中掺入适量的 Si 杂质。但如考虑 Si 在 500℃，30 min 的退火处理，Si 在 Al 中的扩散距离可以大于 56 μm。因此最好的工艺措施是在两者之间引入阻隔层，阻挡 Si 向 Al 的扩散。

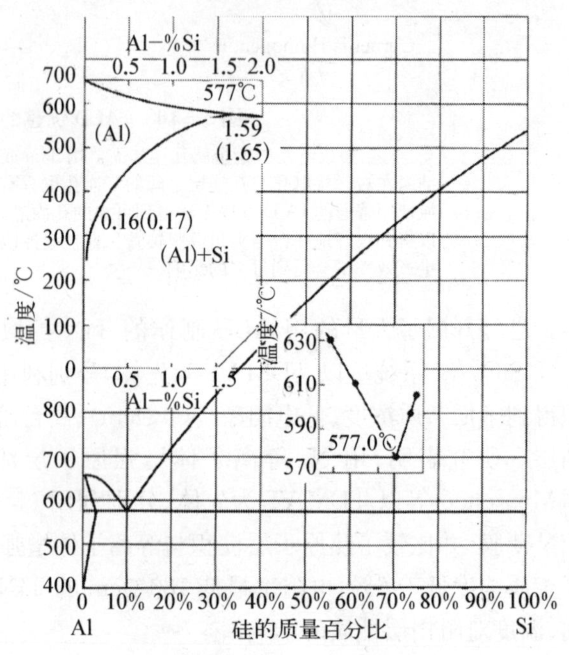

图 5-109 AlSi 相图

虽然金属铝膜的制作主要是溅射方法，淀积速率快、厚度均匀、台阶覆盖能力较强，但 Al 淀积所需的温度偏高。如使用 CVD Al 来取代原冷/热 Al 法中的冷 Al 层作为形核层，由于 CVD Al 的薄膜连续性和阶梯覆盖性都比冷 Al 好，而且 CVD Al 的薄膜表面更为平整光滑，所以在 CVD Al 上的热 Al 也具有较好的形核与流动性，可显著地降低热 Al 淀积所需的温度(可小于 400℃晶片温度)。所以将 PVD 与 CVD 整合在一个系统上，将是未来的发展趋势之一。其衍生的有关真空度、气体污染和界面反应等课题是工艺整合成功与否的关键。以下就针对溅射的几大发展重点稍做介绍。

(1) 高温热流法。在这项工艺中，先在中/低温的溅射室中以高功率淀积所需厚度的 Al，然后将晶片送入另一个“高温热流室”，通过高温加热晶片使 Al 以固态扩散的形式流入洞中，形成 Al 栓，如图 5-110 所示。Al 的表面张力(表面能)为 Al 流动提供了重要的驱动力。该工艺的参数不多，所以容易控制。只是由于一般都必须在极高的温度下(500℃)慢速操作，所消耗的热预算(thermal budget)很大。随着对器件电学性质的要求越来越严苛，该工艺也许将

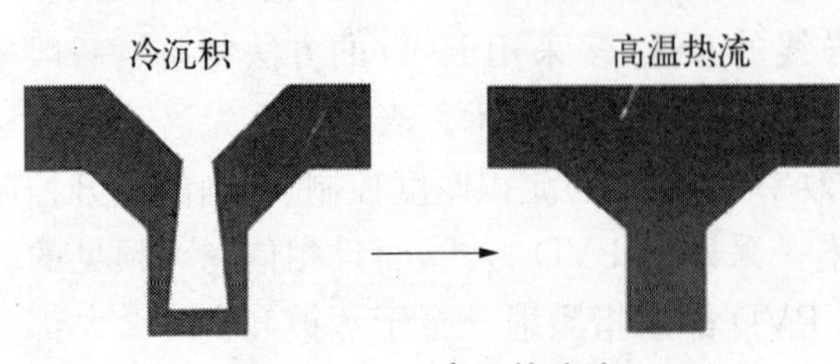

图 5-110 高温热流法

被其他方法取代。

(2) 高压强迫注入法。这种方法的流程如图 5 - 111 所示，在第一阶段基本上与高温热流法相似。此时，所有的接触孔洞口都将会被 Al 膜封住留下孔洞，孔洞中残留的压力约等于溅射时的工作压力(3.9 Pa)；然后晶片被传送到另一个高压室(温度约在 400℃左右)，在晶片上加一个极高的 Ar 气压(>60 MPa)。由于接触孔洞口上下压力差较大，而且高温时 Al 具有极好的延展性，原先封于洞口上方的 Al 膜被强力注入洞内而形成 Al 栓。这种方法由于应用了高压气体，需特别注意高压室的硬件设计和安全。另外，对于器件中同时含有不同尺寸、深宽比的接触孔，如何适当地控制高压气体的压力，以达到填洞的目的而又不致对器件造成损伤，是该方法的一大挑战。

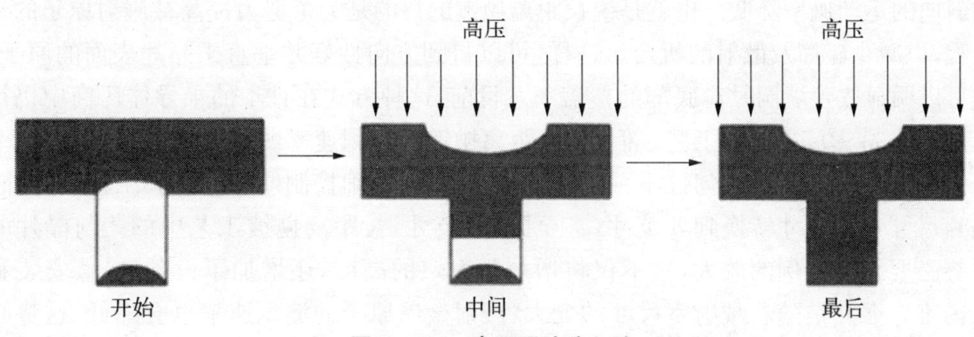

图 5 - 111 高压强迫注入法

(3) 冷/热 Al 溅射及平坦化。该方法如图 5 - 112 所示，包含了冷 Al 和热 Al 的二阶段淀积(可在单一或分别的溅射室来完成)。在淀积 Al 之前，通常会先在低温时先淀积一层几十纳米的 Ti 作为冷 Al 的湿润层，以确保冷 Al 淀积时可以均匀的附着于 Ti 的表面上，避免出现“露珠化”的现象。接着晶片在低温快速淀积一层几百纳米的冷 Al，该 Al 层由于是在低温及高功率下溅射得到的，所以晶粒极小，可形成均匀的热 Al 淀积的形核层。最后，热 Al 在高温及低功率下，在冷 Al 的形核层上开始陆续形核及淀积。此时，Al 由于表面能而扩散流动到洞内，达到 Al 栓制作和平坦化的目的。该工艺由于可在比高温热流法低的温度下进行，又不需使用高压气体，所以极具吸引力。应用该工艺时，需注意晶片和加热座的温度

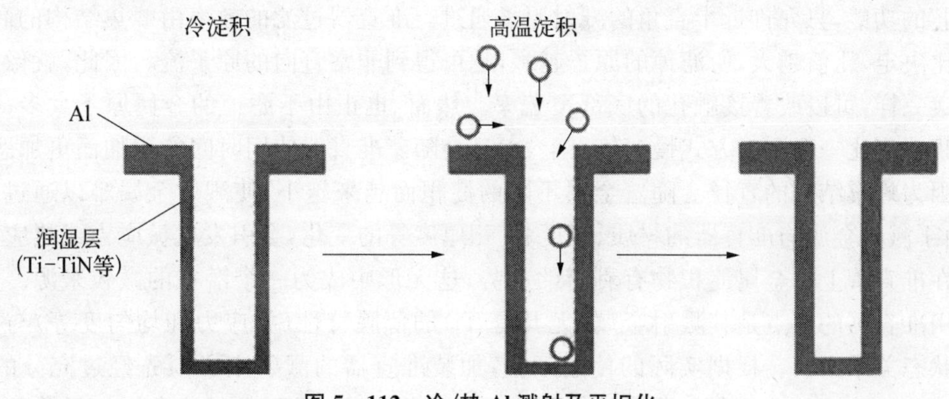

图 5 - 112 冷/热 Al 溅射及平坦化

均匀性、足够的水汽蒸发和预防微污染等工艺细节，以确保工艺的可靠性和重复性。这种冷/热 Al 栓塞及平坦化的工艺已成功地在全球的半导体公司中得到应用。

(4) 长距离抛镀。由于溅射本身受到溅射原子多元散射的影响，在接触孔处不易获得连续且均匀覆盖的金属膜，进而影响填洞或栓塞及平坦化的工艺，以改善器件的电学特性，并简化工艺流程和降低成本等。传统的溅射方法无法在小接触尺寸及高深宽比的接触孔制备工艺中获得理想的薄膜阶梯覆盖性。过于严重的接触孔肩部淀积常会导致洞口完全被封住而洞口底部留有空隙的现象，从而无法得到所需的薄膜淀积厚度。长距离抛镀通过增加靶极与晶片间的距离(约为一般溅射距离的两倍)，并且减少通入气体的流量(即在较低的压力下操作)的方法，使溅射金属原子在溅射的过程中与其他金属原子或气体分子产生碰撞并导致斜向的运动概率降低。也就是说长距离抛镀的目的是为了努力提高被溅射原子的平均自由程，以减少碰撞及散射的机会。这样，可以得到方向性好并垂直于晶片表面的原子流，因此可以明显改善填洞时对底部的覆盖率。目前，这种方式在日本的半导体厂商中仍被广泛应用于 0.35～0.5 μm 的工艺。但是，长距离抛镀的淀积速率明显偏低，而且在同一个晶片上边缘与中央的厚度均匀性不一致，不适用于需要精确控制厚度的镀膜工艺。另外，随着晶片尺寸从 6 英寸转换到 8 英寸，甚至到 12 英寸，长距离抛镀工艺中的靶与晶片的距离也势必要作等比例的放大，这不仅将增加溅射室的高度，还增加了设备设计、安装和维修的困难。尤其是随着溅射室尺寸的变大，溅射金属原子的淀积速率也会降低，这势必会影响到工业生产。

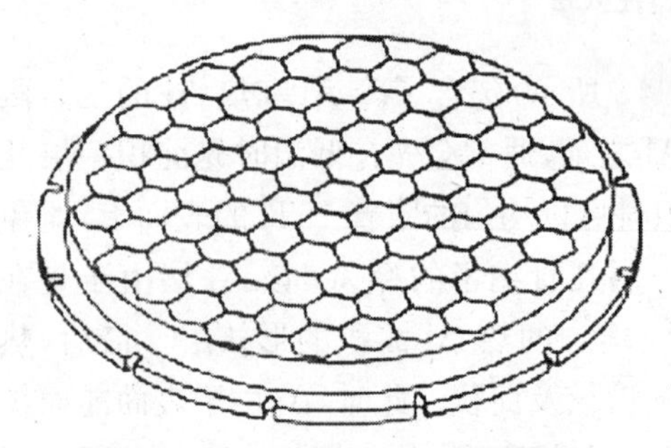

图 5－113　柱状管式的准直器结构

(5) 直向准直器管溅射。直向准直器管溅射也是为了改善不良的阶梯覆盖性而发展出来的技术。准直器的结构如图 5－113 所示，是由许多细小蜂巢结构所组成的，每一柱状管的蜂巢结构都具有固定的高度/直径尺寸比。

如果在溅射室中介于靶与晶片之间的位置放置一个准直器，则只有在某些角度之内的金属原子才可能通过准直器到达晶片表面，其余大部分的斜向溅射都会被柱状管阻挡自然淀积在准直器上。换句话说，该准直器会充当类似“滤网”的功能，只允许近半直角的溅射原子通过。准直器过滤的效率由蜂巢结构的高度/直径比决定，比值越大，所滤掉的原子越多，越可得到非常直向的原子流。因此，就像长距离抛镀一样，可以改善接触孔的底部覆盖率。然而，也正由于滤掉的金属原子太多，薄膜的淀积速率比一般溅射方式慢一倍以上，而且会随着准直器使用时间的增加而更加恶化。这是因为蜂巢结构的直径会随着金属不断的淀积而越来越小，使溅射金属难以通过。此外，由于溅射金属与准直器的材质、温度、淀积厚度等的变化，会引发机械应力或热应力使淀积在准直管上的金属淀积物有剥落的趋势，这无形中成为一个潜在的微粒来源。另一个使用准直器的缺点是其溅射金属(尤其是 Ti)的薄膜特性(如应力和均匀度等)与准直器的状态关系密切。根据实际的使用经验，加装准直器的溅射室必须先经过充分的“热机”与“热靶”，才能确保各种薄膜性质的一致。这样一来，无可避免地会增加保养后所需的复机时间。

除了上述的缺点外，长距离抛镀和直向准直器管溅射两种方法无法提供足够的 0.25 μm 以下的接触孔的底部覆盖率。为了延长金属溅射技术的使用时间，必须开发新的工艺技术，以符合将来半导体器件的工艺需求。大致来说，新技术必须解决长距离抛镀和直向准直器管溅射的两大难题，即新技术必须满足：① 大幅增加小尺寸、高深宽比的接触孔的底部覆盖率；② 改善薄膜的淀积速率，以提高产能。

离子化金属等离子体(IMP)是应运而生的革命性新技术。该技术应用了比一般金属溅射高 10～100 倍的等离子体密度。自 1996 年由 Applied Materials 公司推出后，立即受到广泛的注意。下面对离子化金属等离子体进行简单介绍。

(6) 离子化金属等离子体(IMP)。离子化金属等离子体(IMP)的基本结构如图 5-114 所示。其中，包含了一组传统的磁式直流电源和另一组射频源，由磁式直流电源产生的等离子体将靶极上的金属原子溅射出来。当这些金属原子经过溅射室中的空间时通入气压较高的气体，则这些金属原子便有很大的概率与气体产生大量碰撞，首次被“热激活”；若与此同时，施加交流电磁震荡，加速这些金属原子和气体及电子间的碰撞，便有大量的溅射金属可被“离子化”，而不再是传统溅射中的中性原子。因此，IMP 技术中的等离子体密度会比一般溅射技术高，大约在 1E10～1E12 ions/cm^3。这些离子化的溅射金属等离子体会形成自生负偏压，并直线向晶片表面前进加速。这样，便可获得方向性极好的原子流(进而形成极好的接触孔底部覆盖率)和不错的淀积速率。此外，也可在晶片台座上选择性地装上另一组射频偏压，以得到更好的接触孔底部覆盖率，并且由此改变淀积薄膜的晶体结构。

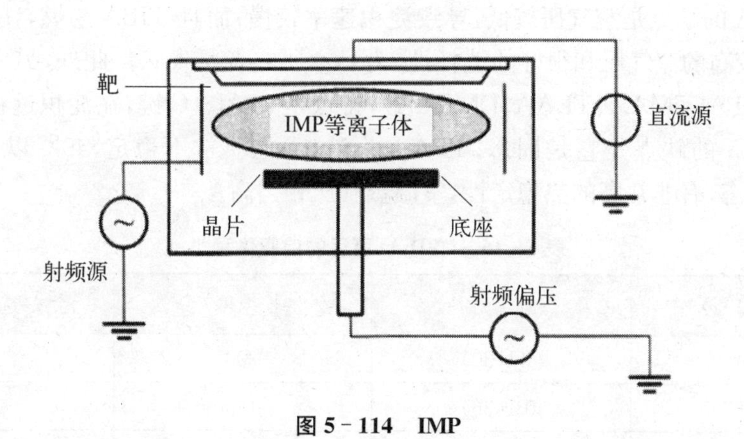

图 5-114　IMP

如上所述，溅射金属被离子化的概率取决于其停留在等离子体中的时间。停留时间越长，被热激活和离子化的概率越大。通常，由靶极溅射出来的金属原子都带有极高的能量(1～10 eV)和速度，这些高速原子在等离子体中的停留时间极短，无法被有效地离子化。因此，IMP 技术必须利用金属原子与气体的有效碰撞来减慢金属原子的运动速度，以增加其在等离子体中的停留时间。为此，IMP 必须在较高的气压下操作(>13 Pa)，以增加金属与气体碰撞的机会。

与传统溅射相比，IMP 法可获得较低的和更均匀分布的电阻率。同时，IMP 也可淀积较薄的厚度，并可达到所需的接触孔底部的覆盖厚度。如此一来，不仅可直接减少金属淀积的成本，而且淀积时间也得到了缩短，整体的晶片产能将会提高，制造成本将远比传统溅射低。正因为 IMP 具有众多优点，它已被认为是可以应用于 0.25 μm 以下工艺的革命性的薄膜淀积工艺。

2. CVD 法 Al 连线工艺

PVD 方法必须面对的另一个难题应是，随着低介电常数的介电化合物层材料的引入，PVD 的工艺温度也必须随之降低。这对上述的 Al 栓塞及平坦化工艺将是极大的考验，因此如何发展低温 PVD 工艺将是另一项重点。如使用 CVD Al 来取代原冷/热 Al 法中的冷 Al 层作为形核层，由于 CVD Al 的薄膜连续性和阶梯覆盖性都比冷 Al 好，而且 CVD Al 的薄膜表面更为平整光滑，所以在 CVD Al 上的热 Al 也具有较好的形核与流动性，可显著地降低热 Al 淀积所需的温度(可小于 400℃晶片温度)。所以将 PVD 与 CVD 整合在一个系统上，将是未来的发展趋势之一。其衍生的有关真空度、气体污染和界面反应等课题是工艺整合成功与否的关键。

CVD Al 也有毯覆式和选择性淀积技术。毯覆式 CVD Al 的缺点是 SiO_2 上淀积的 Al 的平整度不好，使后续工艺出现问题。但进行一定的前处理(如利用 $TiCl_4$ 降低在 SiO_2 上形核的动力势垒)可改善这一问题；或者是先淀积一层 TiN，在不暴露于空气的情况下可淀积得到平滑的 Al 膜，避免暴露于空气中使微粒防止 TiN 氧化。利用选择性 CVD Al 技术去填洞和形成 Al 栓塞是一项值得注意且可研究的技术。CVD Al 大多为实验机，还没有商业机型的出现。表 5 - 16 为 CVD Al 工艺中可以用的前驱体种类，淀积方式是 MOCVD 热分解的方法。TIBA 的缺点是蒸气压较低，导致淀积速率较慢；而且 TIBA 易燃，使用要很小心。DMAH 则有较高的蒸气压和很好的选择性，为日本研究者所青睐。此外，另一类的前驱体为丙氮酰(AlH_3)(TMAA、TEAA、DMEAA)，特点是无 Al - C 键，在淀积过程中不会产生碳分子，TMAA 的缺点是它是固态；TEAA 为液态，但非常不稳定，40℃以上就会分解；DMEAA 为液态，有非常高的热稳定性，室温蒸气压相当高。

表 5 - 16　CVD Al 可用的前驱体种类

前驱体(简写)	蒸气压/kPa	生长温度/℃	选 择 性
TMA	11(20)	300	无
TEA	0.1(36)	160	—
TIBA	0.1(27)	250	Si，金属
DEACI	3(60)	340	Si
DMAH	2(25)	240	Si
TMAA	1.1(19)	100	金属
TEAA	0.5(25)	100	—
DMEEA	1.5(25)	100	金属
TMAAB	—	100	—

以 DMAH 为前驱体的 CVD Al 的反应方程式为

$$[(CH_3)AlH]_3 \longrightarrow Al_2(CH_3)_6 + Al + 3/2H_2$$

前驱体通过 H_2 载气送入反应室，再在晶片上热分解淀积 Al 薄膜。

3. Cu 互联工艺

在 0.13 μm 工艺之后，主要采用电导率更高的材料 Cu 作为主要的金属互联层。随着微电子产业的发展，目前芯片的生产技术已经发展到 26 nm(2014 年)乃至更小。线宽的缩小伴随连线电阻的增加，显然不利于 CPU 速度的提升与器件功能的明显改善。一个主要的问题在于：连线电阻 R 与其周围介质膜的电容 C 的乘积 RC 是阻碍微处理器运行速度提高的主要原因。在纳米器件前的时代，RC 引起的延迟时间远小于半导体栅极的延迟时间。但在纳米级超大规模集成电路时代，导体连线延迟时间与栅极的传送时间已经相近，成为不可忽视的重要影响因素(见图 5-115)。除了 RC 延迟时间使 CPU 运行速度受到影响的问题外，线宽缩小导致的金属导线内部产生的电迁移(EM, Electro Migration)和应力迁移(SM, Stress Migration)也对连线技术提出了挑战。对互连线技术而言，低电阻和高可靠是对于导电金属层的基本要求，使用电阻系数更低而且能够忍受更高电流密度的新导体材料 Cu 来替代 Al，显然是今后的发展方向。Cu 材料的电阻率为 1.7 μΩ·cm，小于 Al(2.9 μΩ·cm)。另外，Cu 材料本身的抗电迁移能力也比 Al 材料好良好的抗电迁移能力，比 Al 高了四个数量级。因此，Cu 薄膜已被认为是 21 世纪集成电路使用的最主要的导体材料。

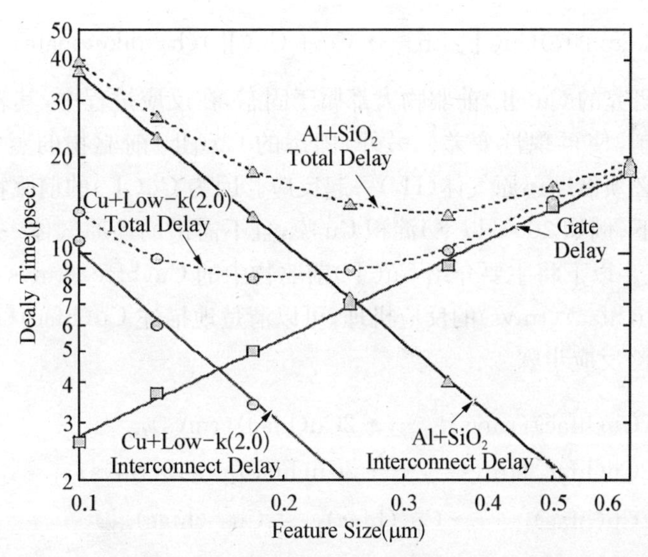

图 5-115 纳米集成电路对于 FEOL 和 BEOL 速度的要求，及其传统 Al 工艺与 Cu+LowK 工艺对于 BEOL 速度的比较

在集成电路市场的强力推动下，用于 Cu 连线工艺的 CMP 设备的销售从 1990 年到 1994 年上升了三倍，从 1994 年到 1997 年上升了四倍，现今，CMP 已成为全球主要集成电路公司的平坦化关键技术，不仅只是用于 Cu 互连线的平坦化，现在它也用于器件隔离、HKMG(high-k Metal Gate)等工艺。

(1) Cu 薄膜淀积。虽然 Cu 的某些物理性质对应用在器件上有很大的优势，但它的一些化学性质却阻碍了 Cu 在器件上的应用，Cu 在低温时极易与许多元素反应，Cu 膜的腐蚀性问题等阻碍了它的应用，在实用化之前必须予以克服。针对这些问题，许多的研究应运而生，研究内容包括发展 MOCVD Cu 薄膜的技术和解决化学性质上的问题。在进行 MOCVD Cu 薄膜的研究初期，许多研究室都在寻找反应的最佳条件和适当的 Cu 前驱体。当前驱体属于无机物的 Cu 源(如 $CuCl_2$)时，由于薄膜的淀积温度过高，无法适用于器件的后段工艺，所以很少被探讨。所以，在利用有机金属 Cu 作为前驱体淀积 Cu 薄膜时，我们可以选择二价 Cu[Cu(Ⅱ)]或者是一价 Cu[Cu(Ⅰ)]的有机金属分子来进行研究，下面我们将会简单介绍有机金属分子 Cu(Ⅱ)和 Cu(Ⅰ)彼此具有的优点和缺点。

使用 $Cu(b-diketonate)_2$ 作为前驱体，是 CVD - Cu 膜技术发展初期的研究主流。该前驱体具有 $Cu(b-diketonate)_2$ 的通式。包括 $Cu(acac)_2$，其全名为二价 Cu 基的 acetylacetonate；$Cu(hfac)_2$，其全名为二价 Cu 基的 1,1,5,5,5 - hexafluoroacety - lacetonate；$Cu(fod)_2$，其全名为二价 Cu 基的 6,6,7,7,8,8,8 - heptafluoro - 2,2 - dimethyl - 3,5 - octanediono。进行反应时须以 H_2 当作还原剂。

Cu(Ⅰ)的前驱物研究则是最近几年才开始进行。其通式可写成(b - diketonate) Cu(Ⅰ)Ln，Ln 代表有机基团(organic ligand)，包括 PMe3(trimethylphosphine)、tmvs(trimethylvinylsilane)、cod(1,5 - cyclooctadiene)、2 - butyne 等。以下所述的这些前驱体在淀积 Cu 薄膜时是通过不对称反应(disproportionation reaction)来进行。其反应方程式

$$2(b-diketonate)Cu(I)Ln \longrightarrow Cu + Cu(II)(b-diketonate)_2 + 2Ln$$

一般而言，现在所研究的 Cu(Ⅱ)前驱物大都属于固态，在反应过程中，其表面积不断发生改变，会造成不易控制，使再现性变差。另外，固态的 Cu(Ⅱ)前驱物的蒸气压比液态的 Cu(Ⅰ)前驱物低，且必须借助还原气体(H_2)一起反应。因为 Cu(Ⅰ)的前驱物具有较高的蒸气压，可以在较低温下(例如 200℃以下)淀积 Cu 膜，且不需借助还原气体一起反应，所以已逐渐成为研究的主流。以下将主要介绍 Cu(Ⅰ)前驱物中的 Cu(hfac)(tmvs)。以下所示为 Cu(Ⅰ)前驱物——Cu(hfac)(tmvs)的反应机理，可以清楚地描述 Cu(hfac)(tmvs)在基底上淀积 Cu 膜时所经历的反应步骤

$$2Cu(hfac)(tmvs)_{(g)} \longrightarrow 2Cu(hfac)(tmvs)_{(s)}$$
$$2Cu(hfac)(tmvs)_{(s)} \longrightarrow 2Cu(hfac)_{(s)} + 2(tmvs)_{(g)}$$
$$2Cu(hfac)_{(s)} \longrightarrow Cu^0(hfac)_{(s)} + Cu^{2+}(hfac)_{(s)}$$
$$Cu^0(hfac)_{(s)} + Cu^{2+}(hfac)_{(s)} \longrightarrow Cu^0_{(s)} + Cu^{2+}(hfac)_{2(s)}$$
$$Cu^{2+}(hfac)_{2(s)} \longrightarrow Cu^{2+}(hfac)_{2(g)}$$

式中，(s)表示在基底上；(g)表示在气相中。

1989 年，Awaya 和 Arita 报道了选择性 CVD Cu 膜的技术。因为淀积的 Cu 薄膜很难进行干式刻蚀与 CMP 化学机械研磨，所以选择性 CVD 便提供了一个解决的途径。选择性淀积的装置结构如图 5 - 116 所示，其方法是反应时添加甲硅烷基试剂，例如 TMS - C

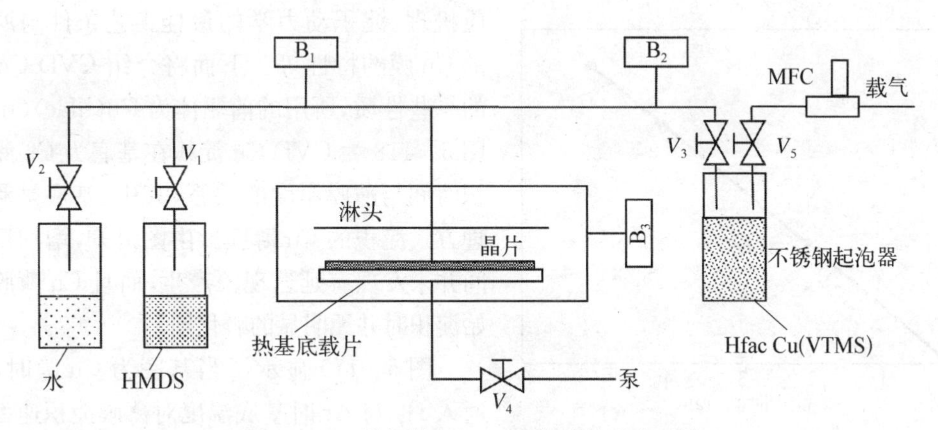

图 5-116 选择性 CVD-Cu 薄膜的反应系统

(chlorotrimethylsilane)、HMDS(hexamethyldisilazane)和 dimethyldichlorosilane。目的是使 SiO_2 的表面含有亲水性基团(羟基)保护，避免 Cu 薄膜在含亲水性基的 SiO_2 表面淀积，以达到选择性淀积的目的。

通过选择性的方式，Cu 薄膜可以淀积在 $TiSi_2$、W、Cr、Al 以及 Zr 层上，而其周围的 SiO_2 和 Si_3N_4 不会产生任何的成核点。选择性 Cu 薄膜在器件制作工艺中的应用如图 5-117 所示。

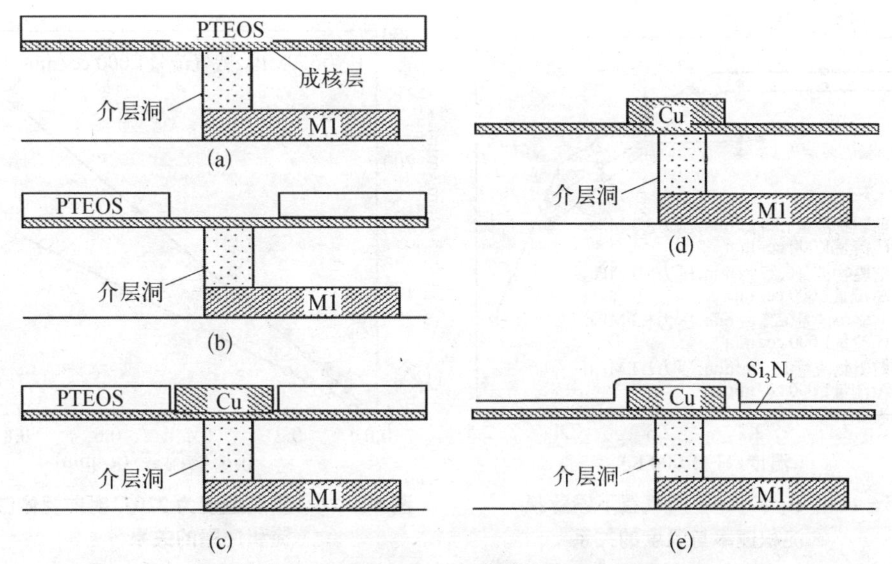

图 5-117 选择性 CVD Cu 薄膜载金属化制程应用

(a) 先在管洞上方淀积一层薄的成核层，然后上方覆盖一层 PTEOS 氧化层 (b) 将对 PTEOS 氧化层光刻出沟槽的形状并露出成核层 (c) 在沟槽中选择性淀积 Cu 薄膜 (d) 去除 PTEOS 氧化层和未在沟槽内的成核层 (e) 利用 PECVD 的方式制备一层 Si_3N_4 膜，以保护 Cu 线的侧壁与上层。

值得注意的是，选择性化学气相淀积的 Cu 膜将受 Cu 前驱体本身特性的限制，虽然能通过预处理或原位(in-situ)的方式来改善，但其发展仍受到一些限制。

目前，已经有许多文献探讨了 Cu 前驱体的原理。例如反应发生在气相或基底表面的反

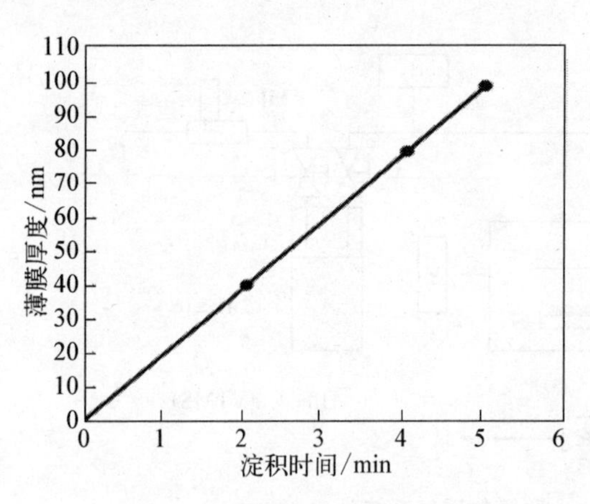

图 5-118　当基底为铜模时铜薄膜的淀积时间与膜厚的关系

应机理、淀积动力学的最佳工艺条件与所淀积的 Cu 膜的特性等。下面将介绍 CVD Cu 薄膜的一些性质，所用的前驱体为 Cu(hfac)(tmvs)。图 5-118 为 CVD Cu 淀积在基底为 Cu 膜的淀积时间与薄膜厚度的关系，其中，基底是利用物理方式淀积的 Cu 薄膜。由图可知，增加反应时间并未发现有延迟现象产生，而且 Cu 薄膜刚开始淀积时并无明显的孵化期。

图 5-119 显示了当基底为 Cu 膜时，分别通入 H_2 与 Ar 时基底温度对薄膜淀积速率的影响。由图中得知，当温度在 200℃以上时，薄膜的淀积速率与基底温度无关，且通入 H_2 会比通入 Ar 有更高的薄膜淀积速率。若温度低于 200℃时，则可分为两部分：当温度范围为 140～200℃时，其活化能较低(为 11 kcal/mol)，薄膜的淀积速度与通入的气体有关；当温度低于 140℃时，其活化能较高，薄膜的淀积速率与所通入的气体无关。对这一现象的进一步解释是：当温度高于 140℃时，H_2 会促进薄膜的淀积；若温度低于 140℃，则 Cu(Ⅰ)前驱体只能通过自己本身的热解形成金属 Cu 膜。

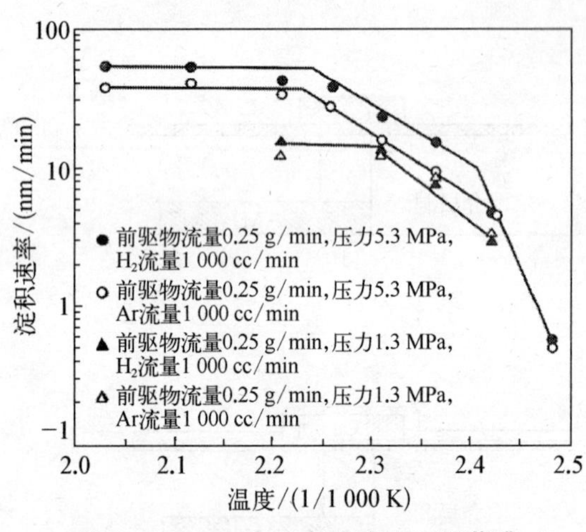

图 5-119　H_2 和 Ar 不同气氛下铜薄膜淀积速率与温度的关系

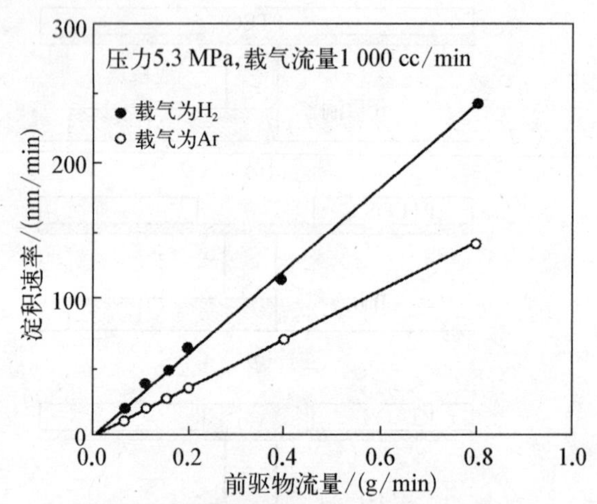

图 5-120　基底温度为 220℃时前驱体流量与淀积速率的关系

当基材温度为 220℃时，前驱体的流速与淀积速率的关系，并比较了 H_2 与 Ar 对淀积速率的影响。从图 5-120 中可知，淀积速率随前驱体的流速增加呈现线性增加，这显示出液态的流量控制器能准确地控制前驱物的流量，进而控制薄膜的淀积速率。

图 5-121 比较了基底分别是 Cu 和 Ti 薄膜时，其薄膜淀积速率的差异。对于基底是 Ti 薄膜而言，反应具有较低的活化能，能将淀积温度下降约 100℃。结果表明，反应的速率决定步骤与基底表面和反应物之间的相互作用。因为 Ti 薄膜具有较高的游离化倾向，使反应具

有较低的活化能，所以较易将电子转移到所吸附的物种上。由此可知，吸附后的分解反应与不对称反应能在较低的温度下加速进行。

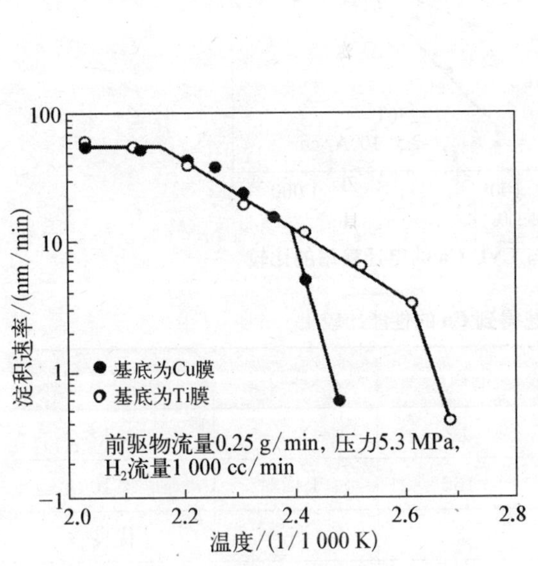

图 5-121　不同基底上薄膜的淀积速率

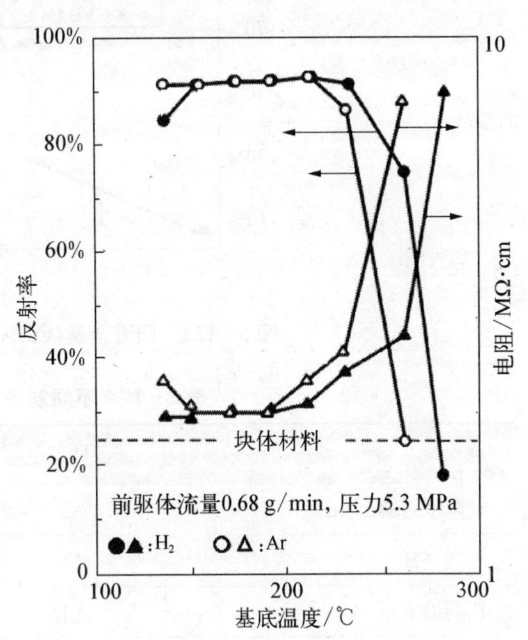

图 5-122　淀积 Cu 薄膜的反射率、电阻率与温度的关系

图 5-122 为金属 Cu 薄膜的反射率、电阻率与基底温度的关系。从图 5-122 中可知，当基底温度低于 230℃时，其反射率大于 90%；温度高于 230℃时，由于薄膜表面的粗糙度增加，反射率下降。对电阻率而言，其变化趋势也相同，温度低于 230℃时，电阻率可降低到 2 μΩ·cm 以下。由 X 射线衍射结果表明，当基底为 W 膜时，在 160℃下淀积的 Cu 膜的晶粒的取向为强度很弱的〈111〉取向，经过 400℃烧结后，则出现少部分的〈200〉晶向。

金属 Cu 薄膜的阶梯覆盖性不受通入气体的影响，但与基底的温度和前驱体的流速有很大关系。当淀积温度较低(如低于 210℃)时，金属薄膜会通过表面移动，形成如流体状的非常均匀的阶梯覆盖性。因此，制作大的深宽比的管洞时，适合在较低的温度下淀积金属 Cu 薄膜。此外，在适当的淀积温度下，前驱体的流量变大，也能改善阶梯覆盖性。同时，也考虑了 500℃以下的温度回流技术，即在溅射 Cu 材料之后再经 500℃以下的高温回流，可以获得对 0.1 μm 孔洞具有良好填充能力的 Cu 连线材料。由图 5-123 可看出，回流得到的 Cu 具有很强的抗电迁移能力。表 5-17 为回流铜技术与电镀法和 CVD 法制备的 Cu 的性质比较结果，同时列出大家较熟悉的回流铝合金的特性作为参考。2.0 μΩ·cm 的电阻率、0.1 μm 孔洞的填充能力以及优异的抗电迁移能力，都说明了溅射回流铜的可行性，该项技术有望成为未来 Cu 材料的主要技术。

除了以上 MOCVD Cu 的方法之外，电镀 Cu 也是 Cu 连线工艺的方法之一。在利用 ALD 技术获得很好的覆盖性及填充高深宽比缓冲阻挡层之后，还要获得充分填充的导体金属。

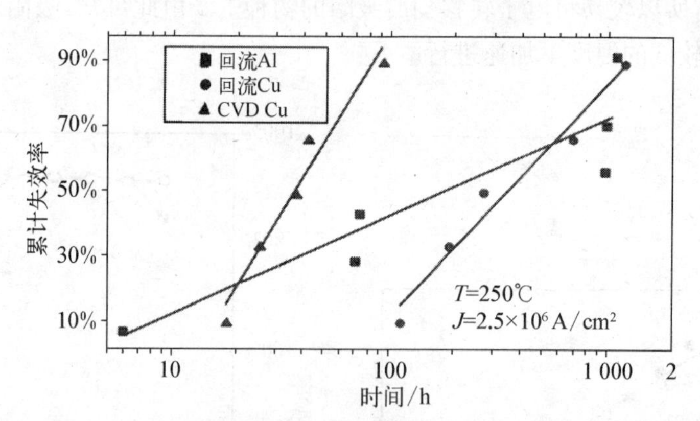

图 5-123 回流金属(Cu,Al)与 CVD Cu 的电迁移率的比较

表 5-17 不同制备工艺得到 Cu 的性能比较

性 质	溅射后回流	电镀法	CVD	TiAl-Cu 回流
电阻率/μΩ·cm	2	3.2	2.5	>3.8
全部杂质/10^{-6}	58	166	1 123	<10
孔洞填充能力	优良	差	好	优良
填隙的深宽比	5∶01	3∶01	3.8∶1	4∶01
电迁移率	好	—	杂乱	差
晶体结构	〈111〉强	〈111〉强	0.1	〈111〉很强
晶粒大小/μm	0.8	0.8	520	>1
应力(深宽比为 0.7∶1)/MPa	540	—	低	451
淀积速率	高	中		高

电镀 Cu 有三种类型的填充方式(见图 5-124):subconformal,conformal,superconformal。Subconformal 和 conformal 孔开口附近 Cu 淀积速率明显高于孔下侧,电镀一段时间后,开口附近的 Cu 层率先相遇,阻断了电镀液向孔内扩散的通道,电镀结束后孔内存在空洞和缝隙(SEM 照片);superconformal 填充方式最为理想,需选择具有合适配比的添加剂,侧壁种子层的淀积和电镀工艺参数,从而使得孔底表面有最高的电化学活性,获得最高的 Cu 淀积速率,最终 Cu 电镀结束后孔被完全填充,内部几乎不存在空洞缝隙等缺陷。

T. Nugyen 等人开发的由自底向上电镀的方法,即通孔方式成功解决了电镀缺陷的问题,自底向上电镀工艺使 Cu 由底部向上慢慢生长,不会产生类似于由电镀不均匀而导致的空洞缝隙等缺陷,该法只适用于通孔孔径较小的情况。但自底向上电镀层与侧壁结合力较差,对器件长期可靠性影响较大。研究表明,先用 ALD 的方法淀积一个“种子”Cu 的薄层将有利于使得后来的 Cu 淀积层充满深孔区而避免中间产生不均匀的“空洞”(见图 5-125)。

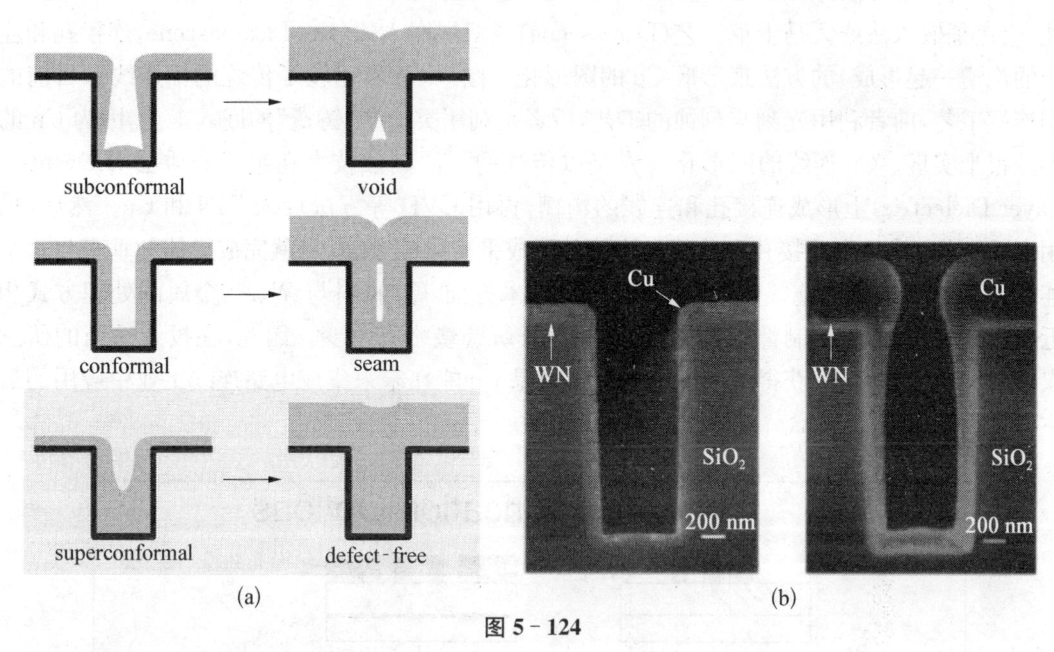

图 5-124

(a) subconformal，conformal，superconformal，Subconformal 和 conformal　(b) SEM：电镀 Cu 一段时间后，开口附近的 Cu 层率先相遇，阻断了电镀液向孔内扩散的通道，电镀结束后孔内存在空洞和缝隙

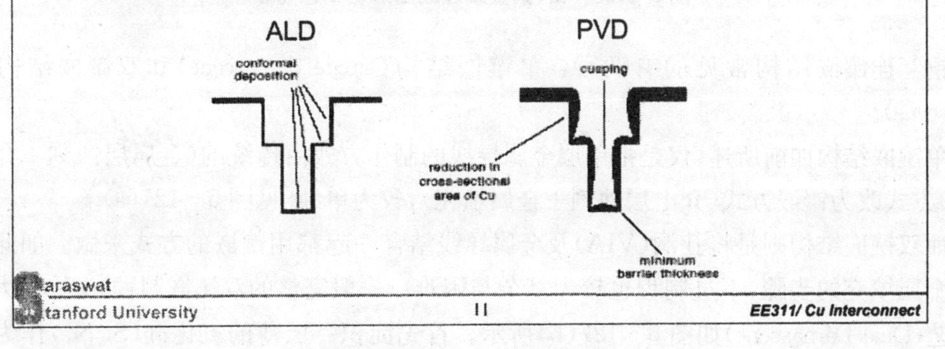

图 5-125　自底向上电镀工艺

(2) Cu 金属连线图形化。使用 Cu 的过程中最困难的技术问题是 Cu 的刻蚀工艺，为此，引入了嵌入法或大马士革工艺(Damascene)或双层嵌入法(Dual Damascene，连接孔和连线的沟槽一起形成)的方法来形成 Cu 的图形化。图 5-126 比较了传统的铝连线和目前的铜连线工艺，前者利用光刻与刻蚀的工艺，后者是利用类似于"铸造"的嵌入工艺，因为 Cu 的刻蚀很难实现。Cu 连线的图形化首先是以传统的干法刻蚀技术在绝缘介质层 ILD(Inter-Layer Dielectric)上形成连接孔和连线的沟槽，再用 CVD 等方法填入 TiN 和 Cu。然后，采用 CMP 的方式露出连接孔和连线的沟槽并形成平坦化的表面，也就完成导体的垂直与水平连线，形成 Cu 的金属连线图形化。在 CMP 技术方面，Cu 材料与 W、Al 金属的处理方式相近，设备本身及参数控制都很相似，但研磨剂及研磨垫略有改变。因此，在投入适当的研发人力与经费后，即可以获得成熟的技术。这也是 Cu 能在未来集成电路连线工业中应用的最主要原因。

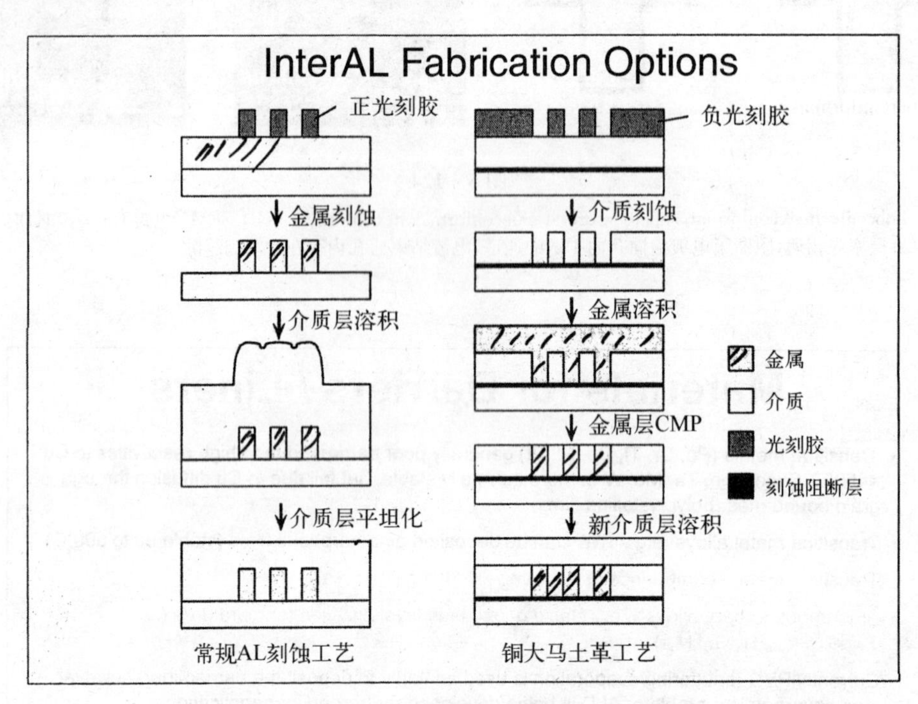

图 5-126　铅、铜金属连线图形化工艺比较

铜互连镶嵌结构常见的有两种：单镶嵌结构(single damascene)和双镶嵌结构(dual damascene)。

单镶嵌结构如前所述，仅是把单层金属导线的制作方式由传统的(金属层蚀刻+介电层填充)方式改为镶嵌方式(介电层蚀刻+金属填充)，较为单纯[见图 5-127(a)]。

而双镶嵌结构则是将孔洞(VIA)及金属导线结合一起都用镶嵌的方式来做。如此只需一道金属填充的步骤，不过制程也较为复杂与困难。一般完整的双镶嵌制程，又称双大马士革工艺(Dual Damascene)如图 5-127(b)所示。首先淀积一层薄的氮化硅(Si_3N_4)作为扩散阻挡层和刻蚀终止层，接着在上面淀积一定厚度的氧化硅(SiO_2)，然后光刻出微通孔

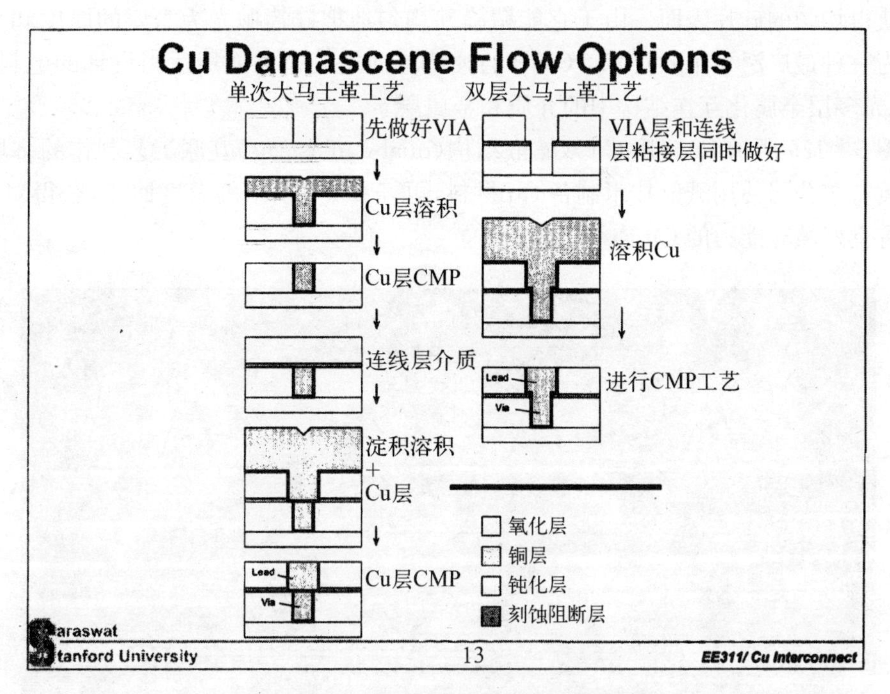

图 5-127 铜互连镶嵌结构的两种工艺

(a) 单镶嵌结构(single damascene) (b) 双镶嵌结构(dual damascene)

(VIA),对通孔进行部分刻蚀,之后再光刻出沟槽(Trench),继续刻蚀出完整的通孔和沟槽;接着是溅射(PVD)扩散阻挡层(TaN/Ta)和铜种子层(Seed Layer)。其作用是增强与Cu的黏附性,种子层是作为电镀时的导电层;之后就是铜互连线的电镀工艺;最后是退火和化学机械抛光(CMP),对铜镀层进行平坦化处理和清洗。

随着ϕ300 mm和45 nm时代的到来,用于互联技术的新导体,新介质材料已成为满足未来半导体技术要求所必需的材料。铜金属化中的阻挡层,有效介电常数及金属互连层的技术要求在不断提高,金属互连层数将由100 nm节点的9层增加到45 nm节点的11层。铜互连和低介电常数材料的引入,以及双嵌入式结构的应用对于CMP技术的发展起到了至关重要的影响作用。一个6层布线的MPC在制备过程中需要至少8次CMP工艺,可以说CMP对布线质量和产品性能起着非常关键的作用,如何去除线宽,减少和low-k材料使用所带来的新缺陷,如何在减低研磨压力的情况下提高产率,如何减少磨料的使用以清洗疏水性low-k材料等便成为CMP设备研发所面临的挑战。

如图5-128所示,CMP是一种全局平坦化技术。它通过硅片和一个抛光头之间的相对运动来平坦化硅片表面,在硅片和抛光头之间有磨料,并同时施加压力。CMP设备也常称为抛光机。CMP通过比去除低处图形快的速度去除高处

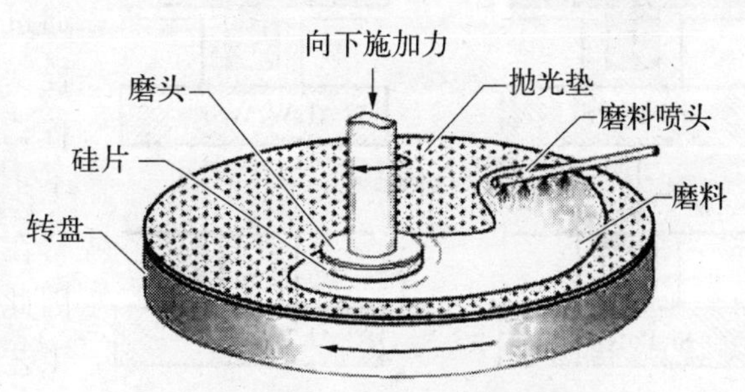

图 5-128 化学机械平坦化的原理

图形来获得均匀的硅片表面。由于它能精确并均匀地把硅片抛光为需要的厚度和平坦度，已经成为一种最广泛采用的技术。CMP 的独特方面之一是它能用适当设计的磨料和抛光垫，来抛光多层金属化互连结构中的介质和金属层。

如图 5－129 所示 Intel 用 Cu 双镶嵌结构（dual damascene）互联工艺制作的多层 VLSI 截面。英特尔公司使用溅射技术制备 Cu 材料，再经 500℃以下的温度回流，获得对 0.1 μm 孔洞具有良好填充能力的 Cu 连线工艺。

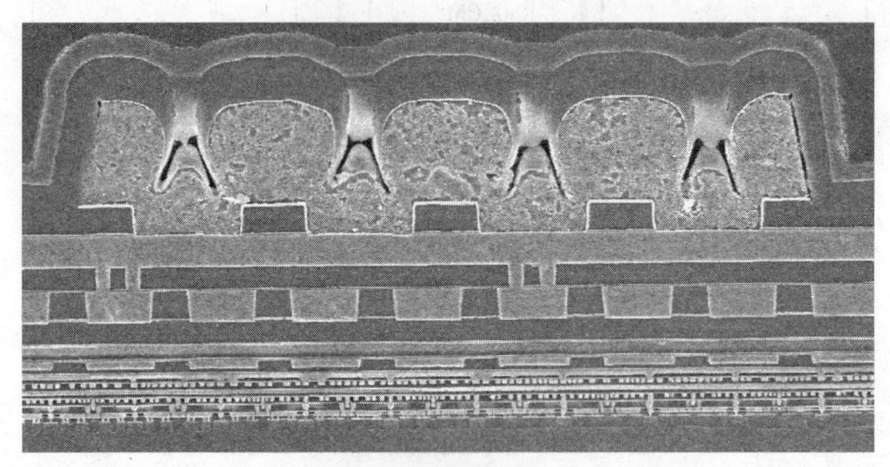

图 5－129　用 Cu 双镶嵌结构工艺制作的多层 VLSI 截面图

4. 金属钨（W）连线工艺

钨在高电流密度下具有很好的抗电迁移能力，不会形成小丘、低应力（小于5E9 dyne/cm^2）以及和硅可形成很好的欧姆接触等优点，可作为接触孔及走线孔的填洞金属和扩散阻隔层。

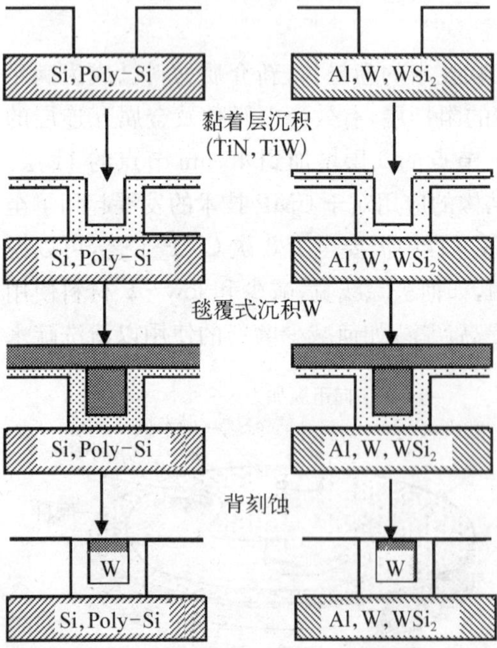

W 淀积大部分是通过 LPCVD 法淀积的，是一项十分成熟的技术。CVD W 大致分为毯覆式金属 W 淀积和选择性金属 W 淀积两种。图 5－130 为毯覆式金属 CVD W 的流程。因为 W 与氧化物介电层的附着性不好，在接触孔或走线孔上要先镀上一层黏着层（adhesion layer），如 TiN 或 TiW，然后再覆盖 CVD W。通过后续的刻蚀工艺去除表面的 W 而留下 W 栓塞，即完成了 W 填洞的制作流程。整个流程，TiN 淀积→CVD W→背刻蚀（etch back）三个步骤完全在不同的腔室内完成，利用机械手臂在不同的腔室间传递晶片，而不破坏真空，因此在工艺上十分可靠。使用在 W 栓塞制作工艺的毯覆式金属 W 淀积必须选择一定的反应条件，以实现高的阶梯覆盖性。由 H_2 还原

图 5－130　毯覆式 CVD W 的流程

六氟化钨(WF_6)比 SiH_4 还原得到的薄膜的阶梯覆盖性高。例如，在一个晶片温度为 300℃、压力为 1 MPa 的反应器中，使用 90 sccm 的 WF_6 和 700 sccm H_2 与其他稀释气体混合，可得到大于 95%的阶梯覆盖率。降低反应温度、增加 Ar 分压和增加 WF_6 的分压可提高阶梯覆盖率。

目前，选择性钨化学气相淀积使用较少，主要原因是考虑其选择性的可靠性。如图 5-131 所示，理论上选择性 CVD 简单、经济。由实验可知，在适当的前处理下，可以达到合理的选择性。至于这两种工艺的应用性，现阶段大都以毯覆式 CVD W 为主，但在 0.25 μm 以下的工艺中，选择性 CVD W 法已开始在工厂中使用。

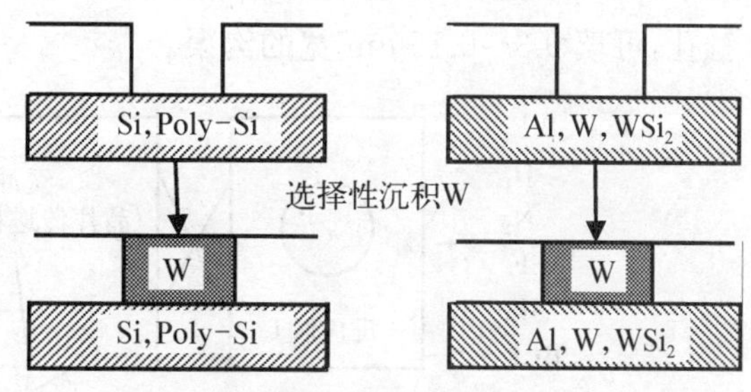

图 5-131　选择性 CVD W

选择性钨淀积的钨来源有许多种，如 WF_6、$W(CO)_6$、WCl_6 等。目前最常用的是 WF_6，因为它在室温为气体，具有足够高的蒸气压，所淀积出的膜纯度高，而且可以进行选择性淀积。WF_6 必须在 750℃以上才能热解，并且需要加入还原剂，如 H_2、Si、SiH_4、Si_2H_6、B_2H_6、PH_3，SiH_2Cl_2、GeH_4 等，来降低淀积温度。一般在 IC 工艺中最常用的是 Si、H_2 和 SiH_4。还原剂将 WF_6 还原成 W 淀积在晶片上，反应方程式分别为

$$2WF_6 + 3Si \longrightarrow 2W + 3SiF_4 \qquad (T < 400℃)$$
$$2WF_6 + 3Si \longrightarrow W + 3SiF_4 \qquad (T > 400℃)$$
$$2WF_6 + 3H_2 \longrightarrow 2W + 3SiF_4$$
$$2WF_6 + 3SiH_4 \longrightarrow 2W + 3SiF_4 + 6H_2$$
$$2WF_6 + 3SiH_4 \longrightarrow 2W + 3SiF_4 + 6H_2$$

其中，前两个反应式为 WF_6 与 Si 的反应式，这表示 WF_6 会消耗硅基底，造成器件的性能劣化。该反应为自动终止式的，通常 W 长到一定厚度后，底层的硅无法扩散到表面与 WF_6 反应，反应就会终止。SiH_4 还原与 H_2 还原所淀积的 W 膜的特性有些不同，SiH_4 还原的最大好处是对硅基底的损伤较小，故一般都是利用 SiH_4 将 WF_6 还原成 W；而以 H_2 还原则有较高的阶梯覆盖性。目前许多公司已经采用 LPCVD W 作为接触孔与走线孔的淀积技术，但大部分仍属于毯覆式 CVD W 淀积方式。然而，如前面所述，毯覆式 CVD W 淀积在 0.25 μm 以下工艺中的应用性具有一定的限制，因此有必要发展另一种可行的淀积方式。选择性 CVD W 即是另一种可行的技术，目前大多为日本公司所采用，以 ULVSC 生产的 ERA-1000S系统为代表。选择性 CVD W 的淀积主要是利用 W 在 Si、Al 或其他金属导线上较易淀积，而不易淀积在 SiO_2 与 Si_3N_4 等介电层上的特点。然而选择性 W 的淀积条件非常苛刻，且与晶片表面有关。所以选择性 CVD W 需要有效的前处理来避免选择性损失，如图 5-132 所示。选择性 CVD W 系统主要包含四个腔，晶片由 L 形晶盒送入 L/UL 腔后，由机械手送入反应腔 1 进行前处理。反应腔 1 所含的气体主要是 NF_3 与 BCl_3，用于接触孔和 Al 走线孔的表面前处理。利用 NF_3 等离子体主要是去除 Al 走线孔底部的 Al_2O_3，这些

表面前处理可以大大提高选择性的成功率和降低 W/Si 及 W/Al 间的接触电阻。前处理后，晶片由机械手在不破坏真空的情况下送入反应腔 2 做选择性 W 淀积；该腔所含的气体主要是 WF_6、SiH_4 和 H_2 等气体，在选择性 CVD W 时，以 SiH_4 的还原反应为主。在适当的前处理下，W 可以选择性地淀积在 Si 接触孔。此外，选择性 W 淀积也适用于 0.35 μm 以下的接触孔，可填 0.3～0.15 μm 宽的沟渠。

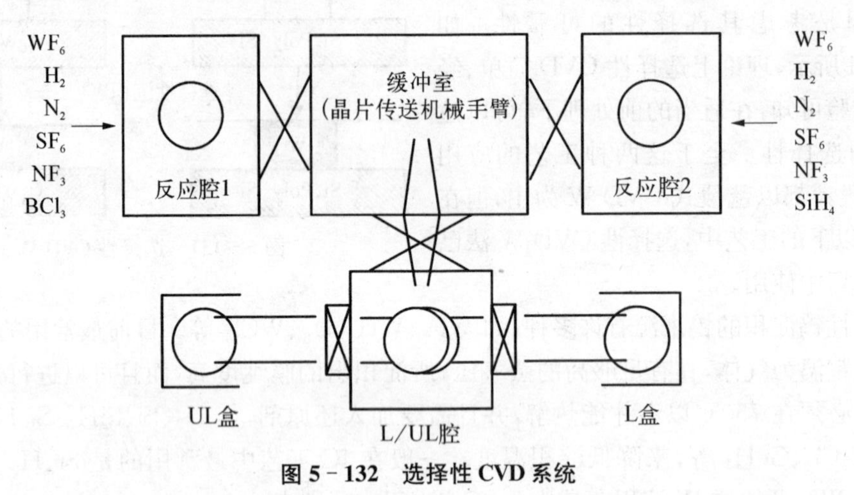

图 5-132　选择性 CVD 系统

5.4.8　介质绝缘薄膜层

1. 概述

电介质材料在多层导体连线系统里起导体连线间与金属层间的电隔离和导热的作用，在金属连线复杂化以后，电介质材料还具有平坦化的功能。早期，为了避免集成电路表面金属 Al 连线上的刮伤(操作或封装工艺中)，并防止水汽与杂质的渗透，发展了低温 CVD 的 SiO_2。该工艺确实可以提高集成电路的产品合格率。但由于热分解制备的 SiO_2 容易产生尘粒而不能有效地阻止水汽与杂质离子的掺入，还发展了低温的 PECVD 技术生长 Si_3N_4 与掺磷的二氧化硅膜(PSG)。由于 Si_3N_4 材料的结构比较紧密，在防止水汽及杂质的掺入方面优于热分解制备的 SiO_2。另外，PSG 也具有捕捉杂质的能力。因此，PSG 与 Si_3N_4 组合，可构成集成电路的上层电介质保护层。

电介质材料的功能是在导体连线间形成电绝缘层，并将微电子器件运行时产生的热量传导出去以及防止器件组装时的杂质污染。早期的介电膜，只要覆盖性良好，即可满足其基本要求。到了亚微米时代，介电质在导线间的填隙能力与平坦化效果就显得非常重要。介质的填隙能力来自大规模集成电路产品的质量与可靠性的需求；对于平坦度的要求，则来自光刻工艺。随着线宽的变小，光刻工艺中使用的波长也不断降低，导致景深(即聚焦深度)也跟着不断缩小。在有限的聚焦深度下，器件表面的平坦化程度就显得非常重要。在深亚微米的器件结构中，传统的等离子体增强化学气相淀积技术无法实现细小孔洞或沟槽的填充。因此，低压力和高等离子体密度的 PECVD 就成为产业界关注的技术。这种能产生高等离子体密度(1E11～1E12 ions/cm^3)的方法有电子回旋共振(ECR)、螺旋波(helicon wave)、感应耦合等方式。ECR 系统是利用电子回旋共振频率 $\omega_0 = eBm$ 来提高能量的传送效果，在电子回旋的共振频率 $\omega_0 = 2.54$ GHz 下，磁场 B 为 0.087 5 T。Helicon 系统则以一般的射频配合螺旋电磁波的共振频率来提高等离子体的耦合效率，以产生高密度的等离子体。为了提高等离子体分布的均匀性并降低磁场的影响，反应室中加装多极式永久磁场使等离子体远离管壁并集中在反应室内。在高等离子体密度的系统中，给基板加上独立偏压，可以控制离子的角度分布，如图 5-133 所示。因此，在淀积、溅射刻蚀率和角度的组合控制下，可以实现对高深宽比和细小的孔洞或沟槽的填充。由于 CMP 仅能削平表面，无法填充孔隙，所以孔洞和沟槽的填充仍须依靠不同的薄膜淀积技术来完成。高等离子体密度和低压力的系统（如 ECR，Helicon 等）展示了优异的深亚微米工艺中的孔隙填充能力，如再与 CMP 的工艺整合，可达到快速、全面性平坦化的效果。

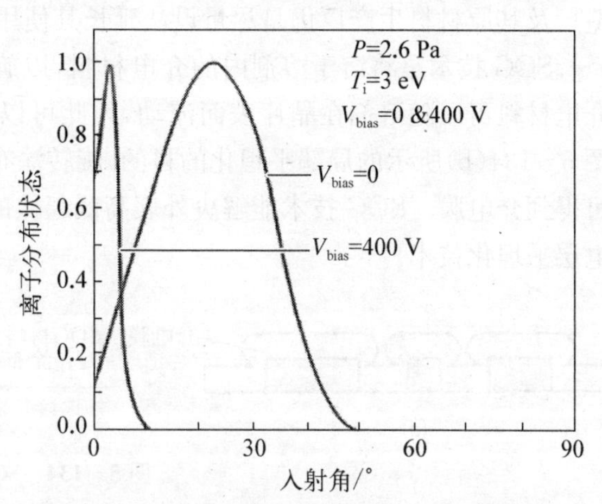

图 5-133　不同偏压改变 ECR 的 SiO_2 淀积速率

在 PECVD 系统中，等离子体内的高能量电子撞击反应气体，打断气体内的化学键使其形成活性分子。等离子体促进了化学气相淀积反应，可以得到较紧密的材料，并降低反应温度。使用等离子体增强技术生长作为导体连线顶层保护膜的 Si_3N_4 薄膜时，可以将薄膜的生长温度控制在 500℃以下。在亚微米时代，微粒控制是最主要的关键点。PECVD 设备在引用真空隔绝室后，微粒的控制得到了很大程度的改进。典型的淀积设备有美国应用材料公司（Applied Material）的 P5000 系列及诺发系统公司的 Concept One。P5000 的构造为单片多腔处理的方式，反应室的组合有 PECVD/CVD/刻蚀室三种，可以经过淀积和刻蚀的不同反应室的连续步骤，削减孔洞或沟槽边角的悬臂厚度，得到良好的平坦化效果。诺发系统公司的 Concept One 则具有低频基板偏压的功能，其薄膜淀积厚度是经由七个淀积位置完成。每个位置的淀积时间为七分之一。在高频（3 MHz 以上）等离子体反应区，能量的耦合效率较高，可以获得较高的等离子体密度。在低频时，电子与离子都可以跟上频率的变化，有着较高的能量峰值，但离子能量的分布比较宽。一般，较高能量的离子更具有方向性，可减少侧边的淀积速率。适当应用双频率的优点，可以获得较高的等离子体密度和更好的方向性控制。因此双频率的等离子体增强化学淀积技术可得到较高的淀积速率和较好的平坦化效果。

2. 旋涂玻璃技术和 SOG 高分子材料

旋涂玻璃（spin on glass，SOG）是一种很好的局部平坦化材料技术，它是 IC 工业在早期金属连线时期大量使用的平坦化技术。SOG 是一种溶于溶剂内的介电质材料，使用的方法与光刻胶类似，采用旋转的方式涂布在晶片的表面。由于 SOG 的黏着性较低，容易填入孔洞或沟槽内形成局部的平坦化。硅酸盐类是以 Si-O 聚合体为主，固化后的主要成分

为 SiO_2。

制作多层金属连线的 IC 器件时需要非常平坦的介电层，而 SOG 可满足这样的需求。其优点是工艺简单、成本低，而且可提供 VLSI 工艺所需的局部平坦度，加上目前 IC 制造厂应用此项技术已十分成熟，因此虽然 SOG 技术在 0.35 μm 以下 IC 工艺的应用有困难，IC 制造厂及其原材料生产厂仍是尽量设法延长其使用寿命。

SOG 技术是将溶于溶剂内的介电材料，以旋转涂布的方式涂布于晶片上，因为涂布的介电材料可以随溶剂在晶片表面流动，因此可以填入如图 5－134(a)所示的缝隙而达到如图 5－134(b)所示的局部平坦化的目的，旋转涂布后的介电材料经固化过程将溶剂去除，即可得到介电膜。SOG 技术能解决外表高低起伏的渗填能力问题，而成为一种比较常用的介电层平坦化技术。

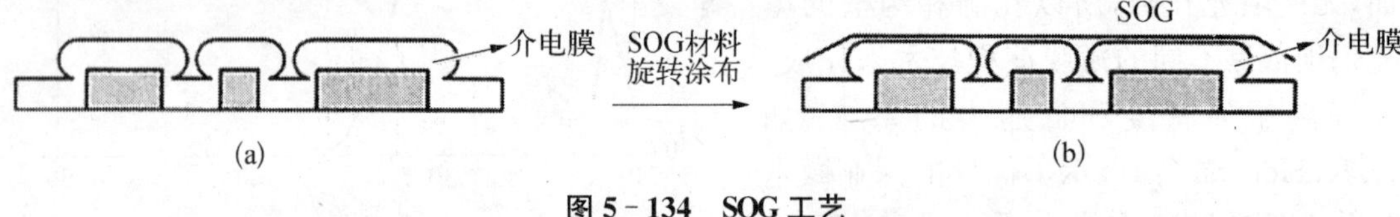

图 5－134　SOG 工艺

(a) 填隙　(b) 平坦化

目前使用的 SOG 材料大致有硅酸盐类(silicate)和硅氧烷类(siloxane)两种，其化学结构如图 5－135 所示。用来溶解这些介电材料的溶剂有醇类(alcohol)、酮类(ketone)与酯类(ester)等。通过调整 SOG 旋转涂布介电材料溶液的黏度、流动性质及设备本身的旋转速度可得到适当厚度的薄膜。SOG 材料在使用时可能会发生的严重问题是在固化过程中发生的龟裂现象。为了解决这一问题，常加入一定物质，使 SOG 材料能在溶剂挥发后发生结构改性。如在硅酸盐类 SOG 材料中加入少量的磷，或者在硅氧烷类 SOG 材料增加 CH_3 基。硅氧烷类 SOG 含有 Si－C键，具有较高的碳含量，可以有效地降低应力，形成较厚的薄膜而不会出现龟裂。同时，在抗水性和低介电常数方面具有一定的优势。

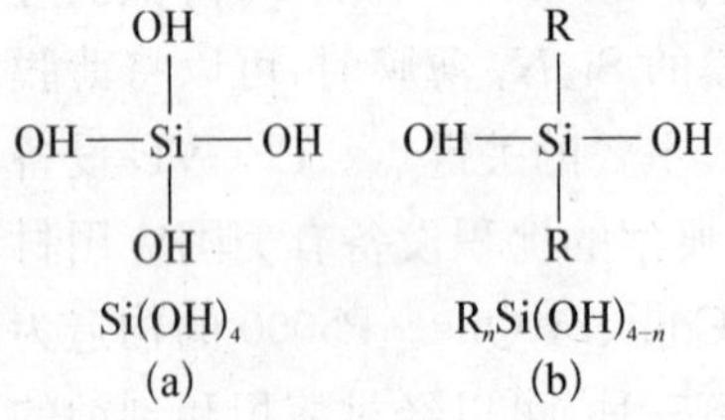

$Si(OH)_4$ (a)　　$R_nSi(OH)_{4-n}$ (b)

图 5－135　SOG 材料

(a) 硅酸盐　(b) 硅氧烷类

现有 SOG 技术虽仅能达到局部平坦的效果，但因其工艺简单及成本低，许多研究正在从延长 SOG 技术寿命着手进行深入研究。其中，材料改性将是一大研发重点，包括研究新 SOG 材料在旋转涂布时的动力学以增强其平坦度，或降低 SOG 材料介电常数使其应用于多层金属内连线 IC 工艺，相信 SOG 技术在未来 IC 工艺中仍可占有一席之地。

3. 聚酰亚胺和聚硅氧烷

聚酰亚胺(polyimide)是最早被研究的 SOG 高分子介电材料，它是由双酐(diahydride)及双胺(diamine)聚合而成，其基本结构如图 5－136 所示。聚酰亚胺的优点在于其耐热性好、抗溶剂性好，也可使用旋转涂布方式制作薄膜。目前商业化聚酰亚胺在

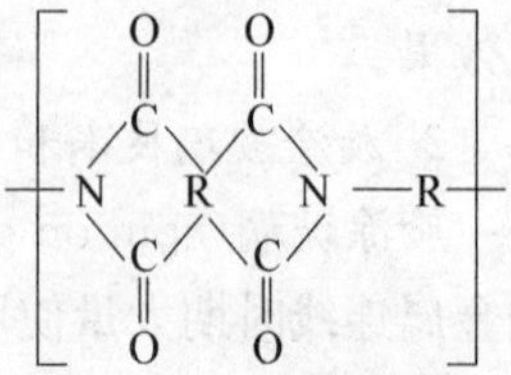

图 5－136　聚酰亚胺的基本结构

应用上需要解决其吸湿性及薄膜应力过高的问题，另外则是减少它的加工步骤。针对上述缺点，目前已有所改进。

如使用氟化聚酰亚胺可降低其吸湿性及介电常数；使用硅酮（silicone）改性聚酰亚胺可降低薄膜应力并改善与其他基材的结合性（见图 5－137、图 5－138）。

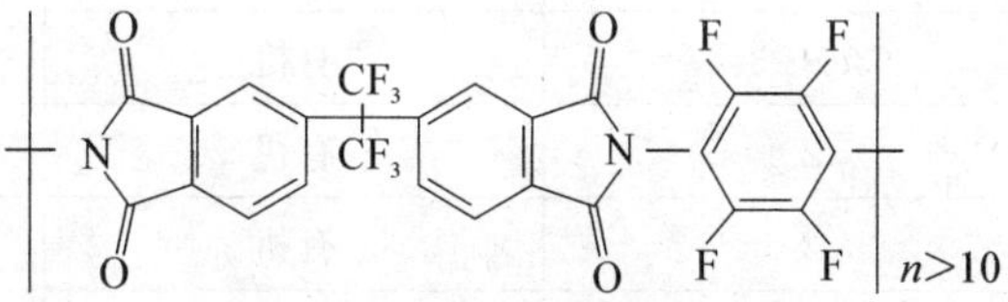

图 5－137　氟化聚酰亚胺范例

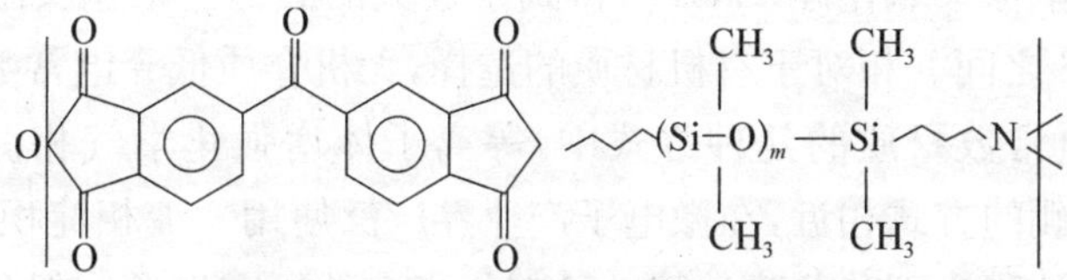

图 5－138　硅铜改性聚酰亚胺范例

聚硅氧烷（polysiloxane）硅氧烷类的高分子目前已被广泛地用作 SOG 材料。最近阿勒德斯高、东柯宁（Dow Coming）及日立化工等相继推出了若干商业化聚硅氧烷介电材料，如阿勒德斯高的 Accuspin418（分子结构为 $CH_3SiO_{1.5}$）、东柯宁的 FOX 分子结构为 $(HSiO_{3/2})_n$。这类材料不仅具有低介电常数，而且其耐热性及耐湿性都很好，目前正在 IC 工艺中推广使用。

SOG 在大规模集成电路（ULSI）工艺中的应用相当普遍，主要的特点是低成本和使用简单。但在实际的应用中，发现也存在一些缺点：易造成微粒污染问题，有龟裂与剥离问题的出现，存在残余溶剂或释出毒气的问题。解决的方法：微粒污染问题可通过设备和固化工艺的改进得到解决；龟裂等问题可通过涂布前处理、控制薄膜厚度和固化处理技术加以改进；有关固化后产生毒气的问题，可以在固化的步骤中加以改善，得到完全固化的效果，减少剩余的溶剂或水汽。

4. low－k 低介电常数的介质材料

介质绝缘薄膜层主要起导体间的电学隔离的作用，不仅要满足基本的良好电绝缘特性，热传导特性要好，并且还可减少耦合电容，不仅可以缩小延迟时间和提高传输速率外，对改善耦合噪声也有很大的好处。相对地，耦合噪声正比于器件的工作频率，在微处理器的工作频率持续提高的情况下，电容的减小将更优于电阻的降低。应用低介电常数（low－k）的材料是降低电容值的最直接的方法。传统的介质材料 SiO_2 的介电常数为 4.2，理想的介电常数的最低值为空气介电常数 1.0。因此在实际应用上，介电常数的改善也将由 4.2 逐步缩减到 1.0。使用有机材料或无机材料都可降低介电常数。表 5－18 列出了低介电常数的介质材料。无机材质基本是通过 CVD 的方式制备，而有机材质以旋转涂布的方式得到。在有机材质方面，介电常数的分布相当广阔。如 Teflon AF 的 k（介电常数）值在 2.0，而聚酰亚胺则为 3.0～3.7。

表 5-18 低介电常数的介质材料

材料	low-k	类型	制备工艺
标准 SiO_2	4.2～4.8	无机	CVD,PE CVD,ECR
$SiOF_x$	3.0～3.6	无机	PECVD
聚酰亚胺	3.0～3.7	有机	旋转涂布
聚对二甲苯	2.4	有机	CVD
BCB	2.6	有机	旋转涂布
Teflon AF	2	有机	旋转涂布

无机材料中,含氟掺杂氧化硅($SiOF_x$)得到了极大的关注。根据文献报道,它的介电常数可控制在 3.0～3.6 之间。相对于有机材质的选择,无机介质低介电常数的变化相当有限。以 $SiOF_x$ 组成低介电常数材质的几种方式中,等离子体增强化学气相淀积(PECVD)的工艺、设备与掺磷或掺硼的方式相近,在微电子产业界广泛使用。液相淀积 $SiOF_x$ 薄膜是在常温下进行的,相关的淀积机理和薄膜的特性已有相当多的研究报道。但是,由于该技术的淀积速率慢而被工业界忽视。等离子体增强化学气相淀积制备的 SiO_x 膜内的氟的来源是 C_2F_6 和 CF_4 等。适当控制气体流量,即可改变 F 的含量,控制介电常数在 3.0～3.6 的范围内变化,图 5-139 为 C_2F_6 的气体流量与 F 含量和介电常数的关系。但是,有文献指出,当介电常数小于 3.5 的含氟无机材料将呈现强烈的吸水性和不稳定状况。

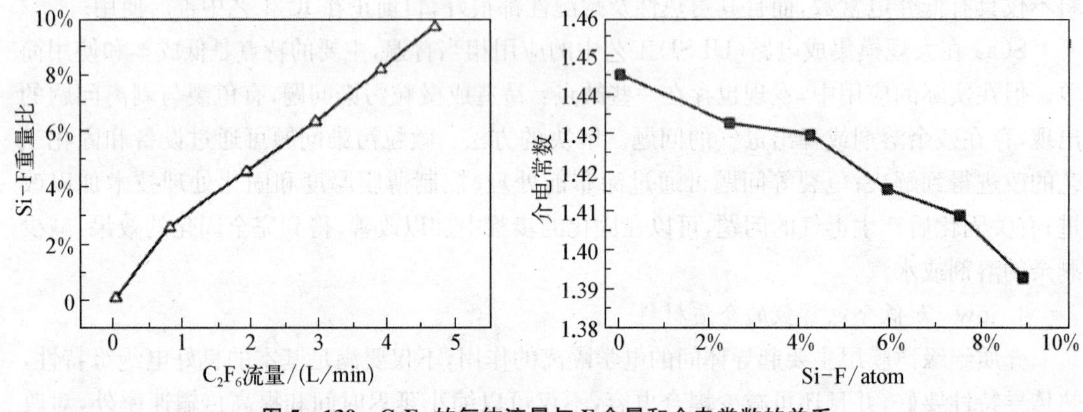

图 5-139 C_2F_6 的气体流量与 F 含量和介电常数的关系

相对于无机材质的有限选择,低介电常数的有机材质则呈现出众多的变化与选择。但这些材料都处于发展阶段,尚未经过生产的验证。半导体制造厂在众多品牌的选择下,研究力量较分散,反而不利于建立成熟的批量生产的技术。评价新材料的方法和类别繁多,但基于已有旋转涂布玻璃的使用经验可以简化评价的方法。从介电材料的应用考虑,热稳定性(到 500℃)、吸水性、薄膜应力控制和材料的稳定性等都是重要的选择指标。

HSQ(hydrogen silsequioxane)的介电常数为 3.0,具有良好的孔隙填充能力和材料稳定性。金属层间的介电质材料需要达到一定的厚度才可以实现电学的隔离作用。如应用

HSQ 材料时，会出现龟裂而使材料厚度具有一定的限制。氟玻璃（fluorosilicate，FSG）为一种含氟的硅玻璃，可通过传统的 CVD - SiO_2 的配料中加入含氟的气体源来制备，是一种低介电常数的薄膜。FSG 的介电常数值在 3.5 以上，具有良好的稳定性和抗水性。因此，FSG 作为金属层间的介电材料，而平行导体间的孔隙则由 HSQ 填充的结构，可有效地降低电容量的 22%。

在器件尺寸持续缩小而器件密集度持续增加的情况下，以低介电常数材料作为连线间与金属层间的电介质已成为未来半导体制造技术的发展趋势。不过，在电流密度不断提高的条件下，除了传统电介质的热稳定性、抗水性、附着性、耐热性和均匀性外，热传导性和热应力承受更是在电介质材料特性的评价中需要关注的两个方面。

本章主要参考文献

[1] C Pwong，Ed. Polymers for Electronic and Photonic Applications[M]. Singapore：Academic Press，Inc.，1993

[2] M. T. Currie，S. B. Samavedam，T. A. Langdo，C. W. Leitz，and E. A. Fitzgerald. Controlling threading dislocation densities in Ge on Si using graded SiGe layers and chemical-mechanical polishing [J]. Appl. Phys. Lett.，1998，72：1718 - 1720.

[3] 查冬.高 K 栅介质 Ge MOS 电容特性与制备研究[D].西安：西安电子科技大学，2012.

[4] F. L. Duan，S. P. Sinha，D. E. Ioannou，and F. T. Brady. LDD design tradeoffs for single transistor latch-up and hot-carrier degradation control in accumulation mode FD SOI MOSFETs[J]. IEEE Trans. Electron Devices，1997，44(6)：972 - 977.

第6章 集成电路工艺的“减法”：薄膜的刻蚀

6.1 薄膜刻蚀概述

薄膜的刻蚀是薄膜淀积的“反向动作”，如果薄膜淀积是“＋”法，薄膜的刻蚀就是“－”法，相减的结果就是图形化了的各类集成电路薄膜（如栅层、Cu互联层等），而这些图形化了的各类功能薄膜就形成了各类器件、电路和我们的集成电路功能块儿。

刻蚀（etching）工艺的传统定义是将光刻工艺后未被光刻胶覆盖或保护的部分以化学或物理的方法去除，从而完成将掩模上的图形转移到薄膜上的目的（见图6－1）。在集成电路的制造过程中，常常需要在晶片上做出微纳米尺寸的图形，而这些微细图形最主要的形成方式，是使用刻蚀技术将光刻（lithography）技术所产生的光刻胶图形，包括线、面和孔洞，准确无误地转印到光刻胶底下的材质上。

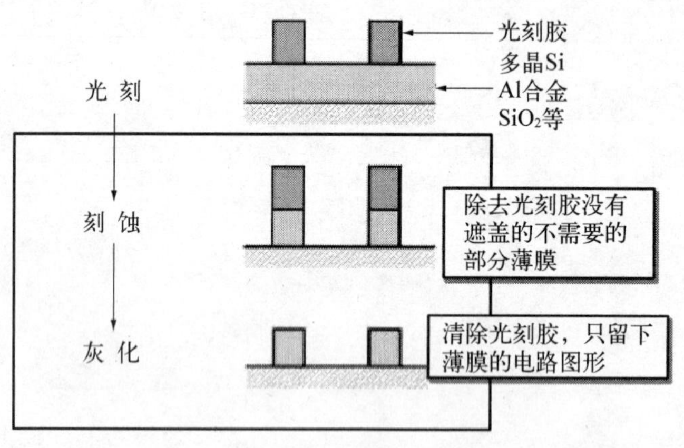

图6－1 刻蚀过程

刻蚀工艺的广义定位是硅片表面和截面的图形化。广义而言，刻蚀技术包含了所有将材质表面均匀移除或是有选择性地部分去除的技术，而重点是要在硅片表面形成所需要的由各种（薄膜）材料组成的图案。刻蚀工艺可大体分为湿法刻蚀（wet etching），干法刻蚀（dry etching），剥离技术（lift-off）与CMP（chemical mechanical polishing）技术。湿法刻蚀是利用化学反应，如酸与材料的反应来进行薄膜的刻蚀；干法刻蚀是利用物理方法，如使用等离子体对被刻蚀物进行轰击，使其脱离晶片的技术来进行薄膜侵蚀的一种技术；剥离技术是一种“间接”刻蚀技术，即剥离不需要的薄膜部分而保留需要的部分，从而达到图形化的目的，如利用图形化之后的光刻胶作为隔层进行薄膜淀积工艺，薄膜淀积之后将光刻胶除去(湿法腐蚀)就形成了所需要的图案；CMP 方法则是化学与机械抛光相结合的均匀移除刻蚀工艺技术，平整磨光之后露出了所需要的沟槽结构。

早期刻蚀技术是采用湿法刻蚀的方法，也就是利用合适的化学溶液，先使未被光刻胶覆盖部分的被刻蚀材料分解和转变为可溶于此溶液的化合物而达到去除的目的。湿法刻蚀的进行主要是利用溶液与被刻蚀材料之间发生的化学反应，因此，可以通过化学溶液的选取与调整，得到适当的刻蚀速率以及被刻蚀材料与光刻胶及下层材质之间的良好刻蚀选择比。然而，由于化学反应没有方向性，湿法刻蚀会侧向刻蚀而产生钻蚀现象，当集成电路中的器件尺寸越来越小时，钻蚀现象也越来越严重并导致图形线宽失真。因此，现在湿法刻蚀逐渐被干法刻蚀所取代。所谓干法刻蚀，通常指的就是利用辉光放电的方式，产生包含离子或电子等带电粒子和具有高化学活性的中性原子及自由基的等离子体来进行薄膜移除的刻蚀技术。

剥离技术与化学机械抛光技术是针对当今集成电路与 MEMS 工艺的两项具有创意的图形化技术，剥离技术不是刻蚀薄膜而是刻蚀掩膜层如光刻胶。CMP 技术经由 IBM 及 Intel 等公司积极研发，不仅可以达到全面平坦化的目的，还可结合光刻与薄膜填充与淀积工艺，实现和以上刻蚀同样效果的硅片表面的图形化要求，如将铜和钨嵌入到通孔和连线槽之中而形成现在常用的后端 Cu 互联。

刻蚀的指标和表征主要包括刻蚀速率(etching rate)与均匀度、选择性(selectivity)、各向选择性(isotropic or anisotropic)(刻蚀的各向异性程度)，刻蚀成本，三维(3D)刻蚀。

刻蚀速率越快，则设备的产能越大，有助于降低成本及提升企业竞争力。刻蚀速率通常可利用气体的种类、流量、等离子体源及偏压功率控制，在其他因素尚可接受的条件下越快越好。均匀度是表征晶片上不同位置的刻蚀速率差异的一个指标。较好的均匀度意味着晶片有较好的刻蚀速率和优良成品率。晶片从 80 mm、100 mm 发展到 300 mm，面积越来越大，对均匀度的控制就显得越来越重要。选择比是被刻蚀材料的刻蚀速率与掩膜或底层的刻蚀速率的比值，选择比的控制通常与气体种类、比例、等离子体的偏压功率、反应温度等有关系。各向异性决定了刻蚀轮廓，一般而言越接近 90°的垂直刻蚀越好，只有在少数特例(如在接触孔或走线孔的制作)中，为了使后续金属溅镀工艺能有较好的阶梯覆盖能力而故意使其刻蚀轮廓小于 90°。

对于刻蚀速率，必须要“中庸”刻蚀速率和控制能力，必须要在刻蚀速度与刻蚀精度之间找到平衡点，还要结合实际的应用与工程需要。例如薄膜的厚度本来就很薄，薄膜厚度的相对误差苛刻，控制能力就成了主要矛盾，这时刻蚀的速率就要低一点。下面根据不同的薄膜材料和适用场合对刻蚀速率予以综合性的介绍。

关于刻蚀的选择性，是指掩膜版材料与暴露在刻蚀环境下的材料对于刻蚀介质(腐蚀剂、等离子体)的敏感程度。例如，采用 SiO_2 作为掩膜来刻蚀 Si_3N_4，必须要比较 SiO_2，Si_3N_4 和 Si 对于腐蚀剂磷酸的刻蚀速率，即“选择性”要求在磷酸里浸泡的时候 Si_3N_4 的腐蚀速率快于 SiO_2，并且在腐蚀结束的时候，磷酸不要腐蚀到 Si 的基底，也就是需要对 Si 的腐蚀速率也要低。满足这些条件，才是一个合格的刻蚀过程。实验证明，用磷酸并利用 SiO_2 作为掩膜刻蚀 Si_3N_4，衬底为 Si 材料的刻蚀方案是合理的。

氮化硅的刻蚀可采用 SiO_2 作掩蔽膜，在 180℃磷酸溶液中进行刻蚀。Si_3N_4，SiO_2，Si 在 180℃磷酸中的刻蚀速率如表 6-1 所示。

表 6-1　氮化硅的刻蚀

被刻蚀材料	Si_3N_4	SiO_2	Si
刻蚀速率(nm/min)	10	1	0.5

关于刻蚀的各向异性，是指刻蚀剂（腐蚀液或等离子体）对于要刻蚀的材料横向方向的刻蚀速率。湿法刻蚀利用腐蚀溶液与刻蚀材料的化学反应形成刻蚀过程，化学反应本身并不具有方向性。刻蚀一开始只发生在表面，之后材料的底面和侧面同时暴露在腐蚀溶液之下，腐蚀就会在纵向和横向同时进行（见图 6-2），所以湿法刻蚀属于各向同性的刻蚀。显然，湿法刻蚀存在侧向刻蚀，不能保证细微结构和线条的刻蚀精度，而干法刻蚀就可以规避这个问题，干法刻蚀利用近乎垂直于表面的离子溅击在被刻蚀物的表面而将被刻蚀物的原子击出从而形成刻蚀，特色在于具有非常好的方向性，可获得接近垂直的刻蚀轮廓，所以称为各向异性刻蚀，可以刻出非常精细的结构和线条。

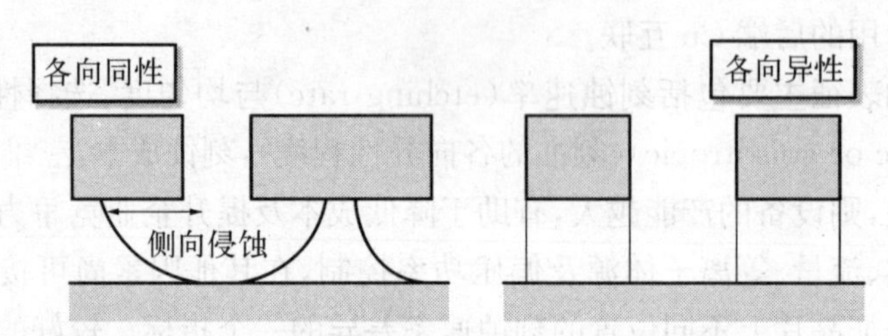

图 6-2　湿法刻蚀（各向同性）与干法刻蚀（各向异性）

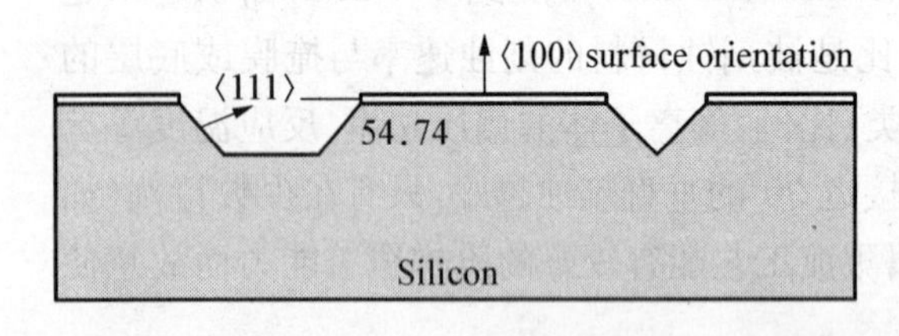

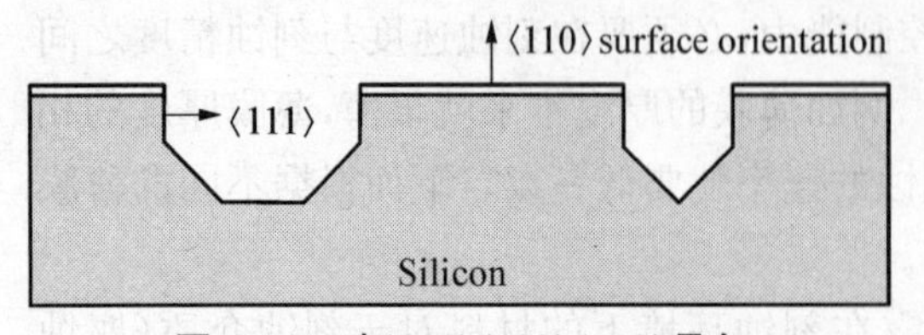

图 6-3　硅〈111〉〈100〉〈110〉晶向给晶体的刻蚀造成各向异性

对于晶体结构，晶体的晶向也会给晶体的刻蚀造成各向异性的结果。例如硅的〈111〉〈100〉〈110〉晶向的腐蚀速率比例为 1∶600∶400，所以，在〈100〉Si 的晶面上进行湿法腐蚀，会形成沿〈111〉晶向的斜面（见图 6-3），这种各向异性的特点可以被利用为优点，也可以被认为是缺点，因为造成横向侵蚀，会影响刻蚀线条的精度。

一般来讲，湿法刻蚀操作简便、对设备要求低、易于实现大批量生产，刻蚀成本低。干法刻蚀设备包括复杂的机械、电气和真空装置，同时配有自动化的刻蚀终点检测和控制装置，因此这种工艺的设备投资是昂贵的。而对于采用微米级和纳米量级线宽的超大规模集成电路，刻蚀方法必须具有较高的各向异性特性，才能保证图形的精度，因而必须采用干法刻蚀的方法。所以，对于一个集成电路的生产线、方法的选择，应当对具体的成本与技术要求做出综合性考虑。

三维(3D)的刻蚀，指的是对于集成电路与 MEMS 的特殊应用进行的刻蚀。例如，利用先干法后湿法结合的刻蚀工艺，可以形成如图 6－4 所示“Σ”形状的横截面，这是采用先干法刻蚀出垂直的 Si 横截面，然后用湿法刻蚀(并利用了 Si 晶体不同晶向腐蚀速率可向异性的特点)出“Σ”形状的横截面，这项技术被用来提高下一代 pMOS 场效应管的器件性能的一项技术。

此结构有助于沟道空穴载流子迁移率的提高。

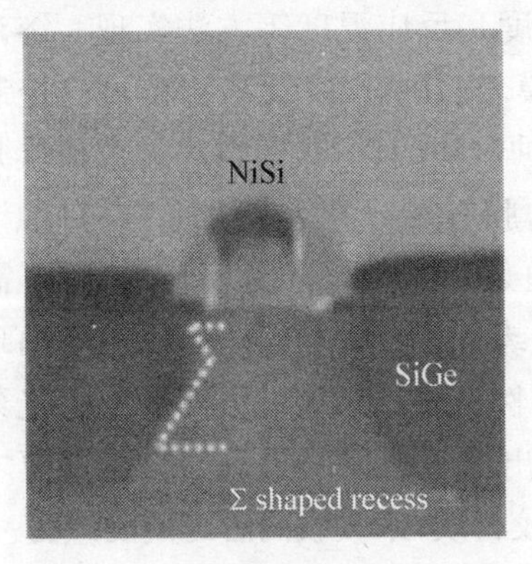

图 6－4　实际器件的 SEM 横截面照片(INTEL)

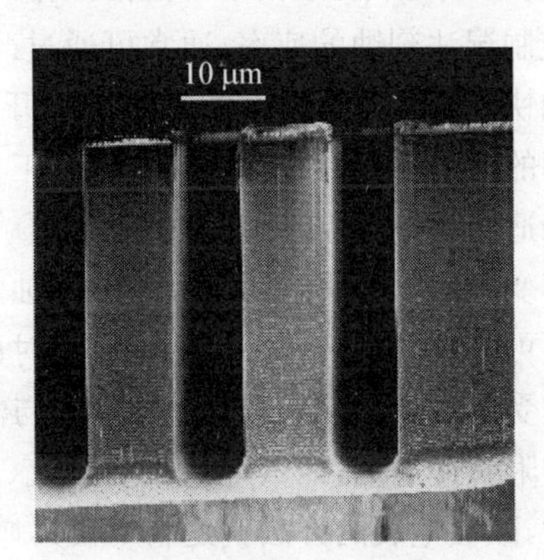

图 6－5　上海交通大学 AEMD 在硅片上用 ICP 设备刻蚀的高深(深高比可达 10∶1)3D 图形(SEM)

3D 刻蚀的另一个用途就是深硅刻蚀技术。常规的集成电路刻蚀多为形成 2D 的图形，刻蚀的深高比例较小。基于系统集成化的要求，大规模集成电路的生产需要整合其他元器件如 MEMS 各类传感器件的工艺需要，往往需要 3D 的深高结构。图 6－5 是利用 ICP 方法进行的深硅刻蚀，深高比可达 10∶1 到 30∶1。高的深高比在制作 MEMS 传感器件方面有很多相应的用途，也可以用来制作 PDMS 软膜。

本章将针对半导体制造工艺中所使用的刻蚀技术做详细介绍，内容包括湿法刻蚀与干法刻蚀技术的原理，以及其在 Si、SiO_2、Si，N_4 金属与金属硅化物等各种不同材料刻蚀方面的应用，并涵盖刻蚀反应器、终点探测器以及等离子体导致损伤等的介绍及前瞻。然后，介绍在微米、纳米范围内很有生命力和价值的剥离技术与各大主流 IC 工艺普遍采用的用于 Cu 互联的 CMP 技术。

6.2　湿法刻蚀

湿法刻蚀技术是化学品(液相)与薄膜(固相)的表面反应，此技术的优点为工艺简单且刻蚀速度快，缺点为该化学反应并无方向性，属于一种各向同性刻蚀。一般而言，湿法刻蚀在半导体制造工艺中可用于下列几个方面：① SiO_2层的刻蚀；② Si_3N_4(nitride)层的刻蚀；

③ 金属层(如 Al,Cu,Ti)的刻蚀;④ 多晶硅(poly Si)层的图形刻蚀或去除;⑤ 非等向性 Si 层的刻蚀;⑥ 硅片减薄、抛光。

湿法刻蚀大概可分为三个步骤:① 反应物质扩散到被刻蚀薄膜的表面;② 反应物与被刻蚀薄膜反应;③ 反应后的产物从刻蚀表面扩散到溶液中,并随溶液排出。在这三个步骤中,进行最慢的就是刻蚀速率的控制步骤。也就是说,该步骤的进行速率即是刻蚀速率。

湿法刻蚀的进行,通常先利用氧化剂(如 Si 和 Al 刻蚀时的 HNO_3)将被刻蚀材料氧化成氧化物(例如 SiO_2、Al_2O_3),再利用另一种溶剂(如 Si 刻蚀中的 HF 和 Al 刻蚀中的 H_3PO_4)将形成的氧化层溶解并随溶液排出。如此便可达到刻蚀的效果。

要控制湿法刻蚀的速率,通常可通过改变溶液浓度和反应温度等方法实现。溶液浓度增加会加快湿法刻蚀时反应物到达及离开被刻蚀薄膜表面的速率,反应温度可以控制化学反应速率的大小。选择一个湿法刻蚀的工艺,除了刻蚀溶液的选择外,也应注意掩模是否适用。一个适用的掩模需包含下列条件:① 与被刻蚀薄膜有良好的附着性;② 在刻蚀溶液中稳定而不变质;③ 能承受刻蚀溶液的侵蚀。光刻胶便是一种很好的掩模材料,它不需额外的步骤便可实现图形转印。但光刻胶有时也会发生边缘剥离或龟裂。边缘剥离的出现是由于光刻胶受到刻蚀溶液的破坏造成边缘与薄膜的附着性变差。解决的方法为在上光刻胶前先上一层附着促进剂,如六甲基二硅胺烷(HMDS)。出现龟裂原因是光刻胶与薄膜之间的应力太大,减缓龟裂的方法就是利用较具弹性的光刻胶材质,来吸收两者之间的应力。

下面分别介绍 SiO_2,Si,Si_3N_4,Al 的湿法刻蚀。

6.2.1 SiO_2 层的刻蚀

由于 HF 可以在室温下与 SiO_2 快速的反应而不会刻蚀 Si 基材或多晶硅,所以是湿法刻蚀 SiO_2 的最佳选择。使用含有 HF 的溶液来进行 SiO_2 的湿法刻蚀时,发生的主要反应方程式为

$$SiO_2 + HF \longrightarrow H_2 + SiF_6 + H_2O$$

一般而言,HF 对 SiO_2 具有相当高的刻蚀速率,在工艺上将很难控制。因此,在实际的应用中,使用稀释过的 HF 溶液或者是添加 NH_4F 作为缓冲剂的混合液对 SiO_2 进行刻蚀。加入氟化铵的目的是作为 HF 的缓冲剂,以补充 F 离子在溶液中因刻蚀反应造成的消耗,以保持稳定的刻蚀速率。通常是以氢氟酸与氟化铵(HF/NH_4F)混合配成缓冲溶液(buffered oxide etchant,BOE)对 SiO_2 层进行刻蚀,利用 HF 去除 SiO_2 层,而缓冲溶液中 NH_4F 是用来补充所消耗的 F 离子,使得刻蚀速率能保持稳定。

影响刻蚀速率的因素有以下几点。

(1) SiO_2层的形态与结构越松散(含水分越高),刻蚀速率越快。

(2) 反应温度越高,刻蚀速率越快。

(3) 缓冲液的混合比例。HF 比例越高,刻蚀速率越快。

在半导体工艺中,生长 SiO_2 的技术有热氧化法和 CVD 等方法,所使用的 SiO_2 除了纯 SiO_2 以外,还有经过掺杂的 BPSG。因为这些以不同方法生长或不同成分的 SiO_2 层的组成

或结构并不完全相同，所以HF溶液对这些SiO_2的刻蚀速率也就不会完全一样，需要根据具体情况先进行摸底实验。一般通过干氧氧化法生长的SiO_2层的刻蚀速率最慢。

6.2.2　单晶/多晶硅层刻蚀

在半导体工艺中，硅和多晶硅的去除可以使用HNO_3与HF的混合溶液进行。其原理是利用HNO_3将表面的Si氧化成SiO_2，然后用HF把生成的SiO_2层除去，其刻蚀原理包含两个反应步骤

$$Si + HNO_3 \longrightarrow SiO_2 + H_2O + NO_2$$
$$SiO_2 + HF \longrightarrow H_2SiF_6 + H_2O$$

硅的非等向性刻蚀多用来进行(100)面刻蚀，常用在以硅片为基底的微机械器件制备工艺中，一般是使用稀释的KOH溶液在约80℃下进行刻蚀反应，多晶硅的刻蚀实际上多使用HNO_3、HF及CH_3COOH三种成分的混合溶液，先利用HNO_3的强酸性使多晶硅氧化成为SiO_2，再用HF将SiO_2去除，而CH_3COOH则起类似缓冲溶液的作用，提供H离子，使刻蚀速率能保持稳定。这种通称为“Poly - Etch”的混合溶液也常作为晶片回收时的刻蚀液。

在上式的反应过程中，可以利用HAC作为缓冲剂来抑制HNO_3的解离。可以通过改变HNO_3及HF的比例，再配合HAC的添加或是水的稀释来控制刻蚀速率的大小。此外，也可以使用含KOH的溶液来进行Si的刻蚀。这种溶液对Si(100)面的刻蚀速率比(111)面快了许多，所以刻蚀后的轮廓将成为V型的沟渠。不过这种湿法刻蚀大多用在微机械器件的制造上，在传统IC的工艺上并不多见。

随着半导体器件向更高精密度及“轻薄短小”的方向发展，晶背刻蚀(backside etching)已逐渐取代传统机械式晶背研磨(grinding)工艺，晶背刻蚀除了能降低硅片应力(stress)、减少缺陷(defect)外，还能有效清除晶背的不纯物，避免其污染到正面。由于晶背表层常包含有各类材料，如SiO_2、多晶硅、有机物、金属、Si_3N_4等，因此湿法晶背刻蚀液也由多种无机酸类组成，包括：H_3PO_4，HNO_3，H_2SO_4及HF等，如此才能有效去除复杂的晶背表层的物质。

6.2.3　Si_3N_4层的刻蚀

Si_3N_4在半导体工艺中主要是作为场氧化层在进行氧化生长时的屏蔽膜及半导体器件完成主要制备流程后的保护层。通常是以热磷酸(140℃以上)溶液作为氮化硅层的刻蚀液。刻蚀温度越高，水分越易挥发，磷酸的含量随之升高，刻蚀速率会明显变大。刻蚀温度为140℃时，刻蚀速率约在2 nm/min，当刻蚀温度上升至200℃时，刻蚀速率高达20 nm/min。在实际应用中常使用85%的H_3PO_4溶液。可以使用加热180℃的H_3PO_4溶液刻蚀Si_3N_4，其刻蚀速率与Si_3N_4的生长方式有关。例如，用PECVD方式比用高温LPCVD方法得到的Si_3N_4的刻蚀速率快很多。

不过，由于高温H_3PO_4会造成光刻胶的剥落。在进行有图形的Si_3N_4湿法刻蚀时，必须使用SiO_2作掩模。一般来说，Si_3N_4的湿法刻蚀大多应用于整面的剥除。对于有

图形的 Si_3N_4 刻蚀，则应采用干法刻蚀的方式。SiO_2、Si_3N_4 和 Si 对于腐蚀剂磷酸的刻蚀速率，即“选择性”是 10：1：0.5（单位是 nm/min，温度 180℃的磷酸）。在磷酸里浸泡的时候，Si_3N_4 的腐蚀速率快于 SiO_2，并且在腐蚀结束的时候，磷酸不会腐蚀到 Si 的基底。

6.2.4 Al 层的刻蚀

铝通常在半导体制造工艺中作为互连材料，湿法 Al 刻蚀液为无机酸、碱，如：① HCl；② H_3PO_4/HNO_3；③ NaOH；④ KOH；⑤ $H_3PO_4/HNO_3/CH_3COOH$。

因第 5 种混合溶液的刻蚀速率最为稳定，目前被广泛应用在半导体工艺中。主要的刻蚀原理是利用 HNO_3 与 Al 层的化学反应

$$Al + HNO_3 \longrightarrow Al_2O_3 + H_2O + NO_2$$

Al 或其合金的湿法刻蚀中使用的是加热的 H_3PO_4、HNO_3、HAC 及水的混合溶液，加热的温度大致在 35～60℃。温度越高，刻蚀速率越快。刻蚀的反应原理是 HNO_3 与 Al 反应形成 Al_2O_3，再由 H_3PO_4 和水来分解 Al_2O_3。一般而言，溶液组成的比例、加热温度和是否搅拌等均会影响 Al 的刻蚀速率。常见的刻蚀速率范围大约在 100～300 nm/min。

6.3 干法刻蚀

6.3.1 概述

干法刻蚀是利用高速离子、等离子体等高能粒子对被刻蚀物进行轰击，使其脱离晶片的技术。干法刻蚀又分为三种：物理性刻蚀、化学性刻蚀、物理化学性刻蚀。

物理性刻蚀是利用辉光放电将气体（如 Ar 气）电离成带正电的离子，再利用偏压将离子加速，溅击在被刻蚀物的表面而将被刻蚀物的原子击出。该过程完全是物理上的能量转移，故称为物理性刻蚀。其特色在于具有非常好的方向性，可获得接近垂直的刻蚀轮廓。

化学性刻蚀利用等离子体中的化学活性原子团与被刻蚀材料发生化学反应，从而实现刻蚀目的。由于刻蚀的核心还是化学反应（只是不涉及溶液的气体状态），因此刻蚀的效果和湿法刻蚀有些相近，具有较好的选择性，但各向异性较差。因这种反应完全利用化学反应，故称为化学性刻蚀。这种刻蚀方式与前面所讲的湿法刻蚀类似，只是反应物与产物的状态从液态改为气态，并以等离子体来加快反应速率。因此，化学性干法刻蚀具有与湿法刻蚀类似的优点与缺点，即具有较高的掩模/底层的选择比及等向性。鉴于化学性刻蚀等向性的缺点，在半导体工艺中，只在刻蚀不需图形转移的步骤（如光刻胶的去除）中应用纯化学刻蚀。

人们对这两种极端过程进行折中，得到目前广泛应用的一些物理化学性刻蚀技术。例如反应离子刻蚀（RIE，reactive ion etching）和高密度等离子体刻蚀（HDP）。这些工艺通过

活性离子对衬底的物理轰击和化学反应双重作用刻蚀，同时兼有各向异性和选择性好的优点。目前RIE已成为超大规模集成电路制造工艺中应用最广泛的主流刻蚀技术。

等离子体刻蚀(plasma etching)，是利用等离子体将刻蚀气体电离并形成带电离子、分子及反应性很强的原子团，它们扩散到被刻蚀薄膜表面后与被刻蚀薄膜的表面原子反应生成具有挥发性的反应产物，并被真空设备抽离反应腔。当气体以等离子体形式存在时，它具备两个特点：一方面等离子体中的这些气体化学活性比常态下时要强很多，根据被刻蚀材料的不同，选择合适的气体，就可以更快地与材料进行反应，实现刻蚀去除的目的；另一方面，还可以利用电场对等离子体进行引导和加速，使其具备一定能量，当其轰击被刻蚀物的表面时，会将被刻蚀物材料的原子击出，从而达到利用物理上的能量转移来实现刻蚀的目的。

等离子体刻蚀主要是利用气体等离子体中高化学反应能力离子配合离子轰击的能量来达到垂直刻蚀的效果。在此技术中，等离子体刻蚀设备中所产生的离子密度、能量及方向均起着重要的作用，然而在化学技术上，反应物的反应活性具有决定性的效果，因此如何选择适当的反应气体作为等离子体的来源，往往决定了刻蚀工艺的好坏。一般刻蚀工艺中均是用卤素族(氟、氯、溴)的化合物来当作刻蚀气体。为了避免侧向刻蚀、过低的选择性及产生不可挥发的生成物等，刻蚀气体的选择非常重要，而且与反应的压力、温度息息相关。一般而言，刻蚀Si可用Cl_2或HBr的等离子体。其中，使用HBr等离子体可以提高对SiO_2刻蚀的选择比，但为了提高刻蚀速率及获得好的刻蚀图形，需要加入Cl_2。因此Cl_2与HBr的比例会影响最终的刻蚀效果。以下列举一般干法刻蚀所使用的气体等离子体：① 多晶硅(poly Si)刻蚀(底层为SiO_2)：C_{12}/HBr；② WSi刻蚀：SF_6/HBr、Cl_2/O_2、CF_4；③ SiO_2刻蚀(底层为Si)：CF_4/CHF_3、C_2F_6；④ Si_3N_4刻蚀(底层为SiO_2)：SF_6/HBr、CH_3F；⑤ W蚀刻：SF_6/N_2；⑥ 金属Al蚀刻：Cl_3/BCl_3。

由于等离子体产生的方式不断地朝低压高密度等离子体方式发展，相应的化学技术也随之改变。比如说，以往W刻蚀必须在氟等离子体下才能产生可挥发的生成物，但在低压高密度的等离子体下，W刻蚀可以在氯等离子体下进行，这就打破了一般传统的观念。基本上，等离子体刻蚀是等离子体物理与化学技术相辅相成的技术，由于新化学反应的发现，使得新的等离子体技术可以更迈进一步。

等离子体刻蚀由于离子是全面均匀地溅射在芯片上，光刻胶和被刻蚀材料同时被刻蚀，造成刻蚀选择性偏低。同时，被击出的物质并非挥发性物质，这些物质容易二次淀积在被刻蚀薄膜的表面及侧壁。因此，在超大型集成电路(ULSI)制造工艺中，很少使用完全物理方式的干法刻蚀方法。最为广泛使用的方法是结合物理性的离子轰击与化学反应的刻蚀。这种方式兼具非等向性与高刻蚀选择比的双重优点。刻蚀的进行主要靠化学反应来实现，加入离子轰击的作用有：① 破坏被刻蚀材质表面的化学键以提高反应速率；② 将二次淀积在被刻蚀薄膜表面的产物或聚合物打掉，以使被刻蚀表面能充分与刻蚀气体接触。由于在表面的二次淀积物可被离子打掉，而在侧壁上的二次淀积物未受到离子的轰击，可以保留下来阻隔刻蚀表面与反应气体的接触，使得侧壁不受刻蚀。所以采用这种方式可以获得非等向性的刻蚀。

应用干法刻蚀时，主要应注意刻蚀速率、均匀度、选择比及刻蚀轮廓等。刻蚀速率越快，则设备的产能越大，有助于降低成本及提升企业竞争力。刻蚀速率通常可利用气体的种类、流量、等离子体源及偏压功率控制，在其他因素尚可接受的条件下越快越好。均匀度是表征晶片上不同位置的刻蚀速率差异的一个指标，较好的均匀度意味着晶片有较好的刻蚀速率和优良成品率。晶片从3英寸、4英寸发展到8英寸、12英寸，面积越来越大，所以均匀度的控制就显得越来越重要。选择比是被刻蚀材料的刻蚀速率与掩模或底层的刻蚀速率的比值。选择比的控制通常与气体种类、比例、等离子体的偏压功率、反应温度等有关系。至于刻蚀轮廓，一般而言越接近90°越好。只有在少数特例中，如在接触孔或走线孔的制作中，为了使后续金属溅镀工艺能有较好的阶梯覆盖能力而故意使其刻蚀轮廓小于90°。通常，刻蚀轮廓可利用气体的种类、比例和偏压功率等方面的调节进行控制。

下面依次介绍各种常用的刻蚀设备、刻蚀过程的表征和监控及其常用半导体集成电路的薄膜刻蚀方法（SiO_2、Si_3N_4 与多晶硅的刻蚀；金属类的刻蚀，包括Al与铝合金，硅化物，W的回刻）。

6.3.2 刻蚀设备

刻蚀设备的发展和光刻技术、互联技术密切相关。high-k/low-k 材料，铜互联，Metal Gate等技术的发展都对刻蚀设备提出了新的需求。在200 mm晶圆时代，介质、多晶以及金属刻蚀是刻蚀设备的三大块。进入300 mm时代以后，随着铜互联的发展，金属刻蚀逐渐萎缩，介质刻蚀份额逐渐加大。介质刻蚀设备的份额已经超过50%。而且随着器件互联层数增多，介质刻蚀设备使用量就越大。AMAT、Lam两大公司占据了绝大部分刻蚀设备市场。

最常见的刻蚀设备是使用平行板电极的反应器。早期的桶式刻蚀设备，则是将电极加在腔外，适合应用在等向性的刻蚀（如光刻胶的去除）。为了提高等离子体的浓度，在反应离子刻蚀机RIE中，加上磁场而成磁场强化活性离子刻蚀机（magnetic-enhanced reactive ion etcher, MERIE）。另外，还有一部分刻蚀机改变激发等离子体的方式，并在低压下操作，这类刻蚀机被称为高密度等离子体刻蚀机。它具有高等离子体密度和低离子轰击损伤等优点，已成为设备开发研究的热点，典型的设备有电子回旋共振式等离子体刻蚀机（electron cyclotron resonance plasma etchers, ECRPE）、变压耦合式等离子体刻蚀机（transformer coupled plasma, TCP）、感应耦合等离子体刻蚀机（inductively coupledplasma reactor, ICPR）和螺旋波等离子体刻蚀机。在本节中，具体介绍现今较为常用的刻蚀设备。

1. 反应离子刻蚀机(RIE)

RIE包含了一个高真空的反应腔，压力范围通常在1～100 Pa，腔内有两个平行板状的电极。如图6-6(a)所示，其中，一个电极与反应器的腔壁一起接地，另一个电极与晶片夹具接在RF产生器上（常用频率为13.56 MHz）。当接通RF电源时，等离子体电位通常高于接地端。因此，即使将晶片放置于接地的电极上，也会受到离子的轰击，但此离子能量（0～100 eV）远小于将晶片放置于接RF端的电极时的能量（100～1 000 eV）。将晶片置于接地端的方式称为等离子体刻蚀，而将晶片置于RF端的方式称为活性离子刻蚀，刻蚀通常是以RIE模式来完成。在这一设备中，除了利用原子团与薄膜反应外，还可利用高能量的离子轰击薄膜表面去除二次淀积的反应产物或聚合物，从而达成各向异性的刻蚀。传统 RIE 的优点是结构简单且价格低廉。其缺点是在增加等离子体密度的同时加大了离子轰击的能量，这会破坏薄膜和衬底材料的结构。另外，当刻蚀尺寸小于 0.6 μm 之后，刻蚀图形的深宽比将变得很大，需要较低的压力以提供离子较长的自由路径，确保刻蚀的垂直度。而在较低的压力下，等离子体密度将大幅降低，使刻蚀效率变慢。解决离子能量随等离子体密度增加的方法是改用三极式 RIE，如图 6-6(b)所示。它有三个电极，可将等离子体的产生与离子的加速分开控制，进而达到增加等离子体密度而不增加离子轰击能量的需求。而要解决低压时等离子体密度不足的现象，则要靠后述的高密度等离子体来完成，亦即需改变整个等离子体源的设计。

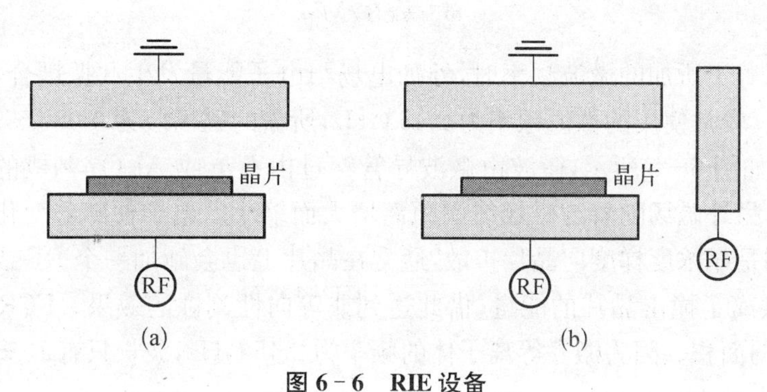

图 6-6　RIE 设备

(a) RIE 设备　(b) 三极式 RIE 设备

2. 磁场强化活性离子刻蚀机

如图 6-7 所示，MERIE 是在传统的 RIE 中加上永久磁铁或线圈，产生与晶片平行的磁场，此磁场与电场垂直。电子在该磁场作用下将以螺旋方式运动，如此一来，可避免电子与腔壁发生碰撞，增加电子与分子碰撞的机会并产生较高密度的等离子体。然而，因为磁场的存在，将使离子与电子的偏折方向不同而分离，造成不均匀性及天线效应的产生，所以磁场常设计为旋转磁场。MERIE 的操作压力与 RIE 相似，约在 1～100 Pa 之间，所以也不适合用于小于 0.5 μm 以下线宽的刻蚀。

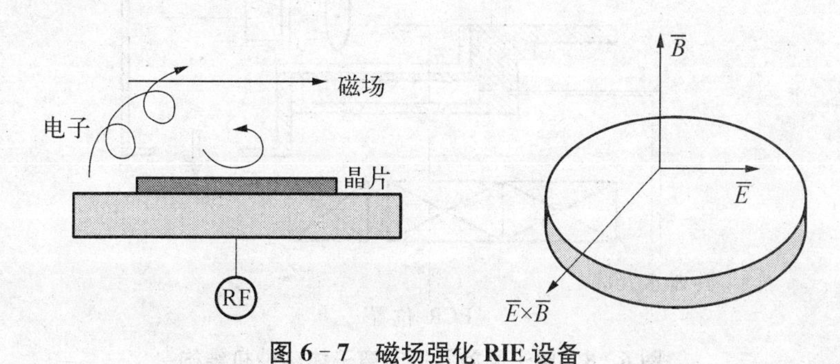

图 6-7　磁场强化 RIE 设备

3. 电子回旋共振式等离子体刻蚀机

ECR 是利用微波及外加磁场来产生高密度等离子体。电子回旋频率可用式(6-1)表示

$$\omega_e = v_e / r \tag{6-1}$$

式中，v_e 是电子的速度；r 是电子的回旋半径。

另外，电子回旋是靠劳伦兹力实现，即

$$F = e v_e \boldsymbol{B} = M_e v_e^2 / r \tag{6-2}$$

式中，e 是电子的电荷；M_e 为电子质量；B 是外加磁场的磁场强度。由公式(6-2)可得

$$r = M_e v_e / (e\boldsymbol{B}) \tag{6-3}$$

将式(6-1)代入式(6-3)，可得电子回旋频率为

$$\omega_e = e\boldsymbol{B} / M_e \tag{6-4}$$

当频率 ω_e 等于所加的微波频率时，外加电场与电子能量发生共振耦合，因而产生很高的离子化程度。较常使用的微波频率为 2.45 GHz，所需的磁场应为 0.087 5 T。

ECR 结构如图 6-8 所示，微波由微波导管穿过由石英或 Al_2O_3 制成的窗口进入等离子体产生腔中，另外磁场随着与磁场线圈距离增大而缩小。电子便随着变化的磁场向晶片运动，正离子则是靠浓度梯度向晶片扩散，通常在晶片上也会施加一个 RF 或直流偏压用来加速离子，提供离子撞击晶片的能量，借此达到非等向性刻蚀的效果。ECR 最大的限制在于其所能使用的面积。因为激发等离子体的频率为 2.45 GHz，波长只有 10 cm 左右，因此有效的晶片直径大约为 6 英寸。

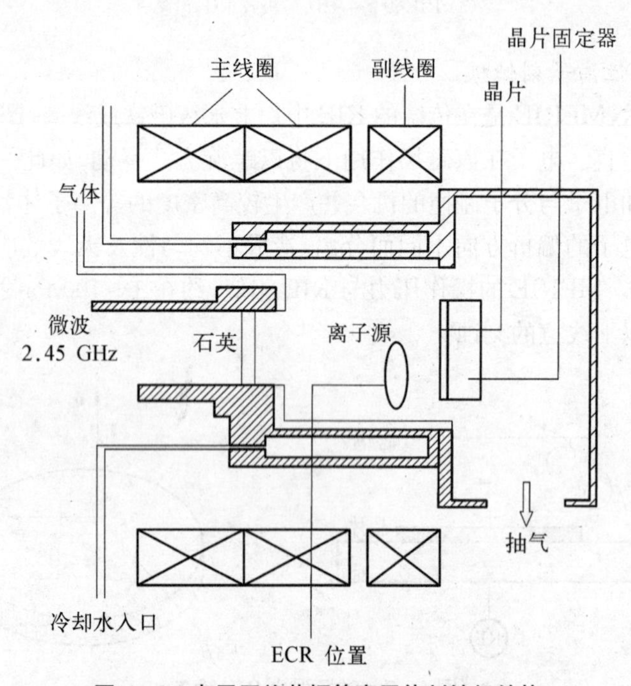

图 6-8 电子回旋共振等离子体刻蚀机结构

4. 感应耦合式等离子体刻蚀机与螺旋波等离子体刻蚀机

ICP 的结构如图 6-9 所示，在反应器上方有一介电层窗，其上方有螺旋缠绕的线圈，通

过此感应线圈在介电层窗下产生等离子体。等离子体产生的位置与晶片之间只有几个平均自由程的距离，故只有少量的等离子体密度损失，可获得高密度的等离子体。

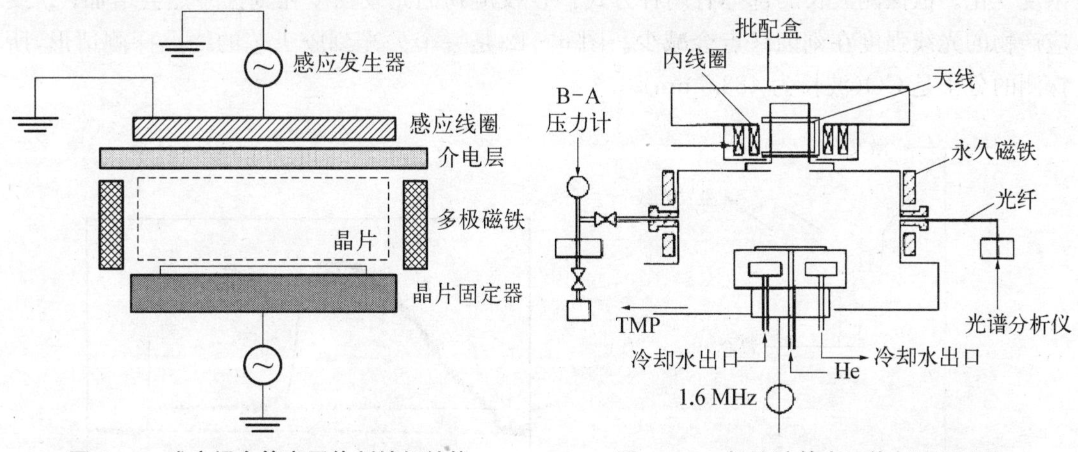

图 6－9　感应耦合等离子体刻蚀机结构　　**图 6－10　螺旋波等离子体刻蚀机结构**

螺旋波等离子体刻蚀机的结构如图 6－10 所示，它有两个腔，上方是由石英制成的等离子体来源腔，下面是刻蚀腔。等离子体来源腔外面包围了一个单圈或双圈的天线，用以激发 13.56 MHz 的横向电磁波，另外在石英腔外圈绕有两组线圈，用以产生纵向磁场，并与上面所提的横向电磁波耦合产生共振，形成所谓的螺旋波，当螺旋波的波长与天线的长度相同时，便可产生共振。采用这种方式，电磁波可将能量完全传给电子，从而获得高密度的等离子体。然后等离子体扩散到刻蚀腔中，离子可被刻蚀腔中外加的 RF 偏压加速，而获得较高的离子轰击能量。等离子体扩散腔外围绕着大小相等方向相反的永久磁铁，如图 6－11 所示，目的在于避免离子或电子撞击在腔壁上。

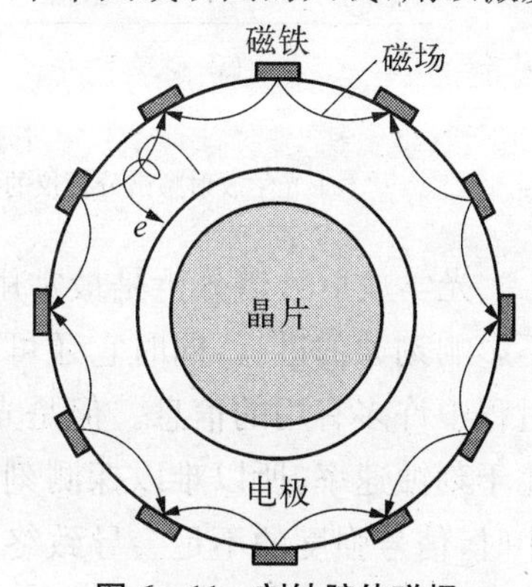

图 6－11　刻蚀腔外磁场

6.3.3　刻蚀时间的掌握、终点探测

与湿法刻蚀不同，干法刻蚀有很高的选择比，过度地刻蚀可能会损伤下一层的材料，因此就必须准确无误地掌握刻蚀时间。另外，机台状况的稍微变化，如气体流量、温度和被刻蚀材料批次间的差异，都会影响刻蚀时间的控制，因此必须时常检查刻蚀速率的变化，以确保刻蚀的可重复性。使用终点探测器可以计算出刻蚀结束的准确时间，进而准确地控制过度刻蚀的时间，以确保多次刻蚀的重复性。常见的终点探测分为光学放射频谱分析（optical emission spectroscopy，OES）、激光干涉测量法（laser interferometry）和质谱分析法（mass spectroscopy）三种。

1. 光学放射频谱分析

光学放射频谱分析是利用探测等离子体中某种波长的光线强度变化来达到终点探测的目的。这种光线的激发，如图 6－13 所示，是由于等离子体中的原子或分子被电子激发到某个激发状态再返回到另一个状态时所伴随发射的光线。光线可通过刻蚀腔壁上的开窗观测，不同原子或分子所激发的光线波长不同，光线强度变化反映了等离子体中原子或分子的浓度变化。欲探测波长的选择有两种方式：① 反应物的光线强度在刻蚀终点会增加；② 反应产物的光线强度在刻蚀终点会减少。图 6－12 是一个去光刻胶工艺的终点探测情形，所探测的分子是 CO(波长为 483.5 nm)。

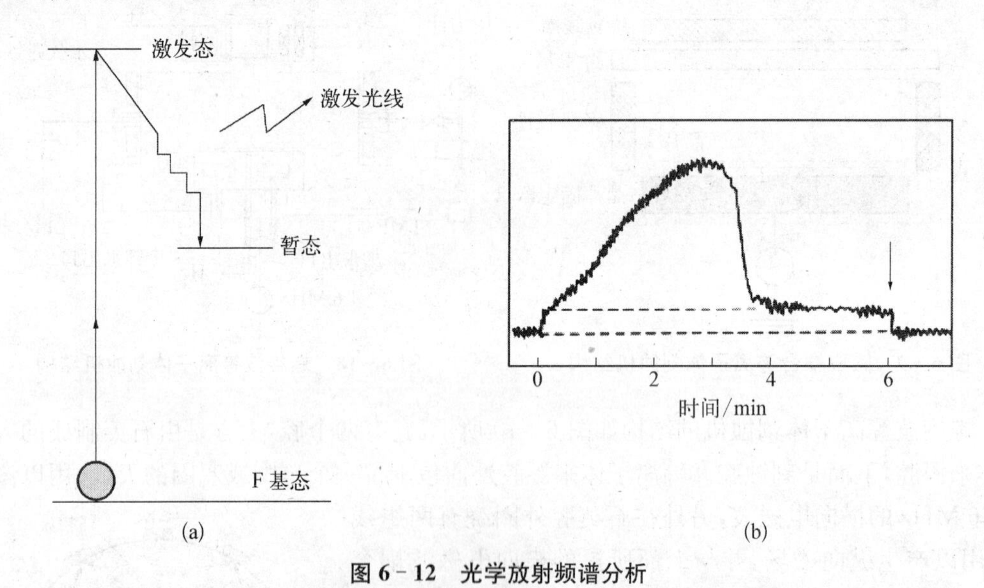

图 6－12　光学放射频谱分析

(a) 光学放射频谱分析仪的光学发射机制　(b) 光学放射频谱分析仪在去胶时的终点探测

光学放射频谱分析是最常用的终点探测器，因为它可以很容易地加在刻蚀设备上且不影响刻蚀的进行，同时它还可以灵敏地探测反应过程的微变化以及提供有关刻蚀反应过程中许多有用的信息。但是光学放射频谱分析仍有一些缺点与限制：一是光线强度正比于刻蚀速率，所以难以探测刻蚀速率较慢的刻蚀过程。另外一个限制是当刻蚀面积很小时，信号强度的不足会导致终点探测失败。如在 SiO_2 接触孔的刻蚀工艺中的信号强度就比较弱，若在接触孔外提供大面积 SiO_2 来同时进行刻蚀，可增加信号强度，但大区域的刻蚀速率又大于接触孔的刻蚀速率(即 RP 微负载效应)，因此仍需要过度刻蚀以确保接触孔能完全刻蚀。

2. 激光干涉测量法

激光干涉测量法是探测透明的薄膜厚度变化，当停止变化时即为刻蚀终点。厚度的探测是利用激光垂直射入透明的薄膜，被透明薄膜反射的光线与穿透透明薄膜后被下层材料反射的光线互相干涉，当透明薄膜的反射率(n)、入射激光的波长(λ)及薄膜厚度变化(Δd)符合条件 $\Delta d = 2\kappa\lambda/2$ 时，形成叠加干涉，因而接收到的信号出现最大值；满足条件 $\Delta d = (2\kappa + 1)\lambda/2$ 时，将发生相消干涉而出现最小值；在其他情况下，接收到的信号介于最大值和最小值之间。因此，每刻蚀 Δd 的厚度，接收到的信号便有一最大值出现，图 6－13 为一个激光干涉测量的图形，激光波长为 253.7 nm，被刻蚀材料是 SiO_2，箭头所指处是刻蚀终点，测量到刻蚀终点的时间可获得即时的刻蚀速率。

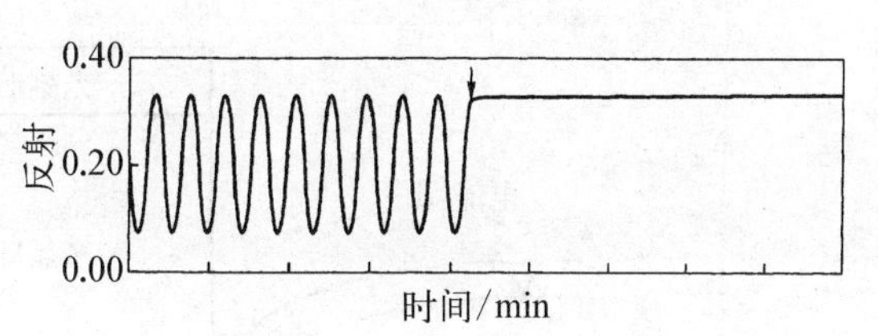

图 6-13　二氧化硅刻蚀时激光干涉终点探测器探测的图形，箭头所指为刻蚀终点

激光干涉测量法也有一些限制：① 激光束必须聚焦在晶片上的被刻蚀区，而且此区的面积要够大(例如 0.5 mm^2)；② 即使晶片存在足够大的面积供激光干涉探测，但激光必须对准在该区上，因而增加了设备及晶片设计的困难；③ 被激光照射的区域温度升高，将影响刻蚀速率，造成刻蚀速率与其他区域不同的情形；④ 如果被刻蚀表面粗糙不平，则所测得的信号将会很弱。

3. 质谱分析法

质谱分析法是另一种终点探测的方法。此外，它还可以提供在刻蚀前后，刻蚀腔内成分的相关信息。这种方法是利用刻蚀腔壁上的洞来对等离子体中的物质成分取样。取得的中性粒子被灯丝所产生的电子束解离成离子，离子经过电磁场出现偏折，不同质量离子的偏折程度不同，因而可将离子分辨出来，不同的离子可通过改变电磁场大小来进行收集。当这种方法应用于终点探测时，将电磁场固定在欲观测或分析离子所需的电磁场大小，并观察计数的连续变化，便可得知刻蚀终点。质谱分析虽然能提供许多有用的信息，但是仍有一些缺点，具体如下。

(1) 部分化合物的质荷比相同，如 N_2、CO、Si，使得探测同时拥有这些成分的刻蚀时，难以判断刻蚀终点。

(2) 取样的结果将左右刻蚀终点的探测。

(3) 质谱分析设备不容易安装在各种刻蚀机台上。

6.3.4　等离子体导致的表面损伤

如前面所述，在等离子体刻蚀中常伴随着离子轰击和辐射，这些现象将对器件造成伤害。在 RIE 系统中，常见的损伤有：① 刻蚀产物的二次淀积；② 等离子体中的离子进入轰击材料中成为杂质；③ 离子轰击破坏材料的结构，导致材料晶格变形；④ 天线效应。等离子体电荷积累损伤，等离子体由于局部电荷的不均匀，造成电荷积累在面积很大或边长很长的导体(如多晶硅或 Al)上，这些电荷将在很薄的栅极氧化层产生电场。当电场进一步增大后，会导致氧化层击穿，造成损伤。

导体与栅极氧化层之间的面积/边长比称为天线比，一般而言，天线比越大，所造成的损伤越严重。这是因为天线比越大，导体所收集到的电荷越多，相对的施加在栅极氧化层上的电场也越大。另外，过度刻蚀时间越长，损害也越严重，这是因为电流贯穿栅极氧化层的时间较长，产生更多的缺陷。天线效应根据工艺上的不同可分为两种，一是面积效应，如光刻胶灰化。当光刻胶去除时，整个导体暴露在 O_2 等离子体中，电荷由导体表面收集，因此导体面积愈大，所收集到的电荷愈多，称为面积效应。另一种是边长效应。例如多晶硅与 Al 的刻蚀，此时导体表面被光刻胶覆盖而不受电荷累积的影响，然而当刻蚀接近终点时，部分的导体因为太薄导致电阻变高，过量的电荷将经过栅极氧化层传入 Si 基材中，如图 6-14(a)所示。另外，电荷也可能经由导体的侧壁累积在栅极氧化层上。这些损坏随着导体边长变长而变得越来越严重，因而称为边长效应。多晶硅刻蚀时所造成的损伤可利用壕沟技术(trenching)来

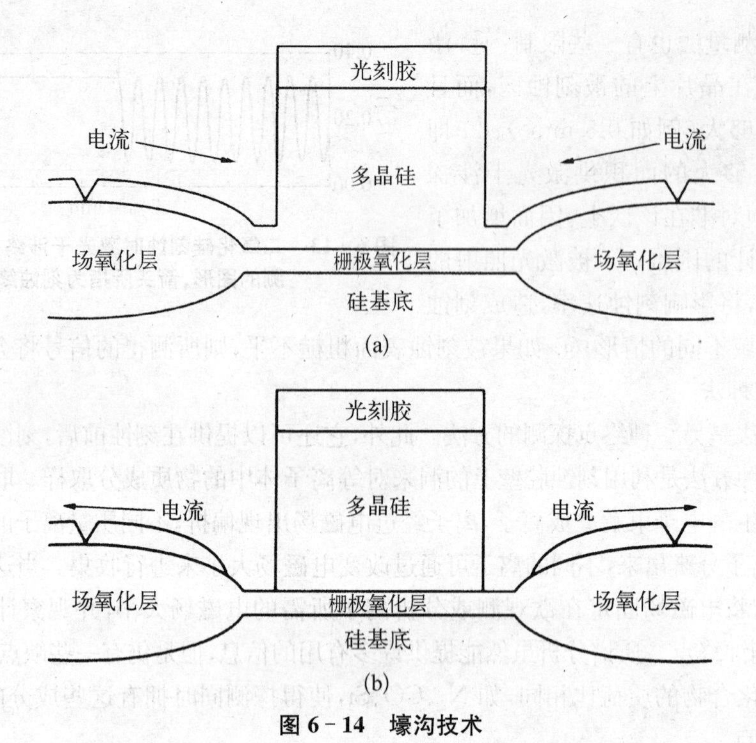

图 6－14　壕沟技术

(a) 边长效应的等离子体导致损坏机制　(b) 能够避免等离子体导致损坏的壕沟技术

解决，如图 6－14(b)所示。这种方法通过改变刻蚀多晶硅的条件，使壕沟现象发生在多晶硅与场氧化层之间，切断电荷流向栅极的路径，过量的电荷便无法贯穿栅极氧化层，从而达到保护栅极氧化层的目的。

6.3.5　半导体工艺中常用材料的干法刻蚀

半导体集成电路常用的材料有绝缘类的和半导体性的材料如 SiO_2、Si_3N_4、单晶硅与多晶硅、导电性的互联性材料，如各类金属与硅化物。下面将逐一加以叙述干法刻蚀方法。

1. 二氧化硅

现今半导体工艺中，SiO_2的干法刻蚀主要用于接触孔与金属间介电层连接洞的非等向性刻蚀方面。前者在 SiO_2下方的材料是 Si，后者则是金属层，通常是 TiN，因此 Si O_2的刻蚀中，SiO_2与 Si 或 TiN 的刻蚀选择比是一个很重要的因素。SiO_2的刻蚀主要是靠氟碳化物的气体等离子体来实现的。反应产物有 SiF_4和 CO 或 CO_2。CF_4是最简单也最常用的刻蚀气体之一，它在 RIE 系统中的刻蚀过程

$$CF_4 \longrightarrow 2F + CF_2$$

$$SiO_2 + 4F \longrightarrow SiF_4 + 2O$$

$$Si + 4F \longrightarrow SiF_4$$

$$SiO_2 + 2CF_2 \longrightarrow SiF_4 + 2CO$$

$$Si + 2CF_2 \longrightarrow SiF_4 + 2C$$

F 原子与 Si 的反应速率相当快，约为与 SiO_2 反应速率的 10～1 000 倍。在传统的 RIE 系统中，CF_4 大多被分解成 CF_2，这样可获得不错的 SiO_2/Si 的刻蚀选择比。然而，在一些先进的设备中，如螺旋波等离子体刻蚀机中，因为等离子体的解离程度太高，CF_4 大多被解离成为 F，因此 SiO_2/Si 的刻蚀选择比反而不好。

(1) O 的作用。在 CF_4 气体的等离子体中加入 O，O 会和 CF_4 反应而释放出 F 原子，进而增加 F 原子的量并提高 Si 及 SiO_2 的刻蚀速率。同时，消耗掉部分的 C，使等离子体中 F/C 比下降，其反应方程式

$$CF_4 + O \longrightarrow COF_2 + F$$

图 6 - 15 表明在 CF_4 - O_2 气体中，O 所占的百分比对 Si 及 SiO_2 的刻蚀速率的影响。从图中可知，添加 O 对 Si 的刻蚀速率提升要比 SiO_2 快。当 O 含量超过一定值后，二者的刻蚀速率都开始下降，那是因为气态的 F 原子再结合形成 F_2，使自由 F 原子减少的原因。其反应方程式

$$O_2 + F \longrightarrow FO_2$$

$$FO_2 + F \longrightarrow F_2 + O_2$$

由上述得知，此时再加入氧之后，SiO_2/Si 的刻蚀选择比将下降。

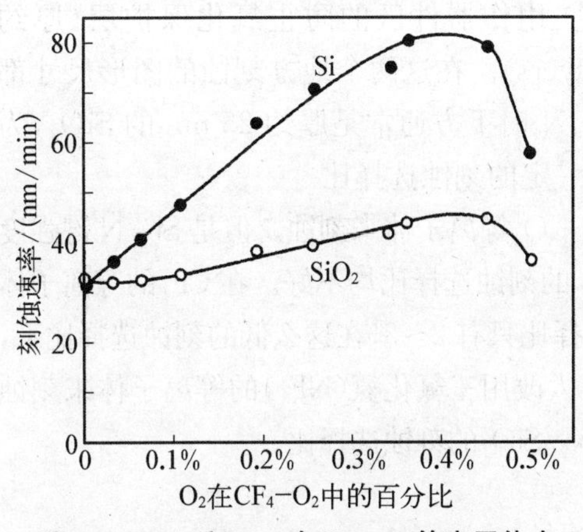

图 6 - 15　Si 和 SiO_2 在 CF - O_2 等离子体中刻蚀速率与 O_2 百分比关系

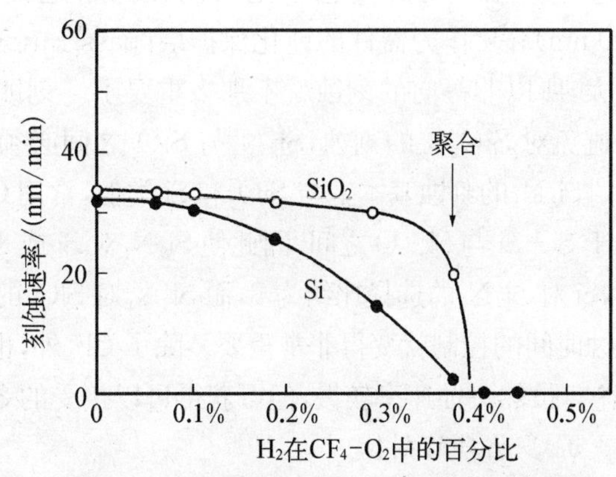

图 6 - 16　Si 和 SiO_2 在 CF - O_2 等离子体中刻蚀速率与 H_2 百分比关系

(2) H 的作用。如果在 CF_4 中加入 H_2，H_2 将被解离成 H 原子并与 F 原子反应形成 HF 气体，其反应方程式

$$H_2 \longrightarrow 2H$$

$$H + F \longrightarrow HF$$

虽然 HF 也可对 SiO_2 进行刻蚀，但刻蚀速率比 F 慢了一些，因此在加入 H_2 后，对 SiO_2 的刻蚀速率略微有些下降。然而对 Si 的刻蚀速率下降则更为明显，如图 6 - 16 所示。这是因为可刻蚀 Si 的 F 原子被 H 原子消耗掉了。因此，加入 H_2 可提升 SiO_2/Si 的刻蚀选择比。但当加入

太多的 H_2 时，因为反应产生的聚合物阻碍了 Si 或 SiO_2 与 F 或 CF_2 的接触，而使刻蚀停止。

(3) 氟碳比(F/C 比)模型。在氟碳化物的等离子体中，F 的作用是与被刻蚀材料反应，生成具有挥发性的产物并随真空设备抽离刻蚀腔，因此当 F 的成分增加时，刻蚀速率会增加。而 C 在等离子体中的存在会提供聚合物$(CF_2)_n$中 C 的来源，促进聚合反应的进行，因此 C 的存在会阻碍刻蚀的进行，也就是说，一旦 C 的成分增加，SiO_2 的刻蚀速率将减缓。基于上述原理，可根据等离子体中 F/C 比的变化来预测反应进行的方向。同时，在添加其他气体时，F/C 比也会发生改变，可由此预知反应的趋势。这种根据 F/C 比的变化来预测反应的方法称为 F/C 比模型。F/C 比模型适用于以氟碳等离子体为主要刻蚀离子的材料，除了上述的 Si 和 SiO_2，还有 TiN、Si_3N_4 和 W 等。以 SiO_2 与 Si 的刻蚀为例，在刻蚀过程中会消耗 F，而 C 并无损失。因此在 Si 表面，当晶片上 Si 暴露在等离子体中的表面积越多，F/C 比下降越快，则刻蚀速率越慢。加入 O_2 时，会消耗较多 C 原子形成 CO 或 CO_2，但消耗较少的 F 原子形成 COF_2，因此 F/C 比将上升，刻蚀率也上升。加入 H_2 时，会消耗 F 原子形成 HF，因而 F/C 比下降，对 Si 的刻蚀速率也下降；在刻蚀 SiO_2 时，由于材料中含有氧的成分，会局部地消耗 C 的成分，所以 F/C 比呈现局部不变的情形，使 SiO_2 的刻蚀速率的变化较小。因此，在加入 H_2 时，会提高 SiO_2/Si 的刻蚀选择比。此外加入 CHF，或用 CHF_3、C_2F_4 等 F/C 比小于 4 的气体来取代 CF_4 时，也可达到降低 F/C 比，提高 SiO_2/Si 的刻蚀选择比的目的。

2. Si_3N_4 的刻蚀

Si_3N_4 在半导体工艺中主要用在两个地方：① 用作器件区的防止氧化保护层(厚约 100 nm)；② 作为器件的钝化保护层(passivation layers)。在这两个地方刻蚀的图形尺寸都很大，所以非等向的刻蚀就不那么重要了。刻蚀 Si_3N_4 时下方通常是厚约 25 nm 的 SiO_2，为了避免对 SiO_2 层的刻蚀，Si_3N_4 与 SiO_2 之间必须有一定的刻蚀选择比。

Si_3N_4 的刻蚀基本上与 SiO_2 和 Si 类似，常用 CF_4+O_2 等离子体来刻蚀。但是 Si－N 键强度介于 Si－Si 与 Si－O 之间，因此使 Si_3N_4 对 Si 或 SiO_2 的刻蚀选择比均不好。在 CF_4 的等离子体中，Si 对 Si_3N_4 的选择比约为 8，而 Si_3N_4 对 SiO_2 的选择比只有 2～3，在这么低的刻蚀选择比下，刻蚀时间的控制就变得非常重要。除了 CF_4 外，也有人改用三氟化氮(NF_3)的等离子体来刻蚀 Si_3N_4，虽然刻蚀速率较慢，但可获得可以接受的 Si_3N_4/SiO_2 的刻蚀选择比。

3. 多晶硅的刻蚀

在 MOSFET 器件的制备中，需要严格地控制栅极的宽度，因为它决定了 MOSFET 器件的沟道长度，进而与器件的特性息息相关。刻蚀多晶硅时，必须准确地将掩模上的尺寸转移到多晶硅上。除此之外，刻蚀后的轮廓也很重要，如多晶硅刻蚀后栅极侧壁有倾斜时，将会屏蔽后续工艺中源极和漏极的离子注入，造成杂质分布不均，沟道的长度会随栅极倾斜的程度而改变。另外，Si 对 SiO_2 的刻蚀选择比也要足够高，这是因为：为了去除阶梯残留，如图 6－17 所示，必须有足够的过度刻蚀才能避免多晶硅电极间短路的发生。

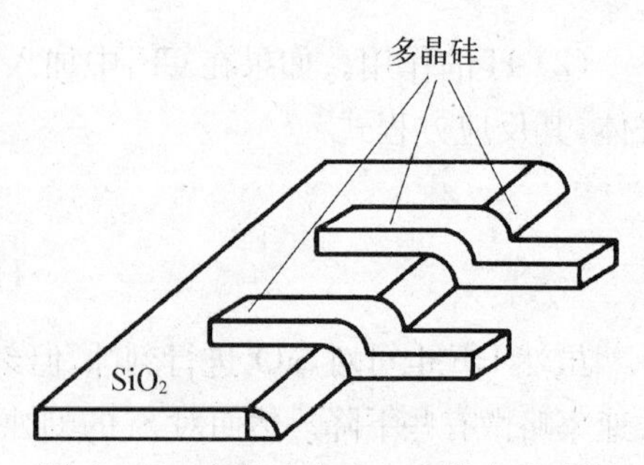

图 6－17　多晶硅在 SiO_2 上的台阶残留

多晶硅一般是覆盖在很薄(<20 nm)的栅极氧化层上，如果氧化层被完全刻蚀，则氧化层下的源极和漏极区域的Si将被快速地刻蚀。不足的Si/SiO_2刻蚀选择比将对器件造成严重的影响，所以利用CF_4、S等F原子为主的等离子体刻蚀多晶硅就不太适合了。

此外，这类气体亦有负载效应(loading effect)，即被刻蚀材料裸露在等离子体中面积较大的区域时刻蚀速率比在面积较小的区域时慢，也就是出现局部刻蚀速率的不均匀。改用Cl_2等离子体对多晶硅进行刻蚀Cl_2与多晶硅的反应方程式

$$Cl_2 \longrightarrow 2Cl$$

$$Si + 2Cl \longrightarrow SiCl_2$$

$$SiCl_2 + 2Cl \longrightarrow SiCl_4$$

$SiCl_2$会形成一层聚合物保护膜，反应方程式

$$n SiCl_2 \longrightarrow n(SiCl_2)$$

此保护膜可保护多晶硅的侧壁，进而形成非等向性刻蚀。使用Cl_2等离子体对多晶硅的刻蚀速率比使用F原子团慢很多，为兼顾刻蚀速率与选择比，有人使用SF_6气体中添加CCl_4或HCl_3。SF_6的比例越高，刻蚀速率越快；而CCl_4或$CHCl_3$的比例越高，多晶硅/SiO_2的刻蚀选择比越高，刻蚀越趋向非等向性刻蚀。

除了Cl和F的气体外，溴化氢(HBr)也是一种常用的气体，因为在小于0.5 μm的制程中，栅极氧化层的厚度将小于10 nm，用HBr等离子体时多晶硅/SiO_2的刻蚀选择比高于以Cl为主的等离子体。

下面介绍金属与导电层的干法刻蚀，包括金属的刻蚀，铝合金的刻蚀，硅化物的刻蚀，W的回刻。

4. 铝(Al)与附加层、铝合金

Al是半导体工艺中最主要的导线材料。它具有低电阻和易于淀积与刻蚀的优点而广为使用。但是当器件尺寸缩小时，Al导线的宽度也随之缩小，伴随而来的是尖峰现象和电致迁移(electromigration)。尖峰现象是由于Si原子和Al原子的交互扩散所造成的，解决方法就是在Al中添加少量的Si，用以降低交互扩散的驱动力。电致迁移是Al中的原子被大量电子流带走而产生空隙，最后造成断线。在Al薄膜中加入少量的Cu可改善电致迁移现象，所以半导体工艺所用的Al导线中，通常都含有Si和Cu的成分，Si和Cu的去除也成为在刻蚀Al金属时要考虑的因素之一。

除此之外，为了更进一步防止尖峰现象，Ti/TiN金属层被用于Al与源极和漏极之间以隔离Al和Si。另外，因为Al的反光率太高，易造成曝光不正确，常在Al的上面覆盖了一层TiN作为防反光层。因此在刻蚀金属Al时，除了要考虑Al中Si和Cu成分的去除，也需要考虑Ti/TiN的去除。

以氟化物气体所产生的等离子体并不适用于Al的刻蚀，这是因为反应产物AlF_3的挥发性很差，不易被刻蚀机的真空设备抽离。Al的刻蚀一般是利用氯化物气体所产生的等离子体使Al和氯反应生成具有挥发性的$Al Cl_3$，随后与刻蚀腔内的气体一起被抽离。一般Al的刻蚀温度比室温稍高(例如70℃)，这样$Al Cl_3$的具有更好的挥发性，可以减少刻蚀残留

物。Al 薄膜很容易和空气中的氧或水汽反应，形成大约 3～5 nm 厚且化学性质稳定的 Al_2O_3层，该 Al_2O_3层阻碍了 Al 与 O 的接触，保护 Al 薄膜不再被氧化。但在刻蚀过程的初期，它也阻隔了 Cl_2和 Al 的接触，阻碍刻蚀的进行。

除了 Cl_2外，一般常在气体中加入 $SiCl_4$、BCl、BBr、CCl_4、CHF_3等卤化物。其中，BCl_3为最常用的添加气体之一，主要目的有：① BCl_3极易和湿气中的 O_2和 H_2O 反应，故可吸收刻蚀腔内的水汽和 O_2；② BCl_3在等离子体中可还原铝合金表面的自然氧化层。其反应方程式

$$O + BCl_3 \longrightarrow 2Cl + BOCl$$

此外，需要适当的离子轰击来加快反应速率及保证非等向性刻蚀。保证非等向性刻蚀的方法是添加某些气体，如 $SiCl_4$、CCl_4、CHF_6或 CHC_6。这些气体与光刻胶中的 C 或 Si 原子反应形成聚合物，淀积在金属表面上，可保护未受离子轰击的侧壁。因此，在 Al 的刻蚀中，光刻胶的存在是不可缺少的。图 6－18 说明了在 Al 的刻蚀工艺中，使用光刻胶或 SiO_2作为掩模所产生的不同结果。以光刻胶作为掩模，可获得各向异性的刻蚀，而使用 SiO_2为掩模则获得等向性刻蚀。

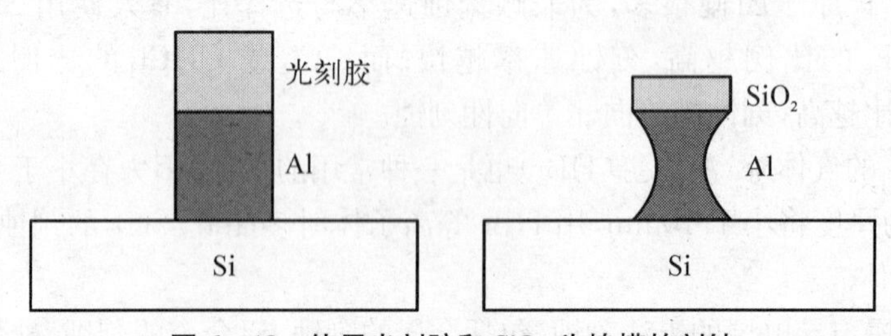

图 6－18　使用光刻胶和 SiO_2 为掩模的刻蚀

如前面所述，半导体工艺中常在 Al 中加入少量的 Si 和 Cu，形成所谓的铝合金。因此，Si 和 Cu 的去除也成为 Al 刻蚀时要考虑的因素。如果两者之一未能被刻蚀的话，所留下来的 Si 或 Cu 颗粒，将阻碍在此颗粒下方铝合金的刻蚀，进而形成一柱状的残留物，即所谓的微屏蔽现象。对于 Si 的刻蚀，可在氯化物气体的等离子体中完成，其反应方程式

$$Si + Cl_2 \longrightarrow SiCl_4$$

$SiCl_4$的挥发性很好，所以铝合金中 Si 的去除并没有什么问题。然而，Cu 的去除就比较困难了，因为 $CuCl_2$的挥发性不好，所以无法用化学反应的方式去除 Cu，必须以物理方式的离子轰击将 Cu 原子去除。另外，适当的升温也可提高 $CuCl_2$的挥发性。

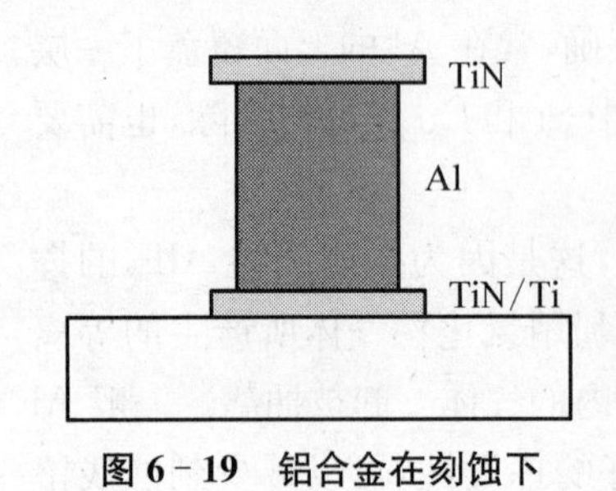

图 6－19　铝合金在刻蚀下

Ti 与 TiN 常被淀积在铝合金上下，形成 TiN/AlSiCu/TiN/Ti 的结构。用来刻蚀 Al 的 Cl_2等离子体与 Ti 反应生成挥发性不高的 $TiCl_4$，所以 Ti 与 TiN 的刻蚀速率并不快。如 TiN 的刻蚀速率大约是 Al 的 1/3～1/4。通常，覆盖在铝合金上面的 TiN 的刻蚀参数与 Al 的相同。但在刻蚀铝合金下面的 TiN、Ti 甚至于 $TiSi_2$时，如刻蚀时间较长容易造成铝合金的侧向刻蚀（见图 6－19）。解决的方法就是在此

阶段，改变刻蚀条件（如增加离子轰击能量）来加速 TiN 和 Ti 的刻蚀，或减少 Cl_2 的流量以降低 Al 的刻蚀速率。此外，CCl_4 和 SF_6 亦可用于去除 Ti。

当铝合金在 Cl_2 的等离子体中刻蚀后，合金的表面和侧壁会有 Cl_2 残留，而且刻蚀产物 $AlCl_3$ 亦会与正光刻胶反应。一旦晶片离开真空设备后，这些成分将会与空气中的水分反应形成氯化氢，进一步侵蚀铝合金而产生 AlCl，只要有足够的水汽，铝合金的侵蚀将会不断地进行。这种现象在含 Cu 的铝合金中更严重。要减少刻蚀后的铝合金侵蚀，有下列几种去除含氯化合物的方法：① 用大量去离子水冲洗芯片；② 在刻蚀后，马上用 O_2 的等离子体将光刻胶去除，并在铝合金表面形成 Al_2O_3 层来保护铝合金；③ 在晶片离开刻蚀腔前，用氟化物气体的等离子体作表面处理，将残留的 Cl 置换为 F，形成 AlF，或在铝合金表面形成一层聚合物，隔离铝合金与氯气的接触。

5. 硅化物的刻蚀

在高密度的 MOSFET 器件里，传统掺杂的多晶硅阻值偏高，并不适合用来作区域连接线。另外，为了提高 MOSFET 器件的切换频率，常在多晶硅栅极上方淀积一层金属硅化物。这种金属硅化物的电阻较低，在高温下仍能维持稳定阻值，满足作为多晶硅栅极上方连线的需要并广为应用。而耐火金属常见于金属连接线的扩散势（diffusion barrier）（如 TiW 和 TiN）和金属间连接洞插栓（如 W）。要了解耐火金属及其硅化物的干法刻蚀，就要先了解其卤化物的挥发性。表 6-2 列出了一些金属卤化物的沸点或升华点，因为某些金属的卤化物并不会熔化，而是直接升华成气体。由表 6-2 可知，钨（W）和钼（Mo）与 Si 类似，可形成高挥发性氟化物，它们的刻蚀机理也与 Si 类似。在 CF_4-O 的系统中，WF_6 挥发速率比 W 与 F 的反应速率快，所以化学反应速率的快慢决定刻蚀速率的大小，W 的刻蚀速率随氟原子浓度的增加而增加。另外，钨硅化物（WSi_2）的刻蚀速率介于 W 和 Si 之间。TiF_4 在室温的蒸气压为 2×10^{-3} Pa，升华点为 285℃，这意味着 TiF_4 的挥发性不好，挥发速率将主导刻蚀速率，故适当地提高刻蚀温度有助于提高刻蚀速率。

表 6-2　耐热金属氟化物或氯化物的沸点

氟化物	温　度	氯化物	温　度
WF_6	17.1	WCl_6	345
WOF_4	190	$WOCl_4$	230
MoF_6	35	$MoCl_5$	270
$MoOF_4$	180	$MoOCl_4$	180
TiF_4	285	$TiCl_4$	135
TaF_5	230	$TaCl_5$	240
SiF_4	85	$SiCl_4$	60
AlF_3	1 290	$AlCl_3$	180

耐火金属的硅化物，大多可用 F 或 Cl 为主的气体等离子体来刻蚀，但对多晶硅化物金属而言，含 F 气体并不适合。因为使用高浓度的 F 原子时，F 原子会刻蚀下层的多晶硅，造

成底切现象(under cut)。若改用低浓度的F时,虽然可对多晶硅化物与多晶硅形成非等向性刻蚀,但此时多晶硅化物与SiO_2的刻蚀选择比将小于1。

使用Cl_2为主的等离子体系统来刻蚀金属硅化物时,不但可对Si和SiO_2有高的选择比,而且很容易即可实现非等向性刻蚀。不过一般而言,这些金属的氯化物挥发性都较差,因此刻蚀速率也变差。改善的方法是等离子体气体使用氟与氯的混合气体,如SF_6+Cl_2。

6. W的回刻

因为金属Al的导电性极好,而且易以溅镀的方式生长,所以Al是半导体工艺中最常用也是最便宜的金属材料。但因为溅镀方法的阶梯覆盖性较差,当进入亚微米领域(即金属线宽低于0.5 μm以下)时,以溅镀方法得到的金属Al无法完美地填入接触孔或介层孔,造成接触电阻偏高,甚至发生断路导致器件的报废。因此,在半导体金属化制程中使用CVD法淀积一耐热金属填入接触孔或介层孔,取代部分铝合金,这种工艺方法称为接触栓塞或介层洞栓塞。作为栓塞的耐热金属主要有W、Ti、Ta、Pt及Mo等过渡金属,其中以W的使用最为广泛,下面以W金属为例说明接触孔栓塞及介层孔栓塞的制程及钨回刻技术。

半导体器件中接触孔刻蚀完成后,其底层大多是Si或多晶硅,因此接触孔就是提供一个通道,使上层金属与底层Si接触。为克服金属Al与介电层的附着力问题,并降低接触电阻及提高器件可靠性,Al的金属化工艺过程如下。

(1) 用CVD法淀积一层Ti及TiN,再利用快速热处理形成钛硅化物($TiSi_2$),Ti/TiN在金属化工艺中被称为黏着层;接着以CVD法淀积W金属,使其填入接触孔。因CVD方法淀积的薄膜的阶梯覆盖性佳,在接触孔不致产生空洞,但淀积的厚度必须能够使接触孔完全填满。

(2) 以干法刻蚀的方法将介电层表面覆盖的W金属去除,留下接触孔内的W。至此已完成接触孔栓塞的制作工艺,这个干法刻蚀的步骤称为“钨回刻”。

(3) 淀积金属Al并制作Al金属线的图形。至此整个金属化工艺完成。

W金属的干法刻蚀使用的气体主要是SF_6、Ar及O_2。其中,SF_6在等离子体中可被分解以提供F原子与W进行化学反应生成氟化物WF_6,其他氟化物的气体,如CF_4、NF_3等均可用来作为W回刻的气体,其反应方程式

$$W + F \longrightarrow WF_6$$

因WF_6在常温下为气态(沸点为17.1℃),极易被排出刻蚀腔,不会影响腔内的刻蚀情况。但若使用SF_6为刻蚀气体,最终产物也将有硫的存在,其缺点为:因硫的蒸气压较低,在刻蚀腔内会有较多量的淀积,可能导致W回刻不净;好处是栓塞中的钨损失较少。若使用CF_4为刻蚀气体,则可能出现与上述相反的情况。因SF_6在等离子体中提供F原子的效率优于CF_4,即将具有较高的刻蚀速率,因此选择SF_6为刻蚀气体有渐多的趋势。

Ar在W回刻中起着重要的作用,因Ar对W的刻蚀属于离子撞击,可有效去除刻蚀时在晶片表面淀积的保护层(如硫)而减少W回刻不净的现象。另外,在刻蚀气体中还使用少量的O,它的作用是提高氟化物气体在等离子体中的解离效率及减少保护层的淀积量。因此,有无使用O_2对刻蚀效益有较大的影响,至于O_2使用量的多少对刻蚀的影响效果不明

显，甚至使用大量 O_2 时会有相反的结果。

在走线孔栓塞的制作过程中，因底层是金属 Al，不需使用 Ti 来改善接触电阻的问题，所以黏着层使用 TiN 即可，这是介层孔栓塞与接触孔栓塞制作过程的区别，其他部分则相同。W 栓塞制程在应用初期，钨回刻时大多将介电层表面的黏着层同时去除，但现在趋向于保留黏着层，这样可缩短刻蚀时间，更可减少金属 Al 溅镀前的黏着层淀积。图 6－20(a)是显示上述 W 栓塞的制作过程，图 6－20(b)中的 h 即所谓的栓塞损失，一般的工艺要求是 $h<$ 20 nm。

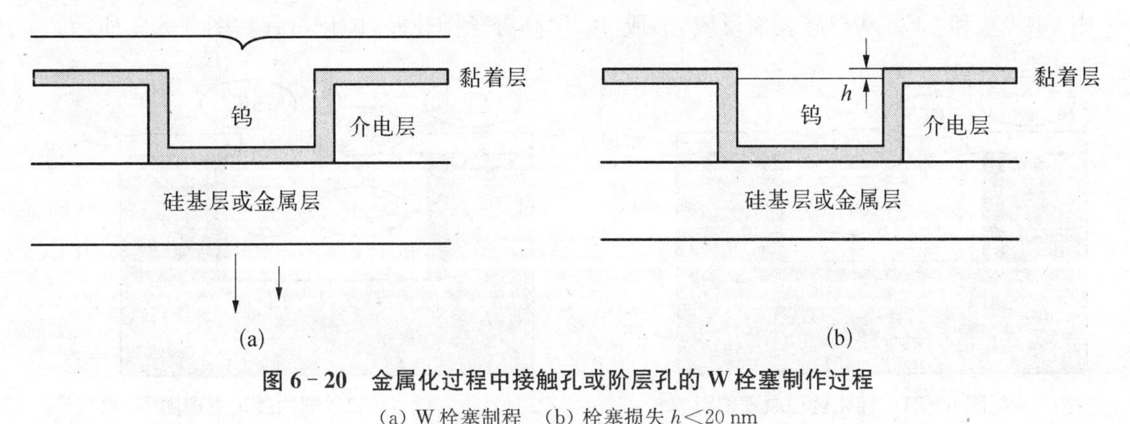

图 6－20　金属化过程中接触孔或阶层孔的 W 栓塞制作过程

(a) W 栓塞制程　(b) 栓塞损失 $h<20$ nm

6.3.6　感应耦合等离子体(ICP)刻蚀技术

感应耦合等离子体(ICP)刻蚀技术是微机电系统器件加工中的关键技术之一。利用英国 STS 公司 STS Multiplex 刻蚀机，研究 ICP 刻蚀中极板功率、腔室压力、刻蚀/钝化周期、气体流量等工艺参数对刻蚀形貌的影响，分析刻蚀速率和侧壁垂直度的影响原因，给出深硅刻蚀、侧壁光滑陡直刻蚀和高深宽比刻蚀等不同形貌刻蚀的优化工艺参数。

感应耦合等离子体(inductively coupled plasma，ICP)刻蚀技术作为微机电系统(MEMS)体微机械加工工艺中的一种重要加工方法，由于其控制精度高、大面积刻蚀均匀性好、刻蚀垂直度好、污染少和刻蚀表面平整光滑等优点常用于刻蚀高深宽比结构，在 MEMS 工业中获得越来越多的应用。

在 MEMS 器件加工过程中，含氟等离子体刻蚀硅表面过程中包含大量复杂的物理和化学反应。目前，由于对 ICP 刻蚀的物理及化学机制还没能完全解释清楚，在利用 ICP 加工时，往往需要做大量的工作来优化工艺。本文主要研究了 ICP 刻蚀中极板功率、腔室压力、刻蚀/钝化周期、气体流量等参数对刻蚀形貌的影响，通过实验给出了深硅刻蚀、侧壁光滑陡直刻蚀和高深宽比刻蚀等工艺的优化刻蚀参数。

1. ICP 刻蚀基本原理

ICP 刻蚀采用侧壁钝化技术，淀积与刻蚀交替进行，各向异性刻蚀效果好，在精确控制线宽下能刻蚀出高深宽比形貌。其基本原理是：首先在侧壁上淀积一层聚合物钝化膜，再将聚合物和硅同时进行刻蚀(定向刻蚀)。在这个循环中通过刻蚀和淀积间的平衡控制得到精确的各向异性刻蚀效果。钝化和刻蚀交替过程中，C_4F_8 与 SF_6 分别作为钝化气体和刻蚀气体。

第一步钝化过程反应式

$$C_4F_8 + e^- \longrightarrow CF_x^+ + CF_x^- + F^- + e^-$$

$$CF_x^- \longrightarrow nCF_2$$

通入 C_4F_8 气体，C_4F_8 在等离子状态下分解成离子态 CF_x^+ 基，CF_x^- 基与活性 F^- 基，其中 CF_x^+ 基和 CF_x^- 基与硅表面反应，形成 nCF_2 高分子钝化膜，钝化过程如图 6－21 所示。

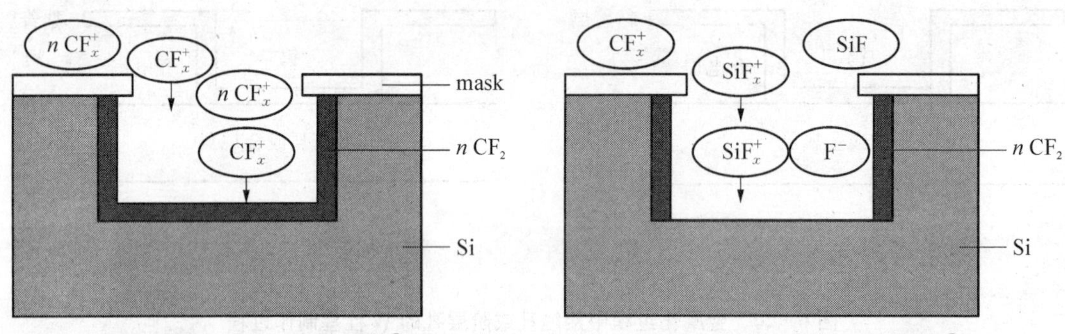

图 6－21　钝化过程原理图①　　**图 6－22　刻蚀过程原理图**②

第二步刻蚀过程反应式

$$nCF_2^+ + F^- \longrightarrow CF_x^- \longrightarrow CF_2 \uparrow$$

$$SF_6 + e^- \longrightarrow S_xF_y^+ + S_xF^- + F^- + e^-$$

$$Si + F^- \longrightarrow SiF_x$$

通入 SF_6 气体，增加 F 离子解离，F^- 与 nCF_2 反应刻蚀掉钝化膜并生成挥发性气体 CF_2，接着进行硅基材的刻蚀，刻蚀过程如图 6－22 所示。

2. 实验与讨论

实验采用英国 STS 公司的 STS Multiplex 高密度反应离子刻蚀机。系统分别有两路独立的射频功率源，一路连接到真空反应腔室外的电感线圈上用于反应气体的电离。另一路连接到真空反应腔室内放置样品的平板底部用于控制离子能量来进行刻蚀。本次实验中两路射频功率源频率都采用 13.56 MHz，样品为单面抛光 N 型〈100〉晶向 4 英寸硅片，厚度为 525 μm，电阻率为 2.3～4.5 Ω·cm。实验中所用光刻胶为 AZP4620 (3 000 min)和 LC100A(2 000 min)。

3. 结束语

ICP 刻蚀技术由于其高各向异性刻蚀能力、较高的刻蚀速率、对不同材料的刻蚀有较高的选择比、控制精度高等特点，在 MEMS 加工工艺中被广泛应用。本节通过实验总结了三组不同形貌刻蚀的工艺参数。在深硅刻蚀中着重对刻蚀过程中的极板功率、SF_6 气体流量

① 资料来源：真空技术.https://wenku.baidu.com/view/47e436a3d1f34693daef3e16.html
② 同上。

和刻蚀周期这些工艺参数进行调整优化，刻蚀得到 340 μm 深，50 μm 宽的理想硅槽。在侧壁光滑陡直刻蚀中，刻蚀周期中通入少量 O_2 和 C_4F_8 气体可以提高硅槽侧壁光滑陡直度，刻蚀得到侧壁粗糙度为 34.7 nm，垂直度达 89.38°的硅槽。对于刻蚀高深宽比的硅槽，在刻蚀周期中通入一定比例的 O_2 可以提高侧壁垂直度和光滑度，实验刻蚀得到了高深宽比大于 20：1 的理想刻蚀结果。

6.4　剥离技术(Lift-off)

利用剥离技术制作微细金属的图形，在微米纳米范围内是一种有生命力和有价值的技术。剥离技术用于要求具有高分辨率又不易用刻蚀法形成金属图形的器件。采用剥离技术制作细线条电极图形的优点在于不需要购置像干法刻蚀这样十分昂贵的设备，投资较少，金属图形制作过程无机械损伤，表面也不易受污染等。

剥离技术制作电子器件微细电极金属图形方法与常规光刻方法是不同的，通常制作微细金属化图形的方法是在洁净的晶片材料表面上先溅射或蒸发金属薄膜层，然后涂制光刻胶，经历曝光、显影、腐蚀(湿法化学或干法刻蚀)、去胶过程获得微细图形。剥离技术的基本顺序则是首先在洁净的晶片表面上涂上一层或多层光刻掩膜层，进行曝光、烘烤、显影、烘烤等不同工艺处理后在基片上得到呈倒八字形光刻胶侧剖面几何图形，然后通过蒸发等方法，在基片表面获得不连续的金属层，最后剥离掉掩膜层及其上金属层，而与基片紧密接触的金属电极图形保留了下来。

剥离工艺如图 6－23 所示。由于金属图形线宽尺寸大小完全由光刻胶曝光后窗口区域决定，而不是由金属刻蚀工艺决定，剥离技术用于要求具有高分辨率又不易用刻蚀法形成金属图形的器件，在微米、纳米范围内可以实现精确的掩膜图形的转移和优良的线宽控制。虽然图 6－23 显示的是单层光刻胶作为剥离掩膜，而事实上为了精确而有效控制图形尺寸，往往是双层组合在一起作为剥离掩膜，这种技术不局限于制作金属图形，也可用于制作多种薄膜。剥离工艺技术研究开发对特殊应用需要考虑许多问题，工艺必须根据适合图形的制作材料图形要求的最小线宽、精度、金属图形厚度以及其他要求一起进行考虑。

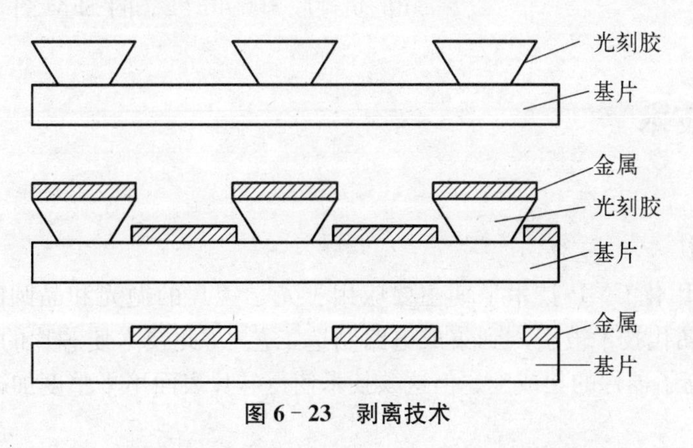

图 6－23　剥离技术

为了能有效进行剥离,剥离掩膜层必须满足以下要求:① 要使好的金属图形层淀积在光刻胶掩膜断开区域内,只有掩膜层厚度要比形成图形的金属层厚,才能保证掩膜上金属层与掩膜断开区域内金属图形层相互分离;② 剥离掩膜易形成光刻掩膜版上图形且有高的分辨率;③ 掩膜材料的膨胀率要小,掩膜图形热稳定性要好、形变小;④ 形成剥离图形所用掩膜层很容易剥离掉;⑤ 光刻掩膜层图形侧剖面呈倒八字形,这是剥离能否成功的关键因素;⑥ 脆性金属材料,如比延展性好的金属材料容易得到好的剥离金属图形;⑦ 所有工序中必须不损伤晶片材料或对基片表面金属微电极图形产生有害的影响。

在剥离技术中,金属图形线条的粗细受到光刻分辨率的限制,为了充分发挥剥离工艺的能力,必须精确地控制掩膜图形尺寸。通常正性光刻胶具有灵敏度高,膨胀形变小,形成图形稳定性好等优点,在剥离技术中得到广泛的应用。用接触式曝光,可获得很好的正性光刻胶图形分辨率。制作 1 μm 以下线条时,常规的紫外光刻变得十分困难而受到限制,而深紫外曝光射线曝光、电子束曝光配合相应的光刻胶能够制作出分辨率在 0.25 μm 以下的光刻胶图形,但是如果不能把这种图形有效地转移成金属化图形也是没有用的。事实上,金属层图形尺寸是由掩膜图形尺寸决定的,而掩膜图形尺寸是由曝光掩膜版图形尺寸、曝光能量和显影等参数决定的。亚微米工艺中光刻胶层很薄,但为了有利于剥离,光刻胶层又不能太薄。使用剥离技术大量生产深亚微米微电路器件需要做深入细致的开发研究工作。

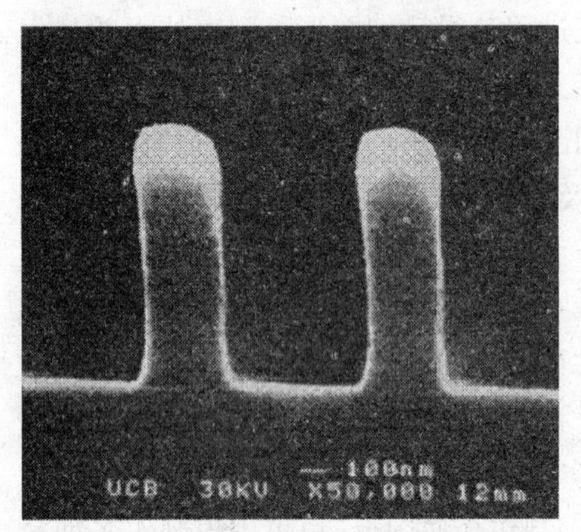

图 6-24　SEM 照片:使用 SHIPLEY SNR-248 负胶刻出的周期排列的宽 100 nm 间距

负性光刻胶法是常用的剥离光刻胶。由于负性光刻胶掩膜在紫外光照射下产生光化反应,使高分子化合物交联成不溶于碱性显影液的分子结构,而不被光照射的部分溶于显影液而显影,在其掩膜曝光区上层由于光化反应强于下层,因此,在显影后留在基片上光刻胶剖面开口处区域自然成倒八字形,这正是我们所需要的有利于剥离的侧剖面。近年来 Shipley 等著名光刻胶公司推出的 I 线和 DUV 负性光刻胶,全部以酚醛树脂作为填料树脂,但使用不同的交链剂和光酸产生剂,使用传统的曝光工具,图 6-24 为用 Shipley 公司的负性胶 100 nm 线条的 SEM 图。

6.5 CMP 技术

6.5.1 概述

化学机械平坦化 CMP 技术早期主要应用于光学镜片的抛光和晶圆的抛光。20 世纪 70 年代,多层金属化技术被引入到集成电路制造工艺中,此技术使芯片的垂直空间得到有效的利用,并提高了器件的集成度。但这项技术使得硅片表面不平整度加剧,由此引发的一系列问题(如引起光刻胶厚度不均进而导致光刻受限)严重影响了大规模集成电路(LSI)的发展。针对这一问题，业界先后开发了多种平坦化技术，主要有反刻、玻璃回流、旋涂膜层等，但效果并不理想。20 世纪 80 年代末，IBM 公司将 CMP 技术进行了发展使之应用于硅片的平坦化，其在表面平坦化上的效果较传统的平坦化技术有了极大的改善，从而使之成为大规模集成电路制造中有关键地位的平坦化技术。

微电子制造的早期抛光工艺是使用旋涂或 CVD 法在器件表面形成一层玻璃，然后放在一种包含有胶质的磨料悬浮液和腐蚀剂的碱性膏剂中进行机械研磨。KOH 和 NaOH 是最常用的悬浮液的基体，典型的 pH 值大约是 10，维持这个值以便保持硅石颗粒的负向充电，避免形成大量的冻胶网状物。而对于金属的抛光平坦化，常使用酸性(pH$<$3)的膏剂作为研磨剂。这些膏剂并不形成胶质的悬浮液，所以必须搅动以获得均匀性。对于 W 的 CMP 工艺，Al_2O_3 是最常用的研磨剂，因为它比其他大多数研磨剂更接近于 W 的硬度。W 通过不断的、自限制的 W 表面的氧化和随后的机械研磨被去除。这种膏剂形成含水的钨氧化物，被数量级为 200 nm 的 Al_2O_3 颗粒选择性去除。对于 Cu 的 CMP 工艺，为了形成全局平整的、既无划伤也无玷污的表面，常使用 SiO_2 作为研磨剂。由于用在抛光膏剂中的 SiO_2 颗粒并不比被研磨的 Cu 表面硬，可以避免器件表面的机械损伤。Cu 在一种包含有直径为几百纳米颗粒的水状溶剂中被抛光，典型的膏剂有氢氧化铵、醋酸和双氧水。与 W 不同，Cu 是一种软金属，所以机械效应在研磨过程中具有较大的影响。现已发现，Cu 的研磨速率与所加压力和相对线速度成正比。研磨盘的状况和压力应用机理对 Cu 的研磨也有影响。

CMP 工艺如图 6-25 所示。研磨平台、研磨剂(slurry)、研磨垫(pad)和晶片载具(wafer carrier)是组成研磨设备的主要部件。

CMP 研磨设备应满足下面的工艺目标。

(1) 精准度：以一般工艺要求，应可满足 10% 的误差范围。

(2) 均匀度：一般的均匀度应小于 10%。

(3) 平坦度：小于 0.1 μm(在整个晶片面积上)的误差是可达到的规格。

(4) 以热交换系统控制研磨平台的常温状况。

(5) 精确控制与均匀的晶片施压。

(6) 精确控制旋转速率。

(7) 维持设备的洁净。

(8) 晶片装卸的自动化。

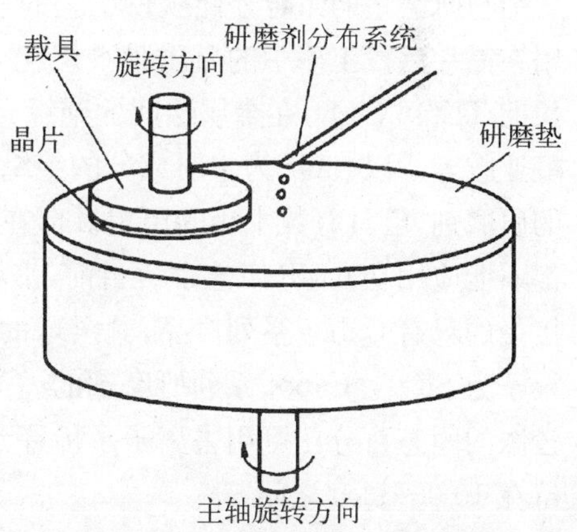

图 6-25　化学机械研磨设备示意图

最早的商品化设备是 IPEC/Westech372 系列产品。该系列可略分为电脑监控及显示、研磨剂辅助与流量控制、研磨平台及排放、卸晶片区、上晶片区、载具清洁区、研磨垫整容器、主臂驱动装置和研磨主旋臂九个功能。这种设备可以满足全面平坦化工艺的需求，但从生产能力方面考虑，该设备每小时的研磨能力平均低于 20 片晶片，不符合生产的要求。因此在 CMP 工艺被更多集成电路制造商接受后，他们对高产量研磨设备的要求越来越迫切。为了提升单机的生产能力,常使用多头单一的平台(见图 6-26),近似成批处理的方式,使单机的生产能力有了显著的改善。然而,在集成电路工艺发展日趋完善和晶片尺寸逐渐加大的情况下,单头或双头的单一平台的精确控制比多头单一平台的成批处理更适合未来的潮流。

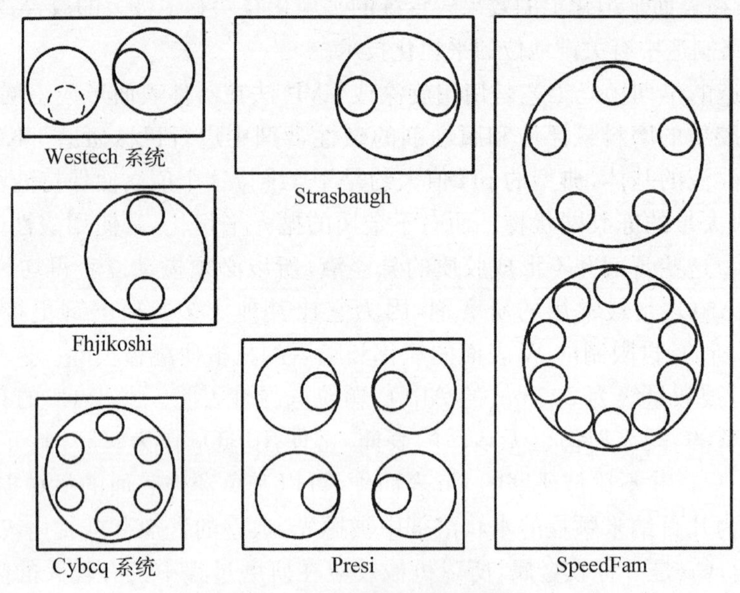

图 6-26 研磨机台表面配置

在 CMP 的处理过程中,晶片表面薄膜与研磨剂和研磨垫相互运动的机制里包含了机械与化学的作用。因此,在同样的设备中,配合晶片表面薄膜的材料特性,可能需要不同的研磨剂与研磨垫的组合才能获得工艺的最佳状况。然而,从实际生产的角度而言,研磨主要应用在晶片后段工序中的介质膜平坦化工艺。目前,主要使用的介质材料是 BPSG 或低压生长的 TEOS SiO_2,在金属层间的绝缘介质材料则有 TEOS、PSG、OZONE TEOS、SOG 及聚酰亚胺等。以 SiO_2 为主要成分的绝缘介质在 CMP 中所使用的研磨剂是源自光学玻璃抛光的研磨剂,已具有数十年的历史。但在集成电路工艺要求精确均匀度与洁净度的情况下,大都不能应用在 CMP 工艺中。目前,市场上有众多的研磨剂产品,但被微电子行业多数厂商接受的只有 Cabot 系列产品,其全球的市场占有率在八成以上。该系列研磨剂的主要固态粒子为 SiO_2。Cabot 系列研磨剂的差异是固体含量的百分比和 pH 值的区别。在使用时,较浓的固态百分比可用去离子水稀释到 12%~15%。另一个主要的参数是 pH 值,一般保持在 10.0~11.0 之间。

传统的平坦化技术以 SOG 技术和光刻胶回刻(REB)技术为主。但在 0.25 μm 以下的 IC 工艺中,SOG 及 REB 技术并无法达到全面平坦化的目标,因此急需寻找新的平坦化技术。CMP 技术因其拥有全面平坦化的优势,因此近年来已成为各大 IC 工艺研究机构竞相研发的技术。CMP 技术经由 IBM 及 Intel 等公司积极研发,已成为全面平坦化的新兴技术。它不仅可以达到全面平坦化的目的,还可增加器件设计的多样性,如将铜和钨纳入新器件的设计中。图 6-27 是各种平坦化技术的比较。由图中可看出 CMP 在全面平坦化技术方面的优势。

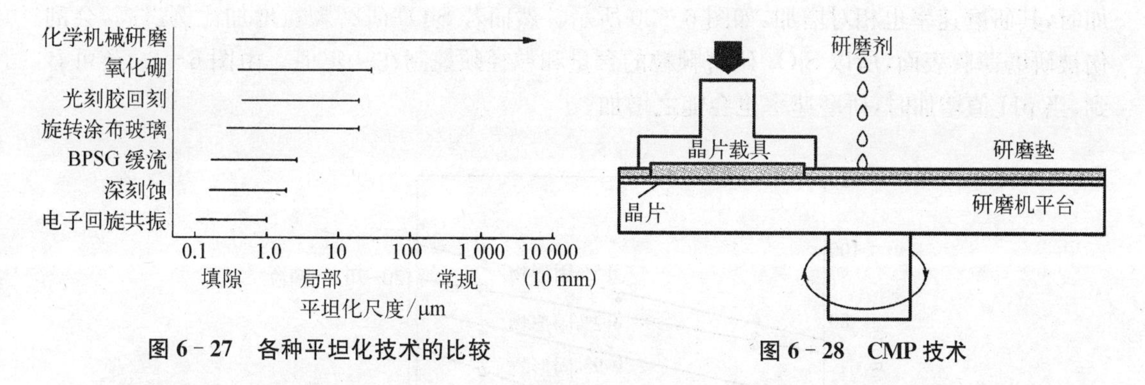

图 6-27　各种平坦化技术的比较

图 6-28　CMP 技术

CMP 技术主要是将晶片夹在压力旋转轴及研磨垫之间，然后使用研磨剂配合机械旋转将晶片薄膜的不平整处磨平，如图 6-28 所示。

其整个工艺组合如图 6-29 所示，首先将晶片经传送带送进 CMP 机台，在研磨过程中，研磨剂配合终点探测系统（end point detection）将晶片上的薄膜研磨至所需的厚度，而后再送进清洗机，用清洗液将表面不纯物去除，再经烘烤，并测定薄膜厚度并核对其预定薄膜厚度，即可完成整个 CMP 工艺。

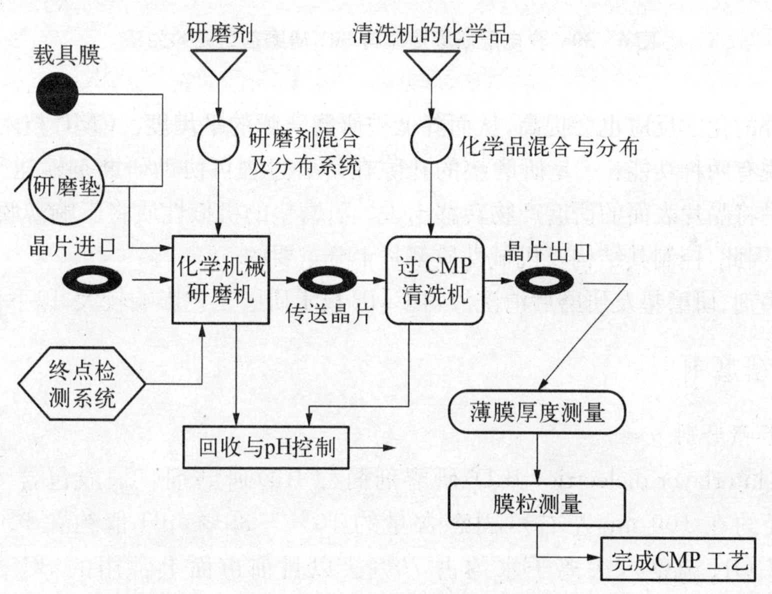

图 6-29　CMP 制备工艺组合

CMP 技术的机理一般可使用谱勒斯通（Preston）公式来表示

$$R_p = K_p P_v \tag{6-5}$$

式中，R_p 为薄膜被研磨的速率，P 及 v 分别是研磨时外加压力及机台的旋转速度，而 K_p 则是谱勒斯通系数，是研磨剂和研磨垫材料性质的函数。

CMP 技术研磨剂及研磨垫的性质严重影响到研磨薄膜的性质，以介电薄膜研磨所使用的 SiO_2 研磨剂为例，在 pH 值固定时，当研磨剂中 SiO_2 研磨颗粒（固形物）的含量或粒径增加时，其研磨速率也相对增加，如图 6-30 所示。然而若 SiO_2 研磨颗粒增加比例过高，会刮伤被研磨薄膜表面，所以 SiO_2 研磨颗粒的含量和粒径须控制在一定值。由图 6-30 还可看到，当 pH 值增加时，研磨速率也会随之增加。

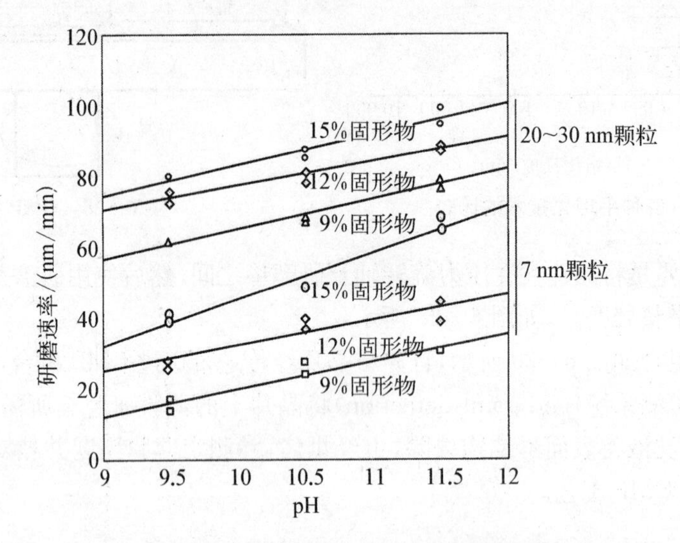

图 6-30　介电层研磨速率与 SiO_2 研磨剂组成的关系

同时额外的化学反应也会提高，从而降低被研磨薄膜的平坦度。CMP 技术所使用的研磨垫大体来说有两种功能：一是研磨垫的孔隙在研磨过程可协助研磨剂输送至不同区域；另一种功能是将晶片表面的研磨产物转移出去。研磨垫的机械性质将影响薄膜表面的平坦度及均匀度，因此，控制其结构及机械性质都是十分重要的。

由于研磨剂、研磨垫及研磨后清洗液对 CMP 技术研磨工艺影响较大，以下作详细介绍。

6.5.2　研磨剂

1. 介电膜研磨剂

介电层(interlayer dielectric，ILD)研磨剂简称 ILD 研磨剂。一般包含 SiO_2 研磨颗粒(平均粒径约在 100 nm 左右)，固态含量约 10%～30%，pH 值约在 9.0～11.0(由 KOH 或 NH_4OH 调整)，去离子水约占 70%。以目前市面上常用的 SC-1(Cabot 公司)产品为例，其组成为 SiO_2 颗粒(平均粒径为 110 nm)，固含量为 30.0%±0.3%，pH 值为 10.20～10.35，比重为 1.197±0.02。目前各大公司 ILD 研磨剂的配方大同小异，其技术重点是发展研磨颗粒制备技术、研磨颗粒分散技术及研磨剂配方。Cabot 公司因其能自行制造纯度高且稳定性好的 SiO_2 颗粒而占有 ILD 研磨剂的大部分市场。因此若要发展 ILD 研磨剂，必须掌握研磨颗粒的制备方法，另外则是必须改进研磨颗粒分散技术及研磨剂配方技术。研磨粉末的制造技术一般而言有气相烧结法和溶胶-凝胶法(sol-gel process)两种方法。气相烧结法是在 1 800℃ 时将高纯度的 $SiCl_4$ 在 H_2/O_2 气氛中烧结，其反应式

$$SiCl \xrightarrow[1\,200℃]{O_2/H_2} SiO_2$$

改变烧结气氛即可改变所得颗粒的粒径。而溶胶、凝胶法则是先纯化 $Si(OR)_4$，并使其在酸或碱条件下水解形成 SiO_2 介质，然后在 300℃下通氧气烧结即可得到 SiO_2 颗粒。改变水解的 pH 值和烧结条件，可得到不同粒径的高纯 SiO_2 颗粒，其反应式

$$Si(OR)_4 \xrightarrow{\text{超高纯化系统}} Si(OR)_4 \xrightarrow[\text{水解}]{H^+/OH^-} SiO_2 \xrightarrow[300℃]{O_2} \text{高纯 } SiO_2 \text{ 颗粒}$$

对于 CMP 介电层的研磨反应机理目前尚无定论，但一般而言可以由下列两式表示

pH>9 时　　$SiO_2 + H_2O \longleftrightarrow Si(OH)_4$

pH>10.5 时　　$SiO(OH)^{3-} \longleftrightarrow$ 多环基因

目前，介电膜的研磨剂技术研发已渐趋成熟，在未来将着重于两个方向的研发：一是减少金属离子污染，如研磨剂使用的 KOH 会造成金属离子污染，因此有部分研磨剂用 NH_4OH 取代 KOH；二是新介电膜材料研磨剂的研发，如高分子介电膜或 $F_x SiO_y$ 介电膜研磨剂的开发。

2. 金属膜研磨剂

金属膜研磨剂一般用来研磨 W、Al 和 Cu 等金属膜，金属膜研磨剂中常添加少量氧化剂以增加研磨速率。CMP 研磨工艺通常包括三步。第一步用来磨掉晶圆表面的大部分金属，第二步通过降低研磨速率的方法精磨与阻挡层接触的金属，并通过终点侦测技术(Endpoint)使研磨停在阻挡层上，第三步是磨掉阻挡层以及少量的介质氧化物，并用大量的去离子水(DIW)清洗研磨垫和晶圆。第一和第二步的研磨剂通常是酸性的，使之对阻挡层和介质层具有高的选择性，而第三步的研磨液通常是偏碱性，对不同材料具有不同的选择性。这两种研磨液(金属研磨液/介质研磨液)都应该含有 H_2O_2、抗腐蚀的 BTA(三唑甲基苯)以及其他添加物。Al_2O_3 或 Si_2O_3 可用作研磨颗粒，主要取决于研磨速率以及这种含有颗粒的胶体的稳定性。金属膜研磨剂在技术开发方面需克服以下几方面的技术难题：一是 Al_2O_3 超细粉末不易分散于水中，易凝结成块；二是氧化剂的选择。目前的专利产品有 H_2O_2 和 K,Fe(CN)$_6$，由于 $K_3 Fe(CN)_6$ 易造成金属离子的污染，而 H_2O_2 在研磨发热的情况下易挥发而造成研磨性质不稳定，因此造成目前金属膜研磨性质再现性不高、平坦度较差。三是研磨剂保存期太短，这些都是造成金属膜研磨剂尚未大量使用的重要原因。然而，由于金属 CMP 技术可大幅增加器件设计多样化及开发新 IC 器件，所以开发金属膜研磨剂是重要而且刻不容缓的课题。

金属膜研磨剂一般利用了金属膜在酸性条件下易形成金属离子而被去除的特性，典型的反应机制有 W 研磨剂，Al 研磨剂和 Cu 研磨剂。

(1) W 研磨剂。$Fe(CN)_6$ 与 W 反应形成 W 的氧化物，再利用 Al_2O_3 将钨氧化物磨掉。

(2) Al 研磨剂的反应机制

$$2Al + 3H_2O_2 \longrightarrow Al_2O_3 + 3H_2O \longrightarrow 2Al(OH)_3$$

$$2Al(OH)_3 + 3H_2O \longrightarrow 2Al(OH_2)_3(OH)_3$$

$$2Al(OH_2)_3(OH)_3 + H_3PO_4 \longrightarrow [Al(H_2O)_6]PO_4 \longrightarrow AlPO_4 + 6H_2O$$

(3) Cu研磨剂的反应机制

$$3Cu + 8[H^+ + NO_3^-] \longrightarrow 3[Cu^{2+} + 2NO_3^-] + 2NO + 4H_2O$$

$$Cu + 2H_2SO_4 \longrightarrow [Cu^{2+} + SO_2^{2-}] + SO_2 + 2H_2O$$

$$Cu + 2AgNO_3 \longrightarrow 2Ag + Cu(NO_3)_2$$

目前金属膜研磨剂的技术发展目标为研磨速率大于300 nm/min；薄膜不平坦度<±5%；研磨剂的保存期大于6个月以上。这可从调节研磨粉末组成、调整氧化剂种类和调节pH值等几方面来进行改进。

6.5.3 研磨垫

目前CMP技术用研磨垫有90%是使用美国Rodel公司的产品，它是经过美国半导体技术协会评测的适合于CMP技术的研磨垫。然而一般IC制造厂认为Rodel公司的研磨垫性质仍然不够稳定，并影响到其研磨质量的稳定性。所以仍有不少公司在研发新型研磨垫，使其具有良好的稳定性同时兼具高的研磨速率，好的平坦度及均匀性。

目前市面上的研磨垫几乎都是Rodel公司的产品，因此在此先就Rodel公司产品做一技术分析。Rodel公司有两种系列的研磨垫产品：一种是Suba系列的研磨垫，它的材料主要是含有饱和聚亚氨酯的聚酯垫。这类材料具有多孔性，可增加研磨的均匀性，但研磨平坦度较差；另一种为IC系列研磨垫，其组成为多孔性PU材质，其硬度比Suba系列高，因而拥有较好的平坦度，但研磨均匀性较差。因为这两种研磨垫各有优缺点，所以现在使用在CMP技术中的研磨垫是结合IC系列和Suba系列的组合垫，如Rodel公司的IC1000/Suba Ⅳ产品。

研磨垫对晶片研磨的研磨速率、平坦度及均匀性影响较大，如研磨垫未经处理则使用时间过久会造成表面结构破坏，使研磨剂难以输送至研磨晶片中心，造成研磨速率下降。图6-31是SiO_2介电膜的研磨速率与研磨垫情况的关系图，由图可知，未经处理的研磨垫其研磨速率与经过处理的研磨垫相差近一倍，因此处理是十分重要的。而研磨垫的机械性质，如压缩性、弹性及硬度等也会影响到被研磨薄膜的平坦度及均匀性。除此之外，研磨垫材质必须能够抗酸碱性。对研磨垫而言，维持其性质的持久稳定是最重要的，为达到这一目的，技术上的发展趋势有：① 通过分子结构设计及合成来制备分子结构均匀性高且性质较稳定的研磨垫；② 通过机械设计及表面处理改善研磨垫的结构。

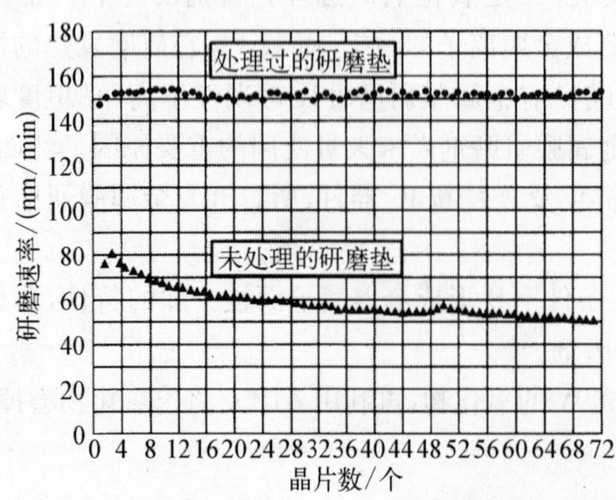

图6-31 研磨垫(IC60)对SiO_2介电膜研磨速率的影响

6.5.4　CMP 后清洗

铜 CMP 工艺会产生许多表面污染颗粒、表面铜残留和 BTA 的残余，会导致金属离子漂移而产生器件可靠性问题。因此，合适的 CMP 后清洗顺序和工艺对布线工艺非常重要，大多数情况下，用于铜 CMP 清洗的设备与介质 CMP 一样，都是由接触清洗、非接触清洗和晶圆甩干三部分组成，主要差别在于化学溶液选择的不同。

随着铜及低 k 介电材料逐渐广泛地应用于晶圆制造技术上，后清洗液化学机械研磨工艺上所扮演的角色日益重要，在后清洗液中加入界面活性剂，可以增加低 k 介电材料表面的亲水性，并有效地同时移除研磨后残余有机/无机杂质，降低晶圆表面的缺陷数目，经由调整后清洗液中的成分，离子强度和 pH 值，能降低后清洗液对金属铜线的腐蚀，并能有效移除表面铜错合物，提升铜线导电度，后清洗液不能破坏低 k 介电材料的结构，致使介电系数增加，影响电子组件的性能，上述四项基本性质是后清洗液所必须具备的条件，也同时是未来后清洗液研发所必须遵循的方向。

因为存在化学反应以及在表面有研磨颗粒，CMP 工艺产生表面颗粒和污染，只有有效地去除这些表面污染才能充分利用化学机械抛光来实现硅片表面的整体平坦化，所以目前大部分化学机械抛光设备都与清洗设备捆绑组合。

CMP 清洗的重点是去除研磨过程中带来的所有污染物。研磨过程中晶圆会接触到腐蚀性化学品并承受较大的外界压力，导致其表面或次表面区域发生变形或破坏，将影响到器件的稳定性，所以 CMP 清洗的主要目的是去除研磨剂残留、金属污染物以及游离态离子，去除硅片表面的污染物，首先要通过机械方法克服范德华力或者用化学腐蚀污染物表面减小与基底的接触，然后通过改变表面电荷性能及避免颗粒重新黏附到硅片表面。

目前清洗设备可分为非接触式清洗(超声波清洗)、接触式清洗(PVC 刷洗)。超声波清洗(Megasonic)是由超声波发生器发出的高频振荡信号，通过换能器转换成高频机械振荡而传播到介质，清洗溶剂中超声波在清洗液中疏密相间的向前辐射，使液体流动而产生数以万计的微小气泡，存在于液体中的微小气泡(空化核)在声场的作用下振动，当声压达到一定值时，气泡迅速增长，然后突然闭合，在气泡闭合时产生冲击波，在其周围产生上千个大气压力，破坏不熔性污物而使它们分散于清洗液中，当团体粒子被油污裹着而黏附在清洗件表面时，油被乳化，固体粒子脱离，从而达到清洗件表面净化的目的。双面机械刷洗(Brush Scrubbering)能够同时提供物理清洗和化学清洗，选材一般是聚乙烯醇(PVA)，清洗过程中多孔海绵状呈挤压状态，可同时与 pH 值的化学溶液使用。HF 清洗过的 Si 以及部分介质硅片，由于润湿角较大，很容易从刷子上黏附污染颗粒，而这些污染颗粒是从亲水性的晶圆表面吸附到刷子上的，憎水性容易吸附表面颗粒是因为刷洗过程中憎水的界面存在多重的固-液界面。如果刷子被轻度污染，可以跑一些硅片来吸附刷子表面的颗粒，降低刷子的污染度。目前多数清洗设备供应商提供接触清洗、非接触清洗和晶圆甩干三部分的组合方式，其他的清洗工艺正在逐渐用于 CMP 的清洗，如 CO_2 冷凝清洗和激光烧蚀，Marangoni 或 IPA 清洗，主要用于低介电常数的介质材料清洗。

6.5.5 CMP关键技术展望及分析

1. 抛光剂

450 mm CMP工艺中，新型抛光剂主要集中在HKMG、FinFET CMP工艺应用上。新型抛光剂的目前研究成果是：抛光剂的化学去除作用效果比机械去除作用效果要大，以减小机械作用造成的缺陷。抛光剂中研磨剂的材料基本采用氧化铈材料替代传统硅石磨料。450 mm工艺中，晶体管立体栅极堆栈工艺和新材料的引入，使晶体管制造更为复杂，控制要求越来越高，所以抛光剂对新型材料的选择性决定了平坦化工艺缺陷降低的成败。

2. 抛光垫

抛光垫技术进步相对于抛光剂要缓慢。进入21世纪后，抛光垫技术进步主要集中在提高工艺能力、降低工艺缺陷方面。450 mm工艺中，所需的抛光垫直径达到1 067 mm(42英寸)以上。抛光垫修整模式及抛光垫表面形貌对平坦化的质量影响研究正在深入。另一方面，在保证平坦化质量的前提下，研究抛光垫表面形貌，为抛光液最大应用效能研究提供支撑。

美国3M公司占据了CMP修整器的主要市场。抛光垫修整器用于抛光垫形貌修整，修整器的研究集中在修整器尺寸、金刚石颗粒粒度、金刚石颗粒密度、排列方式、黏接方式等方面的研究。面对450 mm工艺线要求，450 mm CMP修整器相对于300 mm CMP尺寸要大。金刚石颗粒的黏接方式是主要研究内容，以至于保证修整器寿命的同时，不产生金刚石颗粒的脱落，造成对晶圆的划伤。

3. CMP设备

目前CMP设备两大厂商AMAT(美国应用材料)及Ebara(日本荏原)占据着300 mm晶圆的90%以上的市场，这两家设备制造商也正在开发450 mm晶圆的CMP设备。

对于CMP设备而言，传统趋势还是主要针对STI(浅沟道隔离)、ILD(层间介质)、Tungsten(钨)，Copper(铜)应用，同时，300 mm与450 mm的CMP设备也要针对器件的HKMG(高k金属栅)及FinFET结构。由于HKMG及FinFET结构的薄膜厚度向10 nm以下厚度方向发展，对CMP设备精度及控制提出了更高的要求。在300 mm CMP所有工艺方案中，以AMAT(应用材料)的三步工艺(三台抛光)占据主流，到450 mm CMP工艺方案中，有可能回归到二步工艺方案。这不只是为了减小CMP设备的平面尺寸的要求，主要驱动力是薄膜厚度实时控制要求。这同样对CMP关键环节——各类抛光剂的研发提出了更高的要求。目前可喜的情况是抛光剂研发是不依赖于450 mm CMP设备而提前进行了研发，并已产生实际的成果。

本章主要参考文献

[1] 张亚非，等.半导体集成电路制造技术[M].北京：高等教育出版社，2006：282-300.

第7章 改性与掺杂工艺

相比薄膜淀积工艺，改性与掺杂工艺不会改变衬底材料的厚度，也就是硅的厚度，只会改变材料的本身的性能。比如说将N型半导体改为P型半导体材料，从而形成p-n结的结构。改性和掺杂可以通过两种方式实现：扩散和离子注入。扩散的方式牵扯到高温热行为，会改变半导体的很多性能，所以只在半导体集成电路制作的初期使用。比如说制作n阱和p阱的过程。而离子注入可以灵活地改变半导体的掺杂，是目前常用的集成电路制造中半导体掺杂手段。但是离子注入牵扯到高能离子在Si中的注入与碰撞行为，会造成Si的晶格损伤，所以必须经过退火来达到治疗离子注入造成的损伤。

7.1 扩散工艺技术

7.1.1 扩散工艺

扩散工艺是一种掺杂技术，它是将所需杂质按要求的浓度与分布掺入到半导体材料中，以达到改变材料电学性质，形成半导体器件的目的。在本章中主要讨论在硅中进行的扩散，也就是P型杂质(三族元素)和N型杂质(五族元素)掺入硅的扩散。

扩散源通常使用液态源和固态源。在扩散方法上，有恒定表面源扩散和有限表面源扩散两种。在器件大尺寸时代都是采用扩散工艺，如今随着IC尺寸越来越小，p-n结深越来越浅，就逐渐被更容易控制杂质浓度分布的离子注入工艺所取代，但是扩散工艺仍然有广泛的用途。

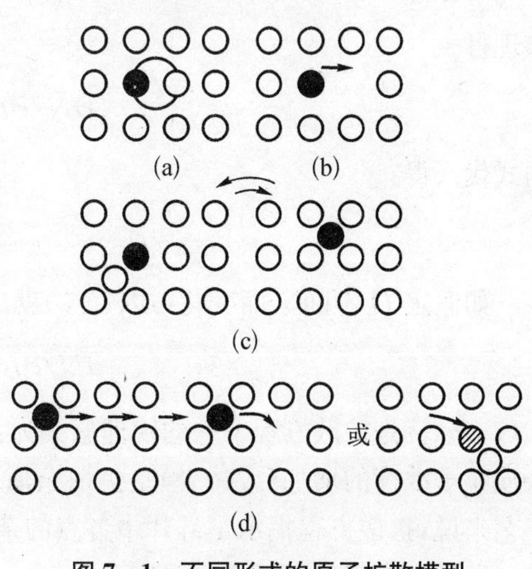

图7-1 不同形式的原子扩散模型

(a) 交换式 (b) 空位式 (c) 填隙式
(d) 从间隙位置扩散转到固定晶格位置

硅中杂质原子的扩散方式有如图7-1所示的几种形式。

(1) 交换式：两相邻原子由于有足够高的能量，互相交换位置。

(2) 空位式：由于有晶格空位，相邻原子能移动过来。

(3) 填隙式：在空隙中的原子挤开晶格原子后占据其位，被挤出原子再去挤出其他原子。

(4) 在空隙中的原子在晶体的原子间隙中快速移动一段距离后，最终或占据空位，或挤出晶格上原子占据其位。

表 7 - 1　常见元素在硅中的扩散方式

扩 散 方 式	杂　质
替位：空位式移动	P, Sb, Si, Al, Ga, As
替位：填隙式移动	Si, B, P, As
间歇：间歇式移动	O
替位：间歇式移动	Au

如表 7 - 1 所示扩散的基本原理是微观粒子热运动的一个统计结果。杂质如果存在浓度梯度，就要进行扩散，扩散运动总是从浓度高的地方向浓度低的地方移动。对于平面器件工艺中的扩散问题，由于扩散所形成的 p - n 结平行于硅片表面，而且扩散深度很浅，因此可以近似地认为扩散只沿垂直于硅片表面的方向(x 方向)进行，因此就存在：

$$J(x,\ t) = -D \cdot \partial N / \partial x \tag{7-1}$$

式中，J 是扩散流密度，D 是扩散系数，$\partial N/\partial x$ 是 x 方向上的浓度梯度。根据物质连续性的概念，在扩散方向上的 x 点处，在相距为 $\mathrm{d}x$、截面积为 S 的薄层空间内，单位时间内杂质粒子数的变化应等于通过两截面的流量差。即有

$$\partial(N_{\mathrm{d}xS})/\partial t = [J - (J + \partial J/\partial x\, \mathrm{d}x)]S$$

整理得

$$\partial N/\partial t = -\partial J/\partial x \tag{7-2}$$

两式代入得

$$\partial N/\partial t = \partial/\partial x(D\partial N/\partial x)$$

如假定 D 不随 x 而变化，式(7 - 2)就成为

$$\partial N/\partial t = D\partial^2 N/\partial x^2 \tag{7-3}$$

式(7 - 3)就是扩散方程。它的物理意义为：在浓度梯度的作用下，随时间的推移，某点 x 处杂质粒子浓度的增加(或减少)是扩散杂质粒子在该点积累(或流失)的结果。对 IC 的扩散工艺来说，扩散方程揭示了硅片中各点的杂质浓度随时间变化的规律。

通常有恒定表面源与有限表面源 $N(x,\ t)$两种扩散分布。恒定表面源指硅片在扩散过程中，表面的杂质浓度始终保持不变。因此边界条件 $x=0$ 处有 $N(0,\ t)=N_{\mathrm{s}}$，当 $t=0$ 时有初始条件 $N(x, 0)=0$，由此可解上述扩散方程，得

$$N(x,\ t)=N_s 2/\sqrt{\pi}\int_{x/2\sqrt{Dt}}^{\infty}e^{-\lambda^2}d\lambda=N_s \operatorname{erfc} x/2\sqrt{Dt} \tag{7-4}$$

可以看出恒定表面源的扩散分布是一种余误差函数分布，$\sqrt{Dt}$ 称为扩散长度，p^+ 区、n^+ 区的扩散预淀积都基本属于此类分布，扩散的杂质总量则对式(7-4)积分

$$Q(t)=2/\sqrt{\pi}N_s\sqrt{Dt} \tag{7-5}$$

而有限表面源 $N(x,\ t)$ 的扩散分布指在扩散过程中，没有外来杂质补充，仅限于扩散前积累在硅片表面无限薄层内的杂质总量 Q_0，因此 Q_0 是一个常数。此时初始条件

$$\int_0^{\infty}N(x,\ 0)dx=\int_0^{\varepsilon}N(x,\ 0)dx=Q_0(\varepsilon\to 0) \tag{7-6}$$

边界条件

$$\partial N/\partial x\mid_{x=0}=0(t\to 0)$$

解得扩散微分方程，得

$$N(x,\ t)=Q_0/\sqrt{\pi Dt}\exp(-x^2/4Dt) \tag{7-7}$$

表面浓度在 $x=0$ 处为

$$N_s=N(0,\ t)=Q_0/\sqrt{\pi Dt} \tag{7-8}$$

可以看出有限表面源的扩散分布是一种高斯函数分布，器件工艺中的扩散再分布基本都属于此类分布。硅中杂质浓度等于硅的衬底浓度的位置处即为结深，也即 $N(x_j,\ t)=N_{sub}$ 处，$x=x_j$（见图7-2）。

对于余误差函数分布

$$x_j=2\sqrt{Dt}\operatorname{erfc}^{-1}(N_{sub}/N_s) \tag{7-9}$$

对于高斯函数分布

$$x_j=2\sqrt{Dt}(\ln N_s/N_{sub})^{1/2} \tag{7-10}$$

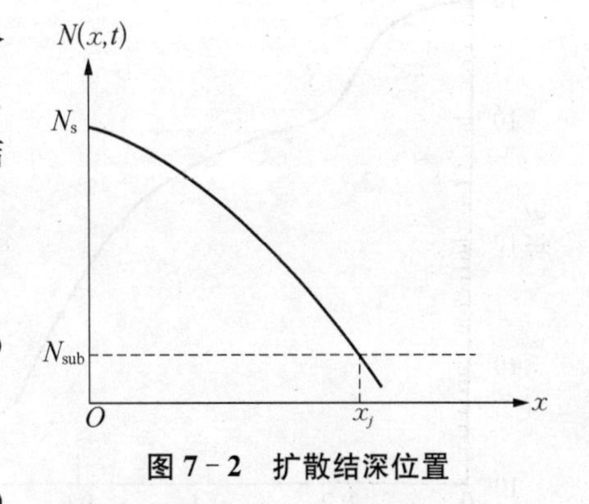

图7-2 扩散结深位置

实际的扩散分布与理论计算的分布往往存在偏差，这是因为当扩散杂质浓度足够高时，由于扩散系数 D 随杂质浓度的增加而显著增大，因此扩散方程中把 D 视为常数的假定不能成立。实际上在扩散的高温下，掺入的杂质基本上处于离化状态。离化了的施主(或受主)杂质离子与电子(或空穴)同时向低浓度扩散，由于电子(或空穴)的运动速度比离化杂质快得多，就会形成一个空间电荷层，建立起一个自建电场，从而加速了杂质向衬底内部的扩散速度。还有在理论分析中没有考虑杂质原子与硅原子晶格长度不同所产生的应力，以及杂质原子之间的相互作用。

图7-3给出了几种常用杂质硼(B)、磷(P)和砷(As)在硅晶体中扩散浓度分布。

Si中B的扩散，在浓度小于1E20 cm^{-3}时，基本上都是依靠中性空位的本征扩散，硼原

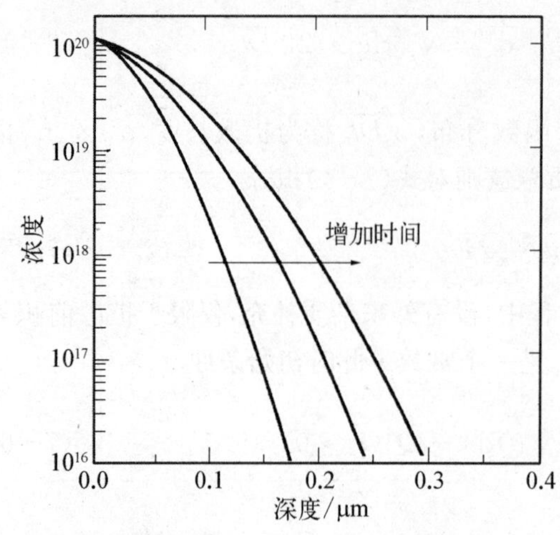

图 7－3　高浓度硼在 Si 中扩散的典型浓度分布

子将处于间隙位置，或者结成一团，这时扩散系数将急剧下降。图 7－3 示出了高浓度硼在 Si 中扩散的典型浓度分布。

作为 Si 中施主的磷杂质，扩散系数较大(大于 As 和 Sb)，因此在 VLSI 技术中，常常用作为阱区和隔离区的扩散杂质。Si 中高浓度磷的扩散浓度的典型分布如图 7－3 所示。这种扩散分布可以区分为三个区域：

首先在高浓度区(表面附近)，浓度基本恒定，这是由于扩散系数可表示为两个部分：一是中性磷原子与中性空位交换的扩散系数，二是带正电荷的磷离子与带两个负电荷的空位所组成的离子-空位对(带有负电荷)的扩散系数。

其次在转折区，许多离子-空位对发生分解，即造成电子浓度急剧减小，就使得杂质浓度分布也相应地很快下降。

其三在低浓度区，扩散速度加快，这是由于离子-空位对的分解、产生出了过剩的空位浓度，即使得未配对的磷离子扩散加快。

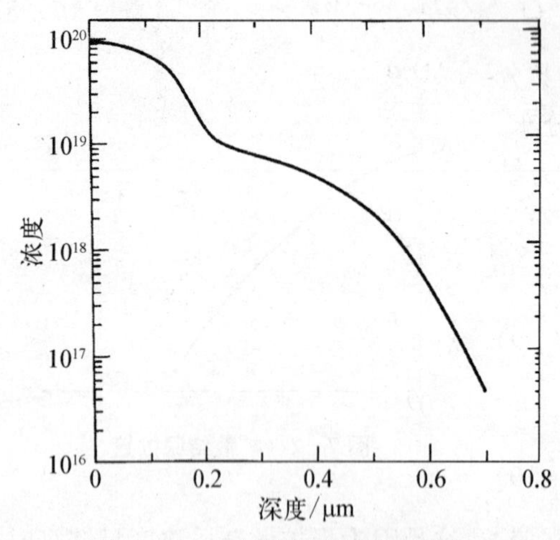

图 7－4　As 扩散的典型浓度分布

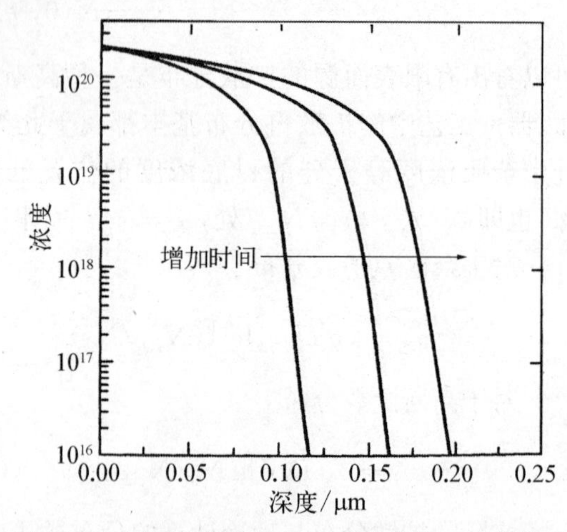

图 7－5　As 浓度超过 1E20 cm^{-3} 时的 As 扩散分布

作为 Si 中施主的 As 杂质，其扩散系数较小，则其扩散浓度的再分布也很小，因此常常用作为 BJT 的发射区扩散杂质和亚微米 nMOSFET 源/漏区扩散杂质。图 7－4 为 As 扩散的典型浓度分布。因为在 Si 中高浓度 As 扩散时，电场增强的作用很明显(扩散系数将增大一倍)，从而导致 As 扩散的浓度分布变得非常陡峭。但是当掺 As 浓度超过 1E20 cm^{-3} 时(见图 7－5)，As 将形成间隙式的结团、不能提供电子(即不能电激活)，这就将导致高浓度 As 扩散分布的顶部变得较平坦。

图 7－6、图 7－7 示出了 B 和 P 在 Si 中的扩散曲线，可以看出，p－n 结的结深随着扩散

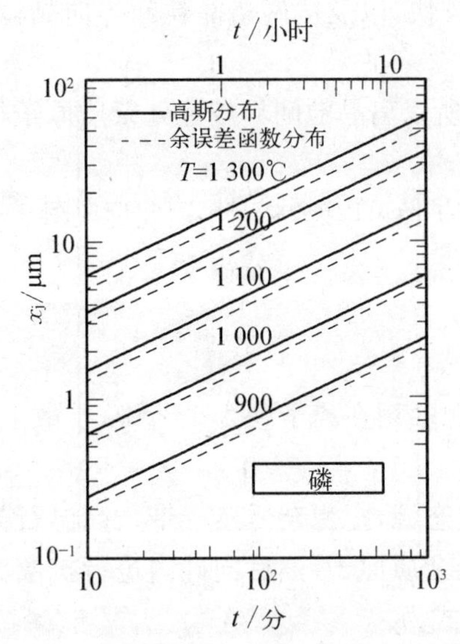

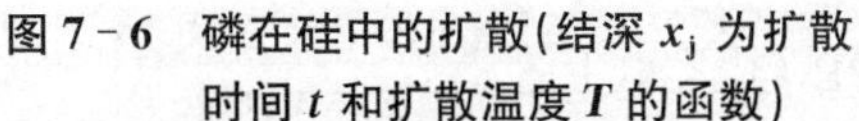
图 7-6　磷在硅中的扩散(结深 x_j 为扩散时间 t 和扩散温度 T 的函数)

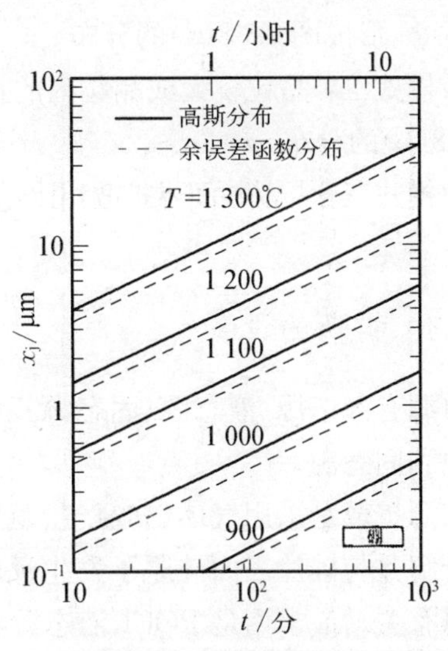

图 7-7　硼在硅中的扩散(结深 x_j 为扩散时间 t 和扩散温度 T 的函数)

时间和温度的增加而呈指数规律增加,而结深则代表了两种杂质在 Si 中的扩散程度。

7.1.2　多晶硅中的杂质扩散

在多晶硅膜中进行杂质扩散的扩散方式与单晶硅中的是不同的,因多晶硅中晶粒间界的存在,杂质原子主要沿着晶粒间界进行扩散,所以多晶扩散要比单晶扩散快得多,其扩散速度要大 2 个数量级。依照晶粒大小的区分,可以有三种扩散模式(见图 7-8):

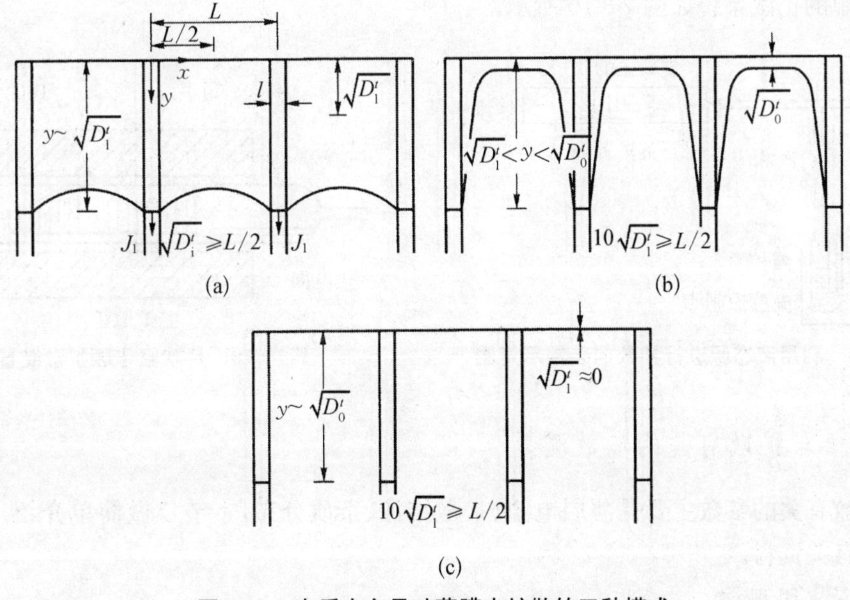

图 7-8　杂质在多晶硅薄膜中扩散的三种模式

(a) A类　(b) B类　(c) C类

扩散模式一：晶粒尺寸较小或晶粒内的扩散较快，以及从两边晶粒间界向晶粒内的扩散相互重叠，形成图 7－8(a)的分布。

扩散模式二：晶粒较大或晶粒内的扩散较慢，所以离晶粒间界较远处杂质原子很少，形成图 7－8(b)的分布。

扩散模式三：与晶粒间界扩散相比，晶粒的点阵扩散可以忽略不计，因此形成图 7－8(c)的分布。

7.1.3 扩散的设备

杂质源有气态源、液态源、固态源三种。气态源多用在离子注入工艺中，扩散工艺大多用液态源和固态源。

液态源扩散是采用气体(如氮气、氩气)通过液态源，把源杂质蒸气带入高温石英管中，经高温分解并与硅片表面硅原子发生反应，还原出杂质原子，然后向硅内进行扩散，源蒸气压与源温有关。最常用是 $POCl_3$ 液态源，它的反应式为

$$4POCl_3 + 3O_2 \longrightarrow 2P_2O_5 + 6Cl_2 \uparrow$$

$$2P_2O_5 + 5Si \longrightarrow 5SiO_2 + 4P \downarrow$$

源态源的扩散系统如图 7－9 所示。

固态源扩散是将晶片状杂质源与硅片交错排放，一起放入高温炉管。高温下，杂质源蒸气包围在硅片周围，与硅发生反应，还原出杂质原子，并扩散进硅内。常用的是 B_2O_3 片状固态源，它的反应为

$$2B_2O_3 + 3Si \longrightarrow 3SiO_2 + 4B \downarrow$$

固态源的扩散系统如图 7－10 所示。

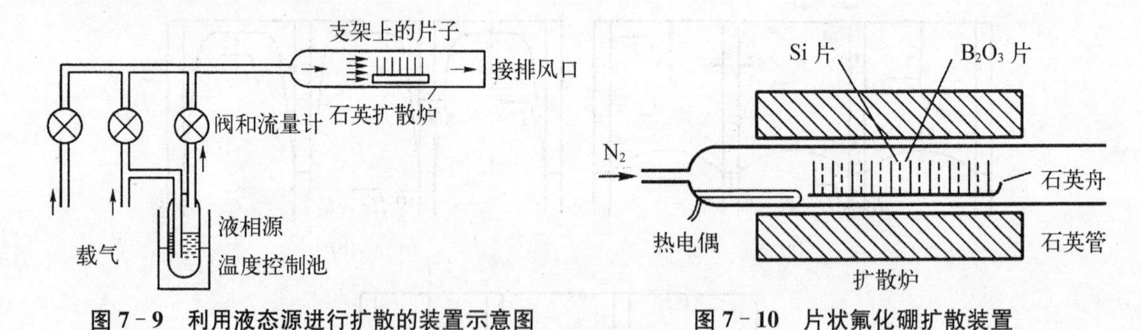

图 7－9 利用液态源进行扩散的装置示意图　　图 7－10 片状氟化硼扩散装置

7.1.4 与扩散有关的参数测量

与扩散有关的参数主要是薄层电阻、扩散结深、杂质分布，本节仅做简单介绍。欲知详细请查阅有关资料。

1. 薄层电阻测量

薄层电阻(方块电阻)测量广泛采用四探针测试，如图 7－11 所示。

它是电流经过外面二根探针，中间二根探针测量电压，有公式

$$R=C\cdot V/I \tag{7-11}$$

式中 C 是修正因子，在测待测样品探针间距时，C 值为固定值 4.53。而样品较小时，则要查得相应的 C 值代入式(7-11)计算，电阻值 R_S 与浓度的关系如图 7-12 所示。

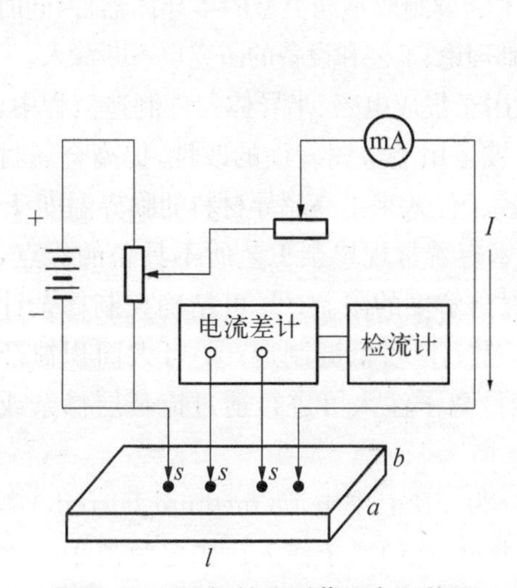

图 7-11 四探针法测薄层电阻装置

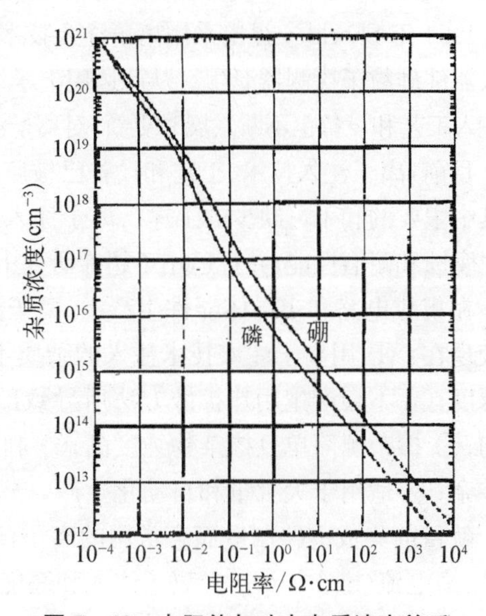

图 7-12 电阻值与硅中杂质浓度关系

2. 扩散结深测量

(1) 扩散结深常用磨角染色法和磨槽染色法测量，如图 7-13 所示。

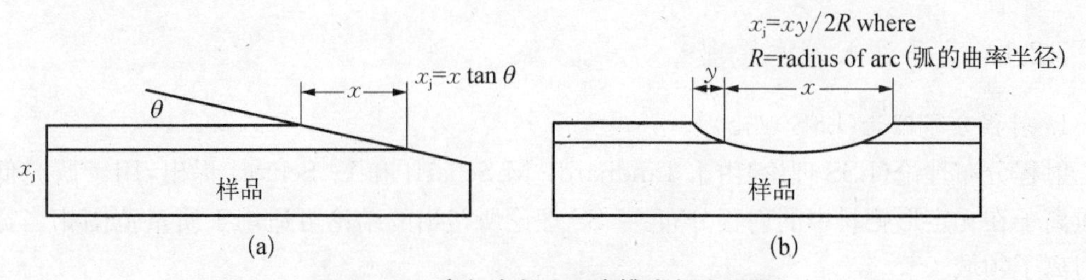

图 7-13 磨角染色法和磨槽染色法测量

(a) 斜面放大法，用来测量结面深度 (b) 利用圆形或圆柱研磨成凹面，用来测量结面深度

(2) 显结液如下：

对 p-n 结显示 P 区，用 HF : HNO_3 : H_2O=500 : 1 : 500，红外灯照 1 min 后，P 区变暗。

对 n-p 结显示 N 区，用 $CuSO_4\cdot 5H_2O$: HF : H_2O=5 g : 2 ml : 50 ml，红外线照 10 s，N 区染上铜。

实际上扩散在硅表面的垂直方向进行外，还将进行横向扩散，横向扩散的宽度为 $0.8x_j$，这也是小尺寸器件不能采用扩散工艺的原因。

7.2 离子注入技术

早在20世纪50年代初美国贝尔实验室就开始研究用离子束轰击技术来改善半导体特性。1954年Shockley提出采用离子注入技术能够制造半导体器件。1961年,第一个实用离子注入器件硅粒子探测器诞生。从此运用离子注入技术陆续制成不同类型的半导体器件,同时离子注入工艺和设备也不断发展和更新,对离子注入基础理论、工艺和设备的研究也不断深入。

目前,离子注入技术、工艺和设备已被广泛地运用于集成电路、半导体器件制造流程中,成为其中主要的和不可缺少的工序。离子注入技术还被运用于金属表面的改性,提高金属材料的耐腐蚀和耐磨性能;并且运用于超导研究中,通过离子注入来提高超导材料的临界温度 Tc。

在集成电路和半导体器件生产中,离子注入技术有着常规掺杂工艺所不具备的优点,主要表现在:① 用离子注入技术注入的杂质不受靶材溶解度的限制;② 可精确控制掺杂计量和深度;③ 不会产生用热扩散方法所导致的横向扩散;④ 可低温制造;⑤ 可大面积掺杂且均匀;⑥ 掺杂源简单且掺杂物纯度高;⑦ 利用高能量离子注入可进行透过掩蔽层掺杂或深层掺杂;⑧ 适用于大批量和自动化生产。

就目前集成电路制造而言常用的离子注入可分为三类:中电流(medium current)离子注入、高电流(high current)离子注入和高能量(high energy)离子注入。中电流离子注入离子束电流范围在微安培(μA)和毫安培(mA)之间,注入剂量低于 10^{14} ions/cm^2(10^{11}~10^{13}ions/cm^2),主要用于 n^+ 和 p^+ 的注入,也可用于元件阈值电压的调整。高电流离子注入其离子束电流可达20 mA,剂量大于 10^{14}ions/cm^2,可用于元件源极注入。高能量离子注入其能量范围从数百 keV 到 MkeV,可透过掩蔽层作深层掺杂。

7.2.1 离子注入基本原理[①]

1. 射程分布理论(LSS理论)

射程分布理论(LSS理论)由J. Lindhard, M.Scharff 和 E. Schiott 提出,用于研究低速度重离子在无定形靶材中的射程分布。LSS理论所得出的结论可适用于质量范围相当宽的入射离子领域。

当一束带电粒子轰击靶材时,轰击离子和靶材表面原子(原子团)相互作用,同时伴随能量交换。一种情况是轰击离子与靶材表面原子碰撞后反射离开;另一种是轰击离子射入靶材内。这部分离子可称为入射离子(注入离子)。如图7-14所示带有一定能量的入射离子在靶材内同靶原子核和电子(束缚电子和自由电子)相碰撞,进行能量交换,入射离子损失能量,最终停留在靶内某一位置。入射离子从靶材表面到停止期间所走过的总距离称为射程 R,这一距离在入射方向上的投影称为投影射程 R_P,这一距离在垂直入射方向上的投影可称为横向偏移 R_T(见图7-15)。

---

① 参考资料:张亚非等.半导体集成电路制造技术[M].高等教育出版社,2006:193-204.

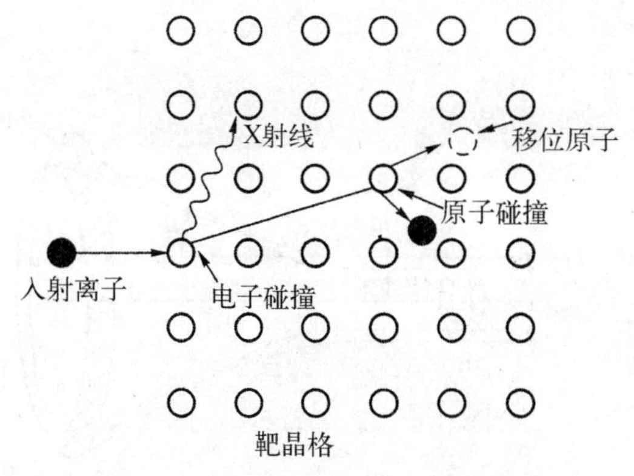

图 7-14　入射离子与靶原子的碰撞

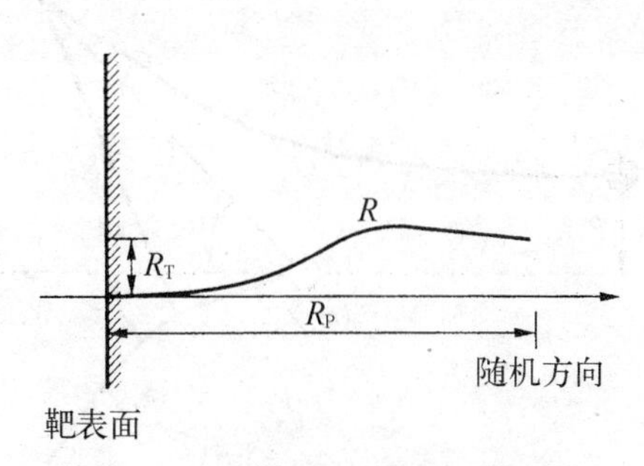

图 7-15　总射程 R，投影射程 R_P 和横向位移 R_T

入射离子在靶内的能量损失过程包括两个独立的部分，入射离子与靶原子核作用而产生的能量损失和入射离子与电子作用而导致的能量损失。因此对于单个入射离子来讲，单位距离上的能量损失可表示为这两部分之和。

$$-\frac{\mathrm{d}E}{\mathrm{d}x}=N(S_n(E)+S_e(E)) \tag{7-12}$$

式中，E 是入射离子在靶内 x 点的能量，$S_n(E)$是原子核阻止能力，表示能量为 E 的一个入射离子在单位密度的靶内通过 $\mathrm{d}x$ 厚度传递给靶原子的能量；$S_e(E)$是电子阻止能力，表示能量为 E 的入射离子在单位密度的靶内通过 $\mathrm{d}x$ 距离传递给靶内电子的能量；N 为单位体积内靶原子的平均数。

当 $S_n(E)$和 $S_e(E)$可知时，一颗入射离子由初始能量 E_1 到停止时在靶内所走过的总距离 R 就可积分求得：

$$R=\int_0^R \mathrm{d}x=\frac{1}{N}\int_0^{E_1}\frac{\mathrm{d}E}{(S_n(E)+S_e(E))} \tag{7-13}$$

在这一计算过程中入射离子的能量损失是作为连续过程来处理的，此时得出的距离 R 称为平均总射程，对于简单地估算入射离子在非晶材料内的入射深度是有用的。

2. $S_n(E)$和 $S_e(E)$的计算

$S_n(E)$和 $S_e(E)$具体形式的求导和表达很是复杂，必须详细地分析入射离子对原子核和电子的相互作用包括碰撞。原子核和电子对入射离子的阻止作用究竟哪一种为主涉及入射离子的能量，速度，质量和靶材料的原子质量和原子数目。通常在低能量入射和入射离子质量较大时原子核阻止为主要因素；而高能量入射和靶原子核质量较小时，电子阻止为主要机制。在这里只给出 $S_n(E)$和 $S_e(E)$简单推导和表达。

(1) 原子核阻止能力 $S_n(E)$理论计算。在计算 $S_n(E)$时需求出入射离子通过微分射程 $\mathrm{d}x$时与靶原子核相碰撞而损失的能量。图 7-16 给出了一个入射离子(质量为 m_1，初始能

量为 E_1，速度为 v_1，电荷为 Z_1e）与靶原子核（质量为 m_2，初始速度 $v_2=0$，电荷为 Z_2e）碰撞后的情况。

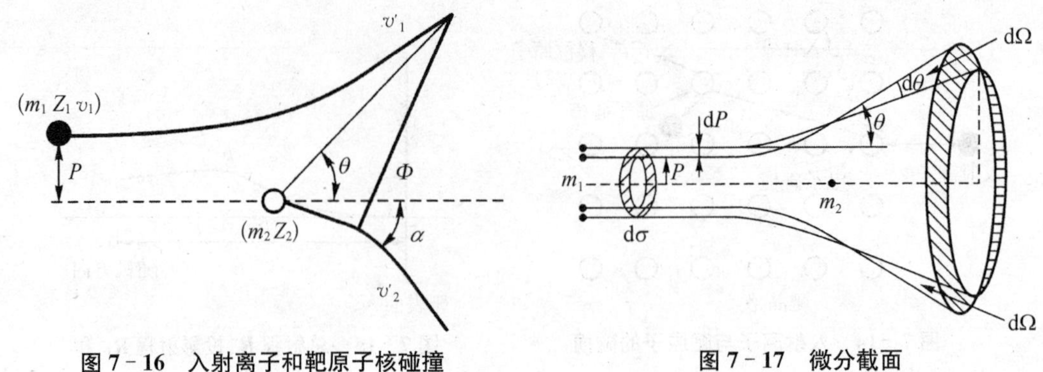

图 7－16　入射离子和靶原子核碰撞　　图 7－17　微分截面

如果入射离子经过一个靶原子核而不被折射，其前进方向将经过离原子核为 P 的距离。这个距离被称为碰撞参数或碰撞概率。如果碰撞，其结果是入射离子被偏折 θ 角，同时伴随能量损失和转移，损失的能量 E_L 转移给原子核，使其偏折 α 角。Φ 为质心坐标系（CM 系）中的折射角。被转移的能量 E_L 和入射离子的初始能量 E_1 和 P 有关，可认为是它们的函数，则 E_L 可被表述为

$$E_{Ln}=E_{Ln}(E_1,\ P) \tag{7-14}$$

因而入射离子通过一半无限非晶靶材（靶密度为 N）内 dx 距离和 $(Ndx)2\pi PdP$ 个原子核碰撞在单位路径上的能量损失可由式(7－15)求得

$$-\frac{dE}{dx}=N\int_0^{(E_{Ln})_{max}}E_L d\sigma \tag{7-15}$$

式中，$d\sigma$ 为微分散射截面（见图 7－17），$d\sigma=2\pi PdP$，这时原子核阻止能力 $S_n(E)$ 可得到

$$S_n(E)=\int_0^{(E_{Ln})_{max}}E_L d\sigma \tag{7-16}$$

式中，$(E_{Ln})_{max}$ 表示入射离子和原子核对心碰撞（$P=0$）时最大的能量转移，其可由经典力学求得

$$(E_{Ln})_{max}=\frac{4m_1m_2}{(m_1+m_2)^2}E_1 \tag{7-17}$$

在 LSS 理论中，利用 J.Lindhard 选用的电荷屏蔽势公式

$$V_{(r)}=\frac{Z_1Z_2e^2a^{s-1}}{4\pi\varepsilon_0 sr^s} \tag{7-18}$$

经过一定的运算可以求得微分截面 $d\sigma$，见公式(7－19)

$$d\sigma = \frac{C_{Ln}}{(E_{Ln})_{max}^{1-(1/s)}} \cdot \frac{dE_{Ln}}{E_{Ln}^{1+(1/s)}} \tag{7-19}$$

式中C_{Ln}是与核阻止能力有关的常数。$s=1$ 是简单的库仑屏蔽势；$s=2$ 是托马斯-费米势。当 s 在 2 与 3 之间时，理论与实验符合得好些。

有了 $d\sigma$ 具体形式，则可以求得 $S_n(E)$。在粗略而有用的一级近似后，可得到与入射离子能量无关的核阻止能力表达式为

$$S_n^0(E) = 2.8 \times 10^{-15} \frac{Z_1 Z_2}{(Z_1^{2/3} + Z_2^{2/3})^{1/2}} \frac{m_1}{m_1 + m_2} \tag{7-20}$$

式中，$S_n^0(E)$的单位为 $eV \cdot cm^2$。

同样可求得实验室坐标系下入射离子的散射角 θ 为

$$\cos\theta = \frac{1 - \frac{1-(m_2/m_1)}{2} E_{Ln}/E_1}{\sqrt{1 - E_{Ln}/E_1}} \tag{7-21}$$

表 7-2 给出了一个 50 keV 能量的 Si 离子和 Si 靶原子碰撞时的散射角和能量损失的相关数据。

表 7-2　50 keV Si 离子和靶原子碰撞时的散射角和能量损失

(P/a)	10	1	0.1
$\theta(°)$	0.36	23.4	80.5
E_{Ln}/E_1	4×10^{-5}	0.16	0.973
E_{Ln}(keV)	0.002	8	49

注：表中 a：屏蔽半径，等于 0.1Å。

(2) 电子阻止能力 $S_e(E)$理论计算。$S_e(E)$计算比 $S_n(E)$复杂得多，这里仅简单地介绍计算 $S_e(E)$的两种物理模型及表达。

第一种是 LSS 模型。LSS 理论认为固体中的电子可看作自由电子气，入射离子在靶中受电子的阻力和子弹在大气中受气体分子的阻力类似，在速度不太大时其阻力和入射离子速度成 v_1 正比，也就是与入射离子能量 E_1 的平方根成反比，即

$$S_e(E) = Cv_1 = KE_{1/2} \tag{7-22}$$

K 数值依赖于入射离子和靶材。对于非晶材料，K 几乎与入射离子的性质无关。通常 K 值为 $(0.1\sim0.2)\times10^{-15}$ [$(eV)^{1/2}cm^2$]，只有当 $Z_1 \ll Z_2$ 时，K 才大于 1×10^{-15} [$(eV)^{1/2}cm^2$]。Lindhard 等根据 Thomas - Fermi 模型求得

$$S_e(E) = \xi_e 8\pi e^2 \alpha_0 \frac{Z_1 Z_2}{(Z_1^{2/3} + Z_2^{2/3})^{3/2}} \frac{v_1}{v_b} \tag{7-23}$$

式中，$\xi_e \propto Z_1^{1/6}$，α_0 为玻尔半径，$v_b = \frac{e}{\hbar^2}$ 为玻尔速度。必须注意的是公式只有当 $v_1 \ll v_b$ 时

才正确。若采用实用单位，则可得

$$S_e(E)=1.22\times10^{-16}\frac{Z_1^{7/6}Z_2}{(Z_1^{2/3}+Z_2^{2/3})^{3/2}}\sqrt{\frac{E_1}{m_1}} \tag{7-24}$$

式中，$S_e(E)$的单位为 $eV\cdot cm^2$。

第二种是弗索娃(Firsov)模型。Firsov 考虑到 $S_e(E)$随 Z_1 和 Z_2 周期性振荡的效应，提出一个稍微不同的模型应用于非晶靶的计算。其计算程序与原子核阻止能力计算类似，先计算入射离子在靶内碰撞由电子作用而损失的能量 E_{Le}，然后假定靶粒子是无序分布，因而得出

$$S_e(E)=\int_0^{(E_{Le})_{max}}E_{Le}(E_1,P)2\pi P\mathrm{d}P \tag{7-25}$$

Firsov 证明，原子由负经过靶原子再运动到正时，由于核外电子的作用，总的能量损失可由公式(7-21)近似表达

$$E_{Le}=\frac{4.3\times10^{-8}\ (Z_1+Z_2)^{5/3}}{[1+3.1\times10^7\ (Z_1+Z_2)^{1/3}P]^5}v_1 \tag{7-26}$$

式中 v_1 和 P 的定义和原子核阻止能力计算中的定义相同。上述公式只在入射离子速度 v_1 小于这两个原子的外围电子的轨道速度时才适用。

3. 根据 $S_n(E)$和 $S_e(E)$估算射程及入射离子在非晶靶中的浓度分布

(1) 射程估算。根据上述讨论可画出 $S_n(E)$和 $S_e(E)$值随入射离子能量变化的理论曲线(见图 7-18)。由图 7-18 可知：

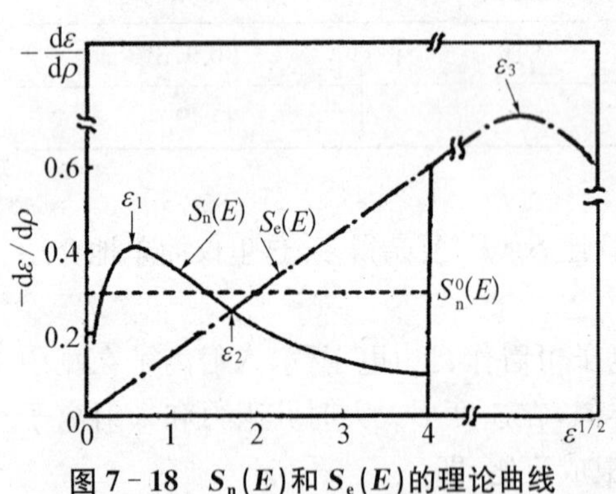

图 7-18　$S_n(E)$和 $S_e(E)$的理论曲线

$S_n(E)$和 $S_e(E)$的能量变化曲线都有一个最大值。$S_n(E)$的最大值发生在低能区(ε_1)而 $S_e(E)$能量最大值发生在高能区(ε_3)。

两条曲线的交界处存在一个临界能量(ε_2)。在低能区核阻止占优势，电子阻止可忽略；在高能区，电子阻止占主要地位，核阻止可不计；在中能区(ε_2 附近的范围相当宽的一个区域)，核阻止和电子阻止同等重要，必须同时加以考虑。

一是低能区射程估算。根据式 7-8 可计算入射离子的平均总射程 R，由于在低能区电子阻止可以不考虑，用 $S_n(E)$的一级近似 $S_n^0(E)$估算射程则可得射程 R 为

$$R=\frac{1}{N}\int_0^{E_1}\frac{\mathrm{d}E_1}{S_n(E_1)}\approx\frac{1}{N}\int_0^{E_1}\frac{\mathrm{d}E_1}{S_n^0(E_1)}=\frac{E_1}{NS_n^0(E_1)} \tag{7-27}$$

二是高能区射程估算。在高能区，原子核阻止可不考虑，则射程 R 为

$$R=\frac{1}{N}\int_0^{E_1}\frac{\mathrm{d}E_1}{S_e(E_1)}\approx\frac{1}{NK}\int_0^{E_1}\frac{\mathrm{d}E_1}{E_1^{1/2}}=\frac{2E_1^{1/2}}{NK} \tag{7-28}$$

射程的标准偏差是表征射程分布的一个重要参数，定义为射程的平均平方涨落，即

$$\overline{\Delta R^2}=\overline{R^2}-\bar{R}^2$$

通常可用 ΔR^2 表示 $\overline{\Delta R^2}$，于是可得 $\Delta R^2=\overline{R^2}-\bar{R}^2$。

平均投影射程的标准偏差也是一个重要的参量见图 7-19，它决定离子在靶中浓度分布的形式，R_P 的标准偏差与 R 的标准偏差相似，可写成

$$\Delta R_P^2=\overline{R_P^2}-\bar{R}_P^2 \tag{7-29}$$

(2) 浓度分布。作为一级近似，非晶靶中入射离子的浓度分布可用高斯函数来表示，入射离子的浓度可表达为

$$C(x)=C_{\max}e^{-\frac{1}{2}\left(\frac{x-R_P}{\Delta R_P}\right)^2} \tag{7-30}$$

式中，x 为入射离子沿入射方向在靶内离开靶表面的距离，$C(x)$ 为该处的离子浓度。由式(7-30)可知，在 $x=R_P$ 处浓度最大，为峰浓度。一般情况下入射离子的计量 Q 是受控的，即已知的，通过确定 Q 和 $C_{\max}$ 的关系可求得 $C_{\max}$ 的值。

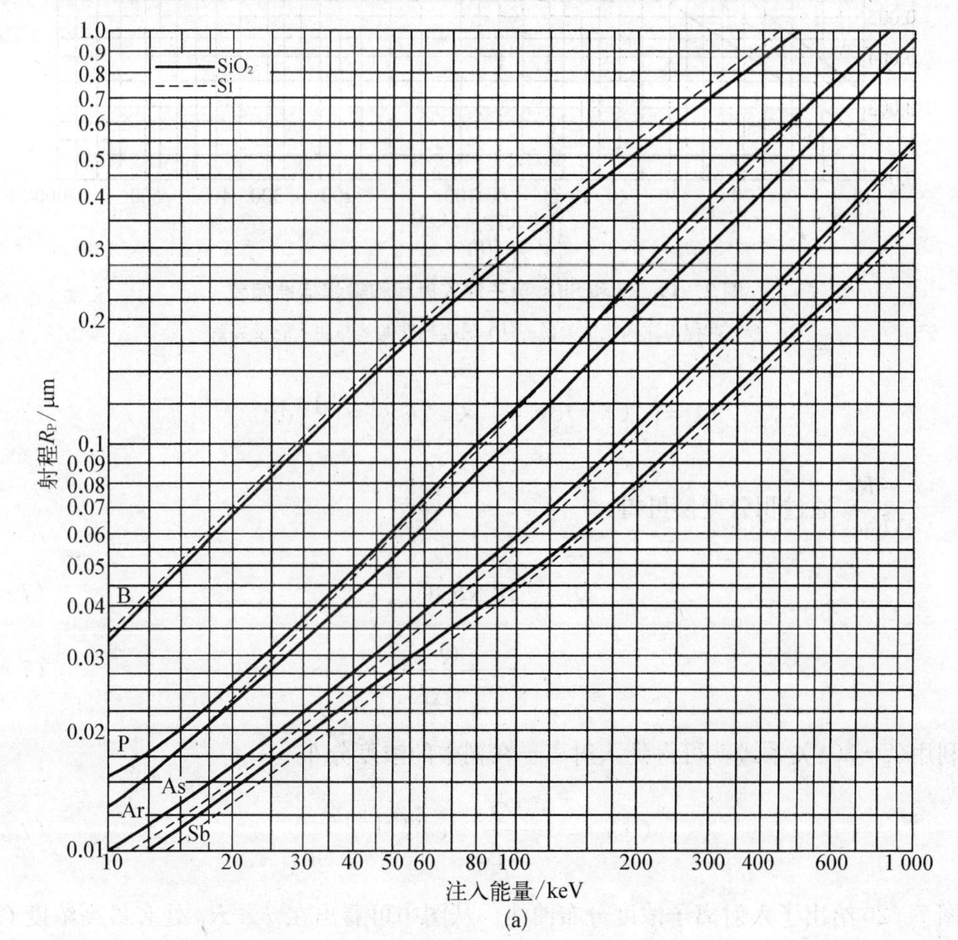

(a)

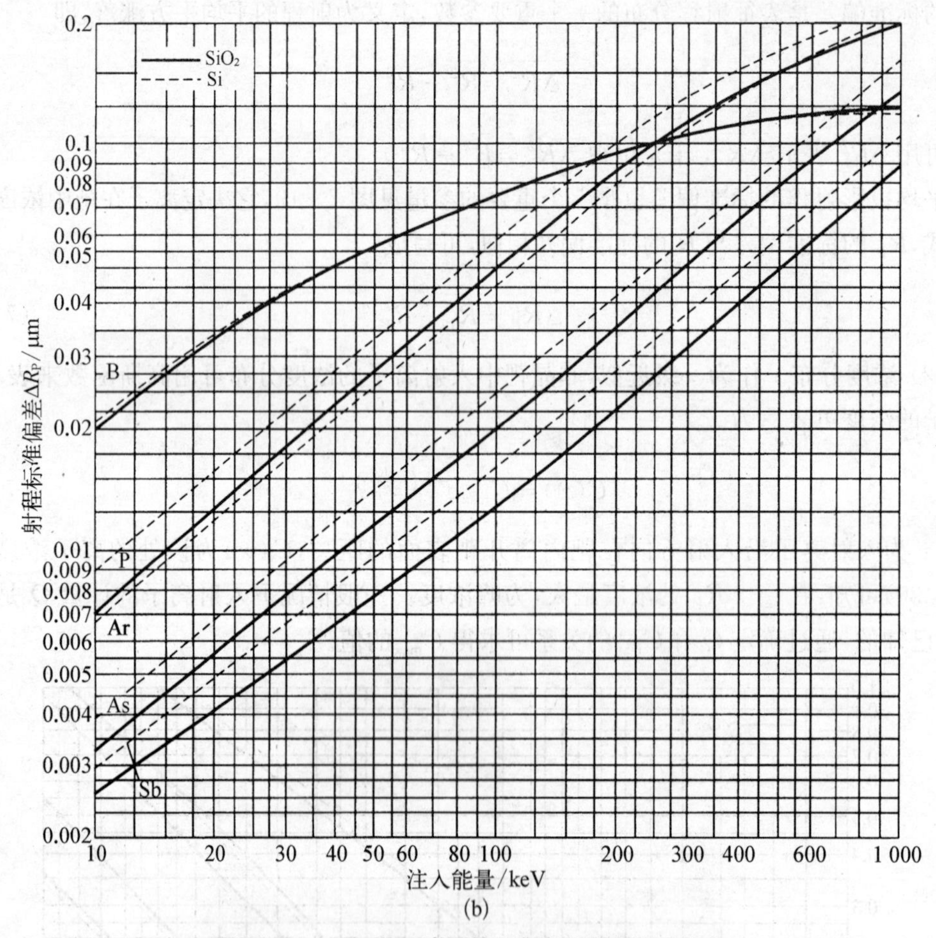

图 7-19 Si 和 SiO_2 离子注入射程和射程标准偏差

(a) 射程与注入能量关系 (b) 射程标准偏差与注入能量关系

$$Q=\int_{0}^{\infty}C(x)\mathrm{d}x=\int_{0}^{\infty}C_{\max}\mathrm{e}^{-\frac{1}{2}\left(\frac{x-R_P}{\Delta R_P}\right)^2}\mathrm{d}x \tag{7-31}$$

令 $X=\dfrac{x-R_P}{\Delta R_P}$ 通过积分变换可得

$$Q=\sqrt{2\pi}\Delta R_P C_{\max} \tag{7-32}$$

则

$$C_{\max}=\frac{Q}{\sqrt{2\pi}\Delta R_P} \tag{7-33}$$

利用(7-30)关系式就可得到入射离子在靶中的浓度分布

$$C(x)=\frac{Q}{\sqrt{2\pi}\Delta R_P}\mathrm{e}^{-\frac{1}{2}\left(\frac{x-R_P}{\Delta R_P}\right)^2} \tag{7-34}$$

图 7-20 给出了入射离子浓度分布曲线。从图中可看出在 $x=R_P$ 处有最高浓度 $C_{\max}$；

在 R_P 两边入射离子浓度对称下降。

4. 单晶靶中的射程分布和沟道效应

(1) 沟道效应。前面所讨论的主要是入射离子在非晶靶中的射程分布，非晶靶的原子排列是杂乱无章的，入射离子所受到的碰撞过程是随机的，受到的阻止是各向同性的，因此入射离子在不同方向射入靶中将得到相同的射程。但在单晶靶中，原子的排列是有规律和周期性的，因此靶对入射离子的阻止作用是各向异性的，取决于晶体的取向，因而入射离子在不同方向上的入射将得到不同的射程。当入射离子沿某些低指数轴向入射时，入射离子有可能沿晶轴方向穿透的比较深，这种现象称之为离子注入的沟道效应。

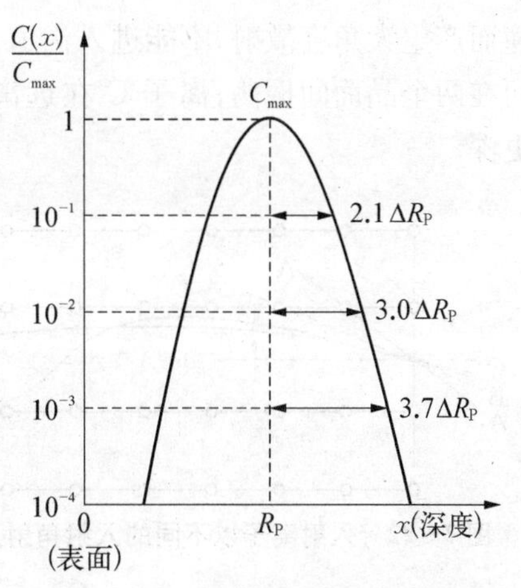

图 7-20 入射离子浓度分布曲线

图 7-21 给出了单晶 Si 沿〈110〉晶向的原子排列模型和沿〈110〉轴偏离 8°观察时的原子排列模型。当沿〈110〉方向观察时，可看到一些由原子列包围成的直通道(沟道)。当入射离子沿此方向进入沟道时，其轨道将不再是无规则的，而是在沟道中运动，这时靶阻止作用小导致入射离子的射程变大，形成沟道效应。当偏离〈110〉方向观察时，原子的排列相当紧密而紊乱，入射离子沿此方向注入时将受到较大的阻止作用，与非晶靶材情况类似，不会产生沟道效应。

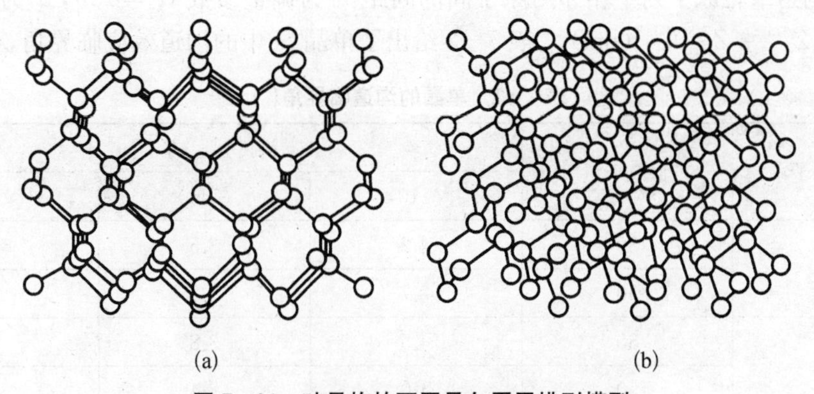

图 7-21 硅晶格的不同晶向原子排列模型

(a)〈110〉方向 (b) 偏转 8°

入射离子进入沟道并不意味着一定发生沟道效应，只有当入射离子的入射角小于某一角度 ϕ_c 时才会发生，这个角称为临界角。图 7-22 给出了入射离子注入沟道时的碰撞情况。在图 7-21(a)中，当离子 A 以大于临界角 ϕ_c 入射时，将与晶格原子严重碰撞而不产生沟道效应；当离子 B 以稍小于临界角的角度入射，它将在沟道内受到较大的核碰撞而损失较多的能量，因而在沟道中振荡，但比 A 入射更深；当离子 C 以远小于临界角的方向入射，它在沟道中很少受到原子核的碰撞，可入射的很深。图 7-23 显示了入射离子其入射位离晶轴位置不同而产生的不同碰撞情况。当 A 沿着靠近晶轴位置入射时，很容易与晶格原子碰撞而产生大角度散射，不能进入沟道；离子 B 在离晶轴稍远位置入射时，受到较大的核碰撞而在两个晶面间振荡；离子 C 在远离晶轴的位置入射，基本不受到原子核的碰撞，可入射更深。

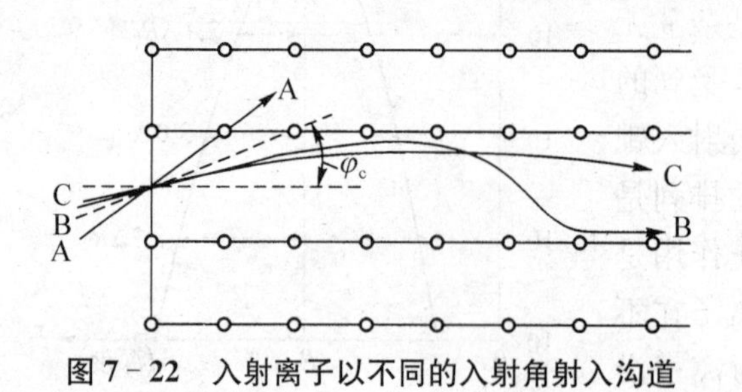

图 7-22　入射离子以不同的入射角射入沟道

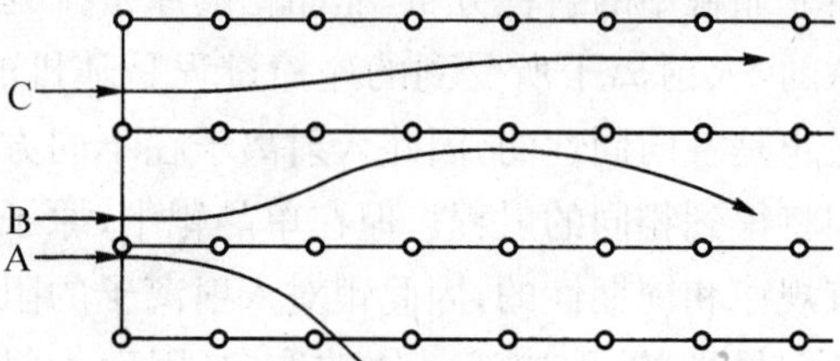

图 7-23　入射离子距晶轴不同位置射入

临界角的大小可用 J. Lindhard 的理论来计算①。当入射能量较高时，临界角为

$$\phi_c=\sqrt{\frac{\sqrt{2}Z_1Z_2e^2}{4\pi\varepsilon_0E_1d}} \tag{7-35}$$

当入射离子能量较低时，临界角为

$$\phi_c=\left(\frac{ca}{d}\sqrt{\frac{Z_1Z_2e^2}{4\pi\varepsilon_0E_1d}}\right)^{1/2} \tag{7-36}$$

式中 d 为沟道壁靶原子列中相邻两原子间的间距，c 为调整参数 ($c=\sqrt{3}$)，a 为屏蔽参数，$a=0.047\,(Z_1^{2/3}+Z_2^{2/3})^{-1/2}$ (nm)。表 7-3 给出了单晶 Si 中的沟道效应临界角。

表 7-3　单晶的沟道临界角(°)

离　子	能　量	沟　道　方　向		
		〈110〉	〈111〉	〈100〉
B	30	4.2	3.5	3.3
	50	3.7	3.2	2.9
N	30	4.5	3.8	3.5
	50	4.0	3.4	3.0
P	30	5.2	4.3	4.0
	50	4.5	3.8	3.5
As	30	5.9	5.0	4.5
	50	5.2	4.4	4.0

在实际生产过程中为了使掺杂元素在器件中分布尽量能够均匀，在实际生产上会采取

① 参考资料：R. Galloni, L. Pedulli and F. Zignani. Study of electrical activity recovery stages in phosphorus implanted silicon, 1977.

一定的预防措施来防止沟道效应。通常所用的方法包括：① 控制入射离子入射方向与硅晶片晶面取向之间的角度；② 在硅表面镀上一层非晶硅；③ 将硅晶片表面预先用 Ar 离子处理使之形成非晶层或用光掩膜胶涂覆。

(2) 单晶靶中的射程分布。一束入射方向平行于晶轴的入射离子，不一定都会进入沟道。一部分因大于入射临界角或靠近晶轴位置而被靶原子散射掉，这部分称之为随机束。它们在靶中的分布和在非晶靶中分布类似，在靶表面形成高斯分布。另一部分离子进入沟道，并分为两种不同的情况。其中，一部分离子几乎很少受到靶原子核的碰撞，而以很长的波长在沟道中运动。它们主要受到靶内电子的碰撞或散射而损失能量，最终停留在靶内某一位置。另一部分以稍小于临界角或比较靠近晶轴位置入射，因而在沟道中振动频率较高，波长较短，容易受靶原子的碰撞，甚至中途退出沟道。

入射离子在单晶靶材中的射程分布估算可分为两种不同情况。

第一种情况是低能入射。在低能入射中核阻止占优，电子阻止可忽略，这时最大射程可由式(7-27)表示，通过计算可得沟道离子的最大射程为

$$R_{\max}=\frac{m_2}{2G_0m_1}E_1^2 \tag{7-37}$$

式中 G_0 为几何因子。晶格的热振动在决定低能离子入射的射程分布中起主要作用。

第二种情况是较高能量入射。在较高能量入射情况下，只要离子保持在沟道内运动，其轨道的绝大部分离原子列较远，因而核阻止作用较小，电子阻止占优，则最大射程

$$R_{\max}=\frac{1}{N}\int_0^{E_1}\frac{\mathrm{d}E_1}{S_e(E_1)} \tag{7-38}$$

将 $S_e(E_1)=KE_1^{1/2}$ 代入，可得

$$R_{\max}=\frac{2E_1^{1/2}}{NK} \tag{7-39}$$

公式(7-34)只能表示 $R_{\max}\propto E_1^{1/2}$，并不能直接用于计算 $R_{\max}$，因为离子进入沟道时，在单位长度射程上所受到的碰撞次数并不直接由靶原子体密度 N 决定，而是由沟道轴周围原子排列的情况所决定；同时沟道中电子阻止本领的 K 值与非晶靶不同。

影响单晶靶中注入离子射程分布的因素很多，包括注入离子能量、晶体取向、温度、离子剂量和注入离子的种类等。

7.2.2　离子注入设备①

离子注入技术已被广泛地运用于半导体集成电路制造和金属表面改性等领域，随着集成电路线宽越来越小，制造工艺越来越复杂，对离子注入设备(离子注入机)的要求也越来越高。一般来讲离子注入机应满足有合适的可调能量范围，有合适的束流强度，能应用多种注

① 参考资料：张俊彦.集成电路制程及设备技术手册[G].台北：(中国)台湾电子材料与元件协会，1997；北京市辐射中心.北京师范大学，低能核物理研究所离子注入研究室.离子注入机基础[M].北京：北京大学出版社，1981.

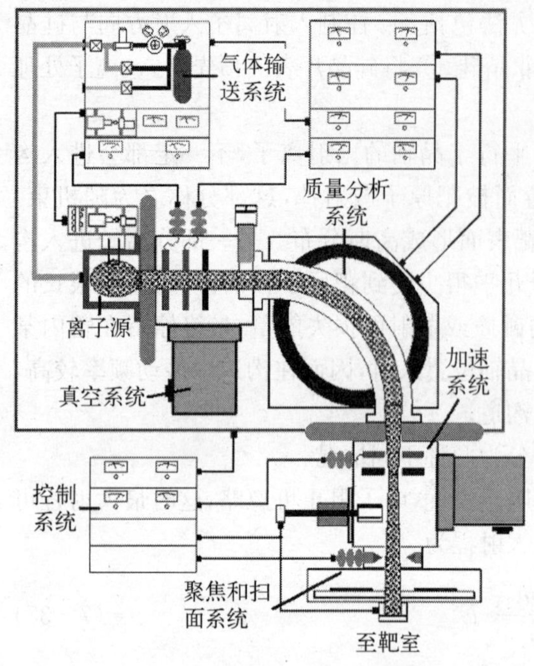

图 7-24 离子注入机的结构

入离子，有好的注入均匀性以及无污染等性能要求。

通常离子注入机由离子源、质量分析器、加速器、透镜、扫描系统、靶室、真空系统和控制系统几部分组成。离子注入机的结构如图 7-24 所示。

1. 离子源

离子源，顾名思义即离子注入其离子的来源。离子源的功能主要有两个，第一是将需要注入的元素电离成为离子；第二是将离子从离子源中引出，形成离子束。离子束的截面形状通常有圆形和长条形，取决于源引出口的形状。

离子源是离子注入机最重要的部件之一，一台离子注入机能够注入什么离子和能够提供多大的束流强度主要取决于离子源的性能。因此对离子源要求就包括：① 离子源能够产生多种元素的离子束；② 为了提高生产效率，离子源引出的束流强度一般要求在几百微安到毫安数量级；③ 引出的束流品质要好；④ 离子源的寿命要长；⑤ 离子源的效率要高。

离子束束流的品质包括离子束的发散度、离子束亮度和离子束能量分散度。离子束的发散度，用从离子源中引出的离子束在最小截面处所具有的直径和束内离子的最大散角(α)来表示

$$\alpha = P_{\mathrm{rmax}}/P_{\mathrm{Z}} \tag{7-40}$$

式中，P_{rmax}是离子的最大径向动量；P_{Z} 是离子的轴向动量。引出束的直径和散角越小，说明该束越容易聚焦和传输。在束流光学中，用发射度($\varepsilon = A/\pi$，A 为束流在相平面内的发射相截面)的概念来度量离子束的发散度。为了便于比较不同源之间的性能，可引入归一化发射度 ε_{n} 来表示，即

$$\varepsilon_{\mathrm{n}} = \frac{A}{\pi}\beta\gamma \tag{7-41}$$

式中，$\beta = v/c$，$\gamma = (1-\beta^2)^{-1/2}$，$v$ 为离子的运动速度，c 为光速。ε_{n} 只由离子源的性能决定，如果离子束在光路系统中没有损失，它在离子注入机不同加速空间内是一常数。ε_{n} 值越小，表示该束的品质越好。

离子束的亮度(B)是表征离子源性能的综合参数，是由离子源的束流强度和发射度决定的。同样用归一化亮度(B_{n})表示

$$B_{\mathrm{n}} = \frac{2I}{\beta^2\gamma^2 A^2} \tag{7-42}$$

式中，I 为束流强度。

B_n 值与离子的能量无关，在束流传输中如果没有离子损失，B_n 值保持一常数。B_n 值越大，说明离子源的性能越好。

从离子源引出的每个离子的能量并不完全一样，在各离子间存在的最大能量差 ΔE 称为离子束的能散度。束流的能量分散会给束流的聚焦和质量分析带来困难，因此 ΔE 值越小越好。

离子源的种类很多，从离子产生的方法来看主要有三种：电子碰撞型、表面电离型和热离子发射型。电子碰撞型是利用电子与气体或蒸汽的原子碰撞产生等离子体，因此也称为等离子体离子源。现在大多数的离子源都属于这种类型。等离子体离子源的结构如图 7-25 所示。

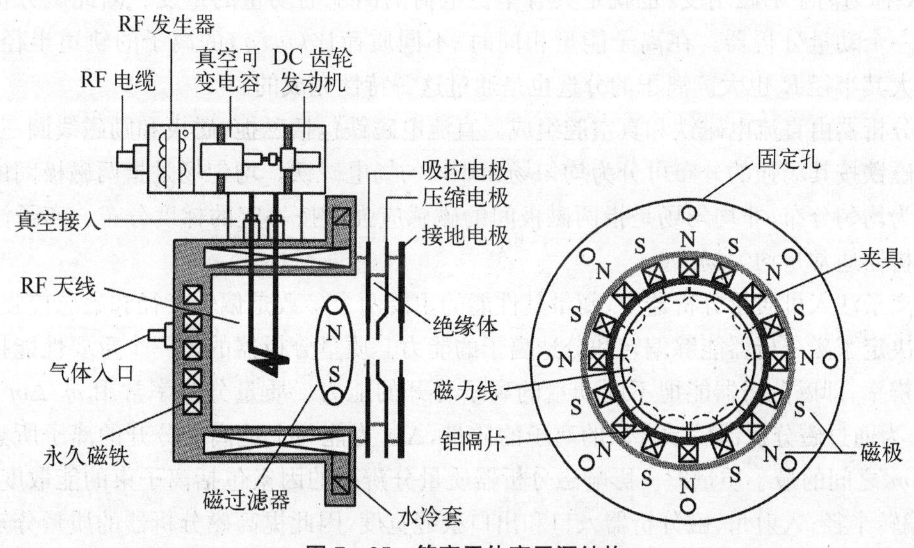

图 7-25 等离子体离子源结构

2. 质量分析器

在进行离子注入时，注入的离子束是一种特定元素的离子，但是从离子源引出的离子束并不是纯净的，往往会包含其他元素的离子。质量分析器的作用就是将所需要的离子从离子束中分离出来而将不需要的离子偏离掉。在离子注入机中通常采用磁分析器来做质量分析器。图 7-26 给出了磁分析器的结构示意图，其主要构成是一具有某一离子偏转半径的电磁铁。当具有同样能量和不同质量的离子进入磁场中，离子按质量不同将以不同的半径偏转，经过磁分析器后离子束中的离子就会以不同的质量分成不同的束，从而达到分选离子的作用。同时质量分析器又是一个重要的离子光学元件，具有聚焦特性。

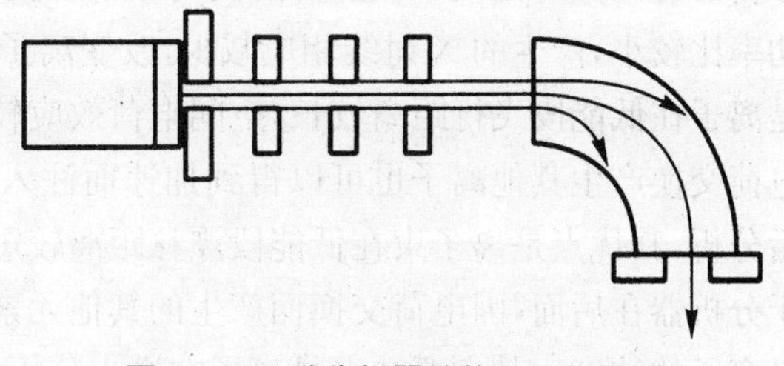

图 7-26 磁分析器结构和工作原理

当带电粒子进入磁场在磁场中运动，其运动受到洛伦兹力的作用，运动方程可表达为

$$\frac{\mathrm{d}}{\mathrm{d}t}(m\vec{v}) = q\vec{v} \times \vec{B} \tag{7-43}$$

式中，m 是离子的质量，q 是电荷量，$\vec{v}$ 是离子的速度，$\vec{B}$ 是磁感应强度。

离子在磁场中运动所受的力永远与离子的速度 v 相垂直，离子在该力的作用下只能改变离子运动的方向而不能改变其速度的大小，带电离子在均匀磁场中将作匀速圆周运动。设圆周运动的半径为 R，以离子能量 $E=\frac{1}{2}mv^2$ 表示，则可得

$$BR = \frac{\sqrt{2mE}}{q} \tag{7-44}$$

BR 称为离子的磁刚度，也就是具有单位电荷的离子的动量的量度。因此磁分析器实质上是一个动量分析器。在离子能量相同时，不同质荷比（m/q）的离子的轨道半径不同。质荷比大其半径 R 也大。离子的分选也是通过这一特性完成的。

磁分析器由直流电磁铁和真空腔组成。直流电磁铁包括磁扼、磁极和励磁线圈三部分。偏转电磁铁按其场强的分布可分为均匀场和非均匀场电磁铁。均匀场是指两磁极间的磁感应强度为均匀分布；非均匀场是指两磁极间的磁感应强度按一定的梯度分布。离子注入机的磁分析器通常是均匀场。

在离子注入机质量分析器中，衡量其性能的主要两个参数是偏转半径和磁感应强度，因为它们决定了磁分析器能够偏转和分选离子的能力。质量分析器的另一个重要性能指标是质量分辨率，即磁分析器能把不同动量的离子分开的能力。质量分辨率常用 $m/\Delta m$ 表示。其中 m 为通过磁分析器后欲选取的离子的质量，Δm 为能与上述离子分开的离子所具有的质量与 m 之间的最小质量差。影响磁分析器质量分辨率的因素包括离子束的能散度、离子能量、偏转半径、入射角、磁分析器入口和出口狭缝宽度，因此提高磁分析器的质量分辨率可以通过改进离子源，使离子初始能量分散减小；采用先加速后分析的办法，提高离子能量；增加偏转半径 R 以及减小入口和出口的狭缝尺寸等方法实现。

3. 加速和聚焦系统

（1）加速系统。加速系统的主要任务是形成电场，离子在电场的作用下受到加速而得到预定的能量。加速系统的排列方式有三类，一种是先分析后加速，即离子先进入磁分析器进行分离然后再加速；第二种是先加速后分析；第三种是前后加速中间分析。

三种类型的排列方式各有优缺点。对于先分析后加速，其优点是分析时离子能量较低，分析器可以做得比较小，造价低，同时不需要的离子在加速前就被分离掉，因而所要的高压功率比较小，产生的 X 射线相应减少，改变离子能量无需改变分析器电流，便于操作。缺点是离子在低能段飞行距离较长，空间电荷效应较大，离子损失较多。离子经过分析器后通过电荷交换产生其他离子也可以得到加速而注入靶中，会影响注入离子的纯度。对于先加速后分析，其优点是离子束在低能段漂移距离较短，从而减小了空间电荷和电荷交换。同时由于分析器在后面，因电荷交换而产生的其他元素离子得不到加速而无法注入靶中，提高了注入离子的纯度。其主要缺点是离子在进入分析器时能量较高，所需要的分析器也就较大，造

价高，同时产生的X射线也大。如果要改变离子的能量必须改变分析器的电流，增加了操作难度。对于前后加速中间分析排列来讲，主要的优点是离子的能量可调范围比较广，当有后加速时可进行高能注入，如果拆去后加速可作为一般的中低能注入使用。另外后加速还可以是可变极性的，既有正高压也可有负高压。当正高压时就成为后减速。其主要缺点是两端都处于高电位，给操作带来不便。图7-27，图7-28给出了后加速和后减速各位置离子束能量变化。

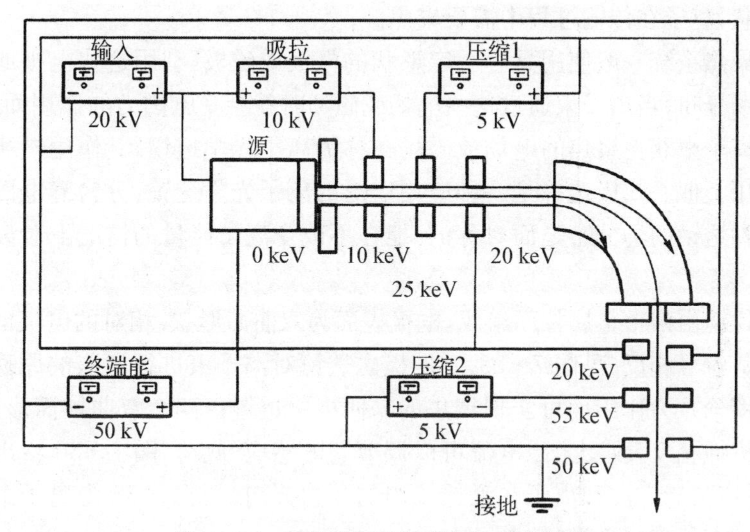

图7-27　后加速各位置离子束能量变化

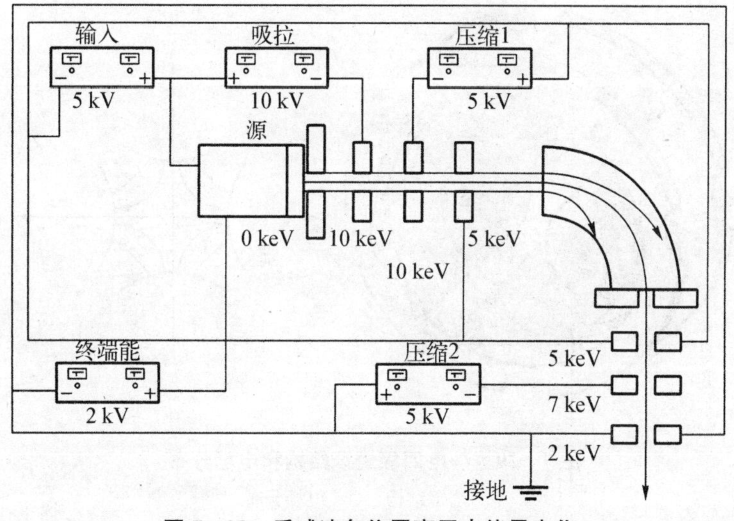

图7-28　后减速各位置离子束能量变化

离子的加速系统主要有两类，一类是静电场加速的高压加速器类型；另一类是高频电场加速的周期加速类型。离子注入机的加速系统通常为前一种。离子通过离子加速器所获得的能量为

$$\Delta E = Z \cdot \Delta V \tag{7-45}$$

式中，Z 为离子电荷数，ΔV 为加速器两端电压差。

加速系统除了具有加速离子的作用外还有聚焦离子束的功能，使离子束保持在预定的空间内运动。

(2) 聚焦系统。离子束从离子源到靶室一般都要传输一定的距离，离子束中的许多离子除了具有纵向运动速度外还会有横向速度，同性离子间也会相互排斥。离子在传输过程中还会与系统中残余气体分子碰撞而发生散射。为了确保离子能传输到靶室并具有合适的束斑大小和形状，离子在传输过程中需要聚焦。

离子束的聚焦系统一般使用具有一定形状的电极或磁极，利用这些电极或磁极形成恰当的电场或磁场分布，当离子束通过这些电场或磁场时就会受电磁力的作用而会聚，从而获得聚焦。能使离子束获得聚焦的电场或磁场被称为离子光学透镜，其作用规律同一般光学透镜对光的作用类似。四极透镜是一种应用广泛的离子光学透镜，分为静电四极透镜和磁四极透镜。这种透镜的场分布是面对称的，能在不改变离子能量的情况下对离子束产生很强的聚焦作用。

静电四极透镜由四个金属柱面组成，电极表面为双曲面形状，相对的电极的电势相同而相邻电极的电势符号相反(见图 7-29)。四极磁透镜对离子束进行聚焦的原理是运动的离子在磁场中受罗伦兹力作用而可实现聚焦的。四极磁透镜由四个双曲柱面形的磁极组成，相邻的磁极的极性相反，改变激磁电流可以调节它的感应强度。图 7-30 给出了四极磁透镜的结构、磁感应矢量方向和离子在磁透镜内的受力方向。图 7-31 为离子束经四极三镜聚焦后所得到的离子束截面形状。

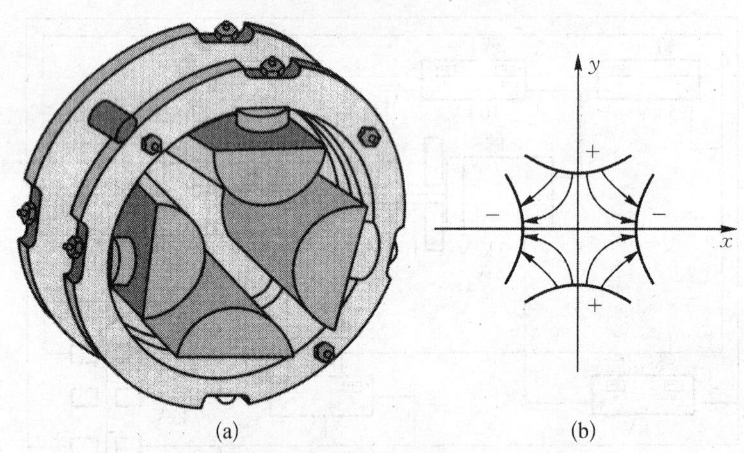

图 7-29　静电四极透镜结构和电场分布

(a) 透镜结构　(b) 电场分布

4. 真空和扫描系统

(1) 真空系统。离子从离子源到靶室一般要经过相当长的距离，为了保证离子在输送过程中避免与气体分子碰撞，离子通过的区域必须保持较高的真空度。如果离子输送路径中真空度达不到要求，残余气体分子过多，将导致离子在传输过程中与这些残余气体分子不断地发生碰撞，最终会产生离子发散度变大、束流损失增大、产生中性粒子、离子束纯度降低和 X 射线

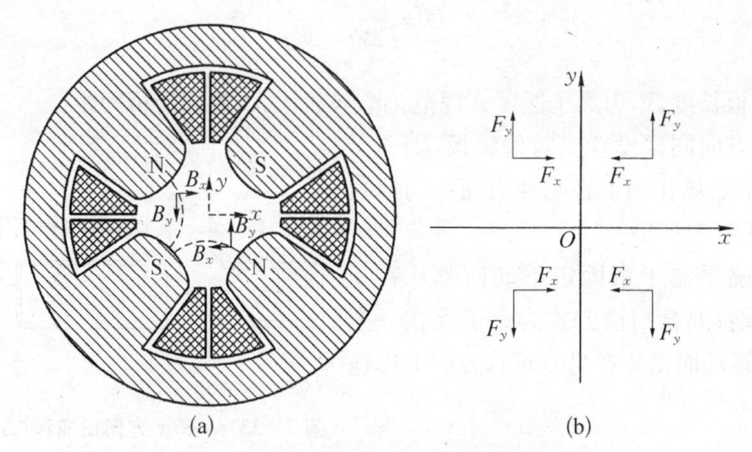

图7-30 四极磁透镜结构和离子在镜内受力方向

(a) 磁透镜结构和磁感应矢量方向 (b) 离子在磁透镜中的受力方向

辐射剂量增大等有害影响。

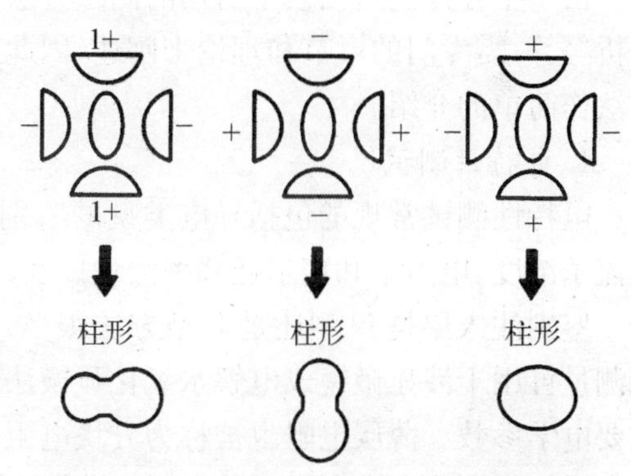

图7-31 四极三镜后离子束截面形状

离子注入设备的真空系统为分段式，即由低真空系统(10^{-3} Torr)和高真空系统(10^{-7} Torr)两级真空系统组成，包括真空泵、真空测量用规管、阀门、密封圈和控制单元。早期的真空泵为油封式机械泵和扩散泵，然而这类泵在工作中会产生油蒸汽回流到真空腔中，从而导致油污染，严重影响晶片的质量和性能。因此现在的真空系统都用干式系统，即用干式机械泵或涡轮分子泵来替代油封式机械泵；用涡轮分子泵或冷凝泵替代油扩散泵，从而避免真空腔室的油污染。

(2) 扫描系统。随着单晶硅尺寸的越来越大，大面积均匀注入也越来越重要。离子束截面的束流密度分布的不均匀，离子束能量集中于硅晶片表面的局部区域所引起的晶片表面温度上升，对晶片的性能带来十分不利的影响。因此在注入前必须对离子束进行扫描，使其均匀地扫过晶片表面，以达到均匀注入的目的。离子束的扫描方式有静电扫描、机械扫描和混合扫描等方式。

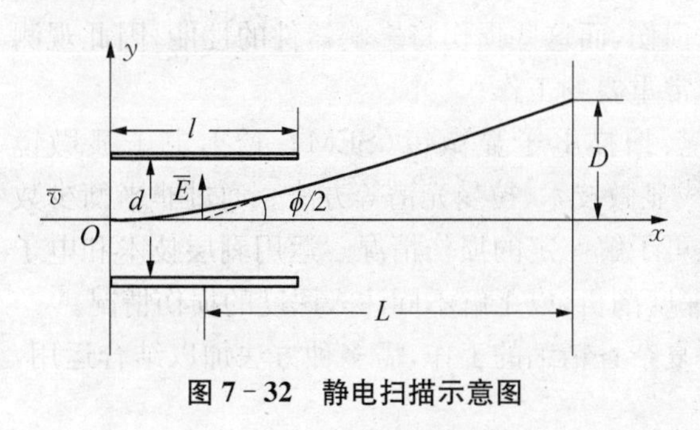

图7-32 静电扫描示意图

静电偏转扫描是在垂直于离子束方向外加一偏转电场来实现。图7-32给出了静电扫描示意图。在束流两侧安置一对平行板，在板间加上偏转电压 V_d，离子沿 x 方向射入，并与电场方向垂直。离子在进入电场后在 y 方向受力使其发生偏转，设靶片离偏转板中心距离为 L，则离子束在靶片上偏离中心距离 D 为

$$D=\frac{V_{d}lL}{2Vd} \tag{7-46}$$

式中，l 为偏转板长度，V 为离子速度 v 规范化电势表示，d 为偏转板间距。

如果在 x 方向同样设置一对偏转板，则离子束在 x，y 两个电场作用下在靶片表面均匀地扫过一定面积(见图 7-33)。

机械式扫描是离子束固定不动而靶片在 x 和 y 方向上运动；混合扫描方式为离子束在一个方向上作扫描运动而靶片在另一垂直方向上作往复运动。

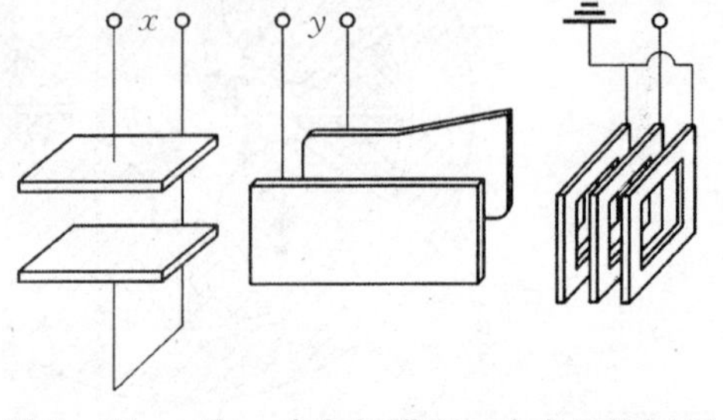

图 7-33　x 和 y 方向扫描和二次电子抑制板

7.2.3　离子注入层特性的测量和分析

由于半导体制造工艺中所用的测量方法和技术类别很多，涉及表面物理，电子显微学及分析等等，需专门的章节和理论来阐述，因此这里只对离子注入过程中常贵的常用的性能和方法作简单的介绍。

1. 电特性测试

电特性测试常规的包括导电类型的鉴别、结深的测量、薄膜电阻测量、离子注入层平均载流子浓度、电阻率和霍尔迁移率测量以及注入剂量和注入层均匀性测量等。

鉴别注入层是 N 型还是 P 型方法很多，可选用整流特性、温差电势或霍尔电压法。结深测量可用干涉显微镜或电解水氧化显微法。离子注入层的薄层电阻是半导体材料的一个重要电学参数。薄层电阻也被称为方块电阻，定义为表面为正方形的半导体薄层，在平行于正方形边的电流方向所呈现的电阻。薄层电阻可用四探针法测量。离子注入层的平均载流子浓度，电阻率和霍尔迁移率，可采用霍尔效应法和范德堡法测量。测量注入剂量均匀性的方法有 X 射线测量，背散射法，量热法，束流测量法和薄层电阻测量法，等等。

2. 杂质浓度分布测量

现代表面和薄膜分析技术已被广泛地用于研究离子注入层的特性，离子注入层杂质浓度分布的测量可用二次离子质谱法(IMMA，SIMS)，背散射能谱(RBS)，核反应(NRA)，电子探针(EPM)，俄歇电子能谱(AES)，X 射线荧光分析(XRF)，电子能谱(ESCA)等方法。

3. 注入层损伤的观测

离子注入会给靶片晶体造成一定的辐射损伤，而这些损伤将影响器件的性能，因此观测离子注入层的损伤情况和分析成因是一项非常重要的工作。

观测注入层损伤情况，可用光学显微镜、扫描电子显微镜(SEM)、透射电子显微镜(TEM)、电子衍射成像、背散射(RBS)、X 射线显微技术、拉曼光谱等方法。通过非平衡少数载流子寿命、薄层电阻率和霍尔系数测量，也可了解一定的损伤情况。运用剥层技术和电子显微镜以及背散射技术，可以对注入层进行深度剖析，以了解不同注入深度的损伤情况。

离子注入层各项特性和损伤分析是一项复杂且精细的工作，需多种方法加以结合运用，并需要时间和反复的观察测试以积累经验。

7.3　退火与热处理工艺

7.3.1　退火与快速加热工艺综述

离子注入导致晶体的晶格被破坏，造成损伤，必须经过加温退火才能恢复晶格的完整性。同时，为了使注入杂质起到所需的施主或受主作用，也必须有一个加温的激活过程。这两种作用结合在一起，称为离子注入退火。这种退火有两种方式。

(1) 高温(约 900℃)热退火为常用的方式。在集成电路工艺中，这种退火往往与注入后的其他高温工艺一并完成。这些高温工艺会引起杂质的再一次扩散，从而改变原有的杂质分布，在一定程度上破坏离子注入的理想分布，例如使浅 p－n 结展宽和分布发生侧向扩展等。高温过程也可使过饱和的注入杂质失活。

(2) 快速加热工艺。瞬态高温退火是正在研究和推广的退火方式，能满足超大规模集成电路对高浓度、浅 p－n 结和很少侧向扩散的要求。这种方式包括激光、电子束或红外辐照等瞬态退火。这种方法虽属高温，但在极短时间内(小于几秒)加热晶体，既能使晶体恢复完整性，又可避免发生明显的杂质扩散。

快速热处理(rapid thermal processing, RTP)是将晶片快速加热到设定温度，进行短时间快速热处理的方法。热处理时间通常小于 1～2 min。过去几年间，RTP 已逐渐成为先进半导体制造必不可少的一项工艺，用于氧化、退火、金属硅化物的形成和快速热化学淀积。RTP 系统采用辐射热源对晶片进行一片一片的加热，温度测量和控制通过高温计完成。而之前传统热处理工艺采用的是批处理式高温炉，一大批晶片在同一炉管中同时受热。批处理高温炉的使用仍然很广泛，它更加适合于处理时间相对较长(超过 10 min)的热处理过程。

RTP 技术的使用范围很广。它可以快速升至工艺要求的温度(200～1 300℃)，并快速冷却，通常升(降)温速度为 20～250℃/s；此外，RTP 还可以出色地控制工艺气体。因此，RTP 可以在一个程式(recipe)中完成复杂的多阶段热处理工艺。RTP 快速升温、短时间快速处理的能力很重要，因为先进半导体制造要求尽可能缩短热处理时间、限制杂质扩散程度。用 RTP 取代慢速热处理工艺还可以大大缩短生长周期，因此对于良率提升阶段来说 RTP 技术特别有价值。

7.3.2　辐射损伤

带有一定能量的入射离子进入靶表面后与靶原子发生碰撞并会伴随能量交换。入射离子失去能量并最终停留在靶内某一位置。入射离子既可以停留在靶晶格间隙处，形成间隙杂质，也可以占据靶原子原来位置，形成替代杂质。而靶原子会获得能量。如果靶原子获得的能量足够使其挣脱原来晶格束缚离开平衡位置进入间隙位置，则其原来位置就会形成“空位”。进入空隙位置的原子形成间隙原子。通常空位和间隙原子是成对出现的。在这种情况下靶的晶体结构就会出现局部的无序，产生缺陷。这种由离子注入而导致的缺陷即为辐射损伤。这种晶格损伤可以是一种级联过程,因为被位移的原子可以将能量依次传递给其他原子,形成更多的缺陷。当入射离子数量增多时,这种缺陷可能重叠、扩大形成复杂的损伤,再加上靶材料原来固有的缺陷,可以形成复杂的损伤复合体,严重的是晶体完全被打乱而形成无序的非晶层。离子注入时形成级联过程如图 7-34 所示。

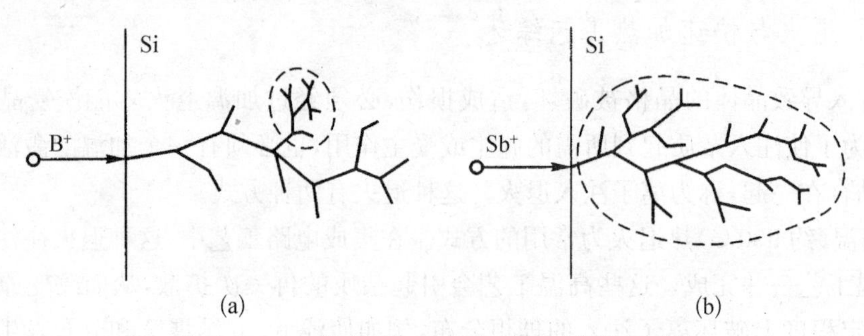

图 7-34 入射离子在 Si 靶内碰撞形成级联过程

(a) 轻离子产生的碰撞级联 (b) 重离子产生的碰撞级联

离子注入给晶体造成的辐射损伤将直接影响到器件的性能。晶格损伤形成非晶层的特点之一是在离子注入的 Si 表面呈现烟雾状或乳白色的颜色;另外辐射损伤严重的样品比未经过离子注入的样品更易吸潮。注入层的损伤情况与入射离子的质量、能量、剂量、剂量率、靶片的温度和晶格取向有关。

通常在一定条件下,随着注入剂量的增加,入射离子在靶中形成的缺陷也越严重。在一定条件下能形成辐射损伤的最小注入剂量称为临界剂量。入射离子能量越高,形成损伤的临界剂量也越小;入射离子的质量数越大,所形成缺陷的临界剂量也越小。辐射损伤不但和入射离子的剂量有关,而且和剂量率也有关,即单位时间内注入靶中的离子数量(离子束的流强)。相同的剂量如果注入靶中所用的时间越短,其剂量率也就越大。在室温下随着剂量率的增加,在 Si 中形成损伤所需的临界剂量将减小。在离子注入时靶的温度会影响辐射损伤的产生和变化。对于 Si 靶片来讲,在室温附近入射离子的临界剂量和 Si 靶片温度的倒数成指数关系,随着温度的升高临界剂量将增大。对于选定的 Si 片,入射离子是随机注入还是沿某一晶向注入在 Si 中造成的损伤是不同的。p^+ 在室温下用 200 keV 的能量注入单晶 Si 中时,在相同条件下随机注入造成损伤的临界剂量为 2×10^{14} ions/cm^2;而沿〈110〉晶向注入时临界剂量为 7.5×10^{14} ions/cm^2。

7.3.3 退火

因为辐射损伤会严重影响半导体的电性能,因此通常在一定条件下对离子注入后的靶片进行热处理,即退火,以消除辐射损伤所造成的缺陷,让被损伤的晶格得到恢复。另外,通过离子注入的杂质原子往往位于晶格间隙处,而在半导体中处在间隙处的杂质原子是没有载流子贡献的。也就是说只有通过热处理使其处于晶体点阵位置,才能成为施主或受主。因此退火除了消除晶格缺陷外还要激活注入杂质原子的活性,从而起着双重作用。

目前在实际生产中使用较为普遍的退火方式是快速退火,将离子注入后的硅单晶片置入石英管内进行加热退火,时间从数十分钟到几小时不等。退火时一般处在真空或保护气氛下，根据工艺的不同保护气氛可以是 N_2，Ar，O_2 或 H_2 等。合理的退火工艺的选择对器件的性能是至关重要的，不同的掺杂离子，不同的掺杂剂量和注入时的温度对所要求的退火工艺不同。图 7－35 给出了不同的注入离子注入 Si 中薄层载流子浓度和退火温度的关系和不同注入剂量 P 在〈110〉Si 中注入时载流子浓度和退火温度的关系。从图 7－35(a)中可见，对于 P 和 As 注入，在 600℃退火时就能达到要求而对于 B 注入来讲，当退火温度达到 900℃时薄层载流子浓度才能达到相应值。表 7－4 给出了在一般情况下 Si 中离子注入不同的退火温度所能实现的目标。

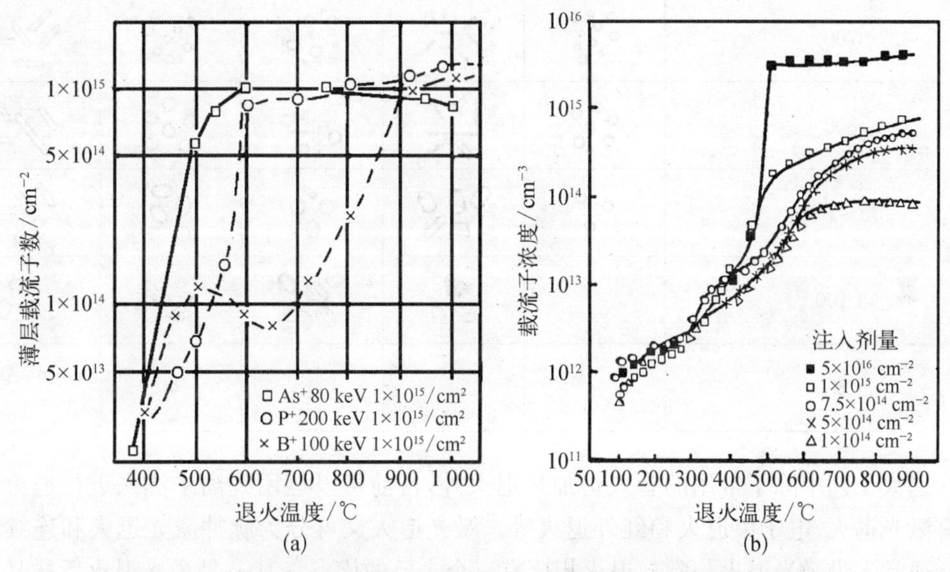

图 7－35　不同注入离子和注入剂量在 Si 中载流子浓度和退火温度关系

(a) 薄层载流子浓度和退火温度关系　(b) p^+ 在〈111〉Si 中沟道注入等时退火

表 7－4　硅注入在不同退火温度下所达到的目标

温度(℃)	退火实现的目标
450	部分激活，迁移率达体内值的 20%～50%
550/30 min	低剂量 B($10^{12}/cm^2$)50%激活，其他元素部分激活
600	非晶材料再结晶；大剂量 P($10^{15}/cm^2$)及 As($10^{14}/cm^2$)50%激活；迁移率达体内值的 50%
800	大剂量 B($10^{15}/cm^2$)20%激活；所有其他元素 50%激活
950/10 min	全部激活；达到体内迁移率数值；少数载流子寿命完全恢复

在退火过程中，虽然离子注入引入的大部分缺陷可以被消除，但还会有部分缺陷残留下来并结合成较大的缺陷，这些缺陷被称为二次缺陷。表 7－5 显示了在不同的退火温度下透射电子显微镜所观察到的二次缺陷。常见的二次缺陷有黑点、各种位错环、杆状缺陷、层错以及位错网等。二次缺陷可以影响注入原子在晶体中的位置，载流子的迁移率和少数载流子的寿命等。在实际运用中应采取合理的注入工艺和退火工艺来减少二次缺陷的种类和数量。

表 7-5　不同注入温度和退火温度下所观察到的二次缺陷

注入温度/℃ 退火温度/℃	室温	200～400	500	600	700
500					
600					
700					
800					
900～1 000					
1 100					
1 200					

在退火工艺中除了常用的管式炉加热退火外，目前可以运用到离子注入进行退火的方法还有激光退火、电子束退火和红外退火等。激光退火又可分为脉冲激光退火和连续激光退火。通常来讲激光退火与常规退火相比有三个主要的优点。其一是激光退火后样品中注入杂质的电激活率、少数载流子扩散长度等电特性比热退火要优；其二是激光退火能使注入层的辐射损伤得到充分消除；其三由于激光退火所需时间十分短暂，因此在退火过程中杂质分布不会发生变化，同时利用细微激光束可进行局部选择性退火。电子束退火与激光退火相比其优点是束斑均匀性比较好，能量转换率高。红外退火是利用红外辐射，由硅中自由载流子吸收红外辐射而使硅片迅速加热，在 5～10 s 内可使硅片达到退火温度。在红外退火过程中因时间很短，杂质扩散小，有利于浅结的制备。

7.3.4　快速加热工艺

1. 快速加热工艺技术

快速加热工艺(rapid thermal processing，RTP)为近年来颇受瞩目的一项新技术，并已开始被广泛应用于超大规模集成电路的制造，来取代传统高温灯管。传统式高温灯管的缺点是在加热过程中，前后需要很长的升热和降热时间(其升热降热速率约为 5～50℃/min)，造成无可避免长热预算时间，引起掺杂浓度及结合面的扩散，因此已无法满足深亚微米元件工艺的低热预算需求。而快速加热工艺因利用瞬时光管(transient lamp)快速加热的原理，可在很短的几秒钟时间内(其升温和降温速率可达 10～200℃/s)，将一整片硅晶片加热到几百度甚至一千度以上高温，符合深亚微米元件工艺的低热预算需求，故近年来已有取代传统灯管的趋势。快速加热工艺的可能应用范围很广，包括超薄氧化层生长，氮氧化层生长，退火，扩散，金属硅化物形成，浅接面形成等等，适合大量生产的 RTA 机器设备在 1992 年趋于成熟。将于本章中分别详述。

传统高温灯管工艺是利用对热流和热传导的加热原理，使硅晶片与整个灯管周围环境达到热平衡，因此可非常精确地控制晶片上的实际温度，且可一次同时加热大量的晶片，很适合传统的多晶片制备(batch process)，而达到降低制备时间及成本的目的。然而其最大的缺点为升热预算，使其无法胜任深亚微米元件工艺的应用。且因为灯管壁长时间被加热到高温，容易淀积杂质，使晶片遭受污染。因此随着元件的缩小，传统高温灯管制备越来越难满足对污染的严格要求。而快速加热制备因利用瞬时光管的快速加热，及只对硅晶片选择性吸热的特殊性，可以迅速将晶片选择性升温，而使周围腔壁仍维持在低温；不但减低热预算，且减少晶片污染，很适合八寸及未来更大直径晶片的单片(single wafer)制备。

快速加热制备的缺点则为较难准确控制晶片的实际温度及其均匀性，而且也有可能在晶片上产生瞬间大量的不均匀温度分布，进而引发位错等晶片缺陷。这是因为快速加热制备是利用瞬间光管对硅晶片选择性吸热的原理，所以实际晶片的升温速率取决于很多复杂的因素，包括晶片本身的吸热效率，瞬时光管辐射的波长及强度，RTP 周围腔壁的反射率，以及辐射光的反射及折射。晶片本身的吸收效率取决于起始晶片本身的放射特性(intrinsic emissivity)，以及所有淀积或成长于晶片表面或背面的绝缘层或导电层的外加放射特性(extrinsic emissivity)。而对一有实际电路图形的晶片，其情形更为复杂。因为线路图形造成晶片表明分布状况的不同，可引起一片晶片上不均匀的温度分布。一般而言，对 1.2～6 μm 的光管辐射波长及 600 度以下的温度，硅晶片的升温速率主要是取决于晶片的本身放射特性；因此其升温速率受晶片厚度、杂质浓度的影响。如何设计出能减缓晶片上不均匀升温的快速加热系统，是所有 RTP 设备制造厂的一个最主要研发项目。

如上所述，在同一晶片上温度的均匀性，是快速加热制备设备很重要的一个指标。一个简易测定快速加热制备中晶片上的温度分布的方式，是在空白硅晶片上，以不同的时间及温度生长氧化层。再以椭圆测厚仪法测量氧化层厚度，根据氧化机制中厚度与温度的关系方程式，即可换算出晶片上的温度分布。为了减轻晶片上不均匀的升温现象，可用大面积分布的热源代替早期的单一点状热源，使晶片升温更为均匀。而且因为考虑晶片周围散热较快的因素，一般可在晶片周围加以加大的热源，或者尽量减少晶片的散热，来达到减小晶片上的温差的效果。对 1 050～1 150℃间的制备温度，一般商用制备设备的晶片温差大约可控制在±15℃之内。在此温度范围内，SUPREM 模拟结果显示对结合面深度可产生约 7%的差异。

一般常用瞬时光管辐射源有钨卤灯、氙灯、氩灯等。瞬时光管之所以能对硅晶片作选择性升温，是因为一般所用的光源波长在 0.3～4 μm 之间，石英管壁无法有效吸收此段波长的辐射，而硅晶片则恰好相反。光源的能量几乎全部用来做加热晶片用，故可以在短短的数秒钟内，很快将晶片升温至制备所需的温度。而石英管壁则仍维持在低温，是属于所谓的冷壁(cold wall)制备。

几乎所有商用 RTP 设备都利用红外线高温计测法(infrared optical pyromatry)来量测

制备当中晶片温度。红外线高温计提供了一个快速，无接触的温度测量方式。然而红外线高温计的最大缺陷，是硅晶片的放射性特性为一相当难的函数，受很多因素的影响；其中包括所有淀积或成长于晶片表面及背面的各种绝缘层或导电层，以及硅晶片上的线路图形。所以在实际生产时，须针对每一片晶片作个别校正，才能保证制备温度的精确性及复杂性。而为了增进温度测量的精确度，通常可采用整合温度控制系统。

集成电路制备过程中，需要将晶片加热的步骤包括快速加热化学氧化淀积(RT - CVD)、超薄氧化层成长及氮化、注入离子活化、浅接合而形成、退火、扩散、金属硅化物形成、垒晶生长、双极元件中浅掺杂晶体射极成长，以及接触孔铝合金形成等等。以下将分别叙述快速加热制备过程在上述步骤中的应用。

2. 快速加热化学气相淀积(RT - CVD, rapid thermal - CVD)

一般低压化学气相淀积(LPCVD)制备过程，在 0.5 torr 的气压中淀积薄膜。在这个压力范围内，主要的传热方式为热传导。而对流为次要因素，而且对 600℃以上的制备过程，硅晶片的热辐射源是不透明的；换句话说，热辐射源的热被晶片表面吸收。辐射热损失也将发生在晶片表面。

传统 LPCVD 通常是多片制备过程(batch process)，一次可同时淀积几十片晶片，因此可以容忍较慢的淀积率(Å/min)。而 RTP 制备过程，较适合采用单片制备过程，因此应用到 CVD 制备过程时，必须考虑以提高制备温度，来获得较高的淀积率(大于 1 000Å/min)，才能维持 30～60 片/h 晶片的合理量产输出率。如图 7 - 36 所示，以 SiH_4 成长作为栅极的多晶硅时，若将 RTP 制备过程温度提高到 725℃，则淀积率可提高到 1 000Å/min 以上。与采用 625℃左右的传统 LPCVD 制备过程比较，其淀积率大约快了 10 倍，故勉强可弥补单片制备方式先天上较慢的输出率。对传统的 LPCVD 制备过程，提高制备过程温度通常都会无可避免地形成表面粗糙的多晶硅；然而对 RT - CVD 法，若采用较高的制备过程气压(约 3～4 torr)，可得到表面相当平滑的多晶硅，如图 7 - 37 所示。

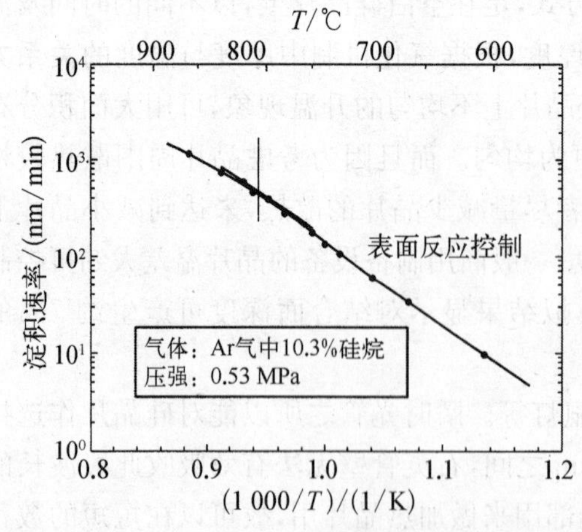

图 7 - 36　以 RTP 法生长多晶硅淀积率与温度关系

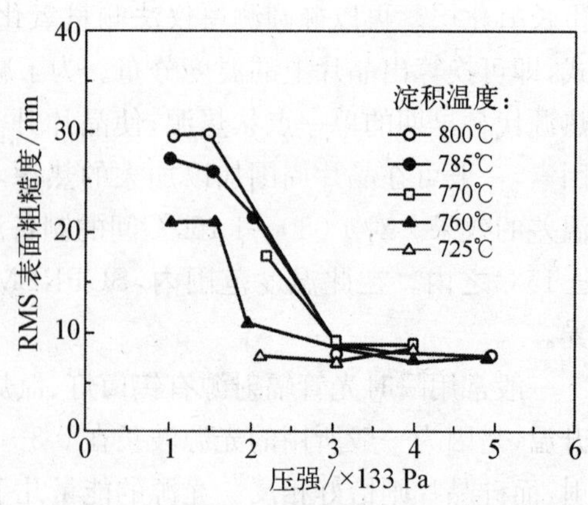

图 7 - 37　以 RTP 法生长多晶硅表面粗度与制程气压关系

注：当气压大于 3 torr 以上时，可得表面相当平滑的多晶硅。

RT－CVD 除了应用于多晶硅外，也可用来淀积二氧化硅及氧化硅。对传统 LPCVD 方法，SiH_2Cl_2 或是 SiH_4 均可用来淀积氮化硅。然而在考虑如何应用到 RT－CVD 制备过程时，因为 SiH_2Cl_2 制备过程会产生氯化氨（NH_4Cl）副产品，会大量淀积于包括管壁与石英窗在内的整个 RT－CVD 系统；因此以 RT－CVD 淀积氮化硅时，通常均采用 NH_3 ∶ SiH_4 的比例应大于120∶1才能获得正确化学成分比（tachometric）的氮化硅。可是对如此高的 NH_3 ∶ SiH_4 比，即使在 785℃的高温环境下，氮化硅淀积率仍然非常慢（100Å/s）如图 7－38 所示。因此 RT－CVD 制备过程通常只适合用来淀积可作栅极介电层用的薄氮化硅。

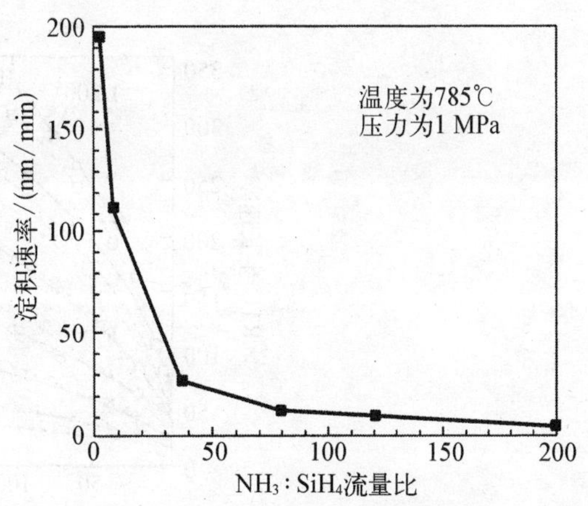

图 7－38　以 RTP 法生长氮化硅淀积率与 NH_3 ∶ SiH_4 流量比的关系

RT－CVD 法应用于需要厚氧化硅层（数千埃）的后续制备过程。例如，边壁间隔时，需要兼顾高淀积率及均覆性，因此通常采用 TEOS（tetraethoxysilane or tetraethylorthosilicate），以 800℃以上的高温，可得每分钟 1 000 埃的淀积速率，符合单片制备过程大量生产输出率的要求。然而如此高的温度，却使其无法应用于多层金属导体连线间的绝缘层。截至目前为止，市场上尚无适合淀积多层金属连线的绝缘层低温（小于 450℃）系统问世。

RT－CVD 薄氧化硅层的优点在于可同时生长薄栅极介电层及栅极多晶硅。这是因为二者均可以 RT－CVD 法淀积，故可利用同一套多腔 RT－CVD 淀积系统，一气呵成，不需破坏真空度，使介面没有污染。此特点也是以 RT－CVD 淀积氧化硅的方式与下一节中将叙述的超薄氧化层生长法最大的不同之处。RTD 一般是以 950℃以上的高温，在大气压力下生长。虽然 RTO 法一般有较佳的特性，但却无法与以低气压淀积的多晶硅栅极共用一套多腔系统，在同一次抽真空中完成生长。要用 RT－CVD 法淀积薄栅极二氧化硅，可用 SiH_4 及 N_2O，在 800℃淀积。其活化能约为 1.5～1.75 eV。淀积速率则可达 50Å/min，此速率约为传统高温氧化法的 100 倍。

3. 快速氧化层生长及氮化

快速氧化及氮化制备过程很适合用于生长深亚微米元件所需的超薄氧化层。一般而言，对 0.25 μm 工艺，其氧化层厚度只在 60～70Å。而对 0.18 μm 工艺，其氧化层厚度只有 40Å。一个理想的 RTO 系统除了具备一个理想的 RTP 的基本条件外，还需能够处理氧化过程所需的各种反应气体，且能够很快地变换工艺所需的气体，而不污染晶片。而且 RTO 系统也同时要能够抽真空。

RTO 工艺可为单一阶段式，或是如图 7－38 所示之一典型两阶段 RTO 工艺。两阶段 RTO 工艺是在单一阶段式 RTO 之后，附加一段快速退火。如图 7－39 所示，RTO 生长速率及活化能量并不同于 RTO 系统，其线性区的活化能量可在 1.41～1.71 之间；而传统高温灯管的值则约为 1.76。如图 7－40 所示，RTO 的氧化率在〈110〉方向最快，而在〈100〉方向最慢。而且不同方向的氧化率差别会随着 RTO 温度升高而降低。因此在 1 200℃的 RTO 温度，不同方向上几乎有着相

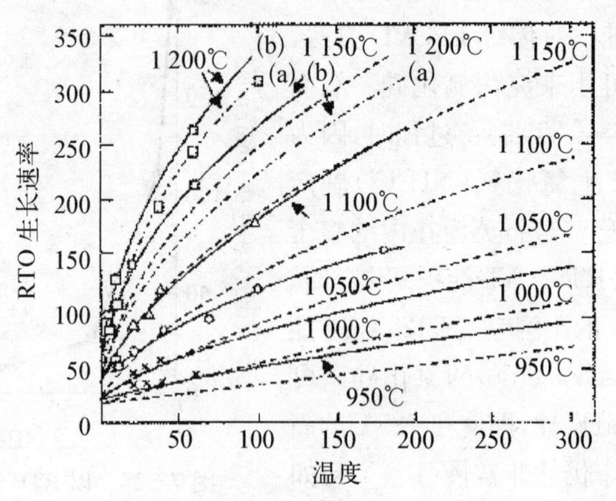

图 7－39　RTO 生长速率与温度关系图

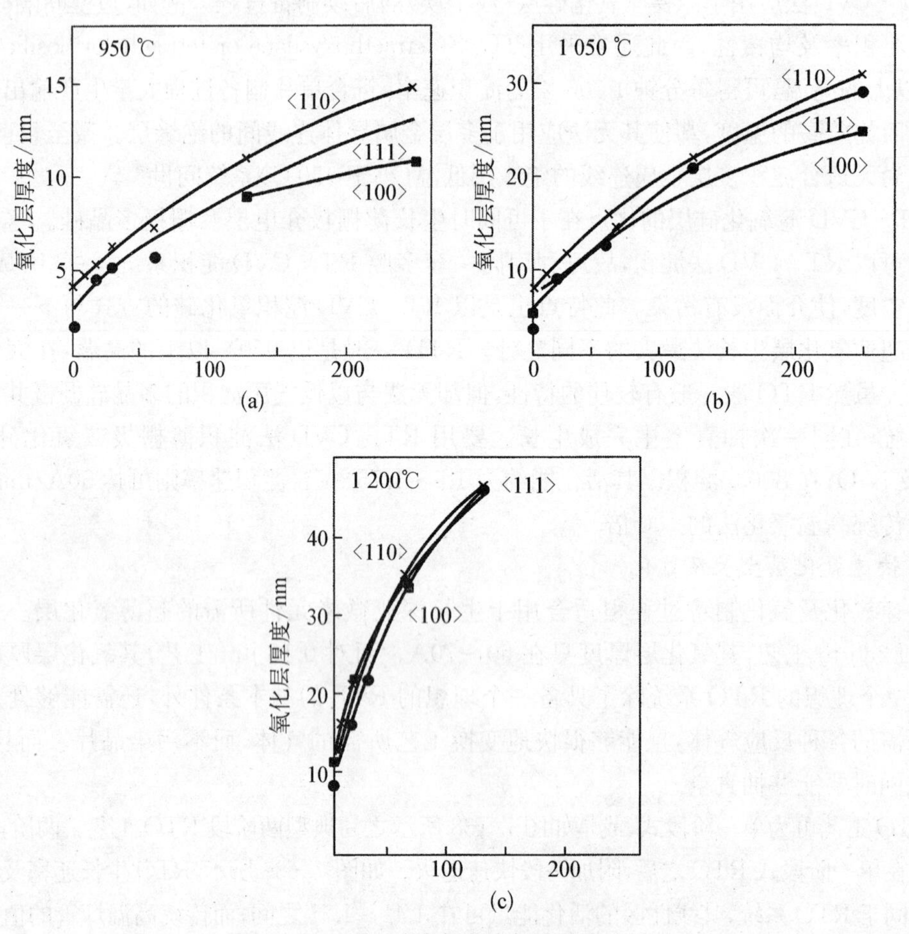

图 7－40　RTO 法生长速率与硅晶圆的关系

(a) 950℃　(b) 1 050℃　(c) 1 200℃在高生长温度时，各方向间的速率差别减小

同的成长速率。至于HCl对RTO的作用,则与传统高温氧化灯生长相似,均有提高氧化率的效果;如图7-41所示。以高浓度硅晶作基板,也同样有提高氧化率的效果。

一般最常见RTO温度控制系统为开路式控制,利用高温计的测量值,作为控制回来输入。因此必须知道晶片的有效光放射特性,才能精确换算出晶片上的确切温度。然而如本章前面所述,晶片的有效光放射特性受很多因素所影响,导致精确度控制上的困难。一般而言,晶片实际温度测量值的误差可达50℃。

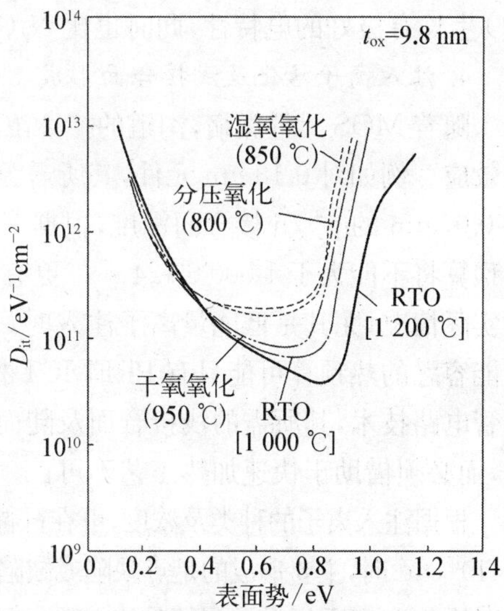

图7-41 RTO与传统灯管(FO)生长氧化层介面捕获密度分布比较

利用RTO生长超薄氧化层,一般均有极好的电特性。不论固定电荷,界面电荷,击穿总电荷等特性,均可与传统高温氧化灯生长相匹配,甚至更好。例如在一对照实验中,Q_{bd}值可从传统高温氧化生长的20 Coulomb/cm^2,显著增进至80 Coulomb/cm^2。如图7-42所示,RTO所得介电层也有较好的界面捕获密度和零时介质崩溃电压的分布。这些实验数据均显示,快速生长法可得较好性能的氧化层。

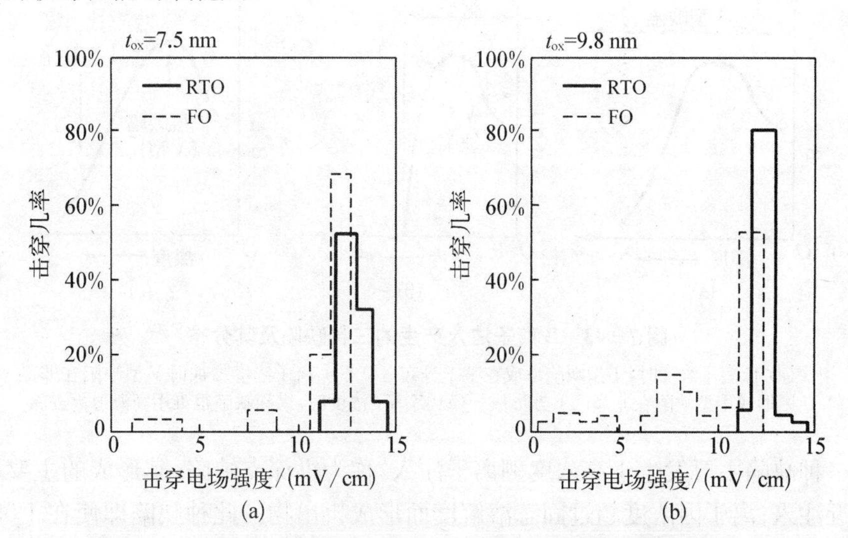

图7-42 RTO与传统灯管(F0)生长氧化层击穿电压(TZDB)比较

(a) 厚度75埃 (b) 厚度98埃,RTO法可得较佳的击穿电压

快速工艺也可用来对氧化层加以氮化,使形成一含氮的界面,而得到更好的电性能。氮化氧化层同时也可增进对硼渗透的抵抗力,对以P^+型多晶硅作为P型晶体管栅极的次0.25 μm技术,就更加重要了。各种不同的气体,包括NH_3、N_2O、NO等均曾被用来做TRN。NH_3可形成含氮量高,对硼渗透有高阻抗的介电层,其缺点是使电子俘获率及载流子迁移率恶化。N_2O的主要缺点为无法形成含氮高的界面,从而无法有效遏制硼渗透。

NO 生长有极好的电特性，同时也比 N_2O 更有效使介面氮化，是一种极有潜力的新工艺。

4. 注入离子活化及浅接合面形成

随着 MOS 元件微缩，沟道的掺杂浓度及源极/漏极区接合面必须相对变浅，以避免短沟道效应。例如对 0.18 μm 元件，其所需源极/漏极区接合面深度，可能只有 0.07 μm。而要保持 0.07 μm 的 p^+/n 接合面深度，根据工艺模拟软件 PREDICT1.5 的推算，其所能容忍最大热预算将不能大于 1 000℃/24 s^2。更有甚者，用此软件算得的是最乐观的容许热预算值。对实际情况，尤其是低能量离子注入时，若考虑因粒子破坏所引起的暂态加速扩散，则实际所能容忍的热预算可能只有 PREDICT 推算值的十分之一。显而易见，对 Gbit 级以上的晶体管电路技术，其所需的浅接合面及陡而窄的掺杂浓度分布，已非传统高温灯管制备所能承担，而必须借助于快速加热工艺不可。

根据注入离子的种类及浓度，可在硅晶内产生各种不同的缺陷。例如当离子浓度大约小于 2×10^{14} cm^2 时，主要形成的是点缺陷或缺陷群。如图 7-43(a)所示，间隙式缺陷(简称Ⅰ型)可分布在整个注入区，以及更深的晶体内部。但当离子浓度大于上述值时，此时硅晶体表面可形成一非晶层。如图 7-43(b)所示，在非晶层部分形成空位型缺陷(简称Ⅴ型)；而Ⅰ型缺陷则形成于非晶层下方。而位于非晶层及其下方晶层交界处则产生称为 Type-Ⅱ 的错位环。因为 Type-Ⅱ 错位环刚好位于离子注入纵向深度的终点，所以又称为注入终点缺陷(简称 ERO 缺陷)。

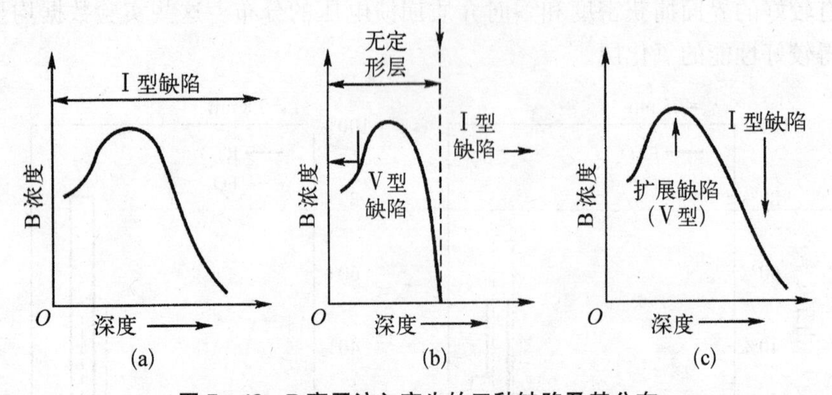

图 7-43　B 离子注入产生的三种缺陷及其分布

(a) 低离子浓度时，Ⅰ型缺陷形成在整个分布区　(b) 离子浓度增加时Ⅴ型缺陷在非晶区形成Ⅰ型缺陷在非晶区下方形成　(c) 高离子浓度时，纵深缺陷很难用高温退火去除

另外一种缺陷主要发生于高浓度硼离子注入，称为纵深点缺陷，其形成的主要原因为在纵深点附近注入；离子因浓度超过固态溶解度而形成析出物。此种缺陷即使在 1 050℃的高温时，也相当稳定，因此很难用退火处理除去。一般在退火时，这种纵深点缺陷会演化成自间隙型缺陷，这种缺陷也是引起暂态加速扩散的主要原因。

近年来对利用 RTP 工艺形成深亚微米元件所需注入离子活化，及 n^+/p，p^+/n 等浅接面均有很多文献，其中最显著讨论广的现象为暂态加速扩散。以低剂量硼离子为例，其暂态加速扩散时间常数 $D(t)$ 为

$$D(t)=D_i+D_0\exp\left(-\frac{t}{2}\right) \tag{7-47}$$

其中 D_i 为硼本身的扩散系数，D_0 为 $t=0$ 时的加速扩散系数，τ 为点状缺陷的衰减率，其关系如下

$$D_0 = 1.4 \times 10^{-7} \exp(-1.1\ \mathrm{eV/kT})(\mathrm{cm^2/sec}) \tag{7-48}$$

$$\tau = 2.9 \times 10^{-6} \exp(1.57\ \mathrm{eV/kT})(\mathrm{sec}) \tag{7-49}$$

对低于 1 050℃极短的 RTA，硼离子的暂态加速扩散速率，取决于点状缺陷群的快速衰减率。因此暂态加速扩散常数与损坏的时间常数，二者也是息息相关的。而在较高的温度时(>1 050℃)，硼离子的暂态加速扩散速率，则取决于 Type-Ⅱ错位环的衰减率。一般而言，暂态加速扩散时间常数可随着注入剂量增加而变长。对 $1\times10^{14}\ \mathrm{cm^2}$ 时，因晶格损坏的程度增大，使暂态加速扩散延长至 40 s 结束。在如此高的注入剂量时，在离子浓度的高峰点附近，形成一以缓慢速率扩散的区域；而在扩散点最前端的离子，则以上百倍的速率向前推进。从实用的角度来说，硼及磷离子在 RTA 处理时的暂态扩散现象，都可通过降低注入离子的能量来减轻。

比较可知硼的暂态扩散时间常数随注入浓度增加而延长硼离子的活化机制，取决于硼离子从间隙晶格位置进入取代性晶格位置。因为这过程牵扯到需要从由点状缺陷为中继站，所以活化能量为 5 eV(此即硅原子的扩散能量)，所以随温度的变化很强烈。高浓度注入的硼离子在低于 850℃时，其活化速率非常缓慢。如图 7-44 所示，即使经过 800℃，两小时退火，大多数的硼离子仍然尚未活化。相比之下，在摄氏 900 度以上的 RTA 温度，其活化效率则提高许多。如图 7-45 所示，对 $1\times10^{16}\ \mathrm{cm^2}$ 的高剂量注入离子，在 1 000℃，5 s 的 RTA 处理后，即可达到 $2\times10^{15}\ \mathrm{cm^2}$ 高的活化离子浓度。

非活化的磷离子是以磷化物的形式存在，高温 RTA 处理很容易将磷离子完全活化，并无问题，而砷离子的活化机制与磷离子类似，虽然文献中对非活化砷离子的存在形式仍有争议。一般来说，对高浓度砷离子，1 000℃，5 min 的 RTA；或是 900℃，1 h，都可有效地将砷离子活化。

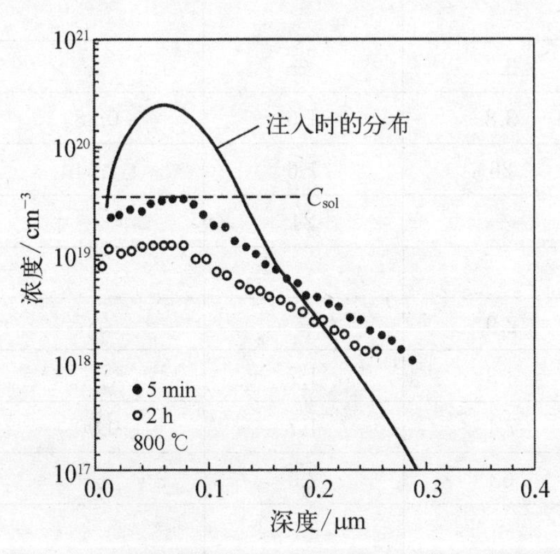

图 7-44　高浓度注入($20\ \mathrm{keV}, 2\times10^{15}\ \mathrm{cm^{-2}}$)硼离子经 800℃ 不同退火时间(5 min 及 2 h)活化载流子浓度纵深

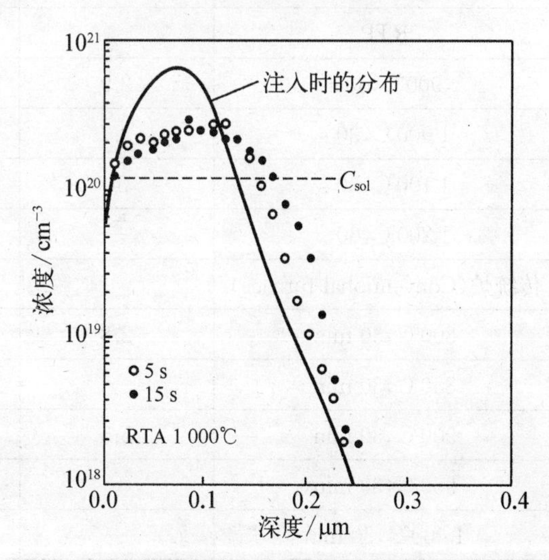

图 7-45　高浓度注入($30\ \mathrm{keV}, 1\times10^{16}\ \mathrm{cm^{-2}}$)的硼离子经 900℃ 不同退火时间(5 s 及 15 s)活化载流子浓度纵深

5. 金属硅化物形成

快速高温退火很可能普及所有后段工艺，然而 RTP 工艺中最成熟且最早应用于量产的工艺当首推金属硅化物的形成。在深亚微米元件工艺中，为避免源极/漏极区寄生串联电阻引起的晶体管驱动电流衰减，对源极/漏极区加以硅化处理，已成为一重要且广为应用的工艺技术。这可以由单纯源极/漏极区硅化处理或由自行校准硅化处理来完成。自行校准硅化处理可同时完成源极/漏极栅极区的硅化处理，对利用栅极作为导线的电路就更重要了。而随着元件的微缩，源极/漏极的接面变浅，源极/漏极的硅化层厚度也必须随之微缩而变薄，以避免小工程漏电界面，举例来说，对 0.18 μm 线宽的技术，其接面深度已小于 0.1 μm，而其源极/漏极硅化层的厚度可能只有 0.01～0.04 μm。

一般最常用的金属硅化层为硅化钛，其他如硅化钴，硅化镍等近年来也由不少专家学者在研究。硅化钛的形成，一般都采用量阶段退火方式。首先以溅射或化学气相淀积法生长一金属钛膜；或以共溅法溅射一钛硅层，接着在 650℃左右，进行第一阶段退火，使金属钛与接触硅基板反应，形成硅化钛。此时的硅化钛主要是由电阻值较高的 C49 相构成。借助于溶液(如 5∶1∶1 的去离子水∶30%双氧水∶NH_4OH)来去除淀积于绝缘层上未反应的金属钛。并顺便去除反应过程中，在表面形成的氮化硅层。接着在含氮或氩气体中，在 800℃左右，进行第二阶段退火。第二阶段退火可将电阻值较高的 C49 相硅化钛转换成电阻值较低 C54 相的硅化钛，而达到最低的面电阻。如表 7-6 所示，金属硅化层的面电阻值取决于淀积金属厚度，退火后温度、时间及气体(氩或氮)。

表 7-6　硅化钛面电阻工艺参数(金属钛厚，退火方式及温度时间)的关系

	40 nm Ti	40 nm Ti	60 nm Ti	100 nm Ti
	Ar	N_2	Capped(N_2)	N_2
热处理前(As formed)	3.1	3.1	1.6	0.88
RTP				
900℃，30 s	2.9	3.2	—	—
1 000℃，30 s	2.7	3.8	1.6	0.88
1 100℃，30 s	30	26	1.6	1.04
1 200℃，30 s	—	—	24	—
传统炉(Conventional furnace)				
800℃，30 min	2.8	2.9	—	0.87
850℃，30 min	—	3.3	1.7	—
900℃，30 min	5.5	7.1	1.7	0.90
950℃，30 min	—	63	2.0	—
1 000℃，30 min	—	—	3.5	—

注：Sheet resistance of $TiSi_2$ layer after heat treatments from 800℃ to 1 200℃ for 30 s or 30 min in N_2 or Ar ambient，Three silicide thicknesses were used (starting from 40，60 and 100 nm Ti). yielding a silicide layer of ±50，90 and 150 nm，respectively，value are in Ω/sp.

传统高温灯管工艺不可避免的长热预算造成杂质扩散及接触面变深，严重影响晶体管特性，例如一些短沟道效应像穿透，临界电压降低等均恶化，使元件微缩困难。而对自行对准硅化处理工艺，传统的高温灯管退火方式极易造成源极/漏极及栅极间的短路。这是因为源极/漏极及栅极的硅化钛间仅由薄边壁空间隔离。更为主要的是，随着硅化钛变薄，其所需退火反应时间反而需要更长，而与短热预算的目的背道而驰。以上因素均显示对深亚微米元件必须借助 RTP 工艺。

当淀积金属层形成硅化层时，将有部分硅材料被消耗掉。如第 5 章表 5 - 10 所示，每淀积一单位金属钛，会消耗掉 2.24 单位厚度的硅材，而形成一 2.5 单位厚度的硅化钛。对硅化钴而言，每淀积一单位厚度的钴，会消耗掉 3.63 单位厚度的硅材，而形成一 3.49 单位厚度的硅化钴。

硅化钛虽然在所有硅材料中应用最广，然而当多晶硅栅极线宽微缩至 0.5 μm 以下时，硅化钛无法在狭窄的栅极上，形成高导电性 C54 相，使栅极导电性恶化。硅化钴虽然没有类似效应，然而硅化钴不能还原氧化硅，所以事先适当的清洁工作就显得非常重要。如图 7 - 46 所示，要得到相同的面电阻，硅化钴需要消耗较厚的硅材，这也使的浅接面的形成比硅化钛更受限制。此外，一些掺杂物在硅化钴中扩散速度很快，因此对以 P^+ 型多晶硅为 P 型晶体管栅极的次 0.25 μm 技术，$CoSi_2$ 若直接连接 P^+ 和 N^+ 多晶硅时，可使得硼离子扩散至 N 型多晶硅，而磷离子则扩散至 P 型多晶硅，造成多晶硅特性的漂移。可以利用 TiN/Poly 的变层栅极来避免这一问题。

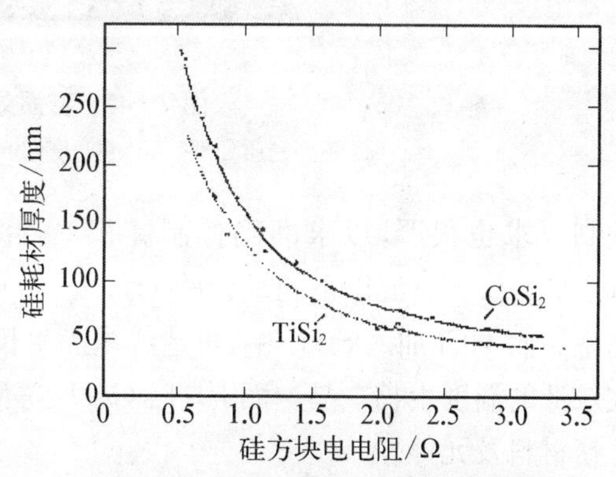

图 7 - 46　硅化物形成时所需消耗硅材厚度对面电阻的关系

淀积于硅基板上的钴受到 RTP 处理时，其面电阻的变化情形参见第 5 章图 5 - 93。在 400℃左右，金属钴开始形成 Co_2Si 及 CoSi，使面电阻上升；在 500℃全部转换成高电阻 CoSi；在 700℃以上时，随着高导电性 $CoSi_2$ 的形成，面电阻也降到最低。

6. 磷硅玻璃(PSG)或硼磷硅玻璃(BPSG)的缓流及再缓流

PSG 或 BPSG 多用于栅极与第一层金属间的绝缘层，故其表面起伏度对后段工艺的完整性有相当大的影响。BPSG 开接触孔前面的缓流，或开接触孔后的再缓流，其特性取决于材料成分(注：含磷及含硼的百分比)、环流或再环流条件(温度、时间、气体等)，以及事先的密质比的处理过程。一般而言，长时间、高温及水蒸气下，其缓流或再缓流的效果越好。而含硼的质量百分比每增加 1%，所需的缓流温度约可降低 40℃。然而含硼量需保持 5%以下，以维持材料的稳定性。而用 30 秒的 RTA 处理，其缓流效果大概相当于用约低 100 到 175℃的传统长时间灯管所得。如图 7 - 47 所示，事先的密质比处理也对缓流效果有很重要的影响；若没有经过 700℃，20 s 的密质比处理，则即使加以同样的 1 100℃，20 s RTA 缓流处理，仍不见显著效果。

7. 垒晶生长

生长垒晶的 RTP 设备，其对氧化纯度的要求，比别的 RTP 工艺要严格很多。对温度的

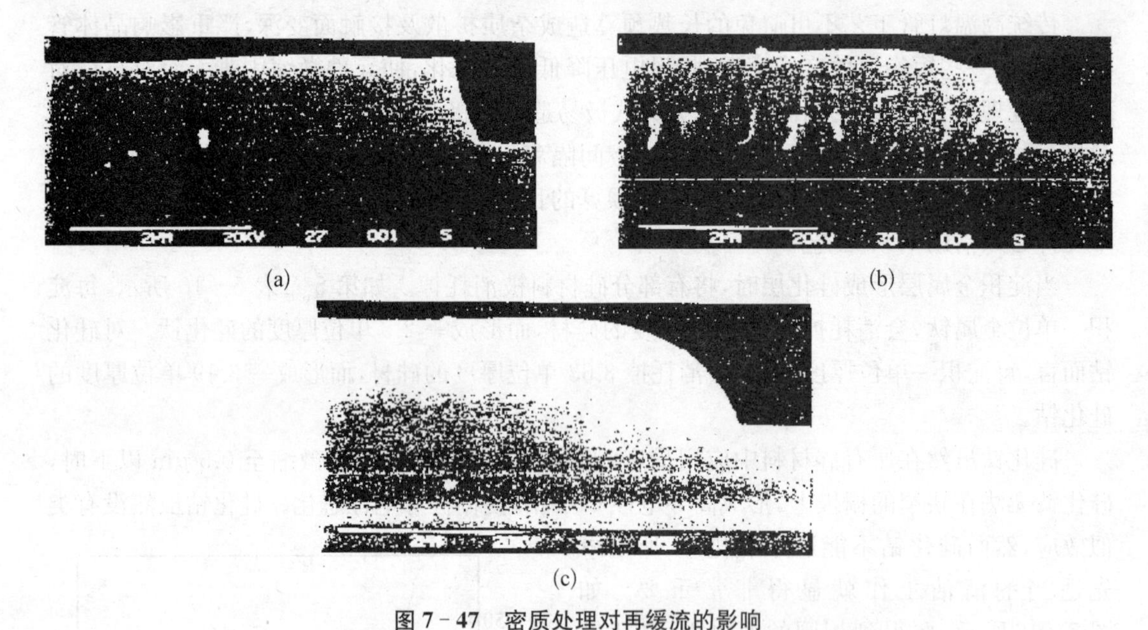

(a)　　　　(b)

(c)

图 7-47　密质处理对再缓流的影响

(a) 不经密质处理　(b) 600 度，20 s 密质处理　(c) 700 度，20 s 密质处理

控制要求也很严，以求准确控制淀积率，并避免位错的产生。常用的生长气体有 SiH_4，SiH_2Cl_2，Si_2H_6；混以不同组合的 H_2，N_2 或 HCl。以 SiH_4 生长比以 SiH_2Cl_2 生长有较快的速率。而 HCl 加入 SiH_4 中，可造成垒晶生长速率的骤减。① 近年来有文献报道，用 Si_2H_6 可在较低的温度生长垒晶。而 B_2H_6，GeH_4 等则常被用来掺杂硅垒晶，或是生长可用于高频的硅锗材料及元件。

7.3.5　快速升温系统介绍

快速升温系统在设计上是与传统高温灯管完全不同的。传统灯管的构造主要是有电阻式加热线圈，而且石英管的长度很长，因此可以一次同时处理超过百片的晶片以降低成本。电阻式的加热线圈一般只能有小于 10℃/min 的升温速度，因此不太能达到 100℃/min 的升温要求。快速升温系统与传统灯管不同，快速升温系统为单片晶片作业，利用白炽灯发出辐射热，传导到晶片吸收后，将晶片温度上升，而传统式灯管则是利用电阻式线圈在石英管壁加热。另外在温度测量上，传统式是利用热电偶式，这是利用材料随温度不同所引起的电压差来计算温度的方式。此种方式有几个缺点分别为：反应速率较慢、在高温工艺中时间太长容易使性能恶化，需时常做校正，另外如果不再套上石英或是碳化硅管而直接在晶背测量温度，便容易与硅产生化学反应。快速升温系统采用红外线测温计可避免直接与硅晶片接触。但此种方式一般会因晶片在工艺中出现如杂质在高温往外扩散或背面堆叠其他薄膜而影响其准确性，导致晶片与晶片间的均匀性变差。改良过后的温度测量系统可以如图 7-48 所示。利用热电偶高温计，配合软硬体作为高速计算及反馈，直接与晶片背面接

---

① 参考资料：Tong J E，Schertenleibk，Caprio R A[J]. Solid States Techool，1984(27)：161.

触。热电偶式的高温计则包裹在磷化硅管鞘内，这样可以避免其本身与硅晶片及工艺中其他气体反应，及避免不同硅晶片背面条件所引发的问题如高温计不准性。

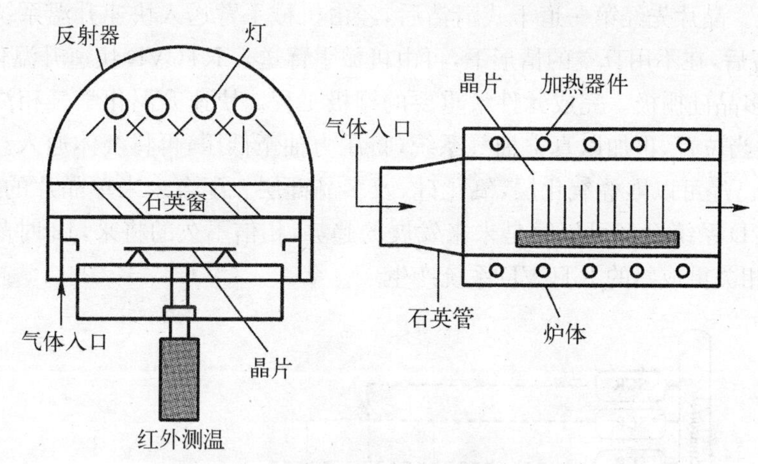

图 7－48　RTA 与传统炉管的比较

(a) RTA 系统　(b) 系统炉管

快速升温系统至今未能大量使用，主要是考虑到温度的均匀性及再现性两个问题，而跟温度最有关系的是加热灯泡的选用与设计。一般常见的光源如氙灯、氩灯及钨卤灯，其中钨卤灯被广为采用。为了达到加热的均匀性，灯管可采用与晶片平行方式放置，且将加热区域再细分几个区作为加热微调。使用者可以调整加热的速率，通常可以由 10～200℃/s 的范围自由设定。通常市场上销售的机台大都可以达到均匀性在 1%之内，而再现性可以在 1.5%之内。每小时可有 40 片左右的作业量。另一种最新的灯泡放置方式则突破传统灯管与晶片平行的方式，是由应用材料公司发展的蜂巢式灯管结构。其中灯管是与晶片呈垂直照射，每一灯泡有其自己平行的光组件。这种系统需要较多的灯管以及较多的区域，且需要独立的温控系统，配合晶片的旋转，可以达到非常均匀的加热效果。在快速升温过程温度控制可以在 22℃，而在平坦区则可有±0.5℃的均匀性表现，虽然这种结构较为复杂，但比以往典型平坦式灯泡有更好的均匀性。整个蜂巢式快速上升系统如图 7－49 所示。有 187 根灯泡在上盖。这样的系统，另一个好处是当晶片的直径越来越大时，系统的扩充性，设计较为简单，只需要加多灯泡及一些必要的修正就行。

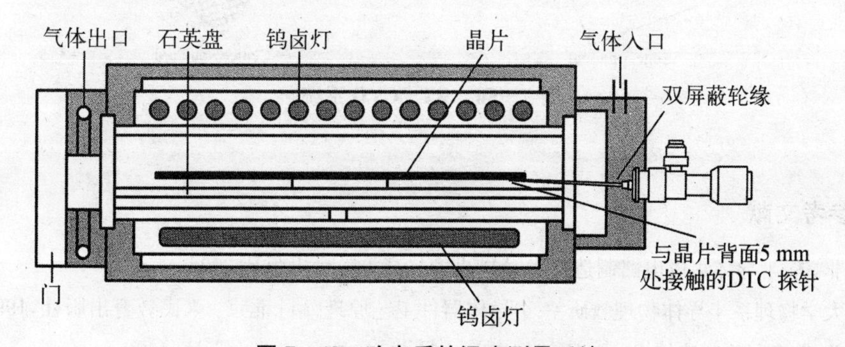

图 7－49　改良后的温度测量系统

在前面所述的系统，一般都是在一个大气压下执行，不需要额外的抽气系统。然而在以后单片晶片的工艺中，低压快速升温系统就显得重要。图 7－50 是一个可以用在整合型的快速升温系统。晶片先经第一道干式清洁后，经由机械手臂送入快速升温系统做氧化层栅极(RTO)反应后，在不用真空的情形下，再由机械手臂送入 RTCVD 快速升温化学气相淀积系统，堆叠出多晶硅栅极。完成元件最重要的栅极工程。快速升温化学气相淀积系统可以在反应腔的适当位置，再加以真空抽气系统，将压力抽至低压，再将气体通入。目前成熟的 RTCVD 系统已经可以堆叠氧化层，氧化硅，及多晶硅层。配合未来单晶片的操作模式，金属层的 RTCVD 系统已经可以算是未来发展的趋势，相信不久的将来，12 吋晶片开始采用时，一定会有相关更成熟的 RTCVD 系统产生。

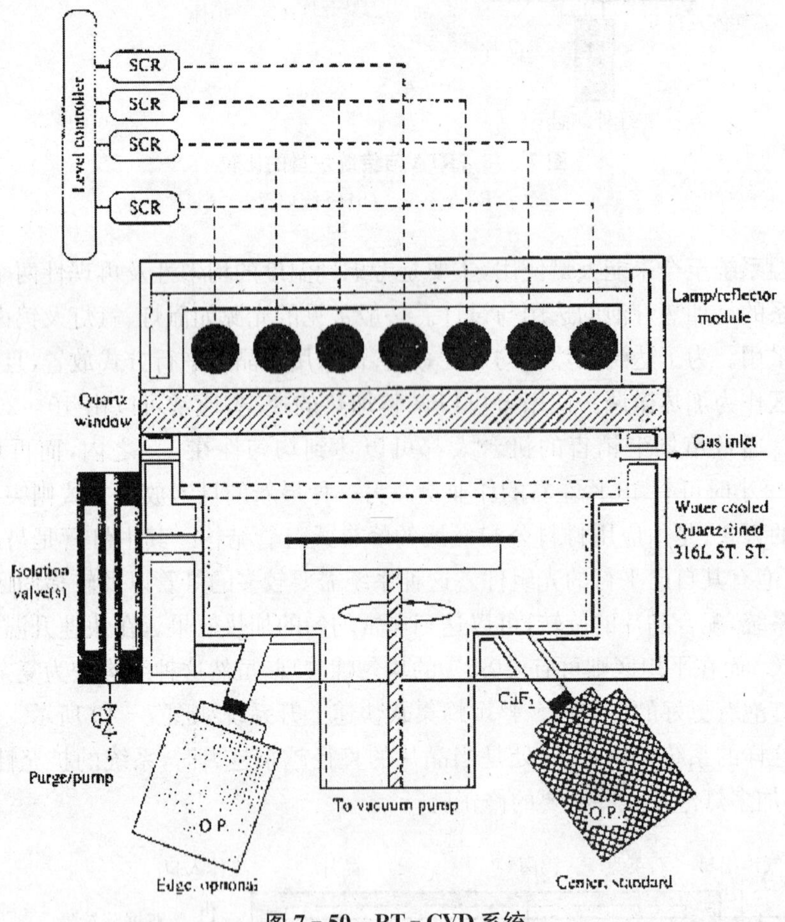

图 7－50　RT－CVD 系统

本章主要参考文献

［1］ 张亚非，等.半导体集成电路制造技术［M］.北京：高等教育出版社 2006.

［2］ 厦门大学物理系半导体物理教研室.半导体器件工艺原理［M］.北京：人民教育出版社，1997.

［3］ 庄同曾.集成电路制造技术——原理与实践［M］.北京：电子工业出版社，1990.

[4] 张兴、黄如、刘晓彦.微电子学概论[M].北京：北京大学出版社，2000.
[5] Hill M. Diffusion of silicon in gold[S]. J. Electrochem. Soc. 1982，129：1579 - 1587.
[6] 天津半导体器件厂译.硅半导体工艺数据手册[S].北京：国防工业出版社，1975.
[7] 王阳元，T.I.卡明斯，赵宝瑛等.多晶硅薄膜及其在集成电路中的应用[M].北京：科学出版社，2001.
[8] 张俊彦.集成电路制程及设备技术手册[S].中国台湾电子材料与元件协会出版，1997.

第 3 篇

集成电路工程学及其后勤工程

第8章 集成电路工程学

集成电路工程学包括集成电路生产的质量控制(SQC，statistical quality control)，试验设计(DOE，design of experiment)方法，良率(yield)，可靠性(reliability)和芯片的老化处理(burn-in)和芯片出厂前的滤化-老化处理(burn-in)。如果说集成电路制造工艺侧重的是"硬件"部分，集成电路工程学面向的是集成电路生产过程和生产系统的"软件"部分，是集成电路生产的管理和运作。在很多场合下，集成电路工程学的工作不是追求"最"，比如追求最佳性能、最少成本等。集成电路工程学的任务是对一系列利益的平衡，即是高性能与高可靠性的平衡，成本和质量的平衡，性价比，运作时间与集成芯片的完美程度……工程学所侧重的具体目标是长期的完美产品和短期利益的最优化，包括平衡市场、时间、性能、可靠性、成本等多种因素。如图 8-1 所示，可靠性、质量和良率、实验设计方法都是平衡这杆秤的系列集成电路工程学常识。

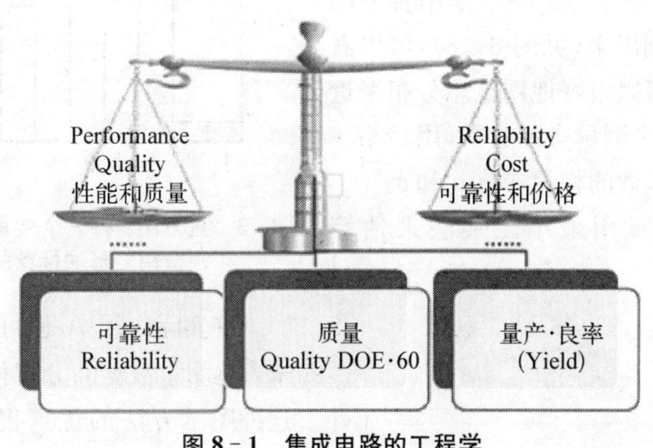

图 8-1 集成电路的工程学

8.1 集成电路质量控制的工程学方法：6σ 原理，Cpk，统计质量控制(SQC)

6σ 是一种统计评估法，核心是追求零缺陷生产，提高集成电路生产的良率。6σ 关注的是集成电路各个具体过程(如氧化层厚度，光刻线条的宽度，薄膜淀积与刻蚀的精度等)的质量控制，最终实现对最后的产品-芯片的质量控制。"σ"是统计学上正态分布(高斯分布)用

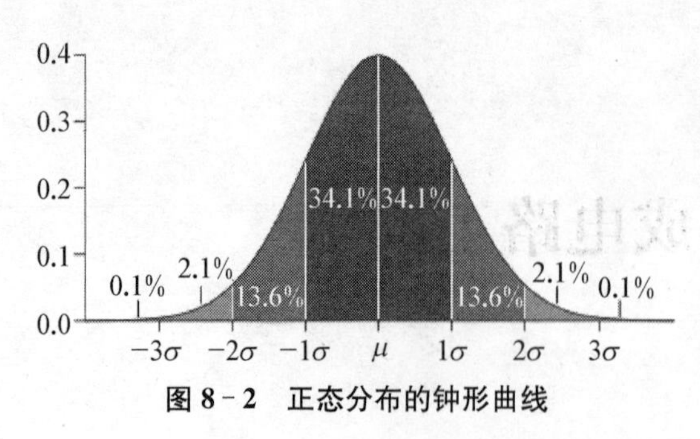

图 8-2　正态分布的钟形曲线

来表示标准偏差的，用以描述总体中的个体偏离均值的程度。正态分布的概率密度函数曲线呈钟形，因此人们又经常称之为“钟形曲线”(见图 8-2)。

正态密度中数值的分布概率可以表征为

$$f(x)=\frac{1}{\sigma\sqrt{2\pi}}\mathrm{e}^{-\frac{(x-\mu)^2}{2\sigma^2}} \qquad (8-1)$$

式中，μ 是目标值，σ 是标准偏差，x 是测量的点。正态密度的总积分值是 1。

正态分布是度量随机缺陷产生统计偏差的一个方便模型，很多的物理测量都近似地服从正态分布。σ 值越小，距离标准值的偏差范围就越小，过程的波动越小，质量控制就越好。6σ 是一个质量水平达到的目标，如果一个生产过程产生的系统偏差可以控制在 -3σ 到 $+3\sigma(6\sigma)$ 之间，代表这个生产过程的质量水平是每一百万个器件，其中只有 3.4 件是有缺陷的。

如在集成电路的制作中，需要氧化层厚度的目标值是 5 nm，而在实际的硅片生产中，硅片上不同的点对应的氧化层的厚度会与目标值 $\mu=5$ nm 有一个偏差，如果我们在硅片上均匀地取 100 个点，并在每一点上测量氧化层的厚度，然后把测量的厚度与出现频率用直方图(histogram)的形式画出来(见图 8-3)，可以看到这个随机分布图可以很好地用正态分布来近似描述，并可根据每个测量点的数据，用最小二乘法获得正态分布函数的相关参数 μ 和 σ。

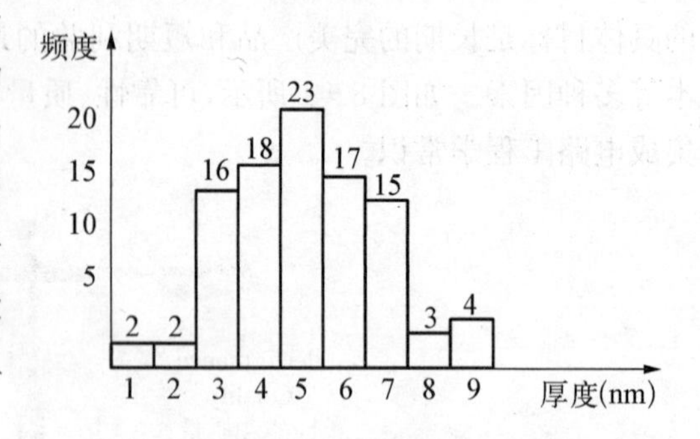

图 8-3　直方图：将一个变量的不同等级的相对频数用矩形块标绘的图表

【习题 8-1】试用最小二乘法来估算图 8-3 的 μ 和 σ。

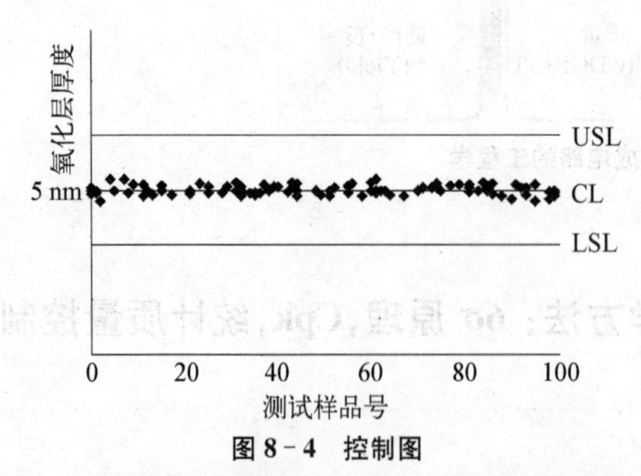

图 8-4　控制图

注：横轴是按照某种顺序(比如时间、序号等等)抽取的样本描点序列。竖轴是氧化层厚度的测量值，横轴是测试点的编号，测量值的目标值 CL(control line)是 5 nm，上下控制界限是 USL(upper spec limit)、LSL(lower spec limit)。

在实际应用中，也可以用以下的控制图来表达测量数据的分布和偏差(见图 8-4)。这种图示方法的优点很直观，可以直接看出偏离缺陷的具体情况：个数，批号，差值，离散程度，偏离上下限的程度，有多少和在哪个位置数值超过的上(下)限……中心线 CL 是所控制的统计量的平均值，若控制图中的描点落在 USL 与 LSL 之外或描点在 USL 和 LSL 之间的排列不随机(比如偏向 USL)，则表明制造过程存在异常状况。控制图是对生产过程的关键质量特性值进行测定、记录、评估并监测过程是否处于控制状态的一种图形方法。它是统计质量管理的一种重要手段和工具。

在集成电路的生产制程中，常引入 Cp 和 Cpk 的概念来表征制造过程中的缺陷程度，Cpk 是 complex process capability index 的缩写，是现代企业用于表示制程质量控制能力的指数。Cpk 表征正态分布的统计偏差 σ 与工艺控制上下限的关系。Cpk 的定义是

$$\mathrm{Cpk} - \mathrm{Minimum}(\mathrm{Cpu},\ \mathrm{Cpl})$$

$$\mathrm{Cpu} = \frac{\mathrm{USL} - \bar{X}}{3\sigma}$$

$$\mathrm{Cpl} = \frac{\bar{X} - \mathrm{LSL}}{3\sigma} \tag{8-2}$$

其中，USL 和 LSL 是目标值 μ 变动的上限与下限，在通常的情况下，变动的范围以目标值为中心，所以上下限的制程能力指数 Cpu 和 Cpl 相同，都等于 Cpk。提高 Cpk，就是提高了生产线的质量水平，每道工序的 Cpk 状况的总和反映集成电路生产线的整体制程水平。集成电路有几百道工序，主要的工序也有几十道，集成电路的总体制程能力强才可能保证生产出质量和可靠性高的产品。在当今的集成电路制造业当中，通常要求 Cpk 达到 1.66～2 的水平，分别对应在一百万和十亿的器件中缺陷数小于 1 和只有 2 个缺陷。在图 8-5 中，对比了几个常用表征单位：Cpk，PPM(parts per million，每百万里面出现错误的概率)，σ 与 LSL 和 USL 的对应关系。

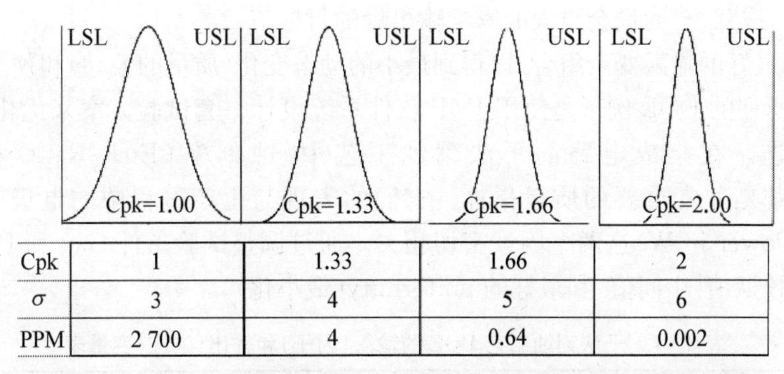

Cpk	1	1.33	1.66	2
σ	3	4	5	6
PPM	2 700	4	0.64	0.002

图 8-5　几个常用的 Cpk，PPM，σ，及其和 LSL 和 USL 的对应关系

集成电路制造公司经常使用 SQC 或 SPC 软件工具和管理系统来做质量控制和管理的工作。SQC(statistical quality control)是“统计质量控制”，利用统计过程做质量控制。它的工作原理是采集足够的工艺参数数据，比如栅氧化层的厚度，淀积的金属薄膜的厚度等。然后利用统计方法分析收集的重要数据，得到一系列统计信息，并用于开发和改进集成电路的制程。质量工程师通过 SQC 软件系统工具观察和分析集成电路每个工序采集的数据并用 SQC 统计方法及时发现生产工艺的不稳定性和问题，并及时反馈给相关工艺环节，确保生产过程的稳定与均匀。

8.2 实验设计方法(DOE)

试验设计(DOE)是现在集成电路行业常用的一个试验设计方法,它的主要目的是用最少的试验成本找到最优的生产与制造方法。试验设计源于 20 世纪 20 年代英国研究育种的科学家 R. A. Fisher 的研究,而使 DOE 在工业界得以普及和发展则是 Dr. Genechi Taguchi 于 20 世纪 40 年代发展成的 Taguchi 方法(Taguchi Method)。

DOE 是研究和处理多因子与响应变量关系的一种科学方法。我们知道,一个集成电路的工艺需要达成一个或几个最终的目标(期望值和最小的波动误差),而影响这个或几个目标达成的可变量(输入种类,参数等)有很多个,这些输入变量里,又含有不同的可控制型和不同的影响力,输入参数的最佳选择要通过一系列的试验来验证。如何用最少的成本最快最优地找到最好的输入变量的组合,就是 DOE 要达成的目标。在集成电路的研发阶段,经常需要做很多试验,以求达到预期的目的。例如希望通过试验达到最佳的氧化层厚度和最小的离散偏差,可调的变量很多,如流量、成分、温度、湿度……要通过试验来摸索工艺条件或配方。如何做试验,其中大有学问。试验设计得好,会事半功倍,反之会事倍功半,甚至劳而无功。

DOE 要用简化的试验成本确定出如下问题。

(1) 有哪些输入变量会影响输出的结果。

(2) 那个(或几个)变量会引起输出变量产生大的动态变化(与目标值的误差)。

(3) 那个(或几个)变量会更大的影响输出量的目标值。

(4) 得到最好的输入变量组合,以得到最小的动态变化(质量的波动)和预期的目标值。

表 8-1 所列的 DOE 例子是使用 JMP 软件系统设计一套试验方案来优化集成电路的薄膜刻蚀工艺。在集成电路的干法刻蚀工艺中,蚀刻率(Etch Rate)和不均匀性(uniformity)都是非常重要的质量指标。它们的表现与生产过程中的电极间隙(Gap in cm)和功率(Power in W)这两个因素密切相关。通过调整试验条件 Gap 和 Power 以达到 Etch Rate 的预期值(中间值)和最好的 uniformity(最小化)。

表 8-1 干法刻蚀工艺 DOE 的输入(因子)和输出(响应)变量表

因　　子	变量特征	变化范围(下限)	变化范围(上限)
gap	连续	1	1.4
power	连续	350	400
响　　应	目　　标	下　　限	上　　限
Etch Rate	中间值	1 100	1 150
ununiformity	最小化	N/A	110

表 8-2 是用 JMP 软件系统按照中心复合设计的原则,定 12 次运行次数的试验规模以及每次试验时的 Gap 和 Power 的具体设置。接着,根据既定的试验计划实施,并且同时收

集每次试验时蚀刻率和不均匀性的响应值。将以上结果汇总之后，即可得到JMP文件格式的数据表格。

表8-2　DOE的实验设计表和结果

No	输入变量表		输出变量表	
	gap	power	Etch Rate	uniformity
1	1.0	350	1 054	96.9
2	1.0	400	1 179	114.3
3	1.4	350	936	117.8
4	1.4	400	1 417	118.3
5	0.9	375	1 049	102.6
6	1.5	375	1 287	113.9
7	1.2	340	927	85.9
8	1.2	410	1 345	125.4
9	1.2	375	1 151	102.5
10	1.2	375	1 150	113.5
11	1.2	375	1 177	108.4
12	1.2	375	1 196	116.6

然后，运用JMP软件中的"模型拟合"的操作平台，就可以得到生产过程的量化分析预测刻画器，图8-6是一个二维坐标系矩阵。从图中可以观察到输入变量与输出变量之间的

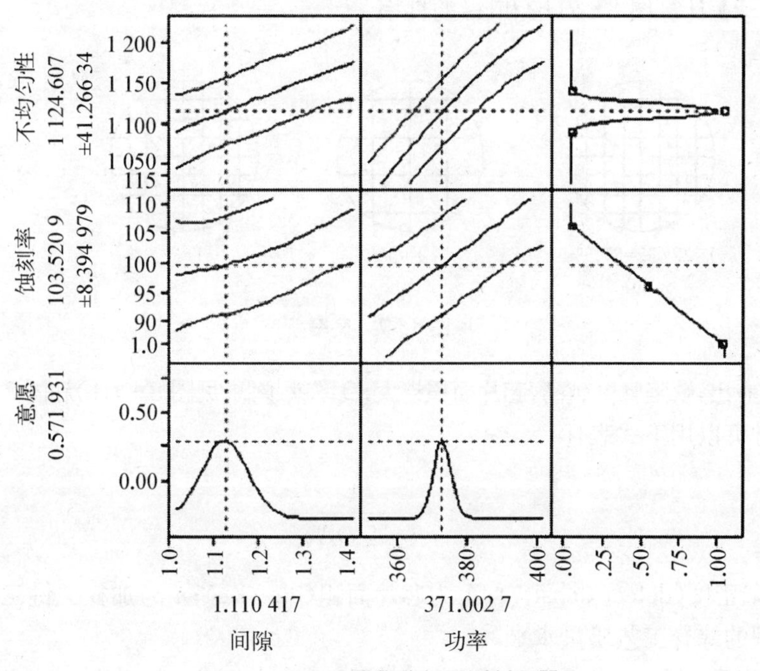

图8-6　DOE量化分析预测刻画器

变化规律，精确地找到理想的因子设置：gap＝1.110 417，power＝371.002 7，它所对应的实际输出因子的结果是：Etch＝103.520 9，uniformity＝1 124.607。

8.3 晶片的良率

为了满足市场竞争的需要，集成电路公司必须能够以更低的成本大批量生产集成电路的芯片。良率(yield)就是所说的合格率，在一个晶圆片上通常会同时制造几十到几百个集成电路芯片，而由于芯片设计与制造过程中的缺陷造成了电性能次品(不工作的芯片)的产生，良率就是在每个硅片上合格的芯片数除以此硅片全部的芯片数量。良率越高，芯片的成本就越低，利润也就越高。芯片的良率也与测量参数和条件有关，集成电路的电子参数测量要按照设计规划书所规定的功能和性能，对集成电路的性能要求越苛刻，良率就越低，芯片的价位和成本也会相应地提高。

8.3.1 良率的定义

在一个晶圆上会同时生产出很多集成电路芯片，经过探针测试，会发现并标出不合格的次品芯片。合格的芯片占总芯片数的比例，就是这个硅片的良率。如图 8-7 所示，在一个晶圆上共生产了 32 个集成电路芯片，在这个晶片上，由于生产过程引入了 5 个缺陷，并由此造成了 5 个次品。那么良率就等于

$$Y(\text{Yield})=28/32=87.5\%$$

【习题 8-2】 计算图 8-7(b)和(c)的良率。

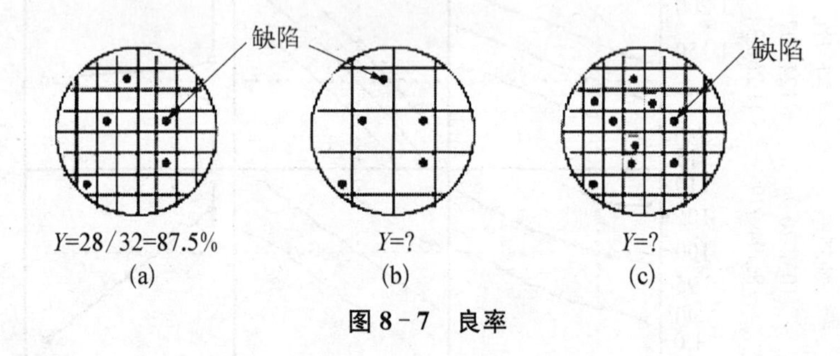

图 8-7 良率

直观上就可以看出，缺陷密度越高，芯片面积越大，良率就越低，见图 8-7(b)和图 8-7(c)。

良率通常可以用下式表述

$$Y \propto \frac{1}{(1+DA)^n} \tag{8-3}$$

式中 D 为缺陷密度(defect density)；A 为芯片面积(die size)；n 为加权关键工艺参数，反映集成电路制程的综合工艺质量水平。

【例题 8-1】 一个 Intel Pentium 微处理器的硅片上有 40 个芯片，每个芯片的面积是

296 mm^2，每个晶圆硅片的生产成本是 \$1 500，缺陷密度是 1/cm^2，良率是 55%，每个微处理器 CPU 卖 \$417，试估算每个 CPU 的剩余价值。

【答】 每个晶圆上合格的芯片数为：55%×40＝22

每个芯片的生产成本为：1 500/22＝68(\$)

用市场价减掉成本价：417－68＝349(\$)

所以，每个 CPU 的剩余价值是 349 美元。当然，在实际情况里，还要考虑测试成本，封装成本等因素，市场价格的制定应该考虑所有这些附加费用和市场竞争等综合因素。

【习题 8-3】 如果是 18 英寸的晶圆，晶圆的生产成本增为 \$2 500，良率不变，试估算硅片上有多少芯片，每个芯片会赚多少钱？

8.3.2　良率的测量过程

集成电路的制备是极其复杂的生产过程，要经历几百道工序。其中任何一道工序造成的偏差(尘粒、氧化层不均、掺杂浓度不当、多晶硅厚度不匀、离子注入造成的晶格损伤、设备故障、参数等)，都可能导致各种不同电性参数的异常，如漏电流、阈值电压的偏移，其结果是器件状态的转换时序，最后导致系统功能参数的偏差和失效。所以，对集成电路芯片的良率的测量之前需要对晶片进行基本的初期电学测量(ET)以决定整个晶圆硅片的取舍(pass or scrap)，而良率的测量才决定在一个 ET 合格的晶圆上的哪些芯片可以合格地被送去封装。

8.3.3　晶片的电学测量(ET)

集成电路晶圆在完成所有工序之后，应该首先通过基本的电参数测量。ET 包含了对各个工艺步骤的监控测量(电学测量 PCM)，电参数测量的目的之一是淘汰掉电参数不合格的整个晶圆，以节省之后的芯片功能测量、切片与封装等一系列成本，因为电参数不合格的晶圆片是不可能产生可用的集成电路芯片的。电参数测量产生的数据库是计算机模拟技术的模型与仿真的基本数据库，用来建立和检验各种计算与预测模型的正确性和一系列的系统和电路模拟，电参数测量也为产品的电路和版图设计建立基本的依据和规则。电参数的测量数据可以为诠释和提高良率提供分析的依据，也为可靠性的规划和评估、提高产品质量提供相关的数据依托，是每个晶圆厂必须要做的一项工序。

电参数测量通过自动探针台和综合电参数测试系统联合完成，图 8-8 是一个简单的 ET 测试系统。整个测试过程按照测试程序自动完成，包括探针自动对准与移动，各类电压电流信号源的控制和测量数据采集等。在通常的 8 英寸和 12 英寸晶圆上，探针台通常会配有标准的多探针卡和计算机控制移动系统，并配有各自分立的有源探测端口，可自动对准和移动并高效地测量晶圆片上 9～12 个位置 PCM 的电参数。

在目前的晶圆生产厂，电参数测量通常在专门设计的测试结构群 PCM(process control monitors)上完成。PCM 在工艺开发的初级阶段起到非常重要的作用，因为 PCM 的数据直接对应集成电路具体工序的各个细节。比如说长沟道 nMOSFET 的阈值电压(V_T)就直接关联到沟道掺杂、栅氧化层厚度的工艺细节，V_T 的电特性指标对于前端工艺的开发有直接的督导作用。由于这些测试结构只是作为工艺的开发和优化、仿真数据库的采集和设计规

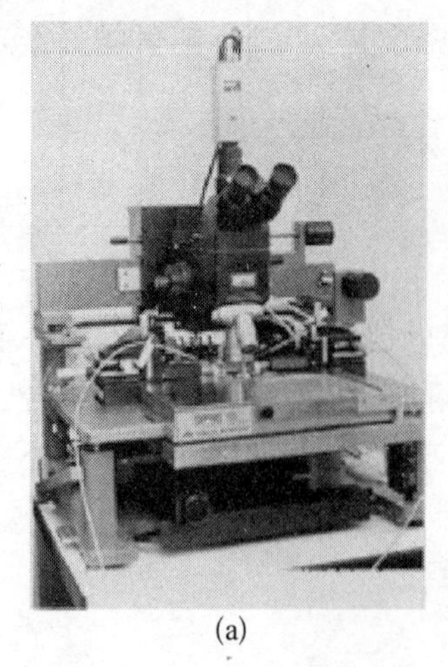

(a)

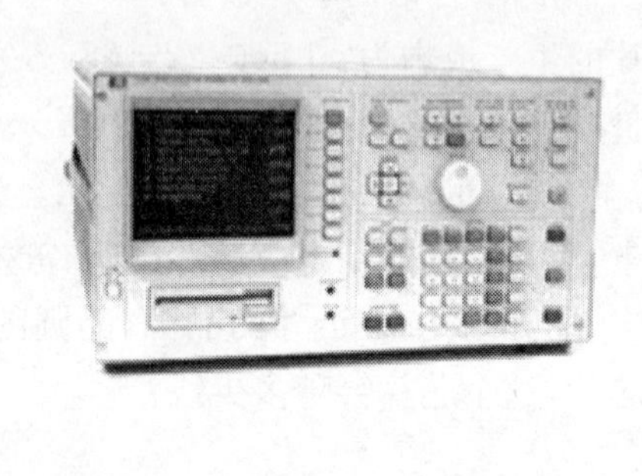

(b)

图 8-8　晶片的电学测量装置

(a) CASCADE 探针台　(b) HP 4155A/4156A 半导体综合参数测试仪

则的制定(最小线宽、最小间距……),对实际的芯片没有产值贡献,所以通常只在晶圆片的 9 个到 12 个位置摆放这些 PCM。

当工艺开发成熟之后,会使用简化的 PCM,称为 Scribeline 来摆放这些测试结构。简化后的测试结构只是保留了一些关键电参量测试结构用来监测工艺线的生产和稳定状况,所以它占用的尺寸比 PCM 要小得多。Scribeline 通常利用各个芯片之间的间隙(芯片之间必须留有约 100 μm 的间隙用来晶圆的切割),所以,Scribeline 的测试结构没有占用有用的芯片空间。在切割晶圆成为芯片之后,这些塞在芯片间隙里的测试结构也就破损掉了,所以称它们为(Scribeline 也就是划片槽的意思)。这些 Scribeline 的宽度通常在 60 μm～150 μm,长度在一个光刻步长以内。

测试结构 PCM 包含监控前端工艺和后端工艺指数,前端工艺主要是 MOS 管的相关参数,包括阈值电压(V_t),饱和电流(I_{dsat}),漏电(I_{off})等等。考虑到短沟道与窄沟道小尺寸效应及集成不同类型的 MOSFETS 前端工艺的电测量参数可达数十到数百个。

后端工艺参数主要是通过各种梳状与桥型结构监控金属连线的导电性能与绝缘性能,包含电阻率(sheet rho)、连续性(continuity)、击穿电压(Bv)等等。由于现在的金属连线的复杂化和层数增多(10 层以上),每个金属层和层之间的组合导电特性和连孔接触电阻的各项指标参数也增加到几十到几百个。从质量分析研究和提高制程水平的角度,这些数据采集的密度和细致度当然是越高越好。从产品的成品角度,要考虑测量花费的时间带来的成本,也就是要用最短的时间完成测量。所以,实际的测量过程要考虑实际的工程需要。

PCM 不仅在集成电路的生产过程中起到监控的作用,在集成电路工艺的研发阶段,细致的设计测试结构和分析 PCM 的测试结果至关重要,因为 ET 的结果和集成电路的制程细节有直接的关联。在图 8-9 中显示三种不同规则的设计结构带来的漏电特性差异。

图 8-9(a)是三种测试结构的平面图,都是监测第一层金属(M1)的最小间隙,图形(Ⅰ)是带有接触孔的 M1,图形(Ⅱ)是 SRAM 中的 M1,图形(Ⅲ)是常规 PCM 中的 M1 短路

的梳状结构。三种结构中M1最小间隙相同(箭头处),在工艺开发的初级阶段,发现芯片的SRAM的良率不高,而其他部位正常。但是作为常规工艺测试的PCM结构看不到M1的连接有短路的问题,只有通过使用特殊的SRAM为基础的测试结构才可以监测到这个短路的问题。

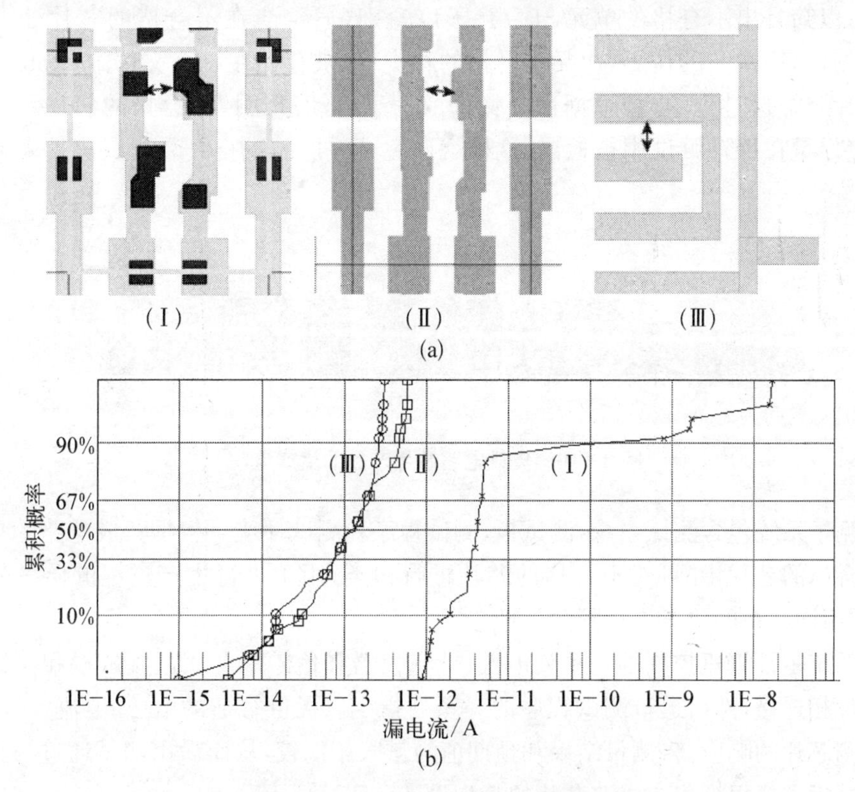

图8-9 三种结构的电学测量结果

(a) 监测第一层金属(M1)的最小间隙(箭头)的三种测试结构和ET结果 (b) 漏电测试的累积概率曲线;横轴:漏电流(log);纵轴:测量的累积概率

图8-9(b)是三种结构的电学测量结果。结果显示,用常规的结构(Ⅲ),即使采用了和SRAM一致的梳状测试结构还是看不到M1短路的问题。只有在结构(Ⅰ)里,看到了漏电特性的偏离点。这个偏离会造成元器件的失效,因而导致次品的发生。结构(Ⅰ)的测试真实地反映了SRAM设计中的弱点问题。针对这个问题改进SRAM的版图设计,就解决了良率低的问题。从这个结果可以看到,ET的结果直接影响良率等其他生产问题,并且直接给出要解决的方向和途径。在上例中,解决途径就是减小和移动LI连接孔,当然,这个改进不能影响到其他电参数的达标,比如说接触电阻,和右边的M1会不会因此发生短路,等等。

一个集成电路系统是一个有机的整体,有几百步工艺步骤。而实现整体的成功要求照顾好每一个微小的制造细节,每个工艺步骤。ET的测量是监测这些工艺步骤质量的一项重要方法和工具。

8.3.4 良率的测量

只有经ET测试合格的晶圆片才可以进到下一步良率的测量(见图8-10)。良率的测量比 ET 要复杂得多,这包括它的测量系统和对测量结果的解析过程。通常的硅片上可以集成几十到几千个具有独立功能集成电路芯片单元(die),良率的测量是对集成电路芯片在切片和封装之前先经过探针测试(probe test)对在晶圆上集成电路芯片进行综合的参数测量,以筛查出不合格的单元(die)并予以甄别(通常会在不合格的芯片处点一个墨点),测量的信息(次品的位置,次品不合格的种类等)被存储在一个文件中(wafermap),在以后的切片与筛选过程中,会根据这个文件的信息自动过滤掉不合格的芯片。晶圆制备的次品,应尽量在探针测试中被检出,这样就避免了对次品进行封装测试而带来的一系列浪费。

图 8-10　集成电路芯片产品的生产流程

良率测量系统包含测试系统,测试板,测试程序和测试环境。根据集成电路的参数测量结果得到合格的芯片,并且对不合格的芯片进行归类,用于进行生产过程的质量分析与提高,或根据不同客户的要求进行降阶处理。

测试系统是计算机控制的一系列电源、计量仪器和信号源。通过测试板和探针台与集成电路芯片相连接,然后运行测试程序的一系列指令以提供合适的电压、电流、时序与功能状态并监测芯片的响应,将测量结果和预期值与量限相比较,从而做出测试通过与否的判断报告。测试板则要根据集成电路芯片的管脚设计和测试要求分别定做。测试程序通常包括直流参数测试(DC)、功能测试和动态反应测试(AC)。

而测试环境则要视产品的具体应用环境而定。不同的应用要求,其使用的环境也不同。如一般的消费类电子产品(MP3,手机芯片等),测试只需在常温或略高于常温下进行即可;而一些对使用环境比较苛刻的集成电路芯片,如汽车类电子芯片,则要保证芯片在低温 −40℃ 和高温 125℃的范围内都可以工作。测试环境也应考虑在这两个极端温度下的参数测量并达标。所以,集成电路芯片的测试环境也要尽量模拟实际应用的需要以满足客户的要求。这一点,在竞争的市场环境下尤为重要。

对不合格的芯片进行归类有助于生产过程的质量分析,以便解决问题,提高未来的良率。比如在不合格的这批芯片里有过量的漏电超标的芯片,这个信息会反馈给负责质量的研发部门以供他们参考,并着眼于那些与漏电相关的电参数(如 MOS 管的沟道漏电,薄栅漏电,金属线之间的桥接漏电,等)和相关的器件从设计与工艺过程。

探针测试后要对合格的芯片进行封装。封装的过程包括晶粒单元切割(die saw)、芯片黏附(die attach)、引线键合(wire bonding)、灌胶(mold)、引脚成型(trim forming)等过程。在此过程中的缺陷也会造成次品的产生。所以在出厂之前,对于封装后的原件还要做一次终测,以确保产品的最终质量。

8.3.5　提高良率的方法

从良率公式(8－3)看出，提高良率要着眼于降低缺陷的密度 D。传统的缺陷往往是指硅片的材料缺陷，而在当今的集成电路制造工艺中，这个缺陷远远不只是硅片的材料缺陷，更多的是包含了在集成电路的每个生产环节中的缺陷。比如晶片上某一点的栅极的氧化层厚度不达标，就造成了一个缺陷点，包含这一点的芯片就可能成为次品。显然，这种集成电路生产过程引入的缺陷与生产过程的复杂程度（过程数目，光刻重复次数等）和过程难度（如光刻尺寸，超净间的尘粒水平等）密切相关（见图 8－11）。

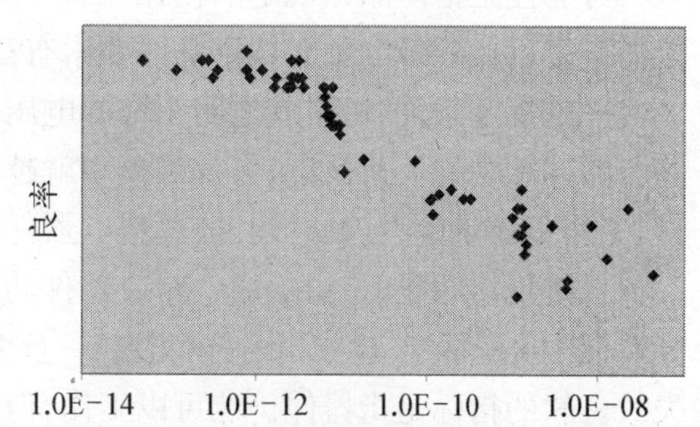

图 8－11　低的良率与高金属线漏电的 ET 的对应关系

由式(8－3)可以看到，集成电路芯片的面积也和良率密切相关：面积越小，良率越高。芯片的面积与系统的复杂程度、设计水平和集成技术的密度有关。越简单的系统，良率就越高，成本也就越低。成熟的集成电路设计公司有成熟的设计优化手段进而做出简洁和可靠的版图设计。提高集成度，缩小光刻的特征尺寸也会大大减小芯片的面积。集成电路由 20 世纪 80 年代发展至今，光刻尺寸由 10 μm 缩小至 0.026 μm，30 年缩减了近 400 倍！（详见本书第 1 章）一台计算机的价格，也由几万美金降到几百美金，变成了平常家庭都普遍拥有的家用电器。这就是良率提高带来的效益之一。

在常规的集成电路生产过程中，通常会借助 ET 和 Yield 的测量数据来提高良率。如图 8－12(a)中对比 Yield 与 ET 的对应关系发现，金属线之间的漏电水平增高(>1E－11A)时良率开始下降，表明要改进对应的设计规则或工艺来提高金属线之间的绝缘能力。

经过改进金属绝缘能力之后，良率就恢复到正常的水平[见图 8－12(b)]。

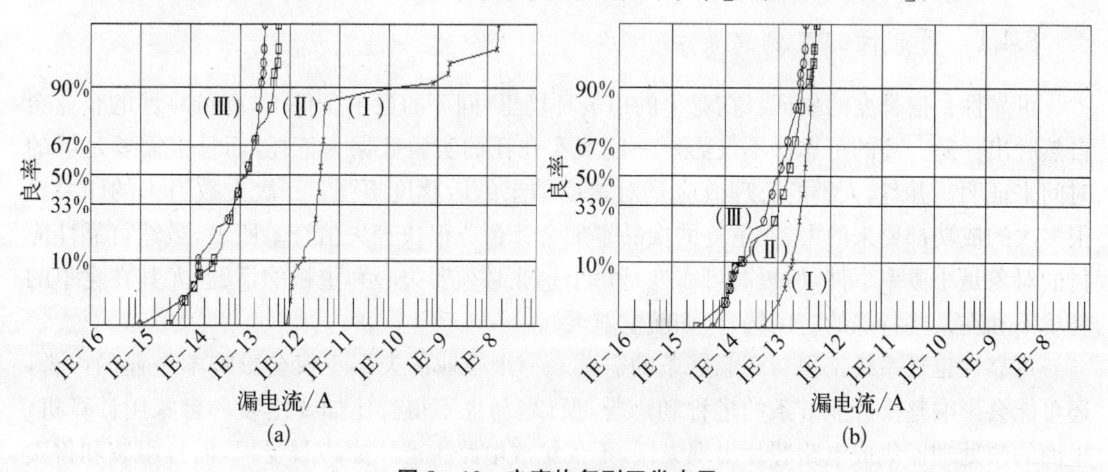

图 8－12　良率恢复到正常水平

(a) 低良率时的金属线漏电特性　(b) 改进后的金属线漏电的 ET 特性，漏电问题解决之后，良率也达到了正常的水平
横轴：漏电流(log)，纵轴：测量的累积概率

8.4 可靠性

可靠性是指产品在规定的使用条件下，在规定的范围（如时间、公里数）内，完成规定功能的概率（可靠度）。可靠性定义的要素有三个“规定”：

一是规定条件，指集成电路工作的电压、温度条件等。工作温度越高，电压越高，集成电路与器件承受的负荷越重，失效的概率就越高，所以可靠度的规范一定要限定器件工作的条件，工作负荷量越大（如时间、公里数），器件失效概率越高。

二是规定功能，是指集成电路或器件功能测量的某些指标参数。硬的指标就是“Yes or No”，能，或是不能，比如说击穿特性：一旦栅氧化层被高压击穿，就不可回复，器件也就因此失效。软的指标是指器件仍然可以工作，但是性能不如初始的状态优良，所以“软指标”必须要对参数予以度量并规定是小的界限。如微处理器的最大工作频率（f_{max}）会随着使用的时间蜕化而减小，可以规定一个下限；不可小于 2 GHz 作为衡量 CPU 可靠性与寿命的一个标准。又如对于集成电路的基本器件 MOSFET，通常规定源漏饱和电流（$I_{D(sat)}$）不得低于 90％的初始值，等等。

三是规定的范围，对于集成电路元器件，往往就是它的使用寿命。不同的应用场合对这个寿命有不同的要求，比如宇航应用对于这个寿命的要求就极高，所以这个“规定的范围”一定要考虑具体的应用场合。此外，可靠性与价格有直接的关联，对产品的可靠性要求越严，成本就越高，价格相应也高。传统上的集成电路通常沿袭其他行业对寿命的要求，比如通常要求 10 年以上。所以，早期对 MOSFET 的寿命要求大都规定为 10 年。但是当今，电子产品更新换代日益频繁，比如手机的平均更换频率为 3 年，这种产品的“心理”寿命比产品的“物理”寿命要来的短得多，所以这个“规定的范围”还与市场的具体情况有关。选择合适的可靠性标准会是一个平衡多种因素的最终结果。

8.4.1 可靠性的重要意义

可靠性是信誉度的象征。在竞争的市场环境里，同等的竞争条件下，高可靠性的企业会自然胜出一筹。高的可靠性不仅需要一些实实在在的实验数据为依托，而且也需要足够的时间来证明。并且，人类的心理效应是对负面结果的敏感度更强：一次失败引来的印象比很多次的成功都要来的大，而重复的次品累加会让企业很快丧失信誉。所以，虽然可靠性应付的对象是小概率事件，但提高可靠性是每个企业必须要关心和重视的话题，尤其在竞争的环境下和在某些特殊的应用场合（如航空航天）。

可靠性也是系统工程与产业链条的需要。一个企业的失误不仅会影响本企业的声誉，还可能会影响整个产业链条的进程和声誉，所以，马虎不得。比如要组装一台家用计算机，里面的微处理器集成电路芯片出现失误，不仅集成电路生产厂家声誉受损，而且组装和售卖计算机整机的厂家和商家都要受到连累，况且客户会直接质疑商家或组装商，而不一定会问责到集成电路公司。所以，保证可靠性也是系统产业工程的需要。

衡量产品可靠性的指标很多，各指标之间有着密切联系，其中最主要的有四个，即可靠度 $R(t)$、故障概率 $F(t)$、故障密度函数 $f(t)$ 和故障率 $\lambda(t)$。故障率 $\lambda(t)$ 是衡量可靠性的一个重要指标，其含义是产品工作到 t 时刻后的单位时间内发生故障的概率，即产品工作到 t 时刻后，在单位时间内发生故障的产品数与在时刻 t 时仍在正常工作的产品数之比。

1. “浴盆曲线”——故障率曲线分析

实践证明大多数集成电路芯片的失效率是时间的函数，典型故障曲线称为浴盆曲线(Bathtub curve)，浴盆曲线是指产品从投入到报废为止的整个寿命周期内，其可靠性的变化呈现一定的规律。如果用产品的失效率 $\lambda(t)$ 作为产品的可靠性特征值，它是以使用时间为横坐标，以失效率为纵坐标的一条曲线。因该曲线两头高，中间低，有些像浴盆，所以称为“浴盆曲线”。失效率随使用时间变化分为三个阶段：早期失效期、偶然失效期和耗损失效期(见图 8-13)。

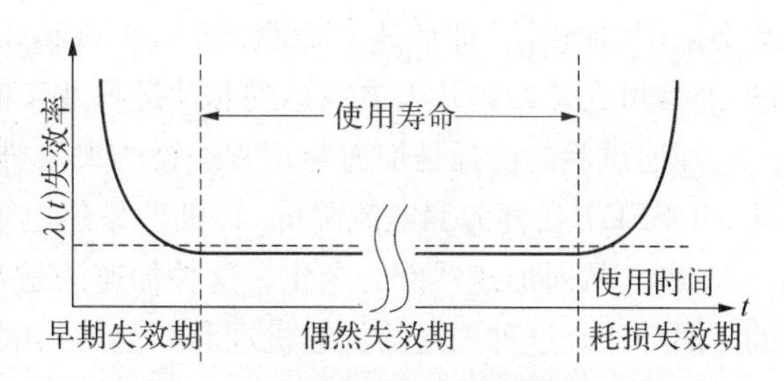

图 8-13　浴盆曲线，横轴：产品的使用时间

(1) 早期故障期：产品早期故障反映了设计、制造、加工、装配等质量薄弱环节。早期故障期又称调整期或锻炼期，此种故障可用老化试验(Burn-in)的办法来消除。

(2) 正常工作期：在这期间内产品发生故障大多出于偶然因素，如突然过载、碰撞等，因此这个时期又叫偶然失效期。在此期间产品故障率低而且稳定，是设备工作的最好时期。

(3) 损耗时期：由于器件的物理老化而故障率升高。

2. 老化应力筛选

从浴盆曲线我们看到，器件出现故障有一个相对短暂的由高到低的过程，这个过程是由于随机系统制造缺陷形成的器件失效。老化应力筛选(Burn-in)就是利用 Bathtub curve 的这一特性，在适度的，高于工作温度与电压等(如湿度等)超负荷环境下，使芯片“超度”工作加速越过这一段，目的是加速集成电路内部潜在故障的暴露以剔除早期失效产品，使合格产品加速进入失效率恒定的偶然失效期。Burn-in 是一种老化加速方法，目的是在产品送出之前最大限度地减少次品率；之后的故障率趋于平稳并维持很长的时间；最后是故障率开始迅速上升。最后的这个失效率的上升是由于器件本身的物理老化而不可逆转。

集成电路的制造工序多达几百道，随机系统制造缺陷可能在任何一道或几道随机发生，这种随机造成的失效常常是人力无法控制的。利用失效理论，采用老化应力筛选 Burn-in 的方法，加速故障提前出现，可以弥补生产过程的不足，把本来可能 3 年会出现的毛病在 10 天、超载的情况下提前出现，然后把次品筛选掉。老化试验是提高产品质量和企业信誉度的一个重要方法和环节，产品如果送出去之后再出现问题，对企业的声誉、可信度会产生很大的负面影响。况且，可能会形成连锁式的负面影响，因为大多数集成电路芯片都是产业链条里的一个中间环节，这个环节链接了一系列的相关企业。芯片的质量问题，会给最终的产品批发商、中间商、客户带来一系列的信誉度影响。

8.4.2　可靠性的测量与评估

1. 评估方法：加速寿命测试

通常集成电路芯片的寿命多达几年。显然，我们不可能将集成电路芯片放在正常条件下运行几年再来判断这个产品是否有可靠性问题，并据此来投放市场。因此，可靠性评估通常会采用“加速法”即加速寿命测试(Accelerated life test)，如高电压、高温等条件下进行测试，通常可在几秒到几天之内达到芯片运行几年的效果。

加速试验的前提是加速与正常运行的失效机理和模型一致。比如由于热电子注入引起的 MOSFET 器件源漏电流降低，其机理是热电子注入表面 SiO_2层。加大电压会加速这个注入效应，从而加速器件的老化。这种加速法是合理的，但如果电压过大，造成了 MOSFET 的雪崩导通。这种加速的失效机理和以上的热电子注入是不同的，因此加速法是不合理的。通常，在加速试验之前，需要进行一系列电学测量来确定加速方法成立的上限，比如，电压最大可以加到几伏，温度是多少，等等。

2. 失效时间与失效率

通过加速试验得到的加速系数和失效机理的计算模型，可以推算出以上失效机理实际的平均失效时间(MTTF)，以下是集成电路四种主要失效机制的 MTTF 的一般计算模型(其中 A_{XX} 为加速系数)：

$$\begin{aligned}
\mathrm{MTTF}_{\mathrm{EM}} &= A_{\mathrm{EM}}(J \cdot T)^{-2}\exp\left(\frac{E_{\mathrm{aEM}}}{kT}\right)\\
\mathrm{MTTF}_{\mathrm{BCD}} &= A_{\mathrm{BCD}}\mathrm{e}^{AV}L^{B}\mathrm{e}^{E_{\mathrm{a}}/kT}\\
\mathrm{MTTF}_{\mathrm{TDDB}} &= A_{\mathrm{TDDB}}A_{G}\left(\frac{1}{V_{\mathrm{gs}}}\right)^{(\alpha-\beta T)}\exp\left(\frac{X}{T}+\frac{Y}{T^{2}}\right)\\
\mathrm{MTTF}_{\mathrm{NBTI}} &= A_{\mathrm{NBTI}}\left(\frac{1}{V_{\mathrm{gs}}}\right)^{\gamma}\exp\left(\frac{E_{\mathrm{aNBTI}}}{kT}\right)
\end{aligned} \tag{8-4}$$

式中，J 为电流密度；T 为温度；E_{aNBTI} 和 E_{aEM} 是激活能；V_{gs} 为栅极、源极、漏极的电压，其他为匹配系数。随着器件尺寸的进一步缩小，必须要考虑失效时间(寿命)的尺寸效应，这些会在下面的“失效机制”进一步讨论。

如果有多重加速因素，高温加高压，则加速系数 A 要考虑两项系数，如 HCI 失效机理的失效加速系数可以表征为

$$\begin{aligned}
A_{F} &= \frac{\lambda(T_{2},V_{2})}{\lambda(T_{1},V_{1})} = A_{FT}\cdot A_{FV}\\
&= \exp\left[\frac{E_{\mathrm{a}}}{k}\left(\frac{1}{T_{1}}-\frac{1}{T_{2}}\right)\right]\exp(A(V_{2}-V_{1}))
\end{aligned} \tag{8-5}$$

【例题 8-2】

试比较 $\mathrm{MTTF}_{\mathrm{EM}}$在室温(300 K)和高温(150℃)的差别，激活能 $E_{\mathrm{a}}=0.5\ \mathrm{eV}$(Al)

【习题 8－4】

如果连线材料用铜，其激活能为 $E_a=0.9$ eV(Cu)，试比较 MTTF_{EM} 在室温(300 K)和高温(150℃)的差别。

另一项重要的表征可靠性的参数是 FIT Rate(即每 10 亿小时失效的次数)，FIT Rate 是量度故障率的单位：

$$\text{FIT Rate}=\frac{\#\,\text{failures}}{\#\,\text{tested}\times\text{hours}\times A_F}\times 10^9 \tag{8-6}$$

可以看到，FIT Rate 和使用时间与使用条件密切相关，在加速试验的条件下失效率降低。

【习题 8－5】

1 000 个 MOSFET 测试了一星期(24×7 h)后，出现了 10 个次品，假设加速系数为 1，FIT Rate 是多少？

3. 失效机理

集成电路的失效机理主要分为前端工艺 MOSFET 的失效和后端工艺的导电金属和绝缘的失效。对于 MOSFET，失效种类有：栅氧化层击穿 TDDB，热电子注入(HCI)和负(正)偏压温度不稳定性 NBTI 等三种主要机制。而后端工艺，则有电迁移(EM)和绝缘层击穿(TDDB)两种主要失效机制。虽然失效的方式有所不同，失效的对象不外乎是栅介质(栅氧化层、high－k)金属绝缘介质(low－k)和连接金属。

(1) TDDB。与时间相关电介质击穿(TDDB)测量是评估栅介质层质量的重要方法，一般说来，击穿是由于氧化硅中电场过高、电流过大，从而造成电荷累积引起的。栅介质内部及界面处在 TDDB 测试过程中发生缺陷的积累，当某一局部区域的缺陷数达到某一临界值，触发局部电流密度上升，即发生击穿。通常，栅介质层可以被认为有很多个这样小的局部区域并联组成，只要有一个局部区域发生击穿，整个氧化层就发生击穿。通过恒定电压法，恒定电流法和斜坡电压法在栅极加电，加电的时间越久，积累的电荷越多、电场越强，在氧化层中产生更多的陷阱或界面态，这些缺陷开始积累叠加，最后形成电流传导路径，漏电流开始剧烈上升，进而转至栅极到硅衬底的整个导通，导致整个元件失效，称为击穿(见图 8－14)。

如图 8－15 所示介质层击穿电荷的积累通常有一个临界点 t_{bd}：隧穿电子和空穴在氧化

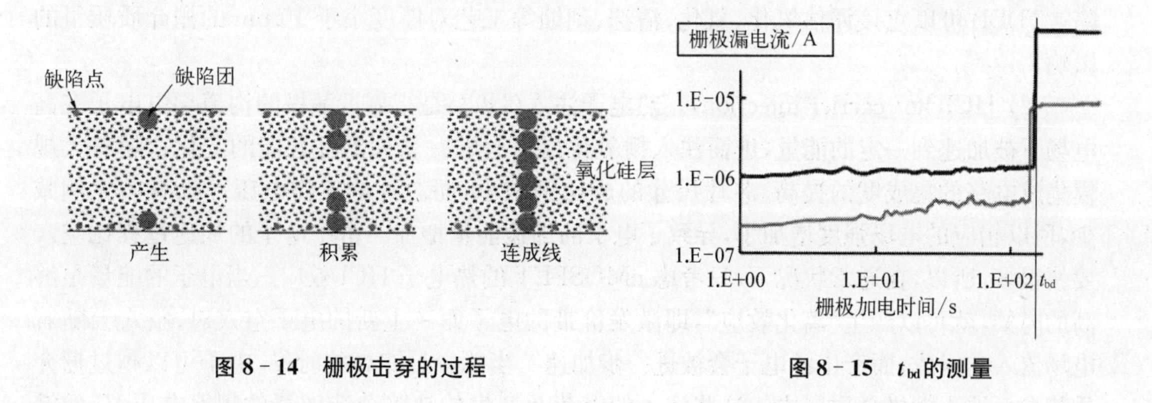

图 8－14　栅极击穿的过程　　　图 8－15　t_{bd} 的测量

层中或界面附近产生陷阱、界面态，当陷阱密度超过临界点时，电流迅速上升并不可逆转，发生击穿。击穿电量 t_{bd} 值表征了介质层的质量，一般采用以下模型：

$$\ln(t_{bd}) \propto \frac{E_a}{kT} + \frac{G}{E_{ox}} \tag{8-7}$$

式中，t_{bd} 为击穿时间；E_a 为热激活能；E_{ox} 为栅电场强度；k 为波尔兹曼常数；T 为绝对温度；G 为电场加速因子。

TDDB 的失效概率遵从 Weibull 分布，其函数为

$$F(t) = 1 - e^{-\left(\frac{t}{\alpha}\right)^{\beta}} \tag{8-8}$$

其中 $F(t)$ 为失效概率，在实用中通常将 $F(t)$ 转化为以下线性关系

$$\ln[-\ln(1-F(t))] = \ln\beta t - \ln\beta\alpha \tag{8-9}$$

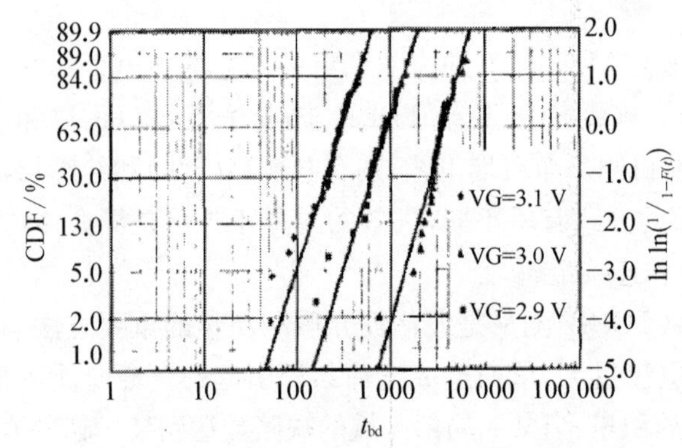

图 8-16　t_{bd} 的 Weibull 分布，CDF 为对应的累积失效率

在 TDDB 测试中通常将样品置于不同的温度应力与电压应力下进行加速测试，栅氧化层 TDDB 特性的加电方法主要有恒定电流源、恒定电压源、斜坡电流源及斜坡电压源，通常选取 $F=63\%(\ln\ \ln 1/1-F(t)=0)$ 为失效标准。在得到了各应力水平下每个样品的寿命数据后，根据 Weibull 分布的参数估计方法可以得到 Weibull 分布斜率 β 和各应力下的尺度参数 α，进一步通过加速模型可以得到正常使用应力下栅介质氧化层寿命分布，从而得到各累积失效率下的寿命估计。

栅氧抗电性能不好将引起 MOS 器件电参数不稳定，如：阈值电压漂移，跨导下降、漏电流增加等，进一步可引起栅氧的击穿，导致器件的失效，使整个集成电路陷入瘫痪状态。TDDB 是制约集成电路可靠性的主要因素。TDDB 的早期失效分布可以反映工艺引入的缺陷。TDDB 可以直接评估氧化、氮化、清洗、刻蚀等工艺对厚度小于 10 nm 的栅介质质量的影响。

(2) HCI(hot carrier injection)。热电子注入(HCI)是指靠近漏极的沟道导电电子在高电场下被加速到一定的能量，进而注入栅氧化层引起的一系列器件性能的变化。随着大规模集成电路的集成度的提高，芯片尺寸的成比例减小，而芯片的工作电压并没有按比例减少，所以相应的电场强度增加了，导致了电子的加速能量增加。由于电子的加速过程比空穴要快很多，所以，在通常状况下，只考虑 nMOSFET 的热电子 HCI 效应。当电子的能量足够高的时候，就可以产生"离化效应"，即激发价带的电子而产生新的电子空穴对，空穴会随着电场流入硅衬底，而产生的电子会被进一步加速。当能量足够高的时候，电子可以越过栅介质势垒而注入栅极介质层内。这些注入的电荷及产生的缺陷会造成器件阈值电压 V_t 的漂

移和沟道迁移率的下降，从而造成 MOSFET 沟道电流（I_{dsat}）的减小。驱动电流 I_{dsat} 的减小直接影响器件和电路运行的速度，影响电路的时钟次序，造成系统的可靠性问题，最后会导致系统“停摆”。

图 8－17 表示热电子注入的过程和 MOSFET 漏端的高电场分布。热电子注入经历了由 A 到 D 的过程：A：电子加热过程；B：电子转向过程；C：电子越过 Si/SiO_2 势垒并在 SiO_2 中造成缺陷；D：电子陷落在 SiO_2 之中。

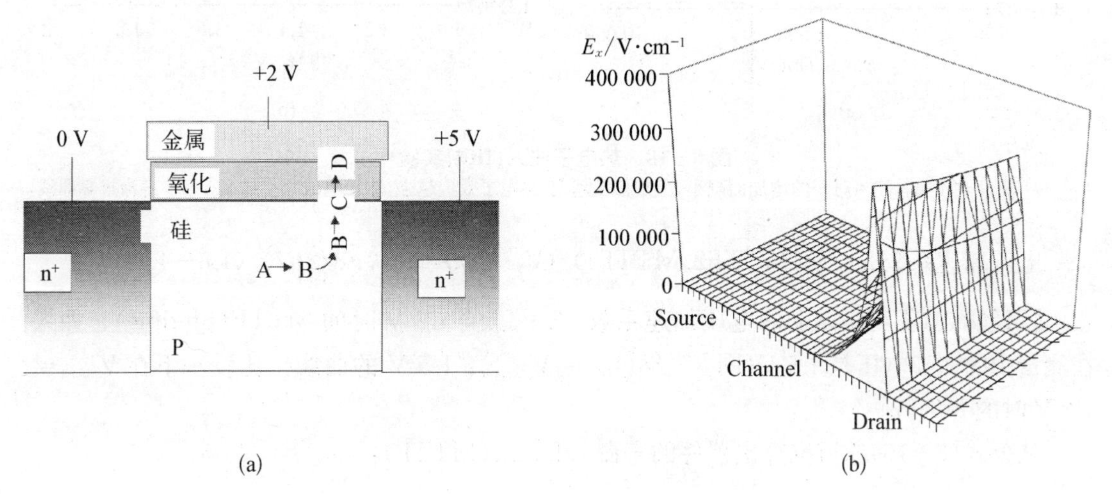

图 8－17　热电子注入的过程和 MOSFET 漏端的高电场分布

(a) 热电子的产生和注入过程 A→D　(b) 计算机模拟的漏端高电场分布图，横轴为 MOSFET 的尺度范围，纵轴为电场强度

度量 HCI 的方法通常是驱动电流对于初始值相对减小，这个驱动电流随时间的蜕化通常遵循以下的公式

$$\frac{\Delta I_{on}}{I_{on}} = AL_{poly}^{m}\exp(V_{DS}/V_0)t_{eq}^{n} \tag{8-10}$$

其中 I_{on} 是驱动电流（也称 I_{dsat}），L_{poly} 是 MOSFET 沟道长度，V_{DS} 是源漏极偏压，t_{eq} 是有效的 HCI 作用时间，其他为匹配常数。

在实际应用的 CMOS 电路中，有效的 HCI 时间和 CMOS 的转换频率和动态特性（上升与下降时间）有关，HCI 的作用只在短暂的开与关过程里。而在直流的 HCI 可靠性测量中，t_{eq} 就是实际的 nMOSFET 加压时间。图 8－18(a)中显示了不同栅电压强度下，I_{dsat} 随时间的退化实验曲线。A.U.是随机单位，一般在公开发表的文献中少见，这些数值与商业机密有关，通常是不公开的。

【例题 8－3】 在热电子注入（HCI）实验中，得到两条寿命加速曲线如图 8－18(b)。加速试验的电压为 1.6 V、1.7 V 和 1.8 V，试估算公式(8－5)中的电压加速系数（曲线 $V_{monitor}$：1.0 V）。

【答】 根据曲线可得在 1.6 V 和 1.8 V 的 Lifetime 分别为 2E7 和 7E8，根据公式(8－5)可得：

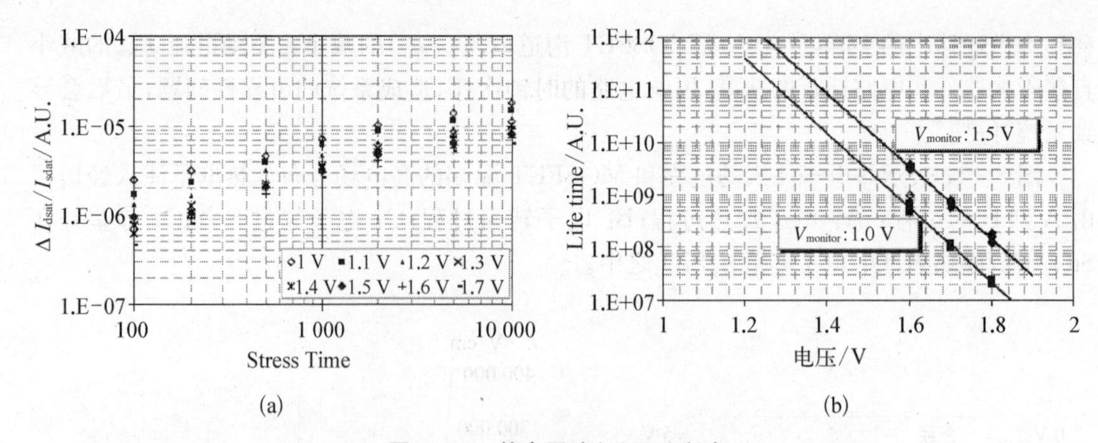

图 8-18 热电子注入(HCI)实验

(a) 驱动电流随着注入时间的增加而减小，所加偏压越大，热电子效应越强，驱动电流减小越多 (b) 寿命推算曲线

电压加速系数 $A=\ln(\mathrm{MTTF2}/\mathrm{MTTF1})/(V_2-V_1)=\ln(7\mathrm{E}8/2\mathrm{E}7)/(1.8-1.6)=17$

【习题 8-6】利用以上的电压加速系数，求 $V_{stress}=1.2$ V 时的 MTTF(lifetime)。如果在测量中的监控电压是 1.5 V(图 8-18(b)中，$V_{monitor}$：1.5 V 的曲线)，比较一下在 $V_{stress}=1.2$ V 时的 MTTF。

从公式(8-10)亦可推算出器件的寿命 Lifetime(MTTF)：

$$\mathrm{Lifetime} \propto e^{AV} L^{B} e^{E_a/kT} \tag{8-11}$$

式中，A，B 和激活能 E_a 都是寿命加速系数，用这个公式，可以在规定的范围内推算器件在某个工作电压，某个沟道长度的寿命。如在图 8-18(b)中，热电子注入实验的电压是在 1.6～1.8 V 之间，而器件的工作电压是 1 V，可以预算到寿命会相差超过 4～5 个量级。

(3) NBTI 负偏压温度不稳定性(NBTI，negative bias temperature instability)。NBTI 效应是指 PMOSFET 在负栅压及一定温度作用下引起的一系列电学参数的退化。我们都知道，当今的集成电路都以 CMOS 为主(尤其是数字集成电路)。在 CMOS 中 PMOS 的栅极电压常常是负的，而 NBTI 效应恰恰是产生在 PMOSFET 负栅压的工作状态下。NBTI 效应的产生过程主要涉及正电荷的产生和钝化，即界面陷阱电荷和氧化层固定正电荷的产生以及扩散物质的扩散过程，由于在界面存在大量的 Si-H 键，热激发的空穴与Si-H键作用生成 H 原子，而由于 H 原子的不稳定性，两个 H 原子就会结合，以氢气分子的形式释放，从而在界面留下悬挂键，从而引起阈值电压的负向漂移。

在 NBTI 可靠性加速试验[见图 8-19(a)]，会在高温下对 pMOSFET 施加过载的负栅压(一般应力条件为 125℃恒温下栅氧电场，源、漏极和衬底接地)。加速的 NBTI 效应通常会引起阈值电压 V_t 的负向漂移[见图 8-19(b)]而造成 pMOSFET 的器件退化。图 8-19(b)中也比较了 nMOSFET 正负栅压和 pMOSFET 的正栅压 V_t 漂移特性，可以清楚地看到，对于 45～90 nm 的集成电路工艺的 SiON 氧化层体系，只有 pMOSFET 的 NBTI 是明显的。至于未来的金属栅高介质栅介质极工艺(high k Metal Gate)，需要对各类偏压

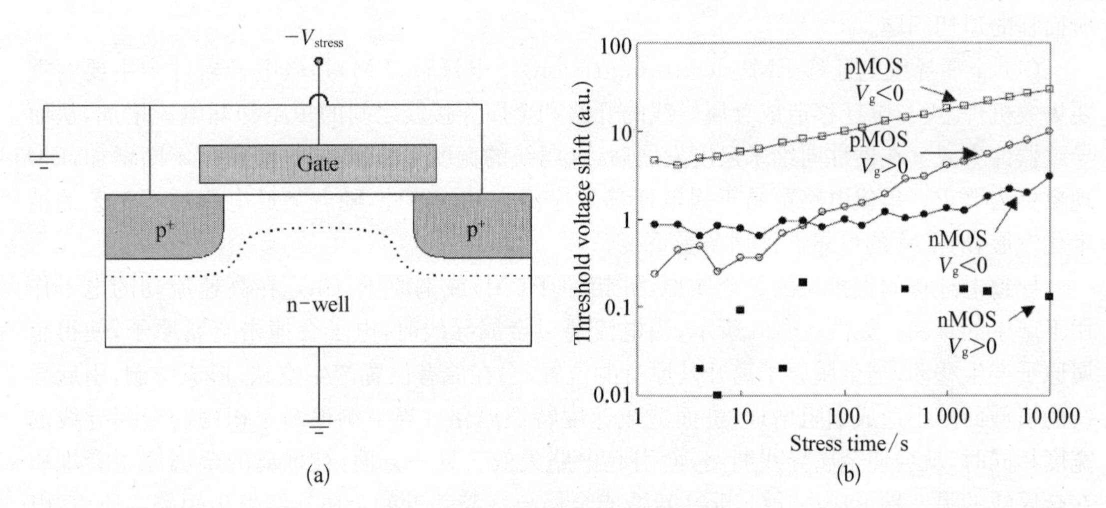

图 8-19　NBTI 可靠性加速试验

(a) NBTI 的实验设置　(b) 90 nm 集成电路工艺的 SiON 氧化栅层的 NBTI 的 Vt(Threshold Voltage)迁移现象

状况下的 nMOSFET 和 pMOSFET 的 V_t 漂移重新考量。

NBTI 除了和偏压、时间和温度密切相关之外，也会受器件的尺寸的影响：

$$\Delta V_t(\mathrm{mV})=K\cdot\left(\frac{|V_g|}{t_{ox}}\right)^A\cdot\exp\left(\frac{-E_a}{kT_j}\right)\cdot\left(1+\frac{B}{W_D}\right)\cdot\left(1+\frac{C}{L_D}\right)\cdot t^n \quad (8-12)$$

式中，V_g、T_j、t 代表偏压、温度和时间，而 t_{ox}、W_D、L_D 是尺度参数，分别代表栅介质的厚度，沟道宽度和长度。其他变量皆为试验参数。

【例题 8-4】

在式(8-12)中，假定试验参数 B，$C=0.02, 0.03$，激活能 $E_a=0.12$ eV，场强参数 $A=2.6$，时间常数 $n=0.18$，$K=20$ V，试估算 pMOSFET，$W/L=1\ \mu\mathrm{m}/0.090\ 1\ \mu\mathrm{m}$，$t_{ox}=2$ nm 的 V_t 偏移量。这里 $V_g=1$ V，温度是室温 300 K，时间为 10 年($=3.2\times10^8$s)

【答】

$\Delta V_t=20\times(1/2)^{2.606}\cdot\exp(-0.02/0.026)\cdot(1+0.026/1)\cdot(1+0.031/0.09)\cdot 320\ 000\ 000^{0.181}=73$ mV

【习题 8-7】

对于上面的 pMOSFET，在相同的工作条件下如果 ΔV_t漂移了 100 mV，寿命 t 是多少？

随着器件尺寸的不断减小，尤其是为了提高栅氧化层的介电常数而引入的新工艺，如 SiO_xN_y或 high-k，SiO_xN_y或 high-k 可代替 SiO_2作为栅介质，这主要是由于它们的介电常数比 SiO_2要高，在相同的等效栅氧化层厚度下，物理厚度大于 SiO_2，从而有效地降低栅极漏电流和静态功耗，但也同时需要重新考量 MOS 器件的 NBTI 及 PBTI 效应。通常 NBTI 或 PBTI 效应会变得愈发明显，对 CMOS 器件和电路可靠性的影响也愈发严重，成为限制器件及电路寿命的主要因素之一。因此，研究 NBTI 和 PBTI 效应的退化现象并从中找出其内在的产生机理进而提出抑制或消除其效应的有效措施，是当前集成电路(IC)设计者和生产者所面临的迫切问题。

(4) 金属导线电迁移 EM(electro migration)。电迁移(EM)是微电子器件中主要的重要失效机理之一,电迁移造成金属导线的开路和金属连接线之间的短路和漏电流增加,从而导致器件失效。在器件向纳米尺度发展后,金属线的宽度不断减小,电流密度不断增加,EM现象更为严重。集成电路更易于因电迁移效应而失效。因此,随着集成电路后端工艺的纳米化发展,对 EM 的可靠性评估备受重视。

导致电迁移的直接原因是金属原子[铝原子(Al)或铜原子(Cu)]在高速流动的电子作用下产生的移动。如图 8-20 所示,当电流通过金属导线时,电子会撞击金属原子,使得金属原子产生移动,当金属原子离开其原有的位置,会在原有位置产生空缺,形成空洞,引起导线的横截面减小造成电阻增加,进而造成速度特性退化。当空洞逐渐累积到与金属导线的宽度相同时,就会使金属导线断路,而引起电路失效。另一方面,被推离的金属原子会堆积在金属线的另一端形成小丘(hillock),造成金属导线与邻近的金属导线发生短路。所以,电迁移效应会分别引起金属互连线的开路或短路。

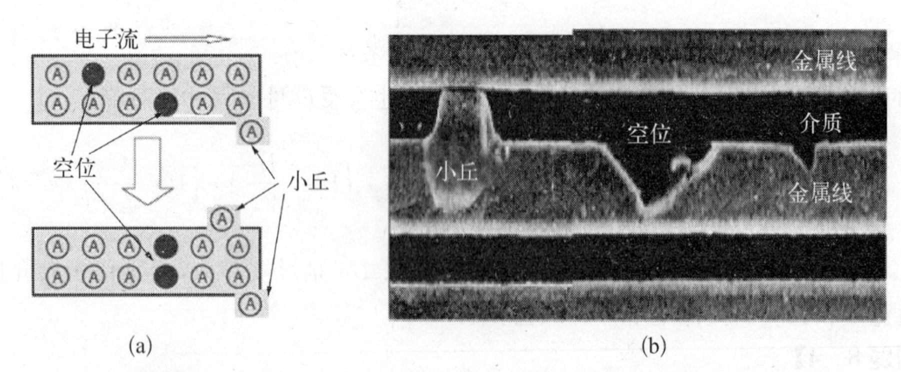

图 8-20　电子流(电流)流动在金属线中造成的电迁移现象

(a) 小丘(hillock)和空位(void)的产生过程(A：导线中的 Al 或 Cu 原子)　(b) 金属线的小丘与空位的 SEM 图片

电迁移是金属线在电流和温度作用下产生的金属迁移现象,电迁移在高电流密度和高频率变化的连线上比较容易产生,如电源、时钟线等。为了避免电迁移效应,可以增加高电流流量处的连线的宽度和高度,以保证通过连线的电流密度小于一个确定的值。高的工作与环境温度环境也会加剧电迁移现象。

加速寿命试验也是电迁移可靠性试验分析测试的主要手段之一,该方法在较高电流和温度条件下,通过测量互连样品电阻随时间的变化,采用合适的阻值失效判据,获得互联样品电迁移失效时间,并应用统计分布求解累积失效分布得到失效中位寿命,进而利用 Black 方程得到电迁移扩散激活能。

$$t_{50}=\frac{A}{J^{n}}\mathrm{e}^{\left(\frac{E_{\mathrm{a}}}{kT}\right)} \tag{8-13}$$

式中,t_{50}是失效率在 50%对应的失效时间;J 是电流密度;E_{a} 是激活能;T 是温度;k 是波尔兹曼常数;A 和 n 都是与材料和结构有关的实验拟合常数。

【习题 8 - 8】估算图 8 - 21 中铝和铜的 t_{50}。

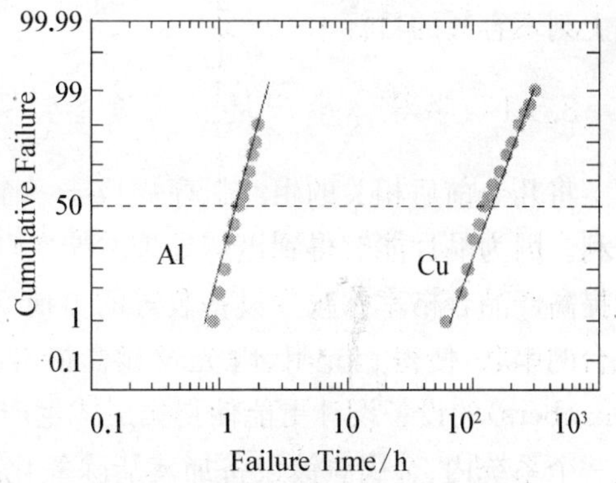

图 8 - 21　Al 和 Cu 电迁移特性比较(J = 2.5 MA/cm², T = 300℃)

当前的集成电路工艺多用铜来代替常规的铝来做互联线。铜的电阻系数比铝降低了 40%。另外,铜的熔点约为 1 090℃,高于铝的约为 660℃。铜除了在电性上优于铝的特性外,在电子迁移的可靠度亦较铝为佳(高出两个量级)。这是因铜原子较铝原子重不易移动,且其导电性与散热性较佳的缘故。

虽然铜导线比铝导线有上述的优点,但是不能用沿用传统的铝导线刻蚀制造工艺。铜工艺与铝工艺完全不同,铝工艺通常是首先将铝淀积成金属薄膜,蚀刻后再淀积上绝缘的电介质;而铜工艺是采用嵌入式工艺(damascene)得到图形化的导线,这一制程实际上是在绝缘层上刻蚀出图形化的连线,然后“浇铸”铜,之后再对表面进行电化学磨平处理以“磨掉”多余的铜,最后形成图形化的导线。需要强调的是,这个过程必须包括钝化层的制作。因为铜的扩散速度很快,很容易在电介质内部移动使器件“中毒”,因此紧接着要淀积一层扩散阻障层(通常是 TaN),再淀积一层过渡层,然后才是铜层。过渡层连接铜层的作用是使 Cu 与 TaN 形成稳定的固化电镀淀积反应。原子层淀积(ALD, atomic layer deposition)技术是目前淀积阻挡层和过渡层的制作工艺。当芯片的特征尺寸变为 65 nm 或者更小时,阻挡层和过渡层的等比例缩小将面临严重困难,铜导线的宽度和高度分别为 90 nm 和 150 nm,阻挡层和过渡层仅有 10 nm。使用 ALD 技术能够在高深宽比结构薄膜淀积时具有 100%台阶覆盖率,对淀积薄膜成分和厚度具有出色的控制能力,能获得纯度很高、质量很好的薄膜。

铜互连已经成为 IC 制造业的行业标准,使未来更小、更快的集成电路芯片能够成为现实。

8.5　生产集成与自动化,计算机集成制造

进入 20 世纪 90 年代以来,集成电路制造工厂已开始引进自动化搬运、计算机信息管理生产线 CIM(computer integrated manufacturing)的计算机集成制造系统。CIM 的目的是将生产过程的物流进行信息化处理、实现搬运系统自动化等,由个别生产设备的自动化阶段进展到全厂统一集成的物流自动化。

由于半导体生产制造的多样化与复杂性,如果不运用系统化、结构化的信息工艺管理,生产信息将难以做到即时地掌握。稍有人为疏失就会导致产品重大的损失;或者造成货物系统紊乱,现场生产管理混乱。一个实际的半导体集成电路晶片制造工艺,从氧化、扩散、微影、蚀刻、化学气相淀积(CVD)至金属线溅镀,生产过程多次重复循环。如果制造的产品是制造复杂度更高的 VLSI,例如 DRAM 或 CPU,工序数及循环将更多更复杂。为避免人为取货失误或操作设定错误的制造程序,计算机集成物流管理及自动化技术的应用成为生产

线上刻不容缓的目标。

8.5.1 半导体生产集成的设备装置

将几个前后相关的生产工序集成于一个系统内完成，对处理过程的质量与制作成本都有利。因为晶片能够得到迅速处理并能在真空环境下传送，避免暴露在空气中受污染，这样能提高产品合格率并减少设备装置的占地面积。如微影(photo)区 Tracker 机台与 stepper 机台的串联，使得上光阻、曝光及显影能在一连串生产单元完成。而集成制造室(Multi - Chambers)的设备设计更能使得集成式生产得以实现。金属蚀刻工艺可与去光阻工艺集成在一个系统内、金属溅镀设备加装清除氧化物的生产室，使清洗与 PVD 的工序可在同一系统内完成；可初步达到生产设备的集成。

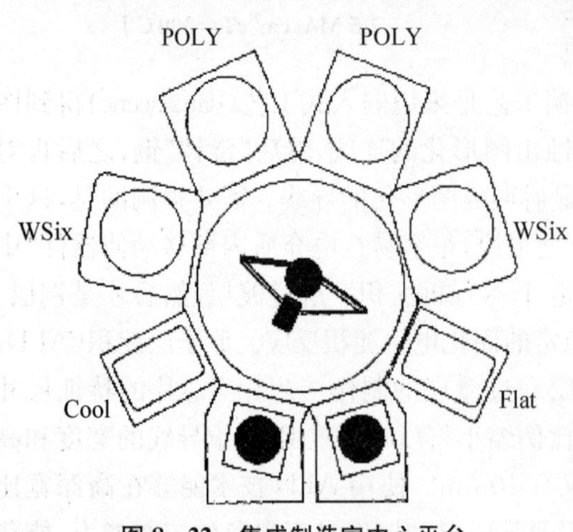

图 8 - 22　集成制造室中心平台

目前，POLY/WSix 集成式的生产已成功地实现，如图 8 - 22 所示。此平台可配置两个 POLY 及两个 WSix 制造室。POLY 制造室可进行多晶硅的淀积及掺杂。目前，由淀积多晶硅及钨硅化物而衍生的化合物已被广泛应用在 DRAM 位线结构和门电路等方面。一般而言，多晶硅的淀积过程是在低压化学气相(LPCVD)淀积炉中进行，然后再利用扩散炉或离子注入器来进行掺杂。WSix 都是由化学气相淀积法由 SiH_4 和 WF_6 淀积而获得。传统上多晶硅/WSix 制造需要经过五个过程/五种设备，整个过程中晶片会在各个不同的独立系统间传送。这五个步骤是：① 多晶硅淀积；② 多晶硅掺杂；③ HF 湿洗；④ HF 气洗；⑤ WSix 淀积。

如图 8 - 23 所示，多机台占地面积显然比集成型机台大得多，处理步骤越多越容易引起设备或生产组件产生缺陷，并明显延长了生产周期。相反地，将多晶硅淀积、多晶硅掺杂与 WSix 淀积等过程集成在一个真空系统中完成便能经济有效地解决传统多晶硅/WSix 薄膜制造上的种种问题。将各种生产工序集成在一个真空系统中进行可减少处理步骤、减少微

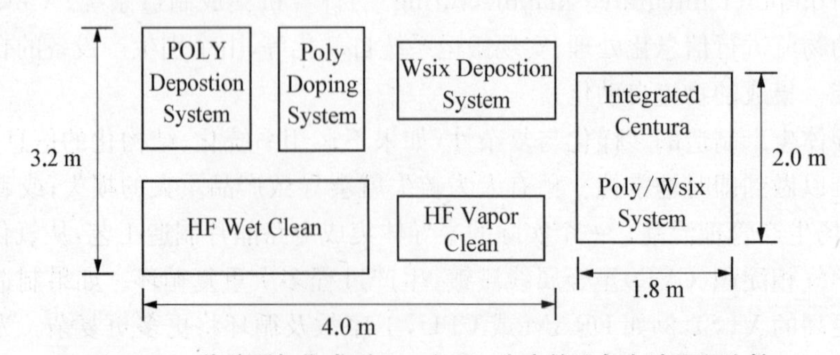

图 8 - 23　传统型与集成型 Poly/WSix 生产的设备占地面积比较

粒污染和生产所需的材料数量、简化设备资本的投入及加快生产周期。迈入新的生产制造技术纪元，集成设备及生产的研究开发的确是降低企业成本、提高产品合格率的重要努力方向。

8.5.2　计算机集成生产管理

除了新概念的生产集成设备不断地推陈出新，计算机化集成化管理控制将扮演着制造工艺集成监控的作用。从产品开发设计、生产工序规划、生产规划、制造管理、工程资料分析、搬运控制、库存管理、产品测试及检验，均需通过计算机及网络系统提供的强大功能才能做到事倍功半，缩短交货期。CIM 能提供每个设备装置及每个工序的制造状态、每批次的工程进展及实物的工艺，帮助管理者掌握生产线的优化管理及提供最佳的支持功能。

1. CIM 及自动化

为适应客户需求的多样化、产品的多样化与寿命周期的缩短，生产方式也不得不加以调整，以期符合需求，保持生产效率的最佳状态。CIM 便在这种情况下应运而生。20 世纪 70 年代，由美国机械工程学界最先提倡的新生产系统。CIM 不仅是以制造部门为对象，还包括了设计、开发、物流生产至销售业务等有关生产制造活动。换言之 CIM 不但包含了直接参与生产活动的各部门，例如设计、制造、生产管理等方面，甚至到经营销售、财务部门，都由计算机的网络化连接，不但能快速处理由订货到销售的大量数据，还能达到缩短交货期限、降低成本、提高质量的效果。进入 21 世纪的制造业，必须采用各式各样的方法同其他的厂家进行竞争，如新产品开发设计的迅速化、弹性生产线的建立、建立高质量的教育培训制度以培养具有创造性思维能力的人才等。制造业在全球市场上要能时时保持其竞争力，才能持续地保持市场占有率。产品的寿命变得越来越短，因此开发设计的前期时间也应该缩短。为了解决这个问题，推进了计算机辅助设计/计算机辅助制造 CAD/CAM 及计算机辅助工程 CAE(computer aided engineering)的应用，进一步促进了人们创造活动的快速化。

2. CIM 及自动化的功能与标准模式

(1) CIM 是以先进的计算机软件工程、通信技术，使企业的运作、开发设计、制造、销售、回收等整体活动效率提高，并使之迅速完成。构成 CIM 的主要功能系统，可归纳为：① 策略信息管理系统(SIS)；② 资源需求量计划(MRP)；③ 基准生产计划(MRS)；④ 需求预测，行销计划；⑤ 销售信息管理，销售原料管理；⑥ 原料需求量/工程数需求量计划(MRP/CRP)；⑦ 工作日程计划/负荷化计划/平准化计划；⑧ 库存管理/采购管理/原价管理；⑨ 及时生产(JIP)零件供应安排；⑩ 立即处理计划/工程管理；⑪ 计算机辅助设计、制造、工程(CAD/CAM/CAE)；⑫ 利用计算机做工程设计(CAPP)；⑬ 数控工艺程序(NC)；⑭ 计算机质量管理(CAQC)；⑮ 加工/装配(FMS、FAS、FMS，Robots)的控制管理；⑯ 设备维护管理；⑰ 网络通信控制管理(LAN)。

(2) 在 1987 年 ISO 国际标准化组织提倡工厂自动化标准模式，将企业活动整理成六个层次，由低而高依次分别是：① level 1. 现场设备层次；② level 2. 现场设备控制层次；

③ level 3. 集成现场设备控制层次；④ lcvcl 4. 区域设备监视层次；⑤ level 5. 全厂设备安排规划层次；⑥ level 6. 生产管理信息层次。

如何将 CIM 的主要功能，体现在上述六个自动化标准模式中，其要点是以计算机为中心来集成整个企业活动。具体上可大分为硬件的界面与软件的界面，如图 8-24 所示。界面技术包括设备与设备间、设备与周边机器手臂间、设备与计算机间、计算机与计算机间、信息与信息间、信息与人类的界面技术。下一节将详细介绍半导体厂 CIM 及自动化的实践方法。

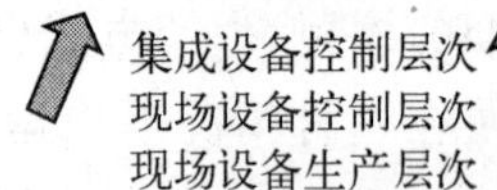

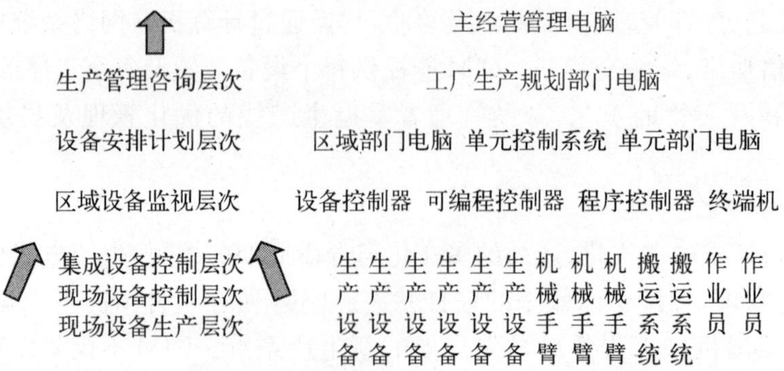

图 8-24 CIM/自动化标准模式六个阶层

8.5.3 半导体晶片厂生产计算机信息集成制造的实践

为提高半导体晶片制造质量、降低成本、缩短生产周期，采用信息管理系统计算机集成自动化制造已成为目前新晶片厂的重要课题。早期传统的生产管理是以人工记录方式，利用批号卡(lot card)、生产记录卡(run card)、生产进度表……来控制生产工艺，以致大量的无尘纸张随着晶片产品逐站地穿梭在每站的生产工艺中。如今，通过网络的管理系统可将生产信息计算机化，将大量的工程资料记录储存到数据库中，生产工艺控制及信息的传送系统均可在 CIM 网络系统上实现，生产线可达到无纸化(paper-less)操作。更进一步，通过 CIM 计算机系统与周边设备、生产设备、搬运装置的连接，如图 8-25 所示，可逐步实现无操作员的工厂理想境界。

推行 CIM/工厂自动化的执行步骤，按模式可分成：① 操作员模式(Manual Mode)；② 半自动化(Semi-Auto Mode)；③ 全自动化(Full-Auto Mode)。

在每一阶层完成其阶段目标然后推进到另一阶段，各阶段的特性及目标分述如下。

1. 操作员模式

此阶段的模式：初期的选货、取货、入账(track-in)、载入(load)、设定程序、数据收集、载出(unload)、数据收集、出账(track-out)等都由计算机处理。选货取货的指示也是由上层生产管理系统通过计算机终端机提供当站 WIP 的生产批号优先顺序，操作员根据计算机终端机上优先顺序选取货及载入机台，批号入账出账由操作员输入终端机，生产工艺即时的可由计算机监控及调整。而自动数据收集需利用 SECS(semiconductor equipment communication standard)接口将机台制造生产中的参数资料，通过通信网络传送到计算机数据库，作为产品

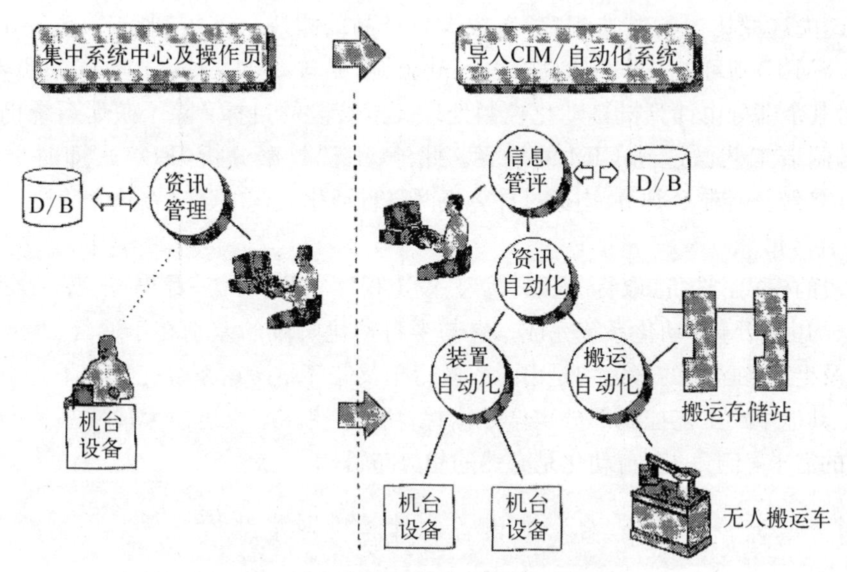

图 8-25　导入 CIM/自动化系统

管控的数据(SPC),取代工作人员的抄写记录,利用计算机强大的网络功能及数据储存能力推动工厂的无纸化(paperless)。

2. 半自动化

此阶段的模式:选货、取货、入账、载入、载出、出账、送货回货架,均由操作员手动完成,但制造工艺全由计算机监控。制造程序的设定是由生产工艺控制计算机依据该货的批号选定正确程序,通过 SECS 通信设定并操作控制的。生产参数同时通过 SECS 通信报告到上层管理系统。图 8-26 为由操作员模式推动到半自动化的过程图。这个阶段的最大特点是

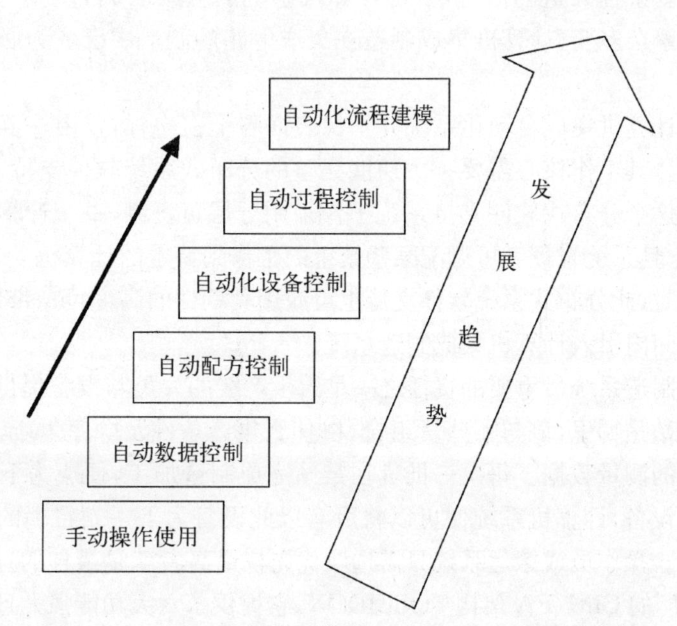

图 8-26　由 Manual mode 推动到 Semi-Auto mode 的趋势

避免人为疏失选取错误的制造程序，造成大量产品的报废。若再利用(standard mechanic interface, SMIF)则可进一步将入账、载入、载出、出账自动化处理。操作员只负责选货、取货及收货，其余部分由计算机自动化控制处理。该阶段的目标：除了搬运系统仍由操作员执行之外，制造工艺已达到 CIM 的境界。此外，工程数据分析(EDA)、即时生产线情报(RPI)及生产统计控制(SPC)，均通过计算机网络自动化架构的建立在这个阶段达成。

3. 全自动化

此阶段的模式：选货、取货、入账、载入、设定程序、数据收集、载出、出账(track-out)、送货回货架，均由 CIM 自动化系统完成。它与半自动化阶段的差别在于取货、载入、载出、送货回货架及生产各区间的搬运均是由无人搬运车及储存站搬运系统完成而不是由操作员运送、选货。其他生产工艺控制部分也全是由计算机监控。适应迈向大尺寸晶片产品及高洁净度工厂的需求，工厂的全自动化是必然的趋势与目标。

8.5.4 信息管理系统/自动化设备的计算机网络结构

半导体业的激烈竞争与产品的不断更新，使得集成电路的制造技术也在发生着日新月异的变化。新制造工艺新技术产生了许多的制造工艺与细节，使得生产现场的操作更加复杂。要使生产工艺正确而顺畅，就必须对各批不同的新产品下达各自不同的制造与工序指令。一个高度自动化的生产线需要一个良好的生产计划与管理系统相配合才能以最佳计划与最低成本完成顾客订单。同时，一个良好的生产线管理系统也需要生产线即时、正确的信息才能规划工艺得到最优级的修正。自动化系统是计算机集成制造的环节之一，规划完整的计算机集成制造系统(CIM)可使一个自动化生产线功能发挥极致，在正确的时间下达正确的指令，加工出正确的产品，提高整体生产的效率。在集成电路的制造系统中，人力已无法处理生产线上复杂且大量的信息，于是计算机系统的应用已成为生产不可或缺的工具。由于生产过程的繁杂多变，计算机集成制造在集成电路的制造中已成为必要且不可或缺的一环。

一个完整的计算机集成自动化系统并不像表面看上去一样，仅由一群不同的计算机凭借网络连接而成。其工作核心需要一个功能完整的分布式系统软件支持，来掌握及衔接整个复杂的组合。这个分布式软件支持系统工作采用分层负责制，一个计算机发生故障仅仅影响局部的运作，且系统管理者可调配某些繁重的工作到特定的计算机上，不会影响其他的控制计算机。同时，此分布式系统软件支持也可应用其软件的高度可携带性，使扩建中的新工厂在最短的时间内引入计算机集成制造系统。

计算机集成制造系统最重要的责任之一是给生产线的人员与设备提供正确的指引。这主要包含了下一站是哪里，该与哪些货组合，以什么生产条件及顺序生产，以及要收集哪些工序及生产结果的测量数据。每次一批货在某站完成制造加工，便成为下一站的 WIP。只需指定一待机的设备，计算机系统便可以将所有以此设备为下一站目标的货物根据实际的优先顺序列出来。操作员或搬运系统只需选取优先权最高者就是最佳的选择。图 8-27 为 IBM 日本 Yasu 厂的 CIM/FA 架构 POSEIDON，它提供了六大功能强大且模块化的开放型分布式系统。图 8-28 为 POSEIDON 的计算机网络硬件结构：① 计划系统(scheduling

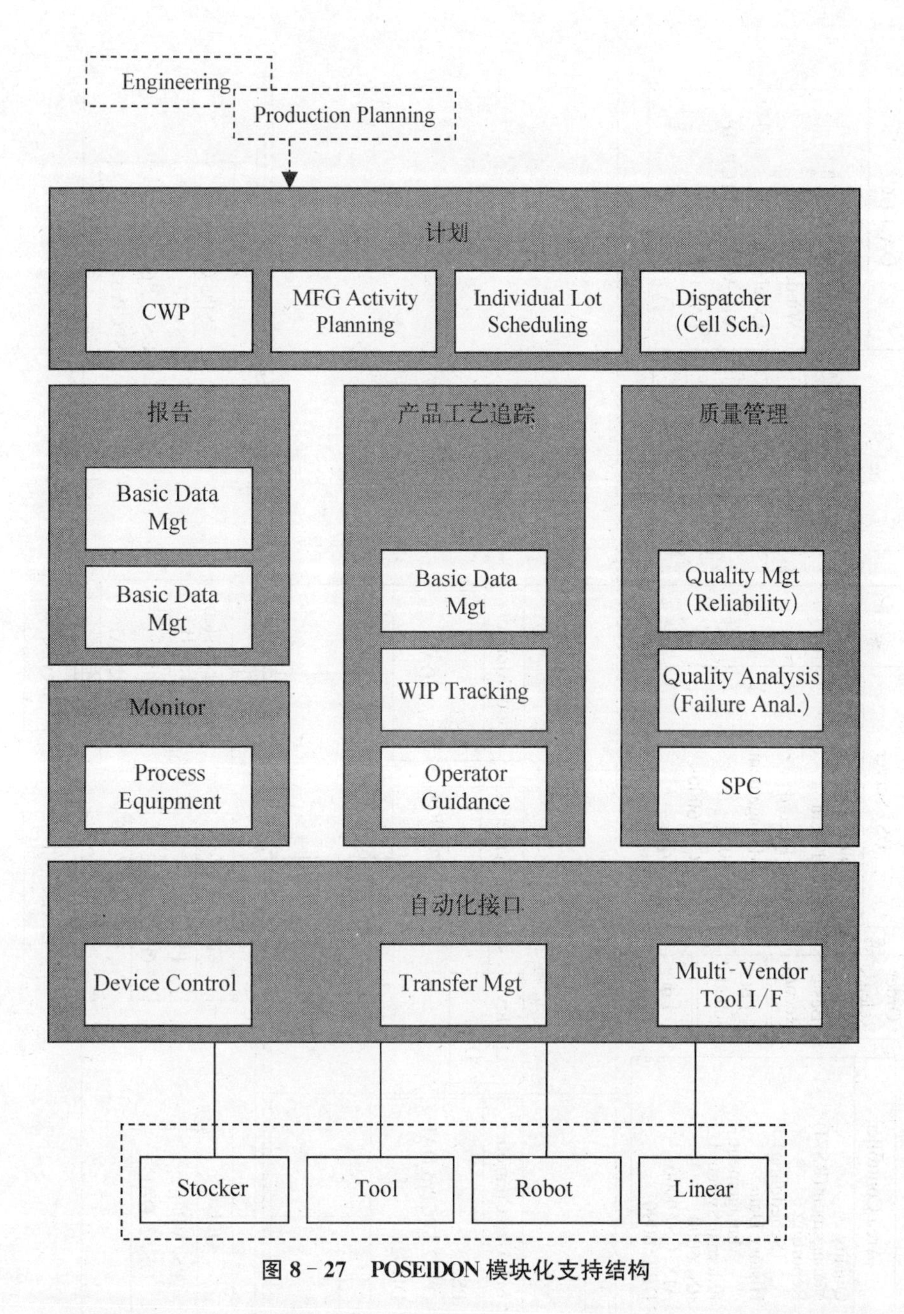

图 8-27　POSEIDON 模块化支持结构

system)；② 报告系统(reporting system)；③ 产品工艺追踪系统(product/process tracking system)；④ 质量管理系统(quality management system)；⑤ 监控系统(monitor system)；⑥ 自动化接口系统(automation interface system)。

计算机网络的硬件连接技术，单元控制器(cell controller)或称为工具控制器(tool controller)是以 RS 232 与设备连接。而 RS 232 有传输距离 15 m 的限制。因此随着工厂设备的分布规划，单元控制器(或称为工具控制器)的设置与规划是要在建厂初期就要预留。单元控制器(或称为工具控制器)与主控制计算机的连接最常见的技术是 ETHERNET 与

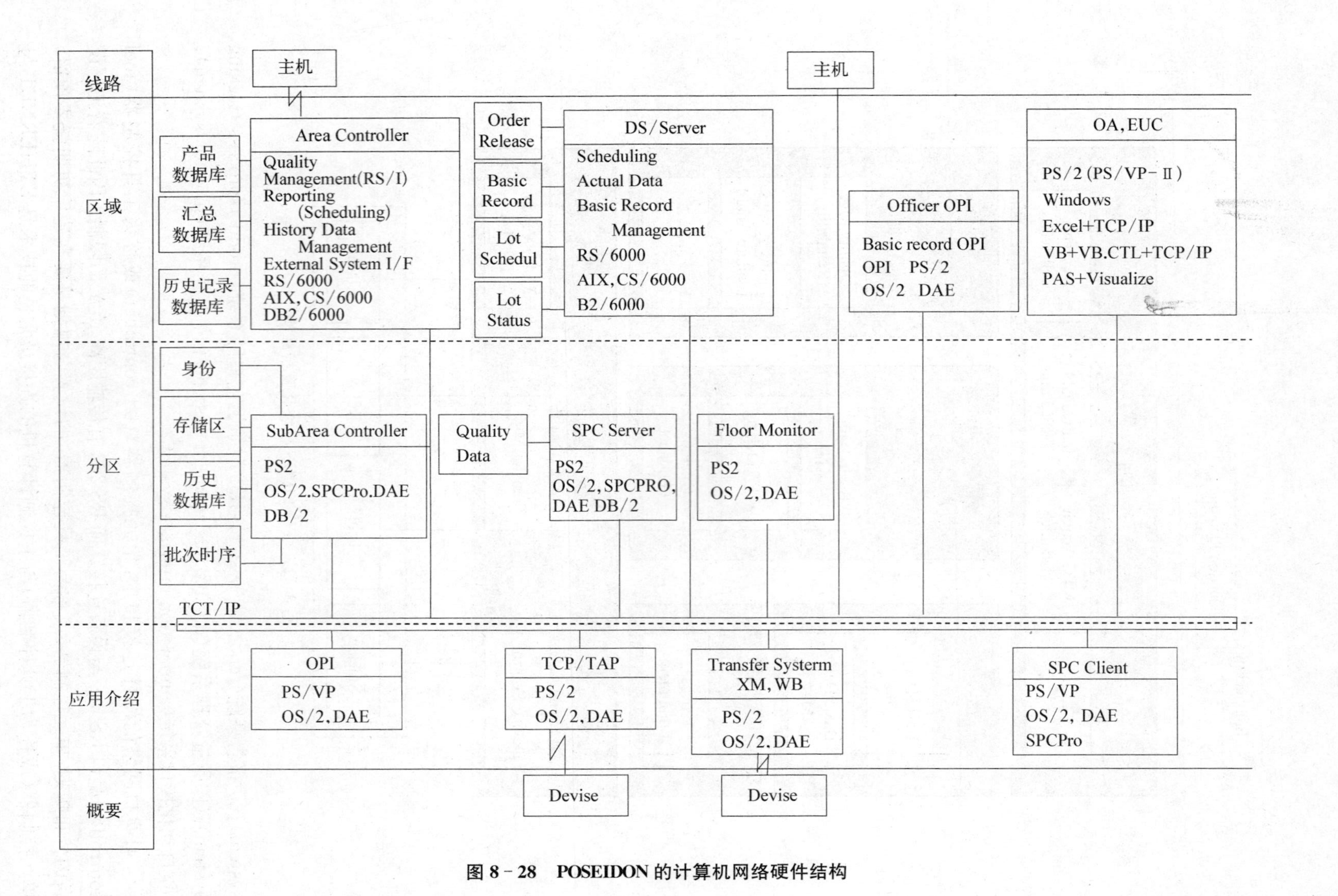

图 8-28 POSEIDON 的计算机网络硬件结构

TOKEN RING 如图 8 - 29 所示。数百米间的网络线(10Base2、10Base5 或 10BaseT)将整个工厂的计算机与 MIS 系统相连。整个企业及生产的信息情报就在这个完整网络系统内得到即时的传递。新的通信技术使设备与单元控制器(或称为工具控制器)之间以更高的速度传递。如图 8 - 30 所示,HSMS(High speed SECS Message Service)将以更高的传输速度在设备间进行通信。

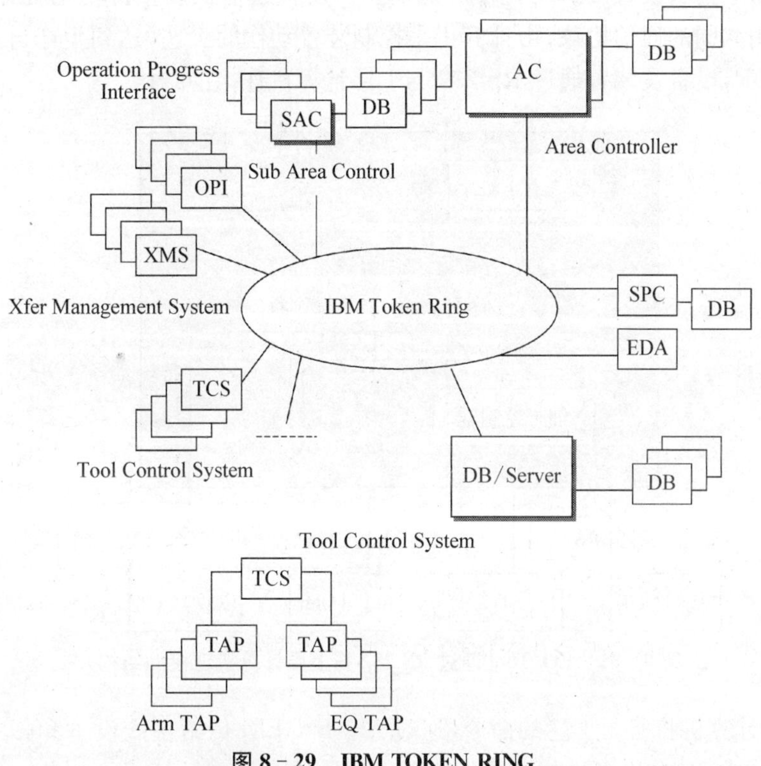

图 8 - 29　IBM TOKEN RING

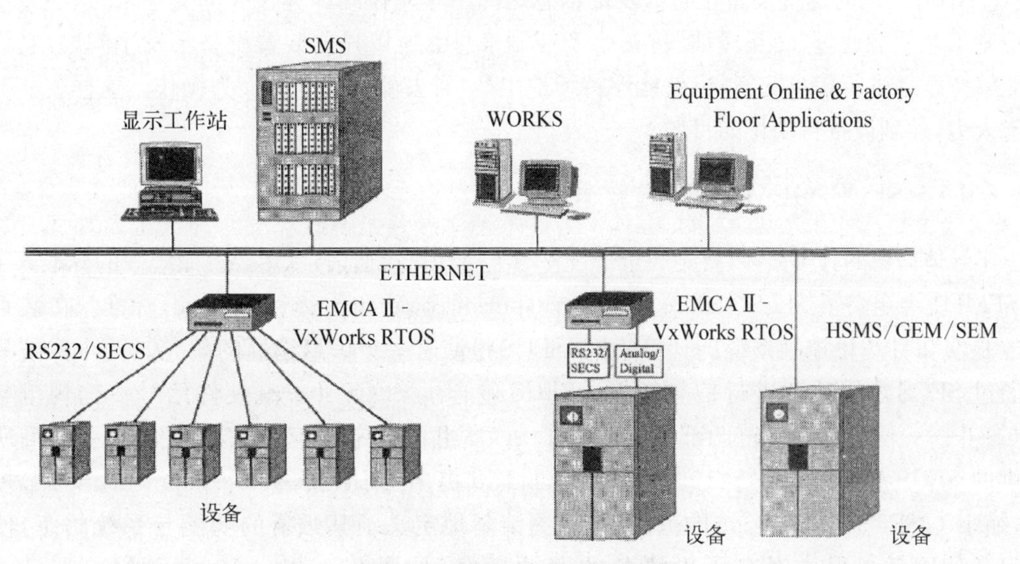

图 8 - 30　ETHERNET 与 HSMS

8.6 设备通信及装置自动化

生产中人为的操作和搬运容易造成疏忽和损失，需要精确的操作工艺来防止这样的损失。因此，设备通信及装置的自动化便应运而生。设备通信及装置自动化就是经过一个通用的接口，使用共同的通信协议，由计算机来控制装置动作的工艺，达到生产自动化的目的。如图 8-31 所示，设备及装置通过 RS 232 与上层计算机连接的结构。

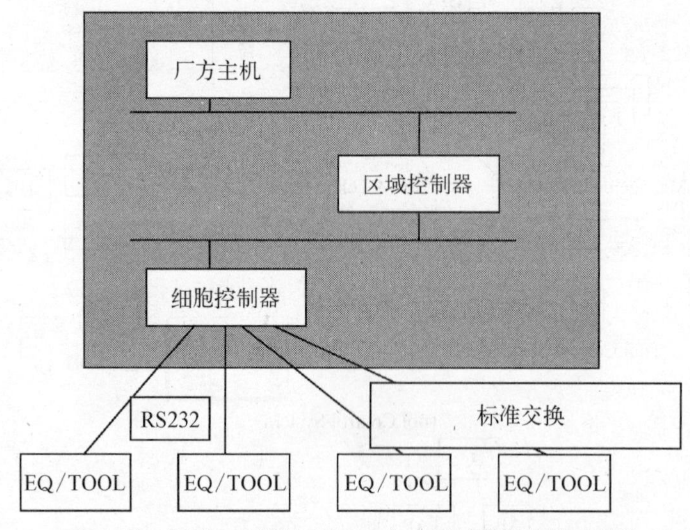

图 8-31　EQ/Tool 通过 RS 232 与上层计算机连接的结构

单元控制计算机将所要下达的命令，通过 SECS/GEM 传给生产设备和相关的装置（如 SMIF Arm）。同时这些设备也将必要的信息送回给单元控制计算机。如此一来，这些生产的控制工艺便能通过“交互对话”传达生产控制信息。所以只要装置设备不发生问题，它们便能够持续地进行信息交换，也就能够持续地生产，省去部分或全部人为操作。这样就能够节省人力，达到设备自动化的目的。

8.6.1　SECS/GEM/HSMS 接口

半导体设备的种类繁多，要集成全部设备与上层计算机通信，一定要遵循统一的标准。于是 SEMI 协会定义了 SECS（semiconductor equipment communication standard）标准。在装置的控制器和自动化控制系统的计算机间，SECS 扮演着一个信息沟通的角色。两个系统只有通过 SECS 才能彼此进行信息交换。SECS 包含了 SECS Ⅰ——硬件信号传输规范与 SECS Ⅱ——信息传输规范两部分。但由于 SECS Ⅱ 的规定过于广泛，因此各设备厂商所提供的 SECS 都有所差异。1994 SEMI Standard 提出 GEM（generic equipment model）模式，缩小了 SECS Ⅱ Message 的范围，并且更清楚地定义了其必备的功能与系统状态，使得设备使用者与提供者有了更清楚的遵循标准（见图 8-32）。1995 SEMI Standard

又提出 HSMS(high speed SECS message service)标准。HSMS 提供了比 SECS Ⅰ更快速的信号传输能力,可直接与上层计算机 ETHERNET 网络连接。

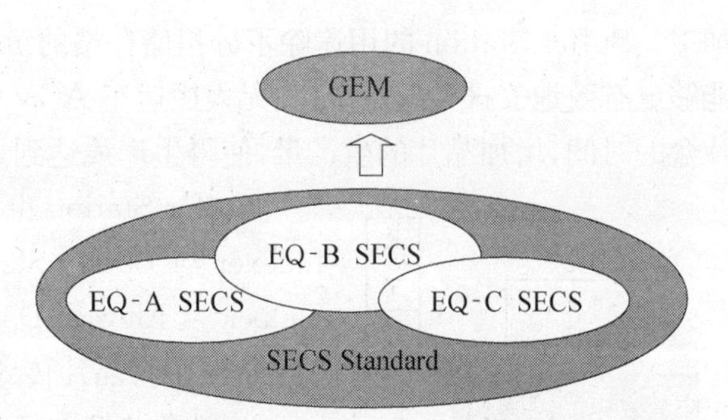

图 8 - 32　SECS/GEM 范围

1. SMIF 接口

SMIF(Standard Mechanical Interface)是标准机械接口的简称。它有两种基本的型式,SMIF Arm(见图 8 - 33)及 SMIF Indexer(见图 8 - 34)。这种设计将晶片盒置于一特殊机构盒(POD)中。这个特殊机构盒内始终保持洁净度 Class 1 的标准。Cassette 通过 SMIF Arm 型接口或 SMIF Indexer 型接口的特殊操作将晶片传入生产设备中进行加工。这种设计可降低工厂洁净室的建造成本并且还能确保晶片不受外界环境微尘污染。此外 SMIF Arm 型接口可将 POD 内晶片盒的数据(如批号、生产信息……)利用特殊读取/储存装置(IR & Smart Tag)通过 SECS 与主机沟通进行数据翻新读写。这种设计可取代批号识别条码装置,能更好避免人为的疏忽。

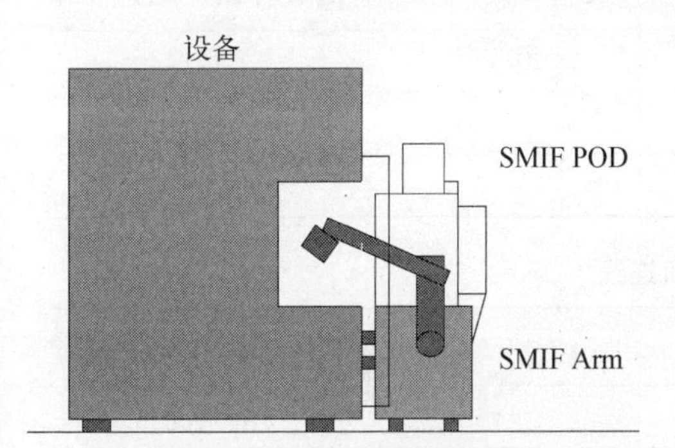

图 8 - 33　SMIF Arm 型接口

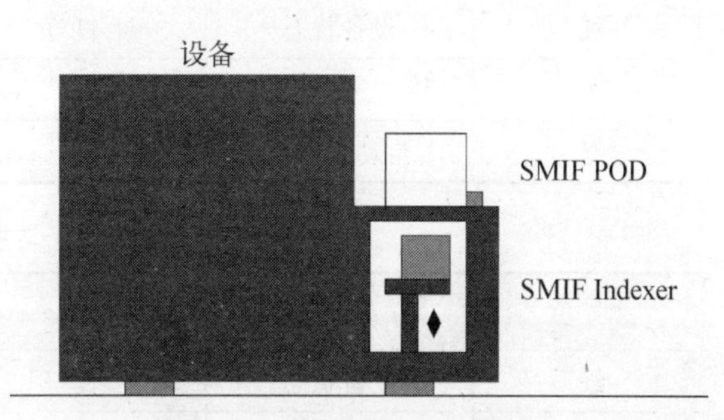

图 8 - 34　SMIF Indexer 型接口

SMIF Arm 型接口与生产设备之间必须有硬件位置确认保护。当生产设备不是处于正确的可载入/载出位置时,硬件位置确认保护将使 SMIF Arm -“Load/Unload NOT Available”,可避免操作员误操作 SMIF Arm 而造成晶片、生产设备及 SMIF Arm 的撞击伤害。当 SMIF Arm 没有处于正确位置时,硬件位置确认保护也将禁止设备移动 Load Port 及 Close Load Door,避免撞击伤害。

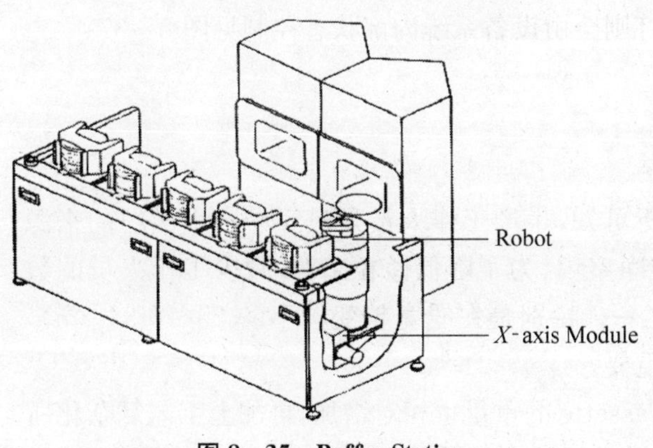

图 8 - 35　Buffer Station

2. Buffer Station

一个典型的 Buffer Station 如图 8 - 35 所示。操作员或搬运装置将 Cassette 置于 Buffer 制造 Station 上,由迅速移动的机器手臂将晶片一片片传入生产设备进行加工。Buffer Station 的用途除了分担储存站的负担外，最主要的功能是使得生产线计划者能够更有效地安排搬运系统(如无人搬运车 AGV)的运送顺序，减少生产设备等候待加工晶片盒的时间，增加晶片的生产量，使得生产线达到最优化的目标。

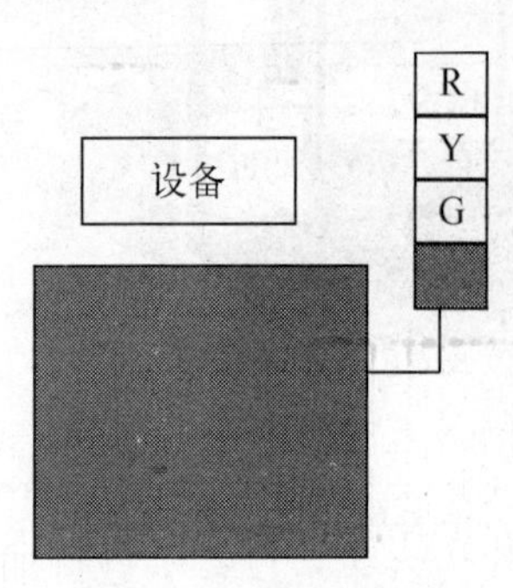

图 8-36 信号灯塔

Buffer Station 也可应用 SMIF POD 型的信息传送；SMIF Indexer 与 Buffer Station 很容易配合。利用 Indexer 将 POD Unlock 及 Elevate Down，使得 Buffer Station Robot 可直接从 Cassette 中将晶片传入生产设备进行生产加工。

3. 设备状况灯

信号指示灯是设备状况的指标，一般装在生产设备的角落高处，如图 8-36 所示。操作员或工程师远远地就知道设备的状况。一般而言，信号灯有三种颜色——绿、黄、红；每种颜色有三种状况：亮、暗、闪烁，共有 9 种情况，由客户根据需求决定。以下是个简单的例子(见表 8-3，表 8-4)。

表 8-3 未与主机连线

颜 色	意 义	暗	亮	闪
红	设备状态	良好	维修	有情况
黄	载入/载出情况	无 MIR/MOR	Move Out Request	Move In Request
绿	自动化模式			未与主机连线

表 8-4 与主机连线

颜 色	意 义	暗	亮	闪
红	设备状态	良好	维修	有情况
黄	载入/载出情况	无 MIR/MOR	Move Out Request	Move In Request
绿	自动化模式	半自动	半自动	未与主机连线

如设备处于维修保养状态，操作员或主机可将红灯切换到亮的状态。指示自动化模型的绿灯亮暗也可由操作员或主机控制。黄灯则全由设备系统内部状态控制见图 8-37。

8.6.2 搬运自动化

1. 使用自动化搬运系统优点

(1) 产品合格率的提高。从数据的分析可知，生产工作人员是最容易产生微粒的来源(约占了 54%左右)。因此在清洁度高的洁净室内，为了降低微粒来源，减少工作人员的数目，实现产品搬运的自动化是最好的选择之一。特别是在线宽越变越小(0.25～0.35 μm)，洁净室的清洁度要求更加严格时更是显得重要。

(2) 省力。现在 8 英寸的 FAB 最多，Cassette 的重量也相对增加，再加上工艺复杂化所产生工艺处理次数的增加，都造成了搬送次数的增加及相对复杂化。因此，如何利用自动化

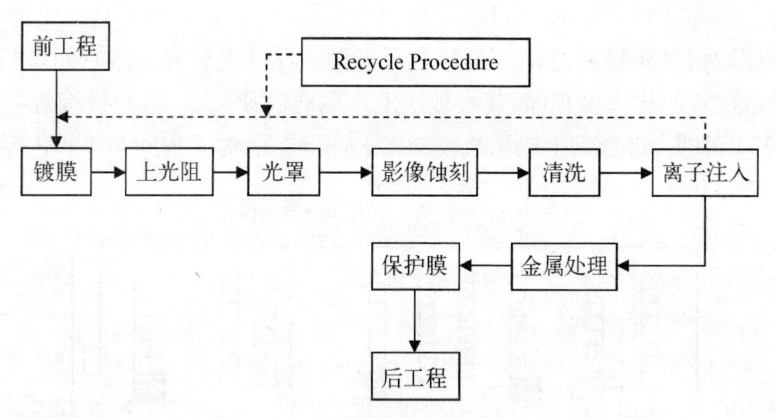

图 8－37　晶片制造

搬运系统来减低工作人员不必要的负担，提高其工作效率，是未来的 IC 行业必然趋势。

(3) 降低人事费用。如(2)所述，由于工作人员搬运负担的减轻，原本由 2～3 人负责的工作，现在可能由 1 人来全权负责，甚至可达到局部无人化。这种效果在 24 小时连续生产及人事费用高涨的情况下更显得突出。

(4) 防止可能的疏忽。为了防止工作人员可能的疏忽(如将货下错)和确保生产间隔时间的精准性，在 CIM 整体规划下，自动化搬运系统也有相辅相成的效果。

(5) 少量多样化产品的对应。随着代工量的增加，少量多样化产品也成为生产线上的重要事项。因此，凭借 CIM 的调整生产程序灵活性，自动化搬运系统可以很迅速地配合调整搬运工艺。

2. 术语

为了能让读者有一个整体的观念，我们介绍一下一个简单的自动化搬运系统，重点集中在晶片制造工厂方面而省略前工程晶片材料的生产及后续工程的组装、检查。我们用一个简单的制造工艺及设备布置图来说明自动化搬运系统的角色及相关术语。

(1) 工程内通道(tunnel/Intra Bay)。通常为某一特定制造工序(如薄膜、蚀刻……)而摆设的设备、加工区域，如图 8－38 所示的 1，2，…，n，称之为：工程内通道(tunnel)。

(2) 工程间搬运(inter bay transportation)。在某个工程内通道内完成的制造常需要到另一区再完成其他的工艺过程(如镀膜后要上光阻、蚀刻等)，称这种跨区的工程叫工程间搬送。

(3) 顶棚运行高速台车(LIM Carrier)。为了便于工程间的搬送，常采用回路式的顶棚高速台车，将 Cassette 搬送于两个工程之间，其搬运能力为 400 Cassette/h 以上。

(4) 自动导向小车(AGV：Auto－guided vehicle)。工程内 Cassette 的搬运则利用自动导向小车来负责。

(5) 自动化仓库(Stocker/Clean Depot)。将 Cassette 从 AGV 送上 LIM Carrier 搬运到另一工程或将 LIM Carrier 上的 Cassette 送给 AGV，则是依靠自动化仓库内的搬运系统。除此之外，它也有仓储暂存的功能，(等待主机下指令再决定前往的工程区)而其设置数量则由预定暂存量及处理量而定。

3. 举例

晶片在“1”区镀完薄膜后，利用AGV送至自动仓储区内暂存。这时如果“5”区的上光阻机台有空，且这批货的优先度也够，就会被送上顶篷式高速度车，送到最接近“5”的自动仓库区，等待AGV来取货，再送到上光阻机台加工。图8-38为工程间与工程内搬运图。

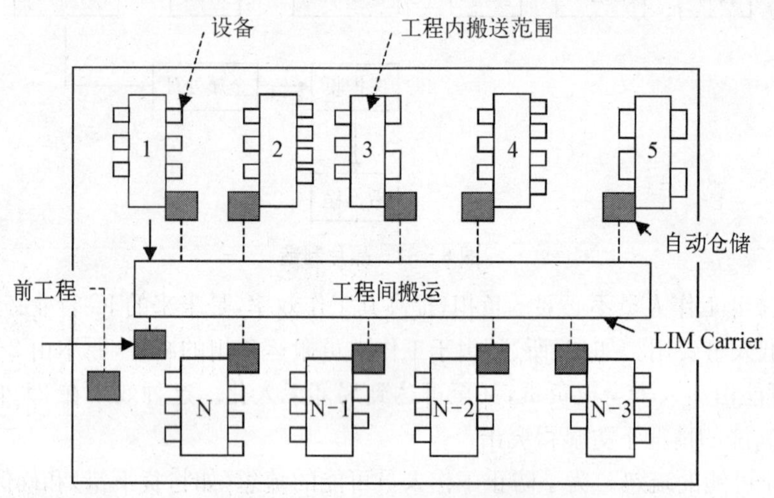

图8-38 工程间与工程内搬运

为了能更深入了解自动化搬运系统的特性，下面对自动化搬运系统、工程间搬运系统的功能进行介绍：

8.6.3 顶篷式高速台车(LIM Carrier)

LIM Carrier一般用于两工程间的传输。其特性是长距离与高搬送能力，其详细规格如表8-5所示。

表8-5 顶篷式高速台车特性

本体重量	约15 kg	备注
承载能力	最大10 kg	
行走速度	90～80 m/min+10%	Straight - Line, loaded
	20～10 m/min+10%	Curve, Loaded
	130～110 m/min+10%	Straight - Line No Load
	30～20 m/min+10%	Curve, No Load
加速度/减速度	a<0.2～0.3 g	Loaded
停止精度	±0.5 mm	With Mechanical Lock
驱动方式	Linear Induction Motor	
控制方式	Inverter Controller	
洁净等级	0.1 μm	With Rail Air Filting Units

LIM Carrier 第一个特性是它的负载能力，可分为单一 Cassette 及双 Cassette 两种。一般对 8″晶片而言，10 kg 的负载能力是绰绰有余的。在传送速度方面则因负载的有无，以及是否在弯道而有所不同。凭借反向式控制器和速度传感器反馈，可达到匀速控制的效果。在定位精准度方面，利用磁式刹车器和机械式锁定系统可达到±0.5 mm 的精准性。洁净度方面，利用防尘外盖和内藏式的过滤系统来达到 Class 1 的洁净度。此外，在施工方面，整体的线性度、水平度也是需要考虑的要点。

1. 自动仓储 Stocker

Stocker(见图 8－39)除了可供作为 Inter Bay 与 Intra Bay 间的传输介面设备外，还可作为 Cassette 的暂存区用，来降低生产的准备，以增加其产量，此外另有用 Barcode Reader(or ID Reader)来做产品批号识别，其详细规格如表 8－6 所示。

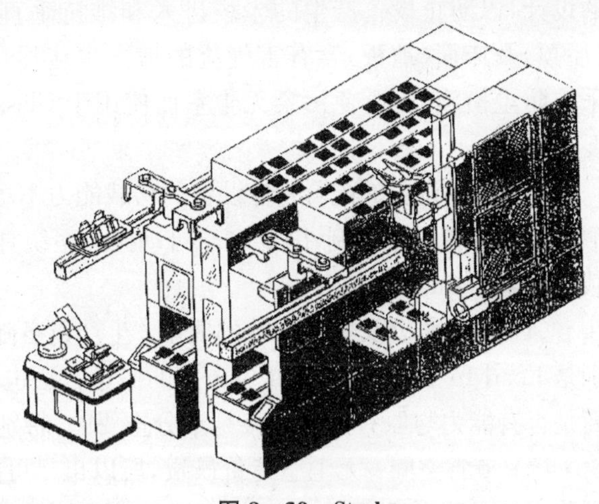

图 8－39　Stocke

表 8－6　Stocker Specification

外　壳	Air Cleaning System	Cross Flow Air Filting Unit
	Clean Class 1	Ultra Low Penetration Air Filter
内部存取搬运系统	Travelling	1 m/s
	Rotation	120deg./s
	Lifting	1 m/s
	Forking	0.4 m/s
	Transfer Method	Shelf Arm
传送方式	Inter Bay	Revolving Transfer Devices
	ImraBaV	Indexing Transfer Device
	Manual	Shuttle Table
电力系统	3 相，200/220 V，50/60 Hz	
	单相，100 V，50/60 Hz	

自动仓储 Stocker 的特性为：

(1) 仓储内部借着 ULPA Filter 来使洁净度达到与生产品同样的 Class 1 的程度。

(2) 其内部的搬送则是利用交流伺服控制，最快可达 40 m/min 的搬送能力。

(3) 搬送方式则采用 Shelf Arm 的方式来搬送。

2. 自动化搬运系统(Ⅱ)工程间搬运系统

工程内搬送系统采用自动导向小车，因为直接与生产设备接触，因此有以下几项特点：

(1) 依各工艺过程处理时间的不同而有所差异，一般约有 30～60 Cassette/h；

(2) 搬送通路的洁净度：工程内因为有 Wafer Cassette 的搬送，所以洁净度的要求特别的严格。除了设置垂直层流(Down Flow)及各设备之间的隔离设施外，还有维持正压的设计，以防止设备产生的尘埃进入和维持垂直层流。相对地，对搬运系统而言，顶篷面(屋顶)及床面(地板)含有害气流的地方也应尽可能避免。当然对搬运系统而言，也必须采取防尘措施，以避免污染无尘室而使用于 Class 1－10，这也是自动搬运系统最基本的必要条件。

(3) 与各设备的配合：各设备的移载能力不尽相同，且 Cassette 的移动方向及隔离设施形状尺寸等皆各有限制，因此对于自动搬运系统具有必要弹性设计和扩展能力，必须要求移载精度为±1 mm 精度。

(4) 设备增设及变更弹性的要求：生产设备随着产量增减而需要增减，新设备的技术特别是 Load In/Process/Load Out 等的搬送方法也不断地创新。因此对于自动搬运系统的厂商是否有能力与原有系统连接是十分重要的，特别是接口能力。

(5) 节省空间：无尘室造价昂贵，所以也尽可能缩小工程内通路。自动搬运系统也必须在狭小的通路中运转自如。

(6) 针对芯片在搬运中的振动应有与之相应的防止对策，高架地板的平整度及负荷能力都应详细地考虑。

3. 自动导向小车

为了对应如上述的条件限制，降低人力成本，一般都考虑采用自动导向小车(AGV：auto-guided vehicle)。以现在新一代的 AGV 为例，其大都可达到下列八项功能。

(1) 不需使用从地板上作导向。天花板上所设置的数台 CCD 摄影头与 AGV 通过红外线(I.R)通信装置，通过自动识别系统(P.R.S)进行“现在位置识别”和包括“传送指令”与“目前动作状态的反馈”等操作。所以就可以不必在地面埋设导向用的设备，图 8－40 为自动导向小车的导向与控制方法。

(2) 容易改变行走路线。AGV 的行走路线规划，可以通过 PC 作对话的设定。这是地上 controller(base station)使用 MAP DATA 所记忆下来的。根据需要可以对各 AGV 重新下指令以及改变运行路线布设。如果在相机视线内的话，也可以从 P.C 的 MAP DATA 重新做修正，并在 BASE STATION 的 DOWN LOAD 作确认即可，相当简单容易。另外，临时性的设备增减也可以很容易地完成，不需要再花费其他费用和改装工时。

(3) 自由自在的运行通路设计。新型 AGV 系采用 3 轮车方式，并且 3 轮独立驱动，可独立操作方向，并可做全方位的移动。因此可以自由地设计行走路线。

(4) 虽然一般情况根据所设定的顺序及路线行进，但是如果遇到紧急状况时，可根据各种不同需求实行自动搬送。譬如由哪一台 AGV 来搬送是最合理、搬送路线最短、时间最迅速，可根据当时的最佳条件来进行选择设定，从而达到最佳工作效率。

(5) 6 轴垂直多关节的机器人，限制较少，可以自由地做移载动作。在 AGV 无人搬送车上安装了 6 轴垂直多关节机器手臂，可以自由自在地移动，可以接近各设备而完成上货、下货功能。所以没有必要在各设备的出入口加装移载装置机构。此外，可以依据 Gray

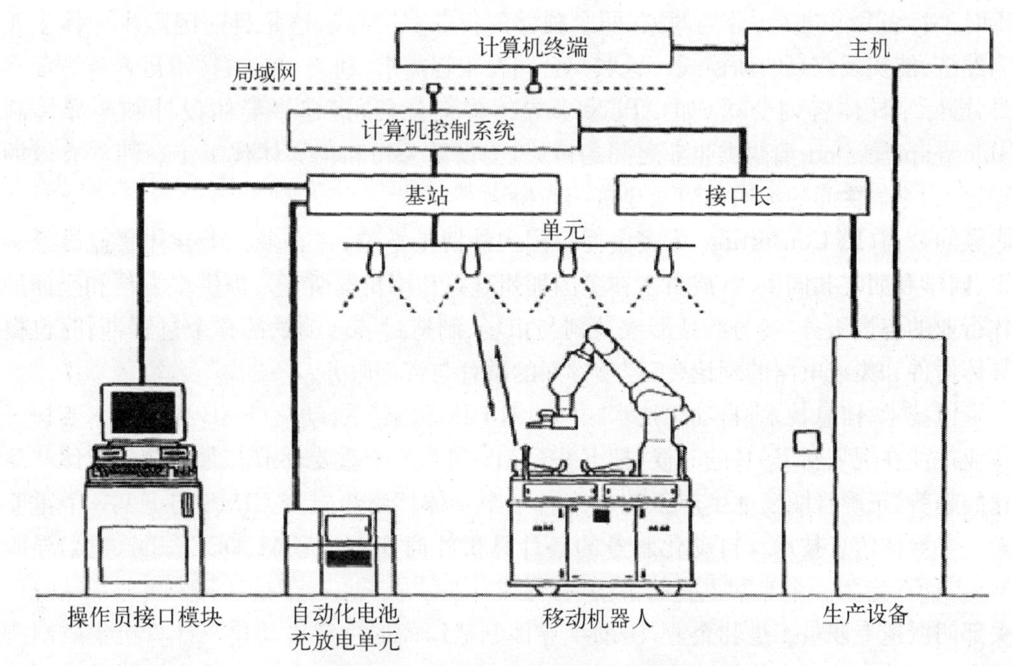

图 8-40 无人搬运车的导向与控制法

Scale 摄影对位后，将 AGV 停止误差计算出来，并于 GRIPPER 提货、下货前而对位置加以修正补偿，以保证达到±1 mm 以内的移载精度。

(6) 洁净度 Class 1 的措施：无论是 6 轴垂直多关节机器人内部，还是小车本身机构或盖板都是工艺要求极高的。还有内部利用风扇产生负压，不会对外部造成污染，可使用在 Class 1 环境。另外，无人搬运车本体的侧盖是采用全密闭型设计，内部产生尘埃并不导致从侧面外漏，而是从无人搬运车底部通过高架地板排风至排气口，可将污染降至最低限度。

(7) 可执行电池自动交换工作，以便进行连续运转：AGV 设置了电池自动交换系统功能。各个 AGV 的电池状态是由 BASE STATION 作电压监视检查。当电池电压下降到某一定值以下时，AGV 自动会到指定位置进行电池交换工作，以减少可能的人力消耗。

(8) 安全性：AGV 具有各种传感器和内部保护功能，来保障 AGV 的安全要求。此外，AGV 行走时还发出指示警告，以提醒工作人员注意。

8.7 半导体计算机集成公司(Fabless)与半导体制造厂商(Foundry)合作状况，集成电路顾问公司(IC Consulting)的支援

随着半导体业的制造技术日新月异，新的技术从 0.35 μm～26 nm，即将进入下一个阶段的生产技术。21 世纪的半导体行业已由传统的 IDM 独家包揽模式，转型为半导体计算机集成设计(Fabless、如 LSI、Lattice、AMD)和半导体计算机集成制造(Foundry，如 SMIC、

TSMC、GlobalFoundry))分为两家(两个独立的行业)的模式,这是目前国际半导体工业界最为经济、能实现双赢的新模式。这两类公司在工程需求、利益、知识、技术语言等方面存在差异,国际半导体咨询公司(如 APEX 半导体咨询公司)搭建半导体设计和半导体制造(Fabless and Foundry)两类企业之间的桥梁,为设计公司和半导体代工工厂建立有效的沟通渠道,为它们之间的沟通与洽谈建筑一座桥梁。

顾问公司(IC Consulting)大多由拥有国内外博士学位、并有多年半导体实业界经验的同事、同学和朋友共同组成(成员多在美国加州硅谷和德州奥斯丁),提供多方位和全面的半导体行业的咨询服务,参与产品形成策划与市场、制造封装与测试的整个过程,同时也提供半导体器件和集成电路的理论、工程学方面的教育与咨询服务。

资讯技术/信息技术/自动化技术顾问也对 CIMS、工厂自动化、FAB 提供技术支援。半导体业往往在规划新 FAB 的时候,把 FA/CIMS 列为一个重要环节。尤其在半导体产品多样化的趋势,正确且顺畅地生产工艺成为各个半导体厂纷纷投资 CIMS 与 FA 一个重要的因素。半导体信息技术及自动化服务的各计算机外商如 HP、IBM、DEC、SDI,把半导体业 CIMS 与 FA 定为一个非常重要的市场,和促成其业绩成长点。于是其各个事业部从总厂或相关部门派遣专职员工进驻企业,协助半导体制造厂商的生产自动化及计算机集成制造工艺。各半导体制造厂商依据一些重要的评估参考,作为选择合作顾问计算机厂的依据。如人力及技术支持能力、计算机集成领域经验累积的状况、以往与半导体厂商合作的实践经验、整体价格与技术转移的相关条件等,都是决定选择信息技术/自动化技术顾问公司的重要因素。

8.7.1 半导体设备厂商的支持

半导体设备厂商在新的 FAB 厂筹划的阶段,在设备自动化方面的经验不同,所以依据经验与技术合作的不同而有不同的自动化规格,其形式大致分为以下几种。

(1) 形式 A。要求设备厂商提供 SEMI 标准 SECSII/GEM。

(2) 形式 B。依据其半导体自动化组与各使用生产单位或生产技术组,共同制定完成一套符合其半导体厂的自动化规格。

(3) 形式 C。半导体厂商完全照单全收信息服务与生产集成顾问公司所提供的自动化规格,假如半导体厂是以生产技术移转与其半导体厂商共同合作合资的方式,其自动化规格将整套实行于新厂的安装阶段。

(4) 形式 D。有经验的自动化厂与技术服务与生产集成顾问公司共同拟定自动化规格。就技术层面来讲不是某一形式在某一公司实行成功则其他公司就一定能实行成功。

半导体的设备制造厂商,当拿到客户的自动化规格时,经过会议讨论与分析,最后进入整个计划的执行过程设计阶段,依据不同的形式的自动化规格,在研发与设计的困难上,就有不同的完成时间。一般而言,最简单的为形式 A,其他形式则依据内容来决定完成时间,这里所说明的是半导体设备厂商依据不同形式的自动化规格研发出最成型的一套自动化软件给客户,至于自动化的测试验收,在半导体厂则是另一座重要的里程碑。

半导体制造厂商自动化组与制造顾问公司,在先前所提到的自动化规格的拟定,在系统采购阶段在 PO 附有一项规格，所以测试与验收就依据此规格作详细的测试，有些计算机功能集成与自动化支持合作厂商，会要求先前测试(pretest 或 vendor site test)，即系统设备还没有运送到半导体厂时，作先前的 FA Test 测试，确保各个半导体设备制造厂在运来设备前，其自动化软件功能相当符合规格。

当系统机台运到半导体厂时，经过电力的安装与硬件设备的组装，生产调整，到转移到生产单位，也许要花上数月的时间，此时自动化组与各个半导体制造厂商一同完成 on-site Test 工厂测试，就测试与规格不符的部分，半导体厂会提出一份测试报告，希望半导体设备厂商能一一解决其中不符合规格的事项，直到完全解决为止。

从整个自动化的实现过程中，可以了解到，从起始的采购到规格的拟定，研发与测试与售后维护，整个活动过程中，成立一组有专业知识与熟悉半导体厂运作的自动化部门，成为各个半导体设备制造商中一个刻不容缓的事情，而半导体厂商在采购与评估自动化的服务与支持能力时，服务与支持列入一项评估的标准，目前在中国台湾的半导体设备制造商中，唯一有当地自动化专职自动化服务的厂商，只有 Applied Material Taiwan(台湾应用材料)，在自动化技术支持导入与售后服务方面，在半导体厂中得到相当的满意度。

8.7.2　半导体厂商对半导体设备制造商的自动化的期待与展望

在半导体厂计算机集成制造的所有计划中，设备自动化连线成功与否，关系着 CIMS 成功与否，因为所有原始数据(Raw Data)与及时地控制都靠完整而无误的工作命令达到计算机自动下载(Down Load)数据或自动上传(Up Load)数据的目的，以及无需人工 Key in 的生产工作，在全自动化的模式中，主机必须在介于机台(Equipment)与无人搬运车(AGV)之间顺畅地完成控制，所以一个稳定而成熟并且能供应符合半导体厂自动化要求的半导体设备，则是各 FAB 厂最迫切的希望与期待。

随着技术的日新月异，生产技术仍然是半导体产业注目的焦点，但是在半导体产业的大量生产中，如何把工厂自动化与生产技术有效地作用到现有的设备与信息的应用中，是近来自动化组与生产组共同关心的问题，如 Recipe 最佳化的问题就是有效分析自动化所收集的生产分析资料，作为调整生产 Recipe 某一参数的重要指标，而 HSMS(High Speed Message Service)则有助于这种功能的完成，因为它可以大量收集实时(Real Time)数据，取样率(Sample Rate)比现有 RS 232 改善许多，所以有些半导体业者希望不久的将来能有 HSMS 产品问世。

在竞争激烈的半导体行业中，能充分发挥信息生产力的公司，未来必将是成功且可以持续发展的公司。高层决策者随时可以进入 CIMS 辅助决策支持系统，做出适时而重要的决定以把握住每一个可能而来的商机。因此，一个成功的 CIM 系统，应该是半导体业甚至其他行业所追求的目标。有良好的规划，整体而非“点”的考虑，以及将结合自动化技术、网络技术、半导体工程技术、生产制造技术、计算机技术做充分的规划与导入，在最高管理阶层的有力支持下，把 CIMS 的思想植根于每一个工作阶层，在财力允许范围内，拟出近、中、长期目标。在计划管理上由上而下，而实施是由下而上的整体人员参与，获得成功是指日可待的。

本章主要参考文献

[1] S. G. Shina. Six Sigma for Electronics Design and Manufacturing[M]. New York: McGraw-Hill Professional, 2002.

[2] Sir Ronald A. Fisher. The Design of Experiment [M]. New York: Hafner Publishing Company, 1971.

[3] J. Antony. Design of Experiments for Engineers and Scientists[M]. Amsterdam: Elsevier, 2003.

[4] T. Nolan, Lloyd P. Provost, Ron Moen. Quality Improvement Through Planned Experimentation [M]. New York: McGraw-Hill Professional, 1998.

[5] T. P. Ryan. Statistical Methods for Quality Improvement[M]. New York: Wiley, 2011.

[6] A. V. Ferris-Prabhu. Introduction to Semiconductor Device Yield Modeling[M]. Norwood: MA Artech House, 1992.

[7] F. Salehuddin, I. Ahmad, F. A. Hamid, A. Zaharim. Application of Taguchi Method in Optimization of Gate Oxide and Silicide Thickness for 45 nm NMOS Device[J]. International Journal of Engineering & Technology, 2009(9): 94-98.

[8] A.Birolini. Reliability Engineering Theory and Practice[M]. New York: Springer-Verlag, 2007.

[9] S. Holland, I.C. Chen, C. Hu. On Physical Model for Gate and Tunneling for Gate Oxide Breakdown [J]. IEEE Electron Device Letters, 1984(5): 302-305.

第9章 集成电路的后勤工程

集成电路的后勤工程类似于我们平时所说的“第三产业”或服务行业，正是因为有了这些服务性行业才保证了集成电路的“主流”生产环节如光刻、薄膜生长、薄膜刻蚀等关键工序的成功运行，也是集成电路生产的每一个细节与过程的可靠、稳定、高质量的重要保障和支撑。这些关键的“螺丝钉”松动了，会造成限制集成电路生产线的“瓶颈”。例如，在20世纪70年代，良率问题曾经是集成电路生产的瓶颈，而解决良率问题的一项主要举措就是生产环境的净化，即“超净间”的诞生。在以后的集成电路的制造工程中，超净间就成了集成电路的一项必须的后勤保障。

集成电路的后勤工程包括半导体衬底材料的准备工作，即半导体衬底(Si晶圆、SOI etc.)、清洗工艺、超净间和相关设备的生产与维护。集成电路设备与支持是集成电路的一个庞大市场产业链，因为和集成电路的市场息息相关，这一行业的时间关联性极强，在这一章的结尾只大略叙述一下在这个时间段(～2015年)的主要设备供应近况。

9.1 晶体、晶圆、SOI及异质衬底

9.1.1 晶圆与衬底

本节介绍微电子制造业中最基本的材料—半导体衬底材料，包括物理化学基础和硅晶片的生长技术。

单晶硅(Si)基片，也称晶圆、硅衬底(silicon wafer, silicon substrate)，是集成电路的基本材料，之所以在诸多半导体元素，如锗(Ge)或化合物半导体，如砷化镓(GaAs)等材料中脱颖而出，成为超大规模集成电路(VLSI)元器件的基片材料，其原因在于：

硅是地球表面存量丰富的元素之一，并且其提取技术经济可行，可以用提拉法大量生长大尺寸的硅单晶棒并切片磨光而形成硅晶圆；

Si本身无毒，且具有适中的带宽($E_g = 1.12$ eV)。

当然，对于高频需求的元器件，硅材料则没有如砷化镓般的因为具有高电子迁移率(electron mobility)而受到青睐，Si的间接能带结构也限制了在光电元件中的应用范围。不过，随着系统集成和薄膜技术的突飞猛进，以硅片为衬底材料生长各类的Ⅱ-Ⅴ、Ⅱ-Ⅳ族光电器件可以通过规避硅的某些弱点，从而延伸Si基器件和集成电路在微电子产业的发展寿命。在未来十几年的集成电路工业中，硅材料仍然是最经济的、成熟的规模最佳选择。

9.1.2 单晶硅的生长

1. 概述

沙子的主要成分就是Si，是地球上含量较高的元素，Si以硅砂的二氧化硅状态存在于地球表面。从硅砂中融熔还原成低纯度的硅，是制造高纯度硅的第一步。将二氧化硅与焦炭(coke)、煤(coal)及木屑等混合，置于石墨电弧炉中于1 500～2 000℃加热将氧化物分解还原成硅，可以获得纯度为98%的多晶硅。制造硅晶片的原料是从高纯度(99.999 999 999%)的多晶硅(polysilicon)转换成具有一定杂质的结晶硅材料。多晶硅纯化为高纯度多晶硅则需经一系列化学过程将其逐步纯化，将冶金级硅置于流床(fluidized-bed)反应器中通入盐酸形成三氯化硅，其过程用下式来表示

$$Si(s) + 3HCl(g) \longrightarrow SiHCl_3(l) + H_2(g)$$

将上式获得的低沸点反应物，$SiHCl_3$置于蒸馏塔中，将它与其他的反应杂质(以金属卤化物状态存在)，通过蒸馏的过程去除。然后分解析出多晶硅。将上面已纯化的$SiHCl_3$置于化学气相淀积(chemical vapor deposition，CVD)反应炉(reactor)中，与氢气还原反应使得金属硅在炉中电极析出，再将此析出物击碎即成块状(chunk)的多晶硅。此方法一般称为西门子方法(Siemens)，因为西门子公司最早使用该方法而得名。除了以西门子方法制造多晶硅外，另外著名的还有以四氯化硅($SiCl_4$)于流床反应炉中分解析出颗粒状高纯度硅，其粒度分布约在100 μm至1 500 μm之间，该方法的优点是较低制造成本(能源耗损率极低)，以及可以均匀或连续地向生长炉中填充入晶体，实现硅单晶的不间断生长。因此它有可能取代部分块状多晶硅的原料市场。

单晶硅生长使用的坩埚是玻璃质二氧化硅制成。高纯度的二氧化硅可由四氯化硅与水气反应生成

$$SiCl_4 + 2H_2O \longrightarrow SiO_2 + 4HCl$$

这种方法成本过于昂贵，而不适于工业生产用坩埚的制作。工业生产中使用的石英坩埚是用天然高纯度的硅砂制成。浮选筛检后的石英砂，被堆放在水冷式的坩埚型金属模内壁上，模具慢速旋转以刮出适当的硅砂层厚度及高度。然后送入电弧炉中，电弧在模具中心放出，将硅砂融化，烧结，冷却便可获得可用的石英坩埚。这种坩埚内壁因高温熔化快速冷却而形成透明的非结晶质二氧化硅，外壁因接触水冷金属模壁部分硅砂末完全融化，而形成非透明性且含气泡的白色层。坩埚再经由高温等离子处理，让碱金属扩散离开坩埚内壁以降低碱金属含量。然后再浸涂一层可与二氧化硅在高温下形成玻璃陶瓷(glass ceramic)的材料，以便日后在坩埚使用中同时产生极细小的玻璃陶瓷层，增强抗热潜变特性，及降低二氧化硅结晶成方石英(cristobalite，石英的同素异形体，在1 470～1 710℃之间的稳定态)从坩埚内壁表面脱落的危险。一般而言，坩埚气孔大小分布与白色层厚度、热传导性质、内壁表面方石英结晶化速率，将影响坩埚的寿命。

单晶硅的生长是将硅金属在1 420℃以上的温度下融化，再小心控制液态—固态凝固过程，而长出直径4吋、5吋、6吋或8吋的单一结晶体。目前常用的晶体生长技术有：提拉法和

浮融带长晶法两种。

(1) 提拉法,也称柴氏长晶法(Czochralski method),是将硅金属在石英坩埚中加热融化,再以晶种(Seed)插入液面、通过旋转,上引长出单晶棒(Ingot)。

(2) 浮融带长晶法(floating zone technique),是将一多晶硅棒(polysilicon rod)通过环带状加热器,以产生局部融化现象,再控制凝固过程而生成单晶棒。据估计,柴式长晶法约占硅单晶市场的82%,其余为浮融长晶法所供应。

图9-1显示单晶硅生长炉实体及其剖视图。以200 mm晶片的晶体炉为例,8英寸晶棒的单晶生长炉内,采用电阻式石墨加热器进行加热,加热器与水冷双层炉壁间有石墨制的低密度热保温材料。为了预防石英坩埚热潜变导致的坩埚破裂,使用石墨坩埚包覆石英坩埚。此石墨坩埚以焦炭(petroleum coke)及沥青(coal-tar pitch)为原料研磨成混合物,使用冷等压制模(isostatically molded)或挤出法(extruding-method),经烘烤、石墨化、机械加工成形、高温氯气纯化(去除金属杂质)而制成。这些石墨的材质、热传系数及形状,决定了单晶生长炉的温度场(thermal field)分布状况,对晶体生长的过程和获得晶体的质量有重要的影响。

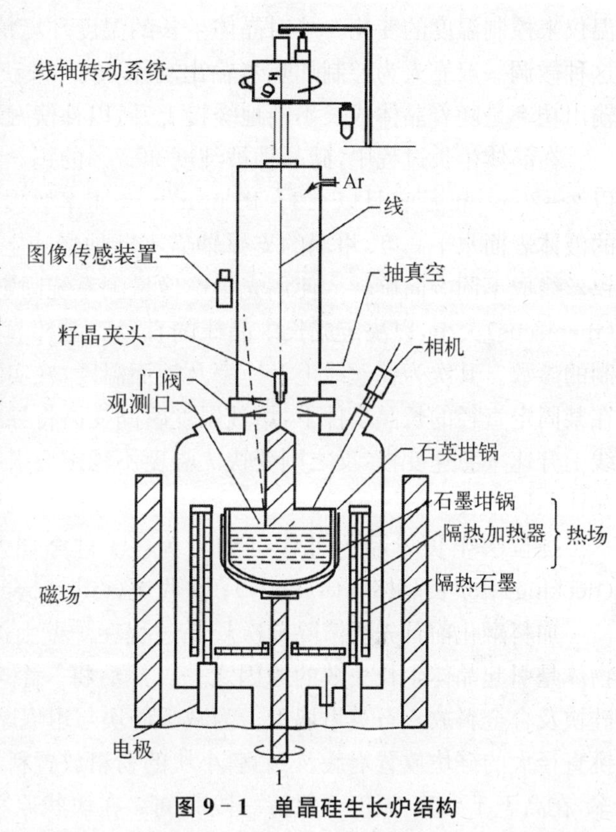

图9-1　单晶硅生长炉结构

为了避免硅金属在高温下氧化,炉子必须在惰性氩气(Ar)的气氛下操作。氩气可以从炉顶及长晶腔顶流入,使用机械式真空抽气机及气体流量阀将气压控制在5～20 torr及80～150 L/min的流量,氩气流经长晶腔再由抽气机带走。

在晶体生长过程中,石英坩埚在高温惰性气氛下逐渐脱氧:

$$SiO_2 \longrightarrow SiO + O$$

$$Si + SiO_2 \longrightarrow 2SiO$$

氧原子溶入硅熔液中成为硅晶棒氧杂质的来源。同时,氧原子可以以一氧化硅的形式作为气体,进入氩气气流中排出长晶炉外。

石墨在高温下与微量的氧气有下列反应而导致材质衰变:

$$C + O \longrightarrow CO$$

另外,石墨还可以与一氧化硅反应生成碳化硅颗粒:

$$C + SiO \longrightarrow SiC + CO$$

石墨基材与碳化硅颗粒的热膨差异将引起坩埚内部产生微裂纹，因此 CO、SiO 及氩气的分压，以及氩气的流量将影响硅晶棒含氧量及石英坩埚和石墨寿命，若炉子漏气，除了氧气迫使硅金属及石墨氧化外，空气中的氮气与硅金属生成氮化硅颗粒，进入融熔液中或悬浮液面，将降低成长硅单晶的成功率。

融熔硅金属的温度控制，尤其是液态表面温度，极为重要。一般使用热电偶或红外线测温仪来控制温度的变化。从对晶体生长的温度环境精确控制的考虑，必须进行温度的微调。这种微调一般靠人为控制加热器输出功率大小，来获得适当的晶体生长温度。一般加热器输出功率是随着晶体成长不断地缓慢上升，以补偿融熔液逐渐减少随之散热率提高的问题。

在晶体生长过程中，硅晶种被纯度 99.7%的钨丝线所悬挂。晶体成长时，钨丝线及晶棒以 2～20 r/pm 旋转且以 0.3～10 mm/min 速率缓慢上升，造成融溶液面下降，为保持固定的液体表面水平高度，坩埚的支撑轴需不断地慢速上升，此支撑轴由冷等压石墨材制成，与钨丝线成不同方向旋转。使用光学影像量测系统固定扫瞄晶棒与融熔表面形成的凹凸光环(meniscus)大小，以决定成长中晶棒的直径。晶棒直径是晶体生长工艺过程中第一优先控制的参数。其次为钨丝线上升速率及液面温度，在实际生产中使用计算机软件来进行控制。在某固定直径的长晶条件下，熔液温度瞬间变高将导致晶棒直径变小的倾向，进而造成钨丝线上升速率急速变慢，反之则变快。温度不稳定会引起钨丝线上升速率交互变化，进而导致晶体品质不良。

提拉法生长单晶的过程可细分为：① 硅金属及掺杂质(dopant)的融化；② 长颈子(necking)；③ 长晶棒主体(body)；④ 收尾(tail growth)。

加料融化前首先要清除前次长晶过程在炉壁上淀积的二氧化硅层(SiO_{2-x})，此颗粒状物体是引起晶体生长失败的原因之一。然后将一个全新的石英坩埚放入石墨坩埚内，多晶硅块及合金料放入石英坩埚里。为减少硅块与坩埚摩擦造成的石英碎粒，放料过程需小心，挑直径大的硅块放置埚底及埚侧，小块的粉料放置料堆中心，然后关闭炉体，抽真空，测漏气率，在高于 1 420℃温度下保持一段时间。在块状原料即将完全融化前，颗粒状原料再由炉侧缓缓加入，以达预定的总原料量，再保持一段时间，以利气体挥发，以及液体温度坩埚温度及热场达成稳定平衡态。

融熔液面温度的微调，一般通过将晶种浸入液面，观察其融化状况而完成。将一支单晶晶种(1.7×1.7×25)cm 浸入熔液内约 0.3 cm，若此晶种浸泡处被轻易融化，表明液面温度过高则需降低加热器输出功率，若即刻有树枝状多晶从浸泡处向外长出，则需增高输出功率。在适当温度下，晶种旋转上拉，晶种浸泡端拉出直径 0.5～0.7 cm 的新单晶体，此名称之为“颈子”。长颈子的目的是去除晶种机械加工成形时导致的塑性变形的缺陷。例如位错(dislocation)及空位(vacancy)，或者晶种触接融熔液急速加热导致的缺陷。长颈速率过快或直径变化太大易导致未来长单晶失败，即生成多晶体的现象。

生成一定长度的颈子后，降低加热器输出功率及晶种上拉速度，以逐渐增大新生晶体的直径，最后达到预定的直径，进而逐步升温以补偿融液逐渐减少，散热率增加的现象，晶棒上拉速度尽可能保持稳定。在长晶近于尾声时，提高加热器输出功率及拉速以逐渐收小晶棒直径，最后生成圆锥底部，此做法是避免晶棒快速离开融液急速降温导致的晶格缺陷。一般坩埚底会残留 10%～15%的融液，因为偏析现象造成高浓度的杂质在其中，以及避免融液所剩不多液面温度不易精确控制，造成晶棒拉离液面(pop-out)，或导致多晶体成长的失败情况。

提拉法生长单晶硅过程中，融熔液的流动相当复杂。其流动模式可分为五种如图 9－2 所示。

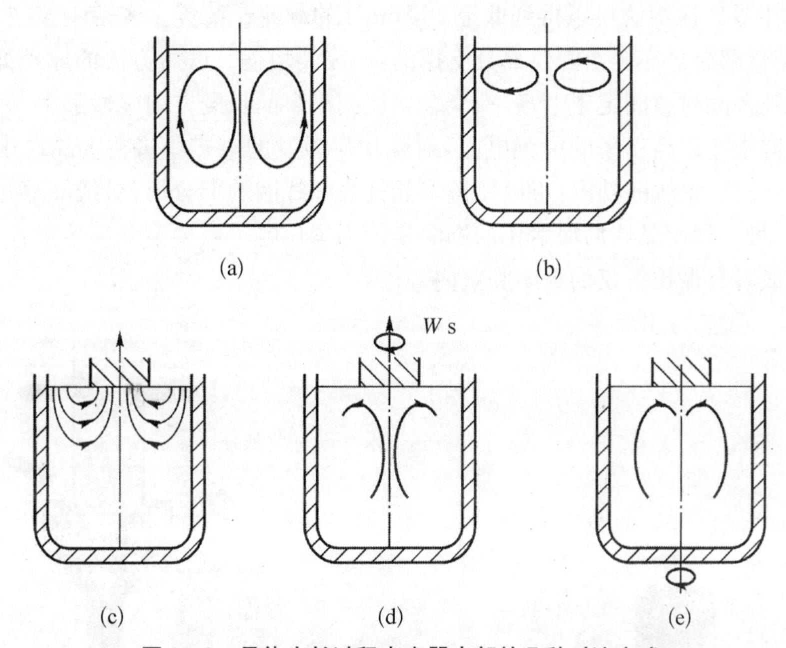

图 9－2　晶体生长过程中容器内部的几种对流方式

(a) 温度梯度引起的对流　(b) 热毛细管对流　(c) 上拉造成的对流　(d) 晶棒旋转导致对流　(e) 坩埚旋转导致对流

其中温度梯度引起的对流较为明显易见，此流动可为轴对称或非轴对称，由炉内温度场分布状况，坩埚几何形状及长宽高比例而定，一般融熔液在坩埚壁附近比在坩埚中心热，在底部比液面热。因此温度梯度引起的对流沿坩埚壁上升，而顺坩埚中心下降，这驱动力可用 Grashof 参数大小 G_r 来描述：

$$G_r = g\beta\Delta T_{ml}{}^{3}/v_k \tag{9-1}$$

式中，g 代表重力加速度，β 是融熔液热膨胀系数，ΔT_m 是以坩埚深度(或直径)为方向的温度差，L 是坩埚深度(或直径)，v_k是融熔液运动学上的黏度(kinematic viscosity)。当 G_r 小于某一临界值时，融熔液呈稳定态对流，当 G_r 大于某一零界值时，融熔液流动则变成以时间为函数的紊流。因此若坩埚尺寸逐渐加大，则温差加大以及热对流变得旺盛，进而融熔液对流造成的扰流加速了坩埚内温度的不稳定，造成固态液态介面的过热熔化或过冷现象，结晶体杂质不均匀分布及缺陷等产生。为压制此现象，晶棒需旋转(图 9－2(d))以降低热对流引发的副作用[比较图 9－2(a)与(d)]，另外晶棒旋转及坩埚旋转大小可相互调适，以促进晶棒生长时温度场的对称性以及获得的单晶硅材料的均匀性。

液体的残留量与对流模式有很大的影响，液体多时晶棒旋转只影响上层液的对流，下层则为温度梯度及坩埚旋转引起的对流所决定，液体少时晶棒旋转影响整个液体流动模式，因此晶体生长的工艺参数，例如坩埚与晶棒的旋转，需随着生长过程中晶棒长度变化而进行调整。

2. 区熔法单晶生长

如果需要生长极高纯度的硅单晶，其技术选择是悬浮区熔提炼，该项技术一般不用于GaAs单晶的生长。区熔法可以得到低至$10^{11}\ cm^{-3}$的载流子浓度。区熔生长技术的基本特点是样品的熔化部分是完全由固体部分支撑的，不需要坩埚。区熔方法的原理如图9-3所示，柱状的高纯多晶材料固定于卡盘，一个金属线圈沿多晶长度方向缓慢移动并通过柱状多晶，在金属线圈中通以高功率的射频电流，射频功率激发的电磁场将在多晶柱中引起涡流，产生焦耳热，通过调整线圈功率，可以使得多晶柱紧邻线圈的部分熔化，线圈移过后，熔料再结晶为单晶。另一种使晶柱局部熔化的方法是使用聚焦电子束。整个区熔生长装置可置于真空系统中，或者有保护气氛的封闭腔室内。

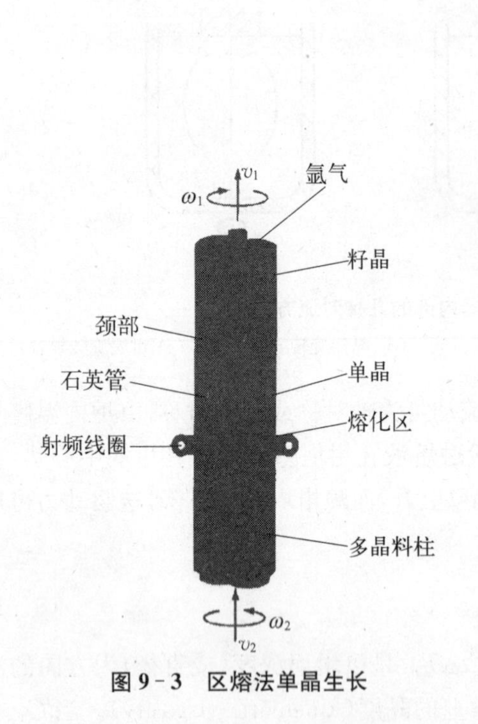

图9-3　区熔法单晶生长

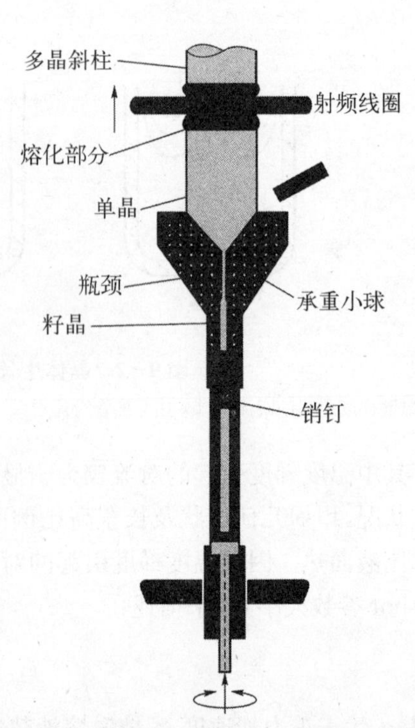

图9-4　大直径晶体的区熔法单晶生长装置

为确保生长沿所要求的晶向进行，也需要使用籽晶，采用与直拉单晶类似的方法，将一个很细的籽晶快速插入熔融晶柱的顶部，先拉出一个直径约3 mm，长约10～20 mm的细颈，然后放慢拉速，降低温度放肩至较大直径。顶部安置籽晶技术的困难在于，晶柱的熔融部分必须承受整体的重量，而直拉法则没有这个问题，因为此时晶锭还没有形成。这就使得该技术仅限于生产不超过几公斤的晶锭。图9-4给出了另外一种装置，可用于区熔法生长大直径晶体。该方法采用了底部籽晶的设置，在生长出足够长的无位错材料后，将一个填充了许多小球的漏斗形支承升起，使之承担晶锭的重量。

区熔生长的缺点是很难引入浓度均匀的掺杂。在这种单晶生长技术中，有四种主要的技术：① 芯体掺杂；② 小球掺杂；③ 气体掺杂；④ 中子嬗变掺杂。芯体掺杂是指用一个掺杂多晶杆作为起始材料，在其顶端淀积不掺杂的多晶，直至平均浓度达到预想值，然后进行区熔再结晶。如果需要的话，一个芯体可以重复使用多次，生产出若干代不同浓度的材料。对于硼元素，由于它的扩散系数很大，并且也不会从晶柱表面挥发出去，因此芯体掺杂是非常合适的。晶柱的掺杂浓度可由下式给出

$$C(z)=C_c\left(\frac{r_d}{r_f}\right)(1-(1-k)e^{-kz/l}) \tag{9-2}$$

式中，C_c 是芯体的掺杂浓度，r_d 是芯体的半径，r_f 是最终晶锭的半径，l 是区熔区的长度，z 是距晶锭始端的距离，k 是与分凝系数类似的有效分布系数。对于区熔生长，硼的 k 值为 0.9，磷的 k 值为 0.5，而锑的 k 值只有 0.07。进行硼掺杂时，除开始时的一小段外，晶锭中硼的浓度还是相当均匀的。气体掺杂使用 PH_3、$AsCl_3$，或 BCl_3，这样的气体，在多晶淀积时向多晶柱掺杂，或者在区熔提炼时向熔化部分掺杂。

小球掺杂通过在多晶柱顶部钻孔，将杂质填埋入孔中来实现，如果杂质的分凝系数较小，大部分的杂质将由熔化区携带，移动通过晶锭的全程，最终的掺杂结果，仅存在不大的浓度不均匀，用这种方式掺杂镓和铟，效果很好。最后，对于区熔硅的 n 型轻掺杂，可以通过嬗变掺杂工艺进行。在该方案中，用高亮度中子源对晶锭曝光，置于中子流下的，接近 3.1%的硅同位素 ^{30}Si 将发生嬗变，核反应过程为

$$^{30}_{14}\mathrm{Si}(n^0,\ \gamma')\longrightarrow {}^{31}_{14}\mathrm{Si}\xrightarrow{3.6h}{}^{31}_{15}\mathrm{P}+\beta' \tag{9-3}$$

当然，这项技术的不足是它不适用于形成 p 型硅。

3. GaAs 晶体的生长技术

从熔料中生长 GaAs 比起 Si 来要困难得多，原因之一是两种材料的蒸气压不同。理想化学配比的 GaAs 在 1 238℃时熔化，在此温度下，镓蒸气压小于 0.001 atm，而砷蒸气压比它大 10^4 倍左右。很明显，在晶锭中维持理想化学配比是极具挑战性的。用得最多的两种方案：液封直拉法生长(liquid encapsulated Czochralski growth，通常称为 LEC)和 Bridgman 法生长。Bridgman 晶片的位错密度是最低的(在 10^3 cm^{-3} 量级)，通常用于制作光电子器件，如激光二极管。LEC 晶片可获得较大直径，易制成半绝缘性材料，薄层电阻率接近 100 MΩ·cm。LEC 晶片的缺点是其典型的缺陷密度大于 10^4 cm^{-3}，这些缺陷中的多数归因于 60～80℃/cm 的纵向温度梯度而引起的热塑应力。由于电阻率高，几乎所有的 GaAs 电子器件都使用 LEC 材料制造。

LEC 生长中，为了避免来自石英的硅掺入 GaAs 晶锭，不用石英坩埚而使用热解氮化硼(pBN)坩埚。为防止砷从熔料向外扩散，LEC 采用如图 9-5 所示的圆盘状紧配合密封，最常用的密封剂为 B_2O_3。填料中稍许多加一些砷，可以补充加热过程中损失的砷，直至大约 400℃时，密封剂开始熔化并封住熔料。一旦填料开始熔化，籽晶就可以降下来，穿过 B_2O_3 密封剂，直至与填料相接触。GaAs 在合成阶段的压力达到 6×10^6 Pa。晶体生长是在

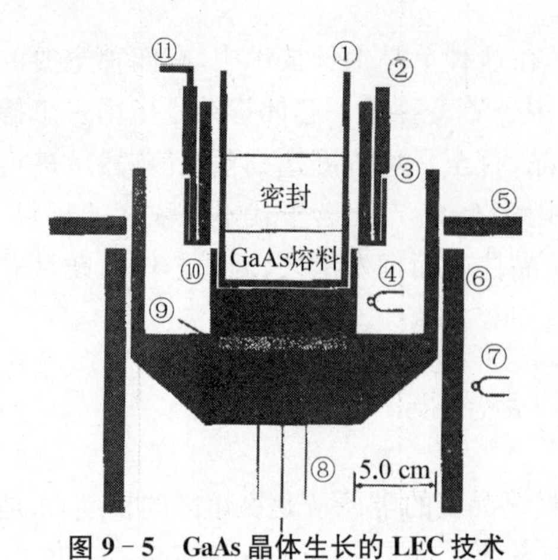

图 9-5　GaAs 晶体生长的 LEC 技术

1-石英坩埚；2-热流控制系统；3-石墨屏蔽；4-腔体测温热偶；5-热辐射屏蔽；6-加热器；7-控温热偶；8-水冷底座；9-绝缘衬垫；10-石墨坩埚托；11-管路系统支架

2×10^{6} Pa 下进行的，因此该工艺有时称为高压 LEC 或 HPLEC。典型的拉速大约是 1 cm/h。

LEC 生长中碰到的第二个问题，与硅和 GaAs 两种材料的属性差异有关。GaAs 的热导大约是硅的三分之一，这样，GaAs 晶锭就不像硅晶锭那样，能较快地散去结晶潜热。更为严重的是，GaAs 在熔融点时的位错成核所需的剪切应力大约是硅的四分之一，这样不仅热量难以散失，而且一点小的热塑应力也会导致缺陷产生。因此，看到直拉法生长的 GaAs 晶片比硅晶片要小许多，以及其缺陷密度比起同类的硅晶片要大几个量级，是毫不奇怪的。

如果缺陷密度足够低，那么它就不会对大规模集成电路 IC 制造形成不可逾越的障碍。而当缺陷密度超过 $10^{4}\,cm^{-3}$ 时，位错对晶体管性能就会有显著的影响。在直拉法 GaAs 晶锭生长后，进行热退火的处理，发现位错密度有所降低。向晶片中加入约 0.1%原子百分比的铟合金成分，可以将直拉 GaAs 中位错的影响降至最低。一般相信，通过所谓的固溶淬火过程引入铟，可以增加位错成核所需的临界剪切应力，从而使掺铟晶片的缺陷密度可达到 $10^{3}\,cm^{-3}$ 或更低。由于淬火，掺铟晶片比纯 GaAs 片更脆、更容易破碎，这一事实，再加上一些其他的考虑，例如可在工艺过程中进行铟扩散，以及可以通过晶锭退火使材料性能提高，使得一度流行的掺铟 GaAs 在最近几年有所衰退。晶片的初始电阻率对晶体管的性能有显著的影响，使用电阻率很高的半绝缘材料，可以减少有效激活的离子注入杂质量，并减小驱动电流。

4. 布氏(Bridgman)法生长 GaAs

水平 Bridgman 法和它的各种改进型，占据了 GaAs 生长半数以上的市场。其基本过程如图 9-6 所示。将固态的镓和砷原料装入一个熔融石英制的安瓿中，然后将其密封。多数情况下，安瓿包括一个容纳固体砷的独立腔室，它通过一个有限的孔径通向主腔，这个含砷的腔室可以提供维持化学配比所需的砷过压。安瓿安置在一个 SiC 制的炉管内，炉管则置于一个半圆形的，通常也是 SiC 制的槽上。然后炉管的加热炉体移动，并通过填料，开始生长过程。通常采取这种反过来的移动方式，而不是让填料移动通过炉体，是为了减少对晶体结晶的扰动。进行炉温的设置，使得填料完全处于炉体内时，能够完全熔化，这样，当炉体移过安瓿时，安瓿底部的熔融 GaAs 填料再结晶，形成一种独特的“D”形晶体。如果可行，也可以安放籽晶，使之与熔料相接触。用这种方法生长的晶体直径一般是 1～

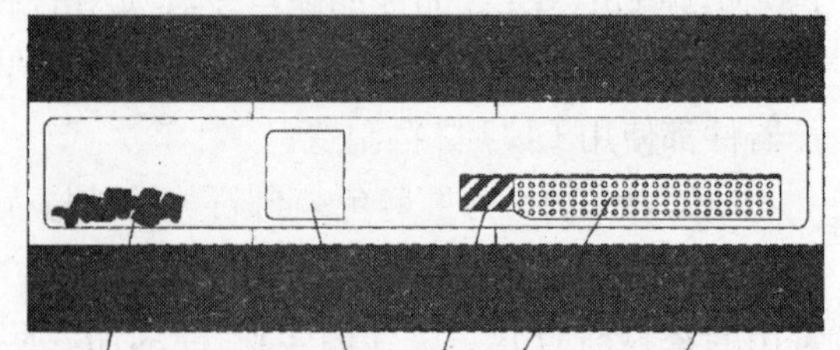

图 9-6　GaAs 单晶的 Bridgman 法生长

2 吋。要生长更大的晶体需要在轴向上精确控制化学组分，而在径向上，需要精确控制温度梯度以获得低位错密度。Bridgman 方法的特点是使用安瓿来盛装熔料，这就允许在很小的热梯度下进行晶体生长，进而得到缺陷密度低于 $10^3\ cm^{-2}$ 的晶片。

由于安瓿与熔料间的直接接触面积大，因此难以得到高阻的半导体基片，这是标准 Bridgman 法生长的难点。为克服这一困难，提出了多项技术，其中引用得最多的两种，是垂直 Bridgman 法和纵向梯度冷凝法，二者的基本思路都是将水平 Bridgman 设备竖起来。为使无效熔料体积减至最小，先将熔料盛放在通常是氮化硼制的舟中，然后再将舟密封在一个熔融石英制的安瓿中。将安瓿放入炉中，升温至略高于熔点，此后缓慢地向上提升炉体，使得安瓿冷却，填料凝固。在这个过程中，温度梯度小于 10℃/cm，生长速度限制在每小时几个毫米。一般说来，采用这些技术所获得的结果是，电阻率最高可做到 10 MΩ・cm，位错密度最少可做到 $(2\sim5)\times10^3\ cm^{-2}$。最近也有文章提出，用纵向梯度冷凝技术可以制造出 42～67 MΩ・cm 的材料。目前，垂直 Bridgman 技术已扩展至 4 英寸晶片制造，甚至 6 英寸晶片的制造所取得的结果也是乐观的。

9.1.3 晶圆的形成、切片与晶片成形

晶片成形一词顾名思义，指的是将硅单晶棒制造成硅晶片(Silicon Wafer)的工艺过程。晶片成形制程中所包含的制造步骤，根据不同的晶片生产厂商而有所增减。这里介绍的晶片成形主要包括：① 切片(slicing)；② 结晶定位(orientation)；③ 晶边圆磨(edge contouring)，晶片研磨(lapping)，化学刻蚀与抛光(etching)；④ 缺陷聚集(gathering)；⑤ 各步骤间所需的表面清洗过程(cleaning)。

硅晶片是由半导体级硅单晶棒生产而出。硅单晶棒的制造是耗时且高成本的技术，因此晶片成形工艺的首要目的在于如何提高硅单晶棒的使用率，将硅单晶材料浪费降至最低。这一目标主要通过晶片厚度的控制与加工损耗的降低(Kerf loss)来达到。晶片成形工艺的第二个目的是提供晶片高平行度与平坦化(flatness)的洁净表面。高平坦度晶片表面对半导体元件制造中图案移转技术(pattern transfer)具有相当关键的影响。硅晶片除了须具有良好的表面特性外，其表面物质仍需与内层(bulk)材料性质一致。单晶硅是脆性材料，在晶片成形过程中的各种工艺都会在晶片表面造成许多微观缺陷(micro defect)。而这些晶体上的缺陷常会影响半导体中载流子(carrier)的形成。因此维持晶片表面结晶、化学与电性等行为与其内层材料的一致是晶片成形过程的第三个目的。

切片(slicing)是晶片成形的第一个步骤，也是相当关键的一个步骤。在此步骤中决定了晶片几个重要的规格：① 晶片结晶方位(surface orientation)；② 晶片厚度(thickness)；③ 晶面斜度(taper)；④ 曲度(bow/warp)。

晶棒在切片工艺前，已磨好外径与平边(flat/notch)。因此在切片前必须将晶棒稳固地固定在切片机上，即黏附在切片机上。在 8 英寸的硅晶片上，尺寸的精度是以微米(Micrometer)为单位来考虑，因此晶棒黏附的稳固性是十分重要的。一般晶棒在切片前是以蜡或树脂类的黏结剂黏附于与晶棒同长的石墨条上。石墨条除了具有支撑晶棒的作用外，同时还有防止锯片对晶片边缘所造成的崩角现象(exit chipping)与修整(dressing)锯片

的效果。

硅单晶棒成长的方向为〈100〉或〈111〉可与其几何轴向平行，或偏差一固定角度。因此晶棒在切片前需利用X光衍射的方法来调整晶棒在切片机上正确的位置。

切片是硅单晶由晶棒(ingot)变成晶片(wafer)的一个重要步骤，在此一制程中决定了晶片在今后的工艺过程中曲翘度的大小，同时此时硅晶片的厚度对后面工艺的效率(如晶面研磨、刻蚀、抛光)有决定性的影响。在切片制程中主要设备，切片机(slicing machine)，有两种加工方式：内径切割和线切割(wire-saw slicing)。内径切割是利用边缘镶有钻石微粒，厚度在0.2 mm以下的金属锯片来切割晶棒(见图9-7)。由于锯片相当薄，因此在切割过程任何锯片上的变形都会导致所切出晶片外形尺寸上的缺陷，线切割则是在高速往复移动的张力钢线上喷洒陶瓷磨料来切割晶棒(见图9-8)。线切割是以整支晶棒同时切割，而内径切割是单片加工，所以线切割所加工出硅晶片的曲翘度特性较好。

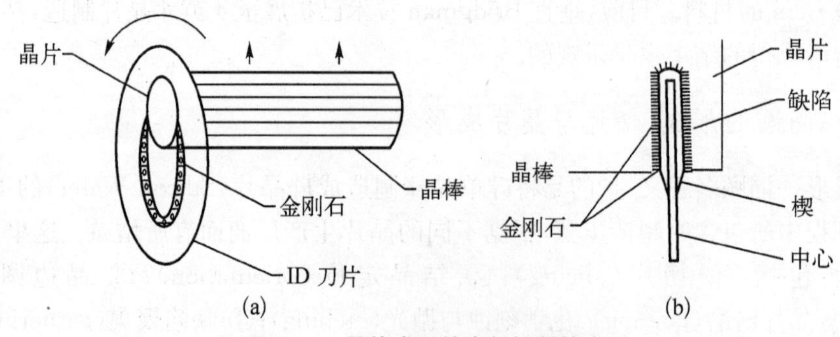

图9-7　晶片成形的内径切割技术

(a) 内径切割　(b) 缺陷

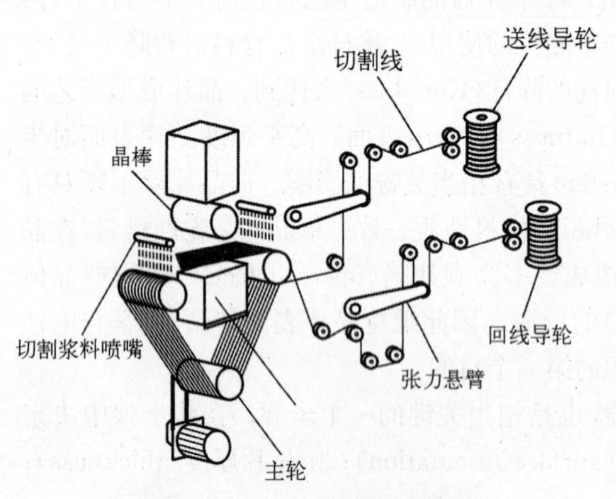

图9-8　晶片成形的线切割技术

晶边圆磨过程是晶片成形的第二个步骤。晶片在制造与使用的过程中常会遭受晶舟(cassette，boat)、机械手(robot)等撞击而导致晶片边缘破裂(edge chipping)，形成应力集中的区域。而这些应力集中区域会使得晶片在使用中不断地释放污染粒子(particle)，进而影响产品的合格率。晶片在使用时会经历无数高温过程(如氧化、扩散、薄膜生长等)。当这些工艺中产生热应力的大小超过硅晶体(lattice)强度时即会产生位错(dislocation)与滑移(slip)等材料缺陷。在薄膜生长工艺中，锐角(sharp corner)区域的成长速率会较平面为高，因此使用未经圆磨的晶片容易在边缘产生突起。同样的，在利用旋转涂布机(spin coater)上光刻胶(photo-resist)时，也会发生在晶片边缘堆积的现象。这些不平整的边缘会影响光罩对焦的精确性。晶边圆磨可避免此类材料缺陷的产生。

晶边圆磨工艺过程是通过化学刻蚀(chemical etching)、晶面抹磨(lapping)以及轮磨(grinding)的方式来达成。其中以轮磨的方式最为稳定。

轮磨主要是利用高速旋转的钻石砂轮来研磨被固定在真空吸盘(vacuum chuck)上慢速转动的晶片。在此制程中,除了研磨晶边的外形以外,同时能较精确地控制晶片的外径与平边的位置和尺寸。切片后硅晶片仍未具有适合于半导体工艺要求的曲度、平坦度与斜度,因此,晶面研磨是晶片抛光工艺之前的关键工艺。硅晶片在抛光过程中表面磨除量(removal)仅约 5 μm(micron meter),且对晶片曲度与斜度无法作大幅度改善。因此,晶片研磨工艺对抛光晶片的效果有着实质性的影响。晶片研磨工艺的主要目的是去除晶片切片(slicing)时所产生的锯痕(saw mark)与破坏层(damage layer),而同时降低晶片表面粗糙度(roughness)。

晶面研磨是晶片成形的第三个步骤,其设备如图 9-9 所示。待研磨的硅晶片被置于挖有与晶片同大小空孔的承载片(carrier)中,再将此载片放置于两个研磨盘之间。研磨盘以液压方式压紧待研磨晶片,并以相反方向旋转。硅晶片表面材料的磨除主要是靠着介于研磨盘与硅晶片间的陶瓷磨料(grit slurry)以抹磨的方式来进行。整个晶面研磨工艺的控制是以研磨盘转速与所施加的荷重为主。一般而言,研磨压力约为 2～3 Psc,而时间则为 2～5min,制程的完成则是以定时或定厚度(磨除量)为主。晶面研磨的原理并不复杂,但若要维持高的合格率却必须注意磨盘与磨料的选择,磨盘的平坦度会影响硅晶片的表面状况而磨料则是决定了研磨的效率。

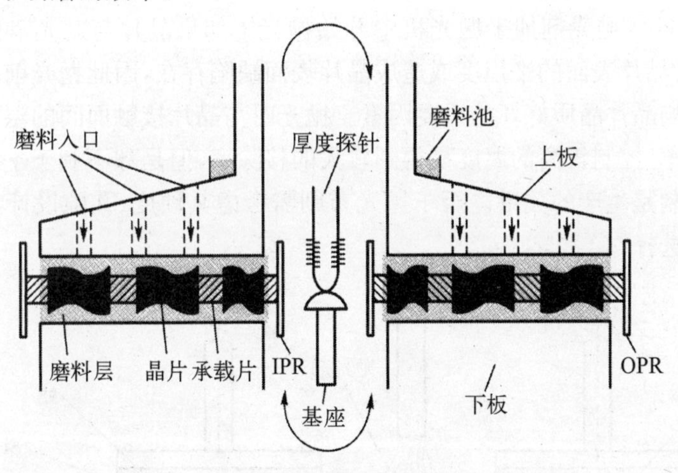

图 9-9 晶面研磨机台

研磨后需要对硅片表面进行刻蚀工艺处理,即晶片成形的第四个步骤。刻蚀工艺的主要目的去除之前机械加工在晶片表面所造成的应力层,并同时提供一个更洁净平滑表面。在刻蚀过程中所使用的刻蚀液可区分为酸系与碱系两大类。通常酸性刻蚀液由氢氟酸、硝酸及醋酸所组成的混酸。而碱性刻蚀液则是由不同浓度的氢氧化钠或氢氧化钾所组成。

刻蚀工艺的设备是以酸洗槽为主,其工艺流程如图 9-10。该工艺的关键在于腐蚀时间的控制。当硅晶片离开酸液槽时,必须立即放入水槽中将酸液洗尽,以避免过腐蚀现象发生。

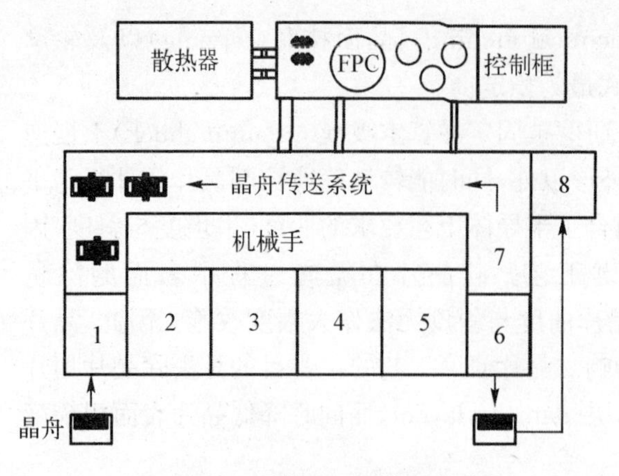

图 9-10 晶片表面酸洗工艺流程

1-转送区 2-抓起区 3-MAE 模式 4-QDR 模式 5-放落区 6-转送区 7-干燥盒 8-水洗干燥平台

刻蚀工艺之后需要对硅片进行抛光。晶片抛光从制造的程序来区别可分为边缘抛光(edge polishing)与晶片表面抛光(wafer polishing)。边缘抛光的主要目的在降低微粒附着于晶片的可能性,并使晶片具有较佳的机械强度以减低因碰撞而产生碎片的机会。常用的边缘抛光设备以机械动作的运动形态来分,可分为下列两种:第一种边缘抛光方式是将晶片倾斜、旋转并加压于转动中的抛光布。正确的抛光布搭配适当的抛光剂经常可得到最佳的抛光效果,一般的抛光剂采用悬浮的硅酸胶。第二种抛光方式是预先在抛光轮上车出晶片外缘的形状再进行抛光的动作。边缘抛光后的晶片必须马上清洗,清洗过后再做目视检查是否有缺口、裂痕或污染物的存在再进行晶片表面抛光。

晶片表面抛光是晶片表面加工的最后一道步骤,移除量约 10 μm,其目的是改善前道工艺所留下的微缺陷并获得平坦度极佳的晶片以满足 IC 工艺的需求。图 9-11 为晶片抛光方式,抛光时先将晶片以蜡黏着或真空夹持方式固定于抛光盘上,再将具有 SiO_2 的微细悬浮硅酸胶及 NaOH 等抛光剂加于抛光机中开始抛光。如果晶片与抛光盘间的黏结技术不佳,将影响抛光后晶片表面的平坦度或造成晶片表面缺陷存在,因此抛光前晶片与抛光盘间的黏结技术是影响晶片品质好坏的重要因素。抛光时与晶片接触面间的温度亦影响晶片表面平坦度及移除率,控制较高的温度易得到较大的移除率,但是却不利于平坦度。因此适当的抛光盘温度控制是生产的关键。至于抛光布则需考虑其硬度、孔隙设计与杨氏系数的大小而进行合适的选择。

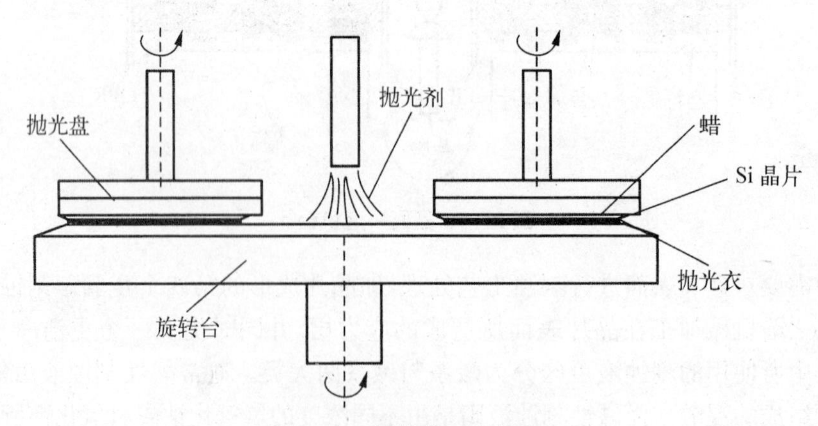

图 9-11 晶片表面抛光方式

抛光的过程是一个化学机械(chemical mechanical)的反应过程。由抛光液中的 NaOH、KOH、NH_4OH 腐蚀晶片最表面层,抛光布、硅酸胶与晶片间的机械摩擦作用则提供腐蚀的动力来源，不断的腐蚀氧化所形成的微抛光屑经抛光液的化学作用与冲除而达到晶片表面去除的目的。最佳的抛光机理是当机械力与化学力二者处于平衡时的状态。抛光过程中若有过于激烈的机械力作用将造成刮伤。抛光的生产方式依设备不同有单片式抛光机及批式抛光机两种，单片式抛光机一次只抛一片晶片，每次抛光的时间大约是 4～5 min。批式生产方式视晶片尺寸而定，一次可同时抛多片晶片，每批次的时间大约 20～40 min。

抛光后经初步洗净的晶片必须马上作表面缺陷检查，造成这种缺陷的主要原因系因抛光过程中上蜡情形不佳或抛光机台环境太差所致，一般认为 10 μm 以上的微粒即有造成的可能性，因此维持机台的清洁度不可忽视。

表面缺陷检查常使用的仪器是魔镜（magic mirror），这种由 Hologenix 生产的设备其解析度可达 0.05 μm 深。其原理是利用光线反射形成明暗像经 CCD 显示晶片表面凹、凸情形。经魔镜检查出来具有表面缺陷的晶片为不合格品。

抛光后的晶片表面微粗糙度（surface roughness）一般用 Zygo、Wyko 或 AFM 测量，其 Ra 值约 1 μm。检验基片的表面平坦度及电阻值常以 ADE 方法来测量。

9.1.4　SOI 异质结衬底

1. SOI 层

SOI（silicon-on-insulator，绝缘衬底上的硅）技术是在顶层硅和硅衬底之间引入了一层氧化层，这层氧化层将衬底硅和表面的硅器件层隔离开来（见图 9 - 12）。通过在绝缘体上形成半导体薄膜，SOI 材料具有了体硅所无法比拟的优点：可以实现集成电路中元器件的介质隔离，彻底消除了体硅 CMOS 电路中的 Latch-up 效应；采用这种材料制成的集成电路还具有寄生电容小、集成密度高、速度快、工艺简单、短沟道效应小及特别适用于低压低功耗电路等优势，因此可以说 SOI 将有可能成为深亚微米的低压、低功耗集成电路的主流技术。

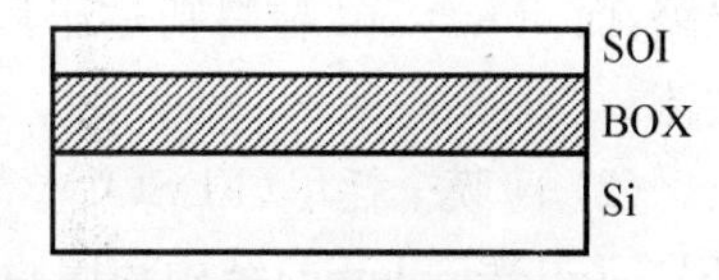

图 9 - 12　SOI(Silicon - On - Insulator，绝缘衬底上的硅)结构

SOI 的材料主要有注氧隔离的 SIMOX（separation by implanted oxygen）材料、硅片键合和反面腐蚀的 BESOI（bonding-etchback SOI）材料和将键合与注入相结合的 Smart Cut SOI 材料。在这三种材料中，SIMOX 适合于制作薄膜全耗尽超大规模集成电路，BESOI 材料适合于制作部分耗尽集成电路，而随后跟进的 smart cut 智能剥离法结合了 SIMOX 和 BESOI 的优点，是非常有发展前景的 SOI 材料，它很有可能成为今后 SOI 材料的主流。

(1) 注氧隔离技术（SIMOX）。这是发展最早的 SOI 圆片制备技术之一，曾经也是很有希望大规模应用的 SOI 制备技术。此方法有两个关键步骤：离子注入和高温退火，这是高能量和剂量的氧离子注入和退火，注入能量/剂量分别为几十 keV，剂量在 1E18 cm^{-2}左右。在注入过程中，氧离子被注入圆片里，与硅发生反应形成二氧化硅沉淀物，1 150℃退火 2 min，得到表面下 380 nm 处形成 210 nm 厚的 SiO_2层，工艺流程如图 9 - 13 所示。

SIMOX 技术十分成熟，源于其历史相当悠久。SIMOX 的缺点在于长时间大剂量的离子注入，以及后续的长时间超高温退火工艺，导致 SIMOX 材料质量和质量的稳定性以及成

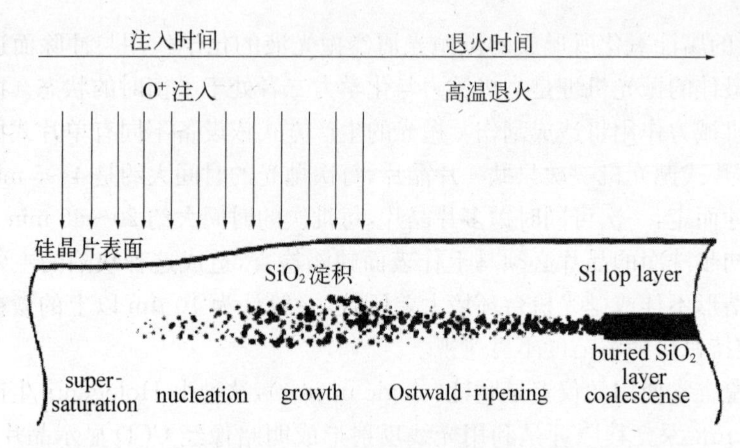

图 9-13 SIMOX 工艺流程

本方面难以得到有效的突破，这是目前 SIMOX 难以得到产业界的完全接受和大规模应用的根本原因。SIMOX 的技术难点在于颗粒的控制、埋层特别是低剂量超低剂量埋层的完整性、金属沾污、界面台的控制、界面和表面的粗糙度以及表层硅中的缺陷等，特别是质量的稳定性很难保证。目前比较广泛使用且比较有发展前途的 SOI 的材料主要有注氧隔离的 SIMOX(seperation by implanted oxygen)材料、硅片键合和反面腐蚀的 BESOI(bonding-etchback SOI)材料和将键合与注入相结合的 smart cut SOI 材料。在这三种材料中，SIMOX 适合于制作薄膜全耗尽超大规模集成电路，BESOI 材料适合于制作部分耗尽集成电路，而 smart cut 材料则是非常有发展前景的 SOI 材料，它很有可能成为今后 SOI 材料的主流。

(2) 薄膜全耗尽(FDSOI)。通常根据在绝缘体上的硅膜厚度将 SOI 分成薄膜全耗尽(FD, fully depleted)结构和厚膜部分耗尽(PD, partially depleted)结构。由于 SOI 的介质隔离，制作在厚膜 SOI 结构上的器件正、背界面的耗尽层之间不互相影响，在它们中间存在一中性体区。这一中性体区的存在使得硅体处于电学浮空状态，产生了两个明显的寄生效应，一个是“翘曲效应”即 Kink 效应，另一个是器件源漏之间形成的基极开路 NPN 寄生晶体管效应。如果将这一中性区经过一体接触接地，则厚膜器件工作特性便和体硅器件特性几乎完全相同。而基于薄膜 SOI 结构的器件由于硅膜的全部耗尽完全消除“翘曲效应”，且这类器件具有低电场、高跨导、良好的短沟道特性和接近理想的亚阈值斜率等优点。因此薄膜全耗尽 FDSOI 应该是非常有前景的 SOI 结构。

(3) 键合技术(BESOI)。通过在 Si 和 SiO_2 或 SiO_2 和 SiO_2 之间使用键合(bond)技术，两个圆片能够紧密键合在一起，并且在中间形成 SiO_2 层充当绝缘层。键合圆片在此圆片的一侧削薄到所要求的厚度后得以制成。这个过程分三步来完成(见图 9-14)。

键合技术的核心问题是表层硅厚度的均匀性控制问题，这是限制键合技术广泛推广的根本原因。除此之外，键合的边缘控制、界面缺陷问题、翘曲度弯曲度的控制、滑移线控制、颗粒控制、崩边、界面沾污等问题也是限制产业化制备键合 SOI 的关键技术问题。成品率和成本问题是键合产品能否被量产客户接受的核心商业问题。此外，Wafer A 的减薄效率也是制约其实用化的一个因素，见图 9-14(c)。

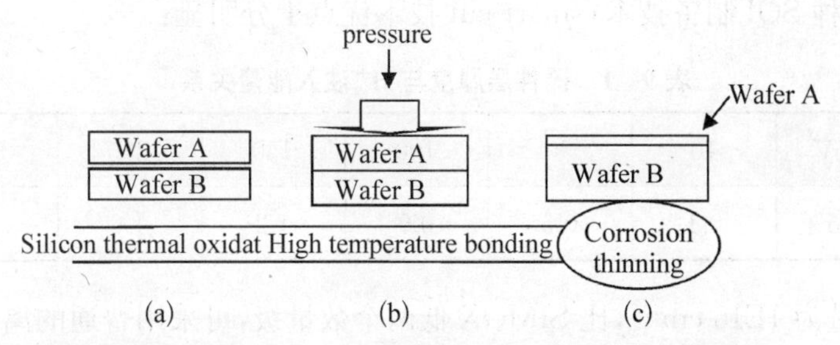

图 9－14　wafer bonding（Bonding－Etchback SOI）BESOI 技术

（a）在室温的环境下使一热氧化圆片在另一非氧化圆片上键合　（b）经过退火增强两个圆片的键合力度　（c）通过研磨、抛光及腐蚀来减薄其中一个圆片直到所要求的厚度

（4）智能剥离法（smart-cut）。智能剥离法是将 SIMOX 技术和 BESOI 技术相结合的一种新技术，具有两者的优点而克服了他们的不足，是一种较为理想的 SOI 制备技术。特征在于一种采用改进智能剥离法（smart-cut）制备 SOI 基底方法，然后结合电子束光刻和深反应离子刻蚀，来制备具有二维周期结构的光子晶体，同时引入线缺陷制作光子晶体波导。主要包括 4 个步骤，如图 9－15 所示。

H^+ 离子注入，室温下，以一定能量向硅片 A 注入一定量的 H^+ 离子，在硅表面层下形成一层富含 H^+ 离子的硅层；另外，把支撑硅片热氧化，在硅片表面生成一层氧化层，如图 9－15(a)所示。

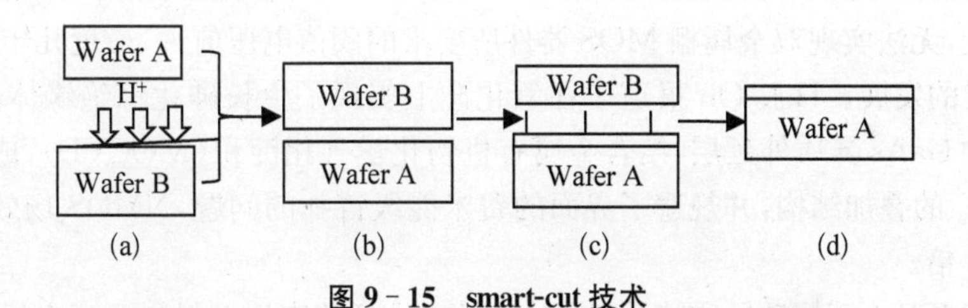

图 9－15　smart-cut 技术

（a）支撑硅片氧化和器件硅片 H^+ 离子注入　（b）硅片预键合　（c）热处理使硅层分离　（d）抛光

预键合是将硅片 A 与另一硅片 B 进行严格的清洗和活化处理后，在室温下把两个抛光面贴合在一起使两个硅片键合在一起，如图 9－15(b)所示。硅片 A 与 B 之间至少有一片的键合表面用热氧化法生长 SiO_2 层，用以充当 SOI 结构中的隐埋绝缘层。

热处理基本分为两步：第一步，键合硅片注入的高浓度 H^+ 离子层在高温下会成核并形成气泡，气泡的急剧膨胀把硅片在富含高浓度 H^+ 离子层的地方分开，也就是发生剥离，剥离掉的硅层留待后用，余下的硅层作为 SOI 结构中的顶部硅层，如图 9－15(c)所示；第二步，高温热处理，提高键合界面的结合强度并消除 SOI 层中的离子注入损伤。

化学机械抛光，降低表面粗糙度，如图 9－15(d)所示。断裂面需经过轻度抛光，即可达到体硅的光洁度，可以制备出 200±4 nm 的 4 英寸的 SOI 材料。

SOI 片顶层硅膜的厚度与 H^+ 注入能量有关，H^+ 注入能量越大，H^+ 注入峰越深，顶层硅膜的厚度就越厚，表 9－1 给出了器件层厚度与 H^+ 注入能量的关系。

相比于前两种 SOI 制备技术，smart-cut 技术优点十分明显：

表 9-1　器件层厚度与 H^+ 注入能量关系①

H^+ 注入能量/keV	10	50	100	150	200	500	1 000
器件层厚度/μm	0.1	0.5	0.9	1.2	1.6	4.7	13.5

H^+ 注入剂量为 1E16 cm^{-3}，比 SIMOX 低两个数量级，可采用普通的离子注入机完成。

埋氧层由热氧化形成，具有良好的 Si/SiO_2 界面，同时氧化层质量较高。

剥离后的硅片可以继续作为键合衬底，从而大大降低成本，减薄的效率也大大提高了。

因此，Smart-cut 技术已成为 SOI 材料制备技术中最具竞争力、最具发展前途的一种技术。该技术自 1995 年开发以来，已得到飞速发展，法国 SOITEC 公司已经能够提供 Smart-cut 技术制备的商用 SOI 硅片，并拥有其专利。

2. GaAs 和 Ge 有源衬底层

互补型金属氧化物半导体场效应栅极长度接近 10 nm 以后，传统的 CMOS 缩放面临着根本性的限制。下表对比了几类相关半导体材料的电学性质。

由于 GaAs 系列的Ⅲ-Ⅴ化合物半导体的电子迁移率比硅材料要高出很多，所以有可能替代 Si 来制作 nMOSFET，然而，Ⅲ-Ⅴ族 MOSFET 的挑战是：如何在硅的平台上集成高品质的 GaAs Ⅲ-Ⅴ系列的沟道层材料，及其如何实现稳定的Ⅲ-Ⅴ/高 k 栅绝缘层界面，并且可以规避常见的费米能级钉扎现象(Fermi Pinning Effect，使得金属栅的费米能级被钉扎 Si 禁带中央附近，无法实现双金属栅 MOS 器件所要求的阈值电压值)。最近几年，薄膜的淀积技术有了长足的发展。H.J. Oh 报道了在氧化硅上实现了生长砷化镓绝缘体，实现了在硅平台上生长的 GaAs 异质外延层，结合金属有机物化学气相淀积(MOCVD)，成功地制作了 $InGaAs/HfO_2$ 的叠加结构，并规避了界面的费米能级钉扎的问题，NMOS 场效应管比常规 Si 的快将近 3 倍。

而对于 pMOS 由于锗硅异质结系列半导体的空穴迁移率比硅材料要高出很多，所以可用来替代 Si 来制作 pMOSFET。由于锗材料与硅材料的匹配较好，在硅的基底上制作锗硅系列的 pMOS 要相对的容易，M. T. Currie 与张雪锋小组通过在 high-k 介质和 Ge 表面引入 $HfO_2/HfON$ 叠层栅介质制作出的 pMOS 器件，有效迁移率可达到硅的两倍左右。图 9-16 给出了利用 GaAs 为 nMOS，Ge 为 pMOS 的下一代硅基 CMOS 结构，有望成为下一代 IC CMOS 的首选电路单元。

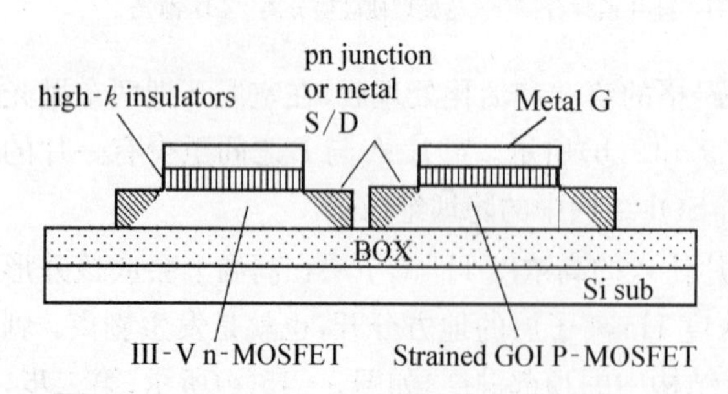

图 9-16　下一代可能的 CMOS 结构图：用 GaAs 为做 nMOS，用 GeSi 做 pMOS，仍以硅基 SOI 为衬底材料

① 资料来源：陈新安.硅—硅直接键合工艺机理和模拟研究[D].兰州：兰州大学，2005.

9.1.5　晶片的测试分析技术

1. 概述

光学显微镜利用可见光在试片表面因局部散射或反射的差异，来形成不同的对比。可见光的波长高达 5 000Å，虽然分辨率不高，但是仪器购置成本低、操作简便、可以直接观察晶片，同时可以观察区域却是所有仪器中最大的，具有很高的分析效率。因此，在半导体晶片中，对于大范围的杂质分布或结构缺陷的观察，可以利用适当的化学溶液刻蚀杂质或缺陷所在的位置，造成凹痕，形成明暗对比。使用光学显微镜来观察堆垛层错、位错或界面析出物。

也可以用 X 光衍射技术进行单晶硅晶片结构的分析工作。由于 X 光兼具波与质量的双重性质，因此，X 光也同时具备一切光波的特性，如 X 光可以反射，折射及绕射成 1∶1 的影像；X 光可以被物质吸收：X 光可以被极化；X 光不受磁场或电场影响；X 光也可以使底光感光，同时，X 光也可以控制波长而调整强度。由于 X 光波长远较可见光或紫外线为短，利用布瑞格衍射原理可用来进行单晶硅晶片内部原子结构的分析工作。

扫描电子显微分析技术（scanning electron microscope, SEM）也可用于单晶硅晶形貌观察和相关的化学成分分析。

SEM 的运作原理如图 9－17 所示，由电子枪内的灯丝发射（emission）的热电子经由阳极（anode）电场加速，再经电磁透镜（condenser lens）使电子聚集成一微小电子束。再由物镜（objective lens）聚焦至试片上。电子束沿着试片上做直线扫描，而同时在阴极射线管（CRT）对应着一条水平扫描。CRT 上的信号强弱则是利用探测器获得的电子束讯号，如二次电子（secondary electrons）、背反射电子（back scattered electrons）、穿透电子，X-ray、阴极发光（Cathode luminescence）及吸收电流等，将其放大后同步显示在显示屏上。利用扫描电子显微镜可以进行材料的形貌观察和相关的化学成分分析（EDS）。也可参照在下面的微分析技术及缺陷章节中相关的 SEM/EDS 的详细论述。

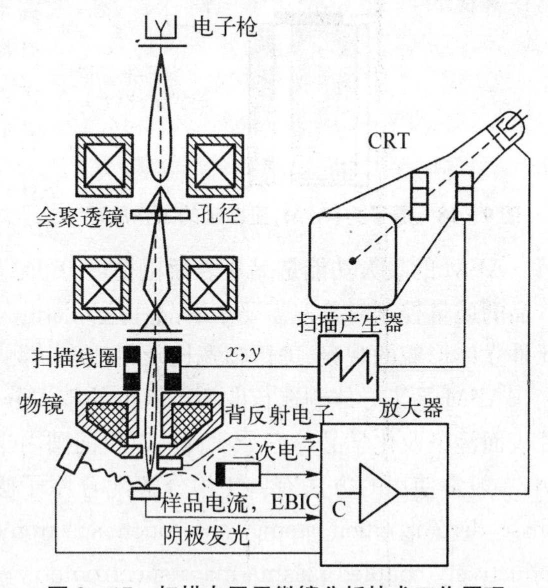

图 9－17　扫描电子显微镜分析技术工作原理

原子力显微分析技术（automic force microscope, AFM）是一种发展快速的显微技术，其中原子力显微镜因为对导体及绝缘体均有极出色的三维空间的显像能力，所以成为运用最广泛的扫描探针显微镜。当微电子元件的尺寸大小越趋微细浅薄，不论是在工艺生产之前或工艺过程中，了解晶片表面的物理化学微区特性，并且精确控制工艺条件，如污染物、氧化层的清洗处理，各种薄膜层表面平整度及线宽的掌握，对微电子产品品质的保证尤为重要。由于扫描探针显微镜有极佳的三维影像解析能力，而且可在大气环境中，直接进行影像观察，操作与维修较 SEM 简单，因此 AFM 已逐渐地被运用于晶片清洗方法开发、光罩重叠曝光定位、刻蚀形貌检测、平坦化粗糙度分析、晶片与镀膜表面貌及缺陷观察。

原子力显微镜是利用一探针感测来自试片表面的排斥力或吸引力。当探针自无限远处逐渐接近试片时，会感受到试片的吸引力，但是当探针继续接近试片表面时，探针与试片表面的排斥力逐渐增强。一般探针是与一支撑杆(cantilever)连接而成，探针所感受到的作用力会使支撑杆产生弯折，如图 9-18 所示。支撑杆弯折的程度直接反映出作用力的大小，而弯折的程度可利用低功率激光的反射角变化来决定。反射后的激光投射到一组感光二极管上，感光二极管上的激光斑变化造成二极管电流的改变，根据电流变化便可推算出支撑杆的偏折程度。原子力显微镜探针在 x、y、z 三维方向的微细移动是利用压电材料(piezoelectrics)做成的支架来完成。在 AFM 结构中，感光二极管、激光二极管及探针均固定在一金属座上，试片置于一管状压电材料扫描台上，利用管状压电材料 x、y、z 的移动完成试片的平面扫描与垂直距离的调整，探针与试片表面之间垂直距离的调整视两者间相互物理作用力的大小而定，有一反馈电路可控制着垂直距离以促使探针与试片表面的相互作用力保持固定。

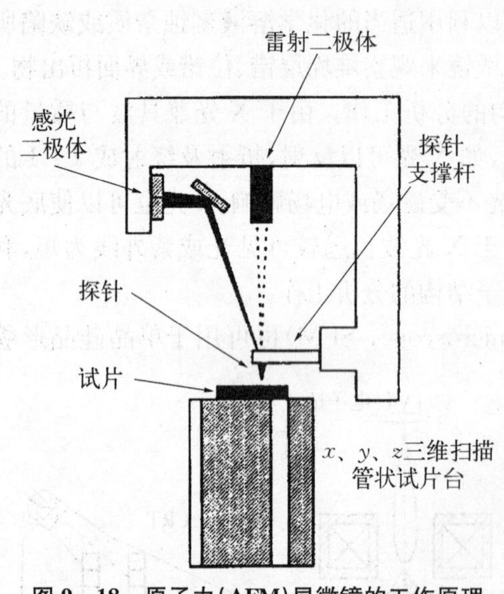

图 9-18　原子力(AFM)显微镜的工作原理

AFM 的最大功能是晶片表面粗糙度分析、获得表面形貌的三维图像，而微电子行业对产品的质量控制时普遍需要了解晶片这方面的信息。因此 AFM 目前广泛地应用于微电子元件立体形貌的观察、进行高宽比及粗糙度的测量。

AFM 是半导体制造行业不可缺少的基本分析技术。其中微电子化学分析包括材料、晶片表面污染及化学品等三个项目。以目前国内半导体工业对硅晶片表面金属杂质的分析为例，一般常使用的方法有：气相分解配合原子吸收光谱法，感应耦合等离子质谱法(vapor phase decomposition atomic absorption spectrometry，VPDAAS；vapor phase decomposition inductively coupled plasma mass spectrometry，VPDICPMS)，表面液滴扫描配合反射 X 射线荧光分析(wafer surface scanning by droplet total reflection X-ray fluorescence，WSSDTXRF)及全反射 X 射线荧光分析(TXRF)等。这些方法，除 TXRF 是一种可作直接测量的方法外，一般均需利用物理化学技术，先将晶片表面的污染物予以溶解，然后再利用高灵敏的仪器作测定。在样品的前处理过程中若处理不当造成污染，或分析物的遗漏，仪器测定过程中干扰效应没有予以消除，将造成分析结果的误差。

下面分别就几种仪器的分析原理、特性及干扰效应等问题分别作概要的说明。

2. 感应耦合等离子质谱仪(inductively coupled plasma mass spectrometer，ICPMS)

该仪器的工作原理，是根据由感应耦合等离子所产生的高温作为样品的激发源。由感应线圈上的电流形成振荡磁场，而磁场的强度和方向会做周期性的改变，因而使磁场感应生成的电子流受到加速作用而增加动能,此动能在不断地与氩气碰撞中产生高热而进行传递,最后产生离子化现象(additional ionization),形成高热的等离子体。由于感应耦合等离子激发源的温度高达 6 000～8 000 K,分析物在此惰性的氩气等离子中的停留时间又可达 2 ms,因此可有效地将分析物原子化或离子化,并予以激发。这已成为目前最理想的一种激发源,样品中的待分析物在高温等离子体中被游离成离子,被导入四极柱式质谱仪中进行分析。该仪器对于水溶液的分析,其探测极限可低达 ppt(pg/ml)的程度,广为半导体厂使用。ICPMS 除了可以分析水溶液样品外,也可以经由样品导入介面的改变而分析固体样品,该分析方式是由激光聚焦后照射到样品表面,此激光束经由样品表面吸收后,继而转变为热能,样品表面经受热而气化挥发后,由载送气流的输送而导入仪器,最后被质谱仪侦测。该技术目前已有商业化的仪器,称为激光剥蚀感应耦合等离子质谱仪(laser ablation inductively coupled plasma mass spectrometer, LA - ICP - MS)。由于其样品的导入效率高,具有较高灵敏度,可同时进行表面微量分析,目前已逐渐受到重视。

3. *石墨炉原子吸收光谱仪*(graphite furnace atomic absorption spectrometer, GFAAS)

虽然 ICPMS 是目前最灵敏的多元素同时分析仪器,但对于某些元素(包括 Fe、Ca、K 及 Si)当以 ICPMS 进行分析时,由于会受到严重的质谱性干扰,故使得这些元素的分析结果往往会受到质疑。为解决上述元素以 ICPMS 分析的困难,一般使用具有同样灵敏度的 GFAAS 仪器来做测定。GFAAS 的侦测原理是由瞬间在石墨管内通入高电流,所导致的温度上升会使样品中待测元素形成原子蒸气而挥发。同时由光源处所发出的待测元素谱线,会被原子蒸气所吸收,并由光电倍增管测量的讯号而进行定量。该分析技术的特点是可以将探测时会导致干扰的基质元素予以分离,减少样品之前处理步骤,但是该仪器只适合作单一元素的测定。然而它探测灵敏度极高,而且价格较便宜,目前在半导体工业所普遍使用。

4. *全反射 X 射线荧光光谱仪*(total reflection X - Ray fluorescence spectrometer, TXRC TXRF)

具有与 ICPMS 或 GFAAS 相近的探测灵敏度,且为一种非破坏性的分析仪器,故已逐渐为微电子工业采用作为微量元素的分析之用。其分析原理是利用 X 光管产生的 X 射线光源,先经由反射器以消除部分高能量的 X 射线后,再以低于临界(critical angle)的入射角度照射置于样品载体上的分析试样薄膜,样品中待分析元素经由入射 X 光照射后,会发出特定的 X 射线荧光,经由半导体探测器记录其能量及强度,即可以获得元素的种类及浓度。该方法的讯号强度较易受到基质元素的影响,但是在微电子行业中,由于晶片材料较为固定且单纯,上述干扰问题较易被克服,因此,该技术在半导体表面污染及试剂分析中广泛使用。

9.2　集成电路制造中的材料及化学品

半导体相关材料及化学品的迅速发展不仅带动全球传统产业转型投入,而且影响到未来半导体工业的发展。如化学品的纯度明显地影响到半导体制备的合格率,0.25 μm 以下 IC 制备所需的光阻剂,低介电常数材料,高介电常数材料(即 low - k 材料和 high - k 材料),

化学机械研磨材料及化学品都将会影响到半导体工业的未来发展。

半导体基本制备大致可分为洁净、显影、刻蚀、扩散、薄膜淀积、平坦化等，而其所需要的主要相关材料及化学品如表 9－2 所示。本章节将就半导体基本制备所需要的主要材料及化学品做详细说明，并分析其未来发展趋势。

表 9－2　半导体制备材料及化学品

制　　程			材料的化学品
洁　净		Particle	NH_4OH/H_2O_4
		金属不纯物	H_2SO_4/H_2O_2，$HCl/H_2O_2/H_2O$，$HNO_3/HF/H_2O$
		有机物	H_2SO_4/H_2O_2，$NH_4OH/H_2O_2/H_2O$
		氧化层	HF/H_2O
		干燥	1PA
显影技术		曝光	光阻剂(g-line，i-line，Deep UV 光阻)
		显影	显影剂
刻　蚀		SiO_2	HF，$HF/NH_4N(BHF)$系
		Si，非晶硅	$HF/HNO_3/CH_3COOH$ 系
		Si_3N_4	H_3PO_4
		Al	$H_3PO_4/HNO_3/CH_3COOH$ 系
化学气相淀积		Dielectric Precursor	TEOS，TMPI，TMB，TDEAT，TAETO，DMAH TDMAT，$Ba_{1-x}Sr_xTiO_3$ Precursor
		Metal Precusor	Cu，Al，Ti Precusor
平坦化	SOG	Silicate，Siloxane	TEOS
	CMP	Dielectric Film	SiO_2 slurry，PU Pad，carrier Film
		Meta，Film，	Al_2O_3 slurry，PU Pad，carrier Flim

9.2.1　洁净技术用高纯度化学品

在半导体器件制造工艺中，几乎半数以上的操作是各工序之间的清洗。清洗工序是决定器件稳定及成品率的关键，其目的是要维持硅晶片表面的最佳洁净度，以提高制造合格率。通常，硅晶片上可能的污染物大约有微尘粒、金属、有机物、粗糙度及俱生氧化层等五种，其可能来源及对工艺的影响如表 9－3 所示。而随着 IC 工艺对洁净度的要求愈来愈严格，新的洁净技术及高纯度化学品也会愈趋重要，表 9－4 是 IC 工艺对洁净度的要求。而目前 IC 厂所使用的洁净技术大致上可分为两种：一种是湿式清洁技术，另一种是干式清洁技术。湿式清洁技术的使用有其限制。干式清洁技术是近年来所发展出来的蒸气相清洁，它不仅可达到与湿式清洁同样的目的，而且不须如湿式清洁需经常更换化学品，而且较湿式清洁安全、易操作、成本也较低。干式清洁技术存在的缺点是无法除去如重金属的污染源。因此未来洁净技术于IC工艺的趋势可能是湿式清洁技术及干式清洁技术交换使用，在此，笔者将针对湿式清洁及干式清洁目前使用情形及未来发展趋势做剖析说明。

表9-3 晶片表面污染源的种类、来源及影响

污染源	霉尘粒	金 属	有机物	粗糙度	俱生氧化层
可能来源	仪器设备、环境、气体、纯水、化学药品	仪器设备、化学药品活性离子刻蚀、光阻灰化	空气、光阻残余、储存容器、化学药品	原始晶片表面、化学药品	环境、湿气、纯水
影响	(1) 低闸极气化层崩溃电压 (2) 低良率	(1) 接面漏电流 (2) 少数载子生存期降低 (3) 低氧化层崩溃电压	影响气化速率	(1) 低气化层崩溃电压 (2) 低移动率	(1) 氧化层劣化 (2) 磊晶品质变差 (3) 高接触电阻值 (4) 金属硅化物不好形成

表9-4 IC工艺对洁净度的要求

年 份		1984	1984～1988	1989	1992～1995	1994～1997	1998	2001～
Bit of memory		256 K	1 M	41 M	16 M	64 M	256 M	1 G
Design Size(um)		1.5	1.2	0.8	0.5	0.35	0.25	0.18
Wafer size(inch)		5	6	6	8	8～12	8～12	12～18
Requested cleanness On wafer	Particle (pos/wafer)		$0.2\mu<$ 100	$0.2\mu<$ 10	$0.1\mu<$ 10	$0.1\mu<$ 1	$0.04\mu<$ 0.1	$0.02\mu<$ 0.01
	Metal (atoms/cm^2)		$<10^{12}$	$<10^{11}$	$<10^{10}$	$<10^{9}$	$<10^{8}$	$<10^{7}$
Requestedpurity for Chemicals	Particle (pcs/mi)	$0.5\mu<$ 100	$0.5\mu<$ 30	$0.3\mu<$ 50	$0.3\mu<$ 5	$0.2\mu<$ 10	$0.1\mu<$ 1	$0.05\mu<$ 1
	Metal(ppb)	<100	<30	<1	<0.1	<0.01	<0.001	<0.0001

9.2.2 湿式清洁技术与化学品

湿式清洁技术自60年代RCA公司研发出来后使用至今已有30多年。虽然目前有许多新的清洁方式推出，然而RCA清洁技术仍被广泛使用，这是可能有效地去除在晶片表面的各式污染源，并不会对晶片产生缺陷或刻痕，且使用操作方便安全，因此被广为采用。以下则针对RCA洁净技术及其他湿式新洁净方式做简要说明：

1. RCA standard clean 1(SC-1，又称APM)，$NH_4OH/H_2O_2/H_2O$

主要应用在微粒子的清除。利用NH_4OH的弱碱性来活化Si晶片表层，将附着于表面的微粒子去除，此外NH_4OH具强化合力，也可同时去除部分金属离子。一般是以$NH_4OH : H_2O_2 : H_2O=1:1:5$的体积比例混合液在70℃温度下进行5分钟的浸泡清洗。

2. RCA standard clean 2(SC-2,又称 HPM)$HCl/H_2O_2/H_2O$

该工序主要应用在金属离子的去除,利用 HCl 所形成的活性离子易与金属离子化合的原理。一般是清洗液以 $HCl:H_2O_2:H_2O=1:1:6$ 的体积比例混合液在 70℃温度下进行 5~10 min 的浸泡清洗。

3. Piranha clean (SPM) H_2SO_4/H_2O_2

主要应用在有机物的去除,利用 H_2SO_4 的强氧化性来破坏有机物中的碳氢键结。一般是以 2:4:1 的体积比例混合液在 130℃温度下进行 10~15 min 的浸泡清洗。

4. Dilute HF 清洗工序(DHF)HF/H_2O

主要应用在清除硅晶片表面自然生成的二氧化硅层,由于此氧化物层厚度有限(约为 11.5 nm),一般均使用经稀释处理的氢氟酸(以 HF 1%最为普遍)在室温下与 SiO_2 形成 H_2SiF_6 的方式去除,清洗时间一般在 15~30 s。

在完成上述湿式清洁技术程序后,可以 IPA 来进行蒸气干燥,以避免在晶片表面上流下水痕。此外为了能更有效地对微小线宽元件进行湿式工艺,添加界面活性剂 (Surfactant)降低表面强力,加强润湿(Wetting)效果并保持晶片平坦度,也成为重要的内容。

5. 干式清洁技术与化学品

如在前言部分所叙述干式清洁即所谓的气相清洁技术,是利用臭氧(O_3)、氢氟酸(HF)及盐酸(HCl)达到和 RCA 溶液相同的洁净效果。例如去除有机物,在 RCA 中可用硫酸或氨水,但在干式中可用臭氧取代;去除二氧化硅,RCA 用稀释氢氟酸,但在干式中用气态氢氟酸来取代;去除金属杂质 RCA 用盐酸水溶液,在干式中用气态盐酸取代,而且干式清洁在集成电路各式工艺模组,基本上全都可以应用,未来 0.25 μm 或以下的工艺,它将扮演一个很重要的角色。

9.2.3 微影技术用材料与化学品

微影光刻工艺也是半导体技术的关键程序。其步骤大体上是经由光阻,也称光刻胶(PR,Photoresistant)涂布、曝光及显影三个过程。其中所使用的重要材料及化学品包含光阻材料、光阻稀释液、显影剂及去光阻剂等分别说明如图 9-19 所示。

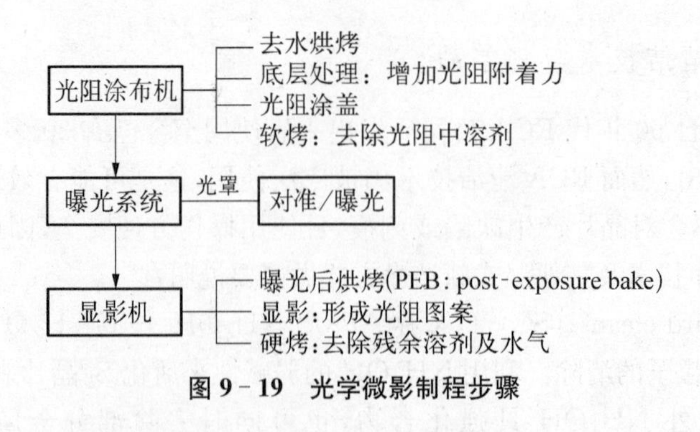

图 9-19 光学微影制程步骤

1. 光阻材料

显影技术是工艺的重要关键技术,它是将光阻材料涂布于硅晶片上,再经曝光显影的过程而在晶片上形成各种不同图案。IC 本身记忆容量大小与线幅宽窄有密切的关系，而 IC 线幅的降低几乎依赖于光阻材料的进展，因此光阻材料即成为 IC 工艺中十分关键的材料。

作为 IC 光阻材料，须具备下列六项基本性质：

(1) 敏感度(sensitivity)，即是光阻材料对一定曝光能量的应答程度。在光阻材料的发展中，所使用的曝光源由传统的 G 线(436 nm)演进至目前 IC 工艺的 I 线(365 nm)，而未来可能使用 KrF 准分子雷射(248 nm)，ArF 准分子雷射(193 nm)及单线 X 光线及电子线(见图 9-20)。随着曝光强度的减弱，光阻材料所需的敏感性越来越高。而若光阻材料所须达到一定敏感性的能量愈低，则代表此材料的敏感性愈高。通常以单位 mJ/cra^2 来代表敏感度的测量单位。

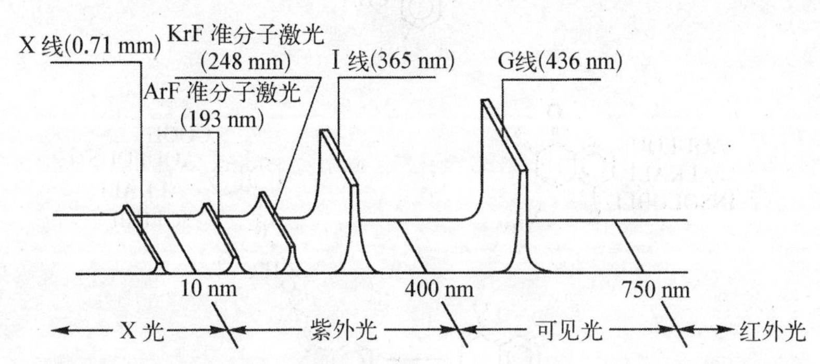

图 9-20　半导体显影所用的各种电磁波光源及其波长的比较(凸起的高度显示能量的大小)

(2) 对比(contrast)，是光阻材料曝光前后的化学性(如溶解度)改变的速率。对比与一光阻材料的解析度有相当密切的关系。通常它是使用如下方法决定的：将一已知厚度的光阻薄膜旋转涂布于硅晶片上，再软烤除去多余的溶剂。然后将此薄膜曝光于不同能量的光源，然后再按一般程序显影。测量不同曝光能量的光阻薄膜厚度，再对曝光能量作图。

(3) 解析度(resolution)：即为微影工艺所能形成最小尺寸的有用影像。此性质深受光阻材料本身物理化学性质的影响。如光阻材料本身必须不能在显影过程中收缩或在硬烤中流动或者将会破坏其解析度。因此若使光阻材料拥有良好的解析度，则须慎选高分子基材及所使用的显影剂。

(4) 光吸收度(optical density)：即每 1 μm 厚度的光阻材料所吸收的光能。若光阻材料的光吸收度太低，则光子太少而无法引发所需的光化学反应，若其吸收度太高，则于光阻材料所吸收的光子数目不均匀，而可能会破坏所形成的图案。通常光阻材料所需的吸收度在 0.4 μm^{-1}以下，此可由调整光阻材料的化学结构而得适当的吸收度及量子效率。

(5) 耐刻蚀度(etching resistance)，即一光阻材料于刻蚀过程的抵抗力及光阻材料必须能于图案移转抵抗高能及耐热(通常＞150)而不改变其原有特性。

(6) 纯度(purity)：IC 工艺对不纯物的要求是十分严格的，尤其是金属离子的含量。如由 G 线光阻材料转变成 I 线光阻材料时，金属离子(Na、Fe、K)的含量由 102 ppb 降低至 101 ppb，由此可见纯度的重要性。

传统的 G 线及 I 线光阻材料均是由 Novolac 树脂加上感光性萘醌重氮化合物如 diazo naphtho quinone(DNQ)所组成，另外则是用溶剂及添加物来调整其黏度及其他物理化学性质。一般组成物中,溶剂占总重量 60%~85%,高分子基材约占 25%~55%,感光物约占 5%~30%,添加物约占 10%~1 000%。其曝光反应机构如图 9-21 所示。DNQ 扮演溶解抑制剂的角色,然而在曝光后其分子结构转变成碱性显影液可溶的酸性分子结构,因此经过显影结构后可形成正型图案。这一类型的光阻材料在 G 线及 I 线的 IC 工艺已被广泛地使用。然而在 0.25 μm 以下的 1C 工艺因其吸收度太强且感光度不足并无法满足需求。因此自 20 世纪 80 年代研发 0.25 μm 以下所使用的光阻剂便成为十分重要的课题。

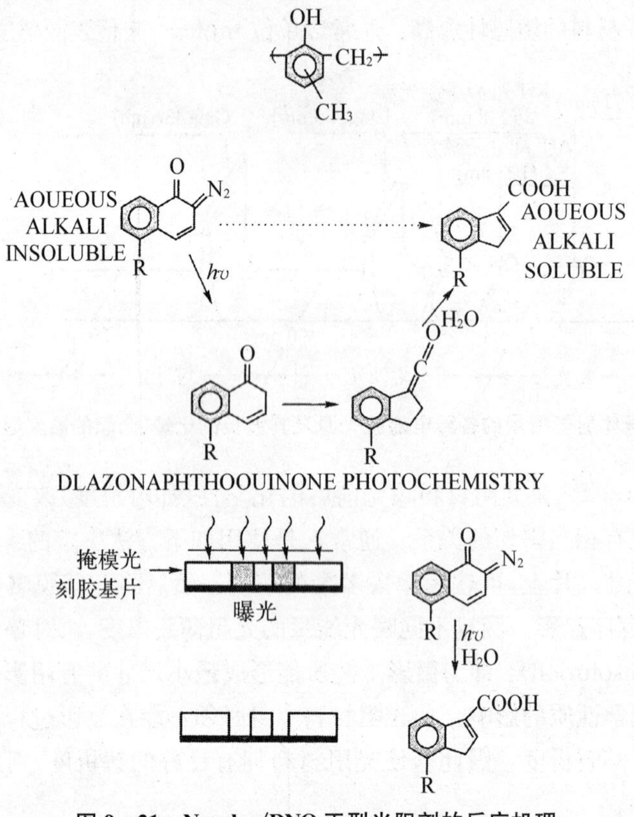

OH
CH_2
CH_3
O
N_2
AOUEOUS
ALKALI
INSOLUBLE
R
hυ
COOH
AOUEOUS
ALKALI
SOLUBLE
R
H_2O
O
R
R
DLAZONAPHTHOOUINONE PHOTOCHEMISTRY
掩模光
刻胶基片
曝光
O
N_2
R
hυ
H_2O
COOH
R

图 9-21　Novolac/DNQ 正型光阻剂的反应机理

目前被广泛探讨的 0.25 μm(含)以下的 IC 工艺光阻材料是美国 IBM 公司于 1982 年开发的化学增幅型光阻剂(chemically amplification photoresist, CAMP)系统其组成由具有 t-BOC(tertiary butoxycarbonyl)官能基的聚乙烯酚(polyvinylphenol)衍生物的基本成分所组成。CAMP 系统光阻材料曝光后,首先由光酸发生剂产生质子酸 H^+,而此质子酸含使聚乙烯酚衍生物产生 t-BOC 脱基反应,变成聚乙烯酚而可溶于碱性显影液,形成正型图案。CAMP 系统的曝光反应机构如图 9-22 所示。t-BOC 系统材料剂由于拥有高敏感度,高对比度及高解析度,因此自 1982 年被提出后即引起各界广泛注意。然而 t-BOC 系统光阻剂在应用上却遇到一大困难,即曝光后烘烤时间过长使空气中的碱性气体如 NMP 中和光阻表层酸而形成 T-top 现象,严重时相邻线路的顶缘会有皮连在一起的现象。因此近年来有关以 CAMP 系统光阻材料大都向开发高环境稳定度的光阻材料方向发展,在文献上被提出来降低 T-top 现象产生的方法包括，加强活性碳以降低无尘室的 NMP 气体含量，改变高分子基材玻璃化温度(T_g)以改善其烘烤特性，在光阻材料上面加涂一层酸性薄膜以隔绝 NMP 与光阻材料接触等方法。除了全世界各大光阻材料公司外，我国学术机构及工研院亦于今年大力投入 CAMP 光阻材料研发，相信不久的将来定能开发出适用于 0.25 μm 及以下 IC 工艺的 CAMP 光阻材料。

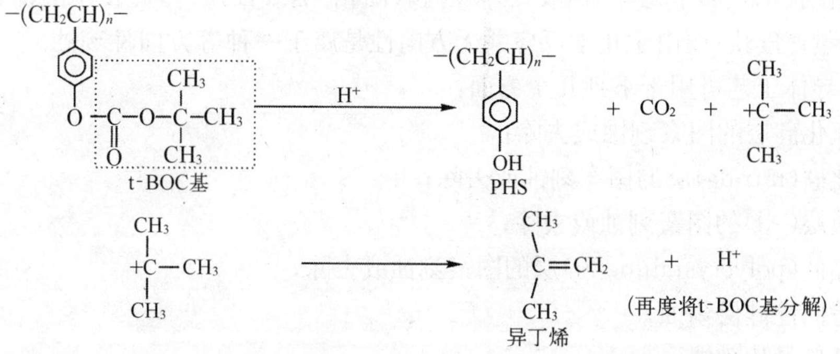

$-(CH_2CH)_n-$　t-BOC基　$\xrightarrow{H^+}$　$-(CH_2CH)_n-$ (OH, PHS) + CO_2 + $^+C(CH_3)_3$

$^+C(CH_3)_3 \longrightarrow (CH_3)_2C{=}CH_2$ (异丁烯) + H^+ (再度将t-BOC基分解)

图 9-22　IBM 公司开发的基本 t-BOC 系与化学增幅光刻胶的反应

光阻材料可以说是微影工艺最重要的材料，在微影工艺中尚须搭配其化学品使用。这些化学品叙述如下。

2. 光阻稀释液

光阻是经由旋转涂布程序而在晶片上形成的薄膜，但若其黏度过高经常会在晶片边缘形成珠状残余物(Edge Bead)。若加入光阻稀释液则可有效控制此现象的发生。目前工业上较常使用的光阻稀释液包括乙醇盐类，如 2-ethoxy cellulose acetate(ECA)及 propylene glycol monomethyl ether acetate(PGMEA)；乳酸盐类，如 Ethyl Lactate；酮类，如 methyl ethyl ketone 等。

(1) 显影剂。光阻材料在经过曝光过程，须再经显影过程将图案显现出来，而显影工艺的原理是利用碱性显影液与经曝光的有机酸性光阻层部分进行酸碱中和反应，使其与未经光阻层结构部分形成对比而达到显像效果。在以往使用的显影剂如 NaOH、KOH 的溶液，但由于金属离子可能会造成对 IC 元件的污染，近年来已改用有机碱溶液取代，如四甲基氢氧化铵(TMAH)及四乙基氢氧化铵(TEAH)等。

(2) 去光阻剂。在使用薄膜刻蚀程序将未经光阻覆盖的部分去除后，即可将残余的光阻层去除。在半导体工艺中通常有两种去除光阻材料的方法，一种为湿式去光阻法，另一种为干式去光阻法。在此以讨论湿式去光阻法，它可利用有机溶液将光阻材料溶解而达到去光阻的目的，所使用的有机溶剂如 N-methyl-pyrolidinone(NMP), dimethyl sulfoxide (DMSO)或 aminoethoxy ethanol 等，还使用无机溶液，如硫酸和双氧水，但这种溶液易对金属薄膜造成缺陷，目前已较少使用。

9.2.4　刻蚀技术用高纯度化学品

刻蚀工艺的功能是要将微影工艺中未被光阻覆盖或保护的部分以化学反应或物理作用

的方式加以去除，而完成转移光罩图案到薄膜上面的目的。一般而言，刻蚀工艺可大致分为两类：一类是湿式刻蚀，它是利用化学反应如酸与材料的反应来进行薄膜的刻蚀，另一类为干式刻蚀它是利用物理方法如等离子体刻蚀来进行薄膜侵蚀的一种技术。在本章节将依湿式刻蚀及干式刻蚀做详细说明。

1. 湿式刻蚀技术与化学品

湿式刻蚀技术是属于化学品(液相)与薄膜(固相)的表面反应，此技术的优点在于其工艺简单且产量速度快，而由于化学反应并无方向性是属于一种等方向性刻蚀。一般而言，湿式刻蚀在半导体工艺可用于下列几个方面：

① 二氧化硅层的图案刻蚀或去除；

② 氮化硅(nitride)层的图案刻蚀或去除；

③ 金属层(Al)的图案刻蚀或去除；

④ 多晶硅(polycrystalline Si)层的图案刻蚀或去除；

⑤ 非等向性硅层刻蚀；

⑥ 减低硅晶片刻蚀；

⑦ 硅晶片表层抛光；

⑧ 硅晶片表层粗糙化；

⑨ 硅晶片回收(wafer reclaim)。

另外为了能发挥化学品的多功能性应用，湿式刻蚀也走向多种成分混合溶液的发展方向，以便能应用在不同功能的薄膜工艺中。

(1) 二氧化硅层刻蚀。通常是以氢氟酸与氟化铵(HF/NH_4F)的混合成缓冲溶液(buffered oxide etchant，BOE)来刻蚀 SiO_2 层，化学反应式如下：

$$SiO_2 + 6HF \longrightarrow H_2SiF_6 + 2H_2O$$

利用 HF 来去除 SiO_2 层，而缓冲溶液中 NH_4F 是用来补充所消耗的 F^-，使得刻蚀率能保持稳定。而影响刻蚀率的因素包括：

① SiO_2层的形态：结构较松散(含水分较高)，刻蚀率较快；

② 反应温度：温度较高，刻蚀率较快；

③ 缓冲液的混合比例：HF 比例愈高，刻蚀率愈快。

(2) 氮化硅层刻蚀。通常是以热磷酸(140℃以上)溶液作为 Nitride 层刻蚀液，反应温度越高，磷酸组成在水分蒸发后也随之升高，刻蚀率也会加快，在 140℃时，刻蚀率约在 2 nm/min，当温度上升至 200℃时，刻蚀率可达 20 nm/min，实际上多使用 85%的 H_3PO_4 溶液。

(3) 铝层刻蚀。铝常在半导体工艺中作为导电层材料，湿式铝层刻蚀可使用下列无机酸碱来进行，包括：① HCl；② H_3PO_4/HNO_3；③ NaOH；④ KOH；⑤ $H_3PO_4/HNO_3/CH_3COOH$。因第⑤项混合溶液的刻蚀效应最为稳定，目前被广泛运用在半导体工艺中。主要的工艺原理是利用 HNO_3 与 Al 层的化学反应

$$2Al + 6HNO_3 \longrightarrow Al_2O_3 + 3H_2O + 6NO_2$$

一般的刻蚀率约控制在 300 nm/min。

(4) 单晶硅/多晶硅层刻蚀。单晶硅的非等向性刻蚀多用来进行(1,0,0)面刻蚀,常用在以硅晶片为基板的微机械元件工艺中,一般是使用稀释的 KOH 在约 80℃温度下进行反应。多晶硅的刻蚀在实际上多使用 NHO_3、HF 及 CH_3COOH 三种成分的混合溶液,其工艺原理包含两个反应步骤:

$$Si + 4HNO_3 = SiO_2 + 2H_2O + 4NO_2$$
$$SiO_2 + 6HF = H_2SiF_6 + 2H_2O$$

先利用 HNO_3 的强酸性将多晶硅氧化成为 SiO_2,再由 HF 将 SiO_2 去除而 CH_3COOH 则扮演类似缓冲溶液中 H^+ 提供者来源,使刻蚀率能保持稳定。此种通称"Poly-Etch"的混合溶液也常作为控片回收使用。

(5) 晶背刻蚀。随着半导体元件走向更高精密度及"轻薄短小"的趋势,晶背刻蚀(backside etching)已逐渐取代传统机械式晶背研磨工艺,除了能降低硅晶片应力(stress)减少缺陷(defect)外,并能有效清除晶背不纯物,避免污染到正面的工艺。

由于晶背表层常包含了各类材料如二氧化硅、多晶硅、有机物、金属、氮化硅等,因此湿式晶背刻蚀液也涵盖了多种无机酸类的组成,包括 H_3PO_4、HNO_3、H_2SO_4 及 HF 等,如此才能有效去除复杂的晶背表层结构。

2. 干式刻蚀技术与化学品

干式刻蚀技术主要为等离子体刻蚀,其主要是利用气体等离子体中高化学反应能力配合离子轰击的能量来达到垂直刻蚀的效果。在此技术中,等离子体中所产生的离子密度、能量及方向均扮演重要的角色,然而化学技术上,反应物的反应性具有决定性的效果,因此如何选择适当的反应气体当作等离子体的来源,往往决定了刻蚀工艺的好坏,一般刻蚀工艺中均是用卤素族(氟、氯、溴)的化合物来当作刻蚀气体,为了避免侧向刻蚀、过低的选择化及产生不可挥发的生成物,刻蚀气体的选择非常重要,而且与反应的压力温度息息相关。一般而言,刻蚀硅可用氯气或溴化氢的等离子体,为了提高对氧化硅的选择比,建议用溴化氢,但为了提高刻蚀率及好的刻蚀图案,加入氯气是不可避免的,因此,氯气与溴化氢的比例对刻蚀有不同程度的影响。以下列举一般性刻蚀所使用的气体等离子体:

① 多晶硅(PolySi)刻蚀(底层为氧化硅):Cl_2/HBr;

② 硅化钨刻蚀:SF_6/HBr,Cl_2/O_2,CF_4;

③ 氧化硅刻蚀(底层为硅):CF_4/CHF_3,C_2F_6;

④ 氮化硅刻蚀(底层为氧化硅):SF_6/HBr,CH_3F;

⑤ 钨蚀刻:SF_6/N_2;

⑥ 金属铝蚀刻:Cl_3/BCl_3。

由于等离子体产生的方式不断地朝低压高密度等离子体方式进行,相对地,化学技术也随之改变。比如说,以往钨刻蚀必须在氟等离子体下才能产生可挥发的生成物进行刻蚀,但在低压高密度的等离子体下,钨刻蚀可以在氯等离子体下进行,这就打破了一般传统的观念。基本上,等离子体刻蚀是等离子体物理与化学技术相辅相成的技术,由于新化学反应的发现,使得新的等离子体技术更迈进一步。

9.2.5 CVD 化学气相淀积工艺用材料及化学品

在 IC 工艺中用来制作薄膜的技术有化学气相淀积法(chemical vapor deposition, CVD),物理气相淀积法(physical vapor deposition, PVD)及旋转涂布法(Spin Coating)等。当 IC 的线路愈来愈细小时,使用物理气相淀积法已无法达到薄膜平坦度及均匀度的要求,而 CVD 确拥有薄膜厚度均匀性及平坦度的优点,因此 CVD 已变成薄膜淀积法技术的主流。而旋转涂布法则较常用于光阻,SOG 和 Polyimide 的制作。

所谓 CVD 工艺是利用化学反应的方式,将反应物淀积成晶片表面形成薄膜的一种技术。目前在 IC 工艺的研究上用 CVD 技术来淀积薄膜可分为下列如下三类:

① 绝缘与隔离类薄膜材料:如 Si_3N_4、PSG、BPSG、FxSiOy,以及 Parylene 等;

② 栅介质薄膜:SiO、SiON、HfO、铁电体系列等;

③ 金属膜:如 Al、Cu、W 等。

以下着重介绍这三类材料的基本性质。关于这三类材料的制造工艺,请参考薄膜淀积和薄膜刻蚀相关章节。

1. 介电材料

介电材料是指一物质当施加一电场于其上时,物质内会产生电荷流动,而当移去电场时,电荷流动的方向恰与原来相反,具有此种性质的材料称之介电材料。高分子材料通常为介电材料。而介电常数通常可定义为在两片平行板间置一介电物质与真空下电容之比值。由莫耳折射与分子结构的关系可知若高分子材料的分子结构单位体积中拥有较多的极性基,则其介电常数较大,如硫、氮等,若拥有极性较低的氟原子,则其介电常数较低。因此在设计一低介电常数高分子材料时可依据上述理论先行估算其介电常数。

介电常数通常会受到湿度极大的影响,如当湿度由 0%增加至 100%时,聚酰亚胺的介电常数可由 3.1 增加至 4.1。这是因为聚酰亚胺的分子结构中拥有羰基的缘故,此可由聚奎林(Polyquinoline)的介电常数因湿度而增加的比率较聚酰亚胺为少可得知。

电绝缘、隔离类、低介电常数类材料在其电气性质、机械性质、化学性质及热性质有严谨的要求,如薄膜材料的介电损失要低,拥有良好的平坦度、与其他材料接触良好,吸湿性低、耐热性良好,且能够由低毒性的溶剂加工成膜等。高分子材料若要成为电绝缘、隔离类、低介电常数薄膜材料的候选者,须经由分子设计、合成及加工制作出各种性质均能合乎要求的材料。各种不同类型的介电材料有如下几种。

(1) SiO_2。使用 CVD 技术淀积的 SiO_2 薄膜通常可使用两种前导化合物,一种是 SiH_4,另一种是四乙氧基硅烷 TEOS(tetraethoxy sliane),其化学反应式

$$SiH_4 + O_2(O_3, N_2O) \longrightarrow SiO_2 + 2H_2(N_2)$$

$$TEOS + (O_2, O_3) \longrightarrow SiO_2$$

SiH_4 为气体,较不稳定且危险,而且其所生成的薄膜阶梯覆盖的能力较差,因此目前已较少被半导体业界所使用。而 TEOS 是有机液体较稳定且可拥有良好的阶梯覆盖能力,因此是目前用来成长 SiO_2 薄膜最常用的前导化合物,缺点是需较高的裂解温度(650～750℃)为其弱点。

(2) BPSG，硼磷硅玻璃(Boron Phosphate Silicate Glass)。若在 SiO_2 薄膜中加入少量的硼和磷，可降低其玻璃转化温度，而再借由高温的热流增加其平坦度。目前在半导体工业上通常是将 TEOS 与三甲基亚磷酸 TMPI[trimethylphosphite $P(OCH_3)_3$]及三甲基硼酸 TMB[trimethyl borate，$B(OCH_3)_3$]使用 CVD 技术而成长掺杂硼和磷成分的 BPSG，其反应式

$$\text{TEOS} + \text{TMPI} + \text{TMB} \rightarrow \text{BPSG}$$

其中的 TMPI 可使用 TMPO(trimethyl phosphate，$PO(OCH_3)_3$)取代。这三种前导化合物均属于稳定的液体，而因 BPSG 含有硼及磷降低了玻璃转化温度，因此再经由热流处理后，可得到相当好的平坦度而广泛地使用于半导体工艺中。

(3) F_xSiO_y，氟化二氧化硅。在 IC 元件趋于复杂及多重金属导线工艺的需求下，低介电常数的介电材料已是目前研究的热门题目，因其可降低电容及防止 Crosstalk 的干扰。而作为一低介电常数的材料通常必须具备下列条件：低介电常数、低机械应力、高耐热性(>450℃)及低吸湿性。目前最符合上述条件的材料为氟化二氧化硅。氟原子因其极性较低，因此加入 SiO_2 后可大幅度降低介电常数。表 9-5 所列是目前使用 CVD 工艺所得氟化二氧化硅薄膜，介电常数约在 3.0～3.7 之间。而所使用的 CVD 工艺包含等离子体激发(PECVD)，高密度 PECVD 及常压 PECVD 等，其前导化合物包含 TEOS 及各种氟化物如 NF_3、CF_4、C_2F_6 及 FTES(fluoro triethoxy silane)等。虽然目前有关于 F_xSiO_y 薄膜的制作已相当成熟，然而其介电常数大致仅可降低至 2.0 左右，这对于 0.18 μm 及 0.13 μm IC 工艺所需的介电常数并不符合需求，因此相信未来将有更多关于低介电常数、介电材料的研究。

表 9-5　薄膜制作使用的前驱化合物工艺种类、介电常数及含氧量

前　驱　体	淀积工艺	介电常数	含氟量(原子百分比)
$Si(OC_2H_5)_4 + O_2 + NF_3$ $Si(OC_2H_5)_4 + O_2 + CF_4$	helicon - PECVD	3.4 3.7	4 2
$Si(OC_2H_5)_4 + C_2F_5$	PECVD	3.6	14
$Si(OC_2H_5)_4 + CF_4/NF_5$	PECVD	3.4	3.5
$Si(OC_2H_5)_4 + O_2 + C_2F_6$	PECVD	3.2～3.7	2～6
$SiF_4 + SiH_4 + O_2$	ECR - PECVD	3.0～3.2	10
$SiF_4 + O_2$	ECR - CVD	3.7	8～10
$SiF_4 + N_2O$	PECVD	—	—
$FSi(OC_2H_5)_3 + O_2$	PECVD	3.6	2～4
$FSi(OC_2H_5)_3 + H_O$	APCVD	3.7	2
$Si(OC_2H_5)_4 + O_2$ $Si(OC_2H_5)_4 + C_2P_6$ $Si(OC_2H_5)_3 + O_2$	PECVD	3.6	5～10

(4) Si_3N_4。Si_3N_4 主要是用来作为 SiO_2 层的刻蚀幕罩(mask)是半导体工艺中常见的介电材料，由于 Si_3N_4 拥有不易被氧渗透，对碱金属离子的防堵能力很好且不易被水气渗透，所以广泛地被用为半导体的保护层。

一般而言 Si_3N_4 的淀积是利用 SiH_2C_{12} 搭配 NH_3，在适当温度及低压下而得薄膜材质，如下式

$$3SiH_2C_{12}(g) + 7NH_3(g) \longrightarrow 3NH_4Cl(s) + 3HCl(g) + 6H_2(g)$$

(5) Parylene(聚对二甲苯基类高分子)。Parylene 已在印刷电路板工业被广泛地使用近 20 年，而近年它亦被视为内连线低介电常数材料的优良候选者，因它拥有低介电常数、低应力、低吸湿性且抗化学药品性极佳，而其较大的缺点是其加工过程较繁复及平坦度的控制。图 9-23 是 Parylene 的制造过程，首先将对二甲苯的二聚物气化，而后于气相中聚合再淀积成膜。一般常见的 Parylene 系列材料为 Parylene N，C 及 D(见图 9-24)。由 specialty coating system，Inc. 所推出 AF_4，其不仅拥有低介电常数 2.28，且抗湿性及平坦度极佳，目前已推广至半导体厂试用中。AF_4 之结构如图 9-24，而其性质如表 9-6 所示。

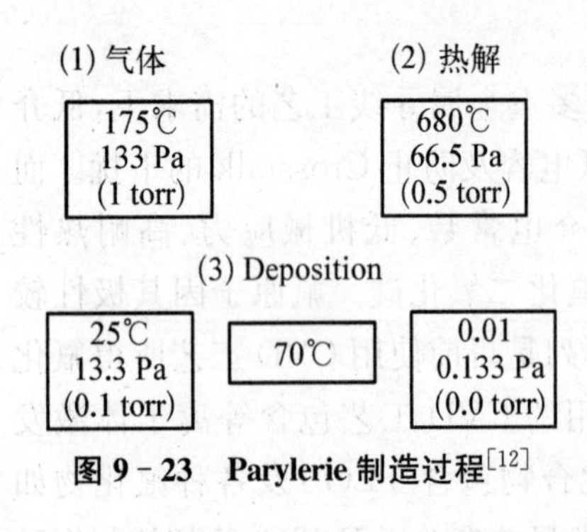

图 9-23 Parylerie 制造过程[12]

Parylene Variants

N: —(CH₂—⟨苯环⟩—CH₂)ₙ—

C: —(CH₂—⟨苯环(Cl)⟩—CH₂)ₙ—

D: —(CH₂—⟨苯环(Cl, Cl)⟩—CH₂)ₙ—

Parylene AF-4

AF-4: —(CF₂—⟨苯环⟩—CF₂)ₙ—

图 9-24 Parylerie 系列介电材料之基本结构

表 9-6 Parylene AF4 的基本性质

Dielectric constant	2.28	Glass transition temperature	N/A
Dissipation factor	<0.001	Crystalline melting point(℃)	>500
Dielectric strength(V/mil@1 mil)	6300	Volume resistivity(Ω·cm)	5.3×10^{15}
Modulus(GPa)	2.7	Surface resistivity(Ω)	1.3×10^{14}
Elogation to break(%)	22	Density(gm/cm^3)	1.58
Tensile strength(MPa)	45	thermal expansion (ppm″@25℃)	180
Water absorption(%)	<0.1	Coefficient of friction	0.20
Thermal stability(℃)(<1%.loss/2hr)	>450		

2. 高介电常数栅薄膜材料

随着对 IC 元件等比例缩小(Scaling Down)的需求，当半导体技术进入 45 nm 时代以后，传统的单纯降低 SiO_2 厚度的方法遇到了前所未有的挑战，因为这时候栅介质 SiO_2 的厚度已经很薄(<2 nm)，栅极漏电流中的隧道穿透机制已经起到主导作用。这时，随着 SiO_2 厚度的进一步降低，栅极漏电流也会以指数形式增长。当栅偏压为 1 V 时，栅极漏电流从栅极氧化层厚度为 3.5 nm 时的 1E-12 A/cm^2 陡增到了 1.5 nm 时的 1E-2 A/cm^2，即当栅氧化层的厚度减小约 1 倍时，漏电流的大小增长了 12 个数量级。而抑制栅介质 SiO_2 厚度减小的趋势之一，就是提高栅介质的介电系数 k。因为传统栅介质 SiO_2 的 k 值是 3.9，而 HfO_x 系列的高 k 栅介质值可达 20 左右，因此发展高介电常数的介电材料成为关键问题。关于高 k 栅介质请参阅“第五章集成电路工艺的‘加法’：薄膜生长与淀积”这里不再赘述。

3. 金属薄膜材料

使用 CVD 法来制备金属薄膜通常需要先导化学品(precursor)再经 CVD 工艺得到金属薄膜，请参阅薄膜淀积一章的详细介绍。

用来制备金属膜如钨、铝、铜及铁的 CVD 工艺分别如下数式。

(1) WCVD：

$$2WF_6(g)+3Si(s)\rightarrow 2W(s)+3SiF_4(g)$$

$$WF_6(g)+3H_2(g)\rightarrow W(s)+6HF(g)$$

$$WF_6(g)+SiH_4(g)\rightarrow W(s)+SiF_4(g)+2HF(g)+H_2(g)$$

(2) AlCVD：

$$2Al(C_4H_9)_3\rightarrow 2AiH(C_4H_{9})_2+C_4H_8(150℃)$$

$$\rightarrow 2Al+3H_2+4C_4H_8(250℃)$$

(3) CuCVD：

$$Cu(II)L_2+H_2\rightarrow Cu(s)+2HL$$

Cu(II)：Cu(II)bis(b-diketonate)and Cu(II)bis(b-ketoiminate)

L：Single charged ligand(b-diketonate…)

(4) TiCVD：

$$TDMAT\rightarrow TiN+\cdots$$

$$TDEAT+NH_3\rightarrow TiN+....$$

TDMAT：(tetrakis dimethye amino titanium)

TDEAT：(tetrakis diethyl amino titanium)

使用 CVD 来制作金属膜目前以 Cu 及 W 最吸引人注意，因为铜的导电度及抗电移性比铝高，所以未来深亚微米技术取代铝的可能性很高，而 W-CVD 则因其拥有强覆盖能力、高纯度(含氧量少)及高输出量而具有潜力。

9.2.6　平坦化技术用材料及化学品

一般半导体工艺中较常使用的平坦化技术材料为旋转玻璃技术(spin-on glass,

SOG)加化学机械研磨技术(chemical mechanical polishing, CMP),亦有数家公司开发出使用旋转涂布加工制膜的高分子溶液,如聚酰亚胺、聚硅氧烷、氟化聚酰亚胺等,如Dupont, Amoco,AlliedSignal,Schumacher, Hitachi等皆有推出此种旋转涂布式低介电高分子材料。因此在本章节将详细分析此种新材料。本章节将针对SOG技术及CMP技术所需的材料及化学品分析其现状及未来发展。

1. 旋转玻璃(spin-on glass,SOG)技术材料

多重金属连线的IC元件制作需要非常平坦的介电层,而SOG(spin on glass)正可满足这样的需求。SOG是将溶于溶剂内的介电材料,以旋转涂布(spin coating)的方式涂布于晶片上,因为涂布介电材料可以随溶剂在晶片表面流动,因此可以填入图9-25(a)的缝隙中,而达到如图9-25(b)所示的局部平坦化的目的,经过旋转涂布后的介电材料者再经固化(curing)过程将溶剂去除,即可得介电层膜。SOG能解决外表高低起伏的渗填能力(gap fill)的问题,而成为一种比较常用的介电层平坦化技术。

目前使用为SOG材料者大约有两种,一是硅酸盐类(silicate);二是硅氧烷类(siloxane),其化学结构如图9-26所示。而用来溶解这些介电材料的溶剂则有醇类(alcohol),酮类(ketone)与酯类(ester)等,调解SOG材料的黏度、流动性质及设备本身的旋转速度可得适当厚度的SOG薄膜。SOG材料在使用时可能会发生较严重的问题是其在固化程序中,由于溶剂挥发使得材料本身的结构改性而导致问题,通过一定的方法才能解决此类问题,如在硅酸盐类SOG材料加入少量的磷,或者在硅氧烷类SOG材料增加CH_3基以降低龟裂现象。

现有SOG工艺技术虽仅能达到局部平坦度,然而因其工艺简单及成本低,许多研究正朝向延长SOG寿命着手。材料改性将是一大研发重点,包括研究新SOG材料于旋转涂布的动力学以增强其平坦度,或降低SOG介电常数使其能使用于多重金属内连线IC工艺,相信SOG在未来IC工艺仍可占有一席之地。

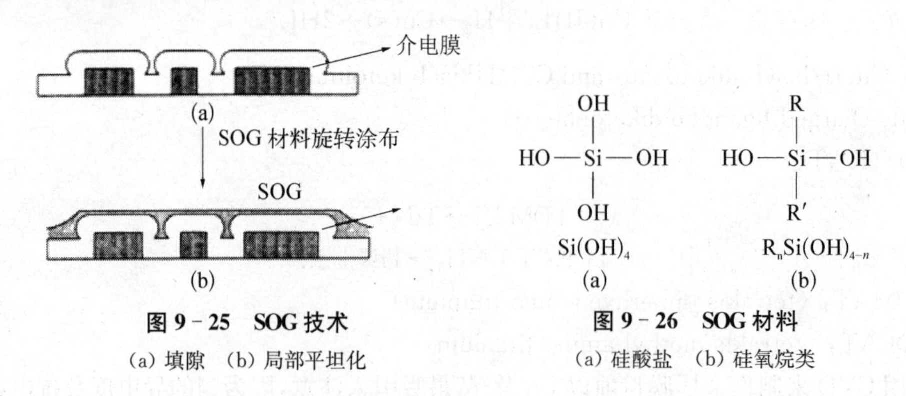

图9-25 SOG技术

(a) 填隙 (b) 局部平坦化

图9-26 SOG材料

(a) 硅酸盐 (b) 硅氧烷类

2. 旋转涂布式低介电常数高分子材料

(1) 聚酰亚胺(Polyimide)。聚酰亚胺是最早被研究的高分子介电材料,它是由双酐(diahydride)及双胺(diamine)聚合而成,其基本结构如图9-27所示。Polyimide的优点在于其耐热性甚佳,亦可使用旋转涂布方式制作薄膜,另外则抗溶剂性优良,目前商业化聚酰亚胺在应用上有其困难待克服,如其吸湿性及薄膜应力过高,另外则是须降低其加工步骤。针对上述

缺点，目前已有改进，如使用氟化聚酰亚胺时降低其吸湿性及介电常数，如图 9-28 所示，若使用硅硐(silicone)改性聚酰亚以降低薄膜应力而改善与其他基材的接合性，如图 9-29 所示。

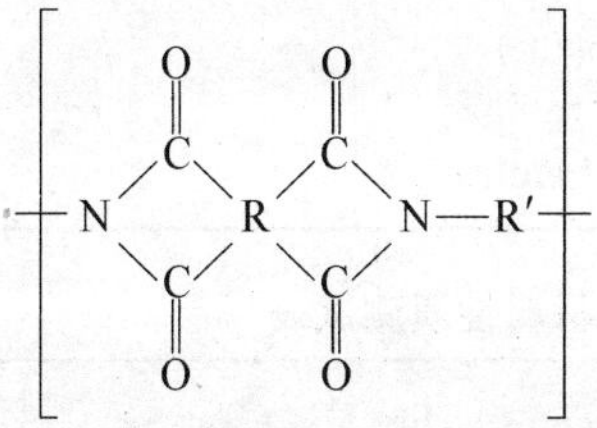

图 9-27　聚酰亚胺之基本结构

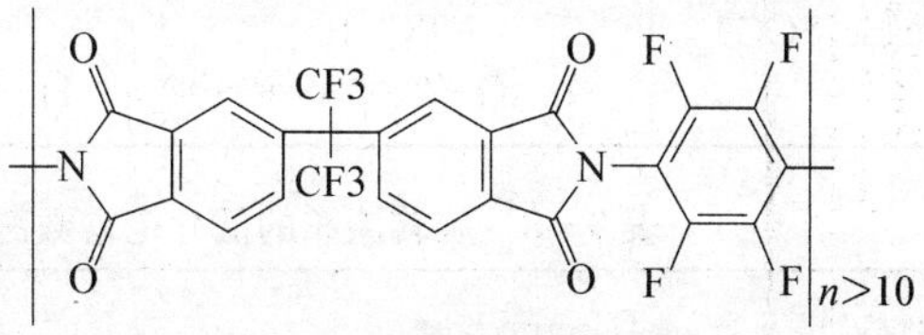

图 9-28　氟化聚酰亚胺范例

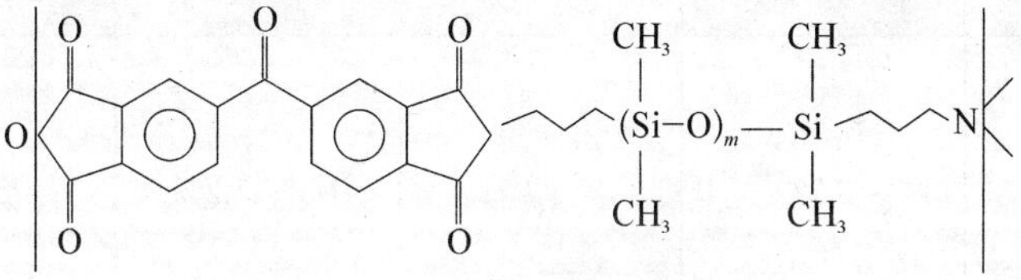

图 9-29　硅硐改性聚酰亚胺范例

(2) 聚硅氧烷(Polysiloxane)。siloxane 相关的高分子目前已被广泛地使用为 SOG 材料。最近 Allied Signal，Dow Corning 及 Hitachi Chemical 相继商业化不同 Polysiloxane 介电材料，如 Allied Signal 的 Accuspin418(分子结构为 $CH_3SiO_{1.5}$)，Dow Corning 的 FOX[分子结构为$(HSiO_{3/2})n$]。这类型材料不仅拥有低介电常数，而且其耐热性及耐湿性良好，目前正推广使用 IC 工艺中(表 9-7、表 9-8)。

表 9-7　旋转涂布的低介电常数高分子材料

材料种类	商品名	供应者	介电常数(out-of-plane)
Fluorinated poly(arylene ether)	FLARE 1.0&1.51	Allied Signal	2.4～2.6
Aromaticpolyimide	PI-2610 Ultradel 1608D	DuPont Amoco	2.9～3.5
Fluoro-polyimide	FPI-45M FPI-136M	DuPont	2.6～2.8
Polyimide siloxane	PSI-N-6002	Amoco/Chisso	3.3～3.5
Fluoro polymers	CYTOP PFCB Teflon/silica IPN	Asahi Glass DowChemical DuPont	2.0～2.5
Fullycyclized herterocycliC polymers	IP-200(PPQ) PQ-100，PQ-600	Cemota Maxdem	2.8～3.0

（续表）

材料种类	商品名	供应者	介电常数(out-of-plane)
Polysiloxane(SOG)	X-418 FOX-16 HAG-2209S-R7	AlliedSignal Dow Corning Hitachi Chemical	2.7～3.0

表 9-8 旋转涂布的低介电常数高分子材料性质测试表

Properties (test condition) / Type of material	Dilectricconstant (out-of-plane) 1 MHz(electric) 50%rh,20℃	Glasstransition temp⁰TMA	Thermal stability al 500℃, vacuum Thicknessdecrease 1.5hrs;8hrs、	Moisture uptake st%100%rh at25℃	Thermal expansion coefficient ppm/℃
Polyimide DuPont P12611 Amoco Ultradel 1608D	3.12 3.20	360 366	1.0%;1.2% 1.2%;2.0%	2.5% 2.7%	6 46±1
Polyimidesiloxane Amoco/Chisso PSI-N-6002 Fluoropolvimide DuPont experimentalFTI-45M	3.35 2,80	>450 355	1.0%;3.1% 1.5%;1.8%	6.6% 0.95%	N/A 11
Fluoropolymer AsahiGlass CYTOP	2.24	100	8.7% decomposed	−0%	84±4
Fullycyclized heterocyclicpolymers Cemota PPQ IP-200 Maxdem PQ-100	3.01 TBD	340 250	1.0%;1.4% 0.1%;0.7%	3.00% 0.86%	52±1 55±2
Polysiloxane AlliedSignal X515	2.89	>450	1.3%;4.7%	1.92%	TBD

9.2.7 化学机械研磨技术用研磨剂、研磨垫及清洗液

化学机械研磨(chemical mechanical polishing, CMP)技术主要是将 Wafer 夹于压力旋转轴及 Pad 之间,然后使用研磨液配合机械动作将 Wafer 薄膜不平整处磨平。而在研磨过程中,研磨剂搭配终止检测系统(end point derection)将晶片上的薄膜研磨至所需的厚度,而

后再送进 CMP 洁净机，由洁净液将表面不纯物去除，再经烘烤，并测薄膜厚度核对其表面薄膜厚度，即可完成整个 CMP 工艺。CMP 技术的细节请参照薄膜刻蚀相关章节，由于研磨剂、研磨垫及研磨后清洁液对 CMP 技术影响深远，因此在本章节将加以说明。

1. 介电膜研磨液

研磨液是用来研磨二氧化硅介电层，BPSG 介电层、浅沟隔绝层（shallow trench isolation）及 polysilicon 薄膜层的研磨液。在此为求统一，以 ILD（介电层 interlayer dielectric，ILD）研磨液统称。ILD 研磨液一般包含下列组成 SiO_x，研磨粉末（平均粒径根据不同配方在 100 nm 左右），固含量约 10%～30%，pH 值约在 9.0～11.0（由 KOH 或 NH_4OH 调整），以及去离子水约 70%。以目前市面上常用的 SC－1（Cabot 公司产品为例），其组成为 SiO_2 粉末（平均粒径为 110 nm），固含量 30.0±0.3 wt%，pH 值为 10.20～10.35，黏度＜150 cps，比重则为 1.197±0.02。目前各大公司 ILD 研磨液之配方大同小异，其技术重点为发展研磨粉末制作技术、研磨粉末分散技术及研磨液配方技术（见表 9－9）。Cabot 公司能占有 ILD 研磨液大部分市场因其能自行制造高纯度且稳定性佳的 SiO_2 粉末。因此若要发展 ILD 研磨液必须掌握研磨粉末的来源，另外则是必须发展研磨粉末分散技术及研磨液配方技术。

表 9－9　介电膜研磨液产品特点及其供应商

产品名称	平均粒/nm	固含量/%	pH 值	砀化学品	供应公司
SC－1	110	30.0±0.3	10.2～10.35	KOH	Cabot
SS－25	100	25.0±0.3	10.9～11.2	KOH	Cabot
SS－12	100	12.5±0.3	10.9～11.2	KOH	Cabot
SC－112	125	12.0±0.3	10.2～10.35	KOH	Cabot
SC－720	70～80	12.0±0.3	10.2～10.35	KOH	Cabot
SS－312	100	12.5±0.3	10.9～11.2	NH_4OH	Cabot
SC－E	100	15.0±0.3	5.0～6.2	NH_4OH	Cabot
ILD1200	140	13	10.8～1.2	—	Rodel
ILD1300	140	13	10.7	—	Rodel

ILD 研磨液所需发展之技术有三：一是研磨粉末制造技术；二是研磨粉末分散技术；三是研磨液配方技术。在研磨粉末的制造技术一般而言有两种方式：一是氧相烧结法；二是溶胶凝胶法（sol-gel process）。气相烧结法是在 1 800℃将高纯度 chlorosilane 在氢气/氧气火焰中烧结，其反应式

$$SiCl_4 \xrightarrow[1\,800℃]{O_2/H_2} SiO_2$$

改变烧结火焰条件即可改变所得粉末粒径大小。而溶凝胶法则由先纯化 $Si(OR)_4$，并使其在酸或碱条件下水解形成 SiO_x，然后在 300℃下通氧气烧结即可得 SiO_2 粉末。改变水解的 pH 值和烧结情形则可得不同粒径的高纯度 SiO_2 粉末，其反应式如下：

$$Si(OR)_4 \xrightarrow{\text{超高纯化系统}} Si(OR)_4 \xrightarrow[\text{水解}]{H^+/OH^-} SiO_2 \xrightarrow[300℃]{O_2} \text{高纯 } SiO_2 \text{ 颗粒}$$

对于CMP介电层之研磨反应机制目前尚无定论，但一般而言可以下列两式表示

PH>9

$$SiO_2 + H_2O \longleftrightarrow Si(OH)_4 + (aq)$$

PH>10.5

$$SiO(OH)^{3-} \longleftrightarrow \text{多环基因(Polynuclearspecies)}$$

目前于介电膜的研磨液技术研发已渐趋成熟，在未来将着重于两个方向的研发，一是减少金属离子污染，如研磨液使用的KOH会造成金属离子污染。因此，有部分研磨液改用NH_4OH取代KOH，另一个方向则是新介电膜材料研磨液的研发，如高分子介电膜或氟化SiO介电膜会在0.25 μm以下IC工艺中扮演极重要的角色。

2. 金属膜研磨液

金属膜研磨液一般是用来研磨钨、铝及铜等金属膜，它的组成与介电层研磨液有极大的不同，首先由于金属膜的材料性质与介电膜不同，因此研磨粉末由SiO_2改为$A1_2O_3$，其次PH值大致是4左右的酸性范围与介电膜研磨液的碱性特性不同，另外则是金属膜研磨液添加少量氧化剂以增高研磨速率，金属膜研磨液各大研磨液供应厂商正在积极研发中，然而在IC工艺尚未被成熟使用。目前以钨研磨液可能会最早被商业化，而铜研磨液则可能在5年后才可能使用于IC工艺中。研磨液供应大厂如Cabot及Rodel已分别推出不同的金属膜研磨液，正提供给各大IC厂或研发机构试用中。

金属膜研磨液在技术开发方面大概有几个方面需要去克服，一是Al_2O_3超细粉末不易分散于水中，易凝结成块，其次是氧化剂的选择，目前较常于专利中被提及的有H_2O_2以及$K_3Fe(CN)_6$，由于$K_3Fe(CN)_6$易造成金属离子的污染，而H_2O_2在研磨高热下易挥发而造成研磨性质不稳定，因此造成目前金属膜研磨性质再现性不高，平坦度较差；另外则是研磨液保存期太短，这些皆是造成金属膜研磨液尚未能大量使用的重要原因。由于金属CMP可大幅增加元件设计自由度及开发新IC元件，因此开发金属膜研磨液就显得尤为重要且刻不容缓。

金属膜研磨液一般利用金属膜在酸性条件下易形成金属离子而被研磨的特性，典型的反应机制如下。

(1) 钨研磨液：

$$W + 6Fe(CN) + 3H_2O \longrightarrow WO_3 + 6Fe(CN) + H^+$$

式中，$Fe(CN)_6$为氧化剂，钨形成的钨氧化物后再利用Al_2O_3将其磨掉[19]。

(2) 铝研磨液：

$$2Al + 3H_2O_2 \longrightarrow Al_2O_3 + 3H_2O \longrightarrow 2Al(OH)_3$$

$$2Al(OH)_3 + 3H_2O \longrightarrow 2Al(OH_2)_3(OH)_3$$

$$2Al(OH_2)_3(OH)_3 + H_3PO_4 \longrightarrow [Al(H_2O)_6]^{3+}PO_4 \longrightarrow AlPO_4 + 6H_2O$$

(3) 铜研磨液:

$$3Cu(s) + 8[H + (aq) + NO_3^- ap] \longrightarrow 3[Cu^{++}(aq) + 2NOa'(aq)] + 2NO(q) + 4H_20(1)$$

$$Cu(s) + 2H_2SO_4(1) \longrightarrow [Cu_2^+(aq) + SO_2{}^{2-}(aq)] + SO_2(g) + 2H_2O(1)$$

$$Cu(s) + 2AgNO_3(aq) \longrightarrow 2Ag(s) + Cu(NO_3)_2(aq)$$

目前金属膜研磨液之技术发展目标为研磨速率须大于 3 000Å/min,而且薄膜不平坦度<±5%,另外要研磨液的 Shelflife 须大于 6 个月以上,对此,可通过以下措施加以改进:一是调节研磨粉末组成,二是调整氧化剂种类,另外则是调节 pH 值。

3. 研磨垫

CMP 技术用于研磨垫大体有两种功能,一是研磨垫的孔隙度可协助研磨液在研磨过程中输送前往不同区域,另一种功能则是协助除去晶片表面的研磨产物。另外研磨垫机械性质则也深刻影响到晶片表面的平坦度和均匀度。

CMP 技术所用的研磨垫有大部分是美国 Rodel 公司的产品,该产品是经过美国 Sematech 评监适合使用于 CMP 技术的研磨垫。因此笔者在此就 Rodel 公司产品做相应的技术分析。Rodel 公司研磨垫现有两种系列的产品,一是 Suba 系列的研磨垫,其材料主要是 Polyurethane impregnated polyester felts。这类材料具备多孔性且可增进研磨性质的均匀性,然其平坦度较差;另一系列产品为 IC 系列研磨垫,其材质为多孔性 PU,其硬度较 Suba 系列为高,因而拥有较佳的平坦度,然其均匀性较差。由此可知此二系列研磨垫各有其优缺点。目前用于 CMP 技术的研磨垫是结合 IC 系列及 Suba 的组合垫,如 Rodel 公司产品的 IC1000/Suba IV。

研磨垫对晶片研磨的研磨速率、平坦度及均匀性影响较大。如研磨垫未经 conditioning 则使用时间一久会造成表面结构受损,而研磨液也因此难以输送至研磨晶片中心,造成研磨速率下降。图 9-31 是 SiO_2 研磨速率与研磨垫情况的关系图可见第 6 章图 6-33。由此图可看出未经 conditioning 的研磨垫其研磨速率与已经 conditioning 的研磨垫相差近一倍。因此 conditioning 是十分重要的,而其方式通常必须使用如钻石轮摩擦其表面以恢复其表面结构。而研磨垫的机械性质如压缩性、弹性及硬度等亦会影响到研磨薄膜的平坦度及均匀性。除此之外研磨垫材质亦必须能够抗酸碱性。对研磨垫而言,维持其性质的持久稳定性是最重要的。而为达此目的,未来在技术的发展趋势有二:一是由分子结构设计及合成制备成分子结构均匀性高且性质较稳定的研磨垫;二是由机械设计及表面处理改善研磨垫的结构。

4. 研磨后清洗液(Post CMP cleaning solution)

由于研磨液含有大量的超细粉末,因此反应后必须立即清除,否则易在晶片表面凝结成固态残除物。一般目前仍是使用 PVA(polyvinyl alcohol)先于晶片上刷除,再使用喷洗及超声波清洗等方式来进行。而清洗的方法则使用稀释的碱性溶液(如 NH_4OH 或 KOH)或 SC-1($NH_4OH/H_2O_2/H_2O$)标准程序清洗。由于 CMP 研磨液不断推陈出新,未来研磨后清洗液将随着变化而发展。

半导体工艺材料及化学品可带动传统材料业及化学业转型投入半导体支援工业,而且对未来IC重要工艺如洁净技术、显影技术、刻蚀技术、化学气相淀积技术及平坦技术的发展起着重要的作用。

9.3 硅片清洗工艺,化学清洗与物理清洗、金属的去除与有机污染

9.3.1 清洗工艺及设备

在超大规模集成电路(ULSI)工艺中,晶片清洗的技术及洁净度(cleanliness),是影响晶片生产工艺成品率(yield)、元件的品质(quality)及其可靠度(reliability)最重要的因素之一。尤其当工艺技术进入到深亚微米0.35 μm以下的领域,器件(devices)密度达数千万至十亿个以上,工艺流程超过数百个步骤。这样紧密复杂的产品,需要非常洁净的晶片表面来制作。因此,如何清洗晶片,以达到超洁净度的要求,是ULSI半导体生产工艺中最重要、最严谨的步骤之一。

在晶片的清洗过程中,需要用到很多高纯度的化学用品来清洗,高纯度的去离子纯水(DI water)来漂洗(rinse),最后用高纯度的气体(如氮气N_2)高速脱水旋干;或用高挥发性的有机溶剂(如异丙醇-IPA)来除湿干化。早期的晶片的清洗技术如RCA晶片清洗配方,是利用高纯度的湿式化学清洗(wet chemical cleaning),已经沿用了30多年,并未有太大的改变,只是在化学配方(Ratio)及清洗顺序(sequence)方面做了细微的修改调整。如将SC1(NH_4OH : H_2O_2 : DI=1 : 1 : 5)的比例更稀释低浓度到(0.05 : 1 : 5)。而且目前也正在研究开发先进的清洗工艺技术,如干洗工艺技术(dry clean),气相清洗工艺(vapor cleaning process),以更符合ULSI工艺发展的需求。

清洗的目的主要是清除晶片表面的污染,如微粒、有机物及无机物金属离子等杂质,这些杂质污染源,主要来自环境、机台设备、水、化学物品及容器等。

表9-10列出各种污染源对电子元件的影响。在ULSI工艺中,栅氧化层的(gate oxide)的厚度已低于10 nm,尚需考虑清洗后晶片表面的微粗糙度及自然氧化物(native oxide)消除,以达到半导体元件超薄栅极氧化层的电性参数及特性,并达到元件的品质及可靠度。在ULSL工艺中,硅晶片在进入高温炉管进行扩散或氧化热工艺之前、化学气相及薄膜淀积之前,或刻蚀工艺后,晶片均需要进行化学清洗、超纯水漂洗及最后除湿干化。只有晶片表面达到非常高的洁净度,才能使制作出来的半导体电子元件,符合所设计的电气特性。

清洗的目标包括清洗过程本身的清理、有机污染去除、金属的去除、自然氧化物去除。

表9-10 各种污染源对电子元件的影响

污　染	可能污染源	对电子元件的影响
1. 微粒	设备,环境,水气,化学品,容器	低氧化层崩溃电压,复晶,金属线桥接针孔,可靠度
2. 金属	设备,环境,水气,化学品,容器,离子植入,刻蚀	低氧化层崩溃电压接合漏电,起始电压漂移,可靠度

（续表）

污　　染	可能污染源	对电子元件的影响
3. 有机物	光阻残留，容器、化学品，建筑物油漆涂料挥发	改变氧化速率，降低氧化品质
4. 微粗糙	化学品，晶片原材料，清洗程序、配方	低氧化层崩溃电压，低载子迁移率
5. 自然氧化物	化学品，环境水，气体	降低栅氧化品质，高接触窗电阻，降低硅晶品质，不良硅化物

9.3.2　化学和物理清洗的过程

1. 概述

虽然清洗主要的目的，是借化学品去除污染，并用纯水来洗濯杂质，但是最重要的，还是要避免经由工艺流程中污染晶片。因此工艺机台、环境及材料均需随时保持洁净，并随时监控机台有无微粒产生，并制订维修时间表，定期保养，线上人员应规范操作，避免污染，要克服微粒的产生，即要克服制作的微粒。在硅晶片清洗过程中，微粒去除是最重要的，也是最困难的工作。微粒的来源，既是诱发性的，也是自发性的。它是从周围环境，操作转换、清洗的材料（如化学物品、去离子纯水、气体纯度及洁净度）及机台制作流程中诱发所致。因此要减少诱发性的微粒度，使用清洗材料的纯度及洁净度要达到ULSI的标准。表9－11为超纯度化学品规格，表9－12为超纯水规格，表9－13为超纯度气体规格。微粒去除，用超纯度及超洁净度纯水、化学品、气体清洗除了不会增添微粒外，还有减少及去除微粒的效果。如SC1溶液（$NH_4OH/H_2O_2/DI$），对硅有些轻微的刻蚀效果，而能使附着在硅晶表面上的微粒脱落。在SC1及最后超纯水的洗濯、清洗过程中，增加超声波振荡器，振动能量的协助，将微粒振掉脱落。超音波振荡器的能量及频率，均需适当调整测试，以免能量太大，使淀积的薄膜脱落，而对电子元件造成损伤破坏，影响成品率、品质及信赖度。

表9－11　超纯度化学品规格

	DRAM工艺技术					
	1 M	4 M	16 M	64 M	256 M	G
设计准则/μm	1.2	0.8	0.5	0.3	0.25	<0.18
微粒/(pcs/ml)						
>0.3 μm	<50	<10	—	—	—	—
>0.2 μm	—	<500	<50	<10	<1	—
>0.1 μm	—	—	—	<100	<10	<1
Metal/ppb	<50	<10	<1	<0.2	<0.1	<01
Anion/ppb	<1 000	<500	<100	<50	<10	<1

表 9-12　超纯水规格

DRAM 工艺技术						
	1 M	4 M	16 M	64 M	256 M	G
设计准则/μm	1.2	0.8	0.5	0.3	0.25	<0.18
阻值/Mohm-cm	>17.5	>18	>18.1	>18.2	>18.5	>19
微粒/(pcs/ml)						
>0.2 μm	<10	—	—	—	—	—
>0.1 μm	<50	<20	<5	<1	<1	<1
>0.05 μm	—	—	<20	<5	<0.1	<1
细菌(Unit/ml)	<0.01	<0.01	<0.01	<0.01	<0.001	<0.001
TOC(ppb)	<50	<50	<10	<5	<1	<1
Silica(ppb)	<5	<3	<1	<0.2	<0.1	<0.1
Metal(ppb)	<50	<10	<1	<0.2	<0.1	<0.1

表 9-13　超纯度气体规格

DRAM 工艺技术						
	1 M	4 M	16 M	64 M	256 M	G
设计准则(μm)	1.2	0.8	0.5	0.3	0.25	<0.18
微粒(pcs/ml)						
>0.2μm	<10	<5	<5	—	—	—
>0.1 μm	—	—	<10	<5	<1	<1
不纯物(ppb)						
(O_2/H_2O)	<100	<10	<5	<5	<1	<0.5
(CO/CH_4)	<100	<10	<5	<5	<1	<0.5
Metal(ppb)	<10	<5	<1	<1	<0.5	<0.5

要减少自发性的微粒，则需在清洗工艺的化学配方、清洗程序及除湿干燥技术上改进。表 9-14 所示为标准典型 RCA 湿式化学清洗的配方、清洗程序及清洗目标；SPM 是清洗去除金属杂质有机物及光阻，DIF 是清洗去除自然氧化物及金属杂质，APM 是清洗去除微粒及有机物污染，HPM 是清洗去除无机金属离子等。又如超纯水漂洗槽(DI rinse tank)，DI 超纯水不宜直接喷淋冲洗晶片表面。因硅晶片即是如岩石砂土，有水蚀、风化作用、遇水喷淋冲洗、易产生微粒污泥，而污染硅晶片。即便需要 DI 超纯水冲洗、冲洗水压、水量、方向及角度，也需调整测试，以达到微粒少的效果。如图 9-30 所示，为比较正确良好与不正确的喷淋冲洗形状。良好的喷嘴所喷淋范围涵盖全部晶片及晶舟。而不良的喷淋冲洗形状，没有涵盖全部晶片及晶舟。未被喷淋冲洗的死角地带，微粒及化学品残留含量仍然很高，而会污染到产品。

表9-14 标准典型RCA湿式化学清洗配方、程序

Cleaning Solutions	Mixing Ratio	Temperature	Cleaning Targets
H_2SO_4/H_2O_2(SPM)	4∶1	120℃	Organic resist
HF/H_2O(DHF)	1∶100	Room temp	Native oxide，metal
$NH_4OH/H_2O_2/H_2O$(APM)	1∶1∶5	70～90℃	Particle，organic
$HCl/H_2O_2/H_2O$(HPM)	1∶1∶6	70～90℃	Metal
HF/H_2O(DHF)	1∶100	Room temp	Native oxide

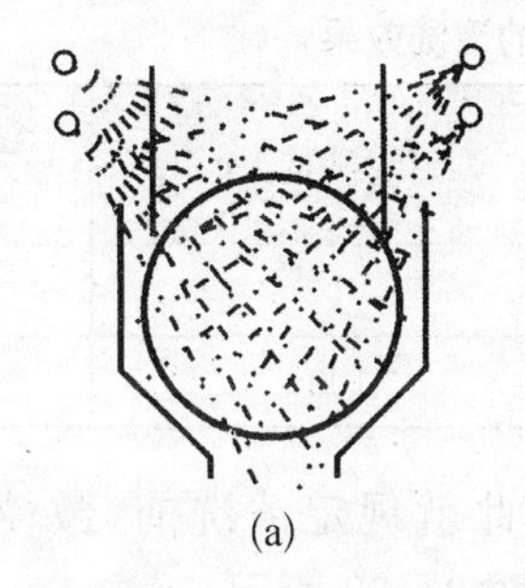
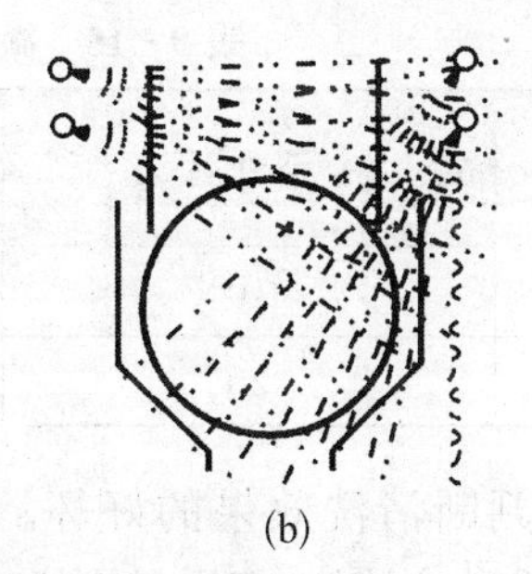

(a)　　(b)

图9-30 两种喷淋冲洗形状

(a) 正确 (b) 不正确

硅晶片经一连串化学槽的清洗及DI超纯水漂洗，最后的过程，就是将沾水潮湿的硅晶片除湿干燥。早期的干化技术，是使用喷洗式的旋干机，而产生很多微粒及水痕，如图9-31所示。污染清洗后的晶片，后来改良为只干旋，而不喷洗，微粒减少很多，即是在避免喷洗，晶片表面的水蚀、风化，并在高速旋转下离心力、振动及氮气吹干，产生很多硅粉末和微粒，使清洗后的晶片，又受到污染。因此晶片经一连串复杂的化学清洗及超纯水洗濯后，在最后脱水除湿干燥过程中，最主要的目的是将晶片脱水干燥，即使未能去除微粒，但也不会增加微粒。一般干燥机对微粒的功能，被称为中性。清洗微粒的监控，通常是测量空白的晶片，在清洗前后微粒数的差额，即可得知清洗对微粒去除的效果。但是这种监测方式，具有相当大的争议性。

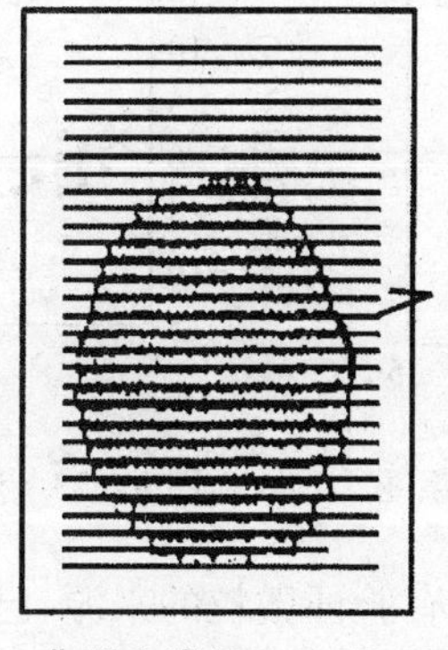
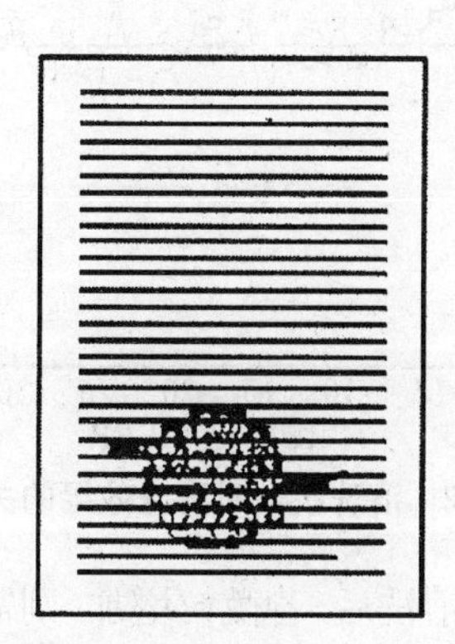

图9-31 典型水痕(Water Marks)的污染

例 1　清洗前，使用非常干净的控片：
清洗前，微粒数＝1(@0.16 μm)
清洗前，微粒数＝10(@0.16 μm)
清洗效果＝10－1＝(＋)9(增加九颗)

例 2　清洗前，使用非常污染的控片：
清洗前，微粒数＝100(@0.16 μm)
清洗前，微粒数＝20(@0.16 μm)
清洗效果＝120－100＝(－)80(去除 80 颗)如表 9－15 所示。

表 9－15　微粒的清洗效果

清洗次数	清洗后	清洗前	清洗效果（前后之差）
1	10	1	＋9
1	20	100	－80

两者比较，很难判断清洗效果的好坏。因此就规定清洗前，微粒数必须少于(30@0.16 μm)，如此将造成微粒控片，使用量剧增，如图 9－32 所示。

有些人认为需要用很干净的控片，以免使清洗机台污染。但是清洗前的产品片，尤其是腐蚀、离子植入后……，晶片产品片上的微粒数，已经是非常的高级污染，实际上与微粒控片、清洗前的微粒数，并无多大关系。另一种微粒的监控方式，是采用微粒去除效率。这种监控方式，是将清洗前起始的微粒数对清洗后去除微粒数的清洗效果，所画出的对应图。这样微粒去除效果，就不会因清洗前，起始的微粒数，而有所争议。图 9－33 表示了清洗微粒去除效率与起始微粒之关系。

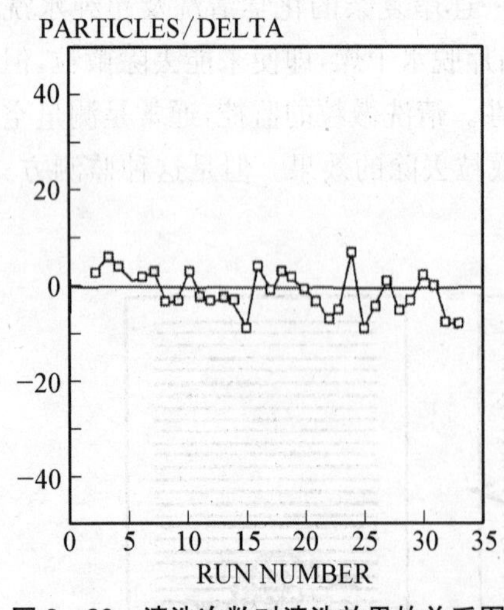

图 9－32　清洗次数对清洗效果的关系图

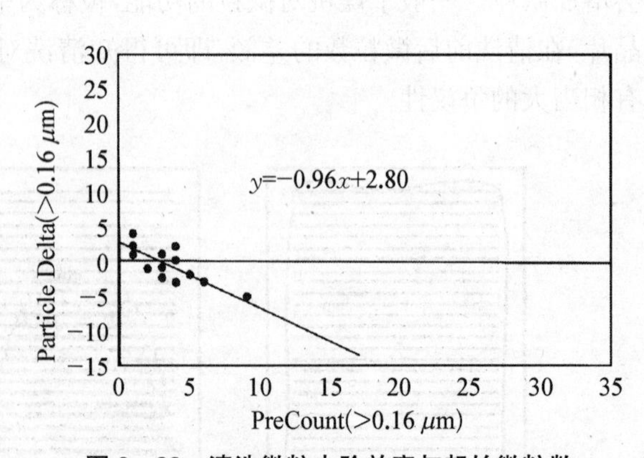

图 9－33　清洗微粒去除效率与起始微粒数

晶片清洗后，若微粒增加，则需有验证微粒的来源，已便针对微粒源的问题点，彻底排除解决。首先需验证微粒的来源，是否由清洗的化学槽所引起，或是由脱水干燥过程中的干燥机所引起。因此需用空白微粒控片，测试干燥机，脱水干燥前后的微粒增加数应<10。干燥机主要的功能是脱水干燥。理论上，不增加也不减少微粒数，即是脱水前后的微粒增加数应为0。目前晶片干燥的技术，除了早期的喷洗式旋干技术，有微粒污染问题，已停止使用，新的晶片干燥技术，主要有以下三种，目前被应用在ULSI清洗干燥工艺：① 下坠层流旋干技术(down-flow spin dryer)；② 异丙醇干燥技术(IPA dryer)；③ 马南根尼干燥技术(Marangoni dryer)。兹将各种干燥技术，说明介绍如下，以便了解干燥原理及问题源头，而能充分掌控机台的运作及性能，达到无水痕、无微粒的污染。

2. 下坠层流旋干技术

下坠层流旋干技术是清洗后潮湿的晶片，在高速加速旋转下产生的离心力，及气体动力论的伯努利原理，并配合经由旋干机顶盖上ULPA空气过滤器，过滤后的洁净空气气流，将晶片上的水珠、水滴旋干脱水，并将水汽蒸发干化，而无微粒及水痕。旋干机在高速旋转下，需保持非常平稳，没有振动，以免产生微粒污染。同时也需注意调整排气压力的大小，及旋干机内舱的洁净度，没有残留的化学残酸，腐蚀旋干机内壁的不锈钢，或淀积硅粉末在排气管道，形成微粒污染源。

图9-34为下坠层流旋干机的结构剖面图，旋干机在旋转时，由静止开始加速旋转。若旋转加速度能在3～4 s内。使旋转由0(rpm)加速到800(rpm)，在晶面上即能产生伯努利效应的低压，陷在凹凸不平晶面上的水珠、水滴受到高速空气气流，而被吸出变成水汽蒸发干化，无水痕留下，如图9-34和图9-35所示伯努利原理，将陷在凹槽内的水珠、水滴吸出以及水痕、微粒与转速的关系。

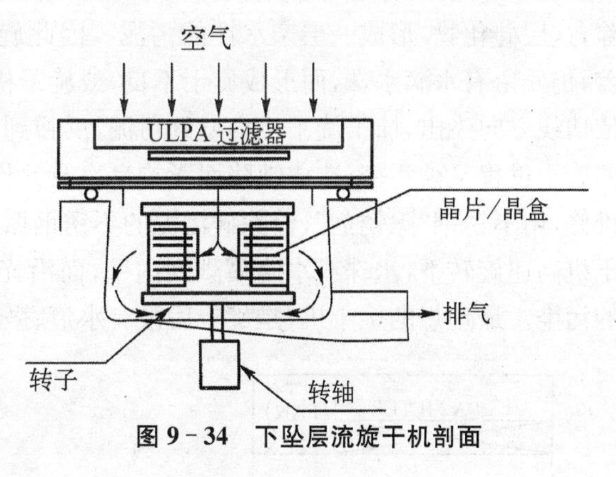

图9-34 下坠层流旋干机剖面

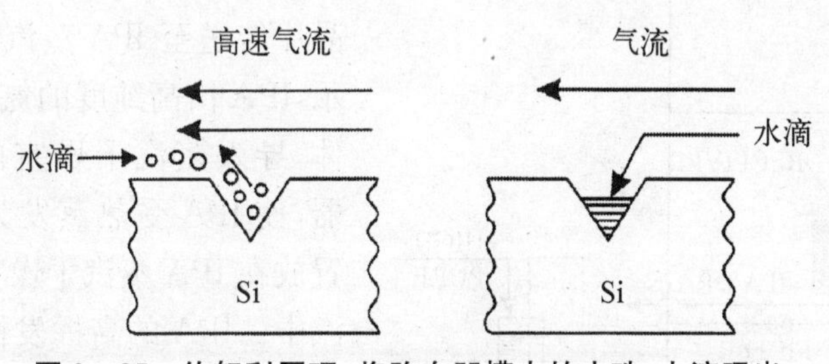

图9-35 伯努利原理，将陷在凹槽内的水珠、水滴吸出

下坠层流旋干机工艺特性的检定，需要避开机械的共振点，以减少因震动而产生的微粒、旋转的震动。使装在卡式晶舟内的晶片，摆动撞击晶舟V型沟槽，产生碎片、微粒，或硅粉末。一般机械的共振点，转速约900(rpm)以上。旋干机的排气压力，需要调整使其与旋干机内舱之压力平衡旋干机因高速加速旋转而产生低压，此时若排气压力不平衡，使排气倒灌，则将会产生严重微粒污染(见图9-36)。

若实验验证，只在旋干过程中，微粒数增加太多，超过规格所订的标准，则需检验旋干机

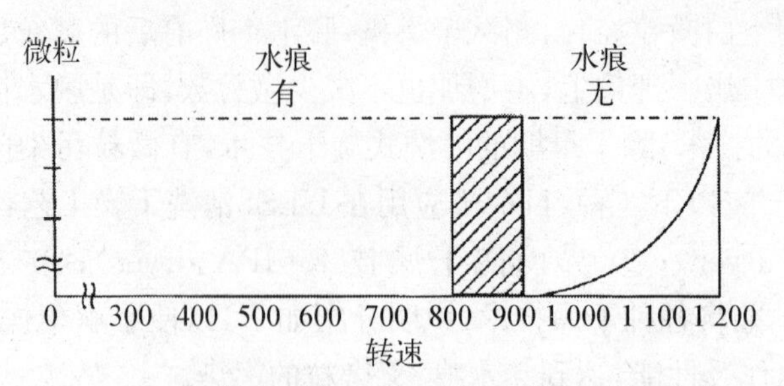

图 9-36　下坠层流旋干机加速转速水痕、微粒的关系

内部是否有污染腐蚀现象。首先检验旋干机不锈钢内壁及覆盖上，是否有一层或一圈雾状沉淀物、旋干机内舱，每天需以 DI 超纯水冲洗旋干，以避免化学残酸腐蚀旋干机内壁的不锈钢合金及排气管壁，而形成重金属杂质及微粒的污染源。一般旋干机的日常保养，是以 IPA 擦拭，旋干机不锈钢内壁及覆盖，但 IPA 有时并不能擦拭去除这层雾状沉淀物，而需用一种不锈钢"除锈剂"，不擦拭清除，日积月累，即形成一层污泥，再加上与吸附在卡式晶舟内的化学残酸，产生化学作用，变成各种黏稠性的硅化物，干化后沉淀在内壁及覆盖，IPA 无法清除，这层硅化物，形成一层亲水性的污泥。因此旋干机常出现的问题，是旋干后的内壁及覆盖，仍残留有水滴水珠，而形成旋干不良，或旋干机高速旋转时，晶面上的水滴受离心力高速依切线方向飞出，撞击旋干机内壁的污泥，反弹到晶面，造成微粒或水痕清洗的晶片，在最后的旋干过程又被污染，造成缺陷而影响良率及元件的可靠度。因此旋干机内壁，需定期进行维修，用不锈钢"除锈剂"，消除硅污泥的不锈钢垢，使旋干机内壁清洁光滑，降低亲水性在旋干机高速旋转下，水珠或水滴喷溅到内壁，而沿光滑的内壁滑下，以减少反弹到晶面所造成的污染。最理想的旋干机，是旋干后没有水痕、微粒、金属及残留水珠、水滴。

3. IPA 干燥技术

IPA 干燥技术(IPA Dry Technology)是属于"准静态"的旋干技术，因清洗后潮湿的晶片传送至 IPA 蒸汽室内，如图 9-37 所示，IPA 由高纯度的氮气(N_2)作为传输气体，导入蒸汽干燥室内经由底部的加热器，使 IPA 受热蒸发为蒸汽，潮湿的晶片置放在 IPA 蒸汽干燥室内，洗浸于 IPA 蒸汽中。IPA 的高挥发性，将晶片表面的水分脱水干化，不留任何水痕、微粒及金属杂质。调整排气压力，可使 IPA 蒸汽室内达到稳定的平行流。

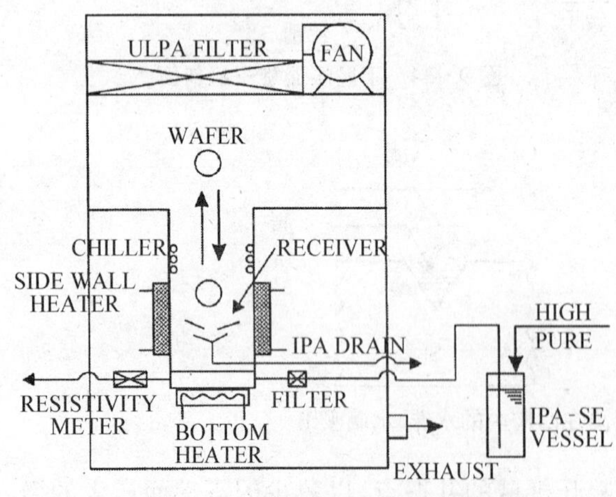

图 9-37　IPA 脱水干燥系统结构

整个脱水干化过程中，除了机器手臂传送晶片进出 IPA 蒸汽室外，没有其他活动的机件会产生微粒造成污染。因此，整座 IPA 蒸汽干燥室，经 ULPA 过滤器过滤的洁净空气平行流，维持超洁净的 IPA 干燥蒸汽室。IPA 的纯度有阻值测试仪来侦测其纯度及水分含量，整座 IPA 蒸汽干燥室是用高等级的不锈钢 316L 材质，表面经机械抛光及化学处理制作完成为无尘、无微粒的超洁净 IPA 蒸汽干燥室。蒸汽室的侧壁装置有加热器，温度设定约为 130℃，以避免 IPA 及水汽凝结在侧壁，使蒸汽干燥室形成雾状，造成晶片表面白色雾状的微粒污染，同时底部加热器也不能过热，避免 IPA 沸腾，太强的蒸汽，也会污染晶片表面。蒸汽室的上端装有冷却器，使除湿脱水干化后，含有水分的 IPA 蒸汽结为液体，流入干燥室下端的接收器回收净化后再使用。影响 IPA 蒸汽干燥的主要因素有三种：① IPA 的纯度及含水量；② IPA 蒸汽的注流量及流速；③ IPA 蒸汽内的洁净度。因此超洁净的 IPA 蒸汽干燥技术，需要调节这些因素，来达到最完美的条件，使脱水干燥后的晶片表面无微粒、水痕及金属杂质的污染。

图 9－38 为 IPA 纯度及含水量对微粒的影响，显示出含水量超过 2 000 rpm，则微粒有显著的增加，因此 IPA 的纯度，需保持在含水量 2 000 rpm 以下。表 9－16、表 9－17，为侧壁和底部加热器对微粒的影响，根据数据显示，底部加热器不宜过热，且侧壁加热器有助于减少微粒及雾状污染。

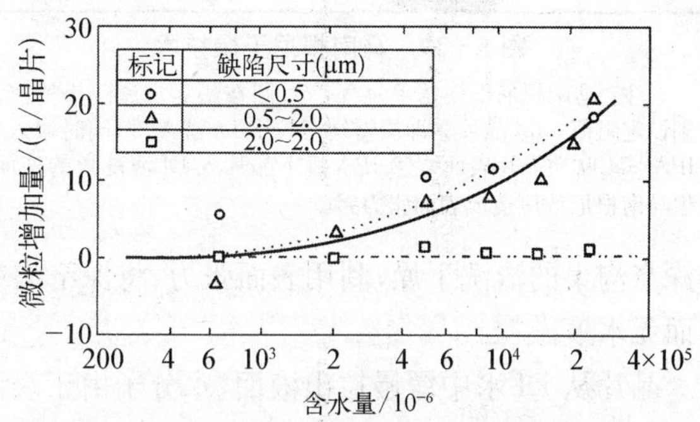

图 9－38　IPA 纯度及含水量对表面洁净度的影响

表 9－16　侧壁加热器对表面洁净度的影响

侧壁加热系统	缺陷尺寸/μm			总　量
	<0.5	0.5～0.2	2.0～2.0	
没有	159	130	7	296
有	15	25	0	40

表 9－17　底部加热器对表面洁净度的影响

热容量(W/cm²)	缺陷尺寸/μm			总　量
	<0.5	0.5～0.2	2.0～2.0	
2.8	12	19	2	33
5.2	158	128	5	291

IPA 干燥技术最大的优点是能消除水痕，减少微粒的污染。与旋干式的脱水干燥技术相比较，最大的差异在于动态的高速旋转，易造成微粒及水痕。而准静态的 IPA 干燥，主要是靠 IPA 高的挥发性，将表面水分脱水干燥，达到无水痕、无微粒的污染。易燃性的 IPA，应特别注意排气及防火的安全。

4. 马南根尼干燥技术

马南根尼干燥技术(marangoni dryer)与 IPA 干燥技术非常相似，但干燥原理不同。马南根尼干燥技术是利用 IPA 与 DI 纯水不同的表面张力，将晶无表面残留的水分子吸收流到水槽，面脱水干燥。如图 9－39 所示，当晶片清洗到最后纯水洗涤完毕，将晶片从 DI 水槽

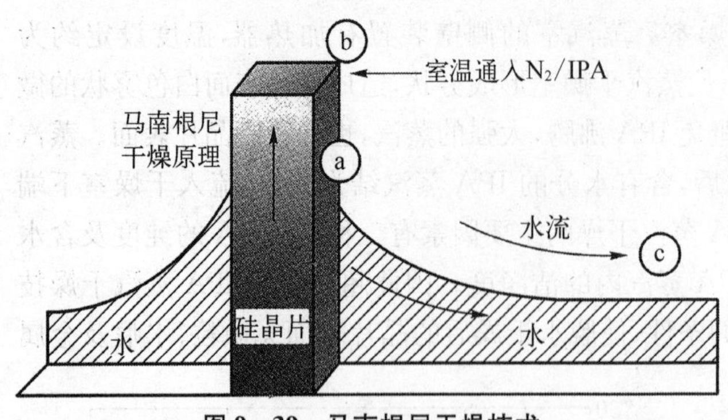

图 9-39　马南根尼干燥技术

注：马南根尼干燥技术过程：ⓐ 圆在最后溢流洗涤槽清洗达到设定阻值　ⓑ 晶片立即缓慢缓慢拉出 DI 洗濯槽，同时通入常温 IPA+N_2吹向晶片表面　ⓒ IPA 流下晶片入 DI 清洗角的液面，产生马南根尼效应造成表面张力差。

中，缓慢拉出水面，IPA 蒸汽由 N_2作为传输气体，吹向潮湿晶面，IPA 扩散到水面，晶片表面 IPA 浓度大于在 DI 纯水的浓度，因此 IPA 的表面张力小于水槽中的表面张力，因此晶片表面上的水分子，被吸入到水槽，而达到脱水干燥的目的。这种因浓度的不同造成表面张力差异的现象，称为马南根尼效应（Marangoni effect），因此这种干燥技术被称为马南根尼干燥法。这也是准静态干燥的方法，能消除水痕，尤其以 DRAM 的深窄沟渠的清洗干燥，利用表面张力，将深窄沟渠槽内，清洗后残留的水分子吸出，脱水干燥而无水痕微粒。

晶片从 DI 水中缓慢拉出液面，水分子由于表面张力，吸附在晶片表面。

IPA/N_2吹向潮湿晶面流入液面，IPA 扩散到水面，晶片表面，IPA 浓度降低，在晶片表面张力小于水槽内纯水液体的表面张力。晶片表面的水分子被表面张力吸入水槽而达到脱水干燥。

晶片表面水分子受表面张力影响，流入溢流 DI 槽，而使晶片表面脱水干燥，同时 IPA 流入 DI 槽而被稀释排出，因此溢流 DI 水槽，保持低浓度的 IPA，而不影响 DI 水的表面张力。

当工艺技术精进到深亚微米＜0.50 μm 的领域时，分子力是主控物质间的物理现象，而地心引力或其他的力不再是主控的因素。因此达到微观领域的世界里，尤其是深窄沟槽的 DRAM 工艺技术中，清洗后的水分残留在深窄渠内，如图 9-40 所示，用传统的高速旋转的离心力，或 IPA 蒸发的干燥技术，已不能克服分子力，而水分子有效地去除，且没有水痕留下来。因此马南根尼干燥原理，是克服微观的分子力，把深窄沟渠内的水分子吸出而去除干燥。

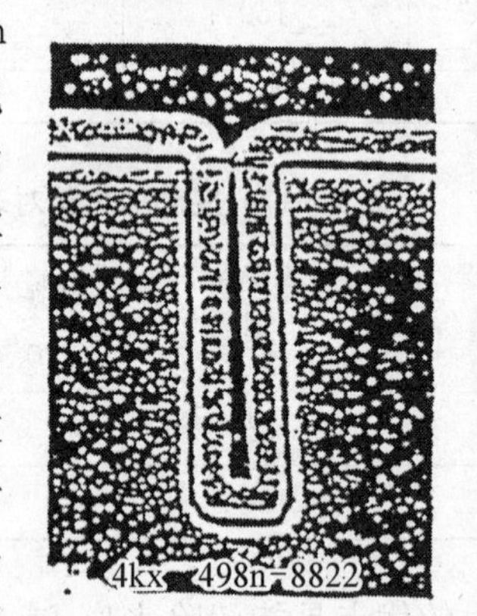

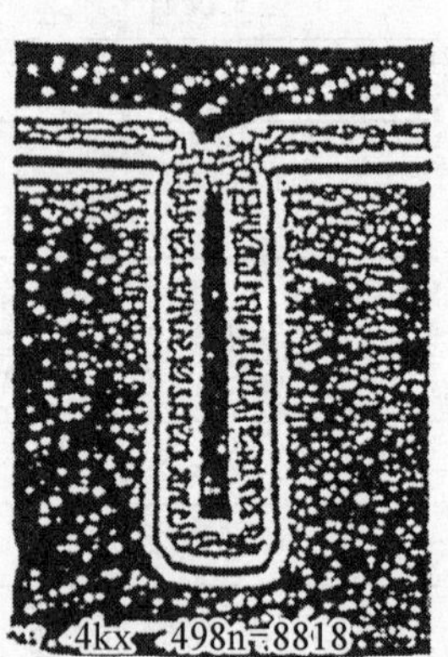

图 9-40　DRAM 的深窄沟渠

在清洗工艺中，微粒随时都会产生，而微粒源有来自清洗用的超纯水、化学品及气体等，去除这些微粒，需要用非常细密的过滤器（filter），有能力将 0.01 μ 以上的微粒过滤干净。除此之外，装置晶片的晶舟（boat）、晶盒（box）和人体的毛发等都是微粒的来源。微粒产生后，我们探讨微粒如何附着在硅晶片上，如何将它去除。微粒附着在晶片表面有以下的形式使微粒吸附在晶片表面：

① 静电引力（electrostatic force）；

② 范德华尔分子力(Van Waals force);

③ 毛细吸力(capillary force);

④ 化学键力(chemical bond);

⑤ 表面平整度阻力(surface topography force)。

由于化学品本身的阴离子(anions)及阳离子(cations),装置晶片的晶舟及晶盒的材料,经由接触、摩擦极易产生静电,人体毛发、无尘衣、鞋、手套,皆是容易感应起电,洁净室的环境,也是容易产生静电,微粒质小量轻,受到库仑静电引力即附在晶片表面,因此在化学清洗站,宜加装游离源(lonizer),在清洗最后阶段的脱水干燥过程,利用游离源来中和静电,以减少静电吸附在晶片表面的微粒。为了消除凡德华尔分子力,如在最后干燥过程中使用马南根尼效应表面张力,克服分子力,尤其在工艺技术越来越细小,达到近距离的分子力效应的范围,则需利用分子力相关的效应来克服,以减少微粒,毛细现象的分子力属于微观距离,而化学键力亦属于离子电力的引力。化学键在水溶液中,产生酸碱离子的化学作用,微粒被强氧化剂,氧化后即溶解在溶液中消失,或受碱性溶液侵蚀及电性排斥,而将附着的微粒去除。如9-41所示,晶片表面的凹凸不平,如深窄沟渠的DRAM工艺,由于元件高密化,细小化造成晶片表面之凹凸不平,形成二度及三度,空间的陷阱,微粒受阻力,而陷入深窄沟渠内,则无法脱困,因此很很难去除,若加超音波振荡器有助于这种微粒的去除,如图9-42所示,超音波振荡器去除微粒的过程,其振荡能量及振荡频率等,则需适当调整以避免损伤,破坏其他电子元件,而造成更多微粒。

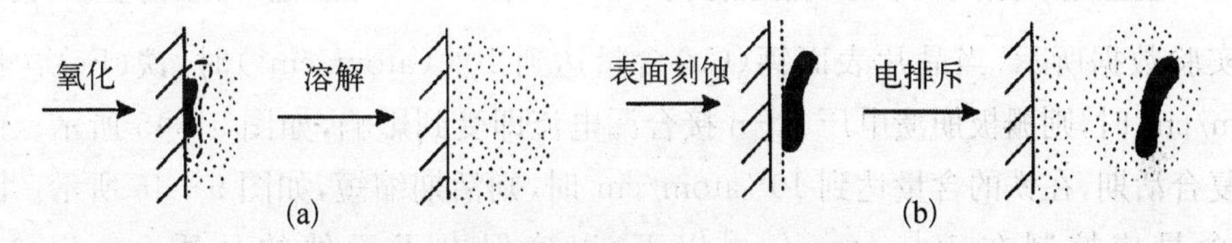

图9-41　清洗工艺中微粒去除的过程

(a) 微粒在强氧化剂中被氧化后,溶于酸或碱中而去除　(b) 表面微刻蚀离子电性排斥而将微粒去除。

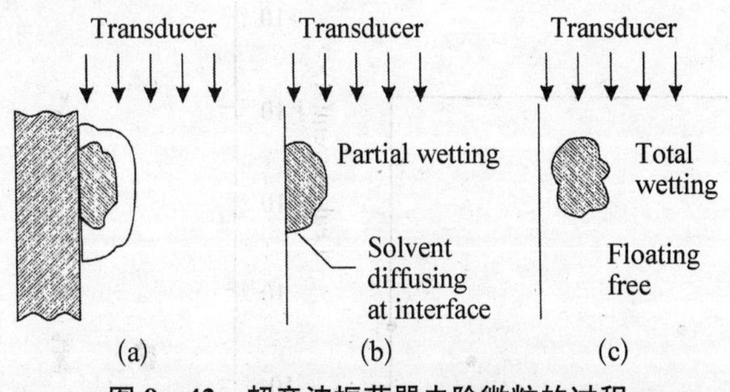

图9-42　超音波振荡器去除微粒的过程

(a) 微粒表面有一层气泡包围,化学酸碱或溶剂无法使表面黏湿　(b) 超音波声子能量刺穿微气泡,面使微粒浸湿化学液中,而溶液扩散至境界面　(c) 微粒逐渐受到超音波振荡能量及化学溶液之作用,脱离晶片表面而浮在液槽内,经循环泵及过滤器将微粒过滤消除

9.3.3 金属杂质与有机污染的清洗

1. 金属杂质的去除

在 ULSI 工艺中，若晶片遭受到金属杂质的污染，则制作出来的元件的电气特性将会恶化变质，所以，必须去除集成电路生产过程中的金属杂质。一般元件特性变质，皆以栅氧介电质崩溃电压、p－n 接合漏电流及少数载子复合活期作检测的标准。一般金属杂质的污染源，主要来自清洗材料的化学品，纯水及气体的金属杂质和工艺所引发的，如离子植入，会造成重金属污染(见图 9－43)。因离子注入机之内腔为不锈钢，当离子注入时，因离子撞击内壁而造成重金属污染。同理在反应性离子刻蚀及光阻去灰，也会造成金属污染，如图 9－44 所示，由工艺所引发的金属污染。

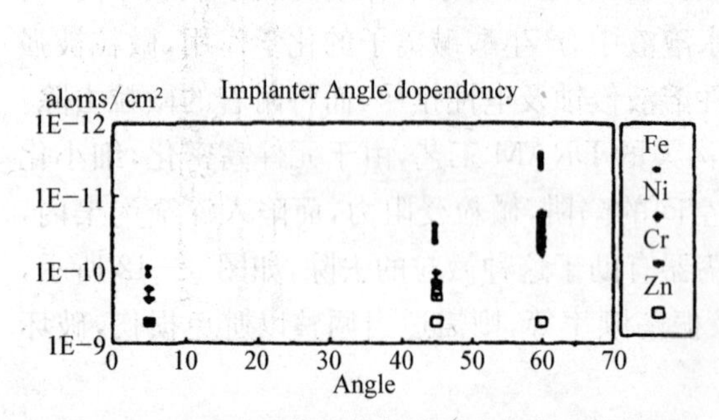

图 9－43　重金属的污染与离子注入角度的关系

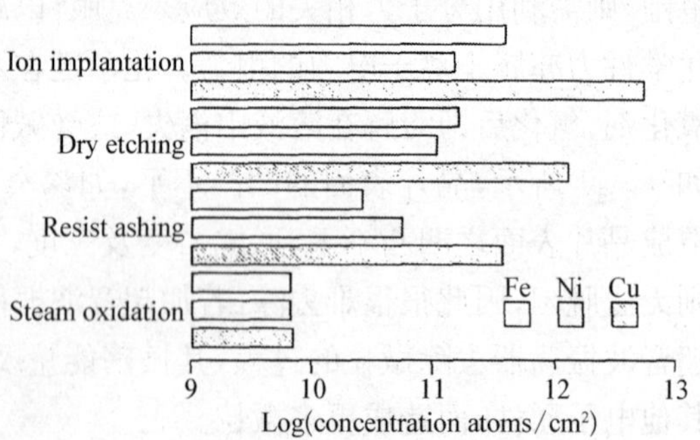

图 9－44　由工艺中诱发的金属污染

由实验数据所示，当晶片表面钙(Ca)含量达到 10^{11}(atom/cm^2)时，铁(Fe)含量达到 10^{12} atom/cm^2 时，则栅极崩溃电压 p－n 接合漏电流即受到影响，如图 9－45 所示。而少数载流子复合活期，在铁的含量达到 10^{10} atom/cm^2 时，则活期缩短，如图 9－46 所示。因此金属铁的含量应控制在 10^{10} atom/cm^2 以下，以确保电子元件的品质(quality)，可靠性(reliability)及良率(yield)。亦即晶片清洗后表面洁净度(cleanliness)，需达到如下规格，

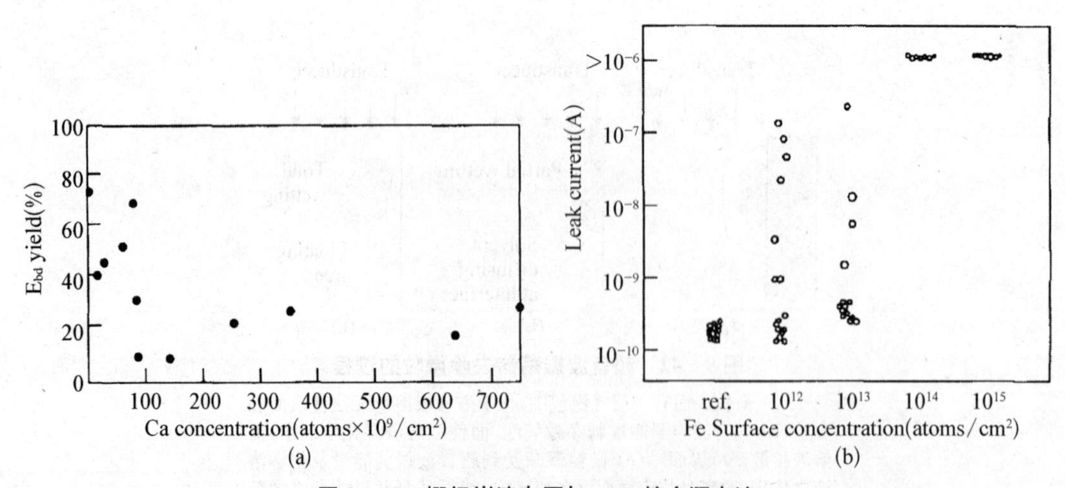

图 9－45　栅极崩溃电压与 p－n 接合漏电流

(a) 栅极介电崩溃电压(EBS)与钙含量的关系　(b) p－n 接合漏电流与铁含量的关系

即所谓“清洗标准”(cleaning criteria)，金属杂质(metal impurity)$<10^{10}$ atom/cm^2。

为了要达到“清洗标准”，如何将金属杂质去除，一直是清洗工艺技术努力的目标，而清洗在 ULSI 亚微米的工艺技术上，也在寻求各种化学配方，能有效地清洗去除金属杂质，以确保元件电性的完整性，并发标准的清洗工艺及清洗配方。大部分的清洗机台，仍可按顾客清洗理念，所设计工艺的，在 1970 年，RCA 公司所发表的“标准 RCA 晶片清洗”以来，已经沿用 30 年，作为扩散前清洗，以去除金属杂质，清洗及 B 式清洗的化学溶液及配方如表 9－18 所示。

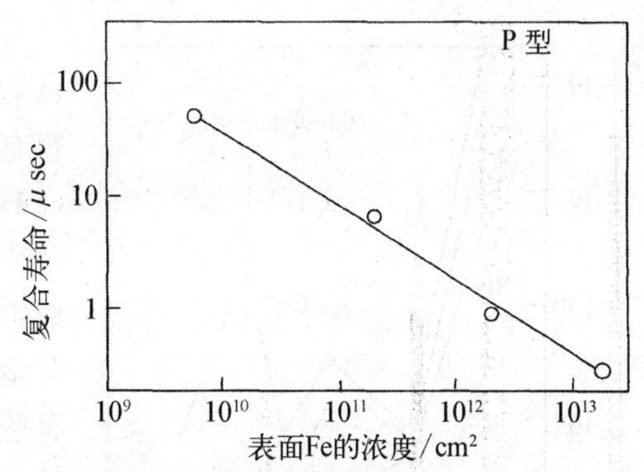

图 9－46　少数载子复合活期与晶片表面铁含量浓度关系

表 9－18　RCA 清洗及 B 式清洗化学溶液及配方

Solution Components	Chemical Symbols	Common Name
Sulfuric acid Hydrogen peroxide	$H_2SO_4+H_2O_2$	SPM(Sulfuric-peroxide mix)
Hydrofluoric acid	HF	HF DHF(Dilute HF)
Ammonium hydroxide Hydrogen peroxide Water	$NH_4OH : H_2O_2 : H_2O$	RCA－1 APM(Ammonium peroxide mix) SC－1(Standard Clean 1)
Hydrofluoric acid Hydrogen peroxide Water	$HCl : H_2O_2 : H_2O$	RCA－2 HPM(Hydrofluoric-peroxide mix) SC－2(Standard Clean 2)

目前为达到 ULSI 工艺技术的需求，所有化学品、纯水及气体纯度，已比过去 30 年前，提高很多，从早期的百万分之一级(ppm)，提高到十亿分之一级(ppb)，因此 RCA 清洗技术配方及标准，需重新再验证改进，ULSI 级化学品、纯水及气体纯度，请参考表 9－11，表 9－12 及表 9－13 所示。

表 9－19　各化学溶液对金属杂质清洗效果

Cleaning Solution	Concn.($\times10^{10}$ atoms/cm^2)			
	Al	Fe	Ni	Cu
(Initial)	1 900	990	750	19
APM	960	170	<1.0	<0.2
HPM(SPM)	10	<0.9	<1.0	<0.2
DHF	<4.2	<0.9	<1.0	2.5
FPM	<4.2	<0.9	<1.0	<0.2

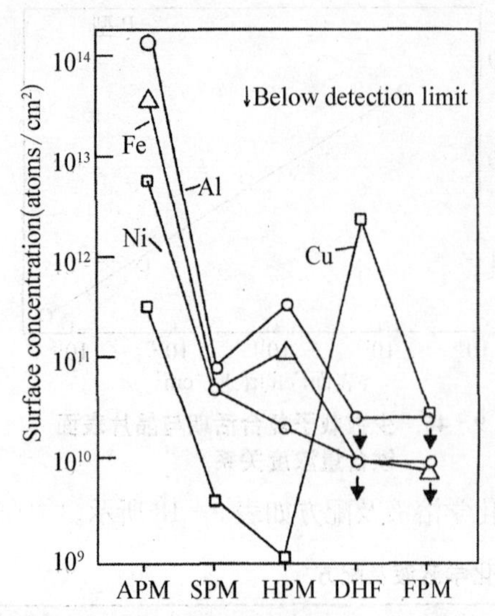

图 9-47　晶片在金属杂质(～1 ppm)污染的化学溶液清洗后，表面吸附金属杂质的比较

实验数据显示，硫酸＋双氧水(H_2SO_4/H_2O_2 SPM)和盐酸＋双氧水(HCl/H_2O_2 HPM)，能够很有效地将晶片表面金属杂质清洗去除，稀释氢氟酸(DHF HF/DI)，虽能去除金属杂质，但对铜(Cu)金属杂质去除效果很低，且易造成高微粒的吸附性，而造成微粒污染，氨水和双氧水(NH_4OH/H_2O_2 APM)，对金属杂质去除性很低，但因 APM 溶液对硅表面有些微刻蚀作用，因而对微粒的去除有很高的效应，如表 9-19 所示，RCA 清洗各清洗溶液对金属杂质去除性的比较及图 9-47 为各污染溶液清洗后晶片表面所吸附的金属杂质。为了要改进 DHF 对铜金属的吸附及微粒的附着，在氢氟酸中加入双氧水(HF/H_2O_2简称 FPM)，很显著地降低微粒和铜金属杂质的吸附污染，同时实验也验证标准 RCA 及 B 式清洗(B-CLEAN)，以一连串不同的化学溶液的清洗，有去除金属杂质(metal impurity)的效果。

图 9-48 为 RCA 清洗溶液对重金属杂质清洗效果，图 9-49 为 HPM 溶液比例及温度对金属杂质去除效果。

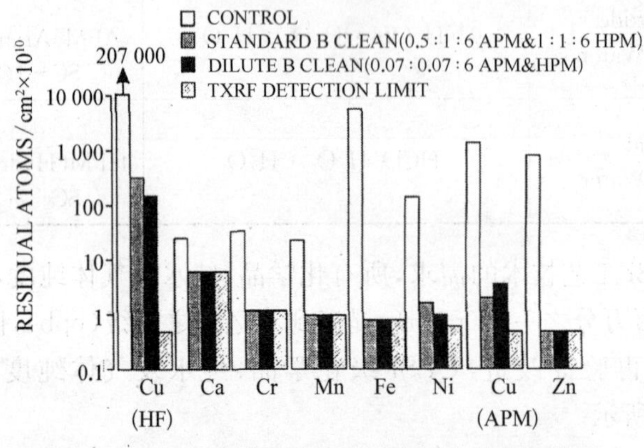

图 9-48　RCA 清洗溶液对重金属杂质清洗效果

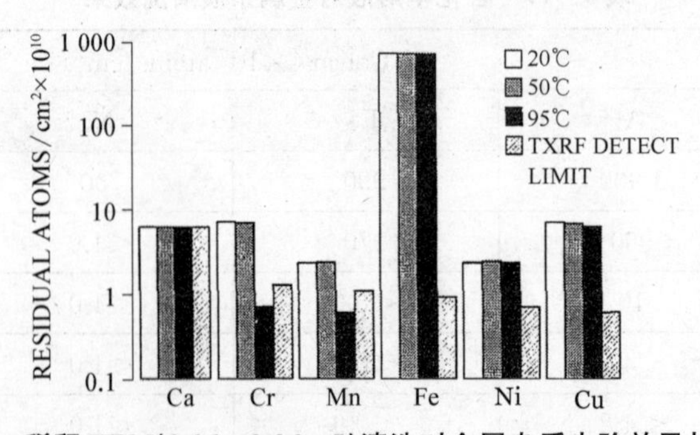

图 9-49　稀释 HPM(0.06∶0.06∶5)清洗对金属杂质去除效果与温度关系

晶片清洗检测晶片表面金属杂质含量的量测技术，目前最常用的分析仪器的技术及检测极限(见表9-20)。

表9-20　硅晶片表面金属杂质检测技术

分 析 技 术	灵敏度(检测极限)	元素种类	检测方法破坏性
X-光萤光谱仪(TXRF)	10^{10}	Yes	No
原子吸收光谱仪(AAS)	10^{9}	Yes	Yes
深能阶后光谱仪(DLTS)	10^{11}	Yes	Yes
表面光伏特电压(SPV)	10^{9}	铁	No
二次离子质谱仪(SIMS)	10^{15}	Yes	Yes

2. 有机污染去除

晶片表面的有机污染源，主要来自光阻的残留物，装置晶片的塑料胶晶舟、晶盒及洁净室环境建筑物，如墙壁油漆溶剂、机台、建筑材料覆盖物(coatings)及空气过滤器(ULPA filter)吸附而放出的有机物。有机物残留在晶片表面上，有阻绝清洗的效果，或在离子化学刻蚀时，形成微覆罩(micromask)，形成刻蚀不良，而造成刻蚀后图案(patterns)及线路(circuits)的残缺不全，有机光阻的去除，有以下三种方法。

(1) 硫酸液加双氧水(SMP＝H_2SO_4 ∶ H_2O_2＝4 ∶ 1@100～130℃)。这种清洗是光阻经臭氧电浆去灰(O_3，ozone)(ashing)后，再经硫酸清洗。因光阻主要成分为碳氟氧在机物，当硫酸 H_2SO_4 和过氧化氟(H_2O_2)混合后，即产生“卡罗酸”(Caro's acid - H_2SO_4)，光阻去除时，卡罗酸即分解形成自由基和光阻起化学作用，而将光阻去除，因此又称为“卡罗清洗”(Caro clean)，其化学反应

$$H_2SO_4 + H_2O_2 \longleftrightarrow H_2SO_5 + H_2O$$
$$H_2SO_5 \longleftrightarrow HO\text{-}(SO_2)\text{-}O\text{-}OH$$
$$HO\text{-}(SO_2)\text{-}O\text{-}OH \longrightarrow {}^{*}OH + {}^{*}OSO_2\text{-}OH$$

光阻去除时，化学反应

$$RH + {}^{*}O\text{-}SO_2\text{-}OH \longrightarrow R^{*}(\text{烷基}) + H_2SO_4$$
$$R^{*} + O^{*} \longrightarrow CO \text{ 或 } CO_2$$

在酸槽溶液中的氧化剂(oxidizer)分解出初生态的氧原子(O)，如下化学反应式

$$H_2O_2 \longrightarrow H_2O + O^{*}$$
$$H_2SO_5 \longrightarrow H_2SO_4 + O^{*}$$

有机光阻的去除可以用如下化学反应式

$$\text{-}CH_2\text{-} + 3H_2O_2 \longrightarrow 2H_2O + CO_2$$
$$\text{-}CH_2\text{-} + 3H_2SO_5 \longrightarrow 3H_2SO_4 + H_2O + CO_2$$

双氧水在化学反应会被分解消耗，因此要维持有效的化学反应，H_2O_2需经常补充达到一定浓度。否则有机光阻会受硫酸（H_2SO_4）的脱水作用，使黑色碳原子游离而沉淀酸槽底下，造成黑色微粒污染。

(2) 硫酸液加臭氧（$H_2SO_4+O_3$）。这种去除光阻有机物的方法，是以臭氧（O_3）来代替双氧水（H_2O_2），作为氧化剂，但臭氧的含氧量需控制在 1 ppm 以下，以免对人体呼吸器官造成影响，其去除有机光阻的化学反应

$$2H_2SO_4+O_3 \longleftrightarrow H_2S_2O_8+H_2O+O_2$$

$$H_2S_2O_8 \longleftrightarrow HO-SO_2-O-O-SO_2-OH$$

$$HO-SO_2-O-O-SO_2 \longrightarrow 2^*OSO_2-OH$$

$$H_2O_2 \longrightarrow H_2O+O^*$$

$$O_3 \longrightarrow O_2+O^*$$

$$H_2S_2O_8+H_2O \longrightarrow 2H_2SO_4+O^*$$

$$-CH_2+3O_3 \longrightarrow 3O_2+CO_2+H_2O$$

$$-CH_2-3S_2O_8+H_2O \longrightarrow 6H_2SO_4+CO_2$$

臭氧的产生是经由电极的放电而产生其反应式

$$3O_2 \xrightarrow{\text{放电}} 2O_3$$

电极皆由金属制作，因此在放电过程中有金属离子（Ions）会混入臭氧（O_3）中，而造成金属污染，所以臭氧（O_3）而经纯化，以去除重金属离子的污染。

(3) 冷冻纯水（chilled DI）和臭氧去除光阻法。这两种光阻去除法，皆以硫酸为主。因此在 IC 工艺上，所使用的化学品中，硫酸用量最多。同时硫酸对废水处理及环境污染，也造成很大的影响，而且光阻的去除，主要是靠强氧化剂分解产生初生态氧原子（O）和有机光阻产生化学反应，因此在 DI 水中通入臭氧（O_3），也可达到相同的目的。此种方法最主要的技术，在于 DI 纯水需冷冻到 9℃以下，通入的臭氧不会马上分解，因此光阻去除效果提高很多，光阻的刻蚀去除率如表 9－21 所示。

表 9－21　冷冻 DI 纯水臭氧光阻刻蚀率

DI 纯水温度 T/℃	光阻刻蚀率/(A/min)
＞15	75
1＜T＜9	200～250

这种光阻去除技术，其化学反应

$$O_3 \rightarrow O_2+O$$

$$R^*+O^* \longrightarrow CO\text{或}CO_2$$

$$-CH_2-3O_3 \longrightarrow 3O_2+H_2O+CO_2\uparrow$$

这种光阻去除法可以减少很多硫酸的使用量，但不能完全消除金属杂质。如离子注入后的光阻带有很多铁(Fe)、镍(Ni)及铬(Cr)等金属杂质，因引需再经盐酸槽或扩散前清洗(Pre-diffusion Clean)，以除去这些杂质而且这种光阻去除法没有硫酸，因此光阻去除后残留很低的硫含量在晶片表面上。比较各种光阻去除后金属杂质的残留含量如表9-22所示。

表9-22　各种光阻去除法晶片表面残留金属杂质/(1 010 atom/cm^2)比较

ELEMENT	S	K	Ca	Fe	Cu
H_2SO_4 : H_2O_2	148.5	ND	0.19	0.11	0.22
H_2SO_4 : O_3	467.5	0.06	0.14	0.17	0.03
H_2O : O_3	5.5	0.06	0.17	0.25	0.06
H_2SO_4 : H_2O_2/HF	1.93	0.03	0.06	0.11	0.11
H_2SO_4 : O_3/HF	1.93	0.06	0.11	0.14	0.25
H_2O : O_3/HF	1.93	0.01	1.1	0.06	0.06

3. 自然氧化物去除

在半导体IC工艺上，晶片表面暴露在空气中，接触空气中的氧分子(O_2)或水汽(H_2O)，在常温下，即会生长一层很薄的氧化层约为5～10 A，这层自然氧化物的厚度与暴露在空气中的时间长短有关。晶片浸泡在含氧纯水中，也会生长这层薄的自然氧化物，因空气中的氧分子(O_2)，极易溶液于纯水中，如图9-50所示的自然氧化层，在空气中生长的模式，晶片表面的硅原子键，形成断裂的悬浮键。这些断裂的硅原子键极易吸附氧原子，而形成氢终结及非亲水性的硅表面，氧分子裂解硅原子键，而形成氧化层，但硅晶片表面仍保持氢终结的表面。

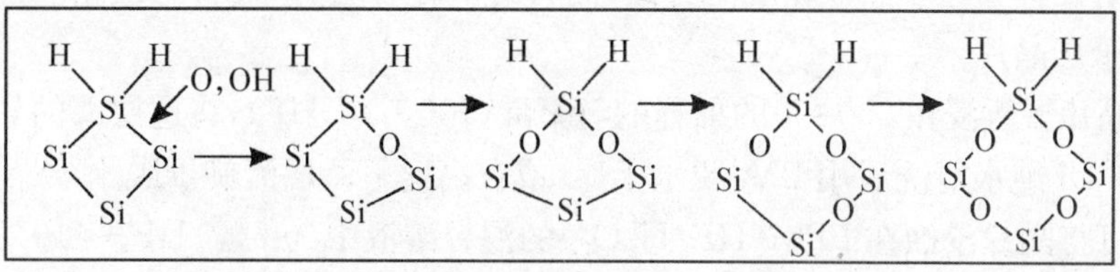

图9-50　自然氧化层在空气中，成长过程模式

在含氧纯水中，晶片表面是氧(O)或氢氧(OH)终结的硅表面，而硅氢键(Si-H-Bond)，只存在于硅(Si)与二氧化硅(SiO_2)的界面，如图9-51所示，自然氧化层在纯水中，成长过程的模式。因此在提炼纯水过程中，需要除氧设备。但在清洗工艺中，无氧纯水暴露在空气中，空气中的氧气很快溶于纯水中，表面生长一层薄的自然氧化物，图9-52为自然氧化层在溶氧纯水中，成长厚度与浸泡时间的关系。

目前于介电膜的研磨液技术研发已渐趋成熟，在未来将着重于两个方向的研发，一是减少金属离子污染，如研磨液使用的KOH会造成金属离子污染，因此有部分研磨液改用NH_4OH取代KOH，另一个方向则是新介电膜材料研磨液的研发，如高分子介电膜或氟化SiO介电膜将会在0.25 μm以下IC工艺扮演极重要的角色。

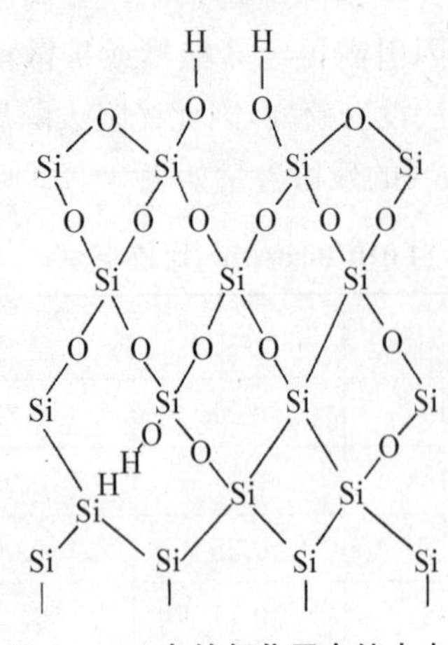

图 9-51 自然氧化层在纯水中，成长过程模式

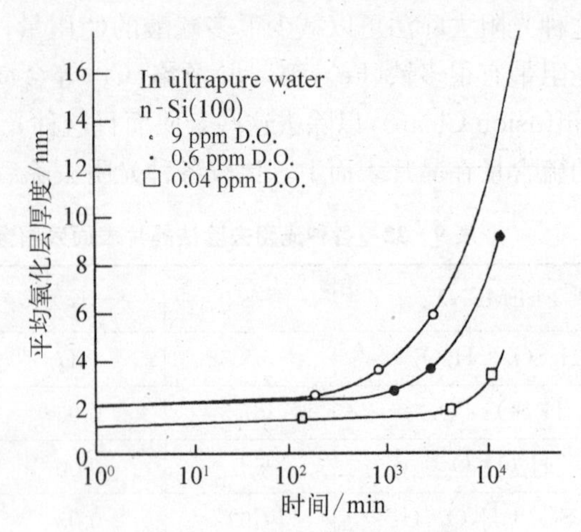

图 9-52 自然氧化层厚度与浸泡在纯水中时间的关系

在化学清洗过程中，清洗化学溶液中，混合强氧化剂，如双氧水(H_2O_2)，极易分解出氧化强度极强初生态氧原子(O)，而将晶片表面生长一层化学氧化物，这层薄的自然氧化层，在 ULSI 工艺中，对元件的电气特性影响很大，如在超薄阀氧化成长工艺影响栅氧的厚度均匀性及降低栅氧崩溃电压，因为这层自然氧化物的结构缺陷和品质，均较高温成长的氧化层差，而造成低介电崩溃电压，尤其在 0.35 μm 工艺，栅氧化厚度<100 Å，自然氧化层厚度在接触窗，复晶淀积，复晶连络窗，及硅晶淀积前清洗，均需将这层薄的自然氧化物去除干净，才不会造成高接点阻值。在清洗过程中的最后一站，需将晶片表面浸泡在稀释的氢氟酸(100∶1 DHF)中，去除这一薄层的自然氧化层，以确保晶片表面无氧化层的洁净，而降低阻碍值。以下有几种去除自然氧化层的方法，同时为了有效地消除微粒及水痕，目前利用 IPA 干燥法脱水干燥晶片。

(1) 将晶片短暂浸在 100∶1 的稀释的氢氟酸(100∶1 DHF)，将这层薄的氧化层浸蚀去除干净，并在 DI 纯水清洗后用 IPA 脱水干燥，或在高速下坠层流旋干脱水干燥。

(2) 也可将晶片浸蚀在 FPM(HF/H_2O_2)的混合溶液中(0.5%)HF+(10%)H_2O_2这样 HF 可将自然氧化层去除干净，同时双氧水可将其他金属杂质去除，DI 纯水清洗后，再用 IPA 干燥法脱水干燥。

(3) 还有一种方法是氢氟酸(HF)和异丙醇(IPA)混液浸蚀(简称为 HF/IPA-LAST)，将晶片浸蚀在氢氟酸(0.5% HF)和异丙醇(IPA<1 000 ppm)混合溶液中，这样 HF 将自然氧化物去除干净后，IPA 可去除微粒的附着，DI 纯水清洗后再用 IPA 干燥法，图 9-53 为 HF/IPA 溶液中，IPA 含量与微粒的关系，IPA<1 000 ppm 则微粒少。

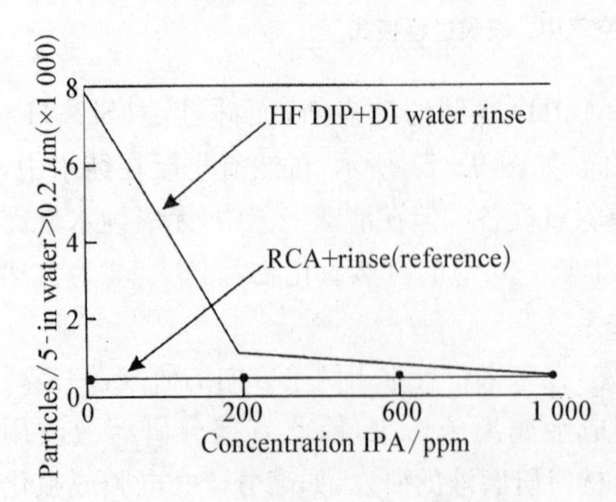

图 9-53 微粒数与 HF 中 IPA 含量的关系

(4) 氢氟酸蒸汽(HF - Vapor)去除法。即将清洗晶片放入蒸汽室内，将其抽成真空后，利用氮气作为传输气体通入 HF 瓶内，将 HF 带入蒸汽室，将自然氧化物去除干净，通气时 N_2 也将晶片干燥。

4. *表面微粗糙度*(surface roughness)

在 ULSI 工艺中，栅极氧化层(Gate Oxide)的厚度已达<10 nm，若工艺技术精确到 0.1 μm，时，栅极氧化层厚度将在<5 nm，因此硅晶片表面的微粗糙度，将会影响栅氧厚度，进而影响栅极氧化层的电气特性，栅极氧化层崩溃电压，及时依性栅极氧化层崩溃电压(TDDB)。晶片清洗后，表面粗糙度要达到原子层的平坦，以符合深亚微米工艺的需求，氢氧化氨(NH_4OH)和双氧水(H_2O_2)的混合比例浓度、温度及浸泡清洗时间，是影响表面粗糙度最主要的三因素。一般表面粗糙度的量测检验，均以原子力显微镜(scanning tunneling miroscope AFM)作为检验表面粗糙度的轮廓状态，图 9 - 54 为 STM 量测表面粗糙度的照片，显示晶片经 RCA 清洗后，表面粗糙度有恶化的现象。

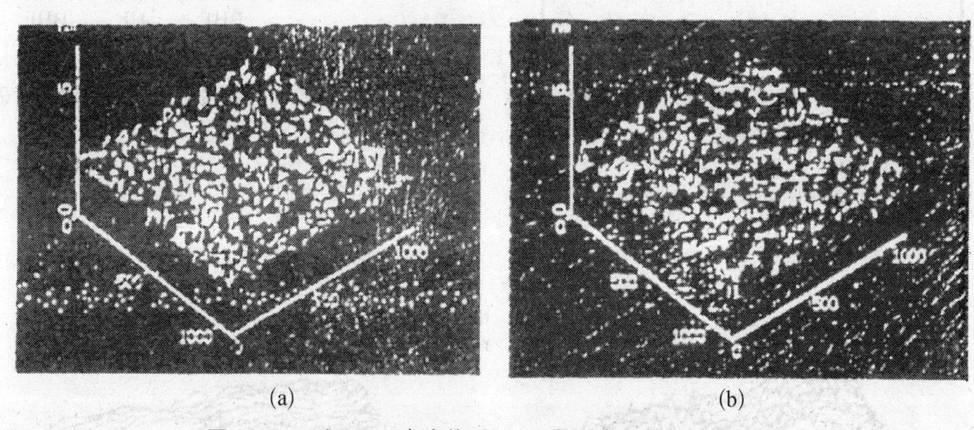

(a)　(b)

图 9 - 54　为 RCA 清洗前后 STM 量测表面粗糙度的比较

(a) BEFORE CLEANING　(b) AFTER RCA CLEANING

图 9 - 55 是比较各传统 RCA 化学清洗各溶液对晶片表面粗糙度之影响，其中

SPM：H_2SO_4(98%)：H_2O_2(30%)＝4：1

APM(SC1)NH_4OH(28%)：H_2O_2(30%)：H_2O＝1：1：5

HPM(SC2)HCl(36%)：H_2O_2(30%)：H_2O＝1：1：6

由数据显示，SPM 及 SC2，对表面粗糙度并没有显著的影响，但 APM(SC1)对表面粗糙度(Ra)影响最大，图 9 - 56 为比较各种氢氟酸氧化刻蚀液对晶片表面粗糙度的影响。由图可知，CBHF 表面粗糙度最大，DHF 次之，而 ABHF 最小。

在 SC1 清洗溶液中，混合溶液比例对晶片表面的微粗糙度的影响如图 9 - 57 所示，氢氧化氨比例的大小是影响微粗糙度最主要的因素，NH_4OH 的浓度比例越低，表面粗糙度越小，因此在 ULSI 清洗工艺中，宜降低 NH_4OH 的比例，由传统标准 SC1(1：1：5)降低到(0.05：1：5)。

当 SC1 混合溶液 NH_4OH 的比例降低对微粒和金属杂质的去除效果是否也会受到影响呢？如图 9 - 58 及图 9 - 59 所示，在氢氧化氨(NH_4OH 或双氧水)的比例在 0.05～0.25 间，对微粒及金属杂质的去除效果并没有改变。

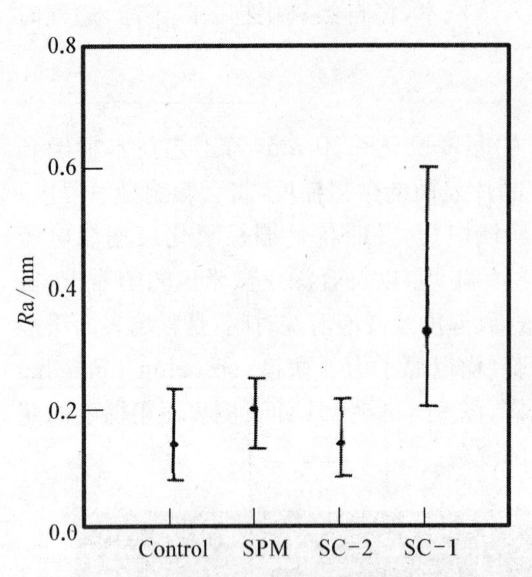

图 9-55 比较各化学清洗溶液对晶片表面微粗糙度的影响

SPM：H_2SO_4 - H_2O_2 cleaning
SC1：NH_3OH - H_2O_2 - H_2O cleaning
SC2：HCl - H_2O_2 - H_2O cleaning

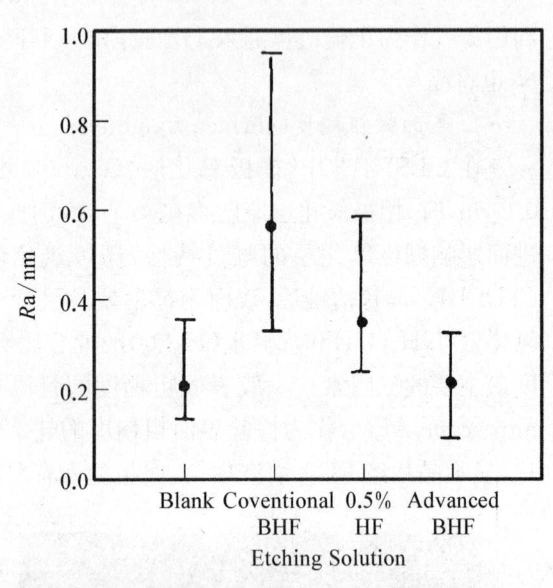

图 9-56 比较各种氢氟酸氧化刻蚀液对晶片表面粗糙度的影响

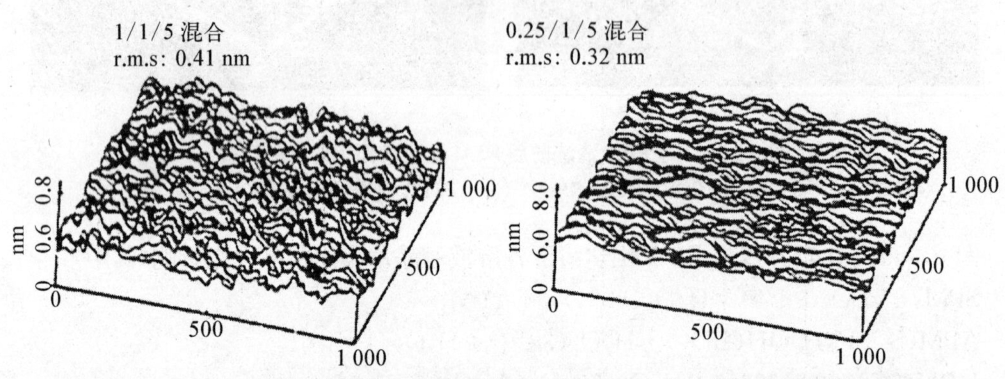

图 9-57 AFM 量测表面粗糙度与氢氧化氨(NH_4OH)在 SC1 溶液浓度比例的关系

在 SC1 清洗溶液中，一般的比例为(NH_4OH ∶ H_2O_2 ∶ DI＝1 ∶ 1 ∶ 5)在 70℃清洗 10～15 min，氨水溶液有去除微粒及部分金属杂质。氢氧化氨(NH_4OH)有刻蚀氧化层(SiO_2)，而双氧水(H_2O_2)作强氧化剂，将硅(Si)氧化，NH_4OH将氧化硅刻蚀，其化学反应式

$$NH_4OH \longleftrightarrow NH_4^+ + OH^-$$

$$H_2O_2 \longleftrightarrow HO_2^- + H^+$$

$$H_2O \longleftrightarrow H^+ + OH^-$$

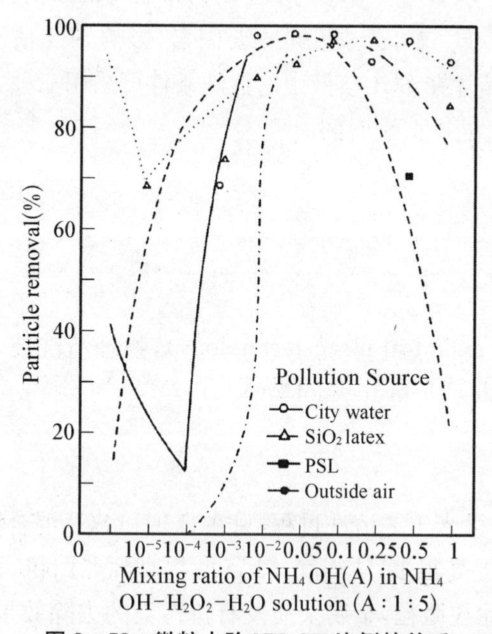

图 9－58　微粒去除 NH_4OH 比例的关系

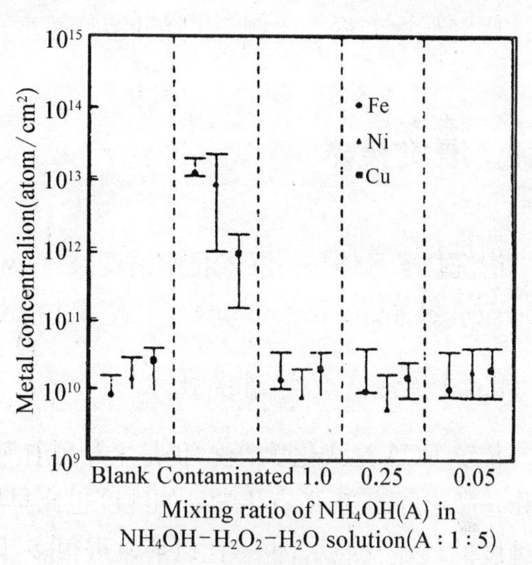

图 9－59　金属杂质的去除效果与 NH_4OH 的比清洗四种不同的样品关系

$$[NH_4^+]\cdot[OH^-]=K_b\cdot[NH_4OH]$$

$$[HO_2^-]\cdot[H^+]=K_a\cdot[H_2O_2]$$

$$[H^+]\cdot[OH^-]=K_w$$

在平衡状态时，离子电荷守恒定律及氨水及双氧水的平衡状态为

$$[NH_4^+][OH^-]=[OH^-]+[HO_2^-]$$

$$[NH_4OH]+[NH_4^+]=C_{NH_3}$$

$$[H_2O_2]+[HO_2^-]=C_{H2O}$$

从以上 6 个方程式，可以解得氢氧根的浓度大约值为

$$[OH^-]=\sqrt{\left(\frac{K_b\cdot K_w}{K_a}\right)\cdot\left(\frac{C_{NH_3}}{C_{H_2O_2}}\right)} \tag{9-4}$$

由方程式 9－4 可知$[OH^-]$离子浓度只与氨水和双氧水浓度比的平方根成正比，而与 DI 纯水的比例无关，即 SC1 氧化刻蚀率，是取决于$[OH^-]$的浓度，而$[OH^-]$的浓度又取决于 SC1 溶液中$[OH^-]$浓度，亦即 SC1 溶液中$[OH^-]$浓度与其溶液 DI 水混合比无关，只与混合溶液中（氨水：双氧水＝NH_4OH：H_2O_2）浓度比有关。所以标准 SC1＝1：1：5 与稀薄 SC1＝0.05：1：5 的清洗效果相同。$[OH^-]$离子浓度与温度的关系如下式所示

$$[OH^-]_T=[OH^-]_{25℃}\cdot(0.25+0.025\,T)$$

式中，T 为溶液温度(℃)$T>25$℃，溶液温度 $T=70$℃时，$[OH^-]$浓度约为常温时的两倍。

从以上理论的分析，可知 SC1 混合溶液中$[OH^-]$离子浓度是主要因素，影响 SC1 清洗效果及表面粗糙度，因此为了减少表面粗糙度，晶片在 SC1 溶液中的清洗条件可采用三种方式：① 降低溶液混合比例；② 降低溶液温度；③ 缩短清洗时间。

9.4 清洗技术

清洗技术具体包括湿式化学清洗技术(wet chemical clean technology)，物理清洗技术(physical cleaning technology)，干式清洗技术(dry clean technology)。

9.4.1 湿式化学清洗技术

传统 RCA 湿式化学清洗，仍是主导目前深亚微米工艺清洗过程，只在 SC1 和 SC2 混合溶液作些微小的改变，所有化学品的纯度也比早期提高很多，从纯度<1 ppm 提高到<1 ppb，而高纯度的气体及纯水，也多比以前改进很多，因此在微粒，金属杂质及有机污染的去除效果，有很大的进展。湿式化学清洗站(wet chemical station)，从早期手动方式(manual type)到目前全自动电脑控制(fully automatic type)。以及供酸、换酸系统(chemical supply system)，皆为自动化控制。

1. 湿式化学清洗程式(wet clean recipes)

湿式清洗程序主要仍以 RCA 清洗程式为主，而经过改良，以应用在 ULSI 工艺上的需求及炉管扩散前清洗。之后开发出多种的清洗应用程式，如扩散前清洗(pre-diffusion)，栅极氧化层前清洗(pre-gate clean)，化学气相淀积前清洗(pre - CVD clean)等。

(1) 湿式清洗程式 RCA 清洗是以 SC1(APM)+SC2(HPM)化学清洗，主要去除微粒，金属杂质及有机污染，而不浸蚀在 HF 槽中，以刻蚀去除自然氧化物(native oxide)或氧化层。常用的清洗程式如表 9 - 23 所示。

表 9 - 23 RCA - CLEAN QDR=Quick Dump Rinse(快速冲洗) FR=Final Rinse(最后洗濯)

1	2	3	4	5	6
SC1+Meg	QDR	SC2	QDR	FR+meg	Dry SD 或 IPA
@70℃	Overflow	@70℃	Overflow	Overflow	
5 min	16M ohm-cm	5 min	16M ohm-cm	16M ohm-cm	

为了要清除残留在晶片上的光阻，及清除有机物，因此在标准 RCA 清洗程式中多增加硫酸清洗，如 SPM/SOM(SPM=$H_2SO_4+H_2O_2$或 SOM=$H_2SO_4+O_3$)这样的清洗程式称为改良式 RCA 清洗(Modified RCA Clean)。清洗程式如表 9 - 24 所示。

表 9-24　Modified RCA-CLEAN

1	2	3	4	5	6	7	8
SPM/SOM @120℃ 10 min	QDR Overflow 16 M ohm-cm	SC1＋Meg @70℃ 5 min	QDR Overflow 16 M ohm-cm	SC2 @70℃ 5 min	QDR Overflow 16 M ohm-cm	FR＋ MEG Overflow 16 M ohm-cm	Dry SD IPA Marangoni

RCA 清洗常被用来作为 CVD 淀积清洗前或不必浸蚀在 DHF 中，以去除自然氧化物的清洗工艺，若需将氧化层上的金属杂质去除，则使用改良式 RCA 清洗程式，短暂浸蚀在 DHF 中，将氧化层些微刻蚀，去除金属杂质。

(2) A 式清洗程式。A 式清洗也是改良式 RCA 清洗之一，主查在 SC1 和 SC2 清洗之间。再加入一步骤，使晶片在 SC1 清洗后浸入 DHF(1%～5%HF)短暂浸蚀，将自然氧化物及淀积在氧化层的金属杂质去除，其清洗流程如表 9-25 所示。

表 9-25　A 式清洗程式(A-CLEAN)

1	2	3	4	5	6	7	8
SC1	QDR	DHF	QDR	SC2	QDR	FR	DRY

A 式清洗在早期工艺技术，在 3 μm 以上时，常用的清洗程式，因其 SC1 清洗后，将微粒去除后，再浸刻蚀 DHF 时又产生微粒污染，因此 A 式清洗在 ULSI 工艺已经不再使用，而为 B 式清洗所取代。

(3) B 式清洗程式。B 式清洗也是改良式 RCA 清洗之一，主要是在 SPM 清洗后，将晶片浸入 DHF 槽去除氧化层或自然氧化物后，再完成 RCA 清洗过程如表 9-26 所示。

表 9-26　B 式清洗程式(B-CLEAN)

1	2	3	4	5	6	7	8	9
SPM	QDR	DHF	QDR	SC1	QDR	SC2	QDR	DRY

B 式清洗的微粒、金属杂质去除效果比 A 式清洗好，因此已取代 A 式清洗，成为主要的湿式化学清洗，第三槽 DHF 浸蚀时间，依去除氧化层厚度定，并需考量氧化层刻蚀的均匀度(Oxide Etch Uniformmity)，B 式清洗常被用来作为栅极氧化层前清洗，因此需特别注意清洗后主动区(Active Area)的洁净度、微粒、金属杂质、有机污染，自然氧化物及表面微粒粗糙度等，此种清洗也常被用来作初步氧化堑层氧化(Pad Oxide)及场区氧化(Field Oxide)前清洗，及离子注入后清洗或井区驱入(Well Drive-In)前清洗。

(4) HF 终结 B 式清洗。当工艺技术精进到 0.5 μm 以下，而栅极氧化层厚度已降低到 100 A 以下时，B 式清洗后，仍有化学氧化形成一层薄的自然氧化层，而影响栅极氧化层的品质，其清洗流程如表 9-27 所示。

表 9-27　B-Clean-HF-Last

1	2	3	4	5	6	7	8	9	10	11	12
SPM	快速冲洗(QDR)	DHF	快速冲洗(QDR)	SC1	快速冲洗(QDR)	SC2	快速冲洗(QDR)	DHF	快速冲洗(QDR)	最后洗涤(FR)	干燥(DRY)

有许多清洗 Recipes 为了要改良第九槽 DHF 浸蚀时产生的微粒，而改为 FPM(HF+H_2O_2)或 HF+IPA 浸蚀，对微粒及金属杂质去除，表面微粒粗糙度的改良。

(5) 金属前清洗程式(Pre-Metal Clean)。金属溅镀前清洗，主要是将接触窗刻蚀(Contact Etch)后，残留在接触窗侧壁(Side Wall)的聚合物(Polymer)清除干净，及接触窗底层(Bottom)的自然氧化物(Native Oxide)去除干净，以利金属溅镀时，接触良好，使接点阻值(Contact Resistance)降低。金属溅镀前清洗，主要是晶片经 SPM 清洗将有机污染附在接触窗侧壁的聚合物去除，为了使用权狭小的接触窗，容易使 BHF 润湿(Wetting)接触窗的小洞，有效地将自然氧化物去除干净，通常在 BHF 中，加入表面活性剂(Surfactant)，以利 BHF 能浸蚀到接触窗，其清洗流程及程式如表 9-28 所示。

表 9-28　PRE-METAL CLEAN

1	2	3	4	5	6
SPM	QDR	BHF	QDR	FR	DRY

清洗后的晶片避免暴露在空气中，以免接触窗底层又产生自然氧化物，而影响金属与接触窗之接点阻值，故需即时放入金属溅镀机(Sputter)，快速完成金属溅镀。在等待金属溅镀时，清洗后的晶片需存放在氮气柜(N_2 Box)内，若清洗后，超过四小时未金属溅镀，则需重洗，重洗不得超过一次经上，否则接触窗的洞受 BHF 浸蚀面变大或变形，而造成破裂窗(Blown Contact)，从而影响线路，造成接触窗桥接(Bridging)短路，使良率降低及影响信赖度。

(6) SPM 清洗(SPM Clean Recipe)。硫酸清洗，在有机物去除章节，已经讨论光阻的去除及清洗配方。此处主要是讨论 PSG，BPSG 或全面离子植入(Blanket Implant)后的清洗。在磷硅玻璃淀积(PSG Deposition)及硼磷硅玻璃淀积(BPSG Deposition)后，经硫酸(SPM)清洗。主要目的是将淀积后，析出表面的磷玻璃(P_2O_5)及硼玻璃(B_2O_3)溶于硫酸，以消除表面的硼斑点(Boron Blob)或磷斑点(Phosphorus Blob)硼磷玻璃的吸水性强，淀积后放置于空气中，吸收空气中的水气，形成硼酸(H_3BO_3)，或磷酸(H_3PO_4)，使淀积后的晶片表面形成斑点(Blob)的污染源，其反应式如下：

$$B_2O_3 + 3H_2O \longrightarrow 2H_3BO_3$$

$$P_2O_5 + 3H_2O \longrightarrow 2H_3PO_4$$

同时 PSG 及 BPSG 淀积后，经高温密化(Densification)及流平(Reflow)后，也会析出 B_2O_3 及 P_2O_5 一层很薄透明结晶玻璃，需经硫酸清洗以溶去硼、磷玻璃。

在全面离子植入地过程中，虽然晶片表面没有光阻覆盖，但在离子植入时，晶片表面也会淀积一层聚合物(polymer)，因此也需经硫酸清洗，去除这层有机物污染。SPM清洗后，有时会有微粒产生，因此亦在SPM后，再加入SC1清洗，以去除微粒其清洗流程及程式如表9-29所示。

表9-29　Pre&Post BPSG-Reflow CLEAN

1	2	3	4	5	6
SPM	QDR	APM	QDR	FR	DRY

2. 湿式化学清洗工艺技术(wet chemical cleaning technology)

目前主要有三种不同形式的清洗设备，各种设备有其不同的优缺点及应注意考量的规范，在此列举各种清洗设备，以供参考。

例1　浸洗式化学清洗站(immersion chemical station)

这种化学清洗技术，已经完全自动化控制，线上操作人员(operators)，只要将欲清洗的晶片连同晶舟放置于清洗站的输入端(input stage)为增加产量(throughput)，一般均设计放入两个晶舟，第每个晶舟装满25片，则用挡片(dummy wafers)补满或平均分配，两个晶舟装有相同的片数，以达两边负重相平衡，在旋干时，才不会因负重不平衡，旋干机振动造成碎片或产生微粒。若用IPA干燥法则不必考虑到平衡的问题。Operator依流程卡(run card)上，所需清洗程式(recipe)，在电脑上选定要洗的程式(recipe)后，按下启动(Start)，机器手臂(robot)即开始依设定清洗程式执行清洗的功能，遂槽清洗到脱水干燥完后robot自动将清洗后的晶片传送到输出端(output stage)，然后发出信号告诉operator将货卸下后，信号将会消除。一般化学酸槽非常庞大，在些复杂的设计，全套RCA或B式清洗工艺共有五个化学槽，六个纯水洗濯槽(DI Rinse Tank)，长度超过30吋长Operator放货、卸货两头奔波。这样庞大的机台占用昂贵的清洗室的面积是它的一项缺陷，图9-60所为SMS自动化清洗站的外观。这种自动化学清洗站都设计有独立小型(Mini-Environment)及独立排气系统，而机器手臂(robot)为后置式(rear mount)的机器手臂，robot在传送晶片从左边第1站依清洗程式(recipe)遂槽清洗，到第12站清洗干燥后自动转换晶舟，兹简述清洗如下。

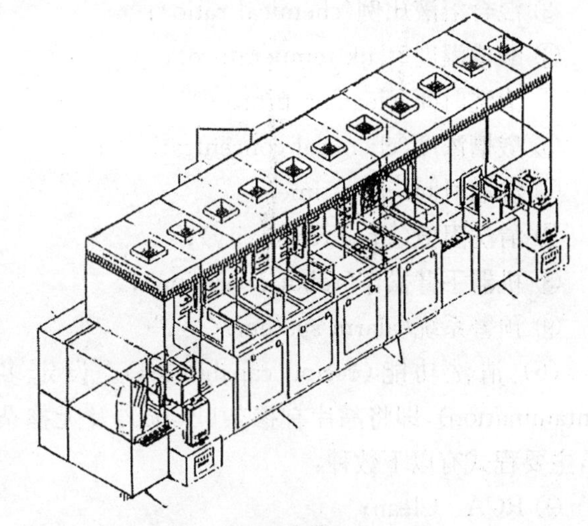

图9-60　SMS自动化清洗站的外观
(SMS Automatic Chemical Cleaning Station)

(1) 中央控制系统及晶片输入端。线上操作人员将欲清洗晶片及晶舟置于晶舟自动转换器，将晶片从 PP 晶舟转换到耐酸的 teflon 或石英（quartz）晶舟后，operator 在电脑控制系统选定清洗程式（recipe），按下"（Start）"。Robot 即开始将晶舟提吊到程式设定的酸槽徐徐浸入第 2 站酸槽。

（2）各站均有两槽，如图 9－60 左边为化学酸槽（chemical tank）右边为纯水洗濯槽（rinse Tank），化学酸槽清洗后，robot 清洗程式将晶片传送到洗濯槽将化学残酸洗除干净后，再传送到第 3 站，第 4 站，第 5 站，第 6 站，……，第 12 站，等。

（3）前置式的机器手臂（front mount robot），robot 装置在前面与线上操作人员同向，容易造成 robot 伤人的意外事件，因此就安全上（safety）考虑，后置式机器手臂较为安全。

（4）酸槽化学浓度的校准。所有的酸槽是开放式，因此在酸槽内的化学酸卤，会因加热蒸发分解，而影响到浓度及混合比例，因此需要用滴定法（titration）杰检验酸卤浓度的变化，而添加新的酸卤化学品，以保持槽内浓度及比例的稳定，以下说明其功能。

（5）软件功能（software capability）。整座自动化酸槽系统可用软件监控清洗参数（cleaning parameters），均能利用软件设定程式，以达到自动控制，如：

① 换酸时间（chemical change）；

② 混合溶液比例（chemical ratio）；

③ 酸槽温度（tank temperature）；

④ 清洗时间（cleaning process）；

⑤ 酸槽浓度（chemical concentration）；

⑥ 洗濯时间（rinse time）；

⑦ 清洗阻值（rinse resistivity）；

⑧ 机器手臂操作（robot operation）；

⑨ 预警系统（alarm system）。

（6）清洗功能（recipe capabilities）。设定多种清洗程式避免"交互污染"（Cross contamination），即将晶片有掺杂（Doped）及无掺杂（Nondoped）分开在不同的酸槽系统清洗，主要程式有以下数种：

① RCA－Clean；

② B－Clean；

③ Pre-gate Clean；

④ BClean－HFLast；

⑤ Bclean－NOHF；

⑥ SPM－Clean；

⑦ Premetal－Clean。

（7）浸洗式化学清洗站优点为主要表现在以下两个方面。

① 节省化学品用量。化学槽换酸后，约可使用清洗 12～24 h 或依清洗的晶片批数，作为换酸的依据，这样若连续清洗，则每片晶片元清洗的化学用品费用成本较低。若机台停滞（idle），无货可洗时，则损失化学品费用。

② 连续清洗，提高机台利用率。当换酸完毕，酸槽预热准备时间约为 1 h 才可洗货，开始洗货则每 10～15 min，可放入 22 个晶舟 50 片晶片清洗。

(8) 浸洗式化学清洗站缺点为：

① 体积庞大占用昂贵洁净室面；

② 换酸准备时间长影响产能；

③ 价格昂贵系统复杂维修困难；

④ 酸槽溶液越洗越脏；

⑤ 清洗槽在，用水量多；

⑥ 开放式加热酸槽，溶液浓度比例随时在变；

⑦ 清洗工艺不稳定；

⑧ 机器手臂易造成意外事件。

(9) 湿式化学清洗站之结构：自动清洗化学站的长度大小，依清洗的过程(steps)及程式(recipes)设计制作，尤以最复杂的扩散前清洗(Pre-diffusion Clean)，共有 10 槽，左起电脑屏幕(computer monitor)。

① 电脑屏幕(computer monitor)及控制系统(controller)；

② 自动晶舟转换器(cassette transfer)晶片输入站；

③ 第一模组(SPM 槽＋DI 槽)；

④ 第二模组(DHF 槽＋DI 槽)；

⑤ 第三模组(SC1 槽＋DI 槽)；

⑥ 第四模组(SC2 槽＋DI 槽)；

⑦ 第五模组(FR 槽＋Robot 槽)；

⑧ 第六模组(IPA 干燥槽)；

⑨ 自动晶舟转换(unload)；

⑩ 晶片输出站(wafer output stage)。

例 2　喷洗式单槽化学清洗机(spray chemical cleaning processor)

这种清洗方式是晶片置放于清洗槽内的转盘(Turntable)。新鲜的清洗化学溶液经氮气(N_2)加压，经由喷洗柱(spray-post)均匀喷淋在晶片上作为化学清洗及 DI 纯水洗濯，转盘依清洗程式所设定的转速，依不同的清洗循环(cycle)自动变化，以达最佳的清洗效果。每一循环喷洗后的化学酸卤即排出，因此每次清洗时都是用新鲜洁净的化学酸卤喷洗。不像浸洗式化学酸槽一次换酸，即使用 8～12 min 后再换酸，因此酸槽内的化学酸卤的洁净度，随着洗过的晶片片数而逐渐脏污，且金属及有机杂质淀积在槽内面造成污染。如图 9-61 所示，为美国 FSI 公司所设计的多座式水星喷洗机(mercury MP spray processor)。化学溶液由加压氮气将化学罐(chemical canister)内化学溶液压出经由清洗槽(cleaning chamber)中央的喷洗柱(spray-post)和 DI 纯水均匀混合到程式设室的比例(ratio)。图 9-62 为 FSI 化学喷洗机清洗槽剖面图。喷洗旋转中转盘上的晶片，不同的化学混合清洗溶液，依程式设定的顺序喷洗晶片，在改换喷洗不同的化学溶液前，化学管路(chemical tubing)，喷洗柱及清洗槽经 DI 纯水洗濯(rinse)干净后，再喷洗不同的化学清洗溶液，而避免“交互污染”(cross contamination)。图 9－63 为 FSI 化学喷洗机化学溶液管路图。在最后纯水洗濯(final rinse)，转盘高速旋转利用高速离心力，伯努利原理(Bernoulli's theorem)及覆盖上的加热器(blanket heater)，将清洗后的晶片烘干，为了使晶片边缘靠近清洗槽侧壁的化学残留物能完全彻底清洗，在侧壁上装有纯水洗濯喷洗柱，从侧壁喷洗晶片，如图 9－64，一次清洗的晶片片数依晶片的大小及不同的清洗程式(recipe)——之清洗循环(cleaning cycle)约为 20～30 min，清洗产能(throughput)大，这种清洗机台所需机台所需面积很小，不像整座化学清洗站占用庞大昂贵的洁净面积，以下为喷洗式化学清洗机的优点：

① 台需用洁净室面积小；

② 清洗产能高；

③ 清洗循环时间短；

④ 新鲜纯净的化学清洗；

⑤ 微粒低<0.1/cm^2@0.16 μm；

⑥ 金属杂质含量低<10^{10} atom/cm^2；

⑦ 省水、省化学品。

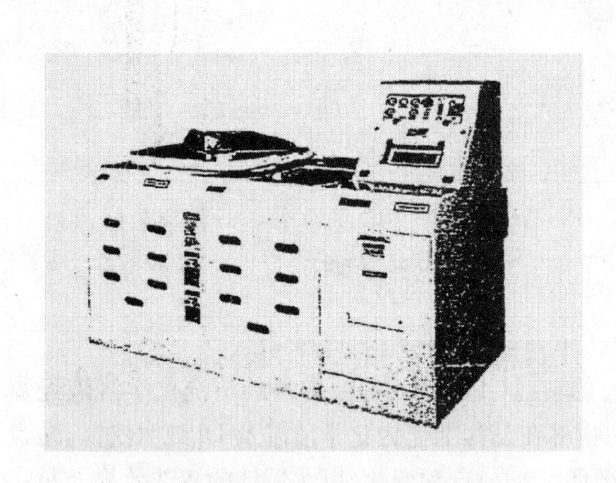

图 9－61 FSI 多座式水星化学喷洗机 FSI Mercury (MP) Spray Processor

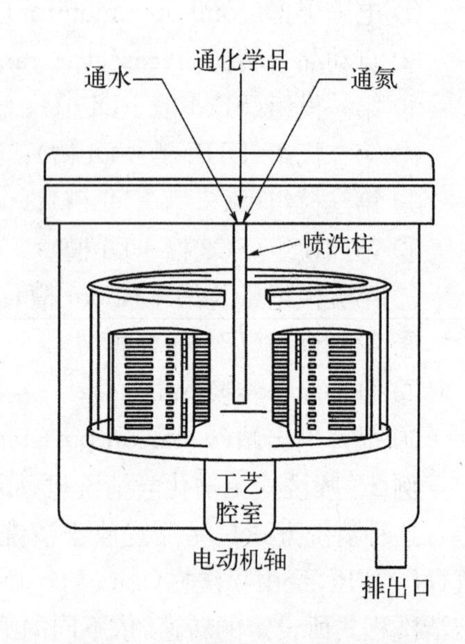

图 9－62 FSI 公司生产的化学喷洗机剖面

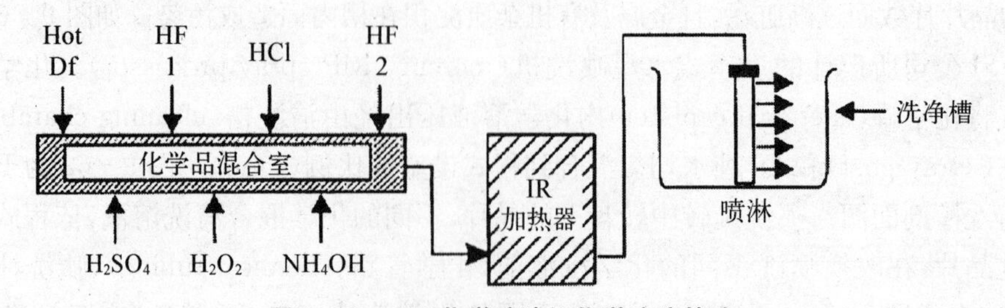

图 9－63 FSI 化学喷洗机化学溶液管路

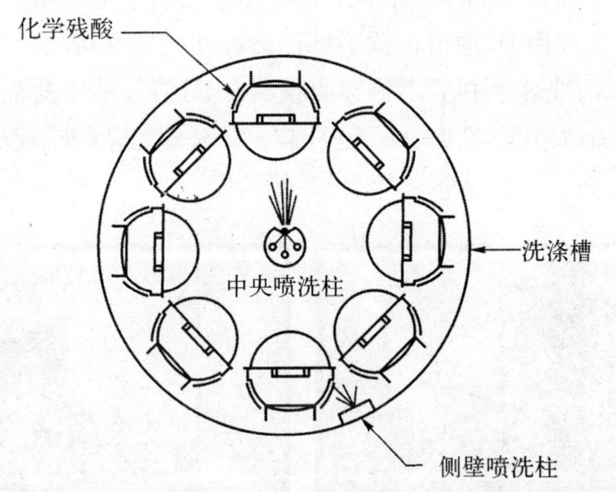

图 9-64　化学喷洗机中央及侧壁喷洗柱(Spray-post)透视

这种单槽喷洗式的化学清洗机，亦有多种清洗功能，可设定很多清洗程式，应用在清洗工艺上，如下列所示，以供参考。

(1) 清洗(cleaning)：

① 扩散前清洗(pre-diffusion clean)；

② 栅极氧化前清洗(pre-gate clean)；

③ 硅晶前清洗(pre-EPI clean)；

④ 化学气相淀积前清洗(pre-CVDI clean)；

⑤ 氧化前清洗(pre-oxidation clean)。

(2) 清除(stripping)：

① 光阻清除；

② 钛/氮化钛金属清除(Ti/TiN stripping)；

③ 复晶清除(polysilicon stripping)。

(3) 刻蚀(etching)：

① 硅化钨刻蚀(WSi etching)；

② 氮化硅刻蚀(nitride etching)；

③ 氧化刻蚀(oxide etching)。

(4) 特殊(specialty)：

① 化学机械研磨后清洗(post CMP clean)；

② 晶片回收(wafer reclaim)。

例 3　密闭容器化学清洗系统

密闭容器化学清洗系统(enclosed-vessel chemical cleaning system)是将晶片置放于密闭单容器(single enclosed vessel)的清洗槽(chamber)内，依设定的清洗程式(recipe)，通入不同的化学清洗溶液，到密闭容器(vessel)内，将晶片清洗，经 DI 纯水洗濯残留化学酸液后，通入 IPA 将晶片脱水干燥，整个清洗工艺，均在“标准态”密闭容器内进行，不同于自动化学清洗站(automatic Wet chemical station)和喷洗式的化学清洗机(spray cleaning processor),晶片在清洗过程中,均由机器手臂逐槽移动或转盘转动,易产生微粒造成微粒污染,但在密闭容器化学清洗过程中,晶片在半真空状态下进行,晶片表面不接触空气,因此能减少微粒污染及提高表面洁净度,图 9-65 为美国 CFM 公司工艺的全流式(Full-Flow™)密闭单容器化学清洗系统;图 9-66 为全流式清洗系统结构。

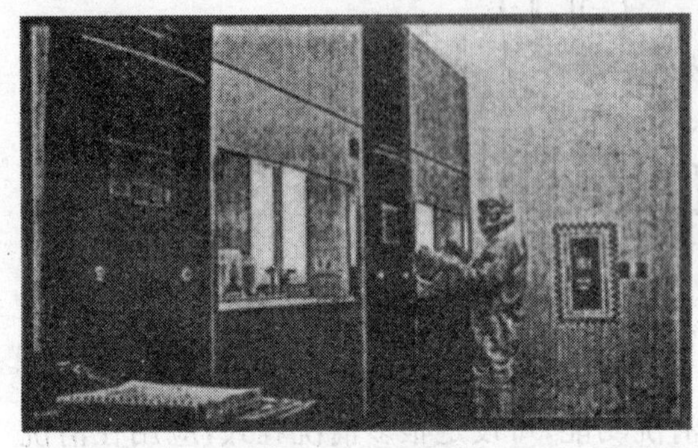

图 9-65 CFM 公司全流式(Full-Flow)密闭单容器清洗系统

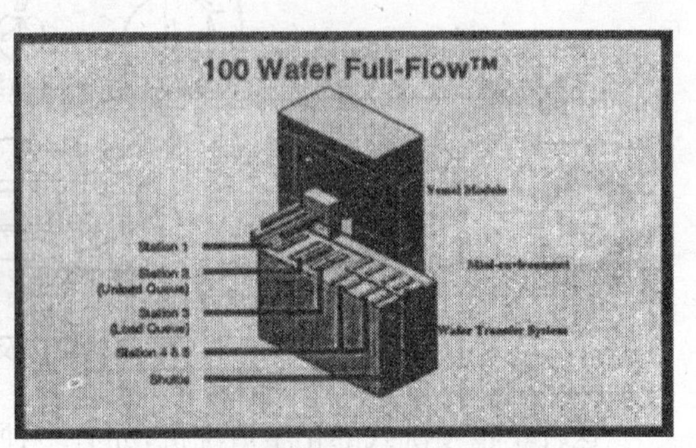

图 9-66 全流式(Full-FlowTM)清洗系统结构

清洗前,晶片经自动晶舟转换器置放于有沟槽(Slotted)的容器内,覆盖密闭后,晶片置放于密闭容器内的情况(见图 9-67)。当晶片放置妥当后,线上操作人员(operator)选定清洗程式(recipe)后,将程式下传(download)到系统电脑控制站(computer controller),按下启动(start),开始按设定清洗程式,依次通入不同的化学清洗溶液,到密闭容器(vessel),将晶片清洗后,即通入 DI 纯水,将清洗溶液排出,DI 纯水洗濯(rinse)晶片和容器,达到设定阻值后,依设定的程序,再通第二种化学溶液清洗后排出,再通入 DI 纯水洗濯,这样依程式设定的顺序来执行完成清洗,在切换不同的清洗化学溶液时,即以 DI 纯水冲洗晶片及容器洗濯残留的酸卤,以避免不同化学酸卤溶液交互污染(cross contamination)。在最后 DI 洗濯(final rinse)通入 IPA 到容器内,将残留的水分水滴排除后,通入氮气,以利用 IPA 蒸发及表面张力及分子力原理,将晶片及容器脱水干燥,图 9-68 为全流式密闭容器清洗工艺图。

(a) (b)

图 9-67 晶片置放于密闭容器清洗机的情况

(a) 晶片置于沟槽容器 (b) 装满晶片的容器置于密闭清洗室

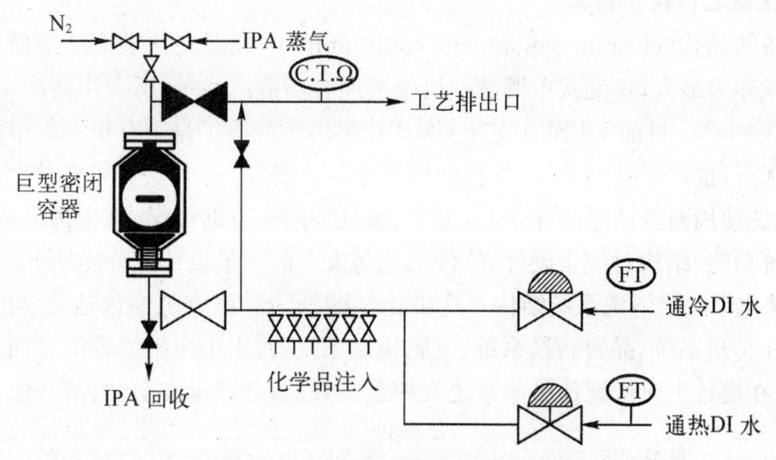

图 9-68　全流式密闭容器清洗工艺

这种全流式密闭单容器化学清洗系统设计非常简单新颖，清洗槽体积小，以 50 片 8 英寸晶片的容器(Vessel)为例，体积约为开放式自动化学酸槽的 1/5。因此在清洗用化学品和纯水的用量和成本比化学清洗酸槽要低很多，而且清洗用化学溶液可密闭到清洗容器内，不易挥发和分解，溶液浓度及比例均保持稳定不变。每批晶片清洗的条件相同，可做到每批晶片均以新鲜洁净的化学溶液清洗；金属有机杂质较低，而酸槽化学溶液浓度及金属杂质，均随清洗晶片片数改变清洗条件；开放式酸槽因加热而合酸槽内化学溶液蒸发分解，从而改变浓度及比例。所以需随时固定添加新溶液以维持浓度及比例，但溶液微粒及金属杂质的污染会随清洗片数而越洗越脏，晶片经 robot 移动逐槽清洗，机器手臂移动，产生很多微粒，而 robot 暴露在化学蒸汽环境，易遭腐蚀而影响到 Robot 的信赖度。因此 robot 出于对造成报废的主因及安全性的考虑，robot 伤人、撞破石英槽、手臂断裂、破片……庞大的整座酸槽，结构复杂，维修困难，而微粒的控制及氧化刻蚀率的不稳及不均匀，如 8 英寸晶片，下端浸蚀在 DHF 酸槽中去除氧化层，下端先入后出，而上端后入先出，且晶粒拉出液面时 DHF 由上往下流，更造成刻蚀不均匀的先天性(Inherent)缺点，随晶片尺寸变大，更需克服这些问题点。全流式密闭单容器化学清洗系统有以下的优点：

① 可减少化学溶液用量；

② 减少 DI 纯水用量，全流设计洗濯效率高；

③ 减少废气、废水排放，密闭清洗系统；

④ 系统简单、价格低、维修容易；

⑤ 新鲜纯净化学溶液；

⑥ 微粒少、无水痕、刻蚀均匀度高；

⑦ 溶液浓度纯度、比例稳定、清洗条件每批均同；

⑧ 清洗标准时间短不必等待换酸；

⑨ 清洗程式(recipe)功能多；

⑩ 程式设定简易转换快。

3. 清洗设备之结构和内容

清洗设备的结构(cleaning equipment configuration)以湿式化学清洗酸槽,最为庞大复杂所占用面积亦为最大,喷洗式单槽清洗机及密闭容器清洗系统,所占用洁净室面积约为化学酸槽的 1/3～1/5。目前 ULSI 工艺上,湿式化学清洗酸槽仍是占有很大的市场,但单槽式清洗系统的优点,也逐渐受到重视,如机台体积小,占用洁净室面积空间小,纯水化学品耗用量少,每次清洗使用新鲜洁净的化学品,废水、废气拜谢少有助环保,减少污染等。以下针对各种清洗系统功能,结构对应于硬件、软件工艺与安全的考量设计兹分述如下。

(1) 自动化学酸槽清洗系统结构。这种化学酸槽清洗系统主要包括化学酸槽,DI 纯水洗濯槽,robot 传送系统、晶舟转换系统、电脑控制系统、脱水干燥系统等组合而成,各系统的结构及功能,在设计上应注意使整座系统发挥最大效益,并考量安全性、清洗成本、清洗程式互换性。

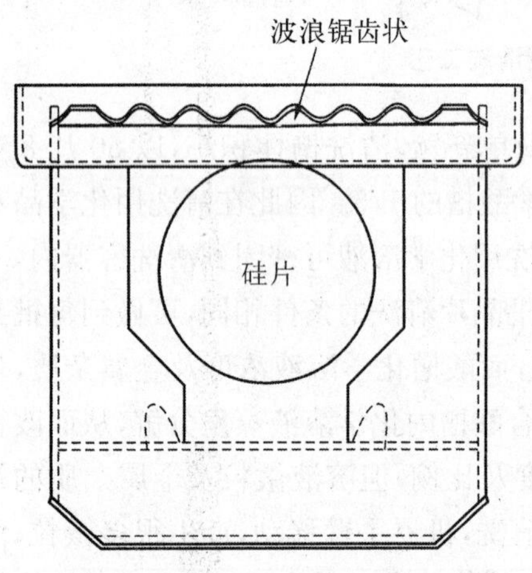

图 9-69　石英槽与 PVDF 槽的结构

化学酸槽有两种不同的材质,石英槽(quartz tank)和铁弗龙槽(PVDF tank),在应用上有不同的考虑及限制。石英槽为加热酸槽及 DI 纯水洗濯能耐酸卤腐蚀,但不宜使用 HF 槽。此种槽并能加装超声波振荡清洗系统(megasonic cleaner)的设计。上面为波浪锯齿状以得液面溢流及循环过滤系统去除微粒杂质而酸槽底部设有晶舟固定座(cassette locator),以利晶舟固定校准(cassette alignment),图 9-69 为石英酸槽的结构。

铁弗龙槽主要为氢氟酸槽(HF tank)能耐腐蚀而不需加热,而槽的结构亦需与石英槽相同,以得微粒及杂质的清除。

化学酸槽的结构及控制功能

① 厂务硬件参数(facility hardware parameters);

② 化学控制参数(chemical control parameters);

③ 温度控制参数(temperature cont rol parameters);

④ 清洗程式参数(recipe parameters);

⑤ 机械手臂参数(robot parameters)。

图 9-70 为标准清洗(SC1)酸槽的结构,首先由自动供酸系统,将氩氧化铵(NH_4OH),双氧水(H_2O_2)和 DI 纯水,依设定的比率充满酸槽。液面深度感应器控制酸槽液面达到设定高度后,加热系统即开始加热,同时循环过滤系统亦开始启动,将酸槽化学溶液流经 0.1 μ 的过滤器,去除溶液中的微粒主杂质,酸卤浓度监测器随时监测浓度,浓度变低,即时添加补充新酸以维持设定的浓度比例,整座系统达到设定的参数条件,则电脑控制屏幕志显示的参数即为绿色,若参数未达到设定值,则会变为红色而有警讯。

(2) 喷洗式单槽清洗系统结构图。这种清洗系统,最主要的清洗功能在于各种化学酸卤流量的控制,以达到清洗程式所设定的流量及比例,进而达到清洗目标,微粒数、金属杂质

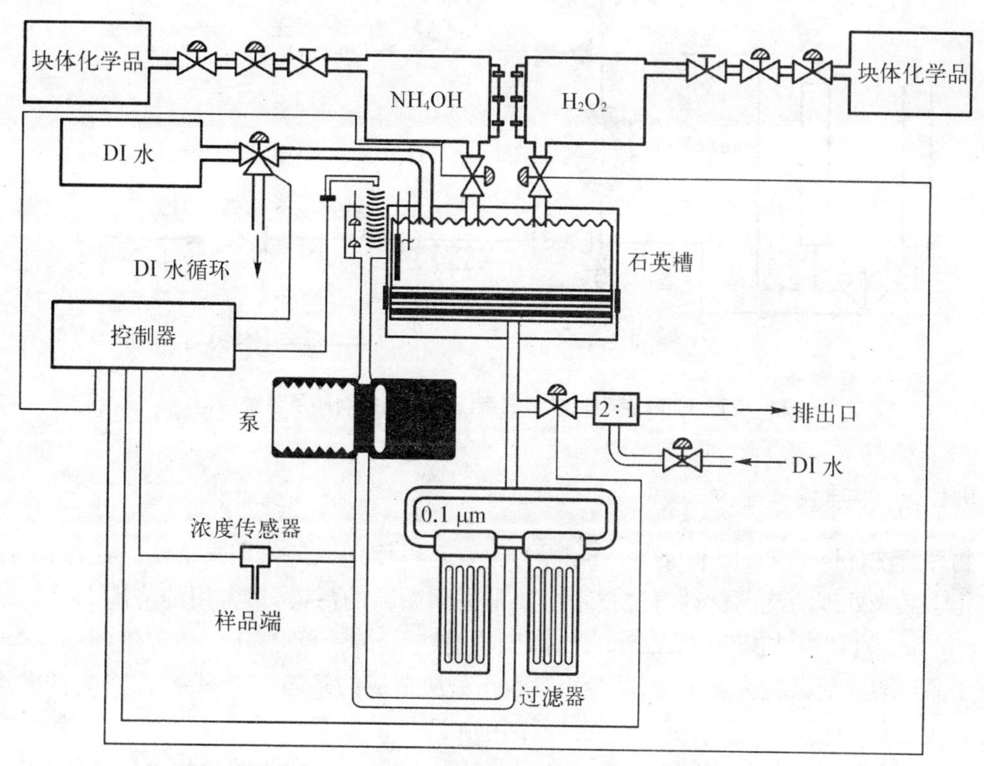

图 9－70　SMS 自动酸槽系统清洗(SC1)酸槽结构

的含量，因此流量控制器(mass flow controller，MFC)是引清洗系统最重要的控制参数，为 FSI 化学酸卤及 DI 纯水流量控制结构，此流量的控制阀(Flow Pickups)来控制 HF 及 DI 纯水流量的混合比，精确到 HF 的浓度进而控制氧化层的刻蚀率及均匀度，又如在 SC1 清洗过程，若 NH_4OH∶H_2O_2∶DI，流量控制阀有偏差造成 NH_4OH 流量大，则影响刻蚀率会形成晶片表面被 NH_4OH 侵蚀面造成斑点。HF 与 DI 流量比例漂移偏差，则影响刻蚀率及刻蚀均匀度，HF 流量大，则会过度刻蚀；流量小，则会刻蚀不足，造成自然氧化层清除不干净。因此流量控制阀是喷洗式清洗系统最重要的零部件，另外转盘的转动马达转子亦是这种系统结构上很重要的部分，若马达转子和转速(rpm)失控会造成氧化刻蚀不均或化学清洗不洁，洗濯不全而有化学残留物而造成污染。同时各种控制阀门，亦需确认漏酸或漏水，以避免漏阀而造成化学酸卤，交互污染。

(3) 密闭容器清洗系统结构图。这种清洗系统主要仍上控制各种化学酸卤流量及比例，因此流量计也是此系统最重要的控制参数。同时各种控制阀门的开或关(ON/OFF)，能否确定无漏阀。也是非常重要的因素，因此在切换不同的清洗溶液，若有漏阀，会造成交互污染。如在 SC1 洗完后切换到 SC2，若 NH_4OH 有漏阀，则 NH_4OH 也流出与 SC2 混合液中的 H1 作用，而产生白色微粒 NH_4Cl，而造成污染等。因此所有阀门及流量控制器(MFC)，也是密闭清洗系统最重要的零组件，需定期检验校准正确的流量及检漏各控制阀门，以确保此系统正常的运转。图 9－71 为密闭容器化学清洗系统的主要结构。

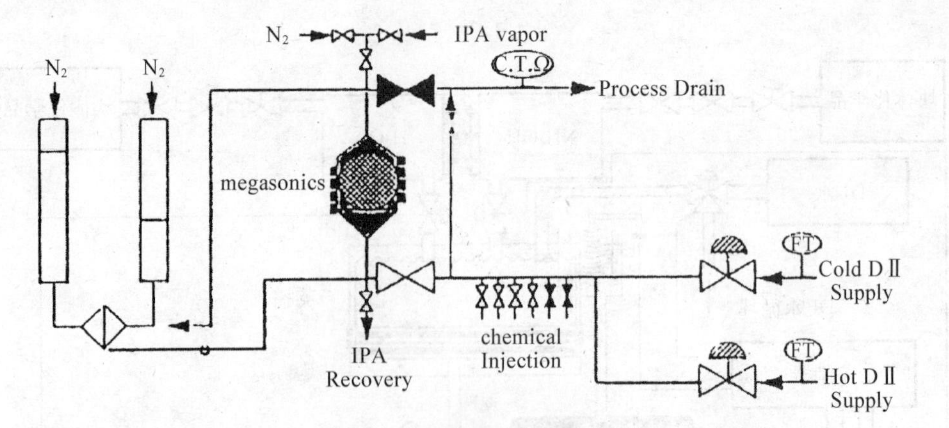

图 9-71　CFM 密闭化学清洗系统的流量控制阀及系统结构

9.4.2　物理清洗技术

物理清洗(physical cleaning technology)主要是以物理原理作用来清洗晶片，而不使用任何化学品来处理清洗。这种清洗技术主要是去除微粒的污染，最常用的清洗方法是以刷洗(scrubbing)、超声波振荡(megasonic)、高压喷洗(jet spray)及高压气体喷洗(aerosol)、将附着于晶片表面的微粒去除干净，减少因微粒污染所造成的缺陷(defects)，而影响良率及元件的品质及信赖度。目前依据以上物理作用所设计的清洗机台有两种，一种为刷洗机(scrubber)另一种为冷冻喷洗机(cryogenic aerosol cleaner)。物理清洗技术，主要应用在去除因工艺所诱发的微粒污染，如刻蚀、离子植入、化学气相淀积(CVD)，或物理气相淀积(PVD)后，微粒附着在晶片表面，这种刷洗，非常有效地去除附着在晶片表面的微粒。

1. 刷洗机

洗刷机(scrubber)的设计主要是利用特殊有弹性、低污染的特氟龙刷(sponage teflon brush)在高速旋转的晶片来回刷洗，同是时 DI 纯水洗濯晶片表面并净微粒冲洗干净，刷洗程式(recipe)可设定为单面或双面刷洗(one-sided or doubble-sided scrubbing)。图 9-72 为日本 TEL 公司所制作 SS-2 型的刷洗机(SS-2 scryubber system)。这种机台有多功能的设计，为了提高微粒去除效果，有三种选择可配合刷洗程式如下：

① 自动刷洗(auto bush scrubber)；

② 高压刷洗(jet scrub)；

③ 超声波刷洗(megasonic scrub)。

图 9-73 为刷洗头的结构，左臂装设有自转的刷子在晶片表面来回刷洗，右臂装有高压喷射系统(jet system)或超声波清洗器(megasonic cleaner)借助高压喷射系统或超声波振荡能量，将附着较为紧密强韧的微粒去除。机械传输手臂将晶片由左加的卡式晶舟(cassette)，传送至如槽式形状结构经由真空吸盘(vacuum chuck)，固定在刷洗槽内，晶片转盘左右臂交互刷洗晶片表面或背面，或依设定的程式自动刷洗，同时 DI 纯水经由洗濯喷嘴(rinse nozzle)喷洗晶片表背双面后，最后高速旋干，再将晶片传送到输出端(output stage)的卡式晶舟，整个刷洗过程即算完成。

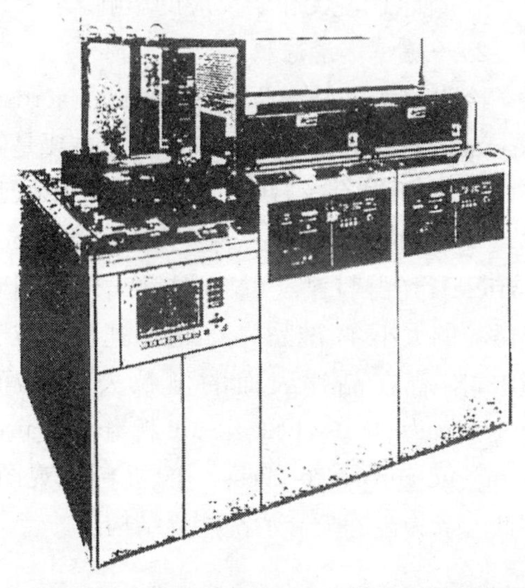

图 9－72　TEL 公司 SS－2 型刷洗机外观

图 9－73　SS－2 刷洗机刷洗系统结构

刷洗机对微粒去除效果与刷洗系统机械结构有很大的影响，图 9－74 为美国 SSEC 公司，所设计刷洗系统的结构，而且刷洗用的刷子（brush）的材料结构形状，也是影响微粒去除效果的因素之一，图 9－75 为美国（Thomas West）公司所设计制作的各种刷子（brushes），以应用在不同的用途刷洗机在 ULSI 工艺上，晶片经由刷洗，去除晶片表面及背面的微粒污染，对工艺上有很多优点，以下提供作为参考：

① 提升产品合格率；

② 降低散焦（disfocus）不合格率；

③ 提高秤线洁净度（line cleaniness）；

④ 防止微粒再淀积；

图 9－74　SSEC 公司所制作刷洗系统的结构

图 9－75　美国 Thomas West 公司制作的不同用途的刷子

图 9-76　FSI公司制作冷冻喷雾机外观(aires cryogenic aerisiol processor)

⑤ 纯水刷洗无化学反应的影响。

2. 冷冻喷雾清洗机

冷冻喷洗技术(cryogenic aerosol cleaner),是将惰性气体(inert gas),主要是氩气(argon)低温冷冻后喷射出来,由于膨胀吸热反应形成固态氩气粒子(solid argon particle),经由与氮气(N_2)混合比以控制氩气微粒的大小,喷洗晶片表面,高速氩气粒子撞击,附着在晶片表面的微粒去除干净。图 9-76 为美国 FSI 公司制作的 aires cryogenic aerosol processor 的机台外观图,图 9-77 为冷冻喷雾清洗流程结构图。

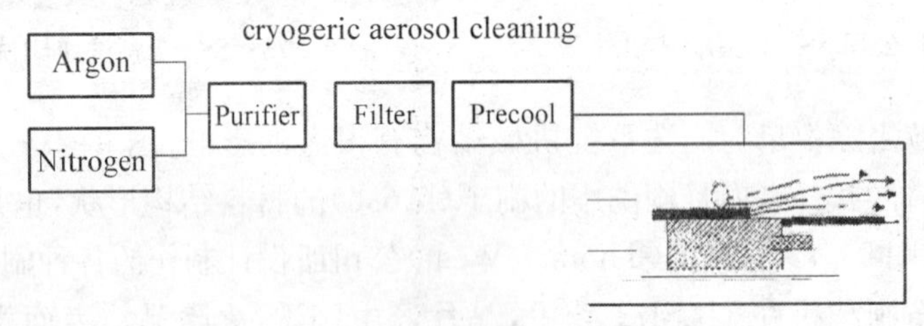

图 9-77　FSI 冷冻喷雾清洗流程结构

这种冷冻喷雾清洗技术,主要应用于反应离子刻蚀(reactive ion etch,简称 RIE)后,所诱发残留微粒、杂质的去除效果非常良好。尤其以金属连线刻蚀后,铝金属侧壁所残留的聚合物(polymer)、金属线,或金属屑,及侧壁聚合物吸附了很多刻蚀气体残留的氯气或氯化物(chlorides),有机溶剂很难去除干净而造成金属桥接短路及残留氯化物水解,而造成金属腐蚀等不良缺陷影响产品成品率、品质及信赖度。使用冷冻喷雾的物理清洁技术,非常有效地清除这些残留的污染不纯物高速冷冻氩气粒子喷射晶面,具有很高动能及动量,撞击附着在晶片表面造成的破坏。并且由于热效应的结果,不同材质的热膨胀差异,而使附着在侧壁上的残留物剥落脱离表面,而被清除干净,减少金属腐蚀的缺陷,提升产品的工艺成品率。冷冻喷雾清洗可应用于任何刻蚀工艺后的清洗,如多晶栅氧刻蚀、氧化刻蚀、接触窗及连络窗刻蚀后清洗,能非常有效地去除刻蚀后残留下来的有机及无机副产品及不纯物,避免在等待清洗前或下一步骤工艺时,抑制化学变化,而使刻蚀后之图案及线路更清晰、洁净以提升产品的成品率。

9.4.3　干式清洗技术(dry clean technology)

湿式化学清洗技术,目前仍是半导体 IC 工业,主要晶片清洗的工艺技术。但是在 USLI 工艺上,仍有很多问题待克服解决,以更符合深亚微米工艺技术的需求,以下为湿式化学清洗的重要问题。

① 化学品的纯度(purity);

② 微粒的产生(particle generation);

③ 金属杂质的污染(metal impurity);

④ 干燥技术的困难(drying difficult);

⑤ 废水、废气的处理。

为解决这些问题许多替代式的清洗技术,亦被开发出来。干式的清洗技术即是其中替代式的清洗技术,但仍是无法全部取代湿式化学清洗技术。一般晶片仍是经湿式化学清洗后,再经干式清洗技术去除晶片表面,碳氢化合物的有机杂质及不纯物的污染,以及自然氧化物以确保晶片表面的洁净度使后续工艺的薄膜淀积,能达到高品质,例如多晶连络层淀积及硅晶层淀积。干式清洗工艺技术,主要是应用气相化学反应在常温或低温下,利用等离子体能,RF或辐射能,来提升化学反应活化能(activation energy)增进表面清洗能力,兹介绍如下。

1. 氟化氢/水蒸汽清洗技术

HF/H_2O vapor Clean 干式蒸汽清洗技术,是利用氮气(N_2)作为传输气体通入 HF 瓶中,将 HF 带入低压的蒸汽反应室内同时也通入水蒸汽,HF/H_2O 混合蒸汽将置放于反应室内的硅晶片表面的氧化层起作用,氟化氢(HF)蒸汽在水蒸汽催化助长,而产生氟化物(SiF_4)气体,经由抽气排出同时 DI 纯水洗濯,将晶片表面经刻蚀后的残留不纯物及金属杂质清洗干燥,使硅晶片表面成为非常洁净、无微粒及自然氧化层的表面。这种气相干式清洗系统,除了氟化氢气体,亦可通入其他气体如氯化氢(HCl),氧/臭氧(O_2/O_3)作为去除有机物及金属杂质气相干式清洗。此种清洗最大的优点,是低压真空清洗晶片表面无氧化层,无水痕及微粒、低金属及有机物的污染,纯水及化学品耗用量少,可作为复晶淀积及金属溅镀前接触窗清洗,有效地降低接触窗阻值,以及去除金属刻蚀后所残留的杂质和侧壁聚合物不纯物。图 9-78 为金属刻蚀后,干式蒸汽清洗前后的比较。

(a)

(b)

图 9-78 金属刻蚀后,干式蒸汽清洗前后的比较

(a) 干式清洗前 (b) 干式清洗后

2. 紫外线/臭氧干洗技术

这种清洗技术,主要通入(O_2)到低压真空的蒸气反应室利用紫外线(UV)能量激发,使氧分子(O_2)分解成强氧化能力的初生态的氧原子(O)及臭氧(O_3),净有机碳氢化合物氧化成挥发性的化合物,抽气排出,因此非常有效地将晶片表面的有机物质去除干净,其光化学

反应

$$O_2 + h\nu \xrightarrow{UV} 2O$$
$$O + O_2 \longrightarrow O_3$$
$$O_3 + h\nu \xrightarrow{UV} O + O_2$$
$$R^* + O_3 \longrightarrow CO 或 CO_2$$
$$R^* + O^* \longrightarrow CO 或 CO_2$$

另外，亦可通入氟化氢(HF)蒸汽，将晶片表面的自然氧化物去除干净或可通入IPA(C_3H_7OH)，N_2及Cl_2可作为去除金属杂质，图9-79为美国SMS公司所制作SP-200蒸汽反应室结构。反应室内有紫外线光源(UV-lamp)及红外线光源(IR lamp)以提供化学反应所需的能源。因此这种紫外线散发的干式清洗技术，可作为清除有机不纯物金属杂质及自然氧化物，使晶片表面得到非常高的洁净度，并使后续工艺的薄膜无微粒、不纯物的污染。

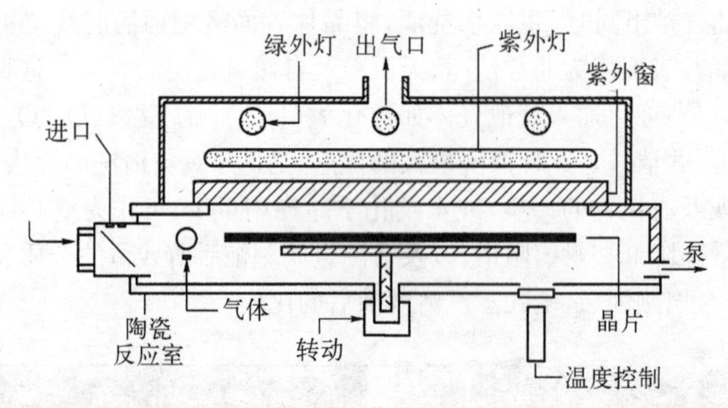

图9-79 SMS公司SP-200蒸汽反应室(Vapor Reactor)结构

3. 氩气等离子体干洗技术

这种干式清洗技术，主要是应用在连接孔Via Hole的清洗，因晶片已经淀积第一层金属，而不能用湿式化学清洗，将连络窗底部的自然氧化物及络窗刻蚀后所残留在侧壁及晶片表面的有机聚合物(Polymer)的杂质去除干净，以免造成金属腐蚀。因此连络金属层淀积前的清洗，必须使用氩气等离子体干洗，利用氩气溅射，使晶片表面及连络窗有非常洁净的表面来溅镀金属连络层。金属物理气相淀积系统即有此内部溅射清洗(In-situ sputter clean)的功能，氩气等离子体干洗应适当调整氩气离子(Ar^+)的能量，以免高能量的氩离子轰击。使晶片表面受损，而造成微粒污染。

9.4.4 未来晶片清洗技术的展望

在ULSI工艺中，硅晶片的清洗主要是去除晶片表面的污染，如微粒、有机物、无机金属离子污染等。传统RCA清洗及改良式RCA清洗，已能有效地达到去除各种污染的清洗效果并且符合微粗糙度的清洗要求。使晶片表面达到非常高的洁净度，使制作出来的半导体元件达到所设计的电气特性，尤其以栅极氧化层的完整性(gate oxide integrity)及品质，是直接影响产品成品率(yield)、品质(reliability)。影响栅极氧化层品质及完整性的主要因素及相互关系;如微粒的污染、金属杂质及微粗糙度,主要是由于清洗工艺技术所引用的诱发的,及化学品的纯度及浓度,DI超纯水的纯度,脱水干燥的气体纯度及旋干技术,清洗程序及程式,清洗设备等。

未来ULSI工艺上,单位晶片面积的电子元件数目,趋向高密度化,工艺技术朝向更精细化,晶片直径去朝向更大型化,在这样大的晶片面积上,要制作超精密细微的电子元件,需要超洁净的晶片表面,才能达到工艺上的需求。因此如何将这么大的硅晶片清洗是未来工艺上的一大挑战。庞大复杂而昂贵的自动化湿式化学清洗、化学品、纯水、排气、废水处理等到的清洗成本及对环境污染冲击是未来清洗最大的挑战。目前16 M DRAM工艺清洗一片200 mm晶片约需耗用4.5(吨)的纯水及10(kg)的化学品,因此节省化学清洗的纯水和化学品用量,以及对环境保护,是未来清洗技术发展的挑战及考虑。为了要达到21世纪更先进的ULSI工艺技术的需求,期待能开发更有效的省时、省力、省物、省电无污染的一贯整合的清洗技术。

1. 清洗设备——精简、多功能化

未来晶片的清洗设备,将由复杂多槽式的清洗演进到密闭单槽式的清洗,配合大直径晶片清洗技术,化学酸槽结构及功能的精简化,大大地缩小清洗机台占用昂贵洁净室的面积及机台造价成本,优点如下:

① 机台精简、巧小、占用面积少;

② 结构简单、多功能、维修容易、信赖度高;

③ 无晶舟(cassetteless)清洗槽小,节省纯水、化学品用量,提高清洗及洗濯效率;

④ 减少废水、废气及对环境污染;

⑤ 准静态清洗——无活动机械手臂传动减少微粒、金属杂质的污染;

⑥ 清洗功能及程式转换快、互换性高;

⑦ 密闭式清洗不接触空气、减少污染;

⑧ 每批晶片均以新鲜洁净化学溶液清洗,相同的纯度及浓度,清洗工艺稳定。

2. 清洗材料——高纯度、低杂质、无污染

超纯度的化学品、低微粒及低金属杂质。无氧超纯水(oxygen-free ultrapure water)洗濯。以臭氧(O_3)冷冻纯水(O_3-Chilled DI)取代SPM($H_2SO_4+H_2O_2$),减少化学品用量及化学废液,降低清洗成本及保护环境。开发单一清洗配方,取代RCA不同化学溶液清洗效果达到超洁净、无微粒污染、无金属离子污染,无表面微粗糙的晶片表面,如美国J. T. Baker开发的“Dublin”单一清洗配方,尚在实验阶段验证中,可望将来能取代复杂的RCA清洗。

3. 清洗工艺——快速简洁清洗配方及程式

清洗循环短,清洗效率高清洗产能大。无化学品晶片清洗工艺技术的开发。图9-80为美国RSC公司的光子惰性气体清洗工艺技术,能达到无化学污染、无水干式清洗低成本、无环境污染的超洁净的清洗。

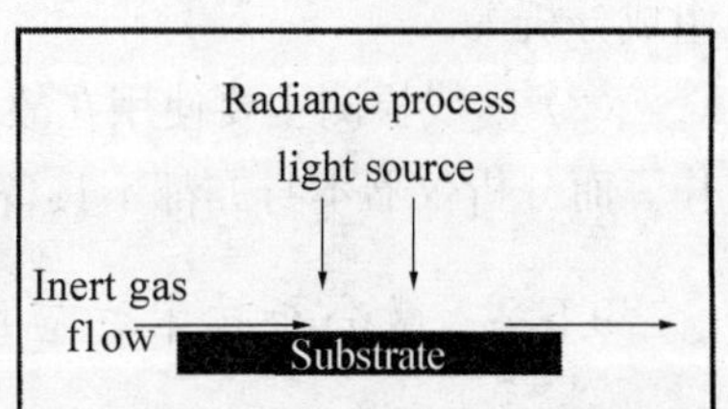

图9-80　美国RSC公司未来光子惰性气体清洗技术

9.5 微分析技术,常用微分析仪器,故障分析 FA

9.5.1 微分析技术及缺陷改善工程

微分析技术在 IC 工业中的应用范围极广,几乎所有质保、产品合格率提升及可靠性测试的故障分析、工艺研发、线上缺陷改善以及工艺稳定性控制等,都需要微分析技术的支援,尤其 IC 晶片的品质主要是由电性参数决定,而电性的好坏则依靠所用材料及工艺的品质来决定,而微分析技术则可以协助做材料及工艺品质的鉴定及改善。

随着元件尺寸微小化趋势,2014 年已进入 26 nm 以下的设计准则(design rule)。因此对 IC 晶片中的缺陷大小及杂质浓度的容忍度已愈来愈严格。表 9 - 30 为设计准则对缺陷大小的容忍度。而对杂质浓度的检测范围则视不同工艺步骤及材料而定,目前很多已要求达到 10^9 atom/cm^3 或 10^{12}～10^{16}atom/cm^3 水准,如硅基板表面或内部的金属污染(Na,Fe,Cu 等)。所以对分析仪器的能力及种类的需求也较以往严格许多。

表 9 - 30 全球 IC 工艺发展趋势与缺陷容忍度

年　份	设计准则/μm	线宽/μm	缺损尺寸/(μm)
1995	0.35	0.25	0.12
1998	0.25	0.18	0.08
2001	0.18	0.13	0.06
2004	0.13	0.10	0.04
2007	0.1	0.07	0.03

就微分析仪在半导体工业中与 IC 工业的应用而言,可以大概分为线上检测(in-line monitoring)及离线检测(off-line monitoring)两大类。

(1) 线上检测用在生产线上做快速自动化且非破坏(性)之检测,如工艺稳定性监测、品管抽验或是缺陷分析改善等。例如利用 TXRF 来监控线上重金属污染、利用 XRF 来测量 BPSG 或 BP - TEOS 中硼(B)磷(P)含量、使用 FTIR 来测定硅晶片中氧含量、利用 In-line CD - SEM 来测量重要层次尺寸或使用 In-line Defect Review SEM/EDS 做缺陷复验及元素组成分析等。

(2) 离线检测主要使用在故障分析、合格率分析及工艺研发,或支援线上缺陷改善等工作。而分析仪器本身亦都不具备线上即时分析能力。

9.5.2 微分析技术之应用:线上检测,离线检测,FA

1. 线上检测

由于工艺步骤的增加、晶片成本提高、产品周期缩短以及微分析仪器自动化技术的成熟,未来趋势应是越来越多分析仪器被引入生产线做自动化分析，以期能在即时（real time）就将缺陷及异常找出。但必须付出的代价是更昂贵的仪器价格以及增加生产线流程。

一般用在生产线上做即时自动化分析的分析仪器必须具备条件如下：

① 分析速度快；

② 自动化操作；

③ 非破坏性分析，且可放入 8 英寸晶圆整片检查；

④ 无污染可能；

⑤ 分析灵敏度及稳定性远高于工艺规格等。

目前较常使用在线上检测的微分析仪器为 In-line CD - SEM、In-line defect review SEM/EDS、TXRF、XRF、FTIR、FIB、FE - Auger 等，不久将来，TEM、SIMS 等也可能有 In-line 型放入生产线使用。

2. 离线检测，故障分析（failure analysis）

离线检测主要使用在故障分析、合格率分析及工艺研发，或支援线上缺陷改善等工作。而分析仪器本身亦都不具备线上即时分析能力。不管是何种失效，都会有“失效模式（failure mode）”呈现，如电性参数异常，再经由一些失效位置隔离（failure site isolation）技术将失效位置找出，再利用反向工程技术（Reverse Engineering），如层次去除或剖面切割来使缺陷或异常位置露出，再使用微分析技术分析其异常成因来推断出“机构”（failure mechanism）进而找出“失效原因”（root cause），以便于从工艺角度订出“改善方案”（corrective action）。改善方案实施后再不断“验证”（verification）其改善效果。举个例子，由电性测试得知栅极（gate）至硅基板有漏电流发生，经由 emission microscope 获得其漏电流位置，即热点（hot spot）位置。再针对此位置做成精密定点剖面（precision cross sectionning）试片，再以 SEM 或 TEM 检查热点的 Si 器件结构，即可得知故障的原因。

9.5.3　常用微分析仪器介绍

1. 概述

由于半导体工业的快速发展，其线路尺寸急速缩小，使得其对测量及分析仪器的要求愈来愈高。传统的光学系统早已不能满足需求，而电子显微镜的应用则日渐广泛，尤其是扫描式电子显微镜（scanning electron microscope，SEM）因试片制备较简易、平面解像能（spatial resolution）佳、景深（depth of field）长，可清晰地显示三度空间像。另外亦可获得电场电压分布、电阻变化、电子空穴复合中心、荧光性质以及缺陷结构等资讯，若与 X - ray 光谱测量仪结合，如能量分散光谱仪（energy-dispersive spectrometer，EDS）或波长分散光谱仪（wavelength-dispersive spectorometer，WDS），则可探得化学元素组成。故 SEM 实为一快速又高性能的检验及分析工具，在半导体工业使用非常普遍。

另外，目前已有愈来愈多的不同检测仪器被发展出来。例如聚焦离子束（focused ion beam，FIB）、扫描探针显微镜（scanning probe microscope，SPM）、共焦光学显微镜（confocal microscope）等。其中 FIB 在半导体工业的应用已开始开花结果，有举足轻重的地位。因为 FIB 具有许多独特且重要的功能，能将以往在半导体设计、制造、检测及故障分析上许多困难、耗时或根本无法达成的问题一一解决。例如后面所述的精密定点切面(precision cross-sectioning)、晶粒(grain)大小分布测量、微线路分析及修理等。

第一部SEM是在1938年由德国Von Ardenne在穿透式电子显微镜(TEM)中加装扫描线圈而建造成。美国人Zworykin等人在1942年首先使用SEM来检验厚试片,此时的解像能(Resolution)为1 μm。法国人Davone等自1946年亦开始发展SEM研究晶体阴极灾光测量。后来的发展主要是由Oatly于1948年在英国剑桥大学开始,他与McMullan共同建造的SEM在1952年达到10 nm的解像能。至1960年Everhart和Thornley将闪烁器使用在记号收集上,使得信号—噪声比(signal-to-noise Ratio)大大提高,故较弱信噪比也能看到。1965年第一台商用SEM在英国上市。1969年Crewe发展成功冷阴极式场发射型SEM。之后不断发展并普遍应用在许多领域上,如医学、材料、电子、生物、机械等。SEM的电脑化与自动化已非常普遍,在解像能上也有长足进步,尤其在半导体的应用更为频繁,现在已是集成电路工业厂不可或缺的主要仪器。而EDS的发展源自1968年由Fitzgerald等人提出硅(锂)侦测器[Silicon(Lithium - Drifted) Solid State Detector],应用在X - ray能谱分析(energy spectrometer)使得X - ray微分析有了革命性的进展,并促使70年代起的SEM系统同时可具备X - ray能谱分析功能,而在一套仪器外可同时获得X - ray信号与电子信号的测量与影像显示。与EDS类似的WDS则始于1956年,开始时主要作为电子微探仪(electron probe microanalyzer, epma,或electron microprobe)的侦测器。但SEM亦可加装WDS系统,因此目前也就常把EPMA与SEM视为一体了。

2. SEM

SEM的运作原理如9 - 81所示,由上方电子枪内的灯丝发射的电子经由阳极(anode)以约0.2~30 kV的电压加速,再经由通常包括1~2个电磁透镜使电子聚集成一微小的电子束再由物镜聚焦至试片上。扫描线圈通常位于物镜附近,使电子束扫描过试片表面。电子束沿着试片做直线扫描,而同时在阴极射线管(CRT)对应着一条水平扫描线,即试片和CRT之间系一对一的同步扫描,而CRT上的信号强弱则是利用侦测器量得电子束照射的试片之后所引起的信号,如二次电子、背散射电子、穿透电子、X - ray、阴极发光及吸收电流等,将其放大后同步显示在CRT上。目前SEM的信号处理,大多以数字式取代以往的模拟方式。因此对影像的处理及储存都有长足的进步。

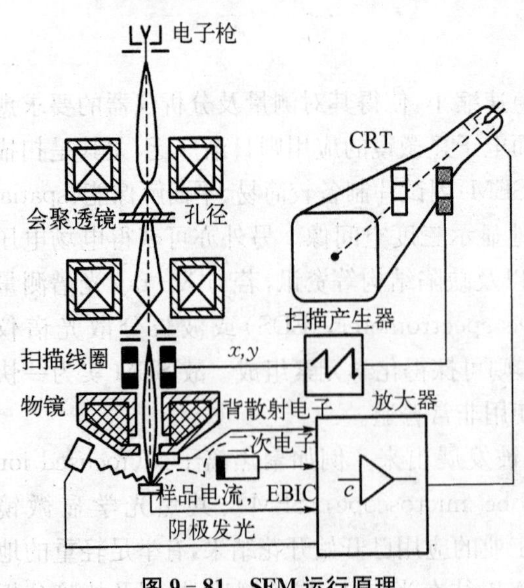

图9 - 81 SEM运行原理

如上所述,SEM成像实际上并未经由任何透镜,像的放大完全由扫描线圈控制扫描试片上的面积大小决定,放大倍率即为CRT上影像大小与扫描过试片表面大小之比。若要增加放大倍率,只要降低扫描线圈的电流,而使扫描试片的面积减小。故此种成像原理与传统光学及TEM不同，其并非真正成像，因真正成像必须有真实的光路径(ray path)连接至底片。故对SEM而言，像的形成系由试片空间经转换到CRT空间而成。且其影像信号的传递，系在每一扫描点的一个信号强度，再由每一点的信号以时间为序组合成CRT上的影像。故任何入射电子束与材料所引起的信号，只要可被迅速收集而转换成电信号，都可在CRT上成像。因此，SEM可同时收集数种信号，而从同一区域得到不同资料。亦可控制电子束的扫描方式，如面扫描(mapping)、线扫描(line scan)、固定点扫描(spot mode)等，来获得不同的信号呈现方式，以利分析工作的进行。另外，因SEM的成像是按时间顺序而成，故聚焦及照相较繁琐，但在信号的获得、处理及转换上都有许多好处及方便性，并可得到许多资料。也因此SEM非常依赖电路或电脑技术来传递及处理信号。这也是为何SEM的起步较TEM晚的原因之一。

(1) 电子束与试片的交互作用。当电子束入射于一固体材料上时会发生弹性与非弹性碰撞，并引发一连串反应。图9-82为电子束撞击试片所产生的信息范围及空间分布情况。图9-83为入射电子与试片上原子发生非弹性碰撞并产生俄歇(Auger)电子及特征X-ray等。二次电子由于产生的数量大而且放射的范围小，故被利用来产生高空间解析度的影像。其他的信号如俄歇电子、背射电子、特征X-ray、吸收电流、阴极发光等都可测得，并作为分析工具。

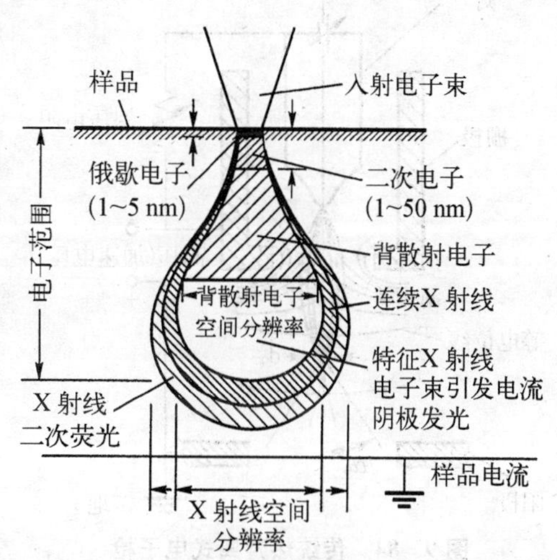

图9-82　电子束撞击试片所产生的信息范围及空间分布情况

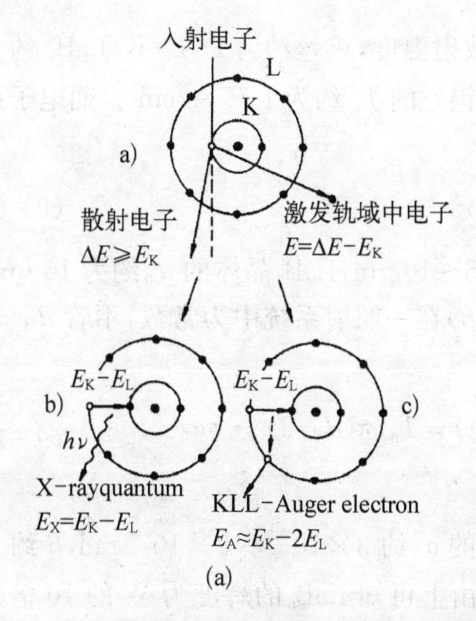

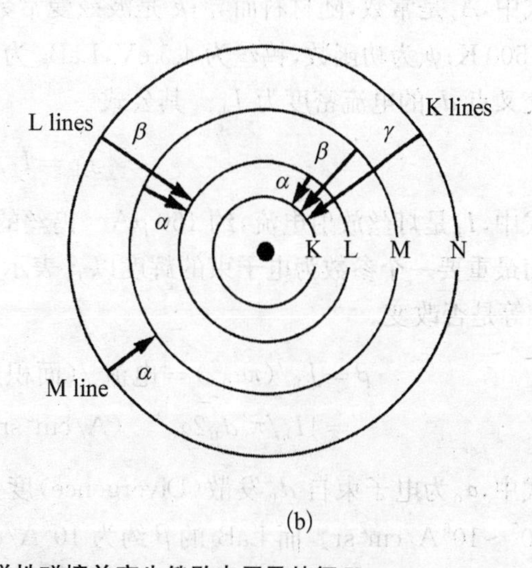

图9-83　入射电子与试片上原子发生非弹性碰撞并产生俄歇电子及特征X-ray

(a) 入射电子游离内层电子并造成外层电子掉入低能阶而产生特征X-ray或俄歇电子　(b) 电子能阶与放出的特征X-ray之相关图，如电子由L层掉到K层所放出的特征X-ray称为K

(2) 电子枪。因实际使用 SEM 时，其解像能的极限及整体的性能主要由电子枪的形态决定，故对电子枪做一个介绍。

一般有三种机构可使得电子枪从金属表面发射出来，即光放射(photoemission)、热游离放射(thermionic emission)和场发射(field emission, FE)。光放射是利用入射光子给予电子足够的动能克服功函数而脱离金属表面。而场发射则是利用外加高电场使电位壁障变得极薄，使得电子得以穿隧方式直接脱离金属表面。目前使用的电子枪有热游离式和场发射式两大类型。热游离式因为发展较早且成本低，一直为市场主流，而场发射式则是由 Crewe 在 1969 年发展出来，解像力高，近几年发展得更成熟且对解像力的要求提高，故其应用也越来越普遍，尤其是在半导体中的应用。

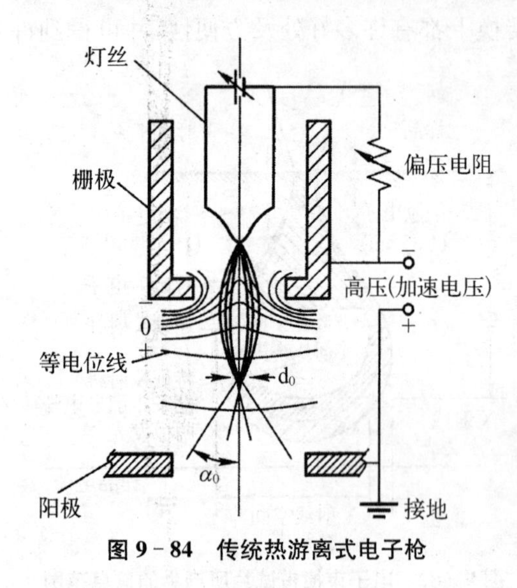

图 9-84　传统热游离式电子枪

电子枪主要包括灯丝(filament)和阳极阴极作为电子源，阳极作为加速电子使用。传统热游离型电子枪如图 9-84 所示，使用 V 型钨(W)丝或六硼化镧(LaB_6)晶体作为灯丝。操作时，灯丝被加热并加一负高压(0～30 kV)，而灯丝周围的栅极(wehnelt cylinder 或 grid cap)则加一比阴极更低 0～2 500 V 的偏压。此负偏压使电子束聚成一交叉点，大小为 d_0。下面的会聚透镜将电子束再次缩小，再由物镜聚焦而将电子束打至试片上。由灯丝发射的电流密度 J_c 可用 Richardson 公式表示

$$J_c = A_c T^2 \exp(-\psi/(kT)) \qquad (A/cm^2) \tag{9-5}$$

式中，A_c是常数，随材料而异；k 是波兹曼常数；T 是放射温度，钨丝约为 2 700 K，LaB_6 约为 1 500 K；ψ 为功函数，钨丝为 4.5 eV，LaB_6 为 2.4 eV；钨丝的 J_c 约为 1.75 A/cm^2。而电子束交叉点 d_0的电流密度为 J_b。其公式

$$J_b = I_b/\pi(d_0/2)^2 \tag{9-6}$$

式中，I_b是灯丝放射电流，约 150 μA。钨丝的 d_0约 25～10 μm，LaB_6晶体的 d_0约为 10 μm。而最重要一个参数为电子束的辉度以 β 表示。辉度(β)在一照射系统中为常数，不管 d，α，I 等是否改变。

$$\begin{aligned}\beta &= J_b/(\pi\alpha_0{}^2) = \text{电流}/(\text{面积})(\text{固体角}) = I_b/\pi(d_0/2)^2 \cdot \pi\alpha_0{}^2 \\ &= 4I_b/\pi^2 d_0 2\alpha_0{}^2 \quad (A/cm^2\,sr)\end{aligned} \tag{9-7}$$

式中，α_0为电子束自 d_0发散(Divergence)度角，钨丝的 α_0 约 3×10^{-3}～8×10^{-3} rad，β 约为 10^5～10^6 $A/cm^2\,sr$。而 LaB_6的 β 约为 10^7 $A/cm^2\,sr$。由上可知 LaB_6的辉度为 W 的 10 倍且因功函数较低，故在 1 500 K 即可达到相同电流密度，所以使用寿命也较长，约有 300 h 以上，而一般的钨丝约为 50 h。但因 LaB_6加热时活性强，故要在 10^{-7} torr 的真空度下操作，而

钨丝只要至 10^{-5} torr 即可。故 LaB_6 枪一般使用离子泵(ion pump)。

场发射式电子枪如图 9-85 所示,其灯丝的前端为一曲率半径非常小,约 100～1 000 Å 的针尖,外加一约数 kV 电压即可产生高达 107 V/cm 的高电场。此高电场使得电子可以隧穿方式脱离 Tip 表面。场发射枪有三种,第一种为冷阴极式(cold field emission, CFE);第二种为热阴极式(thermal field emission, TFE);第三种为介于场发射与热游离之间的 schottky emission(简称 SE)。图 9-86 为此三种枪的针尖及其发射电流示意图。CFE 的发射电流遵循 Fowler-Nordheim 定律

$$J_c(\mathrm{CEF}) = A(F^2/\psi)\exp(10.4/\psi^{1/2})\exp(-B\psi^{3/2}/F) \quad (\mathrm{A/cm^2}) \tag{9-8}$$

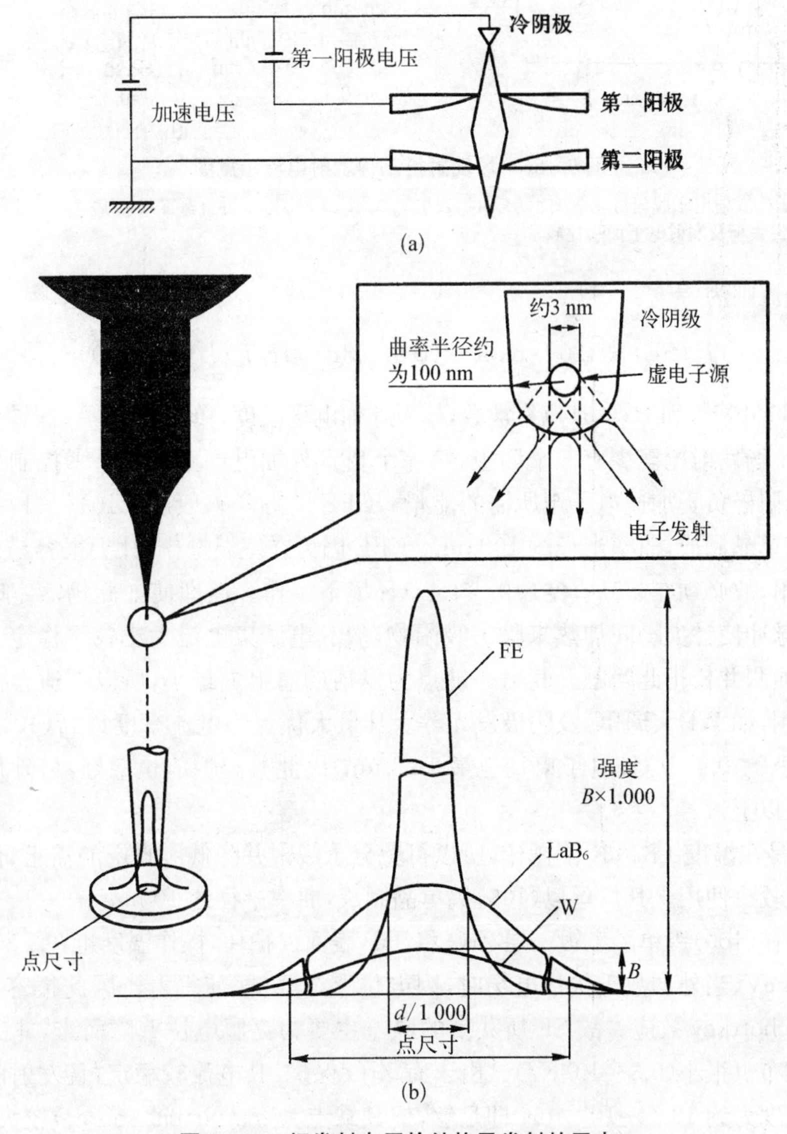

图 9-85　场发射电子枪结构及发射的子束

(a) 场发射式电子枪的结构　(b) 场发射式电子枪(冷式)的灯丝照片及其发射电子束与热游离电子枪(W 和 LaB_6 的比较)

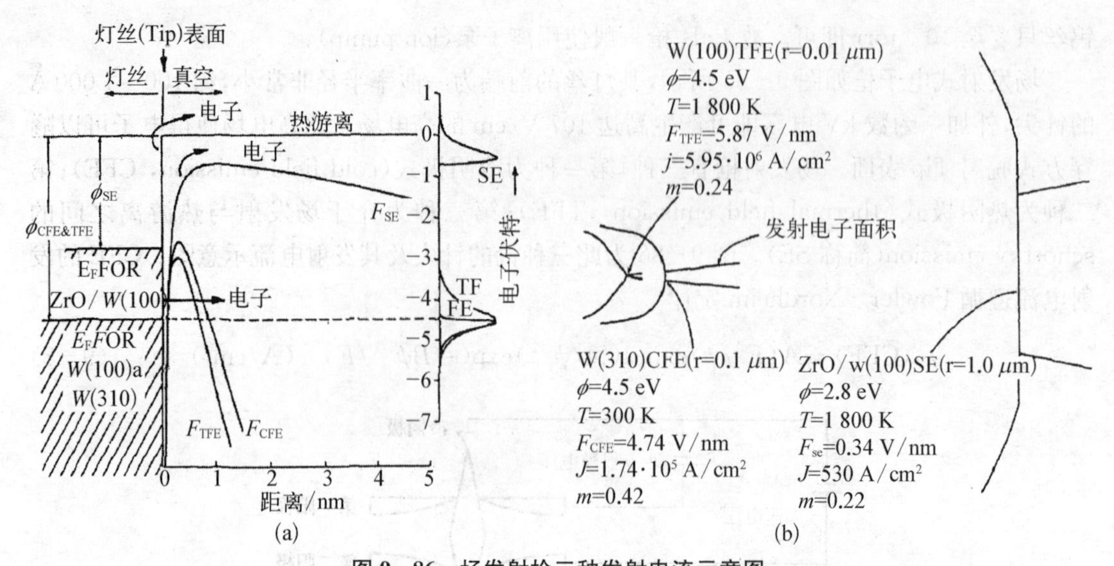

图 9-86　场发射枪三种发射电流示意图

(a) 各种电子枪发射电子脱离灯丝表面示意图，场发射式(CFE、TFE)电子可直接穿过能障　(b) CFE，TEF 及 SE 三种电子枪灯丝针尖大小及发射电子面积比较

SE 的发射电流则为

$$J_c(\text{SE}) = 120T^2\exp(-(\psi - 3.8F^{1/2})KT) \quad (\text{A/cm}^2) \tag{9-9}$$

式中，$A(1.54\times10^{-6})$ 和 $B(0.644)$ 为常数，F 为外加电场强度，单位为 V/Å，即针尖与第一阳极间的电场。场发射枪至少有二个阳极，第一个负责外加电场至针尖上来控制发射的电流强度；第二个阳极负责加速电子至所需的能量。CFE 的灯丝一般用(310)(111)或有一点氧化的(100)钨单晶制成，曲率半径约 100 nm。CFE 因为在室温操作，针尖很容易被氧化及被其他分子吸附，故必须在超高真空(10^{-10} torr)环境下操作。但即使如此仍需定时加热或加一瞬间电压脉冲使针尖瞬间加热来除去吸附物，故其电子束电流大小较不稳定。但都以加装回馈装置侦测并校正此问题。其另一缺点为发射的总电流最小，所以不适合做需大而稳定电流的应用，如 WDS、EBIC 及阴极发光等。其最大优点为电流辉度最高(10^9 A/cm^2 sr)，能量散布最小(<0.3 eV)且电子束径也最小(3 nm)因此其解像能也最好，另外灯丝寿命也长达 1 000 h 以上。

TFE 则是在温度 1 800 K 下操作，所以可免分子吸附并降低对真空的需求，但电子能量散布大，一般较少使用。其灯丝以(100)钨单晶制成，曲率半径约 10 nm。

SE 则是在(100)钨单晶上镀一层 ZrO 将 TiP 表面保护住，操作温度也在 1 800 K。因其功函数为 2.8 eV，当外加数千伏特电场时，因电位壁障降低，使得电子因此很容易逃出 TiP 表面，此为 Schottkey 效应。故 SE 所获得的电子主要为克服电位壁障而来，非穿隧效应而来，但能量散布也很小(0.3～1.0 eV)。由于有 ZrO 保护，其电流较稳定，且发射的总电流也大，所需真空度为约 10^{-8}～10^{-9} torr 即足够，但其缺点为 d_0(virtual source)较大、能量散布及辉度都较 CFE 差，故解像能也稍差。

各种电子枪比较如表 9-31 所示，场发射式尤其是 CFE 电子枪的最大优点为高辉度

(为钨丝的上千倍)且能量散布小,可在相同电子束电流下有最细的电子束,故其解像能在某些机型可在30 kV加速电压下达12埃,1 kV时也可达<45埃。SE型的解像能亦可达15～20埃(30 kV),因其兼具热游离(高电流及稳定性)及场发射(高解像能及灯丝寿命长)的优点,近几年的使用已较普及。

表9-31　各种电子枪的特性比较

	场发射式			热游离式	
	肖特基式(Schottky)	冷式(CFE)	热式(TFE)	LaB_6	钨丝
辉度($A/cm^2 sr$)	5×10^8	10^9	2×10^8	10^7	10^6
能量散布(Ev)	0.3～1.0	0.2～0.3	0.5	1.0	1.0
d_0大小(nm)	15	3	—	10^4	$>10^4$
发射电子表面积(μm^2)	>0.3	0.03	—	>>1	>>1
发射电子稳定性(%RMS)	<1	4～6	—	<1	<1
灯丝寿命(h)	>2 000	>1 000	>1 000	300	50
是否需Flashing	否	是	否	否	否
真空度(torr)	10^{-8}	10^{-10}	10^{-5}	10^{-7}	10^{-5}

除了电子枪的差异外,另有一种超高解析度(ultra-high resolution)的CFE型SEM,一般称为In-lens型,其不同处主要在于除了使用高辉度的CFE电子枪外,并将试片室置于高激发物镜内。In-lens型SEM的优点为:① 工作距离为零,解像能提升;② 侦测器位于物镜上方,除二次电子外,其余高能量的电子(如背射电子)等噪声来源无法通过,故二次电子的信号噪声比(S/N Ratio)被提升许多。其解像能在30 kV下可达6埃;1 kV下亦可达35埃,已接近TEM的解像能。尤其适合低加速电压时应用。对于深亚微米半导体晶片是最适合的观察工具。

(3) SEM的主要缺点主要表现在以下几个方面。

一是试片须放入真空中,故试片必须不挥发或蒸发。如生物试片因含水分,必须先以特殊方式(如临界点干燥法)做预处理。而在半导体试片上则没问题。

二是试片必须导电及导热,若试片不导电可能因入射电子无法被导掉而引起电荷累积(charge up)现象,这样会造成解像能下降以及影像飘移或伤坏试片等问题。目前的解决方法是在试片上镀一层很薄(数十至数百埃)的导电膜,一般是用金、白金、钨、铬或是碳,另外一种解决方式则是用极低加速电压的电子束来观察试片,但因为解像能的限制,一般只有在场发射SEM才较常用。

三是SEM影像只有黑白,不像光学显微镜有彩色影像。虽然可以利用影像处理软体来将影像依设定的条件做染色(pseudocoloring),但此毕竟不是真实的颜色。

四是SEM对试片表面的起伏并不敏感,若高差约在10 nm之内,SEM并不能分辨出来,因此若欲观察的表面太平滑,在SEM下可能什么也看不到。故SEM并不能对极细微的表面获得影像。降低电子束的加速电压可增进纵轴的解析度，但同时会牺牲水平方向的解析度。因此，若需要对非常细微的表面，如栅氧化层的表面做测量，可使用 SPM。

3. EDS

EDS 所侦测的信号为试片所含元素的特征 X－ray，其发生的机构如图 9－87 所示，为高能量电子与试片原子做非弹性碰撞而产生。另有一种 X－ray 来源称为连续 X－ray，是由于入射电子在接近原子核时被其库伦电场减速而释放能量后产生，其为一连续的 X－ray 光谱。典型的 X－ray 光谱即是由此两种 X－ray 组合而成。

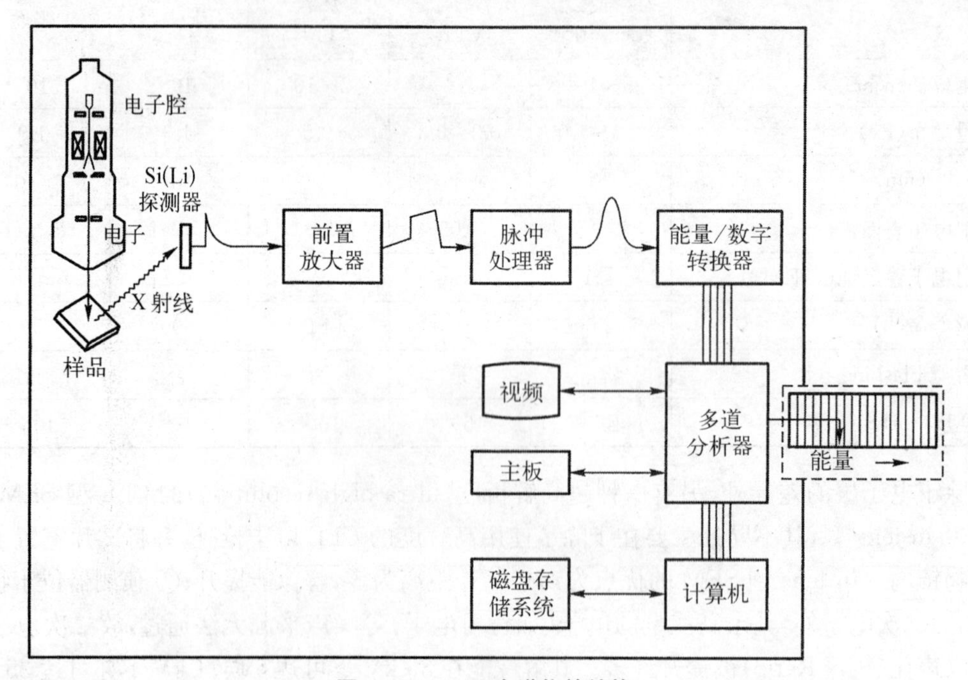

图 9－87　EDS 光谱仪的结构

特征 X－ray 为原子外层电子为维持最低的能量状态，而填入先前被入射电子击出的内层电子的位置，并释放出相当于这两个能阶能量差的 X－ray，故测其能量或波长即可得知其元素组成。EDS 仪器构造如图 9－87 所示，主要是由一个硅（锂）固态侦测器为核心，它是有硅单晶掺杂锂原子而成。掺杂锂是为了中和硅中容易由其他杂质产生的空穴。此检测器必须在极低温度下操作，故必须用液态氮冷却。但现已有不需液态氮而以冷冻邦浦冷却机型推出。入射的 X－ray 激发侦测器，产生电子空穴对，再转换成电流，经放大及振动处理器处理后，送至能量数位转化器（energy-to-digital converter）最后由多频道分析仪（multichannel analyzer）将 X－ray 能量信号存入其相对应的频道位置。

EDS 的优点为不同能量的 X－ray 都一起进入侦测器，再利用高处理速度可将不同能量的 X－ray 予以分开。其能量解析度目前最好可达标 130 eV，但仍较 WDS 的数 eV 解析力差很多。一般用铍（Be）护窗的检测器可分析的元素由钠（Na）到铀（U），但若改用超薄的检测护窗或用无窗型，则可以向下延伸至硼（B）。但对较轻元素的解析力仍较差。EDS 的空间解析度较二次电子差许多，依入射电子能量及试片材料种类可决定其 X－ray 辐射区的大小，约数百千至数千纳米。

(1) EDS相较于WDS的优点为：

① 快速并可同时获得不同能量X-ray的能谱；

② 高效率及较佳的空间解析度，因其所需的入射电子束电流约1 nA以下，仅为WDS的数十分之一，故不易伤害试片；

③ 可接收信号的角度较大。

(2) EDS相较于WDS的缺点为：

① 能量解析度较差；

② 对较轻的元素检测能力差；

③ 元素含量侦测极限差(>0.1%)。

(3) EDS的应用。在半导体生产企业内，SEM是除光学显微镜外最常也最被广泛应用的检测及分析仪器。其应用大部分为“离线检测”及“线上检测”两种。

一是离线检测。离线SEM/EDS即为一般的SEM/EDS系统，并未有太多自动化操作部分。热游离型、场发射型及In-lens型都有使用。但传统的热游离电子枪，如钨丝或LaB_6，目前已较少使用，除非是为了加装WDS或其他需要大电流量电子束的应用。离线SEM/EDS的应用范围极广，几乎可视为半导体厂的“眼睛”，因光学显微镜的解像能限制(约1 μm)故只能获得1 500倍以内的影像，而最近数年新发展的共焦光学显微镜也只能达数千倍的影像(解像能约为0.25 μm)。另外如TEM及扫描探针显微镜(SPM)虽然有较SEM更高的解像能，但因试片制备不方便与耗时(如TEM)，使用功能的局限或提供的信息不够多样化及发展不够成熟，如SPM，故在使用的范围或频率上都远不如SEM。其应用项目可分为一般的产品定期检测、缺陷分析及元件或线路的故障分析等。

二是定期检测。如对金属层的晶粒大小、线路的阶梯覆盖(step coverage)及线路的剖面形状、厚度等做定期抽检，此为破坏性检验，因为晶片需被切开，有关试片的制备工作如下：剖面试片可利用劈裂(cleavage)、精细抛光(precision polishing)或FIB。因SEM对平坦的表面不敏感，所以必须先用各种不同用途的酸或碱性溶液蚀刻一下，如图9-88所示，以将不同层次分开，也可以用等离子体等干刻蚀来做。若是要观察正面的线路图形但又被上面的层次盖住，则同样可利用溶液或干蚀刻来将上面层次去除。最后，若试片不是导体，最好再加镀一层导电膜再进SEM观察。

缺陷分析是对晶片上被发现的缺陷做外观形状及组成元素检验，以了解其缺陷的成因，并作为生产线为工艺改进的依据。其常用到的功能为二次电子影像，背回电子影像及EDS能谱等。

故障分析是除前述的一般观察外，SEM/EDS亦可对晶片上的IC线路做电性失败故障的原因追查。其方法众多，但大致是利用对晶片线路外加偏压，再控制电子束在适当的电流量及加速电压下做扫描以获得所需的信号或影像。因需外加偏压及测量电流等，故要加装一些装置，如电源供应器、电流计、接线、IC脚座或探针等。其方法有下列数种。

① 电压对比(voltage contrast, VC)影像：由影像的亮度可获知线路的逻辑准位(logic level)或是线路内部节点(node)的电压。

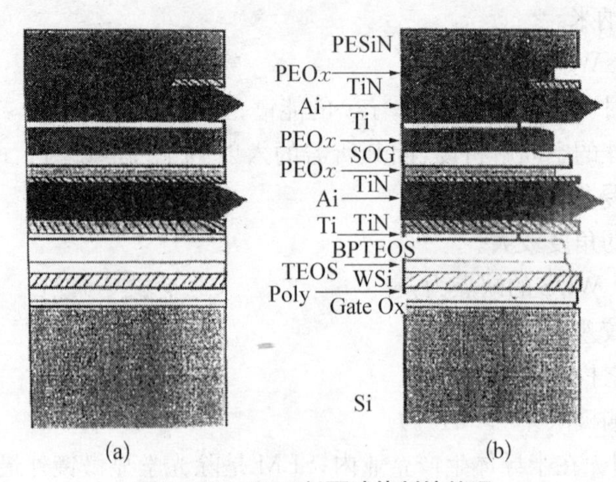

图 9-88 SEM 剖面试片刻蚀处理

(a) 蚀刻前 (b) 蚀刻后

② 电容偶合电压对比(capacitive coupling voltage contrast, CCVC)影像：与 VC 类似，但可避免对线路造成伤害。

③ 被动电压对比(passive voltage contrast)影像：利用低加速电压电子束入射角度的改变，可观察导线的连续性，或是栅氧化层是否崩溃或失效。栅氧化层破洞造成多晶硅线路与硅基板短路。

④ 电子束引发电流(electron beam induced current, EBIC)影像：利用激发电子、空穴对，可观察扩散层及 Si 基板的缺陷。

⑤ 电阻性对比影像(resistive contrast imaging, RCI)：可观察线路的相对阻值变化，故可以看到 IC 内的导线，有时还可看出断路(Open)的所在。对一电迁移(electromigration)测试后失效的金属导线做 RCI 观察，以找出断路位置，并以 FIB 切出定点剖面，再以 SEM 观察的结果。

⑥ 偏压式电阻性对比影像(biased resistive contrast imaging, BRIC)：可观察 IC 线路的逻辑准位位置。

⑦ 电荷引发电压交替(charge-induced voltage alteration, CIVA)影像：可观察 IC 线路内导线断路的位置。

目前较常用的为被动电压对比、VC、RCI 及 EBIC 等。CIVA 则在未来较具应用潜力。另外有专门针对 IC 线路分析使用的电子束测试机系统(Electron Beam Tester)，专门用来对 IC 内部线路做 AC 电性测量，可观察到线路的电压波型(voltage waveforms)。其对线路设计者的除错(De-bug)及线路分析有极大帮助。

线上检测　线上检测的应用可分为测量及分析两种。测量用的 SEM 一般称为 CD-SEM，其主要功能为对重要层次，如氮化硅、多晶硅及接触窗及金属连线等做尺寸测量[critical dimension (CD) measurement]，因为这些层次的线宽对 IC 电性参数有极大的影响。In-line CD-SEM 一般都使用场发射电子枪，而且在低加速电压下操作(一般为 1 kV 或以下)以免对晶片电性产生破坏。因为对其精确度及稳定性的高度要求，而且要能全自动传递晶片，并自动化操作及符合洁净室要求，因此结构较复杂，价格为一般 SEM 的数倍。

另一种分析用的 In-line SEM 一般称为缺陷复检 defect review SEM。因要对缺陷的成分加以分析，都加装 EDS，并且能与其他缺陷检查的仪器连线，如 KLA，才能将其他光学系统找出的缺陷重现在 SEM 下，并且观察其外观、层次与做 EDS 成分分析，以利工艺问题的寻找及解决。一般的 defect review SEM 因为需要做 EDS 的成分分析，而需要有较高电流的电子光束，所以一般都使用 LaB_6 或 Schottky emission 的电子枪，其操作也和 CD－SEM 一样，都为自动化。

还有一种新型的 In-line CD SEM，除了做尺寸测量外，因其加速电压高达 200 kV，可用来观察极深的接触窗（contact hole）或底下层次的影像。其原理是利用一极高的加速电压（200 kV）射入晶片中，使得其背向电子因其高能量得以穿过接触窗的外侧，而在晶片表面再次产生二次电子，而此二次电子的信号强度与背向电子成正比，因此可由表面的二次电子信号得知接触窗底部的信息，且解像能可达 50Å。其高加速电压产生的高能电子可以将非导体激发出电子空穴对而使之导电，因此可以避免电荷累积问题。但会造成 IC 的阈值（Threshold）电压飘移，必须做 450℃、30 min 的退火来还原。

4. FIB

在微分析领域内，离子束研磨（ion miller）最先被用在穿透式电子显微镜的试片研磨上。其离子束为直径约 1～2 cm 的氩离子（argon）。1973 年在 Hughes 研究室最先将一个直径 3.5 μm 电流密度为 0.4 mA/cm^2的聚焦离子束作为离子注入机的离子源。1974 年较先前亮一万倍的低温场离子源（cryogenic field ion emitter）首先被用在 FIB 上。自 1975 至 1978 年开始发展液态金属离子源（liquid metal ion source）。接着在 1979～1982 年，发展了目前广为使用的镓液态金属场发射聚焦离子束，其直径约为 0.1 μm 而电流密度则为 1.5 A/cm^2。直到 1985 年后第一台商用 FIB 才上市。

FIB 最早被使用在半导体业的掩膜版（mark）修补。接着又被使用在导线的切断或连接。之后，一系列的应用被开展出来，例如微线路分析及结构上的故障分析（failure analysis）等，是目前半导体业使用仪器中成长最快的之一。

FIB 的架构及操作与 SEM 很相似。主要的差别在于 FIB 使用离子束作为照射源，而离子束比电子具大动量及质量，当其照射至固态样品上时会造成一连串的撞击及能量传递，如图 9－89 所示，而在试片表面发生气化、离子化等现象而溅出中性原子、离子、电子及电磁波，当撞击传入试片较内部时亦会造成晶格破坏、原子混合等现象，最后入射离子可能植入试片内部。故离子束可被想象成一把铲子，可将试片表面的物质挖出。当使用聚焦

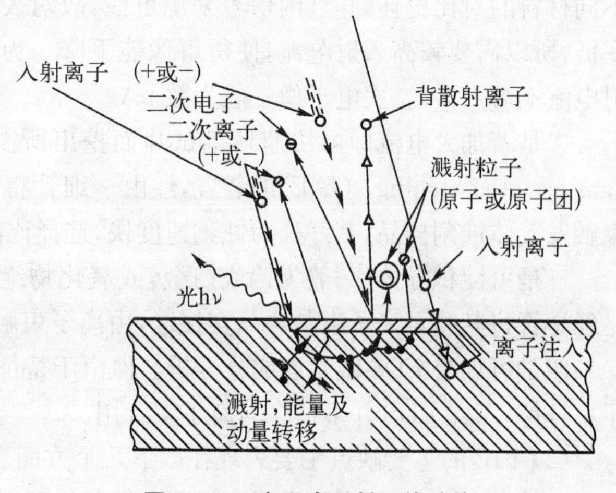

图 9－89　离子束入射固体试片

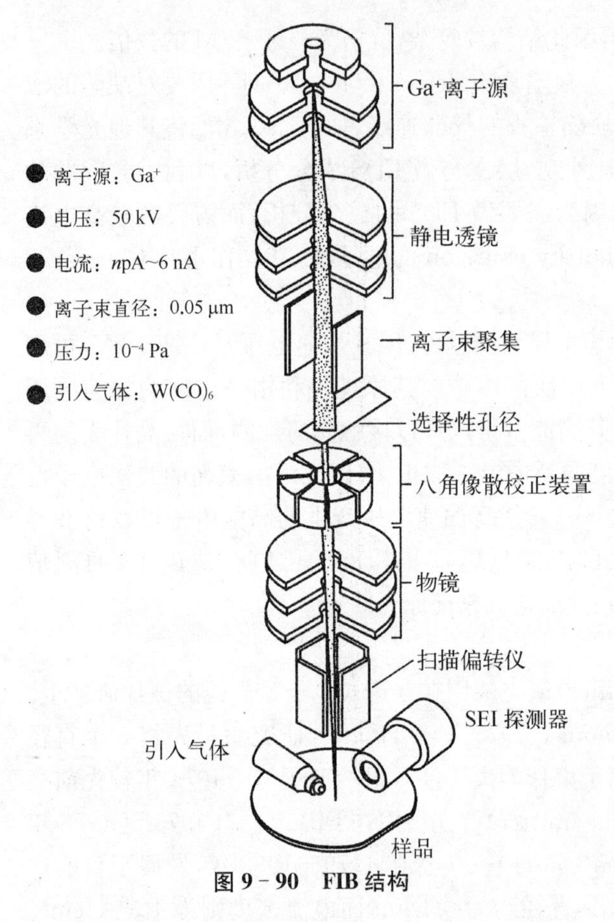

图 9-90 FIB 结构

后的极细离子束，则可以只挖非常小的范围，如此便可以借由控制离子束的扫描而挖出任何想要的形状及深度，并借由产生的二次电子或离子来成像。

FIB 系统的组成包含了离子枪、离子光学系统、真空系统、电脑控制系统及人机介面等。离子由离子枪发射并加速，经由静电透镜(electrostatic lens)聚焦及由不同的孔径(aperture)来决定通过的离子束大小，最后由物镜聚焦至试片上，并由偏向器(Deflector)来控制离子束的扫描，其成像方式与 SEM 相同。图 9-90 为 FIB 的示意图。目前最常用的离子枪为镓液态金属场发射离子枪。其工作原理是在圆锥形的液态金属源表面加一数十 kV 的电场，由于电流体力的作用形成泰勒锥(Taylor cone)，其半顶角为 49.3℃。当外加电场大于临界强度时即发生蒸发现象，而产生离子源。外加电场再将离子加速进入透镜系统。镓离子源因为熔点(29.8℃)在室温左右且寿命长，因此使用最广泛。其操作的真空度约为 5×10^{-7}、辉度为 10^{6} A/cm² · sr，寿命约 500～1 500 h。

(1) FIB 的基本功能主要在以下几个方面：

一是利用入射离子束与试片撞击产生的二次电子或二次离子成像。其二次电子像的解像能已可达 50 Å，其优点为对不同材料的对比较 SEM 佳，但解像能较差。二次离子像则对不同材料的对比更佳，并且因信号来源更浅，故对表面起伏更为敏感，但因为二次离子的产率低，所以需要较高入射电流，使得解像能下降。为减少伤害试片及获得高解像能照片，入射电流不可太大，二次电子像一般为数 pA。

二是若加大电流即可快速切割试片而挖出所需的洞或剖面。另可加装气体辅助蚀刻(gas assisted etching, GAE)的装置，经由一细管将反应气体导致目标区附近喷出，使离子束触发气体蚀刻样品，其好处为蚀刻速度快，选择比高及较无电性上的伤害。

三是可淀积导体(一般为钨或白金)或氧化物绝缘体。其原理为加装所需的气体源，也是经导管将其喷至离子束与样品交接区，由离子束触发淀积反应。

四是可加装 EDS 做元素成分分析。但由于特征 X-RAY 产生率低且分析区域会被离子束打掉，因此 EDS 并不适合与离子束合用。

(2) FIB 的主要缺点主要表现在以下几个方面。

一是由 FIB 切出剖面，若欲以 SEM 观察并不容易，因为剖面身处小洞内，SEM 二次电子信号收集不易，加上因FIB会造成原子混合，植入或反溅镀(re-deposition)，所以剖面的表面不易做好蚀刻(decoration)处理。加上因为所切的洞非常小，因此做试片处理并下稳定，造成SEM影像也会较不清楚。尤其是用热游离式SEM观察时，因亮度及解像能较差，并不容易观察。

二是若在栅氧化层上方附近做切割时，可能伤害到栅氧化层而引起电性失效。

三是太平坦的表面，例如以化学机械研磨(CMP)的晶片，则无法分辨下方线路的图形。但可借助导航系统，将线路图输入电脑做对比。

四是空间解析度较SEM差，且对非导体的影像信号非常低。

(3) FIB在半导体上的应用主要表现在以下几个方面。

一是材料的鉴定(material characterization)。因每一晶粒的排列方向不同，故可以利用隧穿对比影像做晶界(grain boundary)或晶粒大小分布的分析，如图9－91所示，另外也可加装EDS或SIMS做元素成分分析。

图9－91　IC中铝路金属薄膜的FIB影像，可清楚看出晶粒结构

注：摄自FEI820型FIB。

二是工艺监控(process monitoring)。工艺监控可分为线上及离线两种。线上主要可用在金属线的阶梯覆盖及晶粒大小的测量，另外亦可对线路的垂直高度做测量，同时可对由In-line光学或SEM扫描系统所发现的缺陷，直接读到其位置并做检查。离线监控则可作结构分析、合格率分析、新工艺鉴定等工作。

三是故障分析(failure analysis)。故障分析可在需要的地方挖出精密切面(cross-section)并且获得其剖面影像，另外亦可制作SEM或TEM的精密定点试片。以往此类工作是非常困难，因为在现今亚微米尺度的需求下，高精确度的定点切面是非常难做的工作，有些状况下连非常熟练的技术人员也无法由研磨或切割来达到，但若用FIB则不仅可以轻易完成，精确度及时效也大大提高，并可同时观察。另外亦可利用电压对比来获知数位线路内部的电位、导线及接触窗断路位置或是栅氧化层崩溃的位置，并制成TEM定点切面来观察故障原因，如图9－92所示。

四是微线路分析(microcircuit analysis)。微线路分析可在半导体晶片上任意位置镀出Probe Pad并能连接或切断金属线，以供微线路分析用。因此可以隔离问题线路或元件，也使得在复杂的线路中可任意选取指定位置的线路或元件进行分析。在以往没有FIB时，此项工程是非困难并且耗费时程，因此FIB可大大缩短产品设计至上市的时间，此点对产品周期极短的微电子产品是非常重要的。由于IC线路愈来愈复杂、层次更多，而且平坦化更佳，已不易从表面来看出线路的图形，故目前已发展出电脑导航系统，可将IC的设计图直接与FIB影像做对比重叠，找出目标的位置。

五是微线路修理(repair)。可将故障或错误的金属线做切断、连接或跳线(jumper)处理，或是对线路内的电容或电阻器做整修，目前最新发展则可在生产线上做实时(real time)修理。

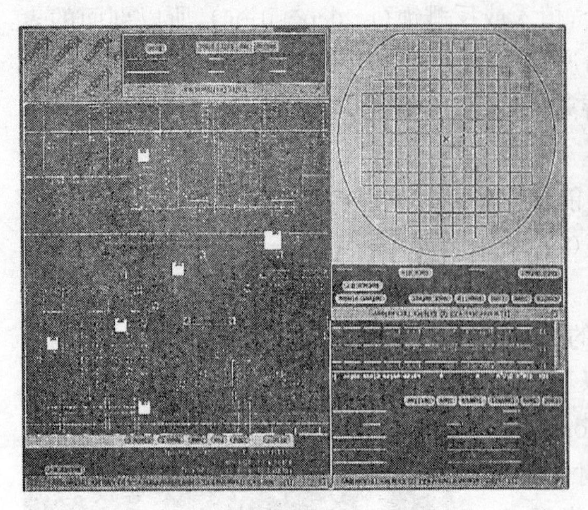

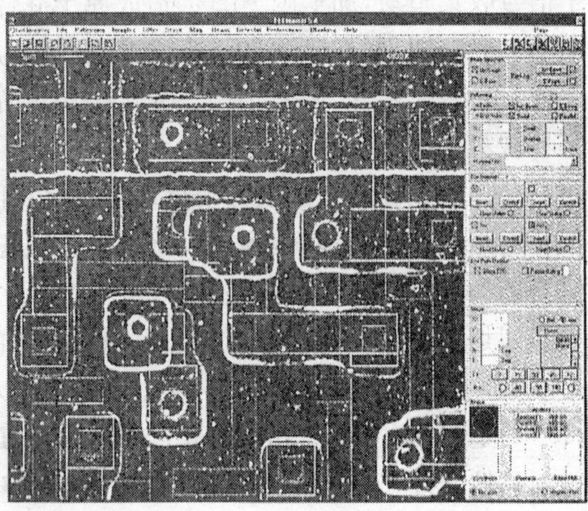

图 9-92　FIB 导航系统

(a) 为晶片线路的 CAD 设计图　(b) 为将此图与 FIB 影像作对比、重叠以利找出所要的位置(摄自 FEI 公司 FIB 820 型)

5. SEM/FIB 最新的发展及未来趋势

SEM/EDS/FIB 已是半导体应用最普遍的检测分析工具之一。若能掌握 SEM 的基本知识及应用技术,则 SEM 不只是一部高倍率及昂贵的显微镜,且能够发挥极大的功效。因为它符合高解像能、高处理速度且多功能的要求。目前,场发射式 SEM 已被普遍使用。FIB 则因具有以往几乎认为不可能的微分析功能,使得分析工具更有弹性、更快、也更精确,因此其市场正在快速发展中,但因 FIB 为一新式的仪器,目前仍在不断的改进当中,未来的趋势为与 SEM/EDS 结合成为一更高效率的分析工具,并朝向在生产线上作即时的线上分析,如此可大大缩短分析时程,以提高半导体业的生产效率。

双束系统(dual beam system),目前最新的机型为将 FIB 与 SEM/EDS 整合为同一机台。电子束及离子束同时照射在试片的同一位置。其优点为:

① 利用 SEM 影像来导航位置,可避免离子束在找寻过程中溅蚀试片或镓离子植入试片表面;

② 可同时看到 SEM 及 FIB 的剖面影像,以得到不同的信息;

③ 电子束可用来中和离子束,以避免电荷迁移现象,反之亦然;

④ 可加装 EDS 及电子束来分析 FIB 挖出的缺陷剖面以得到元素组成;

⑤ 可同时做离子或电子引发的淀积;

⑥ 因为可以同时切割试片(离子枪)及观察(电子枪),所以不用来回调整试片倾斜度及位置,所以分析速度快。

FIB 的解像能不断进步,目前最新的镓液态金属离子枪的解像能已可达 50°。下一代的高解像能离子源包括新式的"气体场离子化源"(gas field ionization source, CFIS),它可以将氢、氦、氖、氩或氧等气体离子化并聚焦。它的辉度可达目前液态金属的 100 倍,所以允许离子光学系统将聚焦至接近传统 SEM 的解像能力,但又可提供与目前相同的物质去除及淀积能力。更重要的是,因为离子源的质量更轻,所以可在扫描影像时几乎不会伤害到试片表面。其缺点为高电流时的物质去除率(milling rate)会较差。FIB 会被使用在线上直接修补线路以提高良率。越来越多 Off-line 的检测会因 FIB 的使用而移入 In-line 执行,以提高时效及弹性,如 In-line 缺陷分析。FIB 将会与二次离子质谱仪(SIMS)结合应用,以获得高成分灵敏度的微区分析能力,目前已大量生产。

In-lens 型场发射 SEM 会被大量应用以符合往后 Deep Sub-micron 时代的需求。SEM 会更自动化及多功能化,以增进使用效率。

由于半导体工艺进展快速,约二至三年即进步一个时代(generation)。但是大部分的分析仪器都已接近物理极限,所以未来对分析仪器是一大挑战。以目前的趋势来看,未来对微分析仪器的使用将愈来愈频繁,尤其是 FIB、SEM、TEM、FE - A、SIMS 及 SPM 等。另外,由于晶片成本愈来愈高及工艺愈来愈紧,所以线上即时分析(In-line Monotoring or Analysis)将会大量增加,相对地,仪器及分析成本将大幅提高。

再者,发展更高能力大半导体专用分析仪器也有迫切需要。在分析技术方面,由于故障点定位不易,尔后如 CIVA(charged-induced voltage alteration)、LECIVA(low energy CIVA)、LIVA(light-induced voltage alteration)、OBIC(optical beam induced current)等新技术将发展更为完备及应用更为频繁。

由于 IC 内部的金属导线层数量愈来愈多,目前已可达 5 层金属线但因为红外光无法穿透金属层,所以如 EMMI 等故障点定位无法侦测,所以背面分析(backside analysis)将大行其道。为了更快速及易于找出工艺的缺陷,发展内建诊断(built-in diagnostics),及设计易于反应工艺状况并快速测量找出故障点位置的晶片,作为线上工艺改善的利器。

6. AES/XPS 表面分析技术

AES/XPS(AES=auger elecetron spectroscopy;XPS=X - ray photo spectroscopy)均为材料表面分析技术,电子元件持续缩小,材料表面积对体积的比例渐增,所以材料表面及界面的特性成为影响元件运作优劣的重要因素,借由材料表面特性的分析,可加强工艺控制,提升产品合格率,并协助故障分析。表面分析技术种类繁多,各有其应用范围,其中 AES/XPS 技术分析原理相近,常组合共置于同一真空室中,交替应用,彼此互补下足,在此就两种分析技术的特点及应用,做一简单介绍。

(1) AES 特性及分析原理。俄歇电子能谱仪 AES 最重要的特点为其微区材料表面组成及半定量分析能力,其分析深度约 10～30 Å,平面解析度目前可达 10 nm(纳米)。AES 分析原理如图 9 - 93 所示,电子束入射待测试样,原子的内层(如 K 层)电子受激发而逸出,原子处于不稳定的激发态,此时,外层(如 L_1层)电子跃入填补空缺,因内(K),外(L_1)层轨域能阶差异,电子在能阶转换过程中,释出的能量大小为 $E_K - E_{L1}$,此能量可以 X 光形态释出,即 EDS(energy dispersive spectroscopy)分析的特征 X - ray,或激发更外层电子(如 $L_{2,3}$ 层)脱离原子的束缚,此脱离电子即为该元素的 K,L_1,$L_{2,3}$ 俄歇电子(K,L_1,$L_{2,3}$ auger electron)。auger 电子具有特性能量,大略可以 $E_K(K, L_1, L_{2,3}) \sim E_K - E_{L1} - E_{L2,3}$,其中 E_K 为内层电子轨道的能级,E_{L1},$E_{L2,3}$ 为外层电子轨道能级,auger 电子能量是被激发原子的特性,借由分析电子束入射试样所激发的 auger 电子特性能量,即可获知该试样的化学组成。

因特征 auger 电子相对于其他二次电子数量稀少,信号较弱,故常将能谱以数学方式处

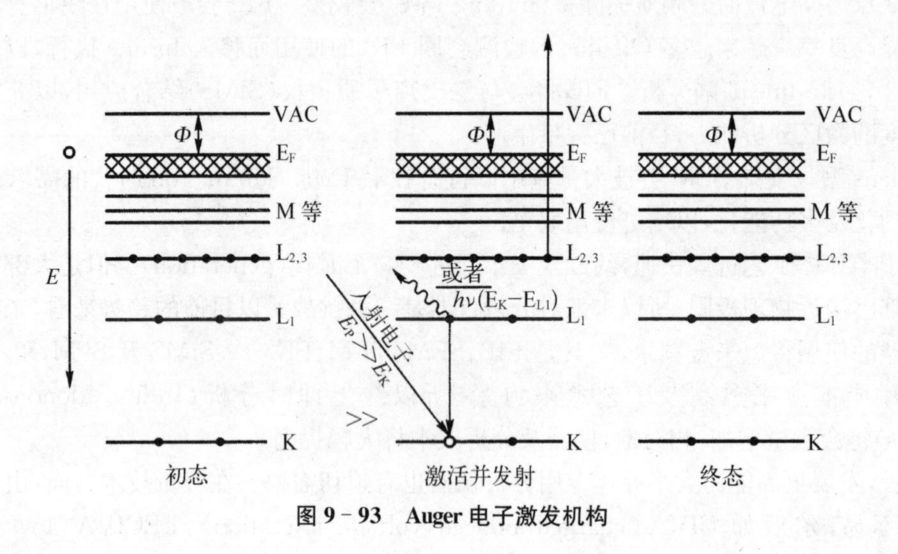

图 9-93　Auger 电子激发机构

理，如对电子动能微分，以利 auger 信号判读。如图 9-94 所示，即为氧化铝的 auger 电子积分能谱及微分能谱。

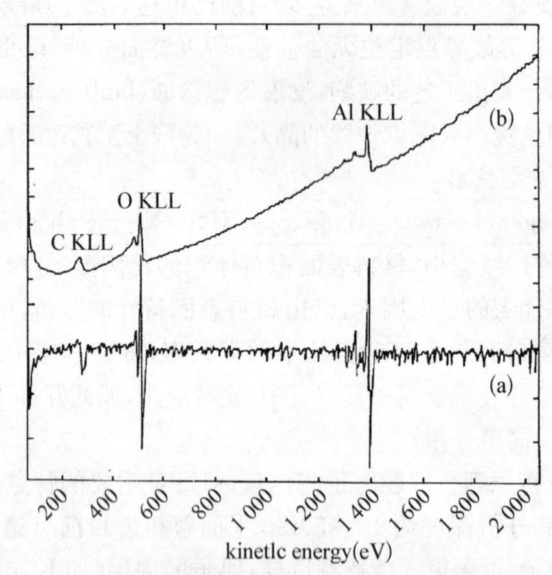

图 9-94　氧化铝的 Auger 电子积分能谱及微分能谱

(a) 积分能谱　(b) 微分能谱

Auger 电子因其激发机构复杂，涉及三个电子的能级转换，且其中二个电子常为价带区域的电子，故其可侦测最轻元素为锂(Li)，且不易由能量直接判断元素的化学态，但部分元素仍可由其 Auger 电子能谱的形状及能量差异约略推测其化学态结构，如图 9-95 为不同化学结构的 Al KLL 能谱。由于电子束与固体间交互作用，AES 分析技术的元素浓度侦测极限，因各元素 Auger 电子产生率不同而异，一般约为 0.5%at 左右，且无标准试样时，不易进行元素定量分析。

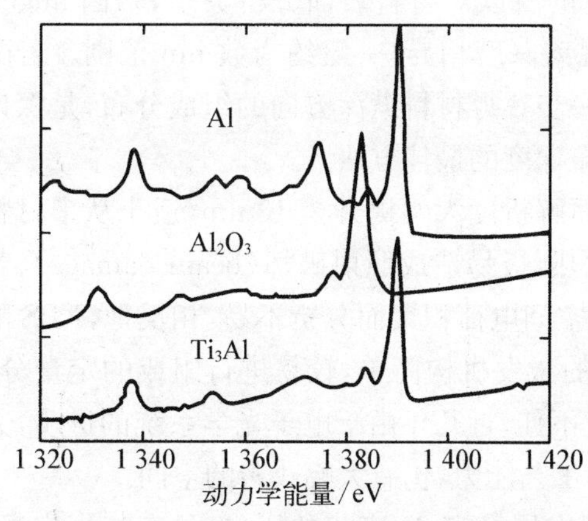

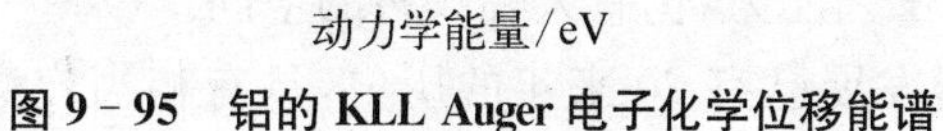

图 9-95　铝的 KLL Auger 电子化学位移能谱

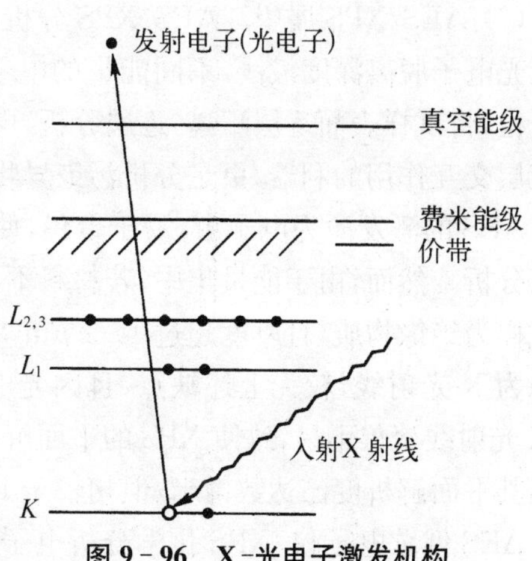

图 9-96　X-光电子激发机构

(2) XPS 的特性及分析原理。XPS(＝X-ray Photo electron spectroscopy)，X-光电子能谱仪或能谱化学分析仪主要特性为其材料表面组成元素及其化学态分析，其分析原理如图 9-96 所示，简言之，即光电效应。以 X-光射线，一般为镁或铝的 KαX 光射线，其能量分别为 1 253.6 eV 及 1 486.6 eV，照射试样表面，该试样的组成元素的内层电子，被激发并脱离试样表面，此脱离电子即为光电子。光电子具有特性能量可用下式表达：

$$E_K = h\nu - E_B - \Phi \tag{9-10}$$

式中，E_B 为被激发元素的电子束缚能，$h\nu$ 为 X-光能量，Φ 为试样表面的功函数，经由分析光电子能量，即可得知电子束缚能(E_B)，由于电子束缚能与原子种类及原子周围化学环境有关，故经由光电子特性能量的分析，不仅可得知组成元素的种类，更可作进一步分析。

图 9-97 为氧化铝的 XPS 能谱，借由特征信号峰的能量偏移，可判读其化学结构。因原子周围化学环境变化时，其内层电子束缚能受影响变化的情形较为单纯且一致，故 XPS 分析技术中一般均选内层电子的信号峰进行解析，故其检测最轻元素一般为锂(Li)，而元素浓度侦测极限对某些元素可达 0.1%at。若有充分的标准样品的能谱资料进行比对，亦可针对价带电子的信号峰进行化学态判读。

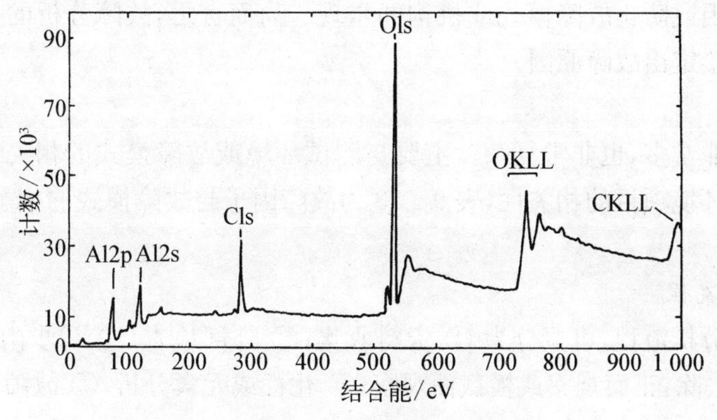

图 9-97　氧化铝的 XPS 能谱

(3) AES/XPS 展望。AES/XPS 分析技术的所以对材料表面分析灵敏，乃因 auger 电子及光电子脱离深度极浅，不同能量的电子，脱离深度相异，一般约为数 nm 范围。若配合离子枪，将试样表面逐层溅离，逐层分析，可进一步获得材料纵深方向的组成分布，是探讨薄膜镀层交互作用的利器，更是分析污染异物分布深度的最佳方法。

AES 的激发源为电子束，易于聚焦，使平面解析度大幅提升至 10 nm，适于从事材料的微区分析。然而，由于能量集中，若材料不易散热，极易造成照射破坏(beam damage)，若分析试样为绝缘物质，且厚度超过 1～2 μm，将因空间电荷积聚而分析不易，相反地，XPS 的激发源为 X 光射线，较无上述缺点，且因光电子的激发机构简单，较易进行组成的定量分析。但 X 光射线聚焦不易，致使 XPS 的平面解析度不佳，近几年由于电子光学系统的进步，大幅提高其平面解析度已达数微米，但相较于 IC 的工艺能力，仍有大幅改善的空间。

AES 俄歇电子仪、XPS 化学分析电子仪器发展已有 20 来年的历史，具有相当广泛、详细的文献资料，且数据解析直接，已广泛应用于工业界，但是，如同其他分析技术一样，可能由于分析人员选用操作条件不当，或相关学识不足，而有错误的解。为得到正确的分析结果，委托分析者与表面分析人员必须作有效的准备，由双方共同讨论分析的方式及步骤，并针对分析结果一同研究判断可能的故障原因，为此，方可充分利用表面分析仪器来协助解决产品工艺问题，并提升产品研发的能力。

总结来说，IC 工业对微分析仪器的需求已日渐提高，而各类分析仪器因各有所长可在 IC 工业上提供互补及相辅相成的功效。另一方面因为 IC 工业的微分析需求都在高标准，因为次微米工艺不管在元件尺寸及杂质浓度上都对微分析仪器造成重大挑战，有许多分析实在很难赶上需求。所以未来会有愈来愈多的 IC 专用分析仪器出现，尤是在线上即时分析机型上。另外增进分析仪的分析极限或发展出更新的分析方法亦是未来发展的目标。

9.5.4 FA, Failure Analysis 故障分析简介

半导体故障分析的目的是为利用电性测量及物性、化性、机械性能的先进分析技术去确定故障的发生及鉴定或追查出故障的模式(mode)及失效机理(mechanism)，进而找出故障的根本原因(root cause)。而故障分析的流程必须有效地产出足够的结论，赖以指出故障的根本原因或提供产品制造、设计、测试或应用上改正行动(corrective action)的有效的依据，进而消除故障原因或防止故障模式或机构的重现。简而言之，故障分析的目标为以更快及更经济的方式去鉴定出故障原因。

1. 故障因子

故障的成因非常多，也非常复杂。主要与测试环境或故障模式的相关性。表 9 - 32 为故障因子与测试环境项目的相关性，表 9 - 33 为故障因子与故障模式的相关性，此相关性仅供参考。

2. 故障分析流程

简单的故障分析流程，可概分为 ① 资料收集；② 外部检查；③ 初步内部检查；④ 故障点定位；⑤ 层次去除，正面观察或横截面观察；⑥ 化性或元素分析；⑦ 故障机构及根本原因确定，分别简述如下：

表 9－32　故障因子与环境测试的相关性

Failure factor	Failure Mechanism	Accelerated enviromental condition															
		High temp storge	Low temp storge	T/C	T/S	High temp humidity storge	THB	Pressure cooker	Mechanical shock	Drop	Vibration	Salt mist	Electrostatic High temp	operation	Hi temperature static bias	Low temperature operation	Interminent operation
Silicon crystal Substrate Diffusion PN junction Isolation	Crystal defect	Δ		Δ	Δ								Δ	Δ	Δ		
	Crack	Δ	Δ	Δ	O				Δ	Δ	Δ			Δ	Δ		Δ
	Surface contamination						O							Δ	O		Δ
	Junction degradation	O											Δ	Δ	O		
	Impurity segregation	O		Δ	Δ									Δ	Δ		
	Mask shifting												Δ	O	Δ		Δ
Oxide film	Mobil ion	Δ					Δ								O		
	Interface state	Δ					Δ								O		
	TDDB*														O		
	Hot carrier														Δ	O	
	Uneven thickness												Δ				
Metallization Wiring Through hole Contact	Insuffient bonding strength	Δ		Δ	O									Δ			O
	Ohmic contact	O		Δ	Δ									Δ			O
	Step coverage	Δ		O	Δ									Δ			
	uneven thickness			Δ	Δ									Δ			
	Scratch			Δ	Δ									Δ			
	Corrosion					Δ	O	Δ									
	Electromigation												Δ	O			
	Alloy pit	O													Δ		
	Al shift due to molding stress			O	Δ												
Passivation Interlayer insulating surface	Pin hole			Δ	Δ	Δ	Δ	O					Δ		Δ		
	Crack			Δ	O	Δ	O	Δ							Δ		
	Uneven thickness, step coverage			Δ	O	Δ	O	Δ						Δ			
	Unstable chracteristic film						Δ	Δ						Δ	O		
	Contamination	Δ					Δ	Δ							O		
	Surface inversion						Δ								O		
Die bonding	Crack(stress uneven,void)	Δ		Δ	O				Δ	Δ	Δ						O
	Chip peeling off	Δ		Δ	O				Δ	Δ	Δ						O
	Thermal fatigue			O	Δ									Δ			O
Wire bonding	Poor plating	O		Δ	O				O	Δ	Δ			Δ			
	Loose bonding	Δ		Δ	O				O	Δ	O						Δ
	Intermetallic formation	O												O			
	Damage and crack under bond			Δ	Δ		O	Δ							O		
	Bonding position shift			Δ	O												
	Long loop			Δ	O				Δ	Δ	O						
	Wire break			Δ	O				O	Δ	Δ						
	Bridge			Δ	Δ				O	Δ	O						
Package Lead frame Resin Lead plating	Moisture penetration(resin bulk)					Δ	O	O									
	Moisture penetration(comb, interface)					Δ	O	O									
	Impurity ion in resin	Δ				Δ	O	O									
	Surface contamination					Δ	O	Δ									
	Cure stress			Δ	Δ												
	Lead rusting, oxidation	Δ				O	Δ	Δ				O					
	Lead broken										O	Δ					
	Particle								Δ	Δ	Δ						
Operating enviroments	Process contamination	Δ					Δ	Δ							Δ		
	Handling contamination						Δ	Δ							Δ		
	Handling defect						Δ	Δ							Δ		

TDDB:time dependent dielectric breakdowm　　O: Principal　　Δ: Secondly

表 9－33　故障因子和故障模式的相关性

Failure	Failure mechanism	Failure mode: Short circuit	Opening	Increased leakage	Degradation of breakdown	Vt shift	unstable operation	Change in resistance	Increased thermionic	Bad soldering pad
Silicon Substrate Diffusion PN junction isolation	Crystal defect	O		O	O		O	O		
	Crack		O	O	O	O	O	O		
	Surface contamination			O	O	O	O	O		
	Junction degradation	O		O	O					
	Impurity Saturation	O		O	O	O				
	Mask misalignment	O	O	O	O		O			
Oxide Film	Mobile ion			O	O	O	O			
	Interface states			O	O	O	O			
	TDDB (time-dependent dielectric breakdown)	O		O						
	Hot carrier			O		O				
Metallizatio wiring Through-hol Contact	Insufficiant bonding strength		O				O	O		
	Ohmic contact		O				O	O		
	Step coverage defect		O				O	O		
	Uneven thickness							O		
	Scratch	O	O							
	Corrosion		O	O	O		O	O		
	Electromigration	O	O					O		
	Alloy pit	O					O			
	Al shift due to molding stress		O					O		
Passivation Surface protective film insulating film	Pin hole	O		O	O	O	O			
	Crack	O		O	O	O	O			
	Uneven thickness (step coverage part)	O	O							
	Unstable physical characteristic of film				O	O	O	O		
	Contamination			O	O	O	O	O		
	Surface inverted			O	O	O	O	O		
Die bonding	Crack (uneven stress, void)	O	O				O	O	O	
	Chip peeling off (insufficient bonding strength)		O				O	O	O	
	Thermal fatigue		O				O	O	O	
Wire bonding	Poor plating		O					O		
	Loose bend		O					O		
	Intermetallic compound		O					O		
	Damage and crack under the bonding	O		O	O		O	O		
	Bonding position shift	O		O						
	Long hoop	O								
	Wire break		O							
	Bridge	O								
Package lead frame Resin lead plating	Moisture penetration (resin bulk)		O	O	O	O	O			
	Moisture penetration (comb,resin interface)		O	O	O	O	O			
	impurity ion in resin			O	O	O				
	Surface contamination			O	O	O				O
	Curs stress	O	O		O	O		O		
	Lead rusting , oxidation		O			O	O	O		O
	Broken lead		O							
	Particle	O	O	O			O			
Operation enviroment	process contamination			O		O				
	Handling contamination			O		O				O
	Handling defect	O	O							
Working enviroment	Static electricity	O		O	O	O	O			
	Over voltage	O	O	O	O	O	O			
	Surge voltage	O		O	O		O			
	Latch up		O				O			
	Soft error						O			

(1) 资料收集(data conditions)。资料收集为故障分析的前置作案。相关资料是否完备,关系到后续分析的进行及结论的好坏。资料包括:

① 测量条件(test conditions):如测量形态(type of test)、温度及其他施加应力条件(stress conditions);

② 系统条件(system conditions):包括测试机台、日期、环境及其他足以造成故障的系统异常(system anomalies);

③ 元件资料(device information):如产品型号(type number)、序号(serial number)、制造日期、晶粒(chip)大小、何种工艺技术、故障比例(failure rate);

④ 测试结果及故障模式(failure mode)。

(2) 外部检查(external analysis)。包括电性故障确认(electrical verification)、封装外观检查、烘烤(bake)、X - ray 及超音波检查等。烘烤是为了确认元件是否在烘烤后会复原,X - ray 则是为非破坏检查封装内部是否有异常或位移,而超音波则检查封装内部是否有裂缝或剥离。

(3) 初步内部检查(initial internal analysis)。包括打开封装材料(decap device)使晶片露出,如图 9 - 98(a)所示,但不可破坏封装的打线(wire and bonding)、导线架(lead frame),以及晶片等,以确保后续测量的可行性。

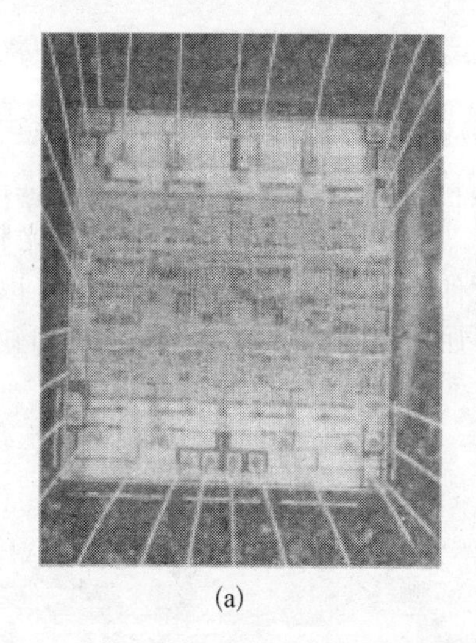

(a)

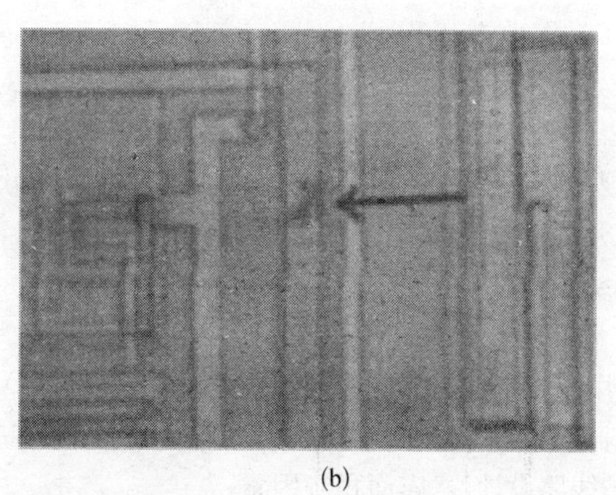

(b)

图 9 - 98　封装材料

(a) Decape 前　(b) Decape 后

(4) 故障点定点(failure site localization)。利用故障点定位技术来找出实际故障位置。目前可用的方法有:EMMI(emission microscopy), liquid crystal microscopy、E - beam test, OBIC, LIVA,(microcircuit analysis)及一些利用 SEM 原理的相关技术,如 VC (voltage contrast), EBIC(electron beam-induced current), CCVC(capacitive coupling voltage contrast), passive voltage contrast,RCI(resistive contrast imaging),BRCI(Biased RCI), CIVA(charge-induced voltage alteration), LECIVA(low energy CIVA)等。上述的技术中有些需要将晶片最上层的护层(passivation)去处,有些则否,有些则需要借助

FIB做线路隔离或跳、拉线等工作，如微线路分析。不管利用何种技术，最重要的是要根据故障模式、产品特性及相关资讯，选用最适当的技术，以期能最快速、准确地定位出故障点。

(5) 层次去除观察或横截面观察(delayering or cross-sectioning)。利用研磨、劈裂、化学蚀刻液或FIB等技术将晶片的故障点显露出来，再以光学显微镜、SEM、TEM或FIB观察[见图9-98(b)]，以确认故障的形态或缺陷的外观。一般来说，利用层次去除以观察正面或剖面研磨来观察横截面是不能同时进行，所以要根据故障模式及故障点定位所得的相关资讯来决定。

(6) 化性及元素分析(chemical or elemental analysis)。在故障点显露及被显露之后，可能需要得知其中缺陷的成分或特性以利判断其成因或如何造成故障。常用方法有EDX、Auger、SIMS、ESCA、RBS、μ-FTIR，荧光显微镜等，选用何者完全取决于缺陷的大小、形态及欲获的资讯而定。

(7) 故障机构及根本原因确认(failure mechanism and root cause)。经上述步骤而了解故障的位置、形态、成分之后再根据之前的测试资料及相关信息可推测缺陷或异常如何造成故障，此为故障机构，至于此缺陷或异常如何产生则为根本原因确认。如此才能有效地把资讯回馈给相关部门，并以实际行动改善或防止故障的继续产生。

3. 实际的FA分析报告

(1) 举例：FA分析报告样例如图9-99所示。

(2) 缺陷改造工程(defect reduction engineering)。当IC制成持续往轻、薄、短、小及高密度方向发展时，对任何缺陷容忍度将自然相对降低，也即其灵敏度将大幅提高，所以，想得到合格率的提升就必须设法降低缺陷密度。借助监测仪器系统对缺陷坐标、大小、外观等资料分析、归纳、传输功能的系统整合软件不断开发等统一应用，将可以较为有效地建立完备的缺陷来源分析归纳的回报流程，如此，也才能更为快速地找到缺陷发生的源头。

4. 常用缺陷量度指标

常用缺陷量度指标是指yield、defect density(D_0)和AQQ(average outgoing quality)。一般而言，合格率Yield与Defect Density间存在着一定的关系，取决于Die的大小与工艺难易度、线路设计、暴露面积等因素

$$Y(\text{合格率},\%)=1/(1+A\times D_0\times U)^n$$

式中，A：Chip面积；D_0：缺陷密度；U：Layout使用率(utilization)；n：工艺难易因子。但整体而言，合格率越高，缺陷密度自然也就越低，而所谓缺陷密度即单位面积上的缺陷数目，故此D_0值就被用来度量工艺成熟度的指标。

每片晶片制造完成，即将出货给客户前，均必须经过光学显微镜的外观检查，而检查点通常设定为晶片上、中、下、左、右五个位置，检查结果将予以登记，并设定允收/报废标准(通常为缺陷点≤2点晶片，才达允收标准)而此AQQ值即为度量允收晶片上缺陷点数的水准，其值

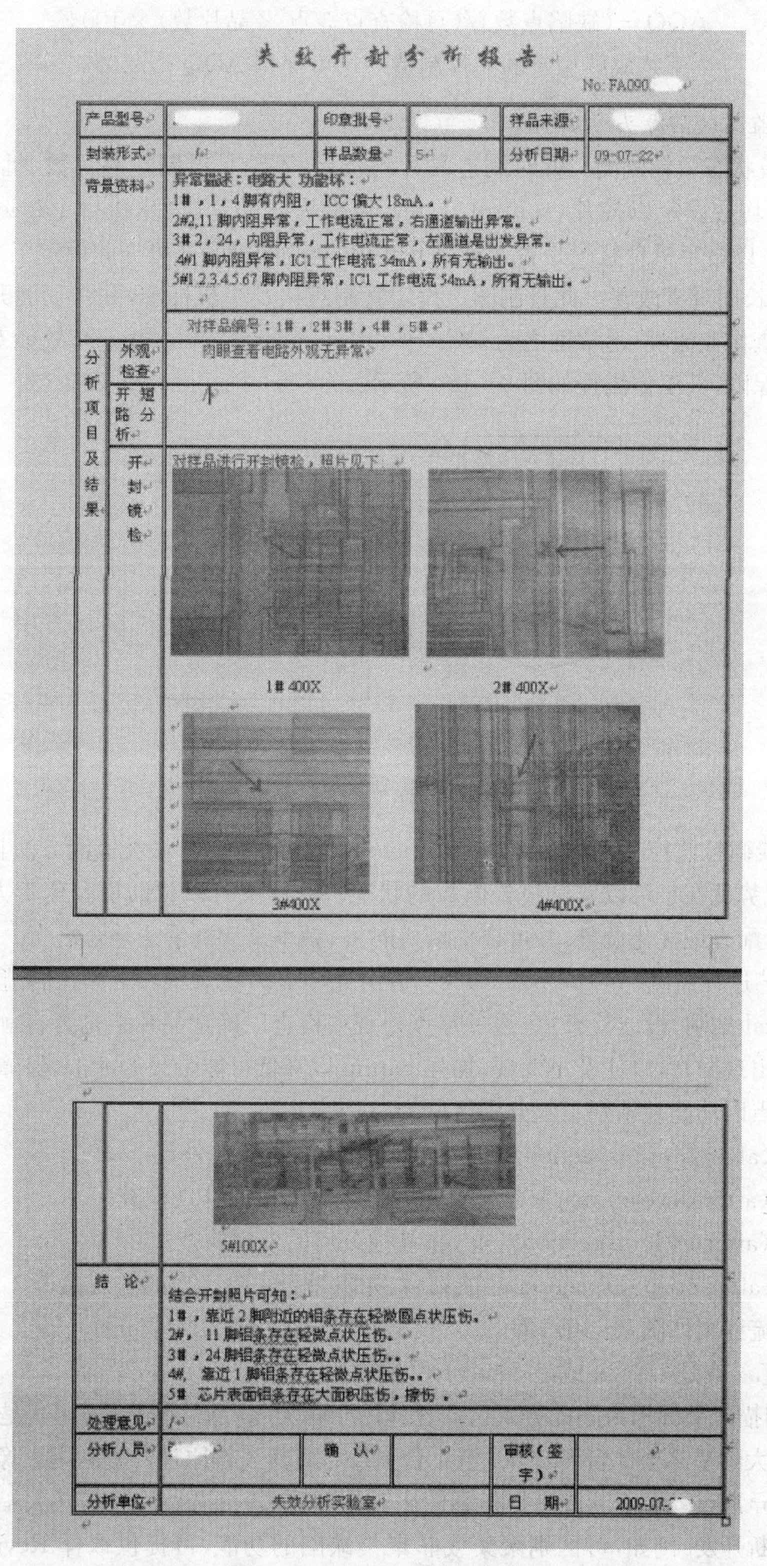

失效开封分析报告

No: FA090

产品型号		印章批号		样品来源	
封装形式	/	样品数量	5	分析日期	09-07-22
背景资料	异常描述：电路大 功能坏： 1#，1，4 脚有内阻，ICC 偏大 18mA.。 2#2,11 脚内阻异常，工作电流正常，右通道输出异常。 3# 2，24，内阻异常，工作电流正常，左通道是出发异常。 4#1 脚内阻异常，IC1 工作电流 34mA，所有无输出。 5#1.2.3.4.5.67 脚内阻异常，IC1 工作电流 54mA，所有无输出。 对样品编号：1#，2# 3#，4#，5#				
分析项目及结果 外观检查	肉眼查看电路外观无异常				
分析项目及结果 开短路分析	/				
分析项目及结果 开封镜检	对样品进行开封镜检，相片见下： 1# 400X　2# 400X 3#400X　4#400X 5#100X				
结　论	结合开封照片可知： 1#，靠近 2 脚附近的铝条存在轻微圆点状压伤。 2#，11 脚铝条存在轻微点状压伤。 3#，24 脚铝条存在轻微点状压伤.. 4#，靠近 1 脚铝条存在轻微点状压伤.. 5# 芯片表面铝条存在大面积压伤，擦伤 。				
处理意见	/				
分析人员		确　认		审核（签字）	
分析单位	失效分析实验室			日　期	2009-07-

图 9－99　失效开封分析报告

AQQ＝(缺陷点数)/(总检查点5点×晶片数)×100%

工艺成熟稳定的晶片制造厂均可保持AQQ＜2.0%

5. 常见监测缺陷源头方法

(1) 设备状态微粒监测。针对制造晶片的机台，不论是以制造晶片数、批数、次数或是时间为区段，均会设定以控片(control wafer，通常为硅晶片)测量机台Particle数量的in-line monitor，以检定机台状况是否处于可run货的较佳时期，并可据此设定工艺统计管制图(SPC chart)长期观察改善。此管制图上设定管制规格及当机标准，并往下展开设定超出规格的标准检查作业流程，通常称之为OCAP(out of control action plan)，故能对线上机台状况提供较佳保障，其工作流程如图9-100所示。

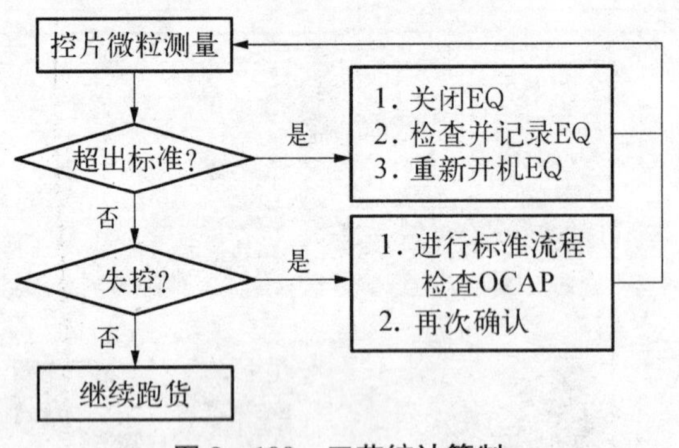

图9-100　工艺统计管制

(2) 在线微粒监控ISPM(in-situ particle monitor)。这种微粒监测方法目前正迅速发展，其最大优势就在于可以实时报告微粒的状况。这样就可以帮助机台负责人查清微粒产生时间，便于配方最优化调整，并可评估清机时机、频率及清机手法是否恰当。

(3) 工艺过程监测(in line monitor)。借由光学显微镜观察：晶片在制造过程中，往往会在较critical站别，设立检查点，透过定点外观察检查以确定晶片上是否有额外缺陷产生，或是工艺上出现异常，以便及早发现，加强gating以降低可能带来的冲击，保障产品的品质，而这些检查点因功能及站别不同分别区分为：

① AFI(after film inspection)：观察淀积一层film后的外观；

② ADI(after develop inspection)：光阻显像后圆形的外观检查；

③ AEI(after etch inspection)：layer被蚀刻后的外观检查；

④ ASI(after strip inspection)：蚀刻后，光阻是否去除干净的外观检查。

其工作流程图如图9-101所示。

借由KLA或是Inspex或是Tencor作扫描：

KLA扫描产品寻求缺陷的方式已广泛应用于各大IC晶片制造厂，尤其是制DRAM的Fab，其配置大约呈2至3台Stepper置1台KLA，而其工作原理乃是利用影像对比方式，两两相比找出异常点。在不断改进扫描影像比对处理后，其扫描晶片时间已大幅缩短，再加上应用软件不断开发[例如，可区别聚集或非聚集缺陷的功能，可提供取样Review计划的功能，可提供当站缺陷贡献量——defect source analysis(DSA)的功能，甚至增加人工智慧来做

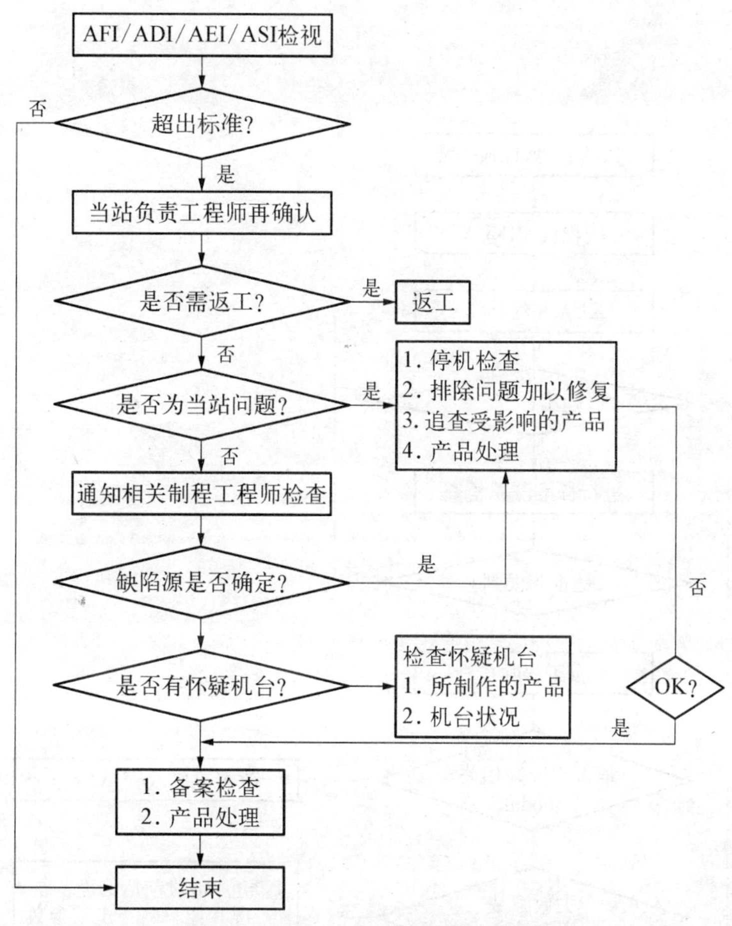

图 9-101　光学显微镜观察流程

缺陷形态自动分类——auto defect classify(ADC)]此检视仪器展现有效的缺陷源头的搜寻能力，而其扫描 Data 也极具代表性，其工作流程如图 9-102 所示。另外，线上尚有一些常被应用于镀膜后的扫描机台，如 Inspex 或是 Tencor，其原理乃是靠入射的 laser beam 招致异常点反射而找到发生的位置。有些 IC 制造厂将其纳入 KLA Scan 系统，互相整合，共同担负起搜寻缺陷的重大责任。

(4) 阶段性工艺考量 Short loop test (Snake Pattern)。通常 IC 工艺愈到后段对缺陷容忍度越低，也即其对合格率杀伤力也就越强。因此，往往会额外用一小段工艺来模拟实际线上流程生产可供电性测量的晶片，以电性测量值的大小结合外观检查及进一步失败分析来定位缺陷所在，达到线上缺陷监测的目的，常用的圆形为相互交错的绵延细线，外观状如 Snake，故以此称之。

(5) QC Outgoing 检查。QC 是英文 QUALITY CONTROL 的缩写，中文“质量控制”。每片晶片制造完成后均会通过品管的外观检查，而检查后的结果均可提供线上所在的线索，方便进一步的解析，其检查流程如图 9-103 所示。

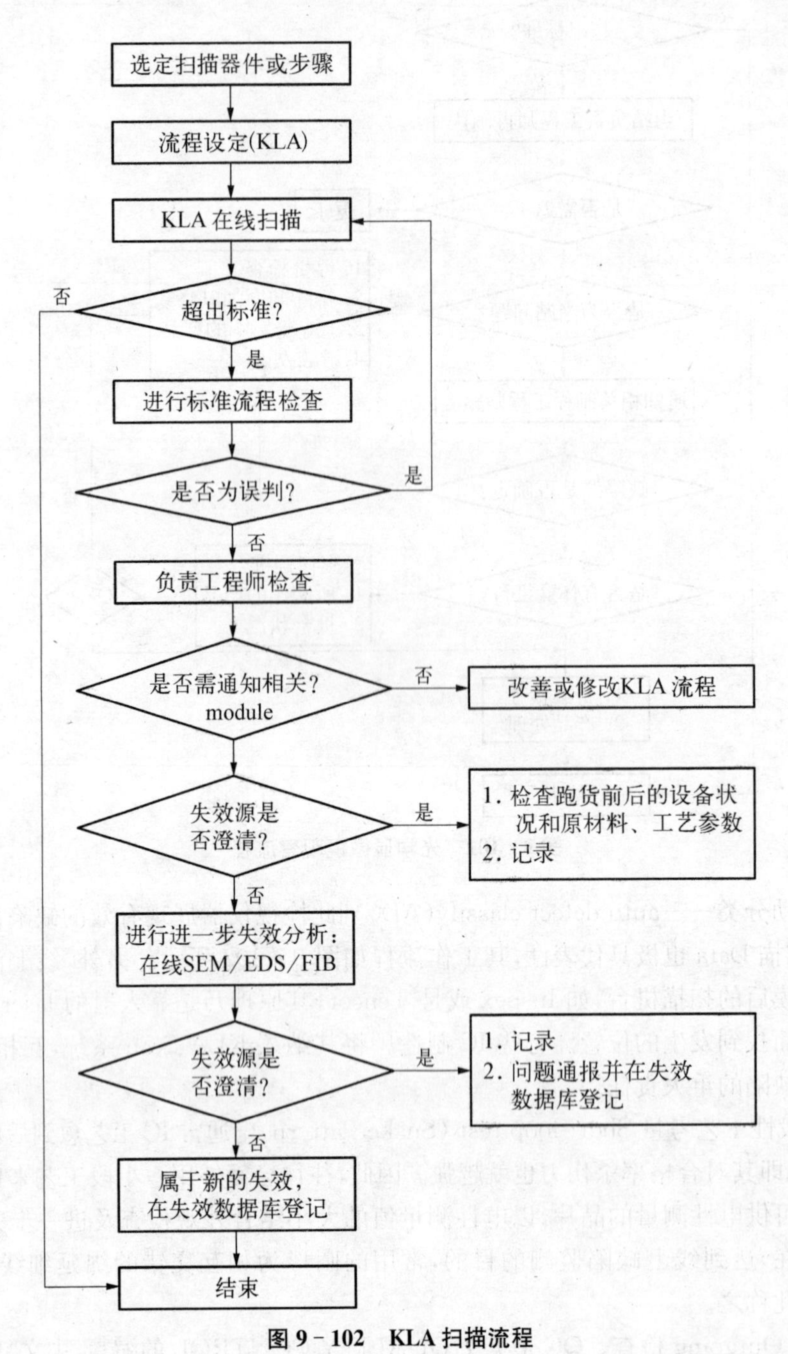

图 9-102　KLA 扫描流程

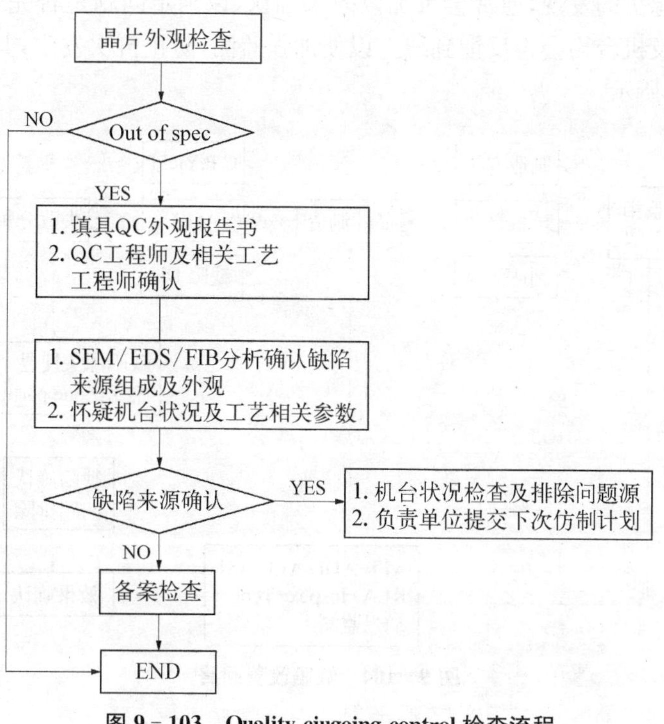

图 9-103　Quality ciugoing control 检查流程

6. 监测与缺陷分析系统集成

前面已提及现行用以反映和监测缺陷的途径与方式很多，而它们之间如何互通信息，如何与最终合格率测试结果对比，以及如何与分析仪器串接，将缺陷位置快速且准确地定位，以利于进一步检查与分析等，这样的需求越来越紧迫，也越来越重要。

这方面集成的系统，已在市场上被不断地开发。目前已商业化的有 KLA 的“Quest”系统，YMS 的“Knights”系统及 Inspex 的“DMS-Ⅱ”系统。它们的主要理念就是可在线看到任何缺陷，并可通过网络存入资料库。如果需进一步分析就可通过网络从资料库中提取，以方便定位，连接到线上的 SEM、FIB、EDX、……，也可经过运算对比其最终的合格率测试结果，估算出各层次各类型缺陷杀伤合格率的能力(killer ratio)，并可进一步建立起合格率预估的经验式。可以方便整体资源更有效地运用，以更快速根除缺陷进而提高产品的合格率。

7. 缺陷改善的方法

缺陷数量多少与合格率高低极为相关，因此降低缺陷密度，将带来合格率的提升，但是，这项改善的工作将会是一项持续不断永无止境的差事，由此，如何形成有效正向回馈的回路，将是此工作未来能否成功的最重要因素所在。

首先，确立与有效执行缺陷监测系统，这些系统包含在线 AFI/ADI/AEI/ASI 及 KLA/Inspex/TencorScan，出货前的外观检查，以及合格率测试完成后的 Failure Bit 分析，当这些耳目确立后，接下来就是如何于缺陷被发觉观测到后，能以最快速有效方式加以归纳分析对比，找到可能的缺陷发生源，这时，最常被引用的手法就是区段法，这种方法是将整段工艺分割成数段区间，通过确认区段贡献量来将缺陷可能发生源头凸显出来，从而一举找到缺陷的源头。

而这些缺陷源头的发现，通常会再加以效果确认，以确定问题是否完全被排除，另外这些缺陷产生机构及机台均会再反馈到线上以便加强监测，防止再次发生，其整个持续改善的回路如图 9－104 所示。

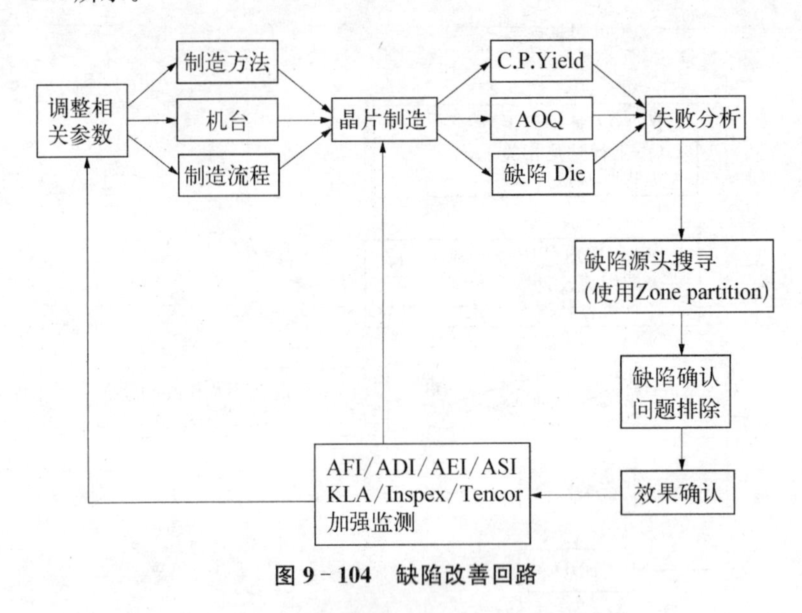

图 9－104 缺陷改善回路

9.6 超净间

超净间(clean room)是指将一定空间范围内之空气中的微粒子控制在某一需求范围内，不论外在之空气条件如何变化，其室内均能具有维持原先所设定要求之洁净度、温湿度及压力等特性。

超净间并非简单的净化环境，还需要配合过渡间(更衣间)、过渡间、风淋室、工作间和传递间等。超净间以≥0.5 μm 微尘粒子数目字以 10 的幂次方表示，如 100 级超净间定义为在 100 m^2 体积内≥0.5 μm 的微尘数目不大于 100 个，各级的超净间的具体定义，评判标准划分如表 9－34 所示。

表 9－34 超净间评判标准划分

class	≥0.1 μm	≥0.2 μm	≥0.3 μm	≥0.5 μm	≥5 μm
1	35	7.5	3	1	—
10	350	75	30	10	—
100	—	750	300	100	—
1 000	—	—	—	1 000	7
10 000	—	—	—	10 000	70
100 000	—	—	—	100 000	700

集成电路的制造需要在超净的环境下进行，举个简单的例子：集成电路的栅极大小在 0.026～0.8 μm 之间，一个 0.5 μm 的微尘落在这个栅极上足以使得一个 MOSFET 失效或造成可靠性的问题。同时，微尘的大小和密度直接影响 IC 的良率 Y：

$$Y \propto \frac{1}{(1+DA)^n} \tag{9-11}$$

式中，D 就是缺陷密度(defect density)，这里面就包含了超净间里微尘带来的硅片缺陷。A 为芯片面积(die size)，n 为加权关键工艺参数，n 反映集成电路制程的综合工艺质量水平。显然，D 越高，Y 值越小。如图 9－105 所示，同样大小的硅片、同样的 IC 单元(Die)图 9－105(c)的微尘造成的良率就要低一些。

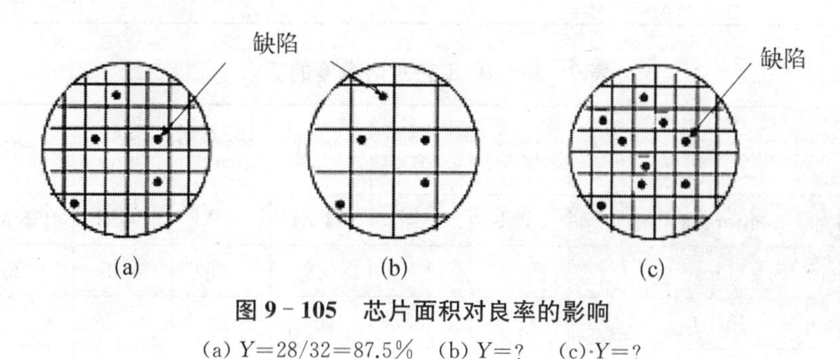

图 9－105　芯片面积对良率的影响

(a) $Y=28/32=87.5\%$　(b) $Y=?$　(c) $Y=?$

超净间的空调与过滤系统由空调箱经风管与超净间内之空气过滤器进入超净间，并由超净间两侧隔间墙板或高架地板回风。净化空调的结构包括：组合式净化空调机组、洁净送风管道、洁净回风管道、送风静压箱、高效过滤器、多孔扩散板、超净间吊顶、超净间隔断、百叶回风口和新风口。目前流行的传递超净间设计常采用洁净管道(clean tube)设计：将产品流程经过的自动生产线包围并净化处理，将洁净度等级提至 100 级以上。因产品和作业员及发尘环境相互隔离，少量之送风即可得到良好之洁净度，可节省能源，对于生产人员所处的环境的超净要求也无需过于苛刻，最适宜半导体业界使用。

超净间系利用 HEPA、ULPA 过滤空气，其尘埃的收集率达 99.97％～99.999 95％之多，因此经过此过滤器过滤的空气可说十分干净。然而超净间内除了人以外，尚有机器等发尘源，这些发生的尘埃一旦扩散，即无法保持洁净空间，因此必须利用气流将发生的尘埃迅速排出室外。超净间内的气流是左右超净间性能的重要因素，风速的提高将影响运转成本的增加，所以应在满足要求的洁净度水准之时，能以最适当的风速供应，以达到适当的风速供应以达到经济性效果，一般超净间的气流速度是选在 0.25～0.5 m/s 之间。超净间的构成包括天花板系统、空调系统(包括空气舱、过滤器系统、风车等)、隔墙板(包括窗户、门)、地板、照明器具(光刻间照明需用黄灯)。超净间的建筑主体构造虽然也是常用的钢筋骨水泥，但选择的材料较为苛刻，应满足建材不会因温度变化与振动而发生裂痕、不易产生微尘粒子，且很难附着粒子、吸湿性小，并且为了维持室内之湿度条件，热绝缘性要高。(见表 9－35、表 9－36)。

表 9-35 晶片表面污染源的种类、来源及影响

污染源	霉尘粒	金 属	有机物	粗糙度	俱生氧化层
可能来源	仪器设备、环境、气体、纯水、化学药品	仪器设备、化学药品活性离子刻蚀、光阻灰化	空气、光阻残余、储存容器、化学药品	原始晶片表面、化学药品	环境、湿气、纯水
影响	(1) 低闸极气化层崩溃电压 (2) 低良率	(1) 接面漏电流 (2) 少数载子生存期降低 (3) 低氧化层崩溃电压	影响气化速率	(1) 低气化层崩溃电压 (2) 低移动率	(1) 氧化层劣化 (2) 磊晶品质变差 (3) 高接触电阻值 (4) 金属硅化物不好形成

表 9-36 1C 工艺对洁净度的要求

年份		1984	1984—1988	1989	1992—1995	1994—1997	1998	2001—
Bit of memory		256 K	1 M	41 M	16 M	64 M	256 M	1 G
Design Size(um)		1.5	1.2	0.8	0.5	0.35	0.25	0.18
Wafer size(inch)		5	6	6	8	8～12	8～12	12～18
Requested cleanness On wafer	Particle (pos/wafer)		$0.2\mu<$ 100	$0.2\mu<$ 10	$0.1\mu<$ 10	$0.1\mu<$ 1	$0.04\mu<$ 0.1	$0.02\mu<$ 0.01
	Metal (atoms/cm^2)		$<10^{12}$	$<10^{11}$	$<10^{10}$	$<10^{9}$	$<10^{8}$	$<10^{7}$
Requested purity for Chemicals	Particle (pcs/mi)	$0.5\mu<$ 100	$0.5\mu<$ 30	$0.3\mu<$ 50	$0.3\mu<$ 5	$0.2\mu<$ 10	$0.1\mu<$ 1	$0.05\mu<$ 1
	Metal(ppb)	<100	<30	<1	<0.1	<0.01	<0.001	<0.000 1

9.6.1 超净间标准

世界各国均有自定规格，但普遍还是用美国联邦标准 209 为多，以下仅就 209D 及 209E 和世界上其他各国制定标准作介绍与相互比较。

209E 与 209D 等最大之不同在于 209E 表示单位增加了公制单位，超净间等级以"M"字头表示，如 M1、M1.5、M2.5、M3、……依此类推，配合国际公制单位之标准化，M 字母后之阿拉伯数目字是以每立方公尺中≥0.5 μm 之微尘粒子数目字以 10 的幂次方表示，取指数为之，若微尘粒子数介于前后二者完全幂次方之间，则以 1.5、2.5、3.5、……表示。

美国联邦标准 FS 209D 都以英制每立方英尺为单位，日本则是采用公制，即以每立方公尺为单位，以 0.1 μm 微粒子为计数标准。日本标准之表示法以 Class 1，Class 2，Class 3，……，Class8 表示，最好的等级为 Class 1，最差则为 Class 8，以每立方公尺中微尘粒子总数中化为 10 的幂次方，取其指数而得。

9.6.2　超净间结构分类

1. 乱流式(turbulent flow)

空气由空调箱经风管与超净间内之空气过滤器(HEPA)进入超净间,并由超净间两侧隔间墙板或高架地板回风。气流非直线型运动而呈不规则之乱流或涡流状态。此形式适用于超净间等级 1 000～100 000 级。

优点:构造简单、系统建造成本,超净间之扩充比较容易,在某些特殊用途场所,可并用无尘工作台,提高超净间等级。

缺点:乱流造成的微尘粒子于室内空间飘浮不易排出,易污染制程产品。另外若系统停止运转再激活,欲达需求之洁净度,往往须耗时相当长一段时间。

2. 层流式(turbulent flow)

层流式空气气流运动成一均匀之直线形,空气由覆盖率 100%之过滤器进入室内,并由高架地板或两侧隔墙板回风,此形式适用于超净间等级需定较高之环境使用,一般其超净间等级为 Class 1～100。其形式可分为两种。

(1) 水平层流式:水平式空气自过滤器单方向吹出,由对边墙壁之回风系统回风,尘埃随风向排出室外,一般在下流侧污染较严重。

优点:构造简单,运转后短时间内即可变成稳定。

缺点:建造费用比乱流式高,室内空间不易扩充。

(2) 垂直层流式:房间天花板完全以 ULPA 过滤器覆盖,空气由上往下吹,可得较高之洁净度,在制程中或工作人员所产生的尘埃可快速排出室外而不会影响其他工作区域。

优点:管理容易,运转开始短时间内即可达稳定状态,不易为作业状态或作业人员所影响。

缺点:构造费用较高,弹性运用空间困难,天花板之吊架相当占空间,维修更换过滤器较麻烦。

3. 复合式(mixed type)

复合式为将乱流式及层流式予以复合或并用,可提供局部超洁净之空气。

(1) 洁净隧道(clean tunnel):以 HEPA 或 ULPA 过滤器将制程区域或工作区域 100%覆盖使洁净度等级提高至 10 级以上,可节省安装运转费用。

此形式需将作业人员之工作区与产品和机器维修予以隔离,以避免机器维修时影响了工作及品质,ULSI 制程大都采用此种形式。

洁净隧道另有两项优点:A. 弹性扩充容易;B. 维修设备时可在维修区轻易执行。

(2) 洁净管道(clean tube):将产品流程经过的自动生产线包围并净化处理,将洁净度等级提至 100 级以上。因产品和作业员及发尘环境相互隔离,少量之送风即可得到良好之洁净度,可节省能源,不需人工的自动化生产线为最适宜使用。药品、食品业界及半导体业界均适用。

(3) 并装局部超净间(clean spot):将超净间等级 10 000～100 000 之乱流超净间内之产品制程区的洁净度等级提高为 10～1 000级以上,以备生产之用;洁净工作台、洁净工作棚、洁净风柜即属此类。

洁净工作台:等级 1～100 级。

洁净工作棚：为在乱流式之超净间空间内以防静电之透明塑料布围成一小空间，采用独立之 HEPA 或 ULPA 及空调送风机组而成为一较高级之洁净空间，其等级为 10～1 000 级，高度在 2.5 m 左右，覆盖面积约 10 m^2 以下，四支支柱并加装活动轮，可为弹性运用。

9.6.3 超净间用途分类

1. 工业超净间

以无生命微粒的控制为对象。主要控制空气尘埃微粒对工作对象的污染，内部一般保持正压状态。它适用于精密机械工业、电子工业（半导体、集成电路等）宇航工业、高纯度化学工业、原子能工业、光磁产品工业（光盘、胶片、磁带生产）LCD（液晶玻璃）、电脑硬盘、电脑磁头生产等多行业。

2. 生物超净间

主要控制有生命微粒（细菌）与无生命微粒（尘埃）对工作对象的污染。又可分为；一般生物超净间，主要控制微生物（细菌）对象的污染。同时其内部材料要能经受各种灭菌剂侵蚀，内部一般保证正压。实质上其内部材料要能经受各种灭菌处理的工业超净间。例：制药工业、医院（手术室、无菌病房）食品、化妆品、饮料产品生产、动物实验室、理化检验室、血站等。

3. 生物学安全超净间

主要控制工作对象的有生命微粒对外界和人的污染。内部要保持与大气的负压。例：细菌学、生物学、洁净实验室、物物工程（重组基因、疫苗制备）。

9.7 集成电路供应链，集成电路产业链

集成电路产业是基础性和战略性产业，广受各国重视。集成电路产业又是一个关联度极高的产业，自身产业链长，对下游产业影响度高。当前，理清集成电路产业链关系，认清产业现状和形势，落实好各项产业政策，采取强有力产业促进措施对确保集成电路产业规划目标实现具有重要意义。

集成电路产业链如图 9－106 所示。

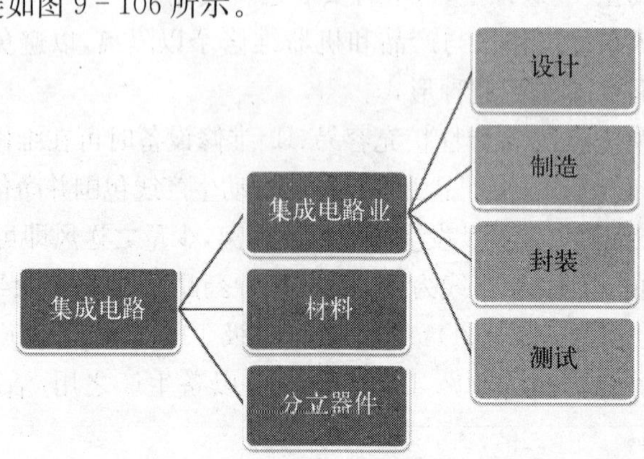

图 9－106　集成电路产业链

产业构造模式如图 9－107 所示。

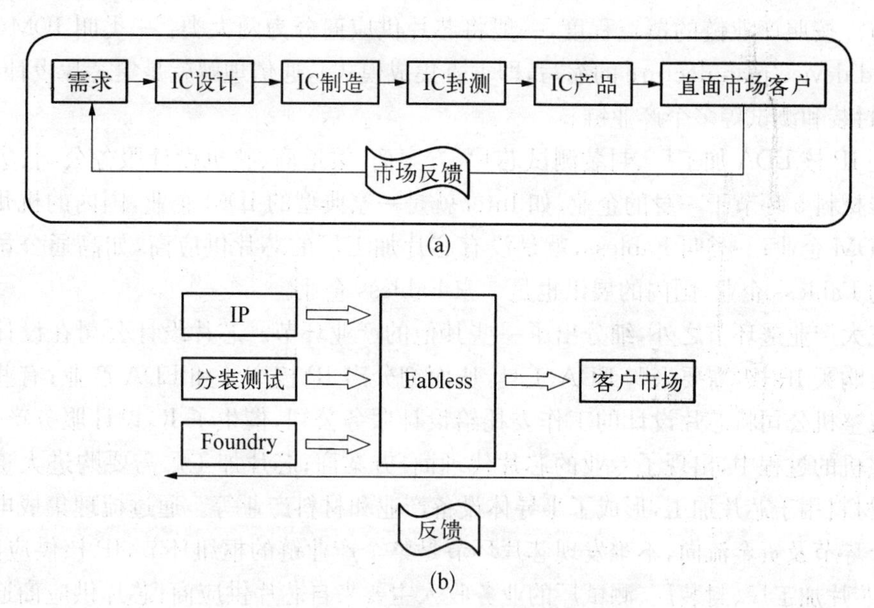

图 9－107　半导体产业垂直分工结构

(a) 集成件制造模式　(b) 垂直分工模式

一颗集成电路芯片的生命历程如图 9－108 所示：芯片公司设计芯片，到芯片加工厂生产芯片，到封测厂进行封装测试，整机商采购芯片用于整机生产。该历程中的资金流向如图 9－109所示。

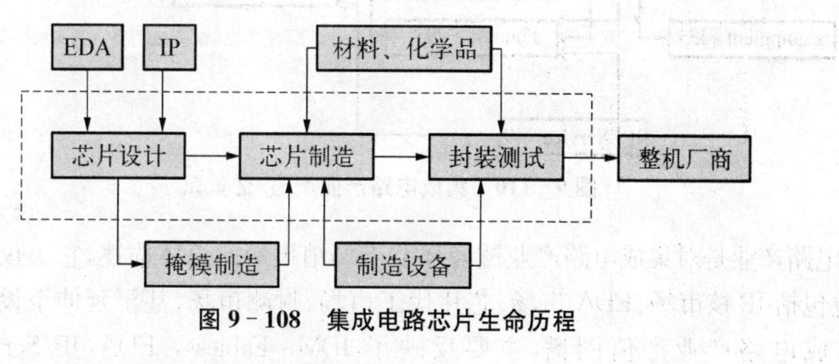

图 9－108　集成电路芯片生命历程

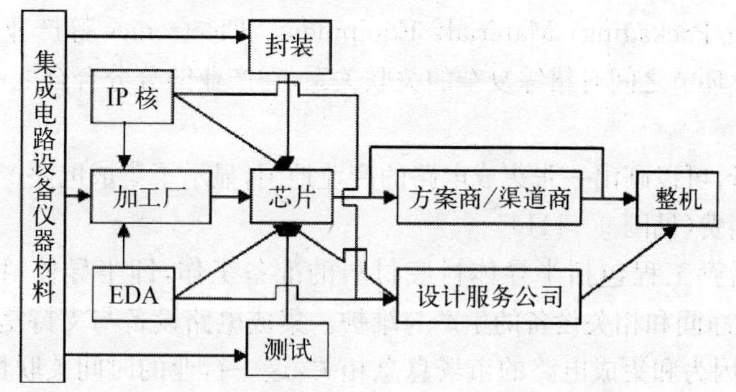

图 9－109　集成电路产业资金流向(箭头所指方位付款方)

按照国内的惯例，一般把集成电路产业链梳理为芯片设计、芯片制造、芯片封装和测试三个环节。按照产业链的覆盖程度，一般将芯片供应商分为两大类：一类叫 IDM(IDM 是 integrated device manufacture 的缩写，即垂直集成模式)，通俗理解就是集芯片设计、芯片制造、芯片封装和测试等多个产业链。

它是 IP 核 EDA 加工厂、封装测试芯片、方案商/渠道商、整机设计服务公司、集成电路设备仪器材料 5 环节于一身的企业，如 Intel 就是一家典型的 IDM 企业，国内的杭州士兰也是一家 IDM 企业；一类叫 Fabless，就是没有芯片加工厂的芯片供应商，如高通公司就是一家典型的 Fabless 企业，国内的展讯也是一家 Fabless 企业。

在三大产业链环节之外，细分出了一些其他的产业环节。芯片设计公司在设计芯片过程中需要购买 IP 核，需要采购 EDA 工具，从而细分出 IP 核产业和 EDA 产业；有些芯片设计公司或整机公司将芯片设计的工作委托给设计服务公司，催生了 IC 设计服务产业；在芯片卖到整机的过程中，出现了专业的芯片代理商/方案商；芯片加工厂需要购进大量的半导体设备、材料用于芯片加工，形成了半导体设备产业和材料产业等。通过梳理集成电路产业链的各个环节及资金流向，不难发现芯片环节是整个产业链的枢纽环节，IP 核供应商、EDA 供应商、芯片加工厂、封装厂、测试厂的业务收入主要来自芯片供应商；芯片供应商通过将芯片卖给整机商或代理商取得业务收入，实现芯片的商业价值(见图 9－110)。

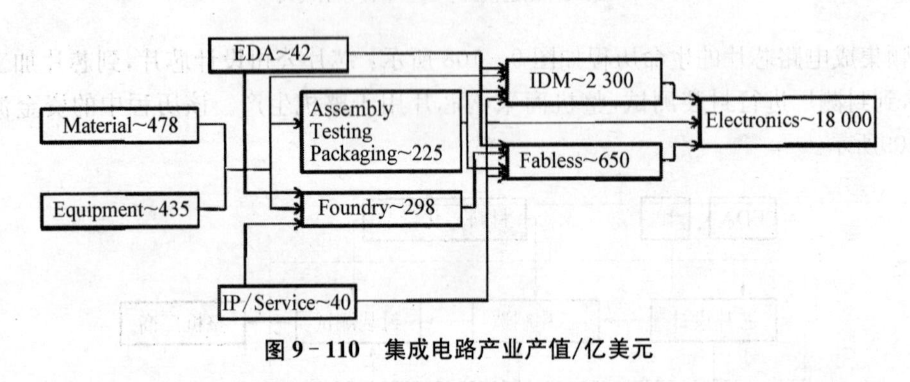

图 9－110　集成电路产业产值/亿美元

集成电路产业是对集成电路产业链各环节市场销售额的总体描述，它不仅仅包含集成电路市场，也包括 IP 核市场、EDA 市场、芯片代工市场、封测市场，甚至延伸至设备、材料市场。是全球集成电路产业产值图谱，主要反映了 IDM, Fabless, EDA, IP/Service, Foundry, Assembly/Testing/Packaging, Material, Equipment, Electronics 等产业链关键环节的产值情况。各个产业环节之间有错综复杂的关联关系，在产业链分分合合之中，甚至会出现跨产业环节的整合。

通过以上分析，可以画出一张集成电路的产业地图，显示了集成电路产业链各个主要环节的产业供应和消费(见图 9－111)。

集成电路的后勤工程包括半导体衬底材料的准备工作，即半导体衬底(Si 晶圆、SOI etc)、清洗工艺、超净间和相关设备的生产与维护。集成电路设备与支持是集成电路的一个庞大市场产业链，因为和集成电路的市场息息相关，这一行业的时间关联性极强，下图和文章结尾的地方展示了在这个行业的主要设备供应近况。

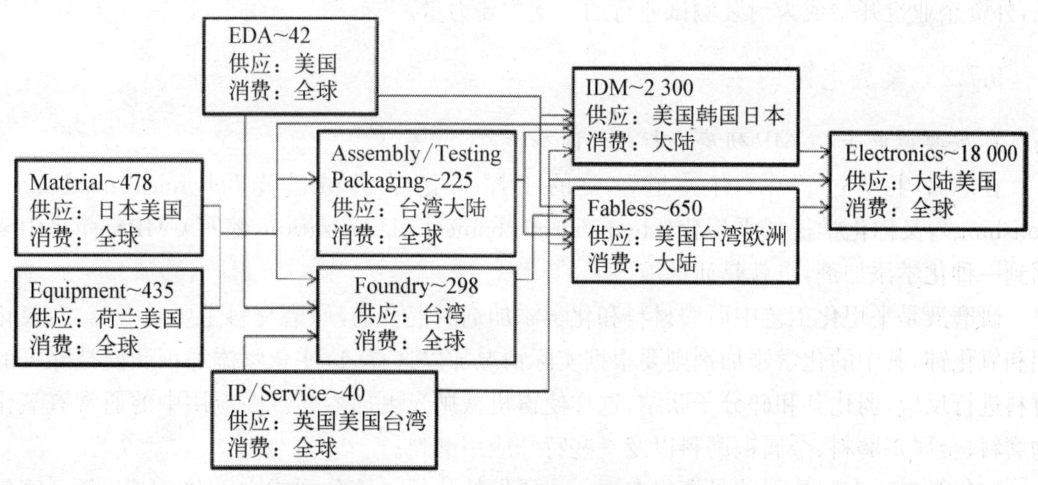

图 9-111　集成电路产业地图/亿美元

从 2014 年以来，中国大陆已经在芯片制造、设计和封测等多个领域进行投资建设，并取得了不错的效果。但在材料和设备领域，由于受限于其他国家的出口限制，中国大陆在半导体材料和设备方面只能受制于人，有很多高端设备并不能获取得到。但是在一些中国大陆企业家的努力下，中国大陆在设备和材料领域都有了新的突破。

9.7.1　中国集成电路产业链情况分析

在充分借鉴国外产业发展规律的基础上，中国集成电路产业走出了一条设计、制造、封装测试三业并举，各自相对独立发展的格局。到目前，中国集成电路产业已经形成了 IC 设计、芯片制造、封装测试三业并举及支撑配套业共同发展的较为完善的产业链格局。

IC 设计业方面，目前以各种形态存在的设计公司、设计中心、设计室以及具备设计能力的科研院所等 IC 设计单位已有近上千家。产品设计的门类已经涉及计算机与外设、网络通信、消费电子以及工业控制等各个整机门类和信息化工程的许多方面。IC 设计业从业人员普遍具有很强的国际化背景，充分借鉴国际半导体巨头的设计经验，可以说是站在巨人的肩膀上在前进，IC 设计已经开始成为带动国内集成电路产业整体发展的龙头。

芯片制造业方面，中芯国际北京芯片生产线的建成投产则使中国拥有了首条 12 英寸芯片生产线。国内已经有集成电路芯片制造企业早已超过 50 家，拥有各类集成电路芯片生产线超过 50 条。其中，其中 12 英寸生产线已日益成为主流。

芯片封装测方面，由于其科技密集和劳动密集型特点决定，人力成本是其最重要因素，而中国有着全世界最丰富的受过良好教育又相对价格低廉的劳动力，所以这几年在芯片封测领域中国取得了全世界瞩目的成就。

国内行业主体一直由无锡华晶（现华润微电子）、华越、首钢 NEC 等芯片制造企业内部的封装测试线和江苏长电、南通富士通、天水永红（现华天科技）等国内独立封装测试企业组成。但近 10 年来，随着 Freescale、Intel、ST、Renesas、Spansion、Infineon、Sansumg、Fairchild、NS 等众多国际大型半导体企业来华建立封装测试基地，国内封装测试行业的产量和销售额大幅增长，外资企业也开始成为封装测试业行的一支主要力量。

9.7.2　集成电路的主要环节

1. 安集微电子：CMP 研磨液打破外国垄断

在芯片生产过程中，有一道重要的工序叫化学机械抛光（chemical-mechanical polishing），又称化学机械平坦化（chemical-mechanical planarization，缩写 CMP），而当中要用到一种化学添加剂，也就是研磨液。

研磨液是平坦化工艺中研磨材料和化学添加剂的混合物，研磨材料主要是石英，二氧化铝和氧化铈，其中的化学添加剂则要根据实际情况加以选择，这些化学添加剂和要被除去的材料进行反应，弱化其和硅分子联结，这样使得机械抛光更加容易。在应用中的通常有氧化物磨料、金属钨磨料、金属铜磨料以及一些特殊应用磨料。

安集微电子有限公司就是聚焦在这一块研发的公司。该公司成立于 2004 年，是一家集研发、生产、销售为一体的高新技术企业，致力于高增长率和高功能集成电路材料的研发和生产，是目前国内规模最大的专业从事高功能集成电路材料公司之一。拥有世界一流技术团队、研发中心和生产基地。目前，安集公司已与全球数十家客户进行了各阶段合作，其中包括多家世界著名芯片企业。安集成功研发、具有自主知识产权的产品已成功运用于国内外芯片制造行业。

在 2007 年以前，研磨液这种材料全部依靠进口。一桶 200 升的研磨液，价格可高达 7 000 美元，相当于当时石油价格的 60 倍。

而安集微电子 CEO 王淑敏和其团队经过 13 年努力下，终于在 2017 年成功研发出更高品质的研磨液，不但给客户带来高达 60％的成本降低，也让中国大陆在研磨液这个领域打破了国外的垄断，为中国大陆半导体的崛起奠定了基础。

需要说明一下，到目前位置，全球也只有六七家公司能生产研磨液。所以安集微电子的这个突破是值得我们为之赞颂的。

安集微电子公司董事长兼首席执行官王淑敏表示，在晶圆抛光过程中，除了需要快速、准确地磨掉多余的部分，还需要在高速研磨过程中，精确地停下来，这是一个难点，也是研磨液所能解决的问题之一。另外她还表示，安集正在瞄准国内目前最先进的 14 nm 工艺研发产品，推出其配套的研磨液。

2. 江丰电子：金属靶材的破局者

在说靶材之前，先说一个概念，溅射。

溅射则属于物理气相淀积技术的一种，是制备电子薄膜材料的主要技术之一，它利用离子源产生的离子，在高真空中经过加速聚集，而形成高动能的离子束流，轰击固体表面，离子和固体表面原子发生动能交换，使固体表面的原子离开固体并淀积在基底表面，被轰击的固体是用溅射法淀积薄膜的原材料，称为溅射靶材。

一般来说，溅射靶材主要由靶坯、背板等部分构成，其中，靶坯是高速离子束流轰击的目标材料，属于溅射靶材的核心部分，在溅射镀膜过程中，靶坯被离子撞击后，其表面原子被溅射飞散出来并淀积于基板上制成电子薄膜；由于高纯度金属普遍较软，而溅射靶材需要安装在专用的机台内完成溅射过程,机台内部为高电压、高真空环境,因此,背板主要起到固定溅射靶材的作用,且需要具备良好的导电、导热性能。

金属靶材的金属原子被一层层溅射到芯片上,再利用特殊的工艺把它们切割成金属导线。芯片的信息传输全靠这些金属导线。

和研磨液一样,这在之前也是由国外垄断的市场主要依赖于进口,但经过江丰电子的多年努力后,中国大陆半导体也在这个领域取得了突破。而这样一个靶材的价格也高达上万美元。

宁波江丰电子材料股份有限公司创建于2005年,是国家科技部、发改委及工信部重点扶植的一家高新技术企业,专门从事超大规模集成电路芯片制造用超高纯度金属材料及溅射靶材的研发生产,填补了国内的技术空白,打破了美、日国际跨国公司的垄断格局。据介绍,一般的金属能达到99.8%的纯度,而靶材则要求其纯度能达到99.999%,这是人类能得到的最纯的金属。江丰电子董事长姚立军表示。

除了金属靶材上面打破了美日的垄断外,姚立军的江丰电子还打破了他们在材料方面的垄断。这与姚立军打造完整靶材产业链的出发点密切相关。

根据介绍,在江丰电子做出超高纯度钛(制造钛靶材的原材料)等原材料之前,中国大陆在这个领域几乎是一穷二白。而世界上只是有两个国家三个公司能制造这些产品:一个是美国的霍尼韦尔,另外两个是来自日本的东邦钛业和大阪钛业。他们当时都不肯向江丰电子出售相关原材料,从某个角度看,成为江丰电子打破他们垄断,成为全球第四个能够生产这种靶材原材料的公司。在这个过程中,他们还研发出了中国大陆第一台超高纯钛制造设备,这主要是因为美日不出售,进而简介推动了中国大陆的进步。这台设备一天能够熔五百公斤金属钛,制造等重的钛锭。这已经达到了美日相关竞争者的水平。

姚立军认为,美日不把设备卖给中国大陆企业,等于间接激发和推动中国大陆自主研发。把自己的材料、工艺、设备等抓紧做出来。来打败对手。

而在江丰电子做出了超高纯钛金属以后,国外的竞争者也寻求和姚立军合作的机会,所以归根到底中国大陆半导体建设,真的是打铁还需自身硬。

3. 中微半导体:中国大陆第一台等离子刻蚀机的创造者

2015—2020年,中国大陆半导体产业投资将达到680亿美元,而芯片制造设备投资额也达到500亿美元。但是我国的芯片制造设备95%依赖于进口,核心设备被国外公司垄断,如果国产的设备商没有突破,钱都会让外国公司挣走了。因此中国大陆急需本土化的设备制造企业,中微半导体设备就是当中的佼佼者。他们制造的等离子体蚀刻机正是半导体芯片生产不可或缺的设备。

等离子体刻蚀在集成电路制造中已有40余年的发展历程,最早20世纪70年代引入用于去胶,80年代成为集成电路领域成熟的刻蚀技术。刻蚀采用的等离子体源常见的有容性耦合等离子体(CCP - capacitively coupled plasma)、感应耦合等离子体ICP(inductively coupled plasma)和微波ECR等离子体(microwave electron cyclotron resonance plasma)等。

虽然等离子体刻蚀设备已广泛应用于集成电路制造,但由于等离子体刻蚀过程中复杂的物理和化学过程到目前为止仍没有一个有效的方法完全从理论上模拟和分析等离子体刻蚀过程。除刻蚀外，等离子体技术也成功地应用于其他半导体制程，如溅射和等离子体增强化学气相淀积(PECVD)。当然鉴于 plasma 丰富的活性粒子，plasma 也广泛应用于其他非半导体领域，如空气净化，废物处理等。

只有通过一层层的刻蚀，才能把芯片做出来。不用问，这又是国外垄断的领域。

中微半导体设备成立于 2004 年，是一家面向全球的微观加工高端设备公司，为半导体行业及其他高科技领域服务。中微的设备用于创造世界上最为复杂、精密的技术：微小的纳米器件为创新型产品提供智能和存储功能，从而改善人类的生活、实现全球的可持续发展。

中微半导体设备有限公司取得了一系列成果：反应台交付量突破 400 台；单反应台等离子体刻蚀设备已交付韩国领先的存储器制造商；双反应台介质刻蚀除胶一体机研制成功，这是业界首次将双反应台介质等离子体刻蚀和光刻胶除胶反应腔整合在同一个平台上等等。现在，中微半导体正在进行 5 nm 的刻蚀设备研发。但中微的人表示，由于这个需要芯片上的均匀度需要达到 0.5 nm，对设备开发要求就很高。

需要提一下，国际上现在可以生产 14 nm 或 16 nm 的工艺，而中国大陆只能生产 40 或者 28，落后两到三代。

中微半导体设备公司董事长兼首席执行官尹志尧表示，由于工艺进度推进得很快，他们要加快新设备的开发，他还指出，设备的研发要比工艺的推进快 5 年，因此按照他的观点，5 nm 工艺将会在 5 年后到来。

坦白说，能生产 10 nm 或者 7 nm 的设备，已经与世界先进技术接轨了，何况中微现在已经推进到了 5 nm。

因为生产一个设备要涉及方方面面，中微的团队有来自应用材料、科林等企业的，拥有数十年经验的专家，且最少需要五十多个精通材料、机器等多方面的专家来支持，才能打造出现在的中微。尹志尧认为其复杂程度不亚于两弹一星。

另外，MOCVD 设备，也是中微研发的方向。

这在以前是美国和德国等公司的自留地，中微进入了这个领域，并研发出了不错的产品，不但拉低了 LED 芯片的价格，还打破了美德的垄断，增加了中国大陆的影响力和实力。这是中微达到国际领先水平，甚至超越世界先进的设备。这种设备一年有 100～150 台的量，其中的六七十台是由中微提供的。在中微的二代 MOCVD 设备之前，大家都是用 400 多毫米的晶圆托盘，而新设备用的是 700 多毫米的晶圆托盘，在相同的投入和时间里，芯片产量翻了一番。

结论

无疑，在现在的国际环境中，中国大陆需要在设备、材料、设计、制造等方面有了突破，才能达到可控。虽然现在有了些成绩，但中国大陆厂商仍需要继续努力。就像王淑敏举的一个例子：装载研磨液的桶国内都做不了，还需要全部进口，因此中国大陆半导体的崛起，还有很长的一段路要走，中国大陆厂商需要继续努力。

本章主要参考文献

[1] Stephen A. Campbell, Fabrication engineering at the micro-and nanoscale[M]. Oxford: Oxford Univ Press, 2012.

[2] Evgeni Gusev, Advanced Materials and Technologies for Micro/Nano-Devices, Sensors and Actuators, NATO Science for Peace and Security Series[J]. B: Physics and Biophysics, 2010: 1874-6500.

[3] C Pwong. Polymers for Electronic and Photonic Applications[M]. Singapore: Academic Press, Inc., 1993.

[4] C. Y. Chang, S. W. Sze, ed., ULSI Technology[M]. New York: McGraw-Hill, N. Y. , (1996).

[5] Ludwig Reimer, Transmission Electron Microscopy[M]. 1st ed. Berlin: Springer-Verlag, 1984.

[6] D. Briggs and M. P. Seah, Practical Surface Analysis[M]. 2nd edition, New York: John Wiley & Sons Ltd, 1990.

[7] John F. Waktts. An Introduction to Surface Analysis by Electron Spectroscopy[M]. Oxford: Oxford University Press, 1990.

[8] M. Wolff, J. W. Schultze and H. M. Strehblow. Low-energy Implantion and Spattering of TiO_2 by Nitrogen and Argon and the Electrochenical Reoxidation[J]. Surface and Interface Analysis, 1991, 17, 726-736.

[9] R. G. Wilson, F. A. Stevie, and C. W. Magee. Secondary Ion Mass Spectrometry: A Practicle Handbook for Depath Profile and Bulk Impurity Analysis[M]. New York: Wiley, 1989.

[10] John C. Vickernan, Alan Brown, and Nicola M Read. Secondary Ion Mass Spectronetry: Principles and Applications[M]. Oxford: Clarendon. 1989.

本章主要参考文献

[1] Stephen A. Campbell. Fabrication engineering at the micro- and nanoscale [M]. 4th ed. Oxford: Oxford Univ Press, 2012.

[2] [illegible] Advanced Materials and Technologies for Micro/Nano-Devices, Sensors and Actuators [M]. [illegible] Science for Peace and Security Series B: Physics and Biophysics, 2010: 1–[illegible].

[3] [illegible] and Photonic Applications [M]. [illegible]: Academic Press, Inc., 1991.

[4] C. Y. [illegible] New York: [illegible], 1996.

[5] Ludwig Reimer. Transmission Electron Microscopy [M]. 3rd ed. Berlin: Springer-Verlag, 1993.

[6] D. Briggs and M. P. Seah. Practical Surface Analysis [M]. 2nd edition. New York: John Wiley & Sons, 1990.

[7] J. F. Watts. An Introduction to Surface Analysis by Electron Spectroscopy [M]. Oxford: Oxford University Press, 1990.

[8] [illegible] Surface and Interface Analysis, [illegible].

[9] R. G. Wilson, F. A. Stevie and C. W. Magee. Secondary Ion Mass Spectrometry: A Practical Handbook for Depth Profiling and Bulk Impurity Analysis [M]. New York: Wiley, 1989.

[10] J. C. Vickerman, A. Brown and N. M. Reed. Secondary Ion Mass Spectrometry: Principles and Applications [M]. Oxford: Clarendon, 1989.